U0590888

"十二五"国家重点出版规划项目

/现代激光技术及应用丛书/

激光模场及光束质量表征

冯国英　周寿桓　高春清　编著

国防工業出版社

·北京·

内 容 简 介

本书系统阐述了激光模场及光束质量表征的相关知识，内容包括激光模式的解析表达和数值求解，激光模式的产生、传输及相干和非相干叠加，激光光束质量评价方法，M^2 因子及 M^2 曲线，光纤激光器中模式的传输和脉冲放大，光纤模式的测量等。

本书可供从事光学、光学工程、电子科学与技术及相关专业的科技人员和大专院校师生阅读。

图书在版编目（CIP）数据

激光模场及光束质量表征/冯国英，周寿桓，高春清编著. —北京：国防工业出版社，2016. 11
（现代激光技术及应用）
ISBN 978－7－118－11176－7

Ⅰ. ①激…　Ⅱ. ①冯…　②周…　③高…　Ⅲ. ①激光—研究　Ⅳ. ①TN24

中国版本图书馆 CIP 数据核字(2016)第 298919 号

※

国防工业出版社出版发行
（北京市海淀区紫竹院南路 23 号　邮政编码 100048）
北京嘉恒彩色印刷有限责任公司印刷
新华书店经售

＊

开本 710×1000　1/16　**印张** 23¾　**字数** 465 千字
2016 年 11 月第 1 版第 1 次印刷　**印数** 1—2500 册　**定价** 108.00 元

国防书店：(010)88540777　　发行邮购：(010)88540776
发行传真：(010)88540755　　发行业务：(010)88540717

序

世界上第一台激光器于1960年诞生在美国,紧接着我国也于1961年研制出第一台国产激光器。激光的重要特性(亮度高、方向性强、单色性好、相干性好)决定了它五十多年来在技术与应用方面迅猛发展,并与多个学科相结合形成多个应用技术领域,比如光电技术、激光医疗与光子生物学、激光制造技术、激光检测与计量技术、激光全息技术、激光光谱分析技术、非线性光学、超快激光学、激光化学、量子光学、激光雷达、激光制导、激光同位素分离、激光可控核聚变、激光武器等。这些交叉技术与新的学科的出现,大大推动了传统产业和新兴产业的发展。可以说,激光技术是20世纪最具革命性的科技成果之一。我国也非常重视激光技术的发展,在《国家中长期科学与技术发展规划纲要(2006—2020年)》中,激光技术被列为八大前沿技术之一。

近些年来,我国在激光技术理论创新和学科发展方面取得了很多进展,在激光技术相关前沿领域取得了丰硕的科研成果,在激光技术应用方面取得了长足的进步。为了更好地推动激光技术的进一步发展,促进激光技术的应用,国防工业出版社策划并组织编写了这套丛书。策划伊始,定位即非常明确,要"凝聚原创成果,体现国家水平"。为此,专门组织成立了丛书的编辑委员会。为确保丛书的学术质量,又成立了丛书的学术委员会。这两个委员会的成员有所交叉,一部分人是几十年在激光技术领域从事研究与教学的老专家,一部分人是长期在一线从事激光技术与应用研究的中年专家。编辑委员会成员以丛书各分册的第一作者为主。周寿桓院士为编辑委员会主任,我们两位被聘为学术委员会主任。为达到丛书的出版目的,2012年2月23日两个委员会一起在成都召开了工作会议,绝大部分委员都参加了会议。会上大家进行了充分讨论,确定丛书书目、丛书特色、丛书架构、内容选取、作者选定、写作与出版计划等等,丛书的编写工作从那时就正式地开展起来了。

历时四年至今日,丛书已大部分编写完成。其间两个委员会做了大量的工作,又召开了多次会议,对部分书目及作者进行了调整,组织两个委员会的委员对编写大纲和书稿进行了多次审查,聘请专家对每一本书稿进行了审稿。

总体来说,丛书达到了预期的目的。丛书先后被评为"十二五"国家重点出版规划项目和国家出版基金项目。丛书本身具有鲜明特色:①丛书在内容上分三个部分,激光器、激光传输与控制、激光技术的应用,整体内容的选取侧重高功率高能激光技术及其应用;②丛书的写法注重了系统性,为方便读者阅读,采用了理论—技术—应用的编写体系;③丛书的成书基础好,是相关专家研究成果的总结和提炼,包括国家的各类基金项目,如973项目、863项目、国家自然科学基金项目、国防重点工程和预研项目等,书中介绍的很多理论成果、仪器设备、技术应用获得了国家发明奖和国家科技进步奖等众多奖项;④丛书作者均来自国内具有代表性的从事激光技术研究的科研院所和高等院校,包括国家、中科院、教育部的重点实验室以及创新团队等,这些单位承担了我国激光技术研究领域的绝大部分重大的科研项目,取得了丰硕的成果,有的成果创造了多项国际纪录,有的属国际首创,发表了大量高水平的具有国际影响力的学术论文,代表了国内激光技术研究的最高水平,特别是这些作者本身大都从事研究工作几十年,积累了丰富的研究经验,丛书中不仅有科研成果的凝练升华,还有着大量作者科研工作的方法、思路和心得体会。

综上所述,相信丛书的出版会对今后激光技术的研究和应用产生积极的重要作用。

感谢丛书两个委员会的各位委员、各位作者对丛书出版所做的奉献,同时也感谢多位院士在丛书策划、立项、审稿过程中给予的支持和帮助!

丛书起点高、内容新、覆盖面广、写作要求严,编写及组织工作难度大,作为丛书的学术委员会主任,很高兴看到丛书的出版,欣然写下这段文字,是为序,亦为总的前言。

金国藩 周炳琨

2015年3月

前言

自1960年梅曼发明了世界上第一台红宝石激光器以来,在应用需求的牵引下,激光模场及光束质量表征工作一直是人们关心的问题。系统掌握激光模场相关的基础知识和研究方法,并应用这些知识来指导激光器的设计及应用,对激光科学家和工程师等都是十分必要的。

本书以激光模场的描述、模场的叠加和光束质量测量为重点内容编写而成,从内容上可分为以下几个部分。第1章和第2章阐述了激光模场的解析表达和数值求解;第3章主要介绍了涡旋光场的特性;第4章着重从近场、远场和传输等三个方面来描述激光的光束质量;第5章研究了模式相干叠加和非相干叠加的场分布及光束质量;第6章和第7章主要针对光纤激光器开展研究,第6章研究了多模光纤激光器中泵浦光和信号光的分布情况,第7章介绍了光纤模式的多种测量方法,着重介绍了S^2法和F^2法测量光纤中的模式。本书的第3章主要由高春清完成,第1章、第2章、第4章至第7章主要由冯国英和周寿桓完成。

本书是以2006年以来作者在四川大学、中电集团11所、北京理工大学等单位从事本科生及研究生教学相关课程所用讲义和专题报告等为素材加以整理完善而成的。在编写过程中还广泛参考了这一领域发表的学术论文、硕士及博士论文和研究报告。每章末编入了参考文献,供进一步学习参考之用。本书力求较为全面和系统反映国内外在激光模场和光束质量评价领域的主要论文和有代表性的研究成果,其中包括国内外有重要意义的研究成果,也写入了作者及研究团队在国内外从事相关课题的研究体会,希望能编写一本适于高等院校光学、光学工程、物理电子学及电子科学与技术等专业高年级本科生和研究生的教材。本书可供上述专业高年级本科生、研究生以及相关领域的教师和科技人员参考。采用本书作为教材时,可按授课对象和需求对书中的章节进行选取。

李大义教授、陈建国教授仔细通览了本书初稿，提出了宝贵意见，李玮、傅玉青、杜永兆、阴明、胡丽荔、邓国亮、鲜佩、张涛、兰斌、张澍霖、戴深宇、梁井川、王国振等参与了本书源程序及文字等的编制工作，在此深表感谢！

限于编者水平且时间仓促，书中难免有欠妥之处，恳请读者批评指正，不胜感激！

冯国英　周寿桓　高春清

2016年7月

目录

第1章　激光模式的解析表达

第 2 章　模场的数值求解

第 3 章　涡旋光束

第4章 激光束的束宽及光束质量评价参数

第5章 激光模式的产生、线性传输及叠加

第6章 基于速率方程的光纤激光器模式分析

第7章 光纤模式的测量

第1章 激光模式的解析表达

激光的模式[1-6]一般是指光学谐振腔内电磁场可能存在的本征态。不同的模式对应于不同的光场分布和振荡频率,模式又可以分为纵模和横模。通常把由整数 j(纵模序数)所表征的谐振腔内纵向(设为 z 轴方向)的稳定场分布称为激光的纵模(或轴模)。不同的纵模对应不同的 j 值,对应不同的频率。而腔内电磁场在垂直于其传播方向的横向平面($x-y$ 面)内存在的稳定场分布则称为横模。不同的横模对应于不同的横向稳定光场分布和频率[7]。激光的模式一般用 TEM_{mnj}来标记,其中 j 为纵模序数,即纵向驻波波节数,一般为 $10^4 \sim 10^7$ 量级,通常不写出来。m,n 为横模序数,当 $m=0$ 且 $n=0$ 时为 TEM_{00} 基横模,即基模,其他情况则为高阶横模。对于矩形域情况,如 H-G_{mn} 模式,m 表示 x 方向暗区数,n 表示 y 方向暗区数。对于圆域情况,如 L-G_{pl} 模式,p 表示径向节线数即暗环数,l 表示角向节线数即暗直径数;而弱导阶跃光纤中的线偏振 LP_{mn} 模式,m 表示角向节线数即暗直径数,$n-1$ 表示径向节线数即暗环数。激光的横模与光束质量有重要关系。

在激光谐振腔中存在稳定的模场分布[5,6,8],获得腔中模场分布解析表达的关键在于建立正确的理论模型并做适当的简化。开腔式稳定腔的模式理论是以共焦腔模的解析理论为基础的。对于方形镜共焦腔,博伊德(Boyd)和戈登(Gordon)[1]用分离变量法进行严格的解析求解,得出的解是一组特殊定义的长椭球函数,在腔的菲涅尔数 N 值($N=a^2/(\lambda L)$)不很小时,可近似表示为厄米多项式与高斯函数乘积的形式;而对于圆形镜共焦腔,本征函数的解为超椭球函数,在菲涅尔数 N 不是很小的条件下,可近似表示为拉盖尔多项式、余弦(或正弦)函数和高斯函数乘积的形式。而对于光纤类的波导器件,在弱导近似下,英国学者 D. Gloge 提出了线偏振模简化解[9],即由贝塞尔函数和余弦(或正弦)函数表示的 LP_{mn} 模式。模式的解析解表达可使人们对模式的分布特点有一个清晰的了解。

1.1 传输方程

麦克斯韦成功地把前人在电磁学领域的研究经验总结成了一组方程,并且预言了电磁波的存在。电磁场随空间和时间周期性变化,形成电磁波的传输。光波就是电磁波。电磁场用电矢量 $\boldsymbol{E}$(电场强度)和磁感应强度 $\boldsymbol{B}$ 表示。要描写场对物质的作用,须引进第二套矢量,即电流密度矢量 $\boldsymbol{j}$、电位移矢量 $\boldsymbol{D}$(电感强度)、磁矢量 $\boldsymbol{H}$(磁场强度)。麦克斯韦方程组通常有积分和微分两种形式。微分形式的麦克斯韦方程组可以表示为[10]

$$\nabla \cdot \boldsymbol{D} = \rho \tag{1-1}$$

$$\nabla \cdot \boldsymbol{B} = 0 \tag{1-2}$$

$$\nabla \times \boldsymbol{E} = -\frac{\partial \boldsymbol{B}}{\partial t} \tag{1-3}$$

$$\nabla \times \boldsymbol{H} = \boldsymbol{J} + \frac{\partial \boldsymbol{D}}{\partial t} \tag{1-4}$$

式中:ρ 表示电荷密度;$\partial \boldsymbol{D}/\partial t$ 表示位移电流密度。算符

$$\nabla \equiv \boldsymbol{x}_0 \frac{\partial}{\partial x} + \boldsymbol{y}_0 \frac{\partial}{\partial y} + \boldsymbol{z}_0 \frac{\partial}{\partial z} \tag{1-5}$$

称为哈密顿(Hamilton)算子,$\boldsymbol{x}_0,\boldsymbol{y}_0,\boldsymbol{z}_0$ 分别为 x,y,z 坐标轴的单位矢量。设 F_x,F_y,F_z 分别为矢量场 $\boldsymbol{F}$ 在 x,y,z 坐标轴上的分量,则 $\nabla \cdot \boldsymbol{F}$ 表示矢量场 $\boldsymbol{F}$ 的散度(也记为 $\mathrm{div}\boldsymbol{F}$):

$$\nabla \cdot F = \left(\boldsymbol{x}_0 \frac{\partial}{\partial x} + \boldsymbol{y}_0 \frac{\partial}{\partial y} + \boldsymbol{z}_0 \frac{\partial}{\partial z}\right) \cdot (F_x \boldsymbol{x}_0 + F_y \boldsymbol{y}_0 + F_z \boldsymbol{z}_0) = \frac{\partial F_x}{\partial x} + \frac{\partial F_y}{\partial y} + \frac{\partial F_z}{\partial z} \tag{1-6}$$

$\nabla \times \boldsymbol{F}$ 表示矢量场 $\boldsymbol{F}$ 的旋度(也记为 $\mathrm{rot}\boldsymbol{F}$ 或 $\mathrm{curl}\boldsymbol{F}$):

$$\nabla \times \boldsymbol{F} = \begin{vmatrix} \boldsymbol{x}_0 & \boldsymbol{y}_0 & \boldsymbol{z}_0 \\ \frac{\partial}{\partial x} & \frac{\partial}{\partial y} & \frac{\partial}{\partial z} \\ F_x & F_y & F_z \end{vmatrix} = \left(\frac{\partial F_z}{\partial y} - \frac{\partial F_y}{\partial z}\right)\boldsymbol{x}_0 + \left(\frac{\partial F_x}{\partial z} - \frac{\partial F_z}{\partial x}\right)\boldsymbol{y}_0 + \left(\frac{\partial F_y}{\partial x} - \frac{\partial F_x}{\partial y}\right)\boldsymbol{z}_0 \tag{1-7}$$

标量场 $A(x,y,z)$ 的梯度可表示为 ∇A(也记为 $\mathrm{grad}A$):

$$\nabla A = \left(\boldsymbol{x}_0 \frac{\partial}{\partial x} + \boldsymbol{y}_0 \frac{\partial}{\partial y} + \boldsymbol{z}_0 \frac{\partial}{\partial z}\right) A(x,y,z) = \boldsymbol{x}_0 \frac{\partial A}{\partial x} + \boldsymbol{y}_0 \frac{\partial A}{\partial y} + \boldsymbol{z}_0 \frac{\partial A}{\partial z} \tag{1-8}$$

一般情况下,在光波导中既没有自由电荷也没有自由电流,因此这里 $\rho = 0$,$\boldsymbol{J} = 0$。当电磁场随时间以简谐规律 $e^{i\omega t}$ 变化时,麦克斯韦方程组可以表示为

$$\nabla \cdot \boldsymbol{D} = 0 \tag{1-9}$$

$$\nabla \cdot \boldsymbol{B} = 0 \tag{1-10}$$

$$\nabla \times \boldsymbol{E} = -\mathrm{i}\omega \boldsymbol{B} \tag{1-11}$$

$$\nabla \times \boldsymbol{H} = \mathrm{i}\omega \boldsymbol{D} \tag{1-12}$$

因此,结合物质方程[10]

$$D = \varepsilon E \tag{1-13}$$

$$B = \mu H \tag{1-14}$$

并且假设 ε 变化缓慢的情况下，可以得到光波导中关于电场强度 $\boldsymbol{E}$ 和磁场强度 $\boldsymbol{H}$ 的方程：

$$\nabla^2 \boldsymbol{E} + k^2 \boldsymbol{E} = 0 \tag{1-15}$$

$$\nabla^2 \boldsymbol{H} + k^2 \boldsymbol{H} = 0 \tag{1-16}$$

式中：

$$k^2 = \omega^2 \mu\varepsilon = k_0^2 n^2 \tag{1-17}$$

$$k_0 = \frac{2\pi}{\lambda} \tag{1-18}$$

$\nabla^2 = \frac{\partial^2}{\partial x^2} + \frac{\partial^2}{\partial y^2} + \frac{\partial^2}{\partial z^2}$称为拉普拉斯算符；$k_0$为真空中的波数；$\lambda$ 为工作波长；n 为介质折射率。式(1-15)、式(1-16)称为亥姆霍兹方程。式(1-15)也可写为如下形式：

$$\nabla^2 \boldsymbol{U}(x,y,z) + k^2 \boldsymbol{U}(x,y,z) = 0 \tag{1-19}$$

将电场表示为缓变振幅 $E(x,y,z)$和快变相位部分的乘积：

$$U(x,y,z) = E(x,y,z)\mathrm{e}^{\mathrm{i}kz} \tag{1-20}$$

将式(1-20)代入式(1-19)，在缓变振幅近似(SAV)下，忽略对 z 的二阶导数，可以得到近轴亥姆霍兹方程或近轴波方程：

$$\frac{\partial^2 E}{\partial x^2} + \frac{\partial^2 E}{\partial y^2} + 2\mathrm{i}k\frac{\partial E}{\partial z} = 0 \tag{1-21}$$

1.2　基模高斯光束

1.2.1　高斯模场的求解

容易证明，平面波和球面波是亥姆霍兹方程的两个特解，但平面波和球面波不适宜用来描述激光系统中的横模分布。为此，应寻找其他形式的特解来描述特定的光场分布，尤其是在激光谐振腔中振荡的光场和激光在传输放大过程中的光场。设试解：

$$E(x,y,z) = E_0 \mathrm{e}^{\mathrm{i}\left[P(z) + \frac{k(x^2+y^2)}{2q(z)}\right]} \tag{1-22}$$

式中：$P(z)$和 $q(z)$是两个复函数；$P(z)$代表相位移动因子；$q(z)$表征光束的参量。

式(1-22)对应于基模高斯光束，E_0为常数，与高斯光束振幅有关，由边界条件确定。令 $r^2 = x^2 + y^2$表示点(x,y)离传播轴 z 的距离的平方。式(1-21)和式(1-22)变为

$$\frac{\partial^2 E}{\partial r^2} + 2\mathrm{i}k\frac{\partial E}{\partial z} = 0 \tag{1-23}$$

$$E(r,z) = E_0 \mathrm{e}^{\mathrm{i}\left[P(z) + \frac{kr^2}{2q(z)}\right]} \tag{1-24}$$

将式(1-24)代入式(1-23),经过简单的运算得到

$$2k\left[\frac{\mathrm{d}P}{\mathrm{d}z} - \frac{\mathrm{i}}{q(z)}\right] + \left[\frac{k^2}{q^2(z)} - \frac{k^2}{q^2(z)}\frac{\mathrm{d}q}{\mathrm{d}z}\right]r^2 = 0 \tag{1-25}$$

由于式(1-25)对任意的 r 均成立,则 r 各幂的系数必须各自等于零,所以

$$\frac{\mathrm{d}q}{\mathrm{d}z} = 1 \tag{1-26}$$

$$\frac{\mathrm{d}P}{\mathrm{d}z} = \frac{\mathrm{i}}{q(z)} \tag{1-27}$$

从而得到解

$$q(z) = q_0 + z \tag{1-28}$$

$$P(z) = \mathrm{i}\ln\left(1 + \frac{z}{q_0}\right) \tag{1-29}$$

其中,q_0是在平面 $z=0$ 的束参量值。

将式(1-28)和式(1-29)代入式(1-24),有

$$\begin{aligned} E(r,z) &= E_0 \mathrm{e}^{\mathrm{i}P(z)} \mathrm{e}^{\frac{\mathrm{i}kr^2}{2q(z)}} \\ &= E_0\left(1 + \frac{z}{q_0}\right)^{-1} \mathrm{e}^{\frac{\mathrm{i}kr^2}{2(q_0+z)}} \end{aligned} \tag{1-30}$$

可以看出,相位随 z 而发生变化,在特定的位置 z 值处,相位将随径向变化,当 $R\to\infty$时,则无径向变化,将这个位置 z 选为原点 $z=0$,称为束腰。于是 z 即为距离束腰的位置。束腰处的复束参量 $q_0=q(0)$为虚数,表明在 $z=0$ 处的曲率半径无穷大,有

$$q_0 = -\mathrm{i}\frac{\pi w_0^2}{\lambda} = -\mathrm{i}\frac{1}{2}kw_0^2 = -\mathrm{i}Z_0 \tag{1-31}$$

式中:w_0为光束在束腰位置的光斑半径;Z_0为光束的瑞利长度或共焦参数,有

$$Z_0 = \frac{1}{2}kw_0^2 = \frac{\pi w_0^2}{\lambda} \tag{1-32}$$

当离开光束的束腰位置时,即 $z\neq 0$ 时,其 q 参数变为复数,实部代表距离束腰的位置,虚部仍然是光束的束腰信息和瑞利长度信息。其物理意义是在自由空间中传输的光束,它的束腰和瑞利长度是固定不变的。

将式(1-31)代入式(1-30),就得到了任意位置处 $E(r,z)$的表示式:

$$E(r,z) = E_0\left(1 + \frac{z}{-\mathrm{i}Z_0}\right)^{-1} \mathrm{e}^{\frac{\mathrm{i}kr^2}{2(-\mathrm{i}Z_0+z)}}$$

$$= E_0 \left(1 + \frac{iz}{Z_0}\right)^{-1} e^{\frac{-kr^2}{2(Z_0 + iz)}}$$

$$= E_0 \left(1 + iz/Z_0\right)^{-1} e^{\frac{-kr^2/Z_0}{2(1+iz/Z_0)}} \tag{1-33}$$

再将式(1-32)代入式(1-33),可进一步得到任意位置处 $E(r,z)$ 的表示式:

$$E(r,z) = \frac{E_0}{1 + iz/Z_0} e^{-\frac{r^2/w_0^2}{1+iz/Z_0}} \tag{1-34}$$

式(1-34)是亥姆霍兹方程式(1-19)在缓变振幅近似条件下得到的近轴波方程式(1-21)的一个特解。它的物理意义为:在 $z=0$ 处,形如式(1-22)的高斯光束[1,3-5],将以式(1-34)的方式在自由空间传输。

为了方便,引入实束参量 $R(z)$ 和 $w(z)$,分别代表光束在位置 z 处的等相面曲率半径和光斑半径,它们与 $q(z)$ 的关系为

$$\frac{1}{q(z)} = \frac{1}{R(z)} + i\frac{\lambda}{\pi w^2(z)} \tag{1-35}$$

由于

$$\frac{1}{q(z)} = \frac{1}{q_0 + z} = \frac{1}{z - iZ_0} = \frac{z + iZ_0}{z^2 + Z_0^2} = \frac{1}{z + Z_0^2/z} + \frac{i}{z^2/Z_0 + Z_0}$$

$$= \frac{1}{z(1 + Z_0^2/z^2)} + \frac{i}{Z_0(1 + z^2/Z_0^2)} \tag{1-36}$$

对比式(1-35)和式(1-36),可得

$$R(z) = z\left(1 + \frac{Z_0^2}{z^2}\right) \tag{1-37}$$

$$w^2(z) = w_0^2\left(1 + \frac{z^2}{Z_0^2}\right) \tag{1-38}$$

将式(1-35)代入式(1-30),可得

$$E(r,z) = E_0 e^{iP(z)} e^{\frac{ikr^2}{2q(z)}}$$

$$= E_0 \left(1 + \frac{z}{q_0}\right)^{-1} e^{\frac{ikr^2}{2}\left(\frac{1}{R} + i\frac{\lambda}{\pi w^2}\right)} \tag{1-39}$$

将式(1-38)代入式(1-39),可以改写为

$$E(r,z) = E_0 \left(1 + \frac{iz}{Z_0}\right)^{-1} e^{\frac{ikr^2}{2}\left(\frac{1}{R} + i\frac{\lambda}{\pi w^2}\right)}$$

$$= \frac{E_0}{\sqrt{1 + \left(\frac{z}{Z_0}\right)^2}} e^{-i\cdot\arctan\left(\frac{z}{Z_0}\right)} e^{-\frac{r^2}{w^2(z)}} e^{\frac{ikr^2}{2R(z)}} \tag{1-40}$$

将式(1-38)代入式(1-40),则式(1-39)可以改写为

$$E(r,z) = \frac{E_0 w_0}{w(z)} e^{-\frac{r^2}{w^2(z)}} e^{i\left[\frac{kr^2}{2R(z)} - \psi(z)\right]} \tag{1-41}$$

将式(1-41)代入式(1-20),可得到基模高斯光束的完整表达形式为

$$U(r,z)=E_0\frac{w_0}{w(z)}\mathrm{e}^{-\frac{r^2}{w^2(z)}}\mathrm{e}^{\mathrm{i}k\left[\frac{r^2}{2R(z)}+z\right]-\mathrm{i}\psi(z)} \tag{1-42}$$

基模高斯光束在自由空间中的传输参量如下:

(1) 高斯光束的光斑半径为

$$w(z)=w_0\sqrt{1+(z/Z_0)^2} \tag{1-43}$$

(2) 等相面曲率半径为

$$R(z)=Z_0\left(\frac{z}{Z_0}+\frac{Z_0}{z}\right) \tag{1-44}$$

(3) 高斯光束的相位因子为

$$\psi(z)=\arctan\frac{z}{Z_0} \tag{1-45}$$

(4) 瑞利长度为

$$Z_0=\pi w_0^2/\lambda \tag{1-46}$$

(5) 高斯光束的发散角定义为

$$\theta_0=\lim_{z\to\infty}\frac{w(z)}{z} \tag{1-47}$$

1.2.2 基本性质

性质1　根据式(1-42)和式(1-43)可知,当给定一个 z 值时,高斯光束的场振幅是高斯函数 $\mathrm{e}^{-r^2/w^2(z)}$ 的形式,也就是光轴上($r=0$)的光强最强,然后向四周平滑地减小。将等式(1-43)做变形处理,可以得到

$$\frac{w^2(z)}{w_0^2}-\frac{z^2}{Z_0^2}=1 \tag{1-48}$$

图1-1给出了高斯光束光斑半径随坐标 z 的变化曲线,明显可见满足双曲线的变化规律,当 $z=0$ 时光束的光斑半径取最小值 w_0。

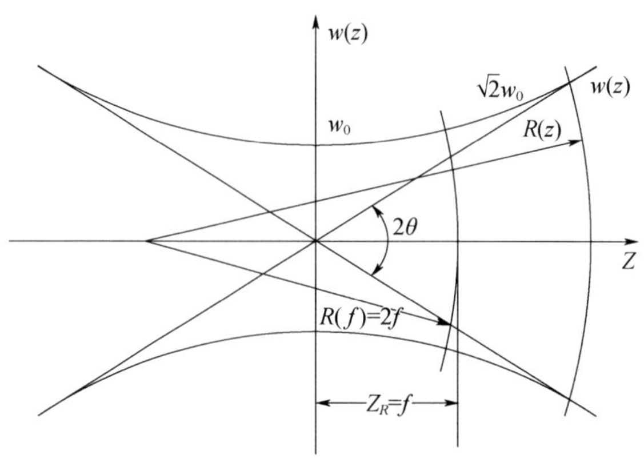

图1-1　高斯光束

性质 2　由式(1 - 42)可知,满足

$$k\left[\frac{r^2}{2R(z)}+z\right]-\psi(z)=常数 \tag{1-49}$$

的所有点具有相同的相位,组成了高斯光束的等相位面。在近轴情况下,$\psi(z)$ 可以省略。所以,上面的等式又可以写为

$$\frac{r^2}{2R(z)}+z=常数 \tag{1-50}$$

结合式(1 - 44)可以得到这样的结论:当 $z=0$ 时,$R(z)\to\infty$,也就是说在 $z=0$ 处,等相位面是一个平面。当 $z\ll Z_0$ 时,$R(z)\approx Z_0^2/z$,即 $R(z)$ 为一个很大的值,这时也可以近似认为等相位面是一个平面;当 $z=\pm Z_0$ 时,$R(\pm Z_0)=2Z_0$,这时的等相面曲率半径取到最小值 $2Z_0$;当 $z\gg Z_0$ 时,$R(z)\approx z$,即等相面曲率半径趋向于 z。等相位面是一个中心点在 z 轴上不固定的球面,具体与光的传输过程有关。

性质 3　瑞利长度的物理定义:当光斑半径从最小光斑尺寸 w_0(束腰)的位置($z_0=0$)变化到光斑半径为$\sqrt{2}w_0$ 的位置 Z_0时光传输的距离,也就是光斑面积变为原来的 2 倍的位置。通常用 Z_R 表示瑞利距离。实际上在以最小光斑位置 z_0 为中心的 $\pm Z_R$ 距离内,称为高斯光束的准直范围,因为在这个范围内,高斯光束可以认为是平面波。因此,Z_R 越大,说明光束的准直范围越大,也就是准直性越好。

性质 4　在瑞利距离以外,光束迅速发散,当 $z\to\infty$时,远场发散角(半角)定义为 z 轴与通过原点的该处双曲线的切线之间的夹角,也可以定义为无穷远处光斑半径对应的正切角,表达式如下:

$$\theta=\lim_{z\to\infty}\frac{w(z)}{z}=\lim_{z\to\infty}\frac{w_0\sqrt{1+\left(\frac{\lambda z}{\pi w_0^2}\right)^2}}{z}=\frac{\lambda}{\pi w_0} \tag{1-51}$$

计算可以得到,基模高斯光束在全角 2θ 里面包含的能量,占光束总能量的 86.5%。

在垂直于传输方向的平面上,高斯光束的场振幅按高斯函数从中心向外平滑地减小。图 1 - 2 给出了束腰为 0.5mm 的高斯光束的光强分布。高斯光束的光斑半径随着传输距离按照双曲线$\frac{w^2(z)}{w_0^2}-\frac{z^2}{Z_0^2}=1$ 的规律向外扩展,如图 1 - 3 所示。

1.2.3　高斯光束 q 参数

图 1 - 4 中,在光轴 z 位置上的高斯光束可由等相面曲率半径 $R(z)$、光斑半径 $w(z)$ 和 z 三个参量中的任意两个来确定,为简便起见,多采用复参数 q 来描述。

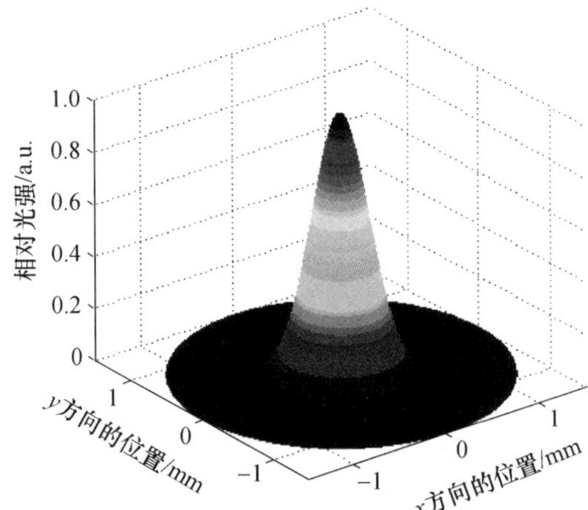

图 1－2　高斯光束的光强分布

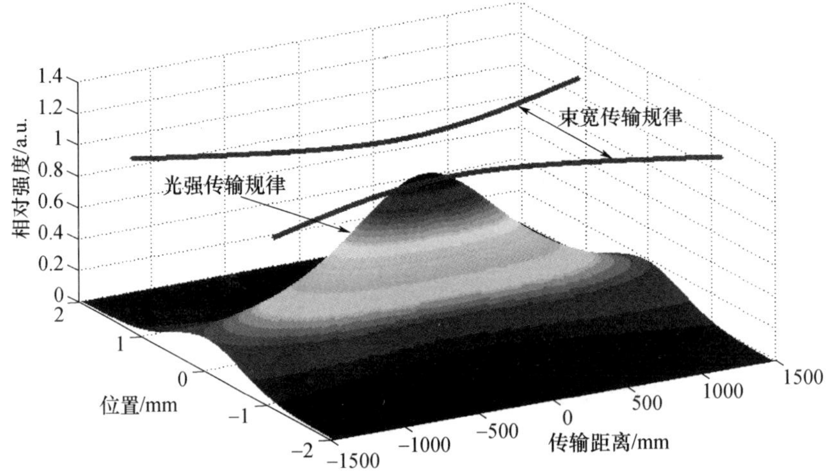

图 1－3　高斯光束束腰宽度及光强的传输规律

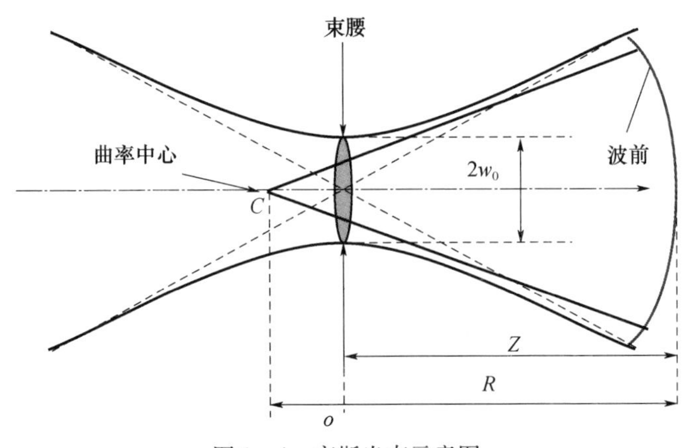

图 1－4　高斯光束示意图

只考虑 xoz 面或 yoz 面上的高斯光束时，高斯光束的 q 参数可以简单定义为

$$q = l - \mathrm{i}\frac{\pi w_0^2}{\lambda} \tag{1-52}$$

则有

$$l = \mathrm{Re}(q) \tag{1-53}$$

$$w_0^2 = \frac{\lambda}{\pi}\mathrm{Im}(q) \tag{1-54}$$

式中：l 表示距离束腰的位置；w_0 表示束腰半径；Re 表示对复数取实部；Im 表示对复数取虚部。

$$q^{-1} = \frac{1}{R} + \mathrm{i}\frac{\lambda}{\pi w^2} \tag{1-55}$$

则有

$$\frac{1}{R} = \mathrm{Re}(q^{-1}) \tag{1-56}$$

$$\frac{1}{w^2} = \frac{\pi}{\lambda}\mathrm{Im}(q^{-1}) \tag{1-57}$$

式中：R 为光束的等相面曲率半径；w 为光束的光斑半径。

因为用 q 参数描述高斯光束简便、规范，所以这里利用 q 参数来讨论高斯光束的传输变换问题。

1.2.4　*ABCD* 定律

理论已经证明，高斯光束 q 参数通过变换矩阵为 $\boldsymbol{M} = \begin{bmatrix} A & B \\ C & D \end{bmatrix}$ 的光学系统，其变换亦遵循 $ABCD$ 定律，即

$$q_2 = \frac{Aq_1 + B}{Cq_1 + D} \tag{1-58}$$

或

$$q_2^{-1} = \frac{C + Dq_1^{-1}}{A + Bq_1^{-1}} \tag{1-59}$$

式中：q_1 和 q_1^{-1} 为传输变换前的 q 参数；q_2 和 q_2^{-1} 为传输变换后的 q 参数。若高斯光束通过具有多个光学元件的光学系统，则如前面所述，变换矩阵 $\boldsymbol{M}$ 仍由各光学元件变换矩阵 $M_1, M_2, \cdots, M_n$ 的乘积所确定。当 q_1（或 q_1^{-1}）参数和 $M_1, M_2, \cdots, M_n$ 等已知时，由 $ABCD$ 定律就可以求出任意位置 z 处的 q（或 q^{-1}）参数，然后根据该参数进行分离实、虚部的运算，就可以得到此位置的等相面曲率半径 $R(z)$、光斑半径 $w(z)$、距离束腰的位置和束腰半径等。

由上面的分析可以看出，高斯光束 q 和 $ABCD$ 定律的结合提供了一种研究

高斯光束传输变换的重要方法,具有重要的意义。

1.2.5 谐振腔中的 q 参数

设激光谐振腔中的高斯光束用 q 参数表示,设腔镜1处往返一周的传输矩阵为$\begin{bmatrix} a & b \\ c & d \end{bmatrix}$,谐振光束的 q(和 q^{-1})参数满足自再现条件:

$$q^{-1}=\frac{c+dq^{-1}}{a+bq^{-1}} \tag{1-60}$$

$$q=\frac{aq+b}{cq+d} \tag{1-61}$$

求解 q(和 q^{-1})参数,可得

$$q^{-1}=\frac{d-a}{2b}\pm \mathrm{i}\frac{\sqrt{1-\left(\frac{a+d}{2}\right)^2}}{b},\quad b\neq 0 \tag{1-62}$$

$$q^{-1}=\frac{c}{a-d},\quad b=0 \tag{1-63}$$

$$q=\frac{a-d}{2c}\pm \mathrm{i}\frac{\sqrt{1-\left(\frac{a+d}{2}\right)^2}}{c},\quad c\neq 0 \tag{1-64}$$

$$q=\frac{b}{d-a},\quad c=0 \tag{1-65}$$

在数值求解 q 参数时会出现多解,选解法则为:应取使光束束半宽平方为正的解。

求出 q 参数后,将其实部和虚部分开,实部、虚部分别对应于光束的束腰位置和束腰半径。利用 $ABCD$ 定律,则可以求出高斯光束经过光学系统变换后的光束参数,从而得到光束传输变换后的束腰位置和束腰半径。

求出 q^{-1}参数后,将其实部和虚部分开,实部、虚部分别对应于光束的等相面曲率半径和光斑半径。利用 $ABCD$ 定律,可以求出高斯光束经过光学系统变换后的光束参数,从而得到光束传输变换后的等相面曲率半径和光斑半径。

激光谐振腔的稳定性有多种判别法,其中以用光腔本征值判别较为简明。以镜 S_1 为参考,设往返一周矩阵的本征矢量$\begin{bmatrix} r \\ \boldsymbol{\theta} \end{bmatrix}$($r$ 和 $\boldsymbol{\theta}$ 分别为空间光线的位置和方向矢量)对应的本征值为 λ,它可由解方程$\begin{vmatrix} A-\lambda E & B \\ C & D-\lambda E \end{vmatrix}=0$ 得出。本征值 λ 共有2个。若 λ 由两对共轭复数组成,则光腔为约束稳定腔,本征光束为基模高斯光束;若 λ 由互为倒数的实数组成,则光腔为非稳腔,本征光束为点光束。

注意:当 $\lambda = \pm 1$ 时为临界腔,复波前分析法失效。

1.2.6 高斯光束 $\boldsymbol{Q}$ 参数

$\boldsymbol{Q}$ 参数是 q 参数的推广。若激光束是非旋转对称的,则需要用 $\boldsymbol{Q}$(或 $\boldsymbol{Q}^{-1}$)参数来描述光束的特性,有

$$\boldsymbol{Q}^{-1} = \begin{bmatrix} q_{xx}^{-1} & q_{xy}^{-1} \\ q_{xy}^{-1} & q_{yy}^{-1} \end{bmatrix} = \begin{bmatrix} \dfrac{1}{R_{xx}} + \mathrm{i}\dfrac{\lambda}{\pi w_{xx}^2} & \dfrac{1}{R_{xy}} + \mathrm{i}\dfrac{\lambda}{\pi w_{xy}^2} \\ \dfrac{1}{R_{xy}} + \mathrm{i}\dfrac{\lambda}{\pi w_{xy}^2} & \dfrac{1}{R_{yy}} + \mathrm{i}\dfrac{\lambda}{\pi w_{yy}^2} \end{bmatrix} \tag{1-66}$$

$$\boldsymbol{Q} = \begin{bmatrix} q_{xx} & q_{xy} \\ q_{xy} & q_{yy} \end{bmatrix} = \begin{bmatrix} l_{xx} - \mathrm{i}\dfrac{\pi w_{0xx}^2}{\lambda} & l_{xy} - \mathrm{i}\dfrac{\pi w_{0xy}^2}{\lambda} \\ l_{xy} - \mathrm{i}\dfrac{\pi w_{0xy}^2}{\lambda} & l_{yy} - \mathrm{i}\dfrac{\pi w_{0yy}^2}{\lambda} \end{bmatrix} \tag{1-67}$$

在式(1-66)和式(1-67)中,2×2 矩阵的主对角元素分别表示光束在 x 方向和 y 方向的特征,两个反对角元素相等,则表示光束在交叉方向的信息。对角化的简单像散高斯光束有 $q_{xy}^{-1}=0$,$q_{xx}^{-1} \neq q_{yy}^{-1}$,$q_{xy}=0$,$q_{xx} \neq q_{yy}$;对圆对称高斯光束则有 $q_{xx}^{-1}=q_{yy}^{-1}=q^{-1}$。

1.2.7 $ABCD$ 定律

理论已经证明,高斯光束 $\boldsymbol{Q}$(或 $\boldsymbol{Q}^{-1}$)参数通过 4×4 变换矩阵为 $\boldsymbol{M}=\begin{bmatrix} \mathbb{A} & \mathbb{B} \\ \mathbb{C} & \mathbb{D} \end{bmatrix}$的光学系统,其变换亦遵循 $\mathbb{ABCD}$ 定律,即

$$\boldsymbol{Q}_2 = \frac{\boldsymbol{AQ}_1 + \boldsymbol{B}}{\boldsymbol{CQ}_1 + \boldsymbol{D}} \tag{1-68}$$

或

$$\boldsymbol{Q}_2^{-1} = \frac{\boldsymbol{C} + \boldsymbol{DQ}_1^{-1}}{\boldsymbol{A} + \boldsymbol{BQ}_1^{-1}} \tag{1-69}$$

式中:$\boldsymbol{Q}_1$ 和 $\boldsymbol{Q}_1^{-1}$ 参数为传输变换前的 $\boldsymbol{Q}$ 参数;$\boldsymbol{Q}_2$ 和 $\boldsymbol{Q}_2^{-1}$ 参数为传输变换后的 $\boldsymbol{Q}$ 参数。若高斯光束通过具有多个光学元件的光学系统,则如前面所述,变换矩阵 $\boldsymbol{M}$ 仍由各光学元件变换矩阵 $\boldsymbol{M}_1,\boldsymbol{M}_2,\cdots,\boldsymbol{M}_n$ 的乘积所确定。当 $\boldsymbol{Q}_1$(或 $\boldsymbol{Q}_1^{-1}$)参数和 $\boldsymbol{M}_1,\boldsymbol{M}_2,\cdots,\boldsymbol{M}_n$ 等已知时,由$\mathbb{ABCD}$ 定律就可以求出任意位置 z 处的 $\boldsymbol{Q}_2$(或 $\boldsymbol{Q}_2^{-1}$)参数,若将 2×2 矩阵的主对角矩阵元分别分离实部、虚部,就可得到光束在 x 方向和 y 方向的等相面曲率半径 R_{xx} 和 R_{yy}、光斑半径 w_{xx} 和 w_{yy}、距离束腰的位置 l_{xx} 和 l_{yy},以及束腰半径 w_{0xx} 和 w_{0yy} 等;若将 2×2 矩阵的反对角矩阵元分别分离实部、虚部,就可得到光束在交叉方向的等相面曲率半径 R_{xy}、光斑半径

w_{xy}、距离束腰的位置 l_{xy} 和束腰半径 w_{0xy} 等。

1.2.8 谐振腔中的 Q 参数

一般的非轴对称腔如图 1-5 所示。谐振腔的非轴对称腔镜 S_1（左）、S_2（右）的变换矩阵分别是 $\begin{bmatrix} \boldsymbol{E} & \boldsymbol{O} \\ \boldsymbol{R}_1 & \boldsymbol{E} \end{bmatrix}$ 和 $\begin{bmatrix} \boldsymbol{E} & \boldsymbol{O} \\ \boldsymbol{R}_2 & \boldsymbol{E} \end{bmatrix}$，其中 $\boldsymbol{E}=\begin{bmatrix} 1 & 0 \\ 0 & 1 \end{bmatrix}$，$\boldsymbol{O}=\begin{bmatrix} 0 & 0 \\ 0 & 0 \end{bmatrix}$。若镜 S_1 的两个主曲率方向与 x、y 轴交角为 θ，镜 S_2 的两个主曲率方向与 x、y 轴重合，则有

$$\boldsymbol{R}_1=\boldsymbol{\Theta}^{-1}\begin{bmatrix} -\dfrac{2}{R_{1x}} & 0 \\ 0 & -\dfrac{2}{R_{1y}} \end{bmatrix}\boldsymbol{\Theta} \tag{1-70}$$

$$\boldsymbol{R}_2=\begin{bmatrix} -\dfrac{2}{R_{2x}} & 0 \\ 0 & -\dfrac{2}{R_{2y}} \end{bmatrix} \tag{1-71}$$

式中：R_{ix}，R_{iy} 分别为镜 $S_i(i=1,2)$ 的两个主曲率半径；$\boldsymbol{\Theta}=\begin{bmatrix} \cos\theta & \sin\theta \\ -\sin\theta & \cos\theta \end{bmatrix}$，$\boldsymbol{\Theta}$ 的逆为 $\boldsymbol{\Theta}^{-1}=\begin{bmatrix} \cos\theta & -\sin\theta \\ \sin\theta & \cos\theta \end{bmatrix}$。

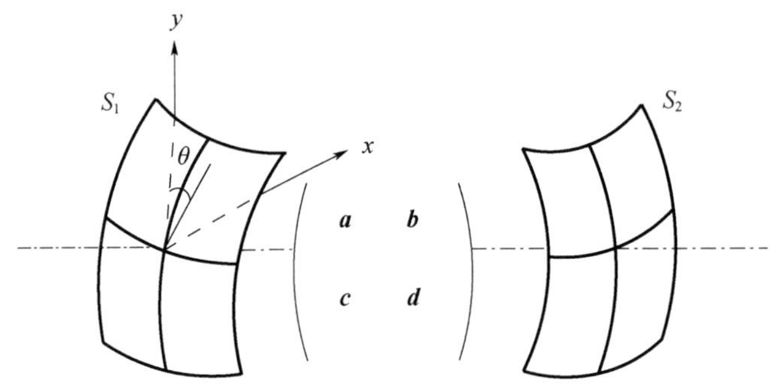

图 1-5 一般的非轴对称腔

以镜 S_1 为参考，在谐振腔中往返一周的传输矩阵为

$$\begin{aligned}\begin{bmatrix} \mathbb{A} & \mathbb{B} \\ \mathbb{C} & \mathbb{D} \end{bmatrix} &= \begin{bmatrix} \boldsymbol{d}^{\mathrm{T}} & \boldsymbol{b}^{\mathrm{T}} \\ \boldsymbol{c}^{\mathrm{T}} & \boldsymbol{a}^{\mathrm{T}} \end{bmatrix}\begin{bmatrix} \boldsymbol{E} & \boldsymbol{O} \\ \boldsymbol{R}_2 & \boldsymbol{E} \end{bmatrix}\begin{bmatrix} \boldsymbol{a} & \boldsymbol{b} \\ \boldsymbol{c} & \boldsymbol{d} \end{bmatrix}\begin{bmatrix} \boldsymbol{E} & \boldsymbol{O} \\ \boldsymbol{R}_1 & \boldsymbol{E} \end{bmatrix} \\ &= \begin{bmatrix} (\boldsymbol{d}^{\mathrm{T}}\boldsymbol{a}+\boldsymbol{b}^{\mathrm{T}}\boldsymbol{c})+(\boldsymbol{d}^{\mathrm{T}}\boldsymbol{b}+\boldsymbol{b}^{\mathrm{T}}\boldsymbol{d})\boldsymbol{R}_1+\boldsymbol{b}^{\mathrm{T}}\boldsymbol{R}_2(\boldsymbol{a}+\boldsymbol{b}\boldsymbol{R}_1) & \boldsymbol{d}^{\mathrm{T}}\boldsymbol{b}+\boldsymbol{b}^{\mathrm{T}}\boldsymbol{R}_2\boldsymbol{b}+\boldsymbol{b}^{\mathrm{T}}\boldsymbol{d} \\ (\boldsymbol{c}^{\mathrm{T}}\boldsymbol{a}+\boldsymbol{a}^{\mathrm{T}}\boldsymbol{c})+(\boldsymbol{a}^{\mathrm{T}}\boldsymbol{d}+\boldsymbol{c}^{\mathrm{T}}\boldsymbol{b})\boldsymbol{R}_1+\boldsymbol{a}^{\mathrm{T}}\boldsymbol{R}_2(\boldsymbol{a}+\boldsymbol{b}\boldsymbol{R}_1) & (\boldsymbol{a}^{\mathrm{T}}\boldsymbol{d}+\boldsymbol{c}^{\mathrm{T}}\boldsymbol{b})+\boldsymbol{a}^{\mathrm{T}}\boldsymbol{R}_2\boldsymbol{b} \end{bmatrix}\end{aligned} \tag{1-72}$$

式中：$\begin{bmatrix} \boldsymbol{a} & \boldsymbol{b} \\ \boldsymbol{c} & \boldsymbol{d} \end{bmatrix}$为由镜1到镜2的单程变换4×4矩阵；上标"T"表示矩阵的转置运算。由式(1-72)可知，对此种非轴对称腔，在镜面处有

$$\boldsymbol{B}^{\mathrm{T}} = \boldsymbol{B} \tag{1-73}$$

设腔内谐振光束在镜S_1处有参数$\boldsymbol{Q}_1^{-1} = \begin{bmatrix} q_{xx1}^{-1} & q_{xy1}^{-1} \\ q_{xy1}^{-1} & q_{yy1}^{-1} \end{bmatrix}$，代入自再现条件：

$$\boldsymbol{Q}_1^{-1} = (\mathbb{C} + \mathbb{D}\boldsymbol{Q}_1^{-1})(\mathbb{A} + \mathbb{B}\boldsymbol{Q}_1^{-1})^{-1} \tag{1-74}$$

进一步得到

$$\boldsymbol{Q}_1^{-1} = \boldsymbol{B}^{-1}\left(\frac{\boldsymbol{D}^{\mathrm{T}} - \boldsymbol{A}}{2}\right) \pm \mathrm{i}\boldsymbol{B}^{-1}\sqrt{\boldsymbol{E} - \left(\frac{\boldsymbol{A} + \boldsymbol{D}^{\mathrm{T}}}{2}\right)^2}, \quad \det(\boldsymbol{B}) \neq 0 \tag{1-75}$$

式中："det"表示对矩阵求行列式的值。

在数值求解时$\boldsymbol{Q}_1^{-1}$会出现多解，选解法则为：应取使光束束半宽平方为正的解。

求出$\boldsymbol{Q}_1^{-1}$参数后，将矩阵元的实部和虚部分开，左上角元素的实部、虚部分别对应于镜S_1处光束在x方向波面曲率半径和光斑半径，右下角元素的实部、虚部分别对应于镜S_1处光束在y方向波面曲率半径和光斑半径。当求出镜S_1处的$\boldsymbol{Q}_1^{-1}$参数后，利用$\mathbb{ABCD}$定律可以求出腔内任意位置的$\boldsymbol{Q}^{-1}$参数，从而得到该处的光束的波面曲率半径和光斑半径等信息。

以镜S_2为参考，在谐振腔中往返一周的传输矩阵为

$$\begin{aligned} \begin{bmatrix} \mathbb{A}' & \mathbb{B}' \\ \mathbb{C}' & \mathbb{D}' \end{bmatrix} &= \begin{bmatrix} \boldsymbol{a} & \boldsymbol{b} \\ \boldsymbol{c} & \boldsymbol{d} \end{bmatrix} \begin{bmatrix} \boldsymbol{E} & \boldsymbol{O} \\ \boldsymbol{R}_1 & \boldsymbol{E} \end{bmatrix} \begin{bmatrix} \boldsymbol{d}^{\mathrm{T}} & \boldsymbol{b}^{\mathrm{T}} \\ \boldsymbol{c}^{\mathrm{T}} & \boldsymbol{a}^{\mathrm{T}} \end{bmatrix} \begin{bmatrix} \boldsymbol{E} & \boldsymbol{O} \\ \boldsymbol{R}_2 & \boldsymbol{E} \end{bmatrix} \\ &= \begin{bmatrix} (\boldsymbol{ad}^{\mathrm{T}} + \boldsymbol{bc}^{\mathrm{T}}) + (\boldsymbol{ab}^{\mathrm{T}} + \boldsymbol{ba}^{\mathrm{T}})\boldsymbol{R}_2 + \boldsymbol{bR}_1(\boldsymbol{d}^{\mathrm{T}} + \boldsymbol{b}^{\mathrm{T}}\boldsymbol{R}_2) & (\boldsymbol{ab}^{\mathrm{T}} + \boldsymbol{ba}^{T}) + \boldsymbol{bR}_1\boldsymbol{b}^{\mathrm{T}} \\ (\boldsymbol{cd}^{\mathrm{T}} + \boldsymbol{dc}^{\mathrm{T}}) + (\boldsymbol{cb}^{\mathrm{T}} + \boldsymbol{da}^{\mathrm{T}})\boldsymbol{R}_2 + \boldsymbol{dR}_1(\boldsymbol{d}^{\mathrm{T}} + \boldsymbol{b}^{\mathrm{T}}\boldsymbol{R}_2) & (\boldsymbol{da}^{\mathrm{T}} + \boldsymbol{cb}^{\mathrm{T}}) + \boldsymbol{dR}_1\boldsymbol{b}^{\mathrm{T}} \end{bmatrix} \end{aligned} \tag{1-76}$$

且有

$$\boldsymbol{B}'^{\mathrm{T}} = \boldsymbol{B}' \tag{1-77}$$

同理可得腔内谐振光束在镜S_2处有参数$\boldsymbol{Q}_2^{-1} = \begin{bmatrix} q_{xx2}^{-1} & q_{xy2}^{-1} \\ q_{xy2}^{-1} & q_{yy2}^{-1} \end{bmatrix}$，代入自再现条件：

$$\boldsymbol{Q}_2^{-1} = (\boldsymbol{C}' + \boldsymbol{D}'\boldsymbol{Q}_2^{-1})(\boldsymbol{A}' + \boldsymbol{B}'\boldsymbol{Q}_2^{-1})^{-1} \tag{1-78}$$

可得

$$\boldsymbol{Q}_2^{-1} = \boldsymbol{B}'^{-1}\left(\frac{\boldsymbol{D}'^{\mathrm{T}} - \boldsymbol{A}'}{2}\right) \pm \mathrm{i}\boldsymbol{B}'^{-1}\sqrt{\boldsymbol{E} - \left(\frac{\boldsymbol{A}' + \boldsymbol{D}'^{\mathrm{T}}}{2}\right)^2}, \quad \det(\boldsymbol{B}') \neq 0 \tag{1-79}$$

引入光腔 $\boldsymbol{G}$ 参数矩阵：

$$\boldsymbol{G}_1 = \boldsymbol{a} + \frac{1}{2}\boldsymbol{b}\boldsymbol{R}_1 \tag{1-80}$$

$$\boldsymbol{G}_2 = \boldsymbol{d}^{\mathrm{T}} + \frac{1}{2}\boldsymbol{b}^{\mathrm{T}}\boldsymbol{R}_2 \tag{1-81}$$

则在镜 S_1 处谐振腔往返一周的矩阵式(1-72)可写为

$$\begin{bmatrix} \mathbb{A} & \mathbb{B} \\ \mathbb{C} & \mathbb{D} \end{bmatrix} = \begin{bmatrix} 4\boldsymbol{G}_2\boldsymbol{G}_1 - 2\boldsymbol{G}_2\boldsymbol{a} - \boldsymbol{E} & 2\boldsymbol{G}_2\boldsymbol{b} \\ 4\boldsymbol{b}^{-1}\boldsymbol{a}_2\boldsymbol{G}_2\boldsymbol{G}_1 - 2\boldsymbol{b}^{-1}\boldsymbol{G}_1 - 2\boldsymbol{b}^{-1}\boldsymbol{a}_2\boldsymbol{G}_2\boldsymbol{a} & 2\boldsymbol{d}^{\mathrm{T}}\boldsymbol{G}_2^{\mathrm{T}} - \boldsymbol{E} \end{bmatrix} \tag{1-82}$$

式中:上标“-1”表示对矩阵求逆。

由式(1-73)可知

$$\boldsymbol{G}_2\boldsymbol{b} = \boldsymbol{b}^{\mathrm{T}}\boldsymbol{G}_2^{\mathrm{T}} \tag{1-83}$$

由自再现条件,腔内谐振光束在镜 S_1 处的参数 $\boldsymbol{Q}_1^{-1} = \begin{bmatrix} q_{xx1}^{-1} & q_{xy1}^{-1} \\ q_{xy1}^{-1} & q_{yy1}^{-1} \end{bmatrix}$ 表示为

$$\boldsymbol{Q}_1^{-1} = -\frac{1}{2}\boldsymbol{R}_1 \pm \mathrm{i}\boldsymbol{b}^{-1}\boldsymbol{G}_2^{-1}\sqrt{\boldsymbol{G}_2\boldsymbol{G}_1(\boldsymbol{E} - \boldsymbol{G}_2\boldsymbol{G}_1)} \tag{1-84}$$

由式(1-70)和式(1-84)可见,光束在镜 S_1 处的等相面曲率半径为

$$\boldsymbol{R}_1 = \boldsymbol{\Theta}^{-1}\begin{bmatrix} \dfrac{1}{R_{1x}} & 0 \\ 0 & \dfrac{1}{\boldsymbol{R}_{1y}} \end{bmatrix}\boldsymbol{\Theta} \tag{1-85}$$

可见,光束在镜 S_1 处的等相面曲率半径与该镜面曲率半径一致。

以镜 S_2 为参考,往返一周的传输矩阵为

$$\begin{bmatrix} \mathbb{A}' & \mathbb{B}' \\ \mathbb{C}' & \mathbb{D}' \end{bmatrix} = \begin{bmatrix} 4\boldsymbol{G}_1\boldsymbol{G}_2 - 2\boldsymbol{G}_1\boldsymbol{d}^{\mathrm{T}} - \boldsymbol{E} & 2\boldsymbol{G}_1\boldsymbol{b}^{\mathrm{T}} \\ 4\boldsymbol{d}\boldsymbol{b}^{-1}\boldsymbol{G}_1\boldsymbol{G}_2 - 2\boldsymbol{b}^{-1\mathrm{T}}\boldsymbol{G}_2 - 2\boldsymbol{d}\boldsymbol{b}^{-1}\boldsymbol{G}_1\boldsymbol{d}^{\mathrm{T}} & 2\boldsymbol{d}\boldsymbol{G}_1^{\mathrm{T}} - \boldsymbol{E} \end{bmatrix} \tag{1-86}$$

由式(1-77)可知

$$\boldsymbol{G}_1\boldsymbol{b}^{\mathrm{T}} = \boldsymbol{b}\boldsymbol{G}_1^{\mathrm{T}} \tag{1-87}$$

同理可得镜 S_2 处的参数 $\boldsymbol{Q}_2^{-1} = \begin{bmatrix} q_{xx2}^{-1} & q_{xy2}^{-1} \\ q_{xy2}^{-1} & q_{yy2}^{-1} \end{bmatrix}$ 表示为

$$\boldsymbol{Q}_2^{-1} = -\frac{1}{2}\boldsymbol{R}_2 \pm \mathrm{i}\,(b^{\mathrm{T}})^{-1}\boldsymbol{G}_1^{-1}\sqrt{\boldsymbol{G}_1\boldsymbol{G}_2(\boldsymbol{E} - \boldsymbol{G}_1\boldsymbol{G}_2)} \tag{1-88}$$

由式(1-71)和式(1-88)可见,光束在镜 S_2 处的等相面曲率半径为

$$\boldsymbol{R}_2 = \begin{bmatrix} \dfrac{1}{R_{2x}} & 0 \\ 0 & \dfrac{1}{R_{2y}} \end{bmatrix} \tag{1-89}$$

可见,光束在镜 S_2 处的等相面曲率半径与该镜面曲率半径一致。

谐振腔中的 $\boldsymbol{Q}_1^{-1}$ 和 $\boldsymbol{Q}_2^{-1}$ 的表达式成立的条件是转置对称性:$\boldsymbol{B}^{\mathrm{T}}=\boldsymbol{B}$ 和 $\boldsymbol{B}'^{\mathrm{T}}=\boldsymbol{B}$。这两个条件对驻波腔的腔镜处是成立的,但若计算参考面取在腔内任意位置,则不一定成立;另外对非轴对称环形腔,即使在腔镜处,它们也未必成立。当用 $\boldsymbol{Q}$ 参数研究这类问题时,可以用参考面移动技巧来解决。现对该技巧说明如下:

设 RP 为非轴对称腔内某一参考面,以该处为起点,往返一周传输矩阵设为 $\begin{bmatrix}\mathbb{A} & \mathbb{B}\\ \mathbb{C} & \mathbb{D}\end{bmatrix}$,其中 $\mathbb{B}$ 不满足转置对称性,即 $\mathbb{B}^{\mathrm{T}}\neq\mathbb{B}$。将计算参考面由 RP 移动至 RP',从 RP 到 RP' 的变换矩阵为 $\begin{bmatrix}\boldsymbol{E} & \boldsymbol{L}\\ \boldsymbol{O} & \boldsymbol{E}\end{bmatrix}$,$\boldsymbol{L}=\begin{bmatrix}l & 0\\ 0 & l\end{bmatrix}$,以 RP' 为参考,往返一周传输矩阵则变为

$$\begin{bmatrix}\widetilde{\boldsymbol{A}} & \widetilde{\boldsymbol{B}}\\ \widetilde{\boldsymbol{C}} & \widetilde{\boldsymbol{D}}\end{bmatrix}=\begin{bmatrix}\boldsymbol{E} & \boldsymbol{L}\\ \boldsymbol{O} & \boldsymbol{E}\end{bmatrix}\begin{bmatrix}\boldsymbol{A} & \boldsymbol{B}\\ \boldsymbol{C} & \boldsymbol{D}\end{bmatrix}\begin{bmatrix}\boldsymbol{E} & -\boldsymbol{L}\\ \boldsymbol{O} & \boldsymbol{E}\end{bmatrix} \tag{1-90}$$

设 $\mathbb{A}=\begin{bmatrix}A_1 & A_2\\ A_3 & A_4\end{bmatrix}$,$\mathbb{B}=\begin{bmatrix}B_1 & B_2\\ B_3 & B_4\end{bmatrix}$,$\mathbb{C}=\begin{bmatrix}C_1 & C_2\\ C_3 & C_4\end{bmatrix}$,$\mathbb{D}=\begin{bmatrix}D_1 & D_2\\ D_3 & D_4\end{bmatrix}$。

令 $\widetilde{\boldsymbol{B}}=\widetilde{\boldsymbol{B}}^{\mathrm{T}}$,则有

$$(C_3-C_2)l^2+[(A_3-A_2)-(D_3-D_2)]l-(B_3-B_2)=0 \tag{1-91}$$

由上式可以确定 l,然后就可确定满足转置对称性的新参考面 RP' 的位置,此后就可用自再现法获得 $\boldsymbol{Q}$ 参数分析非轴对称腔中光束的特性。

1.2.9　本征光线描述高斯光束

在参考面 1 和 2 处,空间光线的位置和方向矢量 r_j、$p_j(j=1,2)$ 满足:

$$\begin{bmatrix}r_{2x}\\ r_{2y}\\ p_{2x}\\ p_{2y}\end{bmatrix}=\begin{bmatrix}\boldsymbol{a} & \boldsymbol{b}\\ \boldsymbol{c} & \boldsymbol{d}\end{bmatrix}\begin{bmatrix}r_{1x}\\ r_{1y}\\ p_{1x}\\ p_{1y}\end{bmatrix} \tag{1-92}$$

式中:$\begin{bmatrix}\boldsymbol{a} & \boldsymbol{b}\\ \boldsymbol{c} & \boldsymbol{d}\end{bmatrix}$ 为由参考面 1 到 2 的 4×4 变换矩阵。

利用程函公式和方向矢量的物理意义可以推出:

$$p=\boldsymbol{Q}^{-1}r \tag{1-93}$$

这两个公式是在普遍情况下对空间光线成立的公式。对非轴对称腔,以镜 S_1 为参考,腔的往返矩阵 $\begin{bmatrix}\boldsymbol{A} & \boldsymbol{B}\\ \boldsymbol{C} & \boldsymbol{D}\end{bmatrix}$ 的本征矢量 $\begin{bmatrix}r\\ p\end{bmatrix}$ 对应的本征值为 λ,则有

$$\begin{bmatrix} \boldsymbol{A}-\lambda\boldsymbol{E} & \boldsymbol{B} \\ \boldsymbol{C} & \boldsymbol{D}-\lambda\boldsymbol{E} \end{bmatrix}\begin{bmatrix} r \\ p \end{bmatrix}=0 \tag{1-94}$$

求解

$$\begin{vmatrix} \boldsymbol{A}-\lambda\boldsymbol{E} & \boldsymbol{B} \\ \boldsymbol{C} & \boldsymbol{D}-\lambda\boldsymbol{E} \end{vmatrix}=0 \tag{1-95}$$

可得到四个本征值,每一本征值对应了一组有意义的本征矢量$\begin{bmatrix} r_j \\ p_j \end{bmatrix}$,将求得的本征矢量代入式(1-93)中,求出 $\boldsymbol{Q}_1^{-1}$ 为

$$\boldsymbol{Q}_1^{-1}=\begin{bmatrix} q_{xx}^{-1} & q_{xy}^{-1} \\ q_{xy}^{-1} & q_{yy}^{-1} \end{bmatrix}=\frac{1}{x_1y_2-x_2y_1}\begin{bmatrix} p_{1x} & p_{2x} \\ p_{1y} & p_{2y} \end{bmatrix}\begin{bmatrix} y_2 & -x_2 \\ -y_1 & x_1 \end{bmatrix} \tag{1-96}$$

由此可得

$$q_{xx}^{-1}=\frac{y_2p_{1x}-y_1p_{2x}}{x_1y_2-x_2y_1} \tag{1-97}$$

$$q_{xy}^{-1}=\frac{x_1p_{2x}-x_2p_{1x}}{x_1y_2-x_2y_1}=\frac{y_2p_{1y}-y_1p_{2y}}{x_1y_2-x_2y_1} \tag{1-98}$$

$$q_{yy}^{-1}=\frac{x_1p_{2y}-x_2p_{1y}}{x_1y_2-x_2y_1} \tag{1-99}$$

同理可以求出镜 S_2 处的 $\boldsymbol{Q}_2^{-1}$ 参数和腔内任意位置的 $\boldsymbol{Q}^{-1}$参数。

非轴对称腔的稳定性有多种判别法,其中以用光腔本征值判别较为简明,且物理意义明确。以镜 S_1 为参考,设往返一周矩阵的本征矢量$[r_x \quad r_y \quad p_x \quad p_y]^{\mathrm{T}}$对应的本征值为 λ,它可由解方程(1-95)得出。本征值 λ 共有 4 个,由互为倒数的两对组成。若 λ 由两对共轭复数组成,则光腔为约束稳定-稳定腔;若 λ 由两对互为倒数的实数组成,则光腔为非稳-非稳腔;若一组 λ 为共轭复数,另一组为实数,则光腔为约束稳定-非稳腔,亦称为混合腔。相应地,腔内的本征基模光束是高斯光束-高斯光束、点光束-点光束和高斯光束-点光束的组合。

在数值求解时 $\boldsymbol{Q}_1^{-1}$ 和 $\boldsymbol{Q}_2^{-1}$ 会出现多解,选解法则为:当 λ 为复数时,应取使光束束半宽平方为正的解;当 λ 为实数时,选取满足微扰稳定,即 λ 绝对值大于 1 的解。

1.3 高阶高斯光束

基模高斯光束只是波动方程的高斯类型解的最简单的情况,为了得到一般解,设试解:

$$E(x,y,z)=E_0g\left[\frac{x}{w(z)}\right]h\left[\frac{y}{w(z)}\right]\mathrm{e}^{\mathrm{i}\left[P(z)+\frac{k(x^2+y^2)}{2q(z)}\right]} \tag{1-100}$$

式中:g 和 h 分别与 x 和 y 有关,都是 $w(z)$ 的函数,当 $g\left[\dfrac{x}{w(z)}\right]=h\left[\dfrac{y}{w(z)}\right]=1$ 时,则尝试解就是基模高斯光束。将式(1-100)代入近轴亥姆霍兹方程式(1-21),令 $\xi=\dfrac{x}{w(z)}, \eta=\dfrac{y}{w(z)}$,可得到

$$\frac{1}{g(\xi)}\left(\frac{\mathrm{d}^2 g}{\mathrm{d}\xi^2}-4\xi\frac{\mathrm{d}g}{\mathrm{d}\xi}\right)+\frac{1}{h(\eta)}\left(\frac{\mathrm{d}^2 h}{\mathrm{d}\eta^2}-4\eta\frac{\mathrm{d}h}{\mathrm{d}\eta}\right)+\left[\frac{2\mathrm{i}k}{q(z)}-2k\frac{\mathrm{d}P}{\mathrm{d}z}\right]w^2(z)=0 \tag{1-101}$$

分离变量,将三个变量的偏微分方程化为三个常微分方程的求解问题:

$$\frac{1}{g(\xi)}\left(\frac{\mathrm{d}^2 g}{\mathrm{d}\xi^2}-4\xi\frac{\mathrm{d}g}{\mathrm{d}\xi}\right)=-a_1 \tag{1-102}$$

$$\frac{1}{h(\eta)}\left(\frac{\mathrm{d}^2 h}{\mathrm{d}\eta^2}-4\eta\frac{\mathrm{d}h}{\mathrm{d}\eta}\right)=-a_2 \tag{1-103}$$

$$\left[\frac{2\mathrm{i}k}{q(z)}-2k\frac{\mathrm{d}P}{\mathrm{d}z}\right]w^2(z)=a_1+a_2 \tag{1-104}$$

式中:a_1 和 a_2 为常数。定义 $u=\sqrt{2}\xi$,则式(1-102)为

$$\frac{\mathrm{d}^2 g}{\mathrm{d}u^2}-2u\frac{\mathrm{d}g}{\mathrm{d}u}+\frac{a_1}{2}g=0 \tag{1-105}$$

上面方程在 $u\rightarrow\infty$ 时其解仍为有限值的条件是仅当常数 $a_1=4m(m=0,1,2,\cdots)$ 时,其允许(有限)解是厄米多项式 $\mathrm{H}_m(u)$。因此试解式(1-100)中函数 g 的允许解是

$$g\left[\frac{x}{w(z)}\right]=\mathrm{H}_m\left[\sqrt{2}\frac{x}{w(z)}\right];\quad m=0,1,2,\cdots \tag{1-106}$$

类似方法得到函数 h 的允许解:

$$h\left[\frac{y}{w(z)}\right]=\mathrm{H}_n\left[\sqrt{2}\frac{y}{w(z)}\right];\quad n=0,1,2,\cdots \tag{1-107}$$

最后是确定相位函数 $P(z)$,利用 $q(z)$ 的表示式,得到

$$\frac{\mathrm{d}P}{\mathrm{d}z}=\frac{\mathrm{i}z}{z^2+Z_0^2}-\frac{(m+n+1)Z_0}{z^2+Z_0^2} \tag{1-108}$$

积分得出

$$P(z)=\mathrm{i}\ln\sqrt{1+\frac{z^2}{Z_0^2}}-(m+n+1)\Psi(z) \tag{1-109}$$

或者

$$\mathrm{e}^{\mathrm{i}P(z)}=\frac{\mathrm{e}^{-\mathrm{i}(m+n+1)\Psi(z)}}{\sqrt{1+\dfrac{z^2}{Z_0^2}}}=\frac{w_0}{w(z)}\mathrm{e}^{-\mathrm{i}(m+n+1)\Psi(z)} \tag{1-110}$$

将以上的结果结合起来,得到近轴亥姆霍兹方程在笛卡儿坐标系中的一

般解：

$$U(x,y,z)=E_0\frac{w_0}{w(z)}\mathrm{H}_m\left[\sqrt{2}\frac{x}{w(z)}\right]\mathrm{H}_n\left[\sqrt{2}\frac{y}{w(z)}\right]\mathrm{e}^{-\frac{x^2+y^2}{w^2(z)}}\cdot \mathrm{e}^{\mathrm{i}k\left[\frac{x^2+y^2}{2R(z)}+z\right]-\mathrm{i}(m+n+1)\arctan\frac{z}{Z_0}} \tag{1-111}$$

将近轴亥姆霍兹方程在笛卡儿坐标系中得到的这些解称为厄米－高斯（H-G_{mn}）模式[1,3]。当 $m=n=0$，就得到基模高斯光束的解，所以最初的解式（1－42）是一般解 H-G_{mn} 模式的最低阶或零阶解。$R(z)$ 与 $w(z)$ 的一个重要的共同特点是，它们与 m,n 无关，所有的高阶高斯光束与基模高斯光束一样，有相同的 $R(z)$ 和 $w(z)$，所以高阶高斯光束与基模高斯光束一样满足相同的 $ABCD$ 定律。(m,n) 阶高斯光束在自由空间传输或通过薄透镜或变换后，仍是同样阶次的高斯光束，但它的 q 参量是按照 $ABCD$ 定律而发生变化的。

近轴亥姆霍兹方程的另一类型解是将方程用柱坐标 (r,ϕ,z) 表示：

$$\left(\frac{\partial^2}{\partial r^2}+\frac{1}{r}\frac{\partial}{\partial r}+\frac{1}{r^2}\frac{\partial^2}{\partial\phi^2}+2\mathrm{i}k\frac{\partial}{\partial z}\right)U(r,\phi,z)=0 \tag{1-112}$$

由于圆柱对称的高阶光束具有方位角变化 $\mathrm{e}^{\mathrm{i}l\phi}$，设试解：

$$U=g\left[\frac{r}{w(z)}\right]\mathrm{e}^{\mathrm{i}\left[P(z)+\frac{kr^2}{2q(z)}+l\phi\right]} \tag{1-113}$$

将式（1－113）代入柱坐标近轴亥姆霍兹方程式（1－112），经过繁复的运算求出

$$g=\left(\sqrt{2}\frac{r}{w}\right)^l\mathrm{L}_p^l\left(2\frac{r^2}{w^2}\right) \tag{1-114}$$

式中：p 和 l 分别是径向和角向模数；L_p^l 是缔合拉盖尔多项式，L_p^l 满足

$$x\frac{\mathrm{d}^2\mathrm{L}_p^l}{\mathrm{d}x^2}+(l+1-x)\frac{\mathrm{dL}_p^l}{\mathrm{d}x}+p\mathrm{L}_p^l=0 \tag{1-115}$$

可以直接证明，式（1－112）的解为

$$U_{pl}(r,\phi,z)=E_0\frac{w_0}{w(z)}\mathrm{e}^{\mathrm{i}l\phi}\left[\frac{\sqrt{2}r}{w(z)}\right]^l\mathrm{L}_p^l\left[\frac{2r^2}{w^2(z)}\right]\mathrm{e}^{-\frac{r^2}{w^2(z)}}\cdot \mathrm{e}^{\mathrm{i}k\frac{r^2}{2R(z)}-\mathrm{i}(2p+l+1)\arctan\left(\frac{z}{Z_0}\right)} \tag{1-116}$$

这些解称为 L-G 模式，用 L-G_{pl} 表示。而最低阶（$l=p=0$）L-G 束与最低阶（$m=n=0$）H-G 束相同，即基模高斯光束。$w(z)$ 和 $R(z)$ 对所有的 L-G 模式都是相同的。$l\neq0$ 的 L-G 光束有一种 H-G 束所没有的性质，产生光涡旋，它们具有轨道角动量，L-G 模式也称为轨道角动量态。用电场 $E(r,\phi,z)$ 描述的 L-G 模式有关于 z 轴的轨道角动量，这样的光束入射到吸收介电粒子上，可以引起粒子转动，角动量守恒的结果产生光镊效应等。

1.4 矩形域的模式(H-G_{mn}模式)

在近轴近似条件下,式(1-21)表示的真空中电磁场的波动方程在笛卡儿坐标系(x,y,z)的解是厄米-高斯(Hermitian-Gaussian)模式[1,3],简称H-G_{mn}模式,它属于正交归一的完备系,可以作为希尔伯特空间的基矢。有关H-G_{mn}模式的产生及特性研究还在进行中[11,12]。

图1-6中,对边长为$2a$的方形球面镜对称共焦腔而言,$R_1=R_2=L$,当菲涅尔数$N=a^2/(\lambda L)$较大时,自再现模式积分方程的本征解是由博伊德和戈登所求的严格的本征函数和本征值构成的。

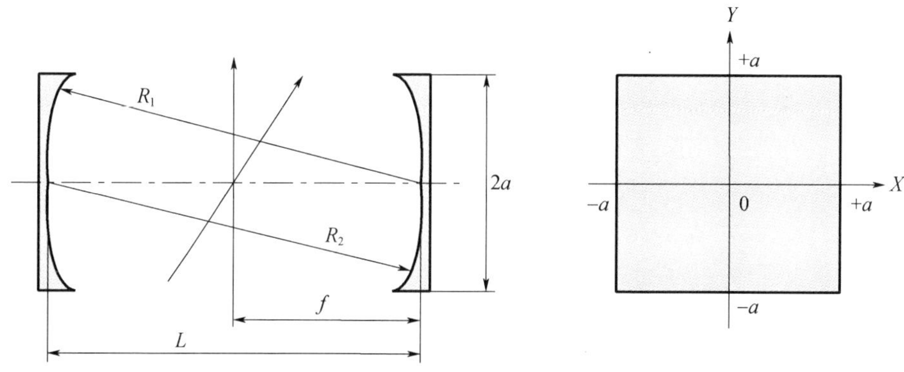

图1-6 方形镜对称共焦腔

对自再现模场积分方程为

$$\gamma V(x,y)=\frac{1}{\mathrm{i}\lambda L}\iint V(x',y')\mathrm{e}^{\mathrm{i}k\rho(x,y,x',y')}\mathrm{d}s' \tag{1-117}$$

式中:积分方程的核为

$$K(x,y,x',y')=\frac{\mathrm{e}^{\mathrm{i}k\rho(x,y,x',y')}}{\mathrm{i}\lambda L} \tag{1-118}$$

分离变量

$$V(x,y)=V(x)V(y) \tag{1-119}$$

$$K(x,y,x',y')=K_x(x,x')K_y(y,y') \tag{1-120}$$

可得在x方向和y方向的自再现模场衍射积分方程为

$$\gamma_x V(x)=\int_{-a}^{+a}K_x(x,x')V(x')\mathrm{d}x' \tag{1-121}$$

$$\gamma_y V(y)=\int_{-a}^{+a}K_y(y,y')V(y')\mathrm{d}y' \tag{1-122}$$

图1-7中,在傍轴近似下,容易得到下面的关系:

$$P_1'P_2' \approx L + \frac{(x_1 - x_2)^2}{2L} + \frac{(y_1 - y_2)^2}{2L} \tag{1-123}$$

$$P_1'P_1 \approx \Delta_1 \approx \frac{x_1^{\ 2} + y_1^{\ 2}}{2R_1} \tag{1-124}$$

$$P_2'P_2 \approx \Delta_2 \approx \frac{x_2^{\ 2} + y_2^{\ 2}}{2R_2} \tag{1-125}$$

可得

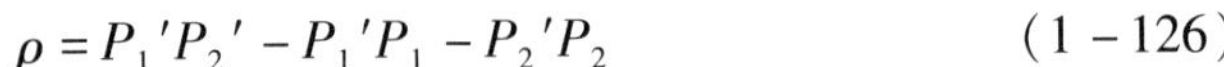

$$\rho = P_1{}'P_2{}' - P_1{}'P_1 - P_2{}'P_2 \tag{1-126}$$

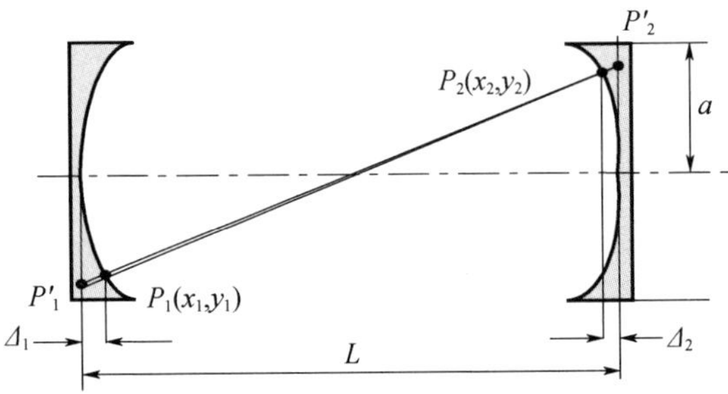

图 1－7　对称共焦腔

再利用对称共焦腔的几何结构特性：

$$R_1 = R_2 = R = L \tag{1-127}$$

可得

$$\rho(x_1, y_1, x_2, y_2) = L - \frac{x_1 x_2 + y_1 y_2}{L} \tag{1-128}$$

方形镜对称共焦腔的自再现模式的积分方程可写为

$$\gamma_{mn} V_{mn}(x_2, y_2) = \left(\frac{\mathrm{e}^{\mathrm{i}kL}}{\mathrm{i}\lambda L}\right) \int_{-a}^{a}\int_{-a}^{a} V_{mn}(x_1, y_1)\,\mathrm{e}^{-\mathrm{i}k\frac{x_1x_2+y_1y_2}{L}}\mathrm{d}x_1\mathrm{d}y_1 \tag{1-129}$$

分离变量

$$V_{mn}(X, Y) = V_m(X)V_n(Y) \tag{1-130}$$

并令

$$X = \frac{\sqrt{c}}{a}x, \quad Y = \frac{\sqrt{c}}{a}y, \quad c = 2\pi N, \quad \gamma_{mn} = \gamma_m\gamma_n \tag{1-131}$$

自再现模式的积分方程可写为

$$\gamma_m\gamma_n V_m(X)V_n(Y) = \frac{\mathrm{e}^{\mathrm{i}kL}}{\mathrm{i}2\pi}\int_{-\sqrt{c}}^{+\sqrt{c}} V_m(X')\,\mathrm{e}^{-\mathrm{i}XX'}\mathrm{d}X' \int_{-\sqrt{c}}^{+\sqrt{c}} V_n(Y')\,\mathrm{e}^{-\mathrm{i}YY'}\mathrm{d}Y' \tag{1-132}$$

可得 Y 方向和 X 方向共焦腔的自洽积分方程为

$$\gamma_m V_m(X) = \sqrt{\frac{e^{ikL}}{i2\pi}}\int_{-\sqrt{c}}^{+\sqrt{c}} V_m(X')e^{-iXX'}dX' \tag{1-133}$$

$$\gamma_n V_n(Y) = \sqrt{\frac{e^{ikL}}{i2\pi}}\int_{-\sqrt{c}}^{+\sqrt{c}} V_n(Y')e^{-iYY'}dY' \tag{1-134}$$

为求得精确解，可采用类比法，对长椭球函数：

$$2(-i)^m R_{0m}^{(1)}(c,1)S_{0m}(c,t) = \int_{-1}^{+1} e^{-ictt'}S_{0m}(c,t')dt';\quad m=0,1,2,\cdots \tag{1-135}$$

式中：$R_{0m}^{(1)}(c,1)$表示径向长椭球函数；$S_{0m}(c,t)$表示角向长椭球函数。

在c为有限值时本征函数为

$$E_{mn}(x,y) = F_m(X)G_n(Y) = S_{0m}(c,X/\sqrt{c})S_{0n}(c,Y/\sqrt{c});\quad m,n=0,1,2,\cdots \tag{1-136}$$

本征函数是角向长椭球函数，它给出了镜面上场的振幅、相位分布。长椭球函数为实函数，表明镜面上各点场的相位值相等，因此，等相位面与共焦腔镜面重合。

本征函数对应的本征值是径向长椭球函数$R_{0m}^{(1)}(c,1)$，它决定模式的相移和损耗：

$$\gamma_m\gamma_n = -\chi_m\chi_n\, ie^{ikL} \tag{1-137}$$

$$\chi_m = \sqrt{\frac{2c}{\pi}}(-i)^m R_{0m}^{(1)}(c,1) \tag{1-138}$$

$$\chi_n = \sqrt{\frac{2c}{\pi}}(-i)^n R_{0n}^{(1)}(c,1) \tag{1-139}$$

于是有

$$\gamma_m = 2(-i)^m\sqrt{c}R_{0m}^{(1)}(c,1)\sqrt{\frac{e^{ikL}}{i2\pi}} \tag{1-140}$$

$$\gamma_n = 2(-i)^n\sqrt{c}R_{0n}^{(1)}(c,1)\sqrt{\frac{e^{ikL}}{i2\pi}} \tag{1-141}$$

$$\gamma_{mn} = \frac{2c}{\pi}e^{i\left[kL-(m+n+1)\frac{\pi}{2}\right]}R_{0m}^{(1)}(c,1)R_{0n}^{(1)}(c,1) \tag{1-142}$$

模式的单程功率损耗为

$$\delta_{mn} = 1-|\gamma_{mn}|^2 = 1-|\gamma_m\gamma_n|^2 \tag{1-143}$$

用腔镜尺寸表示单程功率损耗，则有

$$\gamma_{mn} = 4\frac{a^2}{\lambda L}e^{i\left[kL-(m+n+1)\frac{\pi}{2}\right]}R_{0m}^{(1)}(c,1)R_{0n}^{(1)}(c,1) \tag{1-144}$$

可见，单程功率损耗与谐振腔的菲涅尔数$N=a^2/(\lambda L)$有关。

对任一给定的c值，当m和n取一系列不连续的整数时，可得到一系列的本

征函数 $E_{mn}(x,y)$，它们描述了共焦腔镜面上模式的振幅和相位分布。

长椭球函数 $V_m(X)$ 和 $V_n(Y)$ 在其镜面中心附近可以表示为厄米多项式和高斯分布函数的乘积：

$$V_m(X)=S_{0m}(c,X/\sqrt{c})=S_{0m}(c,x/a)\approx C_m\mathrm{H}_m(X)\mathrm{e}^{-\frac{X^2}{2}} \tag{1-145}$$

$$V_n(Y)=S_{0n}(c,Y/\sqrt{c})=S_{0n}(c,y/a)\approx C_n\mathrm{H}_n(Y)\mathrm{e}^{-\frac{Y^2}{2}} \tag{1-146}$$

式中：C_m 和 C_n 为常系数；$\mathrm{H}_m(X)$ 和 $\mathrm{H}_n(Y)$ 分别为 m 阶和 n 阶厄米多项式；$\mathrm{e}^{-\frac{X^2}{2}}$ 为高斯函数，光场的分布情况主要取决于厄米－高斯函数。厄米多项式的零点决定了光场的零点，而高斯函数则随着 $X\left(X=\frac{\sqrt{c}}{a}x\right)$ 的增大单调下降，它决定了场分布的外形轮廓。

厄米多项式的一般表示式为

$$\mathrm{H}_m(X)=(-1)^m\mathrm{e}^{X^2}\frac{\mathrm{d}^m}{\mathrm{d}X^m}\mathrm{e}^{-X^2}=\sum_{k=0}^{\left[\frac{m}{2}\right]}\frac{(-1)^k m!}{k!(m-2k)!}(2X)^{m-2k} \tag{1-147}$$

$$\mathrm{H}_n(Y)=(-1)^n\mathrm{e}^{Y^2}\frac{\mathrm{d}^n}{\mathrm{d}Y^n}\mathrm{e}^{-Y^2}=\sum_{k=0}^{\left[\frac{n}{2}\right]}\frac{(-1)^k n!}{k!(n-2k)!}(2Y)^{n-2k} \tag{1-148}$$

$$m,n=0,1,2,\cdots$$

式中：$\left[\frac{m}{2}\right]$ 表示 $\frac{m}{2}$ 的整数部分；$\left[\frac{n}{2}\right]$ 表示 $\frac{n}{2}$ 的整数部分；相应的最初几阶厄米多项式为

$$\mathrm{H}_0(X)=1 \tag{1-149}$$

$$\mathrm{H}_0(Y)=1 \tag{1-150}$$

$$\mathrm{H}_1(X)=2X \tag{1-151}$$

$$\mathrm{H}_1(Y)=2Y \tag{1-152}$$

$$\mathrm{H}_2(X)=4X^2-2 \tag{1-153}$$

$$\mathrm{H}_2(Y)=4Y^2-2 \tag{1-154}$$

$$\mathrm{H}_3(X)=8X^3-12X \tag{1-155}$$

$$\mathrm{H}_3(Y)=8Y^3-12Y \tag{1-156}$$

$$\mathrm{H}_4(X)=16X^4-48X^2+12 \tag{1-157}$$

$$\mathrm{H}_4(Y)=16Y^4-48Y^2+12 \tag{1-158}$$

将 $F_m(X)$ 和 $G_n(Y)$ 近似表达式代入本征函数中进行化简，再将 X 和 Y 变回到镜面上的笛卡儿坐标系，得到

$$E_{mn}(x,y)=C_{mn}\mathrm{H}_m\left(\frac{\sqrt{c}}{a}x\right)\mathrm{H}_n\left(\frac{\sqrt{c}}{a}y\right)\mathrm{e}^{-\frac{c(x^2+y^2)}{2a^2}}$$

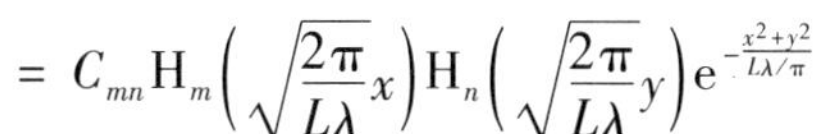

$$= C_{mn}\mathrm{H}_m\left(\sqrt{\frac{2\pi}{L\lambda}}x\right)\mathrm{H}_n\left(\sqrt{\frac{2\pi}{L\lambda}}y\right)\mathrm{e}^{-\frac{x^2+y^2}{L\lambda/\pi}} \tag{1-159}$$

取 $m=0,n=0$，可得到共焦腔基模 TEM_{00}，其场分布函数为

$$E_{00}(x,y) = C_{00}\mathrm{e}^{-\frac{x^2+y^2}{L\lambda/\pi}} \tag{1-160}$$

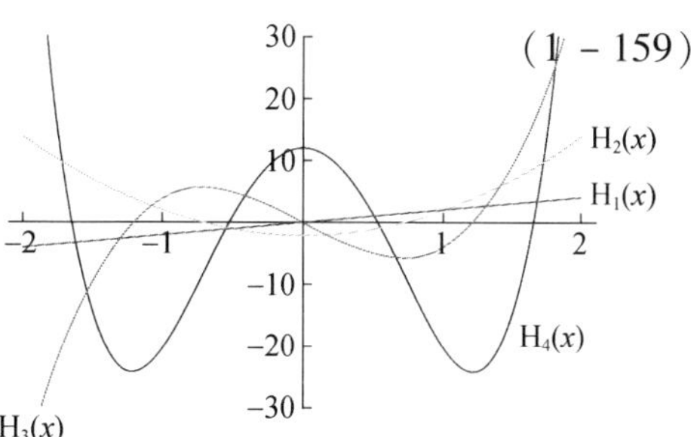

图 1-8　前 4 阶厄米多项式

可以发现基模在镜面上的振幅分布是高斯型的，模的振幅从镜面中心（$x=0,y=0$）向边缘平滑地下降。传统上用半径为

$$r = \sqrt{x^2+y^2} = \sqrt{\frac{L\lambda}{\pi}} \tag{1-161}$$

的圆来确定基模光斑的大小，且将场的振幅下降到中心（最大）值 1/e 处的光斑半径 w_o 定义为共焦腔基模在镜面上的“光斑半径”或“光斑尺寸”，w_o 表达式为

$$w_o = \sqrt{L\lambda/\pi} \tag{1-162}$$

基模是个圆形光斑，在 w_o 区域内集中了光束的大部分能量，中心部分最亮，向外逐渐减弱，但无清晰的锐边；该基模在镜面上的光斑大小与镜面的横向尺寸无关，而只取决于腔长或曲率半径。另外，基模的强度分布也是高斯型的：

$$I_{00}(r) \propto E_{00}^2(x,y) = C_{00}^2\mathrm{e}^{-2\frac{x^2+y^2}{L\lambda/\pi}} \tag{1-163}$$

利用镜面光斑半径，还可将菲涅尔数 N 表示为

$$N = \frac{a^2}{\lambda L} = \frac{a^2}{\pi w_o^2} \tag{1-164}$$

因此，菲涅尔数另一个物理意义是镜面积与光斑面积之比。

H-G$_{10}$ 模式（$m=1,n=0$）的场分布为

$$u(x,y) = 2C_{10}\sqrt{\frac{2\pi}{\lambda L}}x\mathrm{e}^{-\frac{2\pi}{\lambda L}(x^2+y^2)} \tag{1-165}$$

它是 x 的奇函数。如果用场分布最外沿处的振幅值下降为峰值的 1/e 作光斑大小的估计，H-G$_{10}$ 模式的光斑尺寸比基横模要大。模式的阶数越大，光斑也越大，m 为沿 x 方向的节线数，n 为沿 y 方向的节线数。此外，镜面不同地方相位只有 π 的变化。

除基模外，其他的横模都称作高阶横模，也用 H-G$_{mn}$ 表示（$m\neq0$ 或者 $n\neq0$），将 $w_o=\sqrt{L\lambda/\pi}$ 表达式代入 $E_{mn}(x,y)$ 中，则 H-G$_{mn}$ 模场变为

$$E_{mn}(x,y) = C_{mn}\mathrm{H}_m\left(\sqrt{\frac{2\pi}{L\lambda}}x\right)\mathrm{H}_n\left(\sqrt{\frac{2\pi}{L\lambda}}y\right)\mathrm{e}^{-\frac{x^2+y^2}{L\lambda/\pi}}$$

$$= C_{mn}\mathrm{H}_m\left(\frac{\sqrt{2}}{w_o}x\right)\mathrm{H}_n\left(\frac{\sqrt{2}}{w_o}y\right)\mathrm{e}^{-\frac{x^2+y^2}{w_o^2}} \tag{1-166}$$

令

$$X=\frac{\sqrt{2}}{w_{o}}x \tag{1-167}$$

$$Y=\frac{\sqrt{2}}{w_{o}}y \tag{1-168}$$

将式(1－167)和式(1－168)代入厄米多项式(1－149)～式(1－158)，可得

$$\mathrm{H}_0\left(\frac{\sqrt{2}}{w_{o}}x\right)=1 \tag{1-169}$$

$$\mathrm{H}_0\left(\frac{\sqrt{2}}{w_{o}}y\right)=1 \tag{1-170}$$

$$\mathrm{H}_1\left(\frac{\sqrt{2}}{w_{o}}x\right)=\frac{2\sqrt{2}}{w_{o}}x \tag{1-171}$$

$$\mathrm{H}_1\left(\frac{\sqrt{2}}{w_{o}}y\right)=\frac{2\sqrt{2}}{w_{o}}y \tag{1-172}$$

$$\mathrm{H}_2\left(\frac{\sqrt{2}}{w_{o}}x\right)=\frac{8x^2}{w_{o}^2}-2 \tag{1-173}$$

$$\mathrm{H}_2\left(\frac{\sqrt{2}}{w_{o}}y\right)=\frac{8y^2}{w_{o}^2}-2 \tag{1-174}$$

$$\mathrm{H}_3\left(\frac{\sqrt{2}}{w_{o}}x\right)=\frac{16\sqrt{2}x^3}{w_{o}^3}-\frac{12\sqrt{2}x}{w_{o}} \tag{1-175}$$

$$\mathrm{H}_3\left(\frac{\sqrt{2}}{w_{o}}y\right)=\frac{16\sqrt{2}y^3}{w_{o}^3}-\frac{12\sqrt{2}y}{w_{o}} \tag{1-176}$$

$$\mathrm{H}_4\left(\frac{\sqrt{2}}{w_{o}}x\right)=\frac{64x^4}{w_{o}^4}-\frac{96x^2}{w_{o}^2}+12 \tag{1-177}$$

$$\mathrm{H}_4\left(\frac{\sqrt{2}}{w_{o}}y\right)=\frac{64y^4}{w_{o}^4}-\frac{96y^2}{w_{o}^2}+12 \tag{1-178}$$

可以相应得到镜面上各阶横模的振幅分布为

$$E_{01}(x,y)=C_{01}\cdot y\cdot \mathrm{e}^{-\frac{x^2+y^2}{w_0^2}} \tag{1-179}$$

$$E_{02}(x,y)=C_{02}\cdot\left(\frac{4y^2}{w_{o}^2}-1\right)\cdot \mathrm{e}^{-\frac{x^2+y^2}{w_0^2}} \tag{1-180}$$

$$E_{03}(x,y)=C_{03}\cdot y\left(\frac{4y^2}{w_{o}^2}-3\right)\cdot \mathrm{e}^{-\frac{x^2+y^2}{w_0^2}} \tag{1-181}$$

$$E_{04}(x,y)=C_{04}\cdot\left(\frac{16y^4}{w_{o}^4}-\frac{24y^2}{w_{o}^2}+3\right)\cdot \mathrm{e}^{-\frac{x^2+y^2}{w_0^2}} \tag{1-182}$$

$$E_{10}(x,y) = C_{10} \cdot x \cdot \mathrm{e}^{-\frac{x^2+y^2}{w_o^2}} \tag{1-183}$$

$$E_{11}(x,y) = C_{11} \cdot xy \cdot \mathrm{e}^{-\frac{x^2+y^2}{w_o^2}} \tag{1-184}$$

$$E_{12}(x,y) = C_{12} \cdot x\left(\frac{4y^2}{w_o^2} - 1\right) \cdot \mathrm{e}^{-\frac{x^2+y^2}{w_o^2}} \tag{1-185}$$

$$E_{13}(x,y) = C_{13} \cdot xy\left(\frac{4y^2}{w_o^2} - 3\right) \cdot \mathrm{e}^{-\frac{x^2+y^2}{w_o^2}} \tag{1-186}$$

$$E_{14}(x,y) = C_{14} \cdot x\left(\frac{16y^4}{w_o^4} - \frac{24y^2}{w_o^2} + 3\right) \cdot \mathrm{e}^{-\frac{x^2+y^2}{w_o^2}} \tag{1-187}$$

$$E_{20}(x,y) = C_{20} \cdot \left(\frac{4x^2}{w_o^2} - 1\right) \cdot \mathrm{e}^{-\frac{x^2+y^2}{w_o^2}} \tag{1-188}$$

$$E_{21}(x,y) = C_{21} \cdot \left(\frac{4x^2}{w_o^2} - 1\right)y \cdot \mathrm{e}^{-\frac{x^2+y^2}{w_o^2}} \tag{1-189}$$

$$E_{22}(x,y) = C_{22} \cdot \left(\frac{4x^2}{w_o^2} - 1\right)\left(\frac{4y^2}{w_o^2} - 1\right) \cdot \mathrm{e}^{-\frac{x^2+y^2}{w_o^2}} \tag{1-190}$$

$$E_{23}(x,y) = C_{23} \cdot \left(\frac{4x^2}{w_o^2} - 1\right)y\left(\frac{4y^2}{w_o^2} - 3\right) \cdot \mathrm{e}^{-\frac{x^2+y^2}{w_o^2}} \tag{1-191}$$

$$E_{24}(x,y) = C_{24} \cdot \left(\frac{4x^2}{w_o^2} - 1\right)\left(\frac{16y^4}{w_o^4} - \frac{24y^2}{w_o^2} + 3\right) \cdot \mathrm{e}^{-\frac{x^2+y^2}{w_o^2}} \tag{1-192}$$

$$E_{30}(x,y) = C_{30} \cdot x\left(\frac{4x^2}{w_o^2} - 3\right) \cdot \mathrm{e}^{-\frac{x^2+y^2}{w_o^2}} \tag{1-193}$$

$$E_{31}(x,y) = C_{31} \cdot x\left(\frac{4x^2}{w_o^2} - 3\right)y \cdot \mathrm{e}^{-\frac{x^2+y^2}{w_o^2}} \tag{1-194}$$

$$E_{32}(x,y) = C_{32} \cdot x\left(\frac{4x^2}{w_o^2} - 3\right)\left(\frac{4y^2}{w_o^2} - 1\right) \cdot \mathrm{e}^{-\frac{x^2+y^2}{w_o^2}} \tag{1-195}$$

$$E_{33}(x,y) = C_{33} \cdot x\left(\frac{4x^2}{w_o^2} - 3\right)y\left(\frac{4y^2}{w_o^2} - 3\right) \cdot \mathrm{e}^{-\frac{x^2+y^2}{w_o^2}} \tag{1-196}$$

$$E_{34}(x,y) = C_{34} \cdot x\left(\frac{4x^2}{w_o^2} - 3\right)\left(\frac{16y^4}{w_o^4} - \frac{24y^2}{w_o^2} + 3\right) \cdot \mathrm{e}^{-\frac{x^2+y^2}{w_o^2}} \tag{1-197}$$

$$E_{40}(x,y) = C_{40} \cdot \left(\frac{16x^4}{w_o^4} - \frac{24x^2}{w_o^2} + 3\right) \cdot \mathrm{e}^{-\frac{x^2+y^2}{w_o^2}} \tag{1-198}$$

$$E_{41}(x,y) = C_{41} \cdot \left(\frac{16x^4}{w_o^4} - \frac{24x^2}{w_o^2} + 3\right)y \cdot \mathrm{e}^{-\frac{x^2+y^2}{w_o^2}} \tag{1-199}$$

$$E_{42}(x,y) = C_{42} \cdot \left(\frac{16x^4}{w_o^4} - \frac{24x^2}{w_o^2} + 3\right)\left(\frac{4y^2}{w_o^2} - 1\right) \cdot \mathrm{e}^{-\frac{x^2+y^2}{w_o^2}} \tag{1-200}$$

$$E_{43}(x,y)=C_{43}\cdot\left(\frac{16x^4}{w_o^4}-\frac{24x^2}{w_o^2}+3\right)y\left(\frac{4y^2}{w_o^2}-3\right)\cdot e^{-\frac{x^2+y^2}{w_0^2}} \tag{1-201}$$

$$E_{44}(x,y)=C_{44}\cdot\left(\frac{16x^4}{w_o^4}-\frac{24x^2}{w_o^2}+3\right)\left(\frac{16y^4}{w_o^4}-\frac{24y^2}{w_o^2}+3\right)\cdot e^{-\frac{x^2+y^2}{w_0^2}} \tag{1-202}$$

$$\cdots$$

H-G_{00} ~ H-G_{88}模式的光强灰度分布如图 1－9 所示。

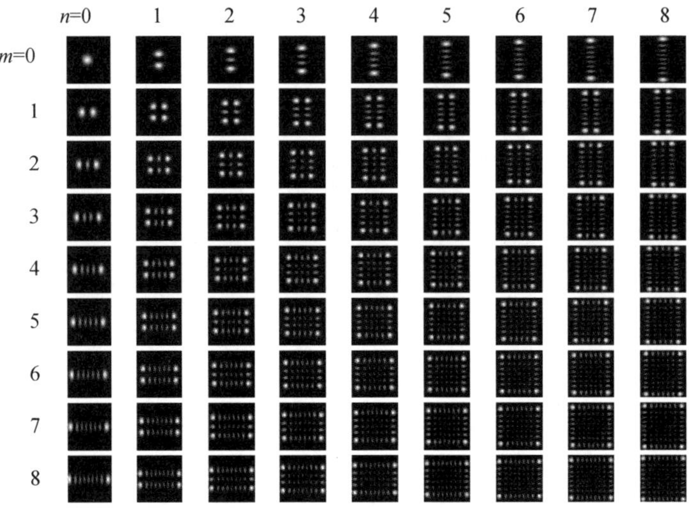

图 1－9　H-G_{00} ~ H-G_{88}模式的光强灰度分布图

由本征值式(1－142)得频率条件：

$$kL-(m+n+1)\pi/2=j\pi \tag{1-203}$$

由此可推出

$$\nu_{mnq}=\frac{c}{2L}\left[j+\frac{1}{2}(m+n+1)\right] \tag{1-204}$$

此式虽是在菲涅尔数 $N\to\infty$ 时得出的，但与精确解一致。由式(1－204)可见对称共焦腔模频率的特点是频率总是等间距并且高度简并的。属于同一横模的纵模频率间隔是

$$\Delta\nu_g = c/(2L) \tag{1-205}$$

同样可知属于同一纵模的横模间隔为

$$\Delta\nu_m = c/(4L) \tag{1-206}$$

所有满足

$$2j+m+n+1=\text{定值} \tag{1-207}$$

的不同阶数的模具有相同的频率，是高度简并的。例如，$(0,0,j)$，$(0,2,j-1)$，$(1,1,j-1)$等是简并的。

1.5　圆形域的模式（L-G$_{pl}$模式）

在近轴近似条件下，式（1－21）表示的真空中电磁场的波动方程在柱坐标系(r,ϕ,z)下的解是拉盖尔－高斯（Laguerre－Gaussian）模式[1,3]，简称 L-G$_{mn}$模式，它属于正交归一的完备系，可以作为希尔伯特空间的基矢。对 L-G$_{mn}$模式产生及特性表征的研究还在进行中[12－14]。

对圆形球面镜共焦腔，其模式积分方程的精确解是超椭球函数，当菲涅尔数N值足够大时（即在近轴范围内），腔的自再现模为拉盖尔－高斯分布近似，即光场分布为拉盖尔多项式和高斯分布函数的乘积所描述：

$$E_{pl}(r,\phi)=C_{pl}\left(\sqrt{\frac{2\pi}{\lambda L}}r\right)^{l}\mathrm{L}_p^l\left(\frac{2\pi}{\lambda L}r^2\right)\mathrm{e}^{-\frac{\pi}{\lambda L}r^2}\begin{cases}\cos(l\phi)\\ \sin(l\phi)\end{cases}\tag{1-208}$$

式中：(r,ϕ)是镜面上的极坐标；$\cos(l\phi)$和$\sin(l\phi)$因子决定角向分布，可根据实际情况选择其中的一个；C_{pl}为归一化常数；$\mathrm{L}_p^l(r)$为缔合拉盖尔多项式，其定义为

$$\mathrm{L}_p^l(x)=\mathrm{e}^x\frac{x^{-l}}{p!}\cdot\frac{\mathrm{d}^p}{\mathrm{d}x^p}(\mathrm{e}^{-x}x^{p+l})=\sum_{k=0}^{p}\frac{(p+l)!\ (-x)^k}{(l+k)!\ k!\ (p-k)!},p=0,1,2,\cdots\tag{1-209}$$

几个最低阶拉盖尔多项式为

$$\mathrm{L}_0^l(x)=1\tag{1-210}$$

$$\mathrm{L}_1^l(x)=1+l-x\tag{1-211}$$

$$\mathrm{L}_2^l(x)=\frac{1}{2}[x^2-2(l+2)x+(l+1)(l+2)]\tag{1-212}$$

$$\cdots$$

在镜面上，各本征模的光场记为 L-G$_{pl}$，p 表示在r径向的节线圆数目，l表示在辐角ϕ方位的节线数。注意，因为$\phi=\phi_0$和$\phi=\phi_0+\pi/2$给出相同的图样，它们的叠加具有圆对称性，最好的例子是 L-G$_{01}{}^*$模式，它是拉盖尔高斯模式L－G$_{01}$和旋转了$\pi/2$的 L-G$_{01}$模式的叠加。也可以将其看做两个正交偏振的厄米－高斯模式 H-G$_{01}$和 H-G$_{10}$的叠加，为环形模式。事实上，L-G 模式可以表示成 H-G 模式的叠加，反之亦然，这两种模式都构成完备正交系。

L-G$_{pl}$的本征值为

$$\sigma_{pl}=\mathrm{e}^{\mathrm{i}\left[kL-(2p+l+1)\frac{\pi}{2}\right]}\tag{1-213}$$

由本征值的相移可确定谐振频率：

$$kL-(2p+l+1)\frac{\pi}{2}=j\pi\tag{1-214}$$

$$\nu_{plj}=\frac{c}{2L}\left[j+\frac{2p+l+1}{2}\right] \tag{1-215}$$

同一横模的相邻两纵模间距:

$$\Delta\nu_j=\nu_{plj+1}-\nu_{plj}=\frac{c}{2L} \tag{1-216}$$

同一纵模的其他相邻横模间距:

$$\Delta\nu_p=\nu_{p+1,lj}-\nu_{plj}=\frac{c}{2L} \tag{1-217}$$

$$\Delta\nu_l=\nu_{p,l+1,j}-\nu_{plj}=\frac{c}{4L} \tag{1-218}$$

利用笛卡儿坐标系与极坐标系之间的相互关系:$x=r\cos\phi, y=r\sin\phi$,并将 $w_o=\sqrt{L\lambda/\pi}$代入前几阶 L-G_{pl}模场振幅分布的极坐标系表达式,则可得到其在笛卡儿坐标系下的表达式为

$$E_{00}(r,\phi)=C_{00}\left(\frac{\sqrt{2}r}{w_o}\right)^0\mathrm{L}_0^0\left(\frac{2r^2}{w_o^2}\right)\mathrm{e}^{-\frac{r^2}{w_o^2}}=C_{00}\cdot\mathrm{e}^{-\frac{r^2}{w_o^2}} \tag{1-219}$$

$$\begin{aligned}E_{01}(r,\phi)&=C_{01}\left(\frac{\sqrt{2}r}{w_o}\right)^1\mathrm{L}_0^1\left(\frac{2r^2}{w_o^2}\right)\mathrm{e}^{-\frac{r^2}{w_o^2}}\cos\phi\\&=C_{01}\frac{\sqrt{2}}{w_o}\cdot x\cdot\mathrm{e}^{-\frac{r^2}{w_o^2}}\end{aligned} \tag{1-220}$$

$$\begin{aligned}E_{02}(r,\phi)&=C_{02}\left(\frac{\sqrt{2}r}{w_o}\right)^2\mathrm{L}_0^2\left(\frac{2r^2}{w_o^2}\right)\mathrm{e}^{-\frac{r^2}{w_o^2}}\sin(2\phi)\\&=C_{02}\frac{4}{w_o^2}\cdot xy\cdot\mathrm{e}^{-\frac{r^2}{w_o^2}}\end{aligned} \tag{1-221}$$

$$\begin{aligned}E_{03}(r,\phi)&=C_{03}\left(\frac{\sqrt{2}r}{w_o}\right)^3\mathrm{L}_0^3\left(\frac{2r^2}{w_o^2}\right)\mathrm{e}^{-\frac{r^2}{w_o^2}}\sin(3\phi)\\&=C_{03}\frac{2\sqrt{2}}{w_o^3}\cdot(3x^2-y^2)y\cdot\mathrm{e}^{-\frac{r^2}{w_o^2}}\end{aligned} \tag{1-222}$$

$$\begin{aligned}E_{10}(r,\phi)&=C_{10}\left(\frac{\sqrt{2}r}{w_o}\right)^0\mathrm{L}_1^0\left(\frac{2r^2}{w_o^2}\right)\mathrm{e}^{-\frac{r^2}{w_o^2}}\\&=C_{10}\cdot\left(1-\frac{2r^2}{w_o^2}\right)\cdot\mathrm{e}^{-\frac{x^2+y^2}{w_o^2}}\end{aligned} \tag{1-223}$$

$$E_{11}(r,\phi)=C_{11}\left(\frac{\sqrt{2}r}{w_o}\right)^1 \mathrm{L}_1^1\left(\frac{2r^2}{w_o^2}\right)\mathrm{e}^{-\frac{r^2}{w_o^2}}\cos\phi$$

$$=C_{11}\frac{2\sqrt{2}}{w_o}\cdot x\left(1-\frac{r^2}{w_o^2}\right)\cdot \mathrm{e}^{-\frac{r^2}{w_o^2}} \tag{1-224}$$

$$E_{12}(r,\phi)=C_{12}\left(\frac{\sqrt{2}r}{w_o}\right)^2 \mathrm{L}_1^2\left(\frac{2r^2}{w_o^2}\right)\mathrm{e}^{-\frac{r^2}{w_o^2}}\sin(2\phi)$$

$$=C_{12}\frac{4}{w_o^2}\cdot xy\left(3-\frac{2r^2}{w_o^2}\right)\cdot \mathrm{e}^{-\frac{r^2}{w_o^2}} \tag{1-225}$$

$$E_{13}(r,\phi)=C_{13}\left(\frac{\sqrt{2}r}{w_o}\right)^3 \mathrm{L}_1^3\left(\frac{2r^2}{w_o^2}\right)\mathrm{e}^{-\frac{r^2}{w_o^2}}\sin(3\phi)$$

$$=C_{13}\frac{4\sqrt{2}}{w_o^3}\cdot \left(2-\frac{r^2}{w_o^2}\right)(3x^2-y^2)y\cdot \mathrm{e}^{-\frac{r^2}{w_o^2}} \tag{1-226}$$

$$E_{20}(r,\phi)=C_{20}\left(\frac{\sqrt{2}r}{w_o}\right)^0 \mathrm{L}_2^0\left(\frac{2r^2}{w_o^2}\right)\mathrm{e}^{-\frac{r^2}{w_o^2}}$$

$$=C_{20}\cdot\left[\frac{2r^4}{w_o^4}-\frac{4r^2}{w_o^2}+1\right]\cdot \mathrm{e}^{-\frac{r^2}{w_o^2}} \tag{1-227}$$

$$E_{21}(r,\phi)=C_{21}\left(\frac{\sqrt{2}r}{w_o}\right)^1 \mathrm{L}_2^1\left(\frac{2r^2}{w_o^2}\right)\mathrm{e}^{-\frac{r^2}{w_o^2}}\cos\phi$$

$$=C_{21}\frac{\sqrt{2}}{w_o}\cdot x\left[\frac{2r^4}{w_o^4}-\frac{6r^2}{w_o^2}+3\right]\cdot \mathrm{e}^{-\frac{r^2}{w_o^2}} \tag{1-228}$$

$$E_{22}(r,\phi)=C_{22}\left(\frac{\sqrt{2}r}{w_o}\right)^2 \mathrm{L}_2^2\left(\frac{2r^2}{w_o^2}\right)\mathrm{e}^{-\frac{r^2}{w_o^2}}\sin(2\phi)$$

$$=C_{22}\frac{4}{w_o^2}\cdot xy\left[\frac{2r^4}{w_o^4}-\frac{8r^2}{w_o^2}+6\right]\cdot \mathrm{e}^{-\frac{r^2}{w_o^2}} \tag{1-229}$$

$$E_{23}(r,\phi)=C_{23}\left(\frac{\sqrt{2}r}{w_o}\right)^3 \mathrm{L}_2^3\left(\frac{2r^2}{w_o^2}\right)\mathrm{e}^{-\frac{r^2}{w_o^2}}\sin(3\phi)$$

$$=C_{23}\frac{2\sqrt{2}}{w_o^3}\cdot (3x^2y-y^3)\left[\frac{2r^4}{w_o^4}-\frac{10r^2}{w_o^2}+10\right]\cdot \mathrm{e}^{-\frac{r^2}{w_o^2}} \tag{1-230}$$

$\mathrm{L\text{-}G}_{00}\sim\mathrm{L\text{-}G}_{88}$模式的光强灰度分布如图 1－10 所示。

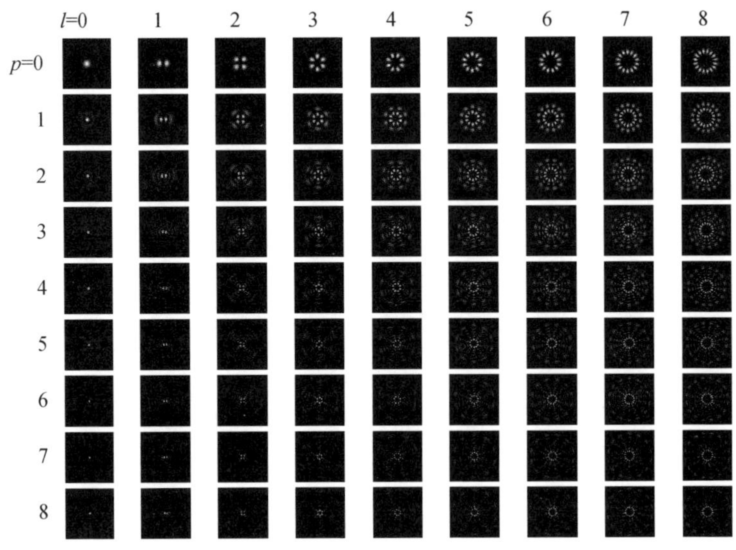

图 1－10　L-G$_{00}$ ~ L-G$_{88}$ 模式的光强灰度分布图

1.6　稳定球面腔中的模式

1.6.1　模式参数

1.6.1.1　圆形域腔

圆形域腔中的谐振模式为 L-G$_{pl}$ 模式，设 L-G$_{00}$ 模式（基模高斯光束）的束腰宽度为 w_o，发散角为 θ_0，则基模的瑞利长度为 Z_0：

$$Z_0 = \frac{w_o}{\theta_0} = \frac{\pi w_o^2}{\lambda} \tag{1-231}$$

各个 L-G$_{mn}$ 模式的参数如下：

x 方向的束宽：

$$w_{x,pl}(z) = w_o \sqrt{1 + \left(\frac{z}{Z_0}\right)} \begin{cases} \sqrt{3(p+1)}, & l = 1 \\ \sqrt{2p + l + 1}, & l \neq 1 \end{cases} \tag{1-232}$$

y 方向的束宽：

$$w_{y,pl}(z) = w_o \sqrt{1 + \left(\frac{z}{Z_0}\right)} \begin{cases} \sqrt{p+1}, & l = 1 \\ \sqrt{2p + l + 1}, & l \neq 1 \end{cases} \tag{1-233}$$

r 径向的束宽：

$$w_{r,pl}(z) = w_o \sqrt{1 + \left(\frac{z}{Z_0}\right)} \sqrt{2(2p + l + 1)} \tag{1-234}$$

x 方向的光腰束宽：

$$w_{0x,pl} = w_o \begin{cases} \sqrt{3(p+1)}, & l=1 \\ \sqrt{2p+l+1}, & l \neq 1 \end{cases} \tag{1-235}$$

y 方向的光腰束宽：

$$w_{0y,pl} = w_o \begin{cases} \sqrt{p+1}, & l=1 \\ \sqrt{2p+l+1}, & l \neq 1 \end{cases} \tag{1-236}$$

r 径向的光腰束宽：

$$w_{0r,pl} = w_o \sqrt{2(2p+l+1)} \tag{1-237}$$

x 方向的发散角：

$$\theta_{x,pl} = \theta_o \begin{cases} \sqrt{3(p+1)}, & l=1 \\ \sqrt{2p+l+1}, & l \neq 1 \end{cases} \tag{1-238}$$

y 方向的发散角：

$$\theta_{y,pl} = \theta_o \begin{cases} \sqrt{p+1}, & l=1 \\ \sqrt{2p+l+1}, & l \neq 1 \end{cases} \tag{1-239}$$

r 径向的发散角：

$$\theta_{r,pl} = \theta_o \sqrt{2(2p+l+1)} \tag{1-240}$$

各个模式的瑞利长度都相同：

$$Z_0 = \frac{w_{0x,pl}}{\theta_{x,pl}} = \frac{w_{0y,pl}}{\theta_{y,pl}} = \frac{w_{0r,pl}}{\theta_{r,pl}} = \frac{w_0}{\theta_0} = \frac{\pi w_0^2}{\lambda} \tag{1-241}$$

图 1-11 ~ 图 1-13 给出了 L-G_{00} ~ L-G_{33} 模式在 x 方向、y 方向和 r 径向的束宽平方随传输距离变化的曲线，可见，各个模式的传输轮廓线都是双曲线，模式的束宽是“阶跃”的。下面分两种情况来讨论：①当 $l \neq 1$ 时，光束在 x 方向和 y 方向的传输轮廓完全相同，光束在 r 径向的束宽平方是 x 方向和 y 方向的 2 倍。②当 $l=1$ 时，光束在 x 方向的束宽平方是 y 方向的束宽平方的 3 倍。光束在 r 径向的束宽平方是 y 方向的 4 倍。这是由于在设定的坐标系下光场的左右部分（x 方向）相对有相位 π 的整体跃变。

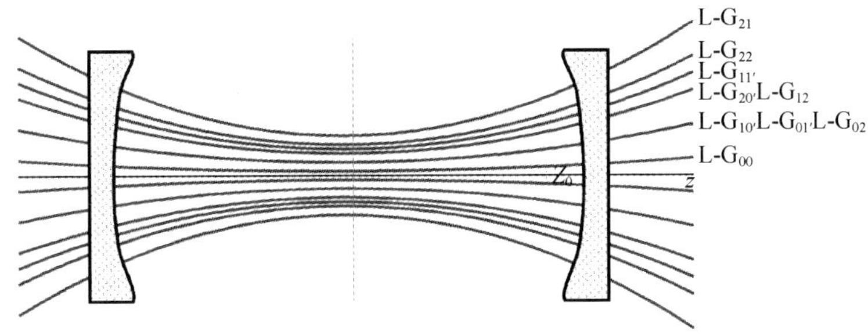

图 1-11　圆形域球面镜腔中的模式（x 方向）

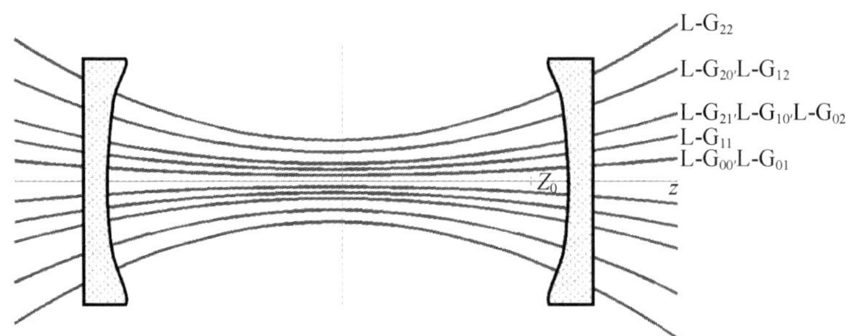

图 1-12　圆形域球面镜腔中的模式（y 方向）

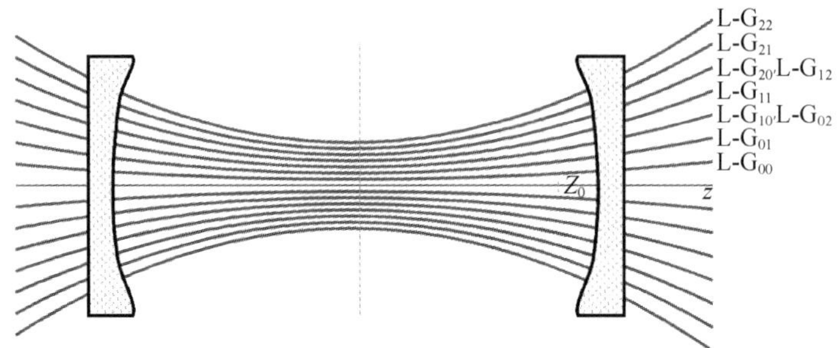

图 1-13　圆形域球面镜腔中的模式（r 径向）

1.6.1.2　矩形域腔

矩形域腔中的谐振模式为 H-G_{pl} 模式。设 H-G_{00} 模式（基模高斯光束）的束腰宽度为 w_0，发散角为 θ_0，则各个 L-G_{mn} 模式的参数如下：

x 方向的束宽：

$$w_{x,mn}(z) = w_o \sqrt{1 + \left(\frac{z}{Z_0}\right)} \sqrt{2m+1} \tag{1-242}$$

y 方向的束宽：

$$w_{y,mn}(z) = w_o \sqrt{1 + \left(\frac{z}{Z_0}\right)} \sqrt{2n+1} \tag{1-243}$$

r 径向的束宽：

$$w_{r,mn}(z) = w_o \sqrt{1 + \left(\frac{z}{Z_0}\right)} \sqrt{2(m+n+1)} \tag{1-244}$$

x 方向的光腰束宽：

$$w_{0x,mn} = w_o \sqrt{2m+1} \tag{1-245}$$

y 方向的光腰束宽：

$$w_{0y,mn} = w_o \sqrt{2n+1} \tag{1-246}$$

r 径向的光腰束宽：

$$w_{0r,mn} = w_o \sqrt{2(m+n+1)} \tag{1-247}$$

x 方向的发散角：

$$\theta_{x,mn} = \theta_o \sqrt{2m+1} \tag{1-248}$$

y 方向的发散角：

$$\theta_{y,mn} = \theta_o \sqrt{2n+1} \tag{1-249}$$

r 径向的发散角：

$$\theta_{r,mn} = \theta_o \sqrt{2(m+n+1)} \tag{1-250}$$

各个模式的瑞利长度都相同：

$$Z_0 = \frac{w_{0x,mn}}{\theta_{x,mn}} = \frac{w_{0y,mn}}{\theta_{y,mn}} = \frac{w_{0r,mn}}{\theta_{r,mn}} = \frac{w_0}{\theta_0} = \frac{\pi w_0^2}{\lambda} \tag{1-251}$$

图1－14～图1－16给出了H-G_{00}～H-G_{33}模式在 x 方向、y 方向和 r 径向的束宽平方随传输距离变化的曲线，可见，各个模式的传输轮廓线都是双曲线，模式的束宽是“阶跃”的。阶数 m 相同的模式在 x 方向的束宽是相同的，阶数 n 相同的模式在 y 方向的束宽是相同的，阶数之和（即 $m+n$）相同的模式在 r 径向的束宽是相同的。

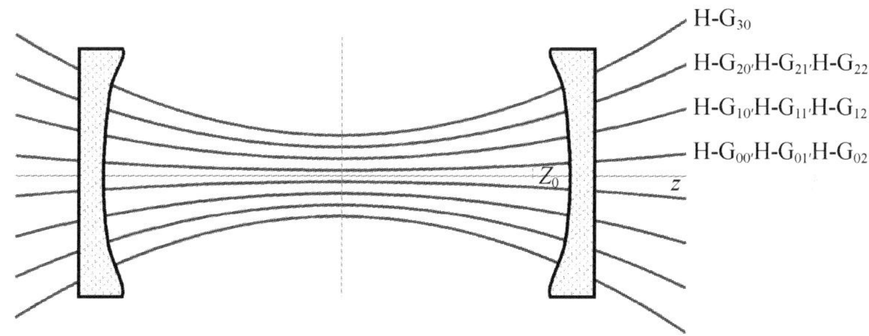

图1－14　矩形域球面镜腔中的模式（x 方向）

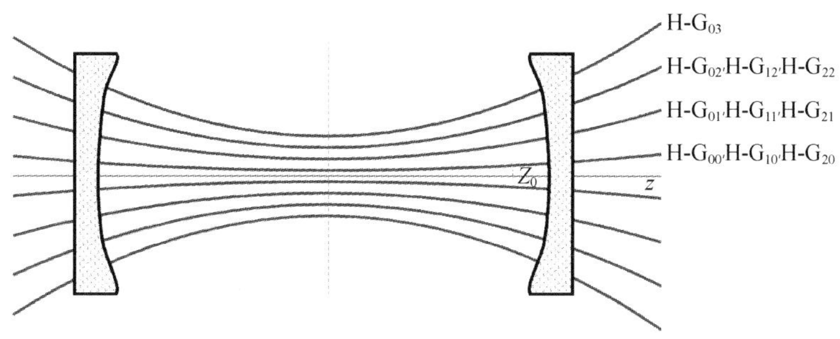

图1－15　矩形域球面镜腔中的模式（y 方向）

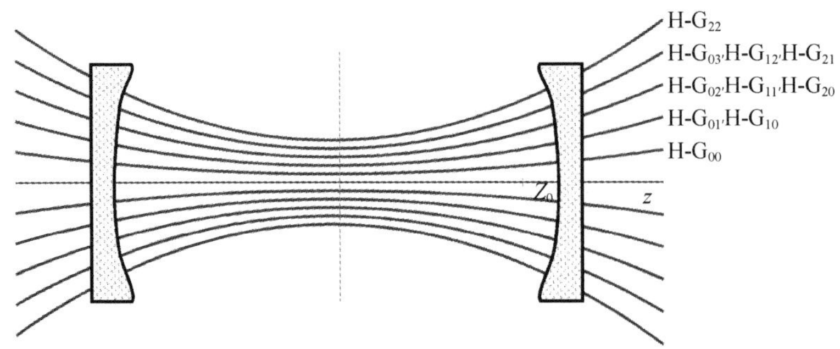

图 1－16　矩形域球面镜腔中的模式（r 径向）

1.6.2　共焦腔与无穷多个稳定球面腔等价

图 1－17 示意了共焦腔可与无穷多个球面镜腔等价。

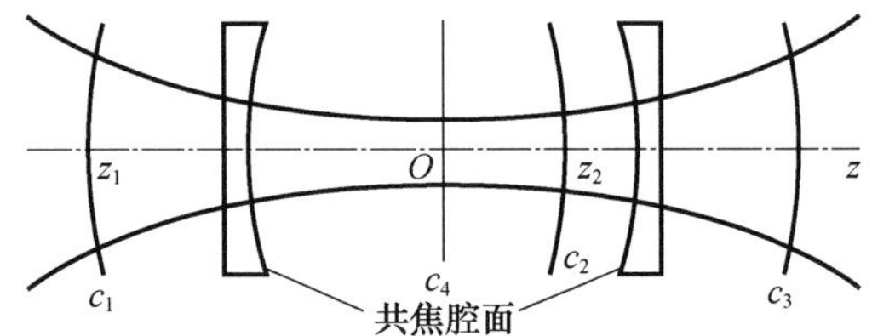

图 1－17　共焦腔与球面镜腔的等价

共焦腔内基模高斯光束[1,3]的传输满足：

$$R(z)=z+\frac{Z_0^2}{z} \tag{1-252}$$

式中：z 是光束距离束腰的位置；$R(z)$ 是光束在位置 z 处的等相面曲率半径；Z_0 为共焦参数。任意取两个位置 z_1 和 z_2，则有

$$R(z_1)=z_1+\frac{Z_0^2}{z_1} \tag{1-253}$$

$$R(z_2)=z_2+\frac{Z_0^2}{z_2} \tag{1-254}$$

分别在位置 z_1 处和 z_2 处放置曲率半径分别为 R_1 和 R_2 的两个腔镜，满足条件：

$$R_1=z_1+\frac{Z_0^2}{z_1} \tag{1-255}$$

$$R_2=z_2+\frac{Z_0^2}{z_2} \tag{1-256}$$

$$L=z_2-z_1 \tag{1-257}$$

这样的一对腔镜构成的激光谐振腔可以支持该共焦光束在腔内谐振。可以

证明,若光束的任意位置处由曲率半径分别为 R_1 和 R_2 的腔镜构成的腔长为 L 的谐振腔满足条件

$$0<\left(1-\frac{L}{R_1}\right)\left(1-\frac{L}{R_2}\right)<1 \tag{1-258}$$

则为稳定球面谐振腔。

1.6.3 稳定球面腔的等价共焦腔

图1-18则示意了任意一个稳定球面镜腔只有一个等价的共焦腔。

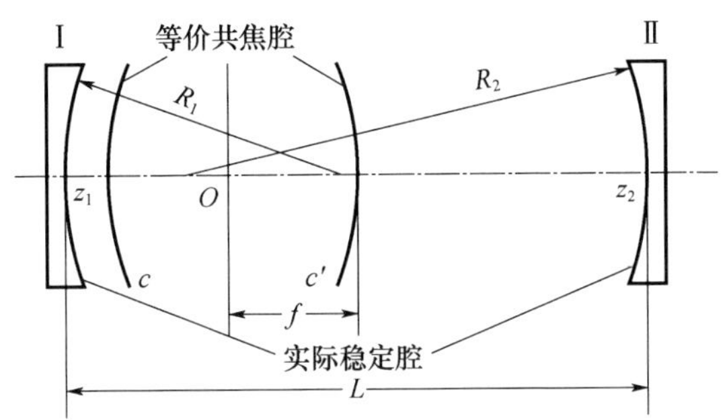

图1-18 球面镜腔与共焦腔的等价

若在图1-18所示的稳定球面镜腔[1,3]中存在基模高斯光束,设该光束的束腰位置为 $z=0$,腔镜Ⅰ的位置为 z_1,腔镜Ⅱ的位置为 z_2。基模高斯光束在两腔镜处的等相面曲率半径分别等于腔镜的曲率半径:

$$R_1=R(z_1)=-\left(z_1+\frac{Z_0^2}{z_1}\right) \tag{1-259}$$

$$R_2=R(z_2)=+\left(z_2+\frac{Z_0^2}{z_2}\right) \tag{1-260}$$

$$L=z_2-z_1 \tag{1-261}$$

联立求解式(1-259)、式(1-260)和式(1-261),可以求得

$$z_1=\frac{L(R_2-L)}{(L-R_1)+(L-R_2)} \tag{1-262}$$

$$z_2=\frac{-L(R_1-L)}{(L-R_1)+(L-R_2)} \tag{1-263}$$

$$Z_0^2=\frac{L(R_1-L)(R_2-L)(R_1+R_2-L)}{[(L-R_1)+(L-R_2)]^2} \tag{1-264}$$

可以证明,当谐振腔是稳定的,即 $0<(1-L/R_1)(1-L/R_2)<1$ 时,$Z_0^2>0$ 且取值唯一。该激光谐振腔可等价为一个共焦参数为 ${Z_0}^2$ 的共焦腔。

1.7 阶跃光纤中的模式

1.7.1 导波模模式

以圆柱形光纤中心轴为 z 轴的圆柱坐标系(r,ϕ,z),电磁波沿 z 轴方向传播,则电磁场量必有如下的函数关系:

$$\begin{pmatrix}\boldsymbol{E}\\ \boldsymbol{H}\end{pmatrix}(\boldsymbol{r},t)=\begin{pmatrix}\boldsymbol{E}\\ \boldsymbol{H}\end{pmatrix}(r,\phi)\mathrm{e}^{\mathrm{i}(\beta z-\omega t)} \tag{1-265}$$

式中:场量既是时间 t 也是坐标 z 的简谐函数;参量 β 是传播矢量 $\boldsymbol{k}$ 的 z 方向分量。如果将式(1-265)代入柱坐标下的麦克斯韦旋度方程,则有

$$\begin{aligned}\nabla\times\boldsymbol{E}&=\frac{1}{r}\left(\frac{\partial E_z}{\partial\phi}+\mathrm{i}r\beta E_\phi\right)\hat{r}+\left(\frac{\partial E_r}{\partial z}-\frac{\partial E_z}{\partial r}\right)\hat{\phi}+\left[\frac{1}{r}\frac{\partial(rE_\phi)}{\partial r}-\frac{1}{r}\frac{\partial E_r}{\partial\phi}\right]\hat{z}\\&=\mathrm{i}\omega\mu\boldsymbol{H}\end{aligned} \tag{1-266}$$

$$\begin{aligned}\nabla\times\boldsymbol{H}&=\frac{1}{r}\left(\frac{\partial H_z}{\partial\phi}+\mathrm{i}r\beta H_\phi\right)\hat{r}+\left(\frac{\partial H_r}{\partial z}-\frac{\partial H_z}{\partial r}\right)\hat{\phi}+\left[\frac{1}{r}\frac{\partial(rH_\phi)}{\partial r}-\frac{1}{r}\frac{\partial H_r}{\partial\phi}\right]\hat{z}\\&=-\mathrm{i}\omega\varepsilon\boldsymbol{E}\end{aligned} \tag{1-267}$$

则从 E 的旋度方程式可得

$$\frac{1}{r}\left(\frac{\partial E_z}{\partial\phi}-\mathrm{i}r\beta E_\phi\right)=\mathrm{i}\omega\mu H_r \tag{1-268}$$

$$\mathrm{i}\beta E_r-\frac{\partial E_z}{\partial r}=\mathrm{i}\omega\mu H_\phi \tag{1-269}$$

$$\frac{1}{r}\left[\frac{\partial}{\partial r}(rE_\phi)-\frac{\partial E_r}{\partial\phi}\right]=\mathrm{i}\omega\mu H_z \tag{1-270}$$

而从 H 的旋度方程式可得

$$\frac{1}{r}\left(\frac{\partial H_z}{\partial\phi}-\mathrm{i}r\beta H_\phi\right)=-\mathrm{i}\omega\varepsilon E_r \tag{1-271}$$

$$\mathrm{i}\beta H_r-\frac{\partial H_z}{\partial r}=-\mathrm{i}\omega\varepsilon E_\phi \tag{1-272}$$

$$\frac{1}{r}\left[\frac{\partial}{\partial r}(rH_\phi)-\frac{\partial H_r}{\partial\phi}\right]=-\mathrm{i}\omega\varepsilon E_z \tag{1-273}$$

在知道纵向分量 E_z 和 H_z 的条件下,利用式(1-268)、式(1-269)、式(1-271)、式(1-272)可求得其余的横向分量 E_r,E_ϕ,H_r 和 H_ϕ。例如从式(1-268)和式(1-272)中消去 H_r 或 E_φ,即可分别得到用 E_z 和 H_z 表示的 H_r 或 E_ϕ:

$$E_r=\frac{\mathrm{i}}{q^2}\left(\beta\frac{\partial E_z}{\partial r}+\frac{\omega\mu}{r}\frac{\partial H_z}{\partial\phi}\right) \tag{1-274}$$

$$E_\phi = \frac{\mathrm{i}}{q^2}\left(\frac{\beta}{r}\frac{\partial E_z}{\partial \phi} - \omega\mu\frac{\partial H_z}{\partial r}\right) \tag{1-275}$$

$$H_r = \frac{\mathrm{i}}{q^2}\left(\beta\frac{\partial H_z}{\partial r} - \frac{\omega\varepsilon}{r}\frac{\partial E_z}{\partial \phi}\right) \tag{1-276}$$

$$H_\phi = \frac{\mathrm{i}}{q^2}\left(\frac{\beta}{r}\frac{\partial H_z}{\partial \phi} + \omega\varepsilon\frac{\partial E_z}{\partial r}\right) \tag{1-277}$$

式中：$q^2 = \omega^2\varepsilon\mu - \beta^2 = k^2 - \beta^2$。将式(1－276)和式(1－277)代入式(1－273)，即可得到圆柱坐标系中 E_z 的波动方程：

$$\frac{\partial^2 E_z}{\partial r^2} + \frac{1}{r}\frac{\partial E_z}{\partial r} + \frac{1}{r^2}\frac{\partial^2 E_z}{\partial \phi^2} + (k^2 - \beta^2)E_z = 0 \tag{1-278}$$

同理，将式(1－274)和式(1－275)代入式(1－270)，得到 H_z 的波动方程：

$$\frac{\partial^2 H_z}{\partial r^2} + \frac{1}{r}\frac{\partial H_z}{\partial r} + \frac{1}{r^2}\frac{\partial^2 H_z}{\partial \phi^2} + (k^2 - \beta^2)H_z = 0 \tag{1-279}$$

E_z 和 H_z 的波动方程式具有相同的形式，用分离变量法求解，以 E_z 为例，令

$$E_z(r,\phi) = AF_1(r)F_2(\phi) \tag{1-280}$$

由于波导结构的圆对称性，所有的场分量必然是变量 ϕ 的以 2π 为周期的函数，即

$$F_2(\phi) = \mathrm{e}^{im\phi} \tag{1-281}$$

式中：m 为整数。这样，电场分量的表示式就为

$$E_z = AF_1(r)\mathrm{e}^{im\phi} \tag{1-282}$$

将式(1－282)代入式(1－278)中，即得 F_1 所满足的波动方程为

$$\frac{\partial^2 F_1}{\partial r^2} + \frac{1}{r}\frac{\partial F_1}{\partial r} + \left(k^2 - \beta^2 - \frac{m^2}{r^2}\right)F_1 = 0 \tag{1-283}$$

同理，H_z 也满足上式。式(1－283)是著名的贝塞尔方程，方程的解称为 m 阶贝塞尔函数，如果 $k^2 > \beta^2$，它的一般解为

$$F_1(r) = A\mathrm{J}_m(qr) + B\mathrm{N}_m(qr) \tag{1-284}$$

式中：$q^2 = k^2 - \beta^2$；A 和 B 是常数；J_m 和 N_m 分别是 m 阶第一类和第二类贝塞尔函数。如果 $k^2 < \beta^2$，则方程的一般解为

$$F_1(r) = C\mathrm{K}_m(hr) + D\mathrm{I}_m(hr) \tag{1-285}$$

式中：$h^2 = \beta^2 - k^2$；C 和 D 是常数；I_m 和 K_m 分别是 m 阶第一类和第二类变形贝塞尔函数。图 1－19 所示为 4 种贝塞尔函数 J_m，N_m，I_m 和 K_m 的曲线图。

由物理上考虑，选出合适的解。在 $r \leqslant a$（a 为纤芯半径）折射率为 n_1 的纤芯中，由于存在全内反射，光场沿光纤传播，因而有 $\beta < k_0 n_1$，或 $k_1^2 - \beta^2 > 0$，场在 r 方向应是振荡型分布的，在纤芯内一般解式(1－284)为第一类贝塞尔函数 J_m 和

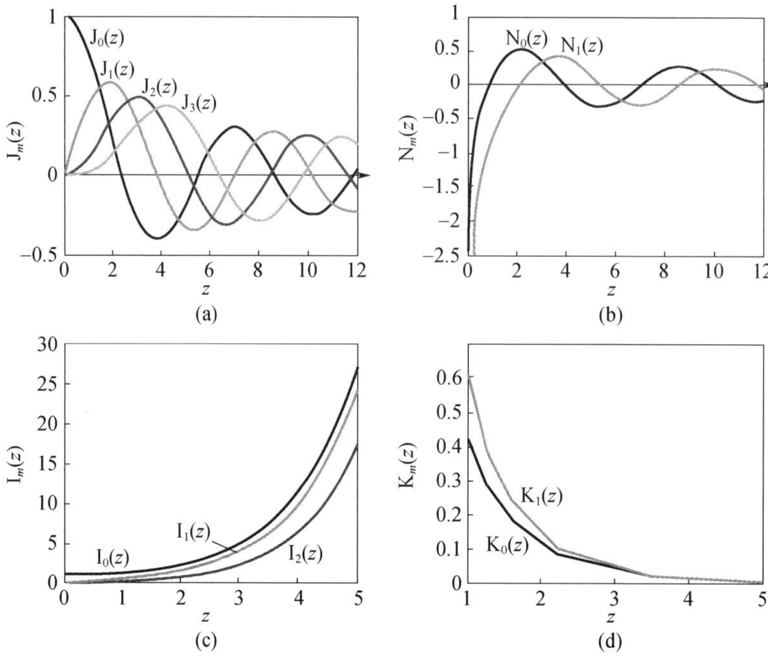

图 1-19　四种贝塞尔函数曲线图

第二类贝塞尔函数（也称诺曼函数）N_m 的线性组合，在 $r=0$ 处场幅应为有限值，但 N_m 在 $r=0$ 处向$(-\infty)$发散，所以在纤芯场的横向变化只能用第一类贝塞尔函数 J_m 表示。

在 $r\geqslant a$ 的折射率为 n_2 的包层区，场应为衰减场或消逝场，有 $\beta>k_0n_2$，或 $k_2^2-\beta^2<0$，且在 $r\to\infty$处，$E_z\to 0$，在包层中波动方程的通解(1-285)为第一类和第二类变形的贝塞尔函数 I_m 和 K_m 的线性组合，但在 $r\to\infty$处，I_m 向(∞)发散，所以在包层区场的横向变化可以只用第二类变形（虚宗量）贝塞尔函数 K_m 表示。因此，有

$$E_z=\begin{cases}A\mathrm{J}_m\left(U\dfrac{r}{a}\right)\mathrm{e}^{\mathrm{i}m\phi}\mathrm{e}^{\mathrm{i}(\beta z-\omega t)}, & 0\leqslant r\leqslant a\\ C\mathrm{K}_m\left(W\dfrac{r}{a}\right)\mathrm{e}^{\mathrm{i}m\phi}\mathrm{e}^{\mathrm{i}(\beta z-\omega t)}, & r\geqslant a\end{cases}\tag{1-286}$$

同理有

$$H_z=\begin{cases}B\mathrm{J}_m\left(U\dfrac{r}{a}\right)\mathrm{e}^{\mathrm{i}m\phi}\mathrm{e}^{\mathrm{i}(\beta z-\omega t)}, & 0\leqslant r\leqslant a\\ D\mathrm{K}_m\left(W\dfrac{r}{a}\right)\mathrm{e}^{\mathrm{i}m\phi}\mathrm{e}^{\mathrm{i}(\beta z-\omega t)}, & r\geqslant a\end{cases}\tag{1-287}$$

式中：a 为纤芯半径。$k_1=n_1k_0$ 为纤芯区域中的波数，$k_2=n_2k_0$ 为包层区域中的

波数。定义纤芯区域中的归一化横向传播常数为

$$U=\sqrt{k_1^2-\beta^2}a \tag{1-288}$$

定义包层区域中的归一化横向衰减常数为

$$W=\sqrt{\beta^2-k_2^2}a \tag{1-289}$$

定义归一化频率为

$$V^2=U^2+W^2=k^2a^2(n_1^2-n_2^2) \tag{1-290}$$

它决定了光纤中的模式数。

从物理上考虑,导波模条件为

$$k_2<\beta<k_1 \tag{1-291}$$

若 $W^2<0$,在包层中有振荡解,为辐射模。当 $W=0$ 时,即 $\beta=k_2$,为截止条件;而$\beta\to k_1$,远离截止,场被很好地封闭在纤芯中。

1.7.2 边界条件和本征值方程

以上得出的是一般解,满足具体边界条件才能得到特解。这可以通过在光纤纤芯和包层的界面处($r=a$)的边界条件(场的连续性条件)确定传播常数,在边界上 E 和 H 的切向分量连续,即

$$\begin{cases}E_{1z}=E_{2z}\\E_{1\phi}=E_{2\phi}\\H_{1z}=H_{2z}\\H_{1\phi}=H_{2\phi}\end{cases} \tag{1-292}$$

把 E_z的式(1-286)和 H_z的式(1-287)代入式(1-275)和式(1-277),即可求得 E_ϕ 和 H_ϕ,忽略材料的磁性并设$\mu_1=\mu_2=\mu$,结合边界条件,则系数 A,B,C,D 必须满足

$$AJ_m(U)-C\mathrm{K}_m(W)=0 \tag{1-293}$$

$$A\frac{\mathrm{i}\beta m}{(U/a)^2}\frac{\mathrm{J}_m(U)}{a}-B\frac{\omega\mu}{U/a}\mathrm{J}_m'(U)+C\frac{\mathrm{i}\beta m}{(W/a)^2}\frac{\mathrm{K}_m(W)}{a}-D\frac{\omega\mu}{W/a}\mathrm{K}_m'(W)=0 \tag{1-294}$$

$$B\mathrm{J}_m(U)-D\mathrm{K}_m(W)=0 \tag{1-295}$$

$$A\frac{\omega\varepsilon_1}{U/a}\mathrm{J}_m'(U)+B\frac{\mathrm{i}\beta m}{(U/a)^2}\frac{\mathrm{J}_m(U)}{a}+C\frac{\omega\varepsilon_2}{W/a}\mathrm{K}_m'(W)+D\frac{\mathrm{i}\beta m}{(W/a)^2}\frac{\mathrm{K}_m(W)}{a}=0 \tag{1-296}$$

式(1-293)~式(1-296)是一个以 A,B,C,D 为待求量的线性齐次方程组。这个方程组仅当它们的系数行列式为零时才有非零解,即

$$\begin{vmatrix} J_m(U) & 0 & -K_m(W) & 0 \\ \dfrac{i\beta m}{(U/a)^2}\dfrac{J_m(U)}{a} & -\dfrac{\omega\mu}{U/a}J_m'(U) & \dfrac{i\beta m}{(W/a)^2}\dfrac{K_m(W)}{a} & -\dfrac{\omega\mu}{W/a}K_m'(W) \\ 0 & J_m(U) & 0 & -K_m(W) \\ \dfrac{\omega\varepsilon_1}{U/a}J_m'(U) & \dfrac{i\beta m}{(U/a)^2}\dfrac{J_m(U)}{a} & \dfrac{\omega\varepsilon_2}{W/a}K_m'(W) & \dfrac{i\beta m}{(W/a)^2}\dfrac{K_m(W)}{a} \end{vmatrix} = 0 \tag{1-297}$$

展开上面的行列式,得到确定传播常数β的本征值方程:

$$\left[\frac{J_m'(U)}{UJ_m(U)}+\frac{K_m'(W)}{WK_m(W)}\right]\left[k_1^2\frac{J_m'(U)}{UJ_m(U)}+k_2^2\frac{K_m'(W)}{WK_m(W)}\right]=\beta^2m^2\left(\frac{1}{U^2}+\frac{1}{W^2}\right)\left(\frac{\varepsilon_1}{\varepsilon_2}\frac{1}{U^2}+\frac{1}{W^2}\right) \tag{1-298}$$

式(1-298)对每个m值都是β的超越函数,一般情况下只能采用数值方法求解,从它对某一特定模式的解可以得到这个模式的全部传输特性。求解发现,只存在介于k_1和k_2之间的某些离散的β值,当参数给定后,即可求得传播常数β。通常,对于每个整数m,都存在多个解,一般以数字顺序排列这些解,对于给定的m,都有n个解($n=1,2,\cdots$),记为β_{mn}。每一个β_{mn}对应于能在光纤中传播的光场的一个空间分布。这种空间分布在传播过程中只有相位变化,没有形状变化,且始终满足边界条件。这种空间分布为模式。根据不同的m与n组合,将存在多种模式。

1.7.3 传导模式及截止频率

现在分为以下几种情况讨论:

(1) TE_{0n}和TM_{0n}模式。对$m=0$,并利用贝塞尔函数关系式:

$$J_0'(U)=-J_1(U),\quad K_0'(W)=-K_1(W) \tag{1-299}$$

由式(1-298)得到决定TE_{0n}和TM_{0n}模式的本征值方程:

TE 模式
$$\frac{J_1(U)}{UJ_0(U)}+\frac{K_1(W)}{WK_0(W)}=0 \tag{1-300}$$

TM 模式
$$\frac{\varepsilon_1}{\varepsilon_2}\frac{J_1(U)}{UJ_0(U)}+\frac{K_1(W)}{WK_0(W)}=0 \tag{1-301}$$

其本征值是β_n($n=1,2,3,\cdots$),由于$m=0$,则有$\partial/\partial\phi=0$,模式的所有场分量都是径向对称的。对于TE_{0n}横电模,仅有E_ϕ,H_r,H_z分量,其他三个分量为零;对于TM_{0n}横磁模,则仅有H_ϕ,E_r,E_z分量,其他的分量为零。第一个下标$m=0$表示TE和TM模式的场分量沿圆周方向没有变化,第二个下标n代表沿径向的模式数。对弱导近似$\varepsilon_1\approx\varepsilon_2$,则TE和TM模式的方程相同,因此在弱导近似下,$TE_{0n}$和$TM_{0n}$模式是简并的。

$W\to 0$，模截止，可以得到 $J_0(U)=0$，零阶贝塞尔函数的根为 2.405，5.520，8.654，…，分别对应 $TE_{01}(TM_{01})$，$TE_{02}(TM_{02})$，$TE_{03}(TM_{03})$，…的截止频率。

(2) EH 模式和 HE 模式。当 $m\neq 0$ 时，模的所有六个场分量都不为零，称为混合模式。利用贝塞尔函数的递推公式：

$$2J'_m = J_{m-1} - J_{m+1} \tag{1-302}$$

$$-2K'_m = K_{m-1} + K_{m+1} \tag{1-303}$$

$$J_{m+1}(U) + J_{m-1}(U) = \frac{2m}{U}J_m(U) \tag{1-304}$$

$$K_{m+1}(W) - K_{m-1}(W) = \frac{2m}{W}K_m(W) \tag{1-305}$$

对式(1-313)右端取正号，得到 EH_{mn}模式的本征值方程：

$$\frac{J_{m+1}(U)}{UJ_m(U)} + \frac{K_{m+1}(W)}{WK_m(W)} = 0 \tag{1-306}$$

当模式截止时，$W\to 0$，有 $J_m(U)=0$，它的第 n 个根对应 EH_{mn}的截止频率，但不能取零根。

对本征值方程(1-313)右端取负号，得到 HE_{mn}模式的方程：

$$\frac{J_{m-1}(U)}{UJ_m(U)} - \frac{K_{m-1}(W)}{WK_m(W)} = 0 \tag{1-307}$$

对 $m=1$ 的特殊情况，模式截止时 $W\to 0$，HE_{1n}的特征方程为 $\dfrac{J_0(U)}{UJ_1(U)}\to\infty$，则除 $U=0$ 外，$J_1(U)=0$ 的根有 3.832，7.016，10.173，…，分别对应于模式 HE_{12}，HE_{13}，HE_{14}，…的截止值。由于 $J_0(0)=1$，所以 HE_{11}模式的截止频率是零，表明这是一个永不截止的模式，在任何光纤中都能存在，成为光纤的基模或主模。需要说明的是，EH 模式和 HE 模式表示的区分仅是一种约定，没有特别的理由，历史上，微波工程师首先将介质棒波导中的最低阶模式（无截止的模式）称为 HE_{11}模式，后来，就依照这种约定表示 HE 和 EH 模式了。如果有点差别，就是 EH 模式的 H_z要稍大于 E_z，而 HE 模式的 E_z则要稍大于 H_z。

对 $m>1$，在截止状态时，要利用贝塞尔函数 $K_m(W)$的渐近性质，HE_{mn}模式的本征值方程可近似为

$$\frac{J_{m-1}(U)}{J_m(U)} = \frac{U}{2(m-1)} \tag{1-308}$$

这个超越方程的第 n 个根对应 HE_{mn}模式的截止值。

从以上的讨论可以得到，阶跃折射率光纤中的传导模式分为

(1) TE_{0n}和 TM_{0n}模式，模式截止条件由 $J_0(U)=0$ 决定，n 是零阶贝塞尔函数的第 n 个根。

(2) 对 HE_{1n}和 EH_{mn}，截止条件对应 $J_m(U)=0$ 的第 n 个根。

(3) 对 $HE_{mn}(m>1)$,模式截止条件对应于超越方程:$J_{m-1}(U)/J_m(U)=U/2(m-1)$的第 n 个根。HE_{11} 是光纤的基模,在任何情况下均存在,当 $V<2.405$ 时,TE_{01},TM_{01},HE_{21} 等模式都没有出现。由此可以定出单模光纤的参数,当 $V>2.405$ 时,相继出现各个高阶模式。

$W\to\infty$,$U\to 0$ 是模式远离截止的条件,导波模被很好地限制在纤芯内,由于 $W\to\infty$,近似有 $K_m(W)\propto(\pi/2W)^{1/2}e^{-W}$,可以得到远离截止时的 EH_{mn} 和 HE_{mn} 的本征值方程为

$$HE_{mn}:J_{m-1}(U)=0 \tag{1-309}$$

$$EH_{mn}:J_{m+1}(U)=0 \tag{1-310}$$

因此在远离截止时,$HE_{m+1,n}$ 模式和 $EH_{m-1,n}$ 模式有相同的本征方程、相同的传输常数。

1.7.4 归一化传输常数

光纤中的模式是由它的传播常数 β 唯一确定,由 β 可引入模式折射率 $\bar{n}=\beta/k_0$,当 $\bar{n}$ 处于 n_1 和 n_2 之间时表明该模式在折射率为 $\bar{n}$ 的介质中传播。引入一个归一化传播常数 b,定义为

$$b=\frac{\beta/k_0-n_2}{n_1-n_2}=\frac{\bar{n}-n_2}{n_1-n_2} \tag{1-311}$$

当给定参数 a,k_0,n_1,n_2,可从式(1-298)、式(1-311)和式(1-290)求出传播常数 β 和 b 与 V 的关系。图 1-20 给出了一些低阶模归一化传播常数 b 与归一化频率 V 的关系曲线。

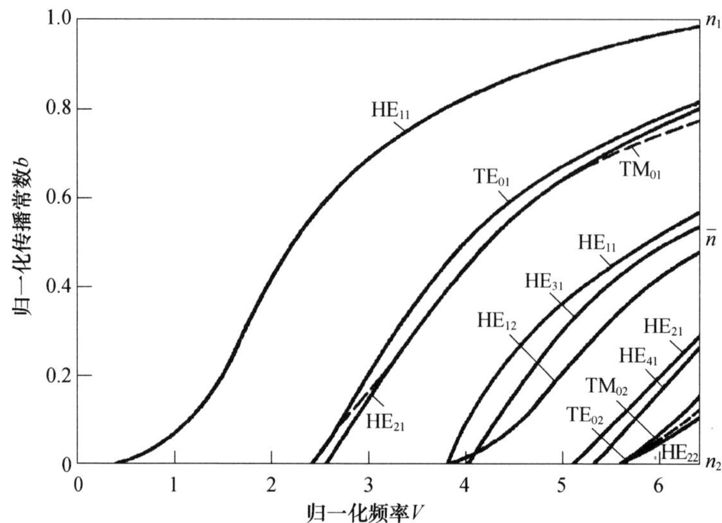

图 1-20 归一化传输常数 b 与归一化频率 V 的关系,右边坐标尺为模式折射率[15]

1.7.5 弱波导近似

对波动方程式(1－283)的严格求解是非常复杂的,但可以采用一种简化的却十分精确的称为弱导近似的方法。目前大部分通信系统以及光纤激光器和光纤放大器中所使用的光纤均为弱导光纤,因此都可以利用弱波导理论模式简化对模式特征方程[16]的求解。

对于圆柱形阶跃光纤,其剖面图及折射率分布如图1－21所示,其中纤芯半径为a,纤芯折射率为n_1,包层半径为b,包层折射率为n_2。

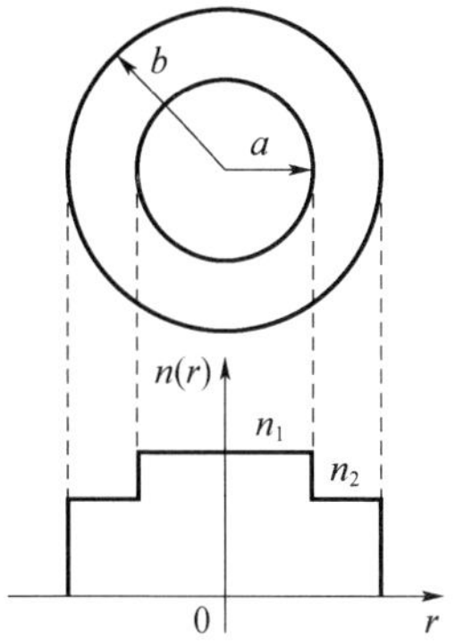

弱导近似条件为

$$\Delta = \frac{n_1^{\ 2} - n_2^{\ 2}}{2n_1^{\ 2}} \approx \frac{n_1 - n_2}{n_1} < 1\% \qquad (1-312)$$

弱导近似使得芯和包层界面的场分量的匹配得到极大的简化,在纤芯和包层之间的界面上$\boldsymbol{H}$矢量的切向分量的连续性条件和$\boldsymbol{E}$矢量的切向分量的连续条件相同。当$\Delta \ll 1$时,可以认为$\varepsilon_1 \approx \varepsilon_2, k_1^2 \approx \beta^2 \approx k_2^2$,利用这个近似条件使得式(1－298)的本征值方程简化为

图1－21 阶跃光纤剖面图及折射率分布

$$\frac{\mathrm{J}_m'(U)}{U\mathrm{J}_m(U)} + \frac{\mathrm{K}_m'(W)}{W\mathrm{K}_m(W)} = \pm m\left(\frac{1}{U^2} + \frac{1}{W^2}\right) \qquad (1-313)$$

1.7.6 阶跃光纤中的LP模式(LP$_{mn}$模式)

1.7.6.1 线偏振模场的解析表达式

设入射波的偏振方向与y轴平行,横向电场用标量E_y表示,那么可以得到如下标量亥姆霍兹方程:

$$\nabla^2 E_y + k_0^2 n^2 E_y = 0 \qquad (1-314)$$

使用圆柱坐标系(r,θ)将式(1－314)展开,可以得到

$$\frac{\partial^2 E_y}{\partial r^2} + \frac{1}{r}\frac{\partial E_y}{\partial r} + \frac{1}{r^2}\frac{\partial^2 E_y}{\partial \theta^2} + \frac{\partial^2 E_y}{\partial z^2} + k_0^2 n^2 E_y = 0 \qquad (1-315)$$

使用分离变量法来求解E_y,将E_y写成如下形式:

$$E_y = AR(r)\Theta(\theta)Z(z) \qquad (1-316)$$

式中:A为常数;$R(r)$为场沿半径方向的变化;$\Theta(\theta)$为场沿圆周方向的变化,可以写为

$$\Theta(\theta) = \begin{cases} \sin(m\theta) \\ \cos(m\theta) \end{cases}, \quad m = 0,1,2,\cdots \qquad (1-317)$$

$Z(z)$表示为场沿光纤轴向方向的变化,设沿 z 方向的传播常数为 β,则$Z(z)$可表示为

$$Z(z)=\mathrm{e}^{\mathrm{i}\beta z} \tag{1-318}$$

因此,假设场沿圆周方向的变化规律为 $\cos(m\theta)$,可以将场 E_y写成

$$E_y=AR(r)\cos(m\theta)\mathrm{e}^{\mathrm{i}\beta z} \tag{1-319}$$

将式(1-319)代入式(1-315),可得到如下关于 $R(r)$的方程:

$$r^2\frac{\mathrm{d}^2R(r)}{\mathrm{d}r^2}+r\frac{\mathrm{d}R(r)}{\mathrm{d}r}+[(k_0^2n_1^2-\beta^2)r^2-m^2]R(r)=0,0\leqslant r\leqslant a \tag{1-320}$$

$$r^2\frac{\mathrm{d}^2R(r)}{\mathrm{d}r^2}+r\frac{\mathrm{d}R(r)}{\mathrm{d}r}-[(\beta^2-k_0^2n_2^2)r^2+m^2]R(r)=0,r\geqslant a \tag{1-321}$$

式(1-320)称为标准贝塞尔方程,在纤芯中的解应为第一类贝塞尔函数。式(1-321)称为虚宗量贝塞尔方程,在包层中的解应为第二类修正贝塞尔函数。因此,可以得到式(1-320)和式(1-321)的解为

$$R(r)=\mathrm{J}_m\left(\sqrt{k_0^2n_1^2-\beta^2}\,r\right),\quad 0\leqslant r\leqslant a \tag{1-322}$$

$$R(r)=\mathrm{K}_m\left(\sqrt{\beta^2-k_0^2n_2^2}\,r\right),\quad r\geqslant a \tag{1-323}$$

令

$$U=\sqrt{k_0^2n_1^2-\beta^2}\,a \tag{1-324}$$

$$W=\sqrt{\beta^2-k_0^2n_2^2}\,a \tag{1-325}$$

可以将式(1-322)和式(1-323)表示为

$$R(r)=\mathrm{J}_m\left(\frac{U}{a}r\right),\quad 0\leqslant r\leqslant a \tag{1-326}$$

$$R(r)=\mathrm{K}_m\left(\frac{W}{a}r\right),\quad r\geqslant a \tag{1-327}$$

因此可以得到场的表达式为

$$E_{y1}=A_1\cos(m\theta)\mathrm{e}^{\mathrm{i}\beta z}\mathrm{J}_m\left(\frac{U}{a}r\right),\quad 0\leqslant r\leqslant a \tag{1-328}$$

$$E_{y2}=A_2\cos(m\theta)\mathrm{e}^{\mathrm{i}\beta z}\mathrm{K}_m\left(\frac{W}{a}r\right),\quad r\geqslant a \tag{1-329}$$

根据电场强度在分界面的切向是连续的,可以得到

$$A_1\mathrm{J}_m(U)=A_2\mathrm{K}_m(W)=A \tag{1-330}$$

因此,可以得到 E_y的表达式为

$$E_y=A\mathrm{e}^{\mathrm{i}\beta z}\cos(m\theta)\begin{cases}\dfrac{\mathrm{J}_m\left(\dfrac{U_{mn}}{a}r\right)}{\mathrm{J}_m(U_{mn})}, & 0\leqslant r\leqslant a\\[2ex] \dfrac{\mathrm{K}_m\left(\dfrac{W_{mn}}{a}r\right)}{\mathrm{K}_m(W_{mn})}, & r\geqslant a\end{cases} \tag{1-331}$$

这里只是取场沿 y 轴方向偏振时对应的场分布，实际上还存在沿 x 方向偏振的场，并且这两种情况下的场分布沿圆周方向的变化规律都可以取为 $\cos(m\theta)$ 或 $\sin(m\theta)$。

阶跃光纤的精确场有着复杂的本征方程。但是对于弱导光纤，可以将本征方程简单化。根据在纤芯和包层边界处的横向和纵向电场分量连续性的边界条件，可以推导出弱导阶跃光纤的本征方程为

$$\frac{U\mathrm{J}_{m+1}(U)}{\mathrm{J}_m(U)}=\frac{W\mathrm{K}_{m+1}(W)}{\mathrm{K}_m(W)} \tag{1-332}$$

本征方程是一个超越方程，需要用数值方法进行求解。根据方程的解可以发现：当给定光纤的几何参数以及波长后，得到的传播常数 β 为介于 k_0n_2 和 k_0n_1 之间的离散值。对每个整数 m，都存在 n 个解，将这些解进行降序排列，得到不同的 β_{mn} 值（$n=1,2,3,\cdots$）。每一个 β_{mn} 值可以确定在光纤中传播的场的一个空间分布。这种空间分布在传播过程中只存在相位的变化而没有形状的变化，并且始终满足边界条件，将这种空间分布称为模式。在弱导光纤中，将近似解确定的空间分布称为线偏振模，用 LP_{mn} 表示。

下面给出 LP_{mn} 的场分布近似解。由式（1-332）可知，U 和 W 是关于 V 的一个函数。Gloge 给出了本征方程式（1-332）的近似解：

$$U=U_c\mathrm{e}^{[\arcsin(S/U_c)-\arcsin(S/V)]/S} \tag{1-333}$$

式（1-333）适用于 $m\neq0$ 且 $n\neq1$ 的情况。式（1-333）中 U_c 为 U 的截止数值，是截止本征方程式（1-332）的解：

$$\mathrm{J}_{m-1}(U_c)=0 \tag{1-334}$$

方程式（1-334）的近似解由 Abramowitz 等人给出，表达式如下：

$$U_c=A_1-\frac{B-1}{8A_1}-\frac{4(B-1)(7B-31)}{3\ (8A_1)^3} \tag{1-335}$$

$$A_1=\left[n+\frac{1}{2}(m-1)-\frac{1}{4}\right]\pi \tag{1-336}$$

$$B=4\ (m-1)^2 \tag{1-337}$$

式（1-333）中的 S 表达式为

$$S=(U_c{}^2-m^2-1)^{\frac{1}{2}} \tag{1-338}$$

当 $m=0,n=1$ 时，式（1-332）的近似解为

$$U=\left(1+\sqrt{2}\right)V/[1+(4+V^4)^{\frac{1}{4}}] \tag{1-339}$$

根据式（1-324）可以得到

$$\beta=k_0n_1\left(1-\Delta\frac{U^2}{V^2}\right)^{1/2} \tag{1-340}$$

这样，根据式（1-325）就可以获得 W 的值。到这里，就可以根据光纤参数和波

长确定的归一化频率 V 值来获得模式的场分布中的 β, U, W，从而确定 LP_{mn} 的场分布。

1.7.6.2 线偏振模的截止条件

图 1 - 22 为 $K_m(W)$ 随 W 的变化曲线。当 $W=0$ 时，$K_m(W)$ 为无穷大；当 $W>0$ 时，$K_m(W)$ 会很快衰减到 0。这说明，随着 W 的增大，光场在包层中的能量逐渐减小。因此，当 $W=0$ 时，包层中的能量最大，此时对应纤芯中光波的截止情况。$W=0$ 时，可得到式（1 - 334）所示的截止本征方程，即 $J_{m-1}(U)=0$。因此，LP_{mn} 的 U_c 是由 $J_{m-1}(U)$ 的零点来确定的。图 1 - 23 为 $J_{m-1}(U)$ 随 U 的变化曲线，由曲线可以确定 LP_{mn} 所对应的 U_c 值。

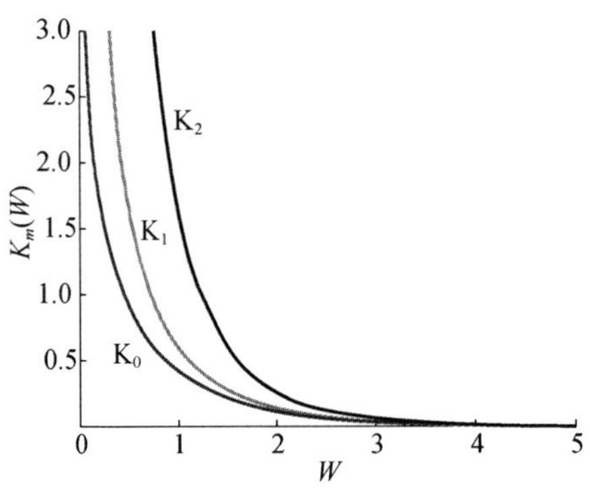

图 1 - 22 $K_m(W)$ 随 W 的变化曲线

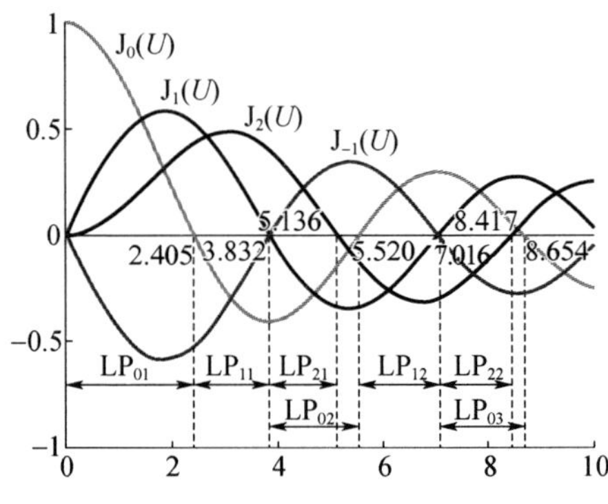

图 1 - 23 $J_{m-1}(U)$ 随 U 的变化曲线

比如，当 $m=0$ 时，有 $J_{-1}(U)=0$，对应 LP_{0n} 模。此时对应的根的系列值为 $U_c=0, 3.832, 7.016, 10.173, \cdots$。$LP_{01}$ 为主要模式，截止值 $U_c=0$，由于 $W=0$，因此可以得到对应的归一化频率 $V=0$。因此可知 $k_0=0$。再根据式（1 - 18）可得，此时 $\lambda=\infty$。因此，LP_{01} 模没有低频截止，任何频率都可以传输。

当 $m=1$ 时，有 $J_0(U)=0$，对应 LP_{1n} 模。此时对应的根的系列值为 $U_c=2.405, 5.520, 8.654, \cdots$。

当 $m=2$ 时，有 $J_1(U)=0$，对应 LP_{2n} 模。此时对应的根的系列值为 $U_c=3.832, 7.016, 10.173, \cdots$（注意不要取 $U_c=0$ 的根）。

当 $W\to\infty$ 时，表示光波远离截止的情况，此时根据式（1 - 332）可得

$$J_m(U)=0 \tag{1-341}$$

比如，当 $m=0$ 时，有 $J_0(U)=0$，此时对应的根的系列值为 $U=2.405, 5.520, 8.654, \cdots$。

因此，可以得出，光纤中传输的每一种模对应的 U 值，必然要介于 $J_{m-1}(U)$ 和 $J_m(U)$ 的根之间。同时，图 1 - 23 也标出了部分模式所对应的 U 值取值范围，

如 LP_{01} 的 U 值在 0～2.405 之间，LP_{11} 的 U 值在 2.405～3.832 之间。

传输模满足条件：

$$n_2 < \beta/k_0 < n_1 \tag{1-342}$$

图 1-24 为 β/k_0 与 V 的关系。由图 1-24 可知，每个模式都存在一个极限值 V_c，与此极限值对应的为 $\beta/k_0 = n_2$，此时模式截止。每个模式只能在超过极限值 V_c 的情况下存在。因此，LP_{mn} 截止的条件为

$$V \leqslant V_c \tag{1-343}$$

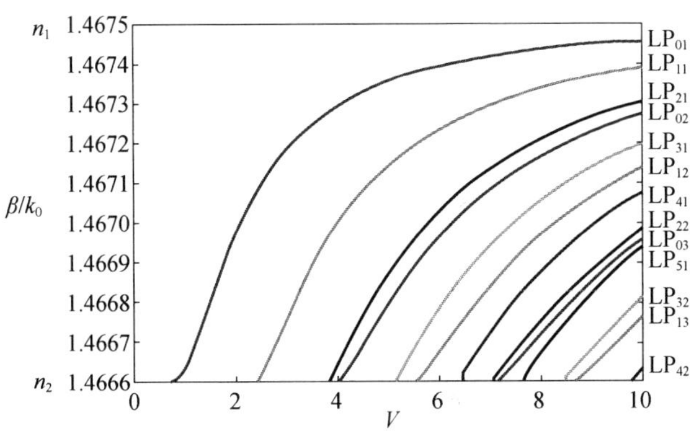

图 1-24 β/k_0 与 V 的关系

LP_{mn} 模式可传导的条件为

$$V > V_c \tag{1-344}$$

同时，可以看到，当满足

$$0 < V < 2.405 \tag{1-345}$$

条件时，只允许 LP_{01}（称为基模）存在，即单模传输条件。当 V 大于 2.405 时，光纤中允许其他更高阶模存在。我们把满足单模传输条件的光纤称为单模光纤，允许传输多种模式的光纤称为多模光纤。

1.7.6.3 群时延

当一个光脉冲信号通过光纤时，由于光纤折射率分布、光源谱宽、光纤材料的色散特性等因素使得在光纤输出端出射的脉冲被展宽，这称为“延迟畸变”。而“延迟畸变”是指信号能量中的各种分量在传输线路中的群速度不同而产生的波形失真。以下几种为引起延迟畸变的原因：

（1）模间色散：由于在多模光纤中不同模式的群速度差异而产生的色散。[17]。

（2）波导色散：由于光纤中传输模的群速度相对光波长呈现非线性而造成

的色散。

(3) 材料色散:由于光波长发生变化,影响到光纤材料的折射率的变化,从而影响到群速度变化而产生的色散。

当光信号在光纤中传输时,在传播方向上的单位长度上由于群速度不同而导致的群时延可以表示为

$$\tau = \frac{1}{v_g} = \frac{\mathrm{d}\beta}{\mathrm{d}\omega} \tag{1-346}$$

式中:v_g为群速度。

将式(1-340)代入式(1-346)计算可得到

$$\tau = \frac{N_1}{c}\frac{\left[1-\Delta\cdot(1+y/4)\cdot Q\cdot\frac{U^2}{V^2}\right]}{\sqrt{1-2\cdot\Delta\cdot\frac{U^2}{V^2}}} \tag{1-347}$$

式中:N_1,y 和 Q 为新引入的量,以下将介绍相关定义。

N_1为 Gloge 定义的群指数,表达式为

$$N_1 = \frac{\mathrm{d}(k_0 n_1)}{\mathrm{d}(k_0)} = n_1 + k_0\frac{\mathrm{d}n_1}{\mathrm{d}k_0} \tag{1-348}$$

由于式(1-348)中的第二项相对第一项来说相当小,因此一般取近似值:

$$N_1 = n_1 \tag{1-349}$$

y 是 Olshansky 提出的"表示纤芯和包层材料的色散差的参数",表示为

$$y = \frac{2n_1}{N_1}\frac{k_0}{\Delta}\frac{\mathrm{d}\Delta}{\mathrm{d}k_0} = -\frac{2n_1}{N_1}\frac{\lambda}{\Delta}\frac{\mathrm{d}\Delta}{\mathrm{d}\lambda} \tag{1-350}$$

Q 定义为

$$Q = \frac{2V}{U}\frac{\mathrm{d}U}{\mathrm{d}V} \tag{1-351}$$

对于阶跃光纤,U 和 V 可以由式(1-324)~式(1-332)得到,因此利用这些式子可以计算出 Q 为

$$Q = \frac{2(1-\xi_m)}{U^2/V^2(1-\xi_m/\zeta_m)} \tag{1-352}$$

式中

$$\xi_m = \frac{\mathrm{K}_m^2(W)}{\mathrm{K}_{m-1}(W)\mathrm{K}_{m+1}(W)} \tag{1-353}$$

$$\zeta_m = \frac{\mathrm{J}_m^2(U)}{\mathrm{J}_{m-1}(U)\mathrm{J}_{m+1}(U)} \tag{1-354}$$

因此,设定 $N_1=n_1$,$y=0$,即忽略材料色散,可以得到群时延 τ 与归一化频率 V 的关系,如图 1-25 所示。这里所使用的参数为 $n_1=1.4675$,$n_2=1.4666$。

图 1－25 中所使用的纵坐标为 $c\tau$，是一个无量纲的量。可以看到，所有的模式最终都趋向于 $c\tau = n_1$，这说明此时电磁场的能量全部封锁在纤芯中传播。由于模式色散为“在某一波长处所激发的模式之间的时延展宽”，因此，根据图 1－25 中的曲线分布与某一垂线相交的点即可获得模式色散的大小。

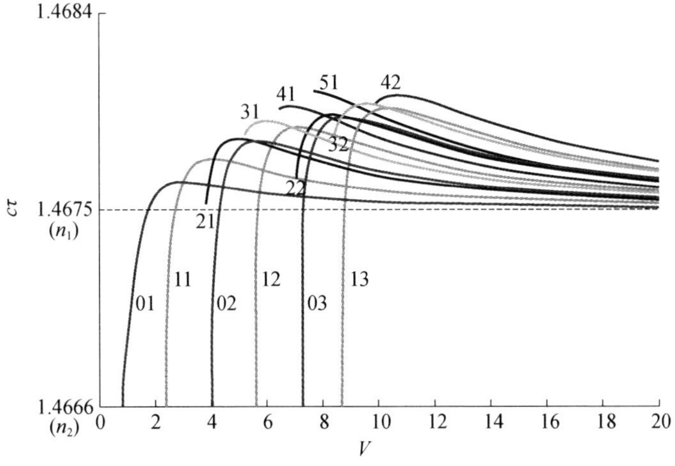

图 1－25　群时延与归一化频率 V 的关系

1.7.6.4　交迭因子 Γ

对激光器来说，人们常常用到交迭因子 Γ，又称为填充因子或限制因子（对半导体放大器和激光器），其表达式为

$$\Gamma = \frac{\int_S U^2(\boldsymbol{r})\mathrm{d}\boldsymbol{r}}{\int_\infty U^2(\boldsymbol{r})\mathrm{d}\boldsymbol{r}} \tag{1-355}$$

横向积分区域“S”包括具有增益的介质横截面。对半导体激光器和放大器，“S”包括整个有源层，而对光纤激光器和放大器指的是具有增益的掺杂区域，多数情况下为纤芯区域。

对于高功率光纤激光器，泵浦光在光纤包层的横截面内可以看作是均匀的，因此泵浦光在光纤中的交迭因子 Γ_p 可以近似看作是纤芯面积与包层面积的比值：

$$\Gamma_p = \frac{S_{纤芯}}{S_{纤芯} + S_{包层}} \tag{1-356}$$

式中：$S_{纤芯}$ 为纤芯面积；$S_{包层}$ 为包层面积。

而信号光的交迭因子表示为[18]

$$\Gamma(\lambda) = \frac{\int_0^{2\pi}\int_0^a |E(r,\varphi,\lambda)|^2 r\mathrm{d}r\mathrm{d}\varphi}{\int_0^{2\pi}\int_0^b |E(r,\varphi,\lambda)|^2 r\mathrm{d}r\mathrm{d}\varphi} \tag{1-357}$$

式中:$E(r,\varphi,\lambda)$代表信号光的光场分布;a 为光纤的纤芯半径;b 为光纤的包层半径。

对于阶跃光纤,其泵浦光的交迭因子和信号光 LP_{mn}模式的交迭因子分别为

$$\Gamma_p = \frac{a^2}{b^2} \tag{1-358}$$

$$\Gamma_{mn}(\lambda) = \frac{\int_0^{2\pi}\int_0^a |LP_{mn}(r,\varphi,\lambda)|^2 r\mathrm{d}r\mathrm{d}\varphi}{\int_0^{2\pi}\int_0^b |LP_{mn}(r,\varphi,\lambda)|^2 r\mathrm{d}r\mathrm{d}\varphi} \tag{1-359}$$

作为计算例,设阶跃光纤的纤芯折射率 $n_1=1.46$,包层折射率 $n_1=1.44$,纤芯半径 $a=10\ \mu m$,包层半径 $b=125\ \mu m$。图 1-26 给出了 LP_{01}模式在纤芯附近的光强分布(已做功率归一化处理),可以看出模式的绝大部分能量都集中在纤芯中,只有很少的能量在纤芯之外;当激光波长增加时,交迭因子缓慢减小,中心光强减小,束宽增大,纤芯外的光强增加。图 1-27 给出了 LP_{02}模式在纤芯附近的光强分布(已做功率归一化处理),可以看出光强分布出现了暗环,模式的绝大部分能量主要集中在纤芯中,只有较少的能量在纤芯之外;当激光波长增加时,交迭因子缓慢减小,中心光强减小,束宽增大,纤芯外的光强增加。图 1-28 给出了 LP_{02}模式在纤芯附近的光强分布(已做功率归一化处理),可以看出光强分布出现了暗环,模式的绝大部分能量主要集中在纤芯中,只有较少的能量在纤芯之外;当激光波长增加时,交迭因子缓慢减小,中心光强减小,束宽增大,纤芯外的光强增加。

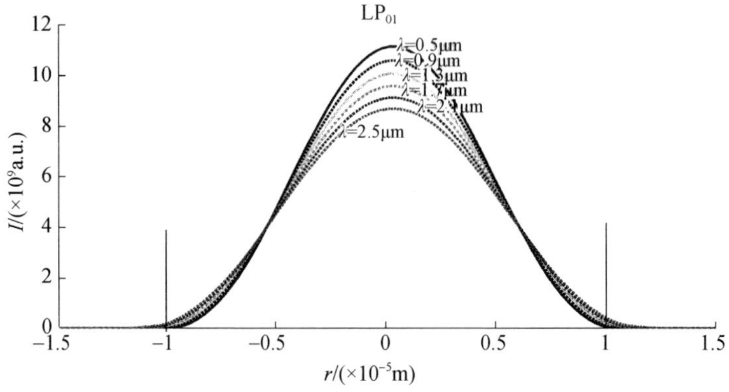

图 1-26　不同波长的 LP_{01}模式的径向强度分布

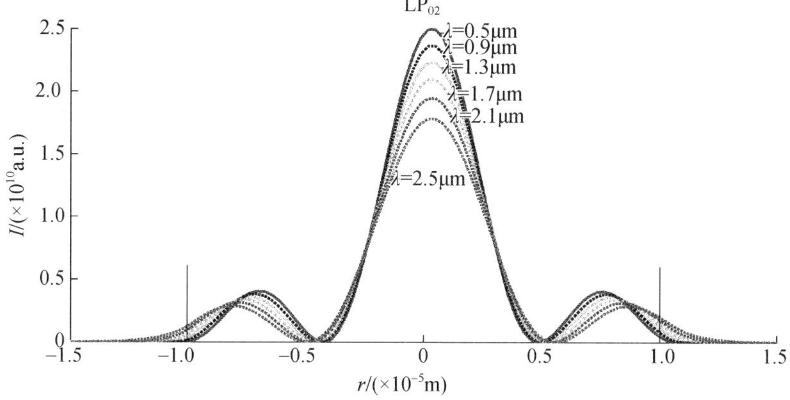

图 1－27　不同波长的 LP_{02} 模式的径向强度分布

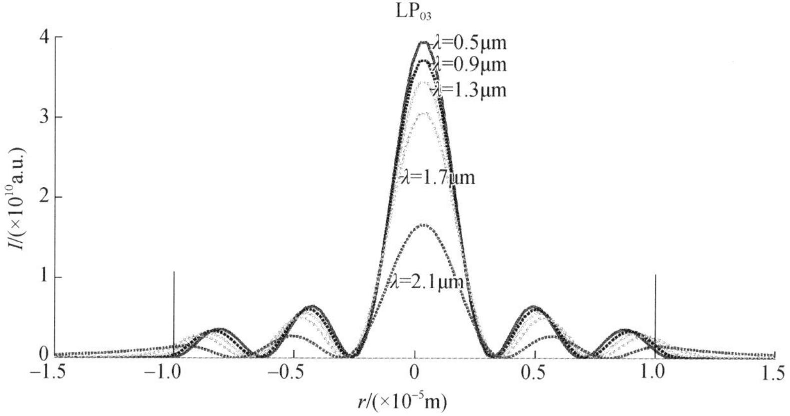

图 1－28　不同波长的 LP_{03} 模式的径向强度分布

计算得到 LP_{01} 模式、LP_{02} 模式、LP_{03} 模式、LP_{11} 模式、LP_{12} 模式、LP_{13} 模式、LP_{21} 模式、LP_{22} 模式、LP_{23} 模式的交迭因子随波长变化的曲线如图 1－29 所示。LP_{01} 模式的交迭因子最大，其后依次是 LP_{11} 模式、LP_{21} 模式、LP_{02} 模式。当光纤参数不变时，随着激光波长的增加，各个模式的交迭因子逐渐减小。当波长大于 1.5 μm 时，LP_{23} 模式截止了；当波长大于 1.75 μm 时，LP_{13} 模式截止了；当波长大于 2.2 μm 以后，LP_{03} 模式和 LP_{22} 模式也截止了。

计算得到 LP_{01} 模式、LP_{02} 模式、LP_{03} 模式、LP_{11} 模式、LP_{12} 模式、LP_{13} 模式、LP_{21} 模式、LP_{22} 模式、LP_{23} 模式的交迭因子随波长变化的曲线如图 1－30 所示。LP_{01} 模式的交迭因子最大，其后依次是 LP_{11} 模式、LP_{21} 模式、LP_{02} 模式。当光纤参数不变时，随着纤芯折射率的增加，各个模式的交迭因子逐渐增大。当纤芯折射率小于 1.451 时，LP_{23} 模式截止了；当纤芯折射率小于 1.447 时，LP_{13} 模式截止了；当纤芯折射率小于 1.445 以后，LP_{03} 模式和 LP_{22} 模式也截止了。

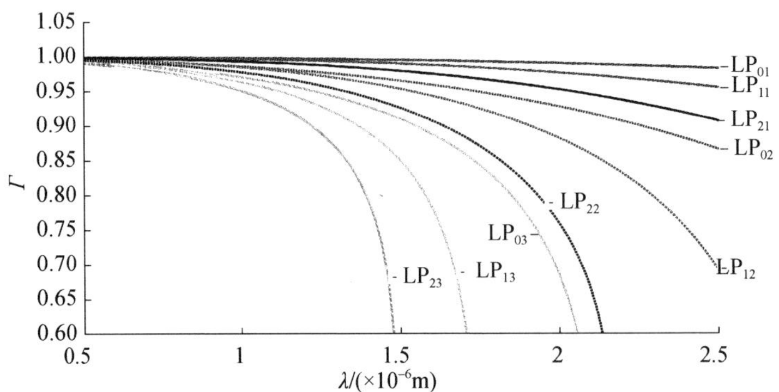

图 1-29　LP_{mn}模式的交迭因子随激光波长变化的曲线

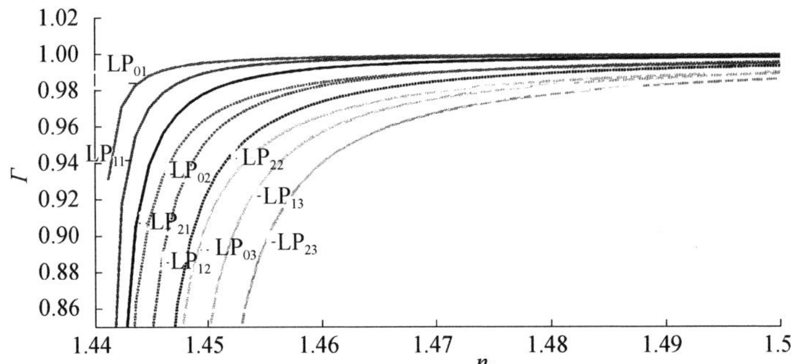

图 1-30　LP_{mn}模式的交迭因子随纤芯折射率变化的曲线

计算得到 LP_{01}模式、LP_{02}模式、LP_{03}模式、LP_{11}模式、LP_{12}模式、LP_{13}模式、LP_{21}模式、LP_{22}模式、LP_{23}模式的交迭因子随纤芯半径变化的曲线如图 1-31 所示。在光纤其他参数不变的情况下，当纤芯半径逐渐增大时，交迭因子趋近于 1。LP_{01}模式的交迭因子最大，其后依次是 LP_{11}模式、LP_{21}模式、LP_{02}模式。

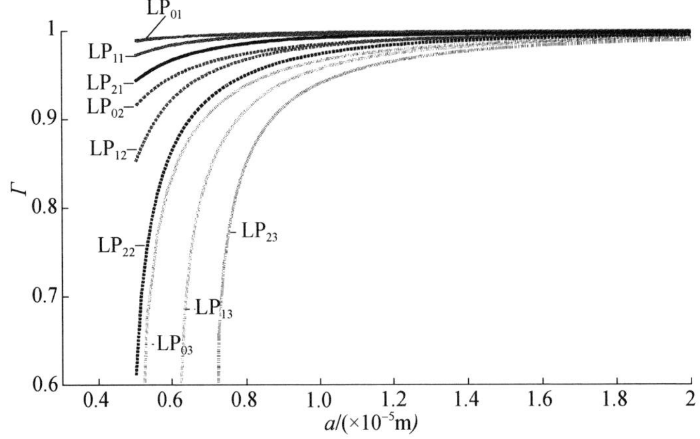

图 1-31　LP_{mn}模式的交迭因子随纤芯半径变化的曲线

1.7.6.5 光纤弯曲对光纤模式的影响

在光集成电路中,弯波导是很重要的元件。为了获得小型化的光设备,设计小曲率半径的光波导是很有必要的。光纤是光波导中的一种。在光纤激光器、光通信等实际应用中,所使用的光纤都普遍较长,因此对光纤进行弯曲是不可避免的。然而,在光纤弯曲时,在纤芯内不满足全反射条件的光线会进入包层中,因此能量会由于辐射而造成一定的损耗,称为弯曲损耗。

对于多模光纤,弯曲会造成模式的损耗。在大模场光纤激光器中,通常通过拉大有效区域来降低非线性和获得高功率输出,但这同时会导致光纤中需要承载更多数量的高阶模,降低了输出光的光束质量。因此,研究弯曲对光纤模式的影响对光纤激光器输出光的光束质量的控制有一定的指导意义。

图1-32为弯曲光纤示意图,光纤的直径为$2a$,光纤的曲率半径为R。定义α为光纤中由于弯曲而造成的能量损耗系数,即

$$\alpha=\frac{\Delta P}{P} \tag{1-360}$$

式中:ΔP为光纤经过弯曲后损失的功率;P为直光纤的功率值。根据文献可知,多模光纤弯曲损耗公式为(此公式适用于弱导光纤的近似模即LP模):

$$\alpha=\frac{\sqrt{\pi}\left(\frac{U_{mn}}{a}\right)^{2}\mathrm{e}^{-\frac{2}{3}\left(\left(\frac{W_{mn}}{a}\right)^{3}/\beta_{mn}^{2}\right)R}}{e_{m}\left(\frac{W_{mn}}{a}\right)^{3/2}V^{2}\sqrt{R}\,\mathrm{K}_{m-1}(W_{mn})\mathrm{K}_{m+1}(W_{mn})} \tag{1-361}$$

式中

$$e_m=\begin{cases}2, & m=0\\ 1, & m\neq 0\end{cases} \tag{1-362}$$

U_{mn},W_{mn},β_{mn}和V可以由式(1-324)~式(1-332)获得,K_m为第二类m阶修正贝塞尔函数。

对光纤的弯曲损耗进行模拟,设定光纤相关参数为:纤芯折射率为1.4675,纤芯半径为15 μm,包层折射率为1.4666,波长为1.06 μm,曲率半径R为5cm到50cm,得到图1-33所示的损耗值与曲率半径的关系图。由图1-33可以得到两个结论:

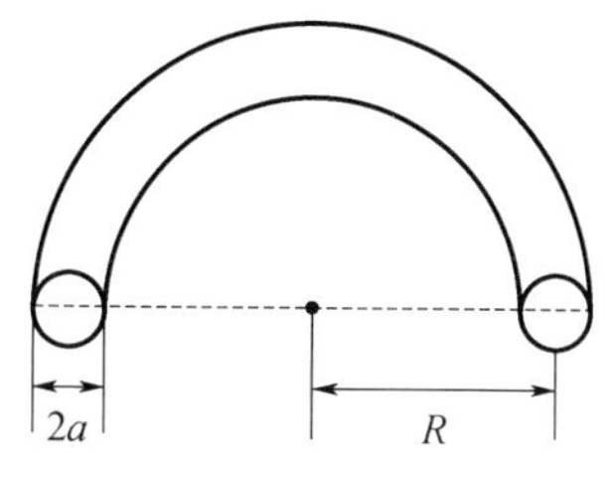

图1-32 弯曲光纤示意图

(1)光纤曲率半径越大,各个模式的损耗越小,即光纤越弯曲,各个模式能量损耗得越多;

(2)在同一个曲率半径下,低阶模的损耗比高

阶模小,即高阶模对光纤的弯曲更敏感。

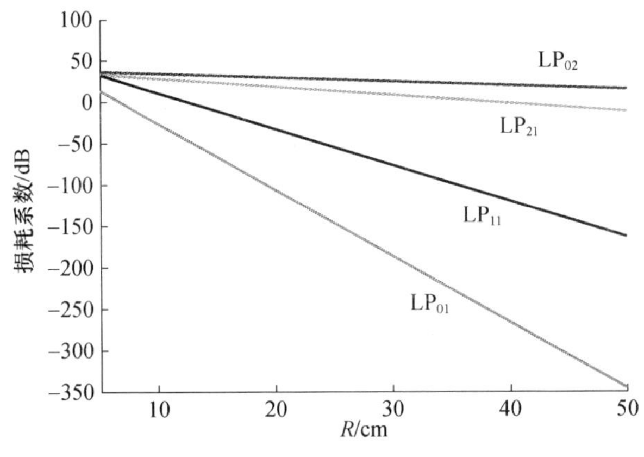

图 1-33　损耗系数与曲率半径的关系

1.8　有效折射率法

有效折射率法(Effective Index Method,EIM)是 T. A. Birks 等[19]提出的一种解析方法,即通过采用有效折射率来代替包层中周期性变化的折射率分布,把光子晶体光纤等效为折射率阶跃式分布的传统光纤,求出包层的有效折射率后就可以用针对折射率阶跃式分布的传统光纤的方法加以分析。有效折射率方法能够很好地解释光子晶体光纤在宽带范围内能够保持单模传输的特点,并且能较好地分析其色散特性。然而,这些计算中均采用标量近似的方法来计算包层有效折射率以及光纤的特征方程,其结果必然会有很大的误差,因为石英纤芯和包层有效折射率的折射率之差比较大,这使得光子晶体光纤不再满足弱导近似条件[20]。随后,Michele Midrio[21]等人针对标量近似方法在求解有效折射率及特征方程时具有较大误差的缺点,提出了全矢量分析方法。有效折射率法虽然计算简便,而且便于对光子晶体光纤的特性进行理解和分析,但是由于它无法反映光子晶体光纤包层中空气-石英周期性结构引起的折射率周期分布所产生的影响,因此该方法无法精确预测光子晶体光纤中的光场分布、模式特性和偏振特性。

参考文献

[1] Boyd G D, Gordon I P. Confocal Multimode Resonator for Millimeter Through Optical Wavelength Masers [J]. The Bell System Technical Journal, 1961: 489-508.

[2] Fox A G, T Li. Modes in a maser interferometer with curved and tilted mirrors[J]. Proc. IEEE, 1963, 51

(1):80 - 89.

[3] Kogelnik H, Li T. Laser beams and resonators[J]. Appl. Opt., 1966, 5(10):1550 - 1567.

[4] Arnaud J A, Kogelnik H. Gaussian light beams with general astigmatism[J]. Appl. Opt., 1969, 8(8): 1687 - 1693.

[5] Casperson L W. Beam modes in complex lenslike media and resonators[J]. J. Opt. Soc. Am., 1976, 66 (12):1373 - 1379.

[6] Ganiel U, Hardy A. Eigenmodes of optical resonators with mirrors having Gaussian reflectivity profiles[J]. Appl. Opt., 1976, 15:2145 - 2149.

[7] Walter Koechner. Solid - state laser engineering / Walter Koechner. Springer Berlin, 1999.

[8] Christoph Koutschan, Erwin Suazo, Sergei K Suslov. Fundamental laser modes in paraxial optics: from computer algebra and simulations to experimental observation[J]. Appl. Phys. B, 2015, 121(3):315 - 336.

[9] Gloge D. Weakly guiding fibers[J]. Appl. Opt., 1971, 10(10):2252 - 2258.

[10] Paul Diament. Wave transmission and fiber optics. Macmillan publishing company, 1990.

[11] Kotlyar V V, Kovalev A A. Hermite - Gaussian modal laser beams with orbital angular momentum[J]. J. Opt. Soc. Am. A, 2014, 31(2):274 - 282.

[12] Ngcobo S, Litvin I, Burger L, et al. A digital laser for on - demand laser modes[J]. Nat. Commun., 2013, 4:2289.

[13] Zhenlin Xu, Tao Zhu, Di Cheng, et al. Accurate and practical method for characterizing Laguerre - Gaussian modes[J]. Appl. Opt., 2014, 53(8): 1644 - 1647.

[14] Yury SENATSKY, Jean - Francois Bisson, Jianlang Li, et al. Laguerre - Gaussian Modes Selection in Diode - Pumped Solid - State Lasers[J]. Opt. Rev., 2012, 19(4):201 - 221.

[15] Govind P Agrawal. Fiber - Optic Commuication Systems[J]. Fiber - optic communication systems John Wiley & Sons, 1997, 54(8):1389 - 1429.

[16] Xia H, Li H, Lan C, et al. Ultrafast erbium - doped fiber laser mode - locked by a CVD - grown molybdenum disulfide (MoS_2) saturable absorber[J]. Opt. Express, 2014, 22(14):17341 - 17348.

[17] Katsunari Okamoto[J]. Fundamentals of optical waveguides. 2010: Academic press.

[18] Mali Gong, Yanyang Yuan, Chen Li, et al. Numerical modeling of transverse mode competition in strongly pumped multimode fiber lasers and amplifiers[J]. Opt. Express, 2007, 15(6):3236 - 3246.

[19] Birks T A, Knight J C, Russell P St J. Endlessly single - mode photonic crystal fiber[J]. Opt. Lett., 1997, 22(13):961 - 963.

[20] Sinha R K, Anshu D. Varshney. Dispersion Properties of Photonic Crystal Fiber: Comparison by Scalar and Fully Vectorial Effective Index Methods[J]. Opt. Quantum Electron., 2005, 37(8):711 - 722.

[21] Michele Midrio, Mukesh P Singh, Carlo G Someda. The Space Filling Mode of Holey Fibers: An Analytical Vectorial Solution[J]. J. Lightwave Technol., 2000, 18(7):1031 - 1037.

第 2 章

模场的数值求解

2.1 开腔衍射理论

Schawlow 和 Townes[1]以及 Prokhorov [2,3]在 1958 年同时提出用平行平面反射镜做光腔(即去掉侧面四壁的开腔),这时能存在的本征模将大大减少,从而实现激光谐振输出。衍射在开腔中光场空间分布方面起主要作用。在经过足够多次渡越以后,能形成这样一种稳态场:其分布不再受衍射的影响,它在腔内往返一次后能够再现出发时的场分布,这种稳态场分布称为开腔的自再现模或横模。其特点是:

(1) 场的形状再现(一次渡越后分布状态相同);

(2) 振幅相差一固定因子;

(3) 有一固定的相位差。

图 2 - 1 用波在孔阑传输线中的传播来模拟它在平面开腔中的往返反射,光

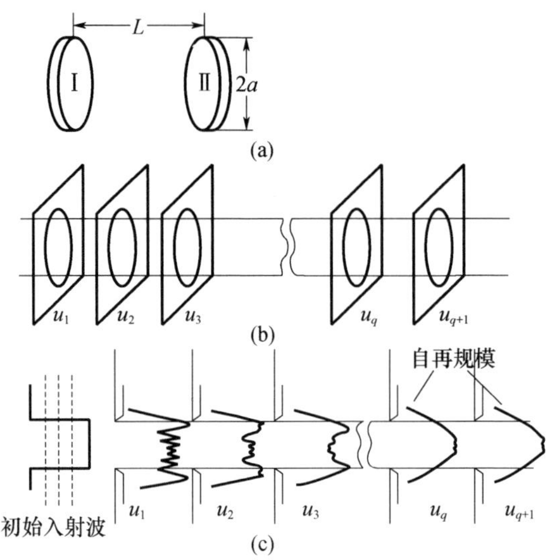

图 2 - 1　开腔中自再现模形成的定性解释

(a) 理想开腔; (b) 孔阑传输线; (c) 自再现模的形成。

从一个孔径传播到另一个孔径,就等效于光在开腔中从一个反射镜面传播到另一个镜面。设想一束均匀平面波垂直入射在孔阑传输线的第一个孔上。由于衍射,穿过孔阑后的波前不再是平面,而产生了若干旁瓣。到达第二个孔阑面时已不再是均匀平面波了。通过第二个孔阑面后的波前的旁瓣减少……。当通过的孔阑数足够多时,镜面上场的相对振幅和相位分布不再发生变化。

根据惠更斯 - 菲涅尔衍射原理及基尔霍夫衍射积分,对图 2 - 2 所示情况可写出光场由镜 1 到镜 2 以及光场由镜 2 到镜 1 的衍射传输表达式:

$$u_{2(1)}(x,y) = \frac{1}{\mathrm{i}\lambda}\iint_{S_1} u_{1(1)}(x_1,y_1)\frac{\mathrm{e}^{\mathrm{i}k\rho}}{\rho}\frac{1+\cos\theta}{2}\mathrm{d}x_1\mathrm{d}y_1 \tag{2-1}$$

$$u_{1(2)}(x',y') = \frac{1}{\mathrm{i}\lambda}\iint_{S_2} u_{2(1)}(x_2,y_2)\frac{\mathrm{e}^{\mathrm{i}k\rho}}{\rho}\frac{1+\cos\theta}{2}\mathrm{d}x_2\mathrm{d}y_2 \tag{2-2}$$

式中:下标“(1)”表示第一次往返。第 k 次往返的传输可表示为

$$u_{2(k)}(x,y) = \frac{1}{\mathrm{i}\lambda}\iint_{S_1} u_{1(k)}(x_1,y_1)\frac{\mathrm{e}^{\mathrm{i}k\rho}}{\rho}\frac{1+\cos\theta}{2}\mathrm{d}x_1\mathrm{d}y_1 \tag{2-3}$$

$$u_{1(k+1)}(x',y') = \frac{1}{\mathrm{i}\lambda}\iint_{S_2} u_{2(k)}(x_2,y_2)\frac{\mathrm{e}^{\mathrm{i}k\rho}}{\rho}\frac{1+\cos\theta}{2}\mathrm{d}x_2\mathrm{d}y_2 \tag{2-4}$$

式中:下标“(k)”表示第 k 次往返。

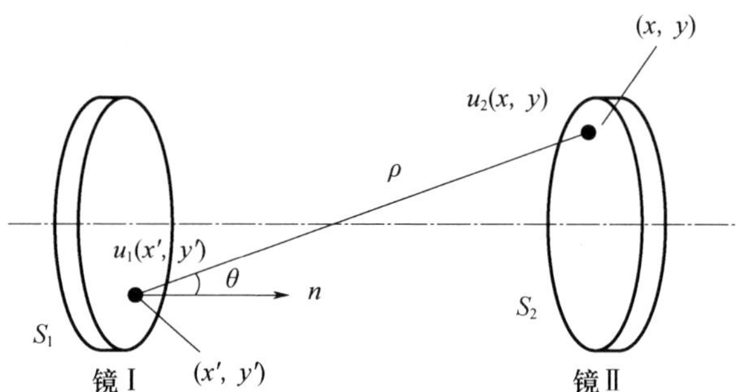

图 2 - 2 光场从镜 1 到镜 2 的衍射示意图

往返次数足够多时,除表示振幅衰减和相移的常数因子外,光场能够自再现,则光腔中的衍射场自洽积分方程为

$$u_{2(k)}(x_2,y_2) = \frac{1}{\mathrm{i}\lambda}\iint_{S_1} u_{1(k)}(x_1,y_1)\frac{\mathrm{e}^{\mathrm{i}k\rho}}{\rho}\frac{1+\cos\theta}{2}\mathrm{d}x_1\mathrm{d}y_1 = \gamma u_{2(k-1)}(x_2,y_2) \tag{2-5}$$

$$u_{1(k+1)}(x_1,y_1) = \frac{1}{\mathrm{i}\lambda}\iint_{S_2} u_{2(k)}(x_2,y_2)\frac{\mathrm{e}^{\mathrm{i}k\rho}}{\rho}\frac{1+\cos\theta}{2}\mathrm{d}x_2\mathrm{d}y_2 = \gamma u_{1(k)}(x_1,y_1) \tag{2-6}$$

$$\cdots$$

式中:本征值 γ 是一个复常数,即

$$\gamma = |\gamma| e^{i\varphi} \tag{2-7}$$

式中:φ 为自再现模在腔内渡越一次的总相移。光场在腔中渡越一次的相对功率损耗,即单程损耗为

$$\begin{aligned}\delta &\equiv \frac{\iint_{S_1}\int_{-\infty}^{\infty} |u_{1(k)}(x_1,y_1)|^2 \mathrm{d}x_1\mathrm{d}y_1 - \iint_{S_1}\int_{-\infty}^{\infty} |u_{1(k+1)}(x_1,y_1)|^2 \mathrm{d}x_1\mathrm{d}y_1}{\iint_{S_1}\int_{-\infty}^{\infty} |u_{1(k)}(x_1,y_1)|^2 \mathrm{d}x_1\mathrm{d}y_1} \\ &= \frac{\iint_{S_1}\int_{-\infty}^{\infty} |u_{1(k)}(x_1,y_1)|^2 \mathrm{d}x_1\mathrm{d}y_1 - |\gamma|^2 \iint_{S_1}\int_{-\infty}^{\infty} |u_{1(k)}(x_1,y_1)|^2 \mathrm{d}x_1\mathrm{d}y_1}{\iint_{S_1}\int_{-\infty}^{\infty} |u_{1(k)}(x_1,y_1)|^2 \mathrm{d}x_1\mathrm{d}y_1} \\ &= 1 - |\gamma|^2\end{aligned} \tag{2-8}$$

在谐振腔中,$|\gamma|$ 反映了自再现模的单程损耗。若谐振腔中存在多个 TEM_{mn} 模式,则各个模式有各自的本征值和单程损耗,即

$$\gamma_{mn} = |\gamma_{mn}| e^{i\phi} \tag{2-9}$$

$$\delta_{mn} = 1 - |\gamma_{mn}|^2 \tag{2-10}$$

$|\gamma_{mn}|$ 越大,δ_{mn} 越小,该模式的单程损耗越小。

激光谐振腔中的谐振模场可表示为多个 TEM_{mn} 模式(均为功率归一化)的叠加,设 TEM_{mn} 模式和 $u_{(k)}(x,y)$ 均已功率归一化,可得

$$u_{(k)}(x,y) = \sum_{m,n} c_{mn}\,\mathrm{TEM}_{mn}(x,y) \tag{2-11}$$

若各个模式是非相干叠加,则有

$$\sum_{m,n} c_{mn}^2 = 1 \tag{2-12}$$

TEM_{mn} 模式在谐振腔中往返一周后,其振幅变为

$$c_{mn(k+1)}\,\mathrm{TEM}_{mn}(x,y) = \gamma_{mn} c_{mn(k)}\,\mathrm{TEM}_{mn}(x,y) \tag{2-13}$$

整个叠加光场 $u_{(k)}(x,y)$ 在谐振腔中往返一周后,其振幅变为

$$u_{(k+1)}(x,y) = \gamma u_{(k)}(x,y) \tag{2-14}$$

$$u_{(k+1)}(x,y) = \sum_{m,n} c_{mn(k+1)}\,\mathrm{TEM}_{mn}(x,y) = \sum_{m,n} c_{mn}\gamma_{mn}\mathrm{TEM}_{mn}(x,y) \tag{2-15}$$

若各个模式是非相干叠加,对式(2-14)和式(2-15)求取它们的积分功率可得

$$\gamma^2 = \sum_{m,n} |c_{mn}\gamma_{mn}|^2 \tag{2-16}$$

从式(2－16)可以看出,光场中各个模式成分损耗越小,光场的总损耗越小;光场中损耗小的模式功率占比高,则整个模场的功率损耗小。

光学谐振腔是激光器的重要组成部分,当激光介质受到激励,出现了粒子数反转,并产生受激辐射,需要由光学谐振腔选择特定的模式,使受激辐射光子集中在某些特定的模式内以获得极高的光子简并度。光学谐振腔的物理特性主要包括[4]:

(1) 损耗,光腔的损耗分为与激光模式有关的选择性损耗和与光波模式无关的非选择性损耗,选择性损耗主要有几何损耗、衍射损耗,非选择性损耗主要有非激活吸收、散射等损耗以及耦合输出损耗。为了定量描述损耗的大小,定义了平均单程损耗,如果初始光强为 I_0,经过腔内往返一周后衰减为 I,则有 $I=I_0\mathrm{e}^{-2\delta}$,所以平均单程损耗为

$$\delta = \frac{1}{2}\ln\frac{I_0}{I} = -\frac{1}{2}\ln\gamma \tag{2-17}$$

(2) 无源腔光子寿命,光在腔内往返 m 次后强度衰减为

$$I_m = I_0\mathrm{e}^{-2\delta m} \tag{2-18}$$

因为往返 m 次所需时间为 $t=m(2L/\mathrm{c})$,因此 t 时刻光强为

$$I(t) = I_0\mathrm{e}^{-t/\tau} \tag{2-19}$$

式中:c 为光速

$$\tau = \frac{L}{\delta c} = -\frac{2L}{c}\ln\gamma \tag{2-20}$$

被称为光子在腔内的平均寿命,其物理意义为光强衰减到初始值的 1/e 所需要的时间。

(3) 无源腔的 Q 值,也称品质因数,利用平均单程损耗和平均光子寿命可以将 Q 表示为

$$Q = 2\pi\nu\tau = -\frac{4\pi L\nu}{c}\ln\gamma \tag{2-21}$$

式中:ν 为腔的谐振频率。

2.2 复杂光学系统的 *ABCD* 矩阵及衍射积分方程

1965 年,Kogelnik 在文献[5]中引入了 *ABCD* 矩阵和 *ABCD* 定律来研究光腔中的自再现模。Collins 用矩阵光学表示光学系统,将复杂光学系统的衍射积分与 *ABCD* 矩阵联系起来[6],进一步拓宽了衍射理论的应用范围。

对于非成像光学系统($B\neq0$),在笛卡儿坐标系下,当光场 $u_1(x,y)$通过变

换矩阵为 $\begin{bmatrix} A & B \\ C & D \end{bmatrix}$ 的复杂光学系统变为光场 $u_2(x,y)$ 时，广义惠更斯－菲涅尔衍射积分公式为

$$u_2(x_2,y_2) = \frac{e^{ikL}}{i\lambda B} e^{\frac{ikD(x_2^2+y_2^2)}{2B}} \times \int_{-\infty}^{\infty}\int_{-\infty}^{\infty} u_1(x_1,y_1) e^{\frac{ikA(x_1^2+y_1^2)}{2B}} \times e^{-\frac{ik(x_1x_2+y_1y_2)}{B}} dx_1 dy_1 \tag{2-22}$$

式中：L 为沿轴上的光程。

若在柱坐标系下，则有

$$u_2(r_2,\phi_2) = \frac{e^{ikL}}{i\lambda B} e^{\frac{ikDr_2^2}{2B}} \times \int_0^{2\pi}\int_0^{\infty} u_1(r_1,\phi_1) e^{\frac{ikAr_1^2}{2B}} e^{-\frac{ikr_1r_2\cos(\phi_1-\phi_2)}{B}} r_1 dr_1 d\phi_1 \tag{2-23}$$

若为旋转对称情况，则有

$$u_2(r_2) = \frac{ke^{ikL}}{iB} e^{\frac{ikDr_2^2}{2B}} \int_0^{\infty} u_1(r_1) e^{\frac{ikAr_1^2}{2B}} J_0 e^{\frac{kr_1r_2}{B}} r_1 dr_1 \tag{2-24}$$

对于成像光学系统（$B=0$），笛卡儿坐标系下的广义惠更斯－菲涅尔衍射积分公式为

$$u_2(x_2,y_2) = \frac{e^{ikL}}{A} e^{\frac{ikC(x_2^2+y_2^2)}{2A}} u_1\left(\frac{x_2}{A},\frac{y_2}{A}\right) \tag{2-25}$$

在柱坐标系下，有

$$u_2(r_2,\phi_2) = \frac{e^{ikL}}{A} e^{\frac{ikCr_2^2}{2A}} u_1\left(\frac{r_2}{A},\phi_2\right) \tag{2-26}$$

相应地，在旋转对称情况，则有

$$u_2(r_2) = \frac{e^{ikL}}{A} e^{\frac{ikCr_2^2}{2A}} u_1\left(\frac{r_2}{A}\right) \tag{2-27}$$

2.3　Fox－Li 数值迭代法

在研究光学谐振腔中的谐振模及其传输特性的众多工作中，最具代表性的工作之一是 Fox－Li 数值迭代法[7-10]，它已成为研究光学谐振腔模场问题的最基本和最重要的方法。A. G. Fox 和 Tingye Li 认为，开式谐振腔中的稳定模是某种初始光场被有限孔径的腔镜依次多次衍射的结果。他们提出 Fox－Li 数值迭代法，用逐次近似计算方法直接求出了各种腔镜形状的平行平面腔、圆形镜共焦腔等一系列腔的自再现模。Fox－Li 迭代法的数学运算过程比较形象地演示了光波在谐振腔中往返传播从而最终形成自再现模这一物理现象。该方法虽然比

较繁琐,但具有普适性,原则上可以用来计算任何几何形状的开腔中的自再现模。根据这个理论建立的迭代积分方程为

$$u_{2(q)}(x_2,y_2) = \iint_{S_1} u_{1(q)}(x_1,y_1)K_{12}(x_1,y_1,x_2,y_2)\mathrm{d}x_1\mathrm{d}y_1 \tag{2-28}$$

$$u_{1(q+1)}(x_1,y_1) = \iint_{S_2} u_{2(q)}(x_2,y_2)K_{21}(x_1,y_1,x_2,y_2)\mathrm{d}x_2\mathrm{d}y_2 \tag{2-29}$$

式中:$K_{12}(x_1,y_1,x_2,y_2)$ 和 $K_{21}(x_1,y_1,x_2,y_2)$ 为衍射积分方程的核;$u_i(x_i,y_i)$ $(i=1,2)$为腔镜面上的光波场复振幅;下标"(q)"表示光波在腔内往返传播的次数。当光波在腔内经过足够多次往返传播之后,镜面上各点的复振幅均以相同的比例系数变化,整个光场的相对分布保持不变。

$$\iint_{S_2}\left\{K(x_1,y_1,x_2,y_2)\left[\iint_{S_1}\bar{u}_1(x_1,y_1)K(x_1,y_1,x_2,y_2)\mathrm{d}x_1\mathrm{d}y_1\right]\mathrm{d}x_2\mathrm{d}y_2\right\} = \gamma\bar{u}_1(x_1,y_1) \tag{2-30}$$

将式(2-30)改写为

$$\iint\bar{u}_1(x_1,y_1)K_{12}(x_1,y_1,x_2,y_2)\mathrm{d}x_1\mathrm{d}y_1 = \gamma_2\bar{u}_2(x_2,y_2) \tag{2-31}$$

$$\gamma_2\iint\bar{u}_2(x_2,y_2)K_{21}(x_1,y_1,x_2,y_2)\mathrm{d}x_2\mathrm{d}y_2 = \gamma_2[\gamma_1\bar{u}_1(x_1,y_1)] \tag{2-32}$$

于是有

$$\gamma = \gamma_1\gamma_2 \tag{2-33}$$

式(2-31)和式(2-32)分别为光腔"往"和"返"的本征衍射积分方程,$\bar{u}_1(x_1,y_1)$ 和 $\bar{u}_2(x_2,y_2)$ 分别为自再现模场在两个腔镜的稳定场分布,γ_1和γ_2分别为"往"和"返"的衍射积分方程的本征值,γ 为谐振腔的本征值。

在采用式(2-28)和式(2-29)所示的菲涅尔衍射数值积分方法求取谐振模时,若抽样点数较多,将消耗大量机时。对 $N\times N$ 的光场取样点,每进行一次衍射数值计算,一般的衍射积分数值计算的复数乘法的计算次数为 N^4,而采用快速傅里叶变换(FFT)方法,则复数乘法的计算次数为 $N^2\log_2 N$,随着二维采样点数目 N 的增大,FFT 法的计算量较一般的衍射积分计算法大为减少,其优点则更为明显。初始激发波可以选均匀平面波、点光源、高斯光束等。对于无源腔,即不考虑激光增益介质对光场的影响,由于只关心振幅和相位的相对分布,每次积分运算后,可以进行振幅归一化处理,即

$$u'_{1,2}(x,y) = \frac{u_{1,2}(x,y)}{|u_{1,2}(x,y)|_{\max}} \tag{2-34}$$

也可进行功率归一化处理,即

$$u'_{1,2}(x,y) = \frac{u_{1,2}(x,y)}{\sqrt{\int_{-\infty}^{\infty}\int_{-\infty}^{\infty}|u_{1,2}(x,y)|^2\mathrm{d}x\mathrm{d}y}} \tag{2-35}$$

然后继续进行迭代计算,直到找到自再现模场。

2.4 分步傅里叶变换

当光束在含有增益介质的谐振腔内传输放大时,应考虑介质的增益饱和效应和非线性效应,可采用分步傅里叶变换法加以分析。其基本原理图如图 2-3 所示。

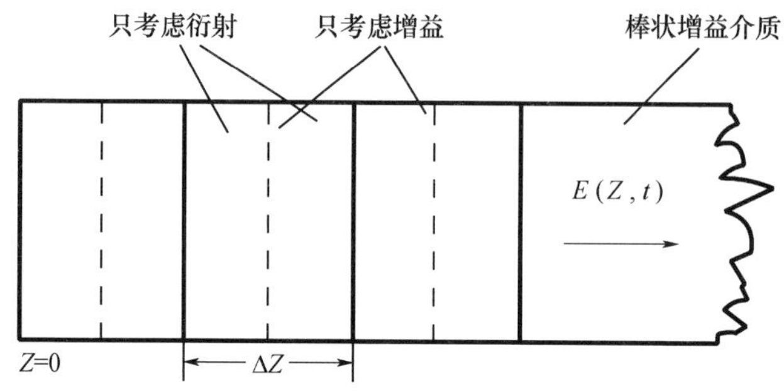

图 2-3 分步傅里叶变换法示意图

分步的基本思路是研究光束在长度为 ΔZ 的一段介质中传输时,把对衍射和增益的计算分成三步来完成:第一步只考虑衍射过程,传输距离为 $\Delta Z/2$;第二步再考虑全 ΔZ 的增益;第三步考虑后 $\Delta Z/2$ 的衍射。只要 ΔZ 足够小,采用上述近似算法得到的结果是准确可靠的。

具体的步骤如下:

(1)前 $\Delta Z/2$ 的衍射过程:

$$\frac{\partial A}{\partial Z} = -\frac{\mathrm{i}}{2k}\nabla_{\perp}^{2} A \tag{2-36}$$

对上式作傅里叶变换求解得

$$A'(\Delta Z/2) = \mathcal{F}^{-1}\{\mathcal{F}\{A\}\mathrm{e}^{\mathrm{i}\pi\lambda\Delta z f^2/2}\} \tag{2-37}$$

式中:符号$\mathcal{F}$表示对光场进行傅里叶变换;符号$\mathcal{F}^{-1}$表示逆傅里叶变换;f 为空间频率。

(2) 全 ΔZ 的增益过程(不考虑非线性效应)为

$$\frac{\partial A'}{\partial Z} = \frac{g}{2}A' \tag{2-38}$$

式中:g 为增益系数。上式有近似解 A'':

$$A'' = A'\mathrm{e}^{\alpha\Delta Z/2} \tag{2-39}$$

若同时考虑增益和非线性效应,则有

$$\frac{\partial A'}{\partial Z} = -\mathrm{i}\left(\frac{n_2 k}{2n_0}|A'|^2 + \frac{\mathrm{i}g}{2}\right)A' \tag{2-40}$$

其近似解 A'' 相应为

$$A'' = A' \mathrm{e}^{-\mathrm{i}\Delta Z\left(\frac{n_2 k}{2n_0}|A'|^2 + \frac{\mathrm{i}g}{2}\right)} \tag{2-41}$$

(3) 后 $\Delta Z/2$ 的衍射过程为

$$A = \mathscr{F}^{-1}\{\mathscr{F}\{A''\}\mathrm{e}^{-\mathrm{i}\pi\lambda\Delta Z f^2/2}\} \tag{2-42}$$

需要注意的是,在进行数值模拟的时候,应首先将初始光场进行离散化处理,再采用快速傅里叶变换方法(FFT)得到离散光场的傅里叶变换。只要满足抽样定理,即选取的点数足够多,精度足够高,离散信号是可以准确反映真实信号的。

2.5 无源腔中的模场

在激光器中,激光腔镜的曲率半径及孔径形状、谐振腔内光学元件几何尺寸等会影响激光谐振腔内的模场分布。为数值求解谐振模场,可模拟光波在腔内往返传输时的复振幅分布,在达到稳态后,每往返一个周期,光场波前保持不变,复振幅的归一化分布保持不变。

作为计算例,设谐振腔的两个腔镜为方形平行平面镜(图2-4),腔镜的口径为 $a \times a = 5\text{mm} \times 5\text{mm}$,计算出光场在谐振腔内每往返一次后的功率归一化的光强分布,考察距离腔镜中心点距离分别为0mm,1mm和2mm处的光强随迭代次数的变化情况。当腔长分别为0.3m,0.4m和0.5m时,计算得到的光强变化曲线和最终迭代出的谐振模场的光强分布如图2-5~图2-7所示。可以看出,在激光刚开始建立时,光场的强度分布形状是不断变化的,经过多次往返后光场相对分布逐渐稳定下来。在其他参数不变的情况下,谐振腔腔长越长,激光光场达到稳定的模场的时间越短,最终迭代出来的光场分布形状不完全相同。

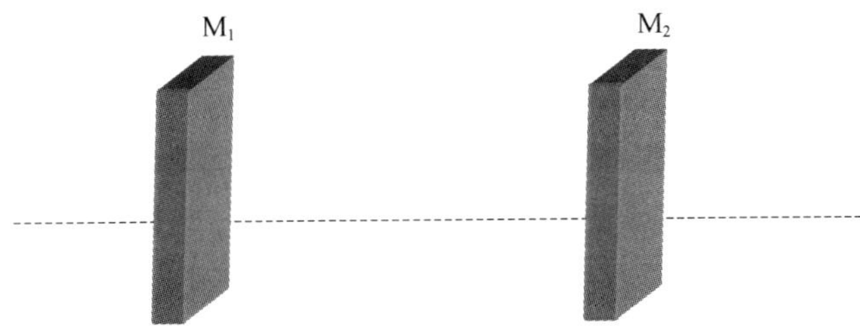

图2-4 方形无源平平腔示意图

固定激光谐振腔的腔长为1.0m,当腔镜的口径 $a \times a$ 分别为 $4\text{mm} \times 4\text{mm}$,$7\text{mm} \times 7\text{mm}$ 和 $10\text{mm} \times 10\text{mm}$ 时,计算得到距离腔镜中心为0mm,1mm,2mm位置的光强随迭代次数变化曲线和最终迭代出的谐振模场的光强分布如图2-8~图2-10所示。从图2-8~图2-10可以看出,在其他参数不变的情况下,谐振腔口径越大,激光光场达到稳定时间越长,最终光场分布也不完全相同。

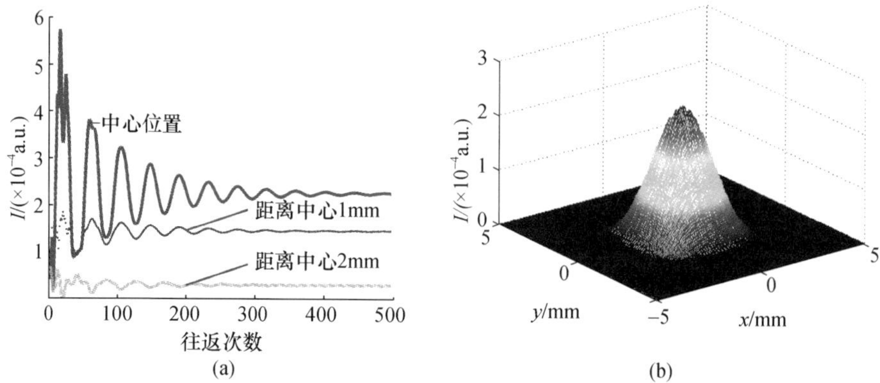

图2-5　当谐振腔长 $L=0.3$ m时,计算得到的腔内光强变化曲线和最终迭代出的谐振模场的光强分布

(a) 腔镜上三个考察点的相对光强随往返次数的变化曲线;(b) 谐振模场的相对光强分布。

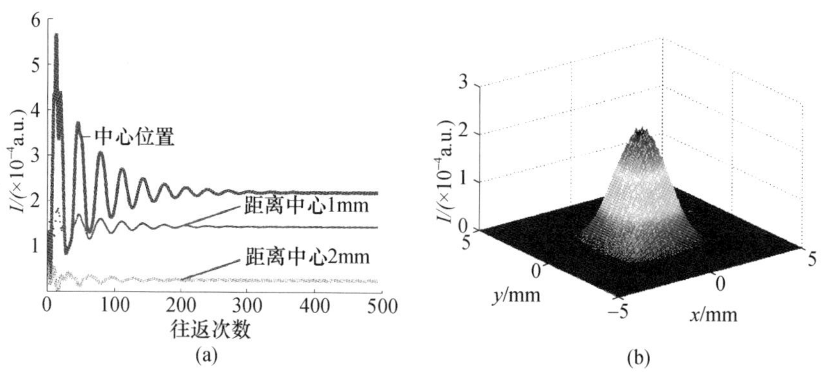

图2-6　当谐振腔长 $L=0.4$ m时,计算得到的腔内光强变化曲线和最终迭代出的谐振模场的光强分布

(a) 腔镜上三个考察点的相对光强随往返次数的变化曲线;(b) 谐振模场的相对光强分布。

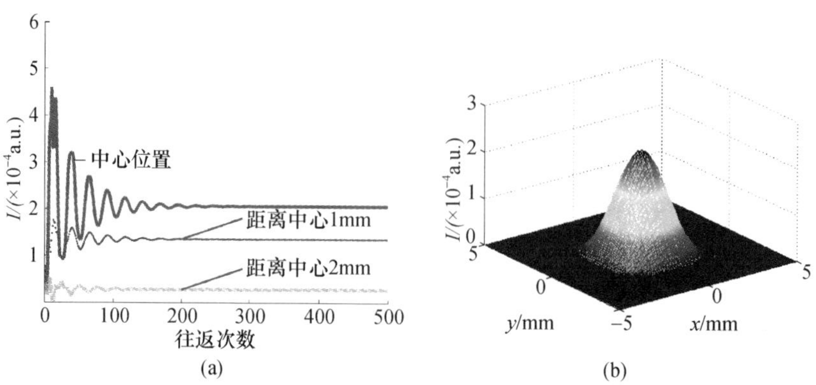

图2-7　当谐振腔长 $L=0.5$ m时,计算得到的腔内光强变化曲线和最终迭代出的谐振模场的光强分布

(a) 腔镜上三个考察点的相对光强随往返次数的变化曲线;(b) 谐振模场的相对光强分布。

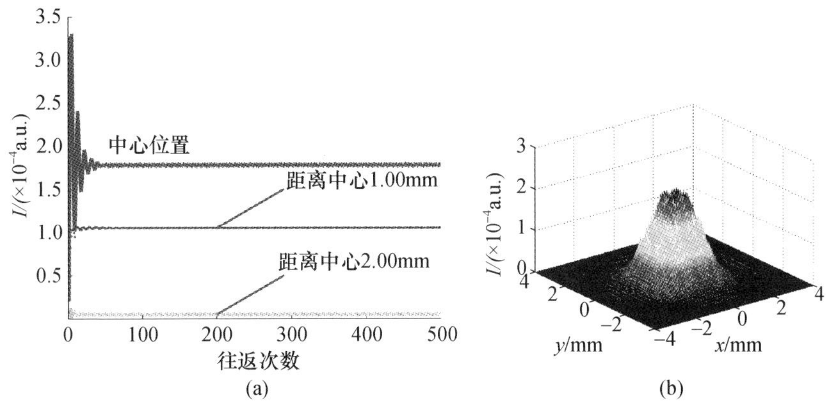

图 2-8　当腔镜口径 $a \times a = 4\text{mm} \times 4\text{mm}$ 时,计算得到的腔内光强变化曲线和最终迭代出的谐振模场的光强分布

(a) 腔镜上三个考察点的相对光强随往返次数的变化曲线;(b) 谐振模场的相对光强分布。

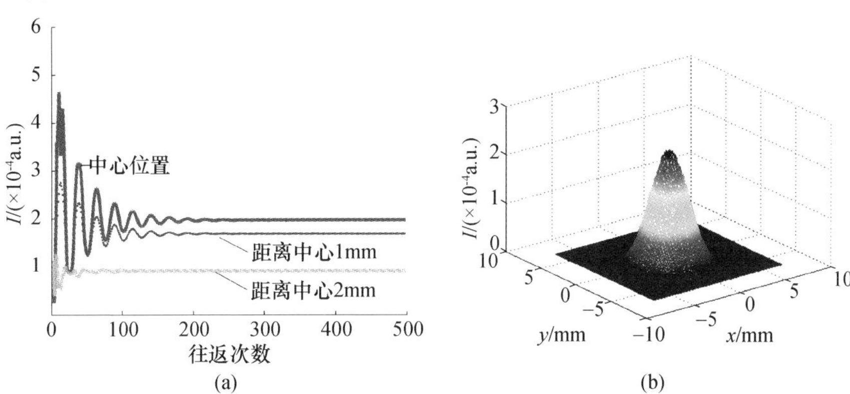

图 2-9　当腔镜口径 $a \times a = 7\text{mm} \times 7\text{mm}$ 时,计算得到的腔内光强变化曲线和最终迭代出的谐振模场的光强分布

(a) 腔镜上三个考察点的相对光强随往返次数的变化曲线;(b) 谐振模场的相对光强分布。

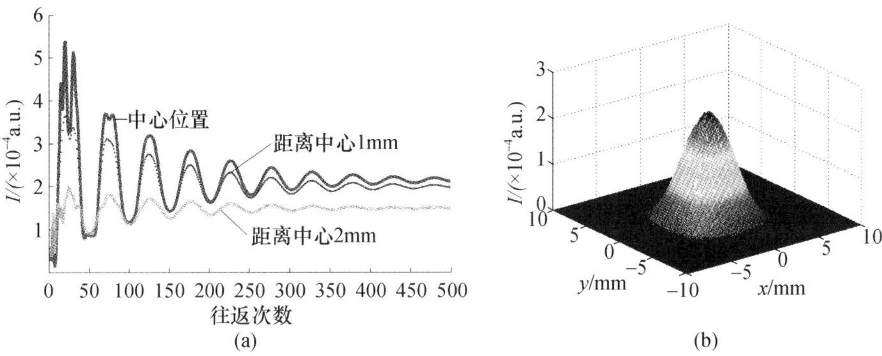

图 2-10　当腔镜口径 $a \times a = 10\text{mm} \times 10\text{mm}$ 时,计算得到的腔内光强变化曲线和最终迭代出的谐振模场的光强分布

(a) 腔镜上三个考察点的相对光强随往返次数的变化曲线;(b) 谐振模场的相对光强分布。

为了比较谐振腔口径即谐振腔的菲涅尔数对光场迭代过程的影响，固定激光谐振腔的腔长为0.5 m，当腔镜的口径 $a \times a$ 分别为 3mm × 3mm，5mm × 5mm 和 7mm × 7mm 时，相应的谐振腔的菲涅尔数为 17，47 和 92，对比研究了光场中心点光强随迭代次数变化的曲线，如图 2－11 所示。口径越小，谐振腔的菲涅尔数越小，谐振腔达到稳定光场所需的迭代次数越少；相反，谐振腔口径越大，谐振腔的菲涅尔数越大，激光光场达到稳定时间越长。

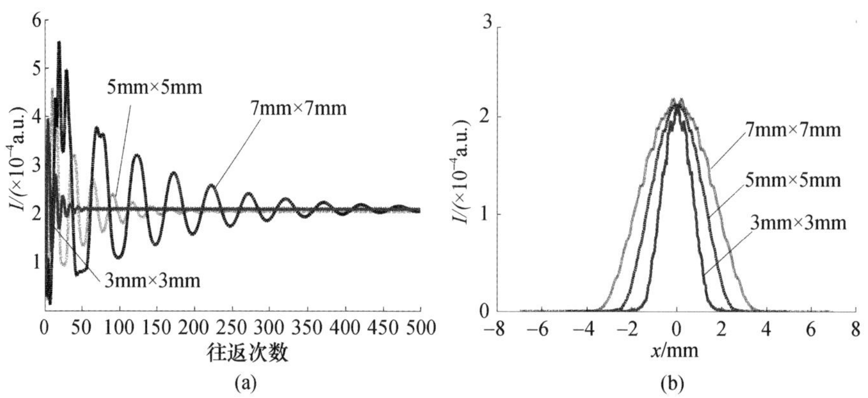

图 2－11　计算得到的腔内光强变化曲线和最终迭代出的谐振模场的光强分布

（a）腔镜中心点位置的相对光强随迭代次数变化的曲线；（b）谐振模场的光强分布。

2.6　有源腔分析

在激光器中，激光增益介质的孔径形状和尺寸效应，以及增益饱和效应等将影响激光谐振腔内的模场分布。为数值求解谐振模场，可将增益介质分为许多薄片，逐层考虑对光场的放大作用，当光波在腔内往返传输时，增益介质薄片的增益饱和效应由通过它的正反向光波的共同作用引起，在达到稳态后，每往返一个周期，光场波前保持不变，增益和总损耗达到平衡，用数值迭代法模拟这一过程可得到腔的谐振模场。方形有源平平腔示意图如图 2－12 所示。

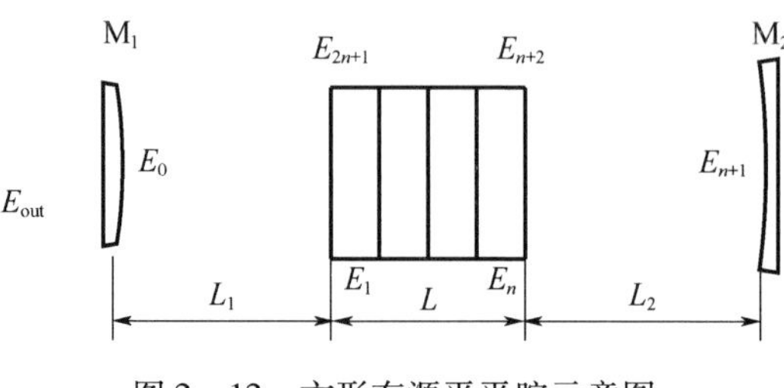

图 2－12　方形有源平平腔示意图

对激光谐振腔中的增益介质，采用分步傅里叶变换方法描述光场在增益介质中的增益和传输过程。将介质分为 n 层，介质总长度为 L，则每一层的厚度为 $\mathrm{d}l=L/n$。对介质内部的每一层，考虑来自两个不同方向的光场对饱和效应的影响，有

$$E=E_0\mathrm{e}^{\frac{1}{2}\left(\frac{g_0}{1+\frac{I_{+}+I_{-}}{I_\mathrm{s}}}-\alpha\right)\mathrm{d}l} \tag{2-43}$$

式中：g_0为介质的小信号增益系数；α 为介质的损耗系数；I_s为饱和光强；E_0为入射于增益介质薄层的光场复振幅；I_{+}和 I_{-}分别为通过介质层的两个不同方向的光强。

利用

$$\mathrm{e}^x=1+x+\frac{x^2}{2!}+\frac{x^3}{3!}+\cdots \tag{2-44}$$

得到

$$E=E_0\left[1+\frac{1}{2}\left(\frac{g_0}{1+\frac{I_{+}+I_{-}}{I_\mathrm{s}}}-\alpha\right)\mathrm{d}l\right] \tag{2-45}$$

当谐振腔的两个腔镜为方形平行平面镜时，输出耦合镜的反射率为90%，腔镜的口径 $a\times a=4.2\mathrm{mm}\times4.2\mathrm{mm}$，腔长 $L=0.3\ \mathrm{m}$。腔内增益介质为Nd:YAG 棒，长度为6 cm，饱和光强为 $I_\mathrm{s}=2.0\times10^4$，折射率为1.8197。当小信号增益系数 g_0分别为 $1\ \mathrm{m}^{-1}$，$1.5\ \mathrm{m}^{-1}$和 $2\ \mathrm{m}^{-1}$时，计算得到的腔内光强变化曲线以及最终迭代出的谐振模场和输出光场的光强分布如图2-13所示。在距离腔镜中心为0mm，0.39mm 和0.78mm 处的光强随往返次数变化的曲线如图2-13(a)所示。腔内谐振模场强度分布如图2-13(b)所示，输出光场的强度分布如图2-13(c)所示。通过对比可以看出，当提高泵浦功率使得激光介质的小信号增益系数变大时，激光谐振腔内的模场光强越高，相应的输出模场的光强也越大。

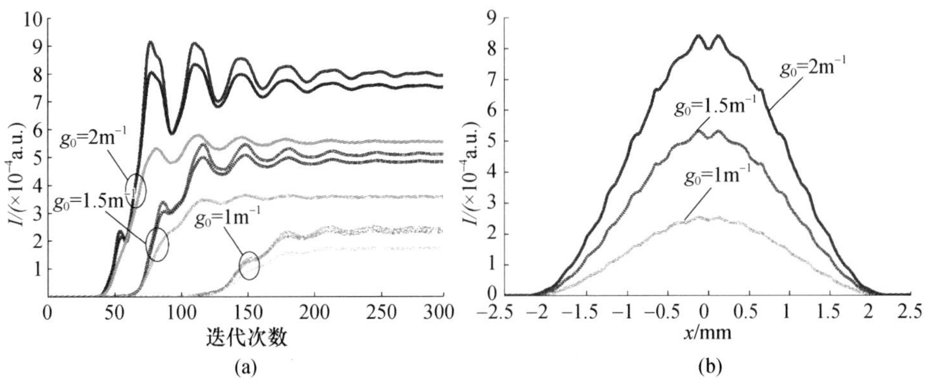

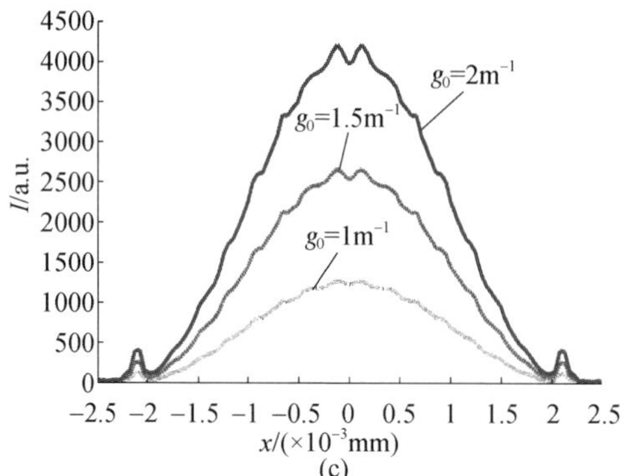

图 2-13　腔内光强变化曲线和最终迭代出的谐振模场和输出光场的光强分布

(a) 腔镜上三个考察点的光强随往返次数的变化曲线(在距离腔镜中心为 0mm,0.39mm 和 0.78mm 处);
(b) 谐振腔内模场的光强分布;(c) 谐振腔输出光场的光强分布。

2.7　VRM 腔中的模场

如何同时获得高功率、高光束质量的激光输出一直是研究的热点。稳定谐振腔往往是多模输出,光束质量差。用变反射率镜(VRM)[11,12]作为激光谐振腔的输出耦合镜,可以提高输出激光的光束质量。VRM 一般是在光学基片上镀折射率渐变分布的介质膜,比较常见的有高斯型、超高斯型和抛物线型变反射率镜。

超高斯型 VRM 的反射率分布为

$$R(r) = R_0 e^{-\left(\frac{r^2}{w_m^2}\right)^n} \tag{2-46}$$

式中:R_0为反射镜的中心反射率;r 为距离中心的距离;w_m为模斑半径。$n=1$ 为高斯型 VRM 分布,$n>1$ 为超高斯型 VRM。

设激光谐振腔由一个平平全反镜和一个超高斯型 VRM 组成。腔镜的口径为 $a \times a = 5\text{mm} \times 5\text{mm}$,腔长为 0.3 m,激光波长为 1064 nm。含 VRM 的无源谐振腔模场的计算结果如图 2-14 所示。当 VRM 的阶数 $n=1$ 时,计算得到腔镜中心点位置的光强随迭代次数变化的曲线如图 2-14(a)所示,已做功率归一化处理。作为对比,VRM 的阶数 $n=3,10,50$ 的超高斯镜的相应曲线也画在图中,容易看出,这四种 VRM 镜谐振腔都可以实现自再现模场,VRM 的阶数越小,达到谐振模场的迭代次数越少;含高斯型 VRM 腔镜中心位置的光强更强,说明其功率或能量更向中心集中一些。谐振腔内模场的光强分布如图 2-14(a)所示,通过对比可以发现,采用高斯型 VRM 获得的模场光强分布更为光滑一些。当 VRM 的中心位置的反射率为 50% 时,图 2-14(c)给出了输出光场强度分布的曲线图。当 VRM 的中心位置的反射率为95%时,图 2-14(d)给出了输出光场强度分布的曲线图,含高斯型 VRM 的谐振腔输出光场的强度分布曲线在中心位置出现了明显的凹陷,如图 2-14(d)所示。

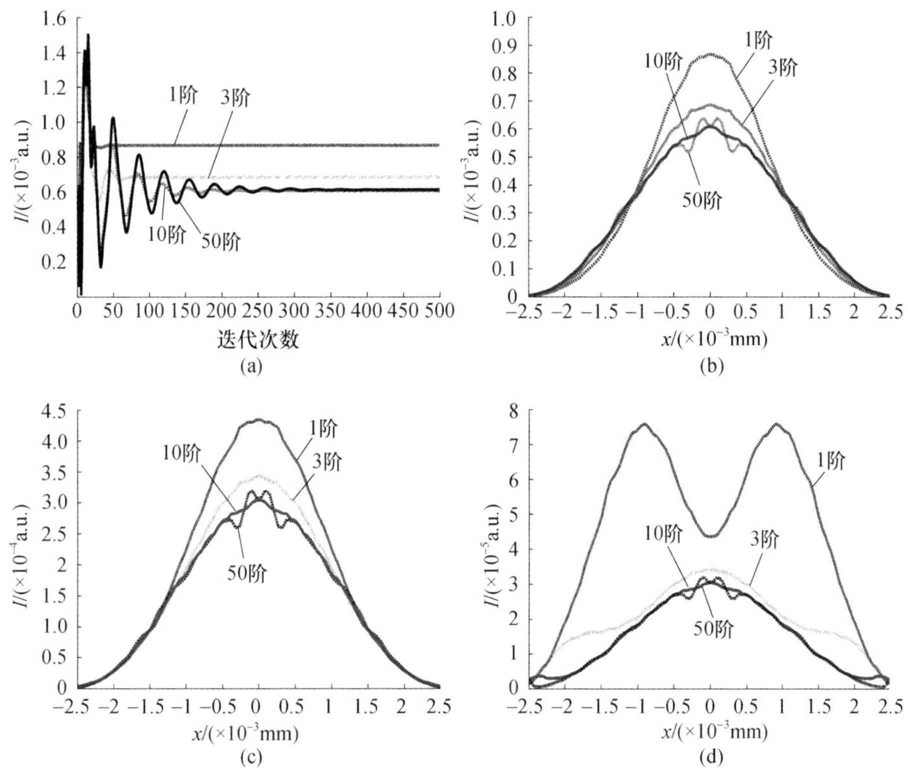

图 2-14　含 VRM 的无源谐振腔模场的计算结果

(a) 腔镜中心点位置的相对光强随迭代次数变化的曲线;(b) 谐振腔内模场的光强分布;

(c) VRM 镜的中心反射率为50%时,谐振腔输出模场的光强分布;

(d) VRM 镜的中心反射率为95%时,谐振腔输出模场的光强分布。

腔镜口径为 $a \times a = 5\text{mm} \times 5\text{mm}$,腔长 0.3m,波长 1064nm,超高斯反射镜模斑半径为 a。

若考虑谐振腔中含有增益介质,腔内增益介质为 Nd:YAG 棒,长度为 6cm。两个腔镜为方形平行平面镜,其中一个为全反镜,另一个为高斯型 VRM 输出耦合镜,模斑半径为 a,中心反射率 $R_0 = 95\%$。腔镜的口径 $a \times a = 4.2\text{mm} \times 4.2\text{mm}$,腔长 $L = 0.3\text{m}$。含 VRM 的有源谐振腔模场的计算结果如图 2-15 所示。当增益系数 g_0 分别为 2m^{-1},2.5m^{-1} 和 3m^{-1} 时,在距离腔镜中心为 0mm,0.39mm 和 0.78mm 处的光强随往返次数变化的曲线如图 2-15(a)所示。腔内谐振模场强度分布如图 2-15(b)所示,输出光场的强度分布如图 2-15(c)所示。通过对比可以看出,当提高泵浦功率使得激光介质的小信号增益系数变大时，激光谐振腔内的模场光强越高，相应的输出模场的光强也越大。

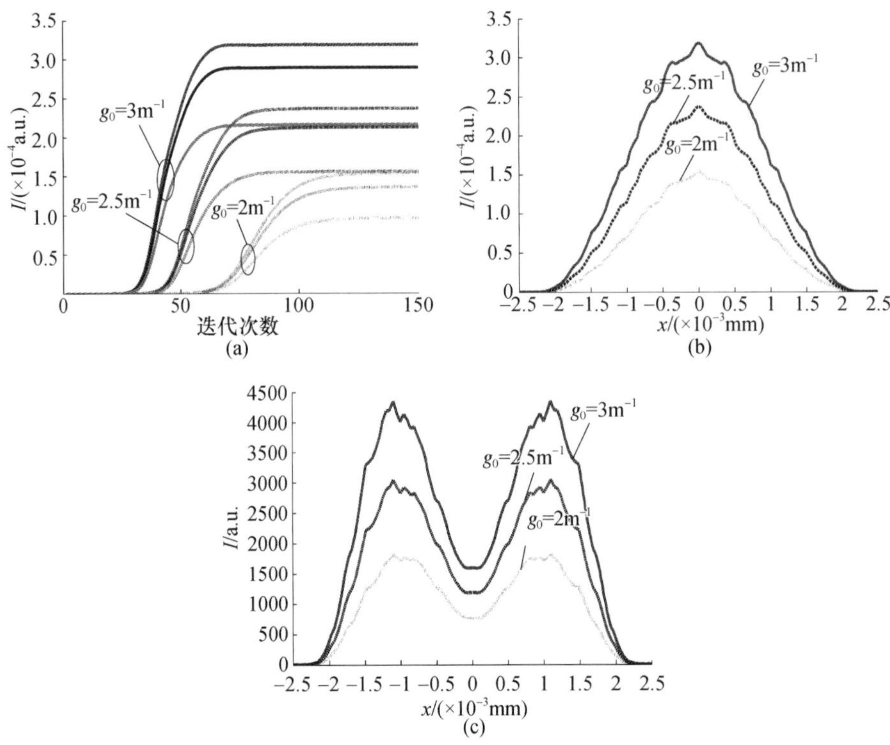

图 2-15　含 VRM 的有源谐振腔模场的计算结果

（a）腔镜上三个考察点的光强随往返次数的变化曲线（在距离腔镜中心为 0mm，0.39mm 和 0.78mm 处）；（b）谐振腔内模场的光强分布；（c）谐振腔输出模场的光强分布。

2.8 特征向量法

特征向量法可一次性求解多个模式，与初值无关，并可适用于复杂腔型的模式分析。

光波在真空（$\eta=1$）中的传播可用基尔霍夫-菲涅尔衍射积分方程近似描述：

$$U_2 = \frac{\mathrm{i}k}{4\pi}\iint U_1 \frac{\mathrm{e}^{-\mathrm{i}k\rho}}{\rho}(1+\cos\alpha)\mathrm{d}s \tag{2-47}$$

其物理意义为：当知道了光波在某一空间曲面上的振幅和相位分布，就可以求出该光波场在空间其他任意位置处的振幅和相位分布。对于图 2-16 所示的激光谐振腔，设腔镜 M_1 上光场复振幅分布为 $U_1(x,y)$，则腔镜 M_2 上的光场复振

幅分布 U_2 可由方程(2-47)求得,反之亦然。

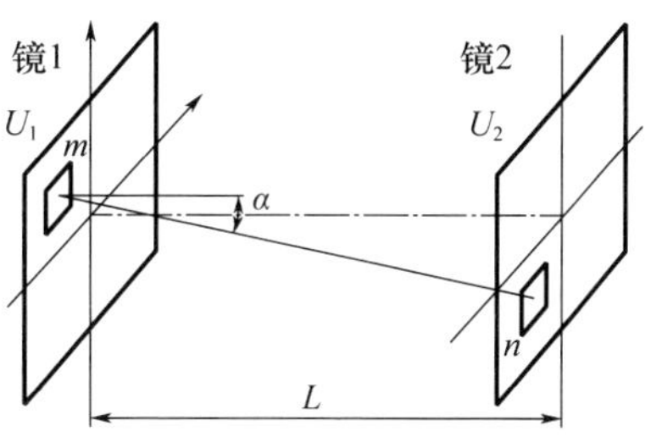

图2-16 激光谐振腔示意图

将腔镜 M_1 按照一定的顺序划分为单元 $1\sim g$,通过在各个单元上的中心点处采样,可将连续函数 $U_1(x,y)$ 离散为 $u_1[1]$, $u_1[2],\cdots,u_1[g]$,这样,相应的复振幅分布可用列向量 $\boldsymbol{U}_1$ 表示为

$$\boldsymbol{U}_1=[u_1[1],u_1[2],\cdots,u_1[g]]^{\mathrm{T}} \tag{2-48}$$

同样 $\boldsymbol{U}_2$ 也可离散成 $u_2[1],u_2[2],\cdots,u_2[h]$,离散单元为 $1\sim h$,相应的复振幅分布也可用列向量 $\boldsymbol{U}_2$ 表示为

$$\boldsymbol{U}_2=[u_2[1],u_2[2],\cdots,u_2[h]]^{\mathrm{T}} \tag{2-49}$$

腔镜 M_2上每一单元$[X_n,Y_n]$的光场复振幅 $u_2[n]$ 均可由腔镜 M_1上所有单元作用的叠加,即

$$u_2[n]=\sum_{m=1}^{g}\frac{\mathrm{i}k}{4\pi}\iint_m u_1[m]\frac{\mathrm{e}^{-\mathrm{i}k\rho}}{\rho}\times(1+\cos\alpha)\mathrm{d}x\mathrm{d}y \tag{2-50}$$

式中:$\rho=\sqrt{(X_m-X_n)^2+(Y_m-Y_n)^2+L^2}$,$L$ 为腔长;α 为镜 M_1 上单元 m 的中心位置(X_m,Y_m)处的法线与(X_m,Y_m),(X_n,Y_n)之间连线的夹角;$u_1[m]$为单元 m 处的复振幅。

当划分数 g 足够大时,则每个单元上复振幅起伏很小,可假设每个单元上的复振幅为均匀分布,此时 $u_1[m]$即可用单元 m 中心处的复振幅来表示。这意味着:在单元 m 的积分区域内,$u_1[m]$与积分变量 x 和 y 无关,可从积分内提出即可得到:

$$u_2[n]=\sum_{m=1}^{g}u_1[m]\frac{\mathrm{i}k}{4\pi}\iint_m\frac{\mathrm{e}^{-\mathrm{i}k\rho}}{\rho}\times(1+\cos(\alpha))\mathrm{d}x\mathrm{d}y \tag{2-51}$$

该式也可表示为

$$u_2[n]=\sum_{m=1}^{g}A_{12}[n,m]u_1[m];\quad m=1,2,\cdots,g;n=1,2\cdots h \tag{2-52}$$

式中

$$A_{12}[n,m]=\frac{\mathrm{i}k}{4\pi}\iint_m\frac{\mathrm{e}^{-\mathrm{i}k\rho}}{\rho}(1+\cos\alpha)\mathrm{d}x\mathrm{d}y \tag{2-53}$$

在腔镜形状已知且单元划分已确定的情况下,可以求得 $A_{12}[n,m]$的值。因为方程中的ρ 和 $\cos\alpha$ 被积分变量只与单元 m 和 n 的几何位置有关,因此一对 m 和 n 可唯一地确定一个 $A_{12}[n,m]$。

式(2-52)也可写成矩阵形式:

$$\begin{bmatrix} u_2[1] \\ u_2[2] \\ \vdots \\ u_2[h] \end{bmatrix} = \begin{bmatrix} A_{12}[1,1] & A_{12}[1,2] & \cdots & A_{12}[1,g] \\ A_{12}[2,1] & A_{12}[2,2] & \cdots & A_{12}[2,g] \\ \vdots & \vdots & \vdots & \vdots \\ A_{12}[h,1] & A_{12}[h,2] & \cdots & A_{12}[h,g] \end{bmatrix} \times \begin{bmatrix} u_1[1] \\ u_1[2] \\ \vdots \\ u_1[g] \end{bmatrix} \tag{2-54}$$

其简写形式为

$$\boldsymbol{U}_2 = \boldsymbol{A}_{12}\boldsymbol{U}_1 \tag{2-55}$$

式中

$$\boldsymbol{A}_{12} = \begin{bmatrix} A_{12}[1,1] & A_{12}[1,2] & \cdots & A_{12}[1,g] \\ A_{12}[2,1] & A_{12}[2,2] & \cdots & A_{12}[2,g] \\ \vdots & \vdots & \vdots & \vdots \\ A_{12}[h,1] & A_{12}[h,2] & \cdots & A_{12}[h,g] \end{bmatrix} \tag{2-56}$$

$\boldsymbol{A}_{12}$即为从镜 M_1到镜 M_2的传输矩阵。

同理,从镜 M_2到镜 M_1的传输矩阵 $\boldsymbol{A}_{21}$也可以用同样方法求得。

那么,光波从镜 M_1出发,经过一个来回的传播后,在镜 M_1上所形成的光场可表示为

$$\boldsymbol{U}'_1 = \boldsymbol{A}_{21}\boldsymbol{U}_2 = \boldsymbol{A}_{21}\boldsymbol{A}_{12}\boldsymbol{U}_1 = \boldsymbol{A}_1\boldsymbol{U}_1 \tag{2-57}$$

这里,$\boldsymbol{A}_1 = \boldsymbol{A}_{21}\boldsymbol{A}_{12}$为一个来回光程的传输矩阵,它仅与谐振腔的几何尺寸有关,$\boldsymbol{A}_1$ 为 $g \times g$ 维方阵。

根据谐振腔的自再现理论,有

$$\boldsymbol{U}'_1 = \gamma \boldsymbol{U}_1 \tag{2-58}$$

式中:γ 为方程的本征值,表示光场一个来回的振幅衰减和相位变化。

比较式(2-57)和式(2-58),得特征矩阵方程为

$$\gamma \boldsymbol{U}_1 = \boldsymbol{A}_1\boldsymbol{U}_1 \tag{2-59}$$

此方程本征值 γ 的求解过程就是传输矩阵 $\boldsymbol{A}_1$ 特征值的求解过程。而谐振腔镜 M_1上多阶模式分布(由向量 $\boldsymbol{U}_1$ 表示)即为不同的特征值 γ 所对应的特征向量。可见,传输矩阵 $\boldsymbol{A}_1$ 包含了对腔内所有模式和光束特性的描述。

绝对值较大的特征值即对应谐振腔内损耗较小、较可能存在的模式;绝对值非常接近的特征值表示其所对应的模式在谐振腔中可能同时存在,因此分析采用特征向量法所求解的模式特性,很容易判断谐振腔的模式鉴别能力。

当求出腔镜上的光场分布后,再采用特征向量法模拟光束传输,很容易计算腔内或腔外任意地方的光场分布。

2.9 平面波展开法

平面波展开法(Plane Wave Expansion Method,PWEM)是应用于光子晶体光

纤数值分析中比较早和比较广泛的一种方法。基本求解思路是,将电磁波以平面波叠加的形式展开,把麦克斯韦方程组简化为一个本征方程,求解方程就可以获得本征方程的特征值和特征向量,从而得到本征模式的模场分布和有效折射率、色散特性等参数[13]。

该方法是应用于光子晶体理论分析中物理概念最清晰的方法之一,它是Silvestre等人[14]提出的全矢量数值算法,它源于固体物理学,该方法经过不断的改进已可以用于处理一维、二维和三维复杂的周期性结构问题。它已广泛应用于分析一维、二维和三维的光子晶体结构。因为该方法采用超晶格来描述光子晶体光纤中周期性排列的包层结构,因此能够预测光子晶体光纤的模式特征和能带结构,包括光子带隙的位置和宽度等[15]。该方法在采用超晶格模型时,需要使用大量的平面波分量,因而它的计算效率不高。在实际的数值模拟中,电磁场函数的展开项数越多,计算精度会越高,但是所需要的计算时间也越多,对计算机的系统资源要求也会越高。此外,由于该方法只适用于空气孔分布规则的光子晶体光纤,无法针对空气孔分布不规则的情况进行分析,因此其应用范围受到较大的限制。

2.10 有限差分法

求解偏微分方程最常用的方法之一是有限差分法(Finite Difference Method,FDM)[16-19]。有限差分法可以分析弱导光纤,是求解微分方程比较常见的方法之一,利用差分格式离散化亥姆霍兹方程组,把方程组简化为线性代数方程组以便求解。目前常用的光束传输法、时域有限差分法(Finite - Difference Time - Domain,FDTD)和频域有限差分法(Finite - Difference Frequence - Domain,FDFD)都是基于有限差分法发展而来的。其中,FDTD虽然可以用来分析光子晶体光纤中的诸多问题,但是在具体使用过程中,因为光子晶体光纤的结构参数都是波长量级,为了提高电磁特性数值模拟的准确性,一般要求计算中采用很小的空间步长和时间步长,因此该方法对计算机资源要求较高。

时域有限差分法(FDTD)适合研究电磁场随时间变化的动态传输过程。FDTD利用光波的时谐特性消除麦克斯韦方程中含有时间的分量,它广泛适用于研究稳态的特征值问题,从而缩短计算时间[20,21]。

频域有限差分法(FDFD)是近年来提出的基于Yee网格的一种差分法,它从麦克斯韦方程组出发进行离散化,获得在稳态下电磁场所满足的本征值方程组。而与FDTD相比,FDFD不需要花费大量时间来进行迭代计算,所以具有很高的计算速度。频域有限差分法还可以用来分析光子晶体光纤的泄漏模式、本征模式和损耗等特性参数,具有相当广泛的应用范围。

在标量场近似下,从麦克斯韦方程可以推出亥姆霍兹方程:

$$\nabla^2 E + k_0^2 n^2(x,y)E = 0 \tag{2-60}$$

在直角坐标系下，假设在光纤中传输的电场 E 有如下形式：

$$E(x,y,z) = u(x,y,z)\mathrm{e}^{-\mathrm{i}\beta z} \tag{2-61}$$

式中：β 为传播常数。

将式(2-61)代入式(2-60)，并考虑到傍轴近似后可得

$$\frac{\partial^2 u}{\partial x^2} + \frac{\partial^2 u}{\partial y^2} - 2\mathrm{i}\beta\frac{\partial u}{\partial z} + (k^2 - \beta^2)u = 0 \tag{2-62}$$

其中，波数 $k = k_0 n(x,y)$。要确定传输常数 β 及其对应的模式，考虑傍轴近似，忽略 u 关于 z 项的一阶偏导项，得到

$$\frac{\partial^2 u}{\partial x^2} + \frac{\partial^2 u}{\partial y^2} + (k^2 - \beta^2)u = 0 \tag{2-63}$$

我们可以数值求解式(2-63)。利用差分离散，采用五点差分格式，差分网格如图2-17所示。

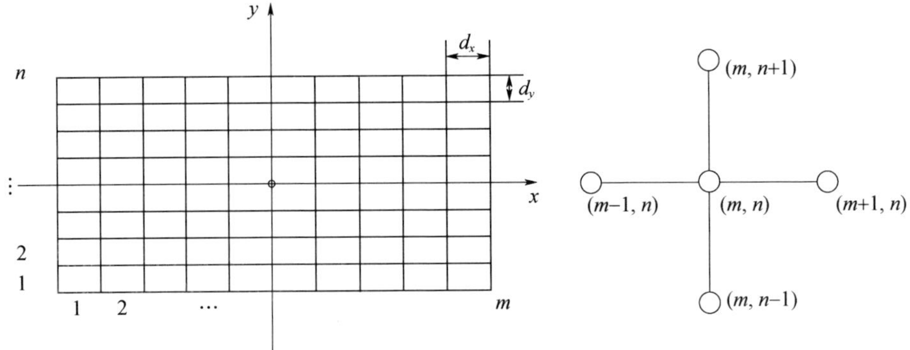

图2-17　计算传播常数及本征模场的差分网格

式(2-63)中二阶偏导数的五点差分格式的表述形式为

$$\frac{\partial^2 u}{\partial x^2} = \frac{u_{m-1}^n - 2u_m^n + u_{m+1}^n}{d_x^2} \qquad \frac{\partial^2 u}{\partial y^2} = \frac{u_m^{n-1} - 2u_m^n + u_m^{n+1}}{d_y^2} \tag{2-64}$$

将式(2-64)代入式(2-63)，化简并整理可以得到

$$\boldsymbol{AU} = \boldsymbol{\beta}^2\boldsymbol{U} \tag{2-65}$$

式中：矩阵 $\boldsymbol{A}$ 可表示为

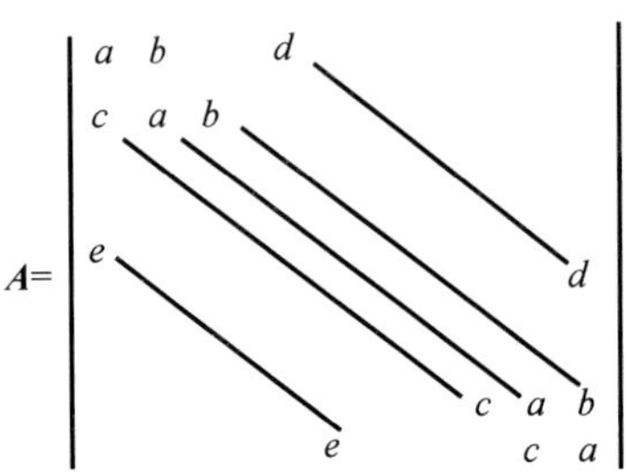

式中

$$a=-\left(\frac{2}{\Delta x^2}+\frac{2}{\Delta y^2}\right)+k_0^2n^2,\quad b=c=\frac{1}{\Delta x^2}\quad d=e=\frac{1}{\Delta y^2}\tag{2-66}$$

标量 FDTD 有以下几个特点：

(1) 根据产生的矩阵维数，可以一次计算多个模式数。如生成系数矩阵 $\boldsymbol{A}$ 为 50×50 阶方阵，则可以得到 50 个正交分解的模场分布。

(2) 传输常数 β 可以由方程的特征值一次求出，避免了 LP 模求解传输常数复杂的问题，且每个特征值与特征向量所对应。

(3) 求出的模式中包含两种具有不同偏振态的简并模式，且这两种模式具有相同的传播常数 β。

(4) 符合传统的模式理论，光纤中稳定传输场需要满足 $n_1k_0>\beta>n_2k_0$。

针对阶跃光纤，采用标量 FDTD 法得到的光纤中的正交模场分布如图 2-18 所示。

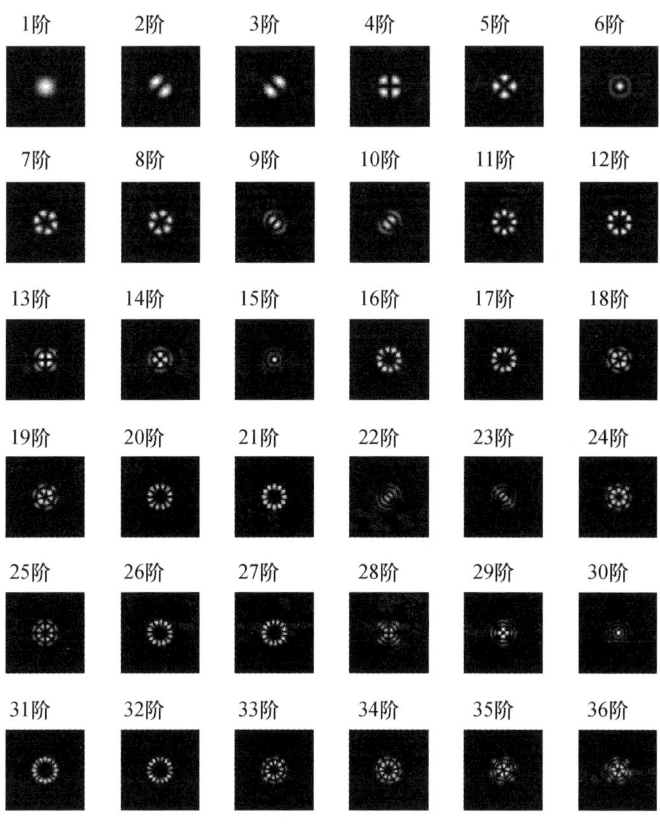

图 2-18　阶跃光纤中前 36 阶模式分布

2.11 有限元法

随着电子计算机技术的不断发展,最早应用于结构力学的有限元法(Finite Element Method,FEM)[22-24]从20世纪50年代出现后迅速发展,目前已广泛地应用于热传导、电磁场、流体力学等连续性问题的数值模拟。由于有限元法在处理弯曲边界时具有较大的优势,因此该方法也被大量应用于光子晶体光纤的特性研究之中。有限元法通过将亥姆霍兹方程转化为与之等价的泛函形式来求解,然后把光纤结构计算区域分成有限个基本单元,对每一基本单元代入离散的亥姆霍兹方程,再在这些基本单元的边界处加载连续性条件,以此就能够计算具有任意结构分布的光子晶体光纤。因此,有限元法能够对具有任意结构和折射率分布的光子晶体光纤进行数值模拟分析,而最近发展起来的混合节点棱边单元的全矢量有限元法则更能够避免伪解,更加精确地分析光子晶体光纤的多种特性,因此,有限元法是最适合用来分析结构复杂的光子晶体光纤的数值分析方法,也是现今应用最多的方法[25-27]。

在光纤中,光束的传输可以用矢量亥姆霍兹方程来描述:

$$\nabla \times \left(\frac{1}{\mu_r}\nabla \times E\right) - k_0^2\varepsilon_r^2 E = 0 \tag{2-67}$$

式中:μ_r,ε_r 为介质的相对磁导率和介电常数;k_0 为真空中的光波数;$\boldsymbol{E}$ 为电场矢量;∇为梯度算符。

设光纤截面的求解区域为 Ω,其边界可划分为电壁 Γ_1 和磁壁 Γ_2,边界条件提法如下:

$$\begin{aligned} &\boldsymbol{n} \times \boldsymbol{E} = 0, \quad &\text{边界为电壁 } \Gamma_1 \\ &\boldsymbol{n} \times (\nabla \times \boldsymbol{E}) = 0, \quad &\text{边界为磁壁 } \Gamma_2 \end{aligned} \tag{2-68}$$

满足边界条件式(2-68)的方程式(2-67)的弱形式为[28]

$$\int_{\Omega}\left[\frac{1}{\mu_r}(\nabla\times \delta\boldsymbol{E}) \cdot (\nabla\times \boldsymbol{E}) - k_0^2\varepsilon_r\delta\boldsymbol{E} \cdot \boldsymbol{E}\right]\mathrm{d}\Omega = 0 \tag{2-69}$$

式中:$\delta\boldsymbol{E}$ 为 $\boldsymbol{E}$ 的变分。假设电场 $\boldsymbol{E}$ 在光纤中没有损耗,其形式分解为如下形式:

$$\boldsymbol{E}(x,y,z) = (\boldsymbol{E}_t/\beta + \mathrm{i}\hat{z}E_z)\mathrm{e}^{-\mathrm{i}\beta z} \tag{2-70}$$

式中:$\boldsymbol{E}_t$ 为电场的横向分量;E_z 为其纵向分量;β 为传播常数;$\hat{z}$ 为光纤纵向单位矢量;i 为单位虚数。将式(2-70)代入式(2-69),得

$$\begin{aligned} &\iint_{\Omega}\left[\frac{1}{\mu_r}(\nabla_t\times \delta\boldsymbol{E}_t) \cdot (\nabla_t\times \boldsymbol{E}_t) - k_0^2\varepsilon_r\delta\boldsymbol{E}_t \cdot \boldsymbol{E}_t\right]\mathrm{d}\Omega \\ &+ \beta^2\int_{\Omega}\left[\frac{1}{\mu_r}(\nabla_t\delta\boldsymbol{E}_z + \delta\boldsymbol{E}_t) \cdot (\nabla_t\boldsymbol{E}_z + \boldsymbol{E}_t) - k_0^2\varepsilon_r\delta\boldsymbol{E}_z \cdot \boldsymbol{E}_z\right]\mathrm{d}\Omega = 0 \end{aligned} \tag{2-71}$$

式中：∇_t为横向算符。

使用六节点直边三角形单元离散化式。定义 E_z 的插值函数如下：

$$E_z = \boldsymbol{N}\boldsymbol{e}_z = [L_1 \quad L_2 \quad L_3]\boldsymbol{e}_z \tag{2-72}$$

式中：$L_i(i=1,2,3)$为三角形的面积坐标；$\boldsymbol{e}_z$ 为由单元顶点处电场纵向分量值构成的向量。对$\boldsymbol{E}_t$ 采用矢量基函数进行插值，即

$$\boldsymbol{E}_t = \boldsymbol{W}\boldsymbol{e}_z = [\boldsymbol{W}_{12} \quad \boldsymbol{W}_{23} \quad \boldsymbol{W}_{31}]\boldsymbol{e}_t \tag{2-73}$$

$\boldsymbol{e}_t$ 是由单元中节点所在边的电场横向分量值构成的向量。对连接节点 i 与 j 的单元边，矢量基函数 $\boldsymbol{W}_{ij}$定义为

$$\boldsymbol{W}_{ij} = l_{ij}(L_i \nabla_t L_j - L_j \nabla_t L_i) \tag{2-74}$$

式中：l_{ij}为单元边长度。若节点 i 的总体编号小于节点 j 总体编号，则式(2-74)应乘以一负号，以保证在不同单元的相邻边上 $\boldsymbol{E}_t$ 有相同的插值形式。

使用标准的有限元离散过程即可得如下广义特征值问题：

$$\begin{bmatrix} \boldsymbol{0} & \boldsymbol{0} \\ \boldsymbol{0} & \boldsymbol{A}_{tt} \end{bmatrix}\begin{bmatrix} \boldsymbol{e}_z \\ \boldsymbol{e}_t \end{bmatrix} = -\beta^2\begin{bmatrix} \boldsymbol{B}_{zz} & \boldsymbol{B}_{zt} \\ \boldsymbol{B}_{tz} & \boldsymbol{B}_{tt} \end{bmatrix}\begin{bmatrix} \boldsymbol{e}_z \\ \boldsymbol{e}_t \end{bmatrix} \tag{2-75}$$

式中：单元矩阵分别表示为

$$\begin{cases} \boldsymbol{A}_{tt} = \int_{\Omega}\left[\dfrac{1}{\mu_r}(\nabla_t \times \boldsymbol{W})^{T}(\nabla_t \times \boldsymbol{W}) - k_0^2\varepsilon_r \boldsymbol{W}^{T}\boldsymbol{W}\right]d\Omega \\ \boldsymbol{B}_{zz} = \int_{\Omega}\left[\dfrac{1}{\mu_r}(\nabla_t\boldsymbol{N})^{T} \cdot (\nabla_t\boldsymbol{N}) - k_0^2\varepsilon_r \boldsymbol{N}^{T}\boldsymbol{N}\right]d\Omega \\ \boldsymbol{B}_{tt} = \int_{\Omega}\dfrac{1}{\mu_r}\boldsymbol{W}^{T}\boldsymbol{W}d\Omega \\ \boldsymbol{B}_{tz} = B_{zt}^{T} = \int_{\Omega}\dfrac{1}{\mu_r}\boldsymbol{W}^{T}(\nabla_t\boldsymbol{N})d\Omega \end{cases} \tag{2-76}$$

为快速求解广义特征值，使用移位迭代法进行计算，即将式(2-75)改写为如下形式：

$$\left(\begin{bmatrix} \boldsymbol{0} & \boldsymbol{0} \\ \boldsymbol{0} & \boldsymbol{A}_{tt} \end{bmatrix} + \theta^2\begin{bmatrix} \boldsymbol{B}_{zz} & \boldsymbol{B}_{zt} \\ \boldsymbol{B}_{tz} & \boldsymbol{B}_{tt} \end{bmatrix}\right)\begin{bmatrix} \boldsymbol{e}_z \\ \boldsymbol{e}_t \end{bmatrix} = (\theta^2 - \beta^2)\begin{bmatrix} \boldsymbol{B}_{zz} & \boldsymbol{B}_{zt} \\ \boldsymbol{B}_{tz} & \boldsymbol{B}_{tt} \end{bmatrix}\begin{bmatrix} \boldsymbol{e}_z \\ \boldsymbol{e}_t \end{bmatrix} \tag{2-77}$$

式中：θ 为介质中的最大波数。由于光纤中的可传播模式只存在于式(2-77)的少数低阶模式中，因此再使用逆迭代法来计算式(2-77)是非常有效的。

以多芯光子晶体光纤为例，对于大多数应用，通常希望获得同位相超模。利用上述全矢量有限元法，对如图2-19所示的四种多芯光子晶体光纤进行分析，其基质材料均为纯石英，折射率随波长变化曲线可由 Sellmeier 三项式拟合，空气占空比均为 $d/\Lambda=40\%$，每个纤芯均能实现单模传输。图2-20表示的是图2-19中给出的四种结构的同相位超模场模拟结果，且有限元法可以利用多种形状的网格（三角形单元、四边形单元等）分割计算区域，还可以根据计算精

度的需要自由设置节点个数，因此它特别适用于复杂结构光纤的数值分析。从图 2－20 中可以看出，2 芯、3 芯和 6 芯结构光纤每个芯的振幅相等，而 7 芯结构光纤中心芯振幅大于外圈芯。

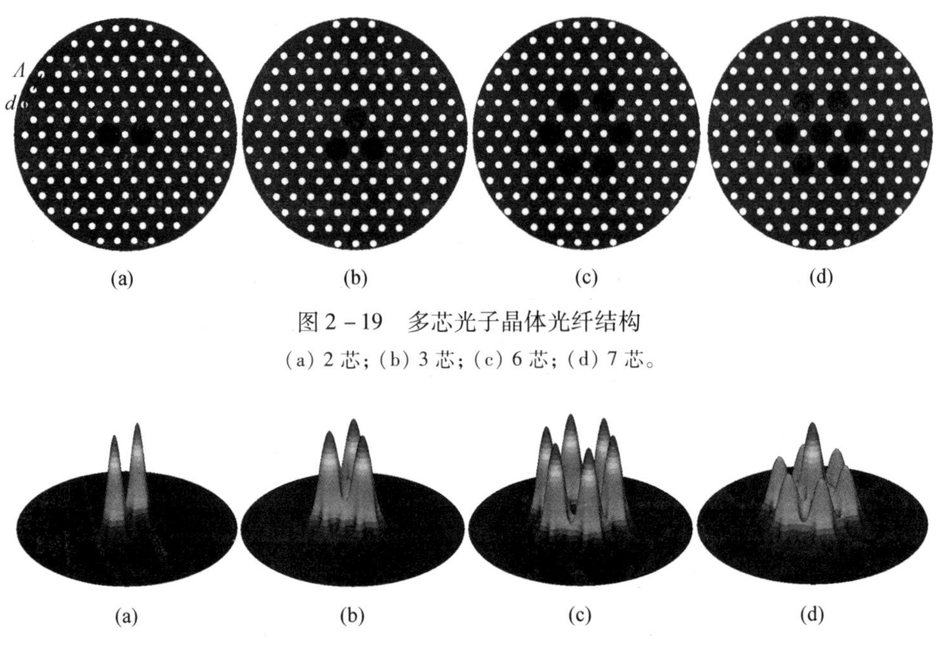

图 2－19　多芯光子晶体光纤结构

(a) 2 芯；(b) 3 芯；(c) 6 芯；(d) 7 芯。

图 2－20　多芯光子晶体光纤同相位超模场

(a) 2 芯；(b) 3 芯；(c) 6 芯；(d) 7 芯。

2.12　多模式的调 Q 激光

2.12.1　理论分析

当激光输出为多个横模混合时，考虑到光子数密度和反转粒子数密度空间分布的速率方程为[29]

$$\int_a \frac{\mathrm{d}\phi(r,\theta,t)}{\mathrm{d}t}\mathrm{d}V = \int_a \left[\phi(r,\theta,t)c\sigma n(r,\theta,t)\ \frac{l'}{L} - \frac{\phi(r,\theta,t)\xi}{t_r}\right]\mathrm{d}V \tag{2-78}$$

$$\frac{\mathrm{d}n(r,\theta,t)}{\mathrm{d}t} = G(r,\theta) - \frac{n(r,\theta,t)}{t_f} - \gamma n(r,\theta,t)\phi(r,\theta,t)\sigma v \tag{2-79}$$

式中：$\phi(r,\theta,t)$为光子数密度；$n(r,\theta,t)$为反转粒子数密度；$G(r,\theta)$为泵浦速率；c 为真空中的光速；v 为激光介质中的光速；σ 为受激发射截面；l'为激光介质的长度；L 为谐振腔的光程长度；ξ 为谐振腔总的往返损耗；t_r为往返时间；γ 为反转

减小因子；t_f为上能级寿命。在式(2－78)中，积分的区域是整个腔体积。谐振腔总的往返损耗可以表示为

$$\xi = -\ln R + \delta \tag{2-80}$$

式中：第一项表示由输出镜反射率 R 确定的耦合损耗。δ 包含散射，衍射和吸收等引起的损耗。

调 Q 脉冲建立时间由于很小，所以可以忽略式(2－79)中的自发辐射和泵浦项，可得

$$\frac{\mathrm{d}n(r,\theta,t)}{\mathrm{d}t} = -\gamma n(r,\theta,t)\phi(r,\theta,t)\sigma c \tag{2-81}$$

在多横模的情况下，式(2－78)和式(2－81)可以写成

$$\int_a \frac{\mathrm{d}\phi_{pl}(r,\theta,t)}{\mathrm{d}t}\mathrm{d}V = \int_a \left[\phi_{pl}(r,\theta,t)c\sigma n(r,\theta,t)\frac{l'}{L} - \frac{\phi_{pl}(r,\theta,t)\xi}{t_r}\right]\mathrm{d}V \tag{2-82}$$

$$\frac{\mathrm{d}n(r,\theta,t)}{\mathrm{d}t} = -\gamma n(r,\theta,t)\sum_{p=0}^{p}\sum_{l=0}^{l}\phi_{pl}(r,\theta,t)\sigma c \tag{2-83}$$

式中：$\phi_{pl}(r,\theta,t)$ 为 TEM_{pl}模的光子数密度；p 和 l 分别为光场横向分布的径向和切向的零节点数。

圆坐标下，不同模式的光子密度空间分布可以表示为[30]

$$\phi_{pl}(r,\theta) = \rho^l\left[\mathrm{L}_p^l(\rho)\right]^2\cos^2(l\theta)\mathrm{e}^{-\rho} \tag{2-84}$$

式中：$\rho = 2r^2/\omega_0^2$，ω_0 为基模半径；r 和 θ 表示极坐标中的径向和切向方向；L_p^l 为广义拉盖尔多项式。

根据上面的模型，当初始反转粒子数密度 $n_0 = 0.8\times10^{23}/\mathrm{m}^3$时，计算得到调 Q Nd:YAG 激光器基模输出脉冲的时空分布如图 2－21 所示。当初始反转粒子数密度 $n_0 = 1.7\times10^{23}/\mathrm{m}^3$，计算得到多横模调 Q Nd:YAG 激光器脉冲的时空分布如图 2－22 所示，模式比例为 TEM_{00}:TEM_{01} = 55:45。TEM_{00}模的损耗为 0.0092，TEM_{01}模的损耗为 0.0482[31]。我们比较了不同初始反转粒子数密度 n_0 和模式比例情况下脉宽的空间分布，如图 2－23 所示。

从图 2－21、图 2－22 和图 2－23 可以看出，基模输出时脉宽并不随光斑的位置而发生改变。而在多模式振荡的情况下，调 Q 脉冲的时间宽度随着距离光斑中心位置的改变而改变。这说明了由于 TEM_{00}和 TEM_{01}模的起振延迟时间不同，造成了 TEM_{00}模式和 TEM_{01}模式输出场叠加时在空间各个点的时间特性不同。这个结论在文献[32]中也得到间接印证。脉宽的空间分布为判断调 Q 激光的横模成分和光束质量提供了一种新的思路。

图 2-21 计算得到调 Q Nd:YAG 激光器基模输出脉冲光强的时空分布图

（初始反转粒子数密度 $n_0 = 0.8 \times 10^{23}/\mathrm{m}^3$）

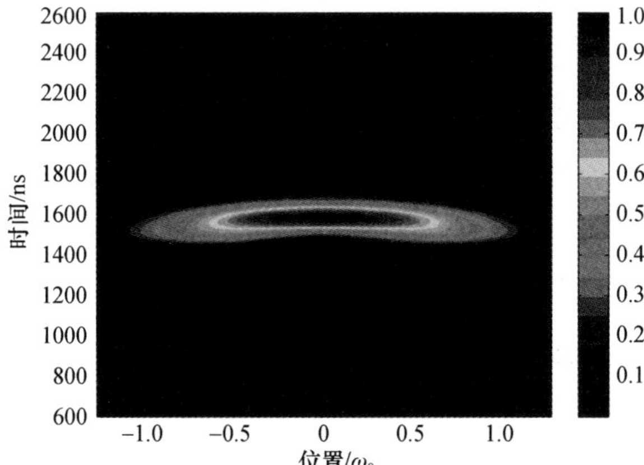

图 2-22 计算得到多横模调 Q Nd:YAG 激光器脉冲光强的时空分布图

（TEM_{00}: TEM_{01} = 55: 45；初始反转粒子数密度 $n_0 = 1.7 \times 10^{23}/\mathrm{m}^3$）

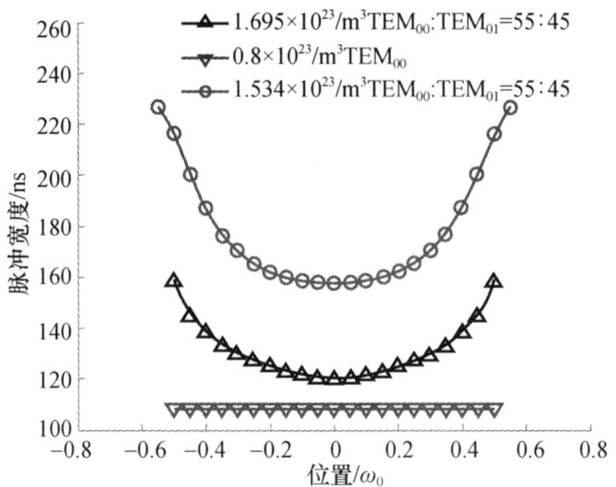

图 2-23 计算得到在不同初始反转粒子数密度 n_0 和模式比例情况下脉宽的空间分布

2.12.2 实验测量

测量调 Q Nd:YAG 激光器时空分布和输出光斑上各个位置脉宽的实验装置如图 2-24 所示。1064 nm 声光调 Q Nd:YAG 激光器输出脉冲激光,然后通过一个光楔对激光进行分光,再通过一个固定在三维平移台上带有小孔的光电探头(上升时间小于 15ns)和示波器(Tektronix DPO4032,350MHz,3.5 GS/s)对各个位置的脉冲波形进行测量。

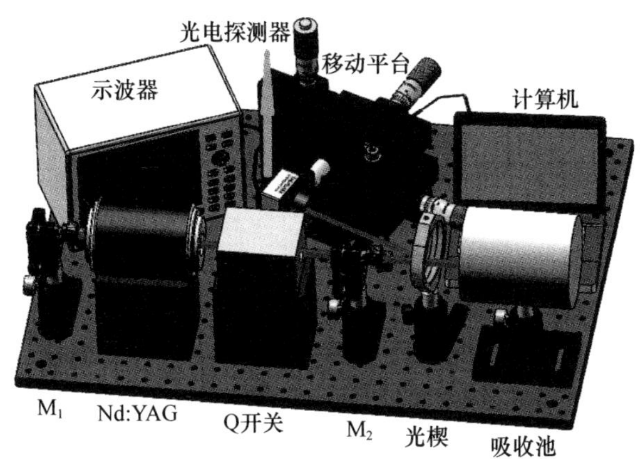

图 2-24 调 Q Nd:YAG 激光器脉宽空间分布测量实验装置

测量的激光输出光斑离光斑中心不同位置处的脉冲宽度,如图 2-25 所示。从图中可以看出,脉宽随着距离光斑中心位置变远而变宽,但由于测量仪器的精度限制,在光斑更边缘处,光强很小,这里的脉宽可能会有不同的变化。相同位置处的脉宽随着电流的变大而变窄。

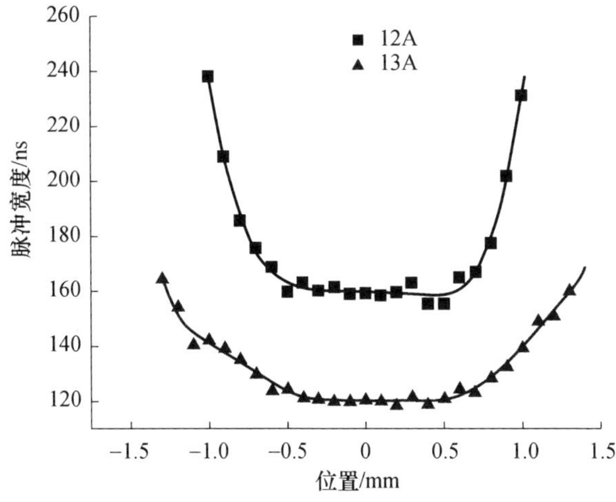

图 2-25 不同泵浦功率下,距离光斑中心不同位置处的脉冲宽度

调 Q Nd:YAG 激光器脉冲的时空分布如图 2-26 所示。从图中可以看出，调 Q Nd:YAG 激光器脉冲的分布在时间上是不对称的，而在空间上是对称的。

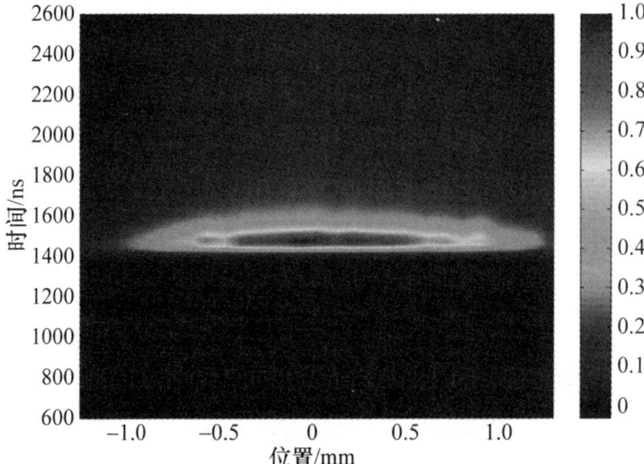

图 2-26 实验测得调 Q Nd:YAG 激光器脉冲强度的时空分布图

参考文献

[1] Schawlow A L, Townes C H. Infrared and optical masers[J]. Phys. Rev., 1958, 112(6): 1940-1949.

[2] Prokhorov A M. Molecular amplifier and generator for submillimeter waves. Sov. Phys[J]. JETP, 1958, 7(6): 1140-1141.

[3] Prokhorov A M. On the twenty-fifth anniversary of the laser. Physics-Uspekhi, 1986, 29(1): 1-2.

[4] 吕百达. 固体激光器件[M]. 北京:北京邮电大学出版社, 2002.

[5] Kogelnik H. Imaging of optical modes—resonators with internal lenses[J]. Bell System Technical Journal, 1965, 44(3): 455-494.

[6] Collins Jr S A. Lens-system diffraction integral written in terms of matrix optics[J]. J. Opt. Soc. Am., 1970, 60(9): 1168-1177.

[7] Fox A G, Li Tingye. Resonant modes in a maser interferometer[J]. Bell System Technical Journal, 1961, 40(2): 453-488.

[8] Fox A G, Li Tingye. Modes in a maser interferometer with curved and tilted mirrors[J]. Proc. IEEE, 1963, 51(1): 80-89.

[9] Li Tingye. Diffraction loss and selection of modes in maser resonators with circular mirrors[J]. Bell System Technical Journal, 1965, 44(5): 917-932.

[10] Kogelnik H, Li Tingye. Laser beams and resonators[J]. Appl. Opt., 1966, 5(10): 1550-1567.

[11] Lavigne P, Parent A, McCarthy N. Mode control in unstable Cassegranian resonators[A]. in Technical Symposium Southeast. 1987, International Society for Optics and Photonics.

[12] Zhou Shouhuan, Zhang Fang, Wen Hua. Nd: YAG Q-switched laser with variable reflectivity mirror (VRM) resonator[A]. in SPIE, 1992.

[13] Shi S, Chen C, Prather D W. Plane-wave expansion method for calculating band structure of photonic crys-

tal slabs with perfectly matched layers. J. Opt. Soc. Am. A,2004,21(9):1769 - 1775.

[14] Ferrando A, Silvestre E, Miret J J, et al. Full - vector analysis of a realistic photonic crystal fiber[J]. Opt. Lett. ,1999,24(5):276 - 278.

[15] Barkou S E, Broeng J, Bjarklev A. Dispersion properties of photonic bandgap guiding fibers[R]. in OFC/IOOC'99. 1999.

[16] Helfert S F, Pregla R. A finite difference beam propagation algorithm based on generalized transmission line equations[J]. Opt. Quantum Electron. ,2000,32(6 - 8):681 - 690.

[17] Lusse P, Ramm K, Unger H-G, et al. Comparison of a vectorial and new semivectorial finite - difference approach for optical waveguides[J]. Opt. Quantum Electron. ,1997,29(2):115 - 120.

[18] Stoffer R, Hoekstra HJWM. Efficient interface conditions based on a 5 - point finite difference operator[J]. Opt. Quantum Electron. ,1998,30(5 - 6):375 - 383.

[19] Vassallo C. 1993 - 1995 Optical mode solvers[J]. Opt. Quantum Electron. ,1997,29(2):95 - 114.

[20] Guo Shangping, Wu Feng, Albin S, et al. Loss and dispersion analysis of microstructured fibers by finite - difference method[J]. Opt. Express,2004,12(15):3341 - 3352.

[21] Zhu Z, Brown T G. Full - vectorial finite - difference analysis of microstructured optical fibers[J]. Opt. Express,2002,10(17):853 - 864.

[22] Polychronopoulos S J, Athanasoulias G B, Uzunoglu N K. Advanced mode solver using an integral equation technique and entire domain plane wave basis functions[J]. Opt. Quantum Electron. ,1997,29(2):127 - 137.

[23] Selleri S, Vincetti L, Cucinotta A, et al. Complex FEM modal solver of optical waveguides with PML boundary conditions[J]. Opt. Quantum Electron. ,2001,33(4 - 5):359 - 371.

[24] Manenkov A B, Rozhnev A G. Optical dielectric waveguide analysis, based on the modified finite element and integral equation methods[J]. Opt. Quantum Electron. ,1998,30(1):61 - 70.

[25] Brechet F, Marcou J, Pagnoux D, et al. Complete Analysis of the Characteristics of Propagation into Photonic Crystal Fibers[J], by the Finite Element Method. Opt. Fiber Technol. ,2000,6(2):181 - 191.

[26] Franco M A R, Hattori H T, Sircilli F, et al. Finite element analysis of photonic crystal fibers[A]. in IMOC. 2001. IEEE.

[27] Cucinotta A, Selleri S, Vincetti L, et al. Holey fiber analysis through the finite - element method[J]. IEEE Photon. Technol. Lett. ,2002,14(11):1530 - 1532.

[28] Lee J F, Sun D K, Cendes Z J. Full - wave analysis of dielectric waveguides using tangential vector finite elements. IEEE Trans[J]. Microw. Theory Techn. ,1991,39(8):1262 - 1271.

[29] Laporta P, Brussard M. Design criteria for mode size optimization in diode - pumped solid - state lasers[J]. IEEE J. Quantum Electron. ,1991,27(10):2319 - 2326.

[30] Koechner W. Solid - State Laser Engineering[J]. New York: Springer Science + Business Media, Inc. ,2006.

[31] Ainshtein L. Open resonators for lasers. Sov. Phys. JETP,1963,17(3):709 - 719.

[32] Zhang Xingyu, Zhao Shengzhi, Wang Qingpu, et al. Modeling of diode - pumped actively Q - switched lasers[J]. IEEE J. Quantum Electron. ,1999,35(12):1912 - 1918.

第3章

涡旋光束

3.1 涡旋光束简介

涡旋光束(Optical vortex)是近年来受到国内外学者广泛关注的一类光束,与前面介绍的各种光束不同,涡旋光束具有螺线型的相位分布,其相位可表示为 $\phi(r,\Phi)=e^{il\Phi}$,其中 Φ 是角向坐标,l 是任意的正整数或者负整数。涡旋光束也称为螺旋相位光束(Spiral - phase beam)。涡旋光束的典型代表是拉盖尔 - 高斯(Laguerre - Gaussian,LG)光束,其特点是光强分布为环形,相位为螺旋相位。由于涡旋光束在光场分布中心处的相位是无法确定的,即光束的中心存在相位奇点,故涡旋光束中心的强度为零,这类光束也称为奇点光束。图 3 - 1 所示为一些典型的涡旋光束的螺旋型相位分布和光强分布。从图 3 - 1 可以看出,涡旋光束的螺旋波前的扭曲数和扭曲方向取决于 l 的值的大小和正负。从涡旋光束的波前分布可以看出,涡旋光束的电场具有轴向的分量,而平行于波前法线方向的坡印廷矢量具有角向分量,因此会产生一个沿着光轴的角动量,该角动量称为轨道角动量(Orbital Angular Momentum,OAM)。1992 年 Allen 等人首先研究了螺旋相位分布光束的轨道角动量及其大小,他们发现轨道角动量是所有螺旋相位分布光束的一个自然属性,且可以较容易地用常规光学元件产生[1,2]。

具有轨道角动量的涡旋光束在许多领域具有重要的应用。当涡旋光束作用于物体(例如微粒)时,光束携带的轨道角动量可传递给微粒,控制微粒实现旋转或平移,这一特性可用于研制新一代光镊(Optical tweezer)和光学扳手(Optical Spanner)[3,4]。在信息领域中,光束的轨道角动量可作为光束具有的一种新的本征物理量进行编码,产生新的信息编码和信息传输的维度,在新一代的光通信、光存储等领域中具有重要的应用前景[5,6]。

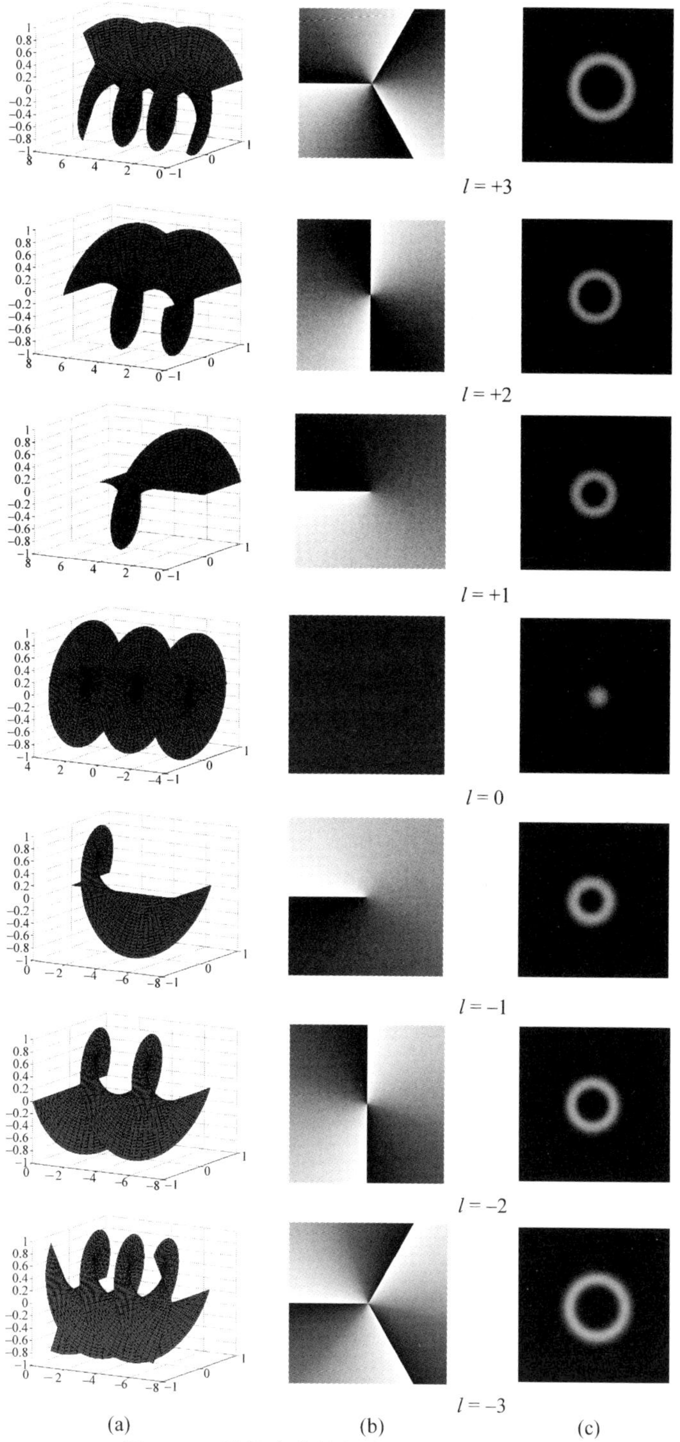

$l=+3$

$l=+2$

$l=+1$

$l=0$

$l=-1$

$l=-2$

$l=-3$

(a) (b) (c)

图 3-1 涡旋光束的相位分布和光强分布

(a) 螺旋相位分布;(b) 涡旋光束和平面波的干涉图;(c) 光强分布。

3.2 涡旋光束的特性

下面从光场函数出发讨论具有螺旋相位的涡旋光束的特性，以及螺旋相位与轨道角动量的关系。

讨论一个沿 z 向传播的光束，其电场强度可表示为[7]

$$\boldsymbol{E}(x,y,z,t)=E_0\cdot u(x,y,z)\cdot \boldsymbol{e}(x,y,z)\cdot \mathrm{e}^{\mathrm{i}(\beta z-\omega t)} \tag{3-1}$$

式中：k 是光束的波数，它与角频率 ω 及光速 c 之间的关系为

$$k=\omega/c, c=1/\sqrt{\varepsilon_0\mu_0} \tag{3-2}$$

ε_0和μ_0分别为真空中的介电常数和磁导率。在式(3－1)中 $E_0\cdot u(x,y,z)$表示电场强度的振幅，其中 $u(x,y,z)$是归一化的复标量函数，用以描述光场振幅的分布，$u(x,y,z)$ 满足近轴近似条件下的波动方程，$\boldsymbol{e}(x,y,z)$表示单位偏振矢量。

对于非磁介质，根据麦克斯韦方程可求得光束的磁场强度矢量[8]：

$$\boldsymbol{H}(x,y,z)=\frac{1}{\mathrm{i}\omega\mu_0}\nabla\times\boldsymbol{E}(x,y,z) \tag{3-3}$$

根据光束的电场强度矢量和磁场强度矢量，光束的坡印廷矢量 $\boldsymbol{S}$ 可定义为

$$\boldsymbol{S}=\boldsymbol{E}_{\mathrm{re}}\times\boldsymbol{H}_{\mathrm{re}} \tag{3-4}$$

式中

$$\boldsymbol{E}_{\mathrm{re}}=\frac{1}{2}(\boldsymbol{E}+\boldsymbol{E}^*),\boldsymbol{H}_{\mathrm{re}}=\frac{1}{2}(\boldsymbol{H}+\boldsymbol{H}^*) \tag{3-5}$$

“re，*”分别表示函数的实部和复共轭。

下面讨论光束的能流特性。用 $\boldsymbol{S}$ 表示能流的密度（坡印廷矢量）。由于 $\boldsymbol{E}$，$\boldsymbol{H}$ 中含有 $\mathrm{e}^{-\mathrm{i}\omega t}$项，该项对时间的积分为零，只有当两者中有一个取共轭，另外一个不取共轭时，对时间的平均才不为零，所以 $\boldsymbol{S}$ 的时间平均值为

$$\langle\boldsymbol{S}\rangle_t=\frac{1}{4}\langle\boldsymbol{E}\times\boldsymbol{H}^*+\boldsymbol{E}^*\times\boldsymbol{H}\rangle \tag{3-6}$$

将式(3－1)和式(3－2)代入式(3－6)可得

$$\begin{aligned}\langle\boldsymbol{S}\rangle_t=&\frac{k}{2\omega\mu_0}|E_0|^2\boldsymbol{e}_z|u|^2-\frac{\mathrm{i}}{4\omega\mu_0}|E_0|^2\{u\nabla u^*-u^*\nabla u\}\\&-\frac{\mathrm{i}}{4\omega\mu_0}|E_0|^2\{-(\boldsymbol{e}\cdot\nabla u^*)u\boldsymbol{e}^*+(\boldsymbol{e}^*\cdot\nabla u)u^*\boldsymbol{e}\}\end{aligned} \tag{3-7}$$

式(3－7)右边的第二项与光束的结构有关，第三项与光束的偏振特性有关。为了使用的方便，将这两项分别记为 $\boldsymbol{T}_1$ 和 $\boldsymbol{T}_2$：

$$\boldsymbol{T}_1=-\frac{\mathrm{i}}{4\omega\mu_0}\cdot|E_0|^2\{u\nabla u^*-u^*\nabla u\} \tag{3-8}$$

$$\boldsymbol{T}_2=-\frac{\mathrm{i}}{4\omega\mu_0}\cdot|E_0|^2\{-(\boldsymbol{e}\cdot\nabla u^*)u\boldsymbol{e}^*+(\boldsymbol{e}^*\cdot\nabla u)u^*\boldsymbol{e}\} \tag{3-9}$$

下面再讨论光束的角动量特性。光束的角动量密度可由下式定义[8]：

$$\boldsymbol{M}=\boldsymbol{r}\times\boldsymbol{p} \tag{3-10}$$

式中：$\boldsymbol{r}$ 是光束的位置矢量；$\boldsymbol{p}$ 是光束的动量密度。$\boldsymbol{p}$ 可定义为

$$\boldsymbol{p}=\varepsilon_0\boldsymbol{E}_{\mathrm{re}}\times\boldsymbol{B}_{\mathrm{re}} \tag{3-11}$$

$\boldsymbol{B}$ 为磁感应强度矢量。对于非磁介质有 $\boldsymbol{B}=\mu_0\boldsymbol{H}$，因此非磁介质的角动量密度为

$$\boldsymbol{M}=\varepsilon_0\boldsymbol{r}\times(\boldsymbol{E}_{\mathrm{re}}\times\boldsymbol{B}_{\mathrm{re}}) \tag{3-12}$$

根据式(3-4)角动量密度可写成

$$\boldsymbol{M}=\frac{1}{c^2}\boldsymbol{r}\times\boldsymbol{S} \tag{3-13}$$

将 $\boldsymbol{M}$ 对整个空间积分可得光束总的角动量 $\boldsymbol{L}$：

$$\boldsymbol{L}=\frac{1}{c^2}\iiint\boldsymbol{r}\times\boldsymbol{S}\mathrm{d}x\mathrm{d}y\mathrm{d}z \tag{3-14}$$

定义光束的角动量流量为

$$\boldsymbol{J}=\frac{\mathrm{d}}{\mathrm{d}t}\boldsymbol{L} \tag{3-15}$$

角动量流量 $\boldsymbol{J}$ 在光束传播方向上（z 轴）的分量具有特别重要的意义，因为它可以与光学元件之间进行传递。根据式(3-14)和式(3-15)，光场在 z 向上的角动量流量为

$$J_z=\frac{1}{c}\iint\boldsymbol{r}\times\boldsymbol{S}\mathrm{d}x\mathrm{d}y \tag{3-16}$$

将式(3-7)代入式(3-16)，发现 J_z 也包含两部分：$J_z=J_{z,L}+J_{z,S}$，其中 $J_{z,L}$ 与坡印廷矢量的结构项 $\boldsymbol{T}_1$ 有关，而 $J_{z,S}$ 与坡印廷矢量中与偏振有关的项 $\boldsymbol{T}_2$ 有关。

3.2.1 轨道角动量

角动量中与光束结构有关的一项称为轨道角动量，它由下式定义：

$$\begin{aligned}J_{z,L}&=\frac{1}{c}\iint[\boldsymbol{r}\times\boldsymbol{T}_1]\mathrm{d}x\mathrm{d}y\\&=-\frac{\mathrm{i}\varepsilon_0 c}{4\omega}|E_0|^2\iint\left(xu\frac{\partial u^*}{\partial y}-yu\frac{\partial u^*}{\partial x}-c.\,c\right)\mathrm{d}x\mathrm{d}y\end{aligned} \tag{3-17}$$

人们最早预言光的轨道角动量存在于拉盖尔-高斯光束中[1]。实际上含有角向结构分布的任何光束都具有轨道角动量。如果一个任意的光束具有与角向有关的相位分布，如 $u(r,\Phi)=f(r)\cdot\mathrm{e}^{\mathrm{i}g(\Phi)}$，它的轨道角动量流量为

$$J_{z,L}=-\frac{2}{\omega}P\frac{\partial g}{\partial\Phi} \tag{3-18}$$

式中:P 是光束的功率,有

$$P = \frac{1}{2}c\varepsilon_0 \ |E_0|^2 \iint f^2 \mathrm{d}x\mathrm{d}y \tag{3-19}$$

根据式(3-18),当$\partial g/\partial \Phi \neq 0$ 时,光束将具有轨道角动量。

拉盖尔-高斯光束是式(3-18)的一个特例。对于拉盖尔-高斯光束 $g(\Phi)=l\Phi$,其中 l 是拉盖尔-高斯光束角向模次的阶数,拉盖尔-高斯光束的轨道角动量流量为

$$J_{z,L} = -\frac{2l}{\omega}P \tag{3-20}$$

3.2.2 由偏振引起的角动量

由光束的偏振特性引起的角动量流量为

$$J_{z,S} = \frac{1}{c}\iint [\boldsymbol{r} \times \boldsymbol{T}_2]\mathrm{d}x\mathrm{d}y = -\frac{\mathrm{i}\varepsilon_0 c}{4\omega}\ |E_0|^2 \iint [(xe_y{}^* - ye_x{}^*)(\boldsymbol{e}\,\nabla u^*)u - c.c]\mathrm{d}x\mathrm{d}y \tag{3-21}$$

单位偏振矢量可写成 $\boldsymbol{e}=\frac{1}{\sqrt{2}}\begin{pmatrix}1\\ \mathrm{e}^{\mathrm{i}\alpha}\end{pmatrix}$,其中 $\alpha=0$, $\pm\pi/2$ 分别表示线偏振状态和圆偏振状态。将 $\boldsymbol{e}$ 的表达式代入式(3-21)可得

$$J_{z,S} = -\frac{\mathrm{i}}{4\pi}P\iint\left[u\left(\mathrm{e}^{-\mathrm{j}\alpha}x\frac{\partial u^*}{\partial x} - \mathrm{e}^{\mathrm{j}\alpha}y\frac{\partial u^*}{\partial y}\right) - c.c\right]\mathrm{d}x\mathrm{d}y \tag{3-22}$$

根据式(3-22)可知,线偏振光没有角动量,圆偏振光具有角动量。对于圆偏振的基模高斯光束其角动量流量为 $J_{z,S}=P/\omega$。

下面讨论光场的轨道角动量与光强二阶矩之间的关系[7]。光场 $E(x,y)$ 的二阶矩$\langle x\theta_y\rangle$,$\langle y\theta_x\rangle$的定义为[9]

$$\langle x\theta_y\rangle = \frac{1}{2P(-\mathrm{i}k)}\iint xE(x,y)\frac{\partial}{\partial y}E^*(x,y)\mathrm{d}x\mathrm{d}y + c.c \tag{3-23}$$

$$\langle y\theta_x\rangle = \frac{1}{2P(-\mathrm{i}k)}\iint yE^*(x,y)\frac{\partial}{\partial x}E(x,y)\mathrm{d}x\mathrm{d}y + c.c \tag{3-24}$$

将式(3-1)代入式(3-23)、式(3-24)可得以下两式:

$$\langle x\theta_y\rangle = \frac{\mathrm{i}\lambda}{4\pi}\iint xu\frac{\partial u^*}{\partial y}\mathrm{d}x\mathrm{d}y + c.c \tag{3-25}$$

$$\langle y\theta_x\rangle = \frac{\mathrm{i}\lambda}{4\pi}\iint yu\frac{\partial u^*}{\partial x}\mathrm{d}x\mathrm{d}y + c.c \tag{3-26}$$

取式(3-25)、式(3-26)的差可得

$$\langle x\theta_y\rangle - \langle y\theta_x\rangle = \frac{\mathrm{i}\lambda}{4\pi}\iint\left(xu\frac{\partial u^*}{\partial y} - yu\frac{\partial u^*}{\partial x}\right)\mathrm{d}x\mathrm{d}y + c.c \tag{3-27}$$

比较式(3-17)和式(3-27)可知,光的轨道角动量流量可由其光强二阶矩

表示为

$$J_{z,L} = \frac{P}{2c}(\langle x\theta_y \rangle - \langle y\theta_x \rangle) \tag{3-28}$$

式中:P 由式(3-19)确定。因为光的轨道角动量表示相位的旋转,因此在二阶矩参量中$\langle x\theta_y \rangle$,$\langle y\theta_x \rangle$被称为光的扭转参量。通过计算光束的光强二阶矩参量,可判断该光束是否有轨道角动量。

3.3 涡旋光束的产生方法

3.3.1 腔内选模法

涡旋光束可以通过腔内选模法或腔外转换法生成。腔内选模法是通过在激光谐振腔内引入损耗,使基模的损耗较大,某些高阶横模(如拉盖尔-高斯光束)更容易产生,从而获得所需的涡旋光束。1988 年和 1990 年 Tamm. C 报道了直接由激光谐振腔获得拉盖尔-高斯模的方法[10,11],但是腔内选模方法损耗大,不易获得较高功率的涡旋光束输出。

2013 年 10 月,Sandile Ngcobo 等人利用在激光谐振腔内加入空间光调制器(Spatial Light Modulator,SLM)成功研制出可直接输出涡旋光束的激光器[12]。其工作原理为:将激光谐振腔的一个腔镜(通常为全反镜)用空间光调制器代替,与另一腔镜构成激光谐振腔实现激光输出。通过控制加载到空间光调制器上的调制图样,该激光器可以产生多种激光模式,包括多种涡旋光束。图 3-2 是加入空间光调制器的激光器(数字激光器)的工作原理图,该激光器由半导体激光器泵浦,激光增益介质为 Nd:YAG 晶体,谐振腔采用 L 型结构,空间光调制器(SLM)、45°全反镜和输出镜(OC)构成激光谐振腔。该激光器的优点是:不需要改变激光谐振腔结构,仅需改变加载到空间光调制器上的图像,就可得到各种模式。图 3-3 是该数字激光器生成的多种不同模式的光束,利用这种装置可

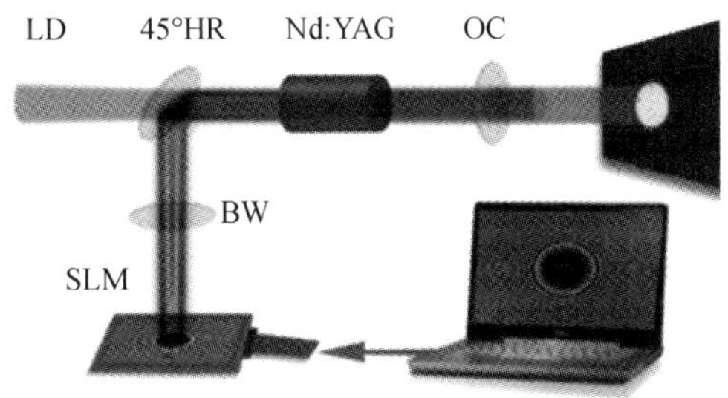

图 3-2 数字激光器的工作原理图[12]

SLM—空间光调制器;BW—布儒斯特窗;HR—高反镜;LD—半导体光束;OC—输出耦合镜。

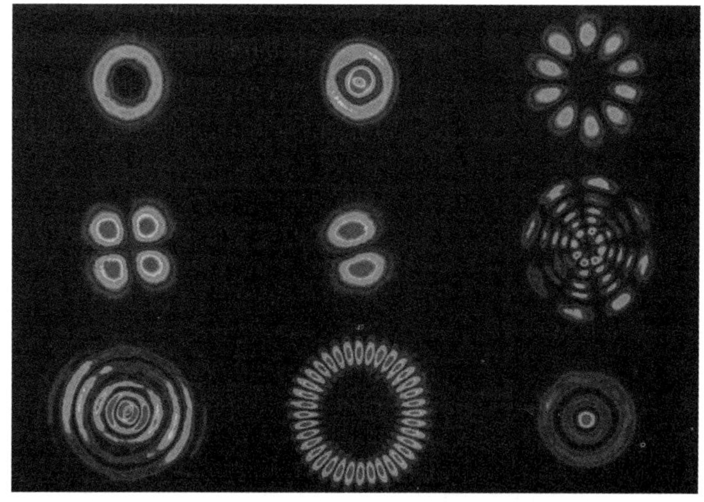

图 3-3 数字激光器输出的多种光束[12]

以较容易地获得涡旋光束。该激光器的缺点是效率很低,其原因是空间光调制器引入了较大的腔内损耗。

3.3.2 腔外转换法

由于腔内选模法的损耗大、效率低,在输出功率较高时不易获得稳定输出的涡旋光束,也不易产生高阶次的涡旋光束,因此人们通常采用腔外转换的方法生成涡旋光束。

目前国内外报道的通过腔外转换法产生涡旋光束的方法主要包括模式转换器法、螺旋相位片法和全息光栅法等。

3.3.2.1 模式转换器法

模式转换器法的工作原理是:首先使激光器输出厄米-高斯光束(例如可通过半导体激光器离轴泵浦的固体激光器生成厄米-高斯光束),然后利用一个特殊设计的光学系统将入射的厄米-高斯光束转换成拉盖尔-高斯光束,就可获得涡旋光束。用于将厄米-高斯光束转换成拉盖尔-高斯光束的光学系统称为模式转换器。入射的厄米-高斯光束经过模式变换器后,其 Gouy 相位会产生 $\pi/2$ 的变化,因此这种模式转换器也称为“$\pi/2$ 模式转换器”。

图 3-4 是一种可将入射的厄米-高斯光束变为拉盖尔-高斯光束的模式变换器[13],该模式变换器采用了两个柱透镜构成 $\pi/2$ 转换器,当输入光束的特征参数与柱面镜的焦距之间满足特定的关系时,该柱面光学系统可将入射的高阶厄米-高斯光束变换成拉盖尔-高斯光束(涡旋光束)。

图3-5是另一种模式变换器[14]，该模式变换器由三个焦距分别是$f/2$，f，$f/2$的柱面镜C_1，C_2，C_3构成，柱面镜C_1，C_3的光轴平行，柱面镜C_2的光轴与柱面镜C_1，C_3的光轴垂直，三个柱面镜之间的间距都是$f/2$。输入光束的x轴相对于第一个柱面镜C_1的光轴旋转45°。

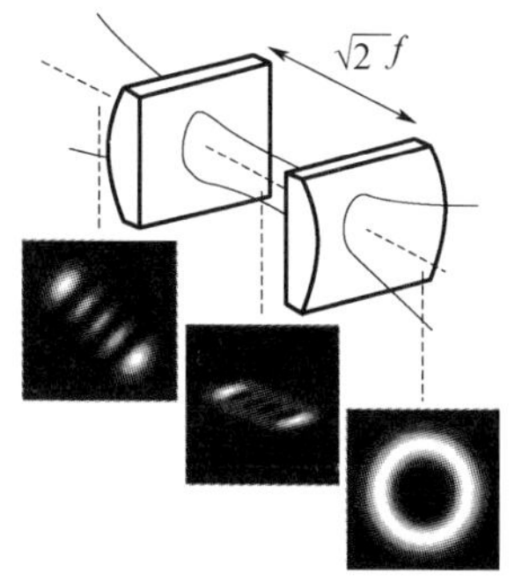

图3-4　由两个柱面镜构成的模式转换器示意图

下面以三柱面镜系统为例具体分析模式变换器如何将厄米-高斯光束变成拉盖尔-高斯光束。假定输入光场表示为$E_{in}(x_1,y_1)$，$E_{out}(x_2,y_2)$表示在柱面光学系统后的输出光场，当输入光束传输通过三柱面镜系统后，输出光束的光场可用Collins积分公式计算[15]：

$$E_{out}(x_2,y_2)=\sqrt{\frac{-ik}{2\pi f}}\iint E_{in}(x_1,y_1)\,e^{-\frac{ik}{f\sqrt{2}}x_2(x_1+y_1)}\,\delta\left(y_2+\frac{1}{\sqrt{2}}(-x_1+y_1)\right)dx_1dy_1 \tag{3-29}$$

式中：f为柱面镜C_2的焦距。

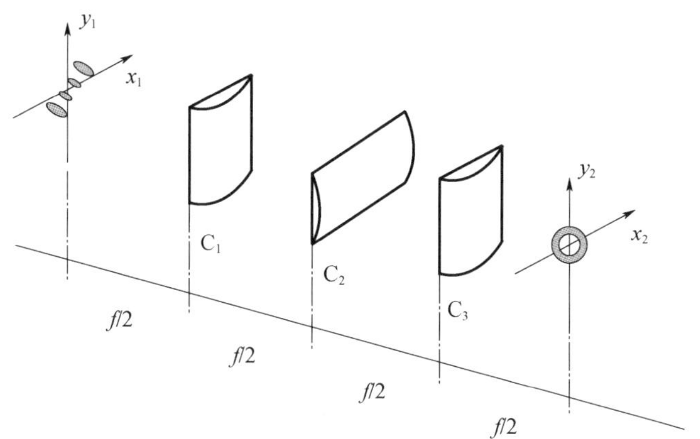

图3-5　用于生成涡旋光束的三柱面光学系统示意图

为了生成涡旋光束，输入光束应为厄米-高斯光束（$TEM_{l,0}$），其光场函数可写成（在束腰位置）

$$E_{in}(x_1,y_1)=\sqrt{\frac{2}{\pi}}\cdot\frac{E_0}{\sqrt{2^l l!}\,w_0}H_l\left(\frac{\sqrt{2}x_1}{w_0}\right)e^{-\frac{x_1^2+y_1^2}{w_0^2}},\quad l\geqslant 1 \tag{3-30}$$

式中：$H_l(x)$是阶数为l的厄米多项式；w_0是基模高斯光束的束腰半径；E_0是表示振幅常数。选取柱面镜的焦距，使其与输入的厄米-高斯光束的瑞利长度z_{Rx}，z_{Ry}匹配：

$$f = z_{Rx} = z_{Ry} = \pi w_0^2/\lambda \tag{3-31}$$

将式(3－31)代入式(3－29),可得

$$E_{\text{out}} = \frac{1}{w_0}\sqrt{\frac{-\mathrm{i}}{\pi}}\iint E_{\text{in}}(x_1, y_1)\,\mathrm{e}^{-\frac{\mathrm{i}\sqrt{2}}{w_0^2}x_2(x_1+y_1)}\,\delta\left\{y_2 + \frac{1}{\sqrt{2}}(-x_1 + y_1)\right\}\mathrm{d}x_1\mathrm{d}y_1 \tag{3-32}$$

将式(3－30)代入式(3－32)并利用以下积分公式[16]

$$\int_{-\infty}^{\infty}\mathrm{H}_l(\alpha x)\,\mathrm{e}^{-(x-\beta)^2}\mathrm{d}x = \sqrt{\pi}\left(\sqrt{1-\alpha^2}\right)^l\mathrm{H}_l\left(\frac{\alpha}{\sqrt{1-\alpha^2}}\beta\right) = \sqrt{\pi}\,(2\beta)^l \tag{3-33}$$

可以得出输出光束的光场。在柱面镜 C_3 的焦面位置输出光场为

$$E_{\text{out}}(x_2, y_2) = \frac{E_0}{w_0}\sqrt{\frac{-\mathrm{i}}{\pi}} \times \frac{2^{l/2}}{\sqrt{l!}}\left(\frac{\mathrm{i}x_2 - y_2}{w_0}\right)^l \mathrm{e}^{-\frac{x_2^2+y_2^2}{w_0^2}} \tag{3-34}$$

在极坐标系中,式(3－34)可写为

$$E_{\text{out}}(r_2, \Phi_2) = \frac{E_0}{w_0}\sqrt{\frac{-\mathrm{i}}{\pi l!}} \cdot \left(\frac{\sqrt{2}\,\mathrm{i}r_2}{w_0}\right)^l \mathrm{e}^{-\frac{r_2^2}{w_0^2}}\mathrm{e}^{-\mathrm{i}l\Phi_2} \tag{3-35}$$

式中

$$r_2^2 = x_2^2 + y_2^2,\ \Phi_2 = \arctan(y_2/x_2) \tag{3-36}$$

输出光束的光强为

$$I_{\text{out}}(r_2, \Phi_2) = E_{\text{out}} \times E_{\text{out}}^* = \frac{I_0 2^l}{w_0^2 \pi l!}\left(\frac{r_2^2}{w_0^2}\right)^l \mathrm{e}^{-\frac{2r_2^2}{w_0^2}} \tag{3-37}$$

式中:$I_0 = E_0 \cdot E_0^*$。从式(3－37)可以看出输出光束是具有环形光强分布的光场,该环形光束的半径由下式确定:

$$r_2/w_0 = \sqrt{l/2} \tag{3-38}$$

光束半径正比于基模高斯光束的束腰半径,以及模阶次的开方,在光束中心的光强是零。

图 3－6 给出了模式变换时输入光束和产生的涡旋光束的光强及相位情况。图 3－6(a)和图 3－6(b)分别表示输入的厄米－高斯光束的强度分布和从式(3－35)计算得出的输出涡旋光束的光强分布。输出光束是具有模阶次 0,l 的拉盖尔－高斯光束,其相位分布如图 3－6(c)和图 3－6(d)所示。涡旋光束具有螺旋相位,其相位变化是 $2l\pi$。图 3－6(c)表示涡旋光束的 $2l\pi$ 相位变化,每个白－黑的变化表示相位变化是 2π。图 3－6 (d)是用干涉图表示输出光束的螺旋相位,干涉图是通过计算涡旋光束与相同频率的平面波的干涉得到的。

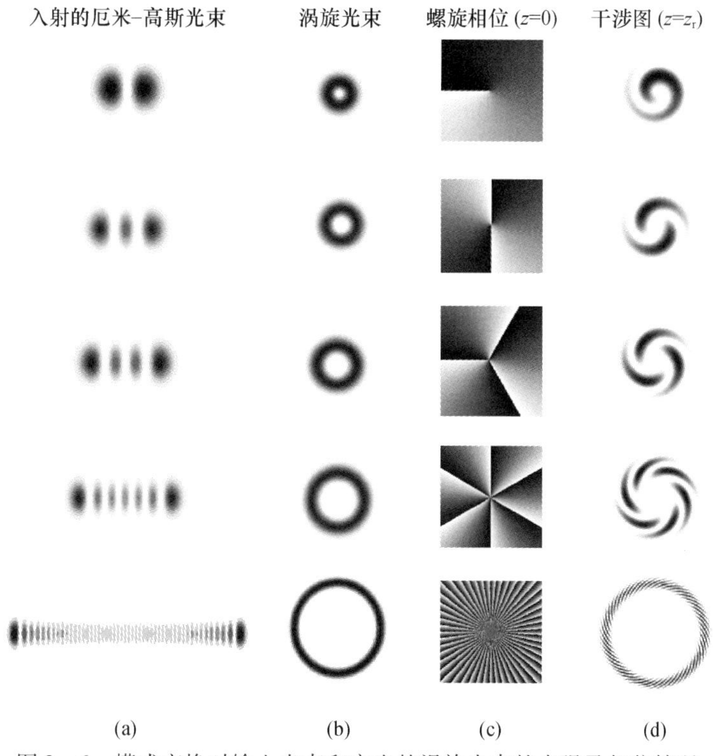

图3-6 模式变换时输入光束和产生的涡旋光束的光强及相位情况
(a) 输入的厄米-高斯模的光强分布;(b) 输出的涡旋光束的光强分布;
(c) 涡旋光束的相位;(d) 涡旋光束和同频率的平面波的干涉图。

3.3.2.2 全息光栅法

全息光栅法是一种利用平面光波照射全息光栅生成涡旋光束的方法,这种方法实现起来比较简单,是一种常用的生成涡旋光束的方法[17,18]。图3-7所示是利用全息光栅生成涡旋光束的实例。使一基模高斯光束照射到如图3-7所示的全息光栅上,入射光经过全息光束后发生衍射,其衍射光束是涡旋光束,涡旋光束的阶次由衍射级数和全息光栅中心的叉指数目决定。由于全息光栅具有叉状结构,因此也称为叉状光栅。如图3-7(a)为中心带有一个位错的叉状光栅,高斯光束照射下,在远场主要分布着三束衍射光,其中1级衍射是LG_{01}模,-1级是LG_{0-1}模,零级仍然是基模。图3-7(d)为中心横行带有一个位错、纵向带有三个位错的复合叉状光栅,它可以同时生成多束具有不同轨道角动量的涡旋光束。

在利用全息光栅法生成涡旋光束时,全息光栅的制作是关键。常用的全息光栅制作方法有两种:一种方法是利用平面波和拉盖尔-高斯光束干涉制作全息光栅;另一种方法是利用计算机生成全息图的方法(Computer Generating Hologram,CGH)制作所需的衍射光栅图样。

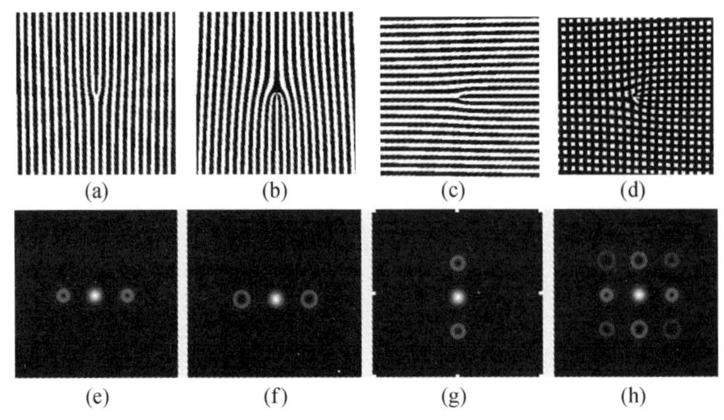

图 3-7　二元振幅光栅的衍射图及其生成的涡旋光束

(a) 水平的一叉光栅；(b) 倒置的水平两叉光栅；(c) 竖直的一叉光栅；(d) 水平的一叉竖直三叉光栅；(e)、(f)、(g)、(h) 高斯光束照射光栅后的远场光强分布。

利用干涉制作全息光栅的原理可以用干涉生成全息图的过程来解释，如图 3-8 所示[18,19]。分析两个光束 E_1 和 E_2 的干涉，假定 E_1 是单位幅度的均匀平面波，其光场形式如下：

$$E_1 = \mathrm{e}^{\mathrm{i}k_x x + \mathrm{i}k_z z} = \mathrm{e}^{\mathrm{i}kx\sin\theta + \mathrm{i}kz\cos\theta} \tag{3-39}$$

式中：θ 为平面波传播方向与参考方向（z 向）之间的夹角。

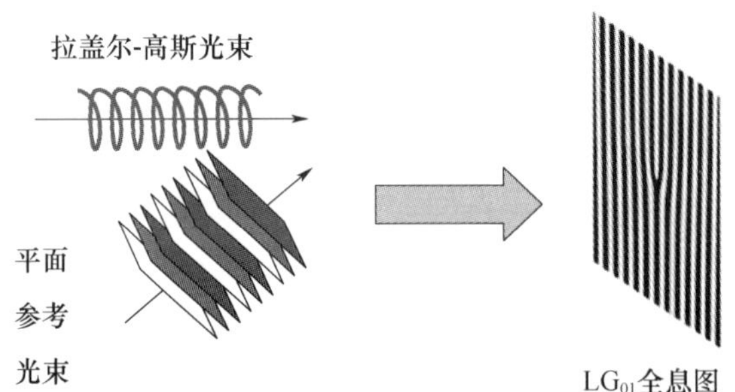

图 3-8　全息光栅的生成原理图

假定 E_2 是沿着 z 向传播的一束拉盖尔-高斯光束，其束腰位于 $z=0$ 处，横向光场分布为

$$E_2 = \mathrm{e}^{\frac{ikr^2}{2R} - \frac{r^2}{w^2} - \mathrm{i}(2p+l+1)\psi} \mathrm{e}^{il\Phi}(-1)^p \left(\frac{r}{w}\right)^{\frac{1}{2}} \mathrm{L}_p^l\left(\frac{2r^2}{w^2}\right) \tag{3-40}$$

式中：w 为光束半径；R 为波前曲率半径；ψ 为 Gouy 相位。它们分别满足如下传输规律：

$$w^2(z) = w_0^2(1 + z^2/z_R^2) \tag{3-41}$$

$$R(z) = z + z_R^2/z \tag{3-42}$$

$$\psi(z) = \arctan(z/z_R) \tag{3-43}$$

式中：z_R为入射光束的瑞利长度，$z_R=\pi w_0^2/\lambda$；w_0为光束的束腰半径。两束光E_1与E_2的干涉场的强度分布为

$$\begin{aligned}I&=(E_1+E_2)(E_1+E_2)^*\\&=2+2(-1)^p\left(\frac{r}{w}\right)\mathrm{L}_p^l\left(\frac{2r^2}{w^2}\right)\mathrm{e}^{-\frac{r^2}{w^2}}\cos[\varphi(r,\Phi,z)]\end{aligned}\quad(3-44)$$

当两束光束非同轴入射，即平面波E_1传输方向与L-G光束E_2传输方向的夹角θ不为零时，在$z=0$处干涉场的相位分布为

$$\varphi(r,\Phi,z)=-l\Phi+\frac{kr^2}{2R}+(2p+l+1)\psi+kx\sin\theta+kz\cos\theta\quad(3-45)$$

根据干涉得到的相位结构可以生成全息光栅。

3.3.2.3 振幅型光栅

用函数$a(\varphi(r,\Phi,z))$表示光栅图样的透射率随相位$\varphi(r,\Phi,z)$的分布函数。对$a(\varphi)$做如下式所示的二值振幅化处理，可以得到二元振幅型光栅

$$a(\varphi)=\begin{cases}1, & \mathrm{mod}(\varphi,2\pi)\leqslant\pi\\0, & 其他\end{cases}\quad(3-46)$$

式中：mod(a,b)表示a对b取余的函数。

对$a(\varphi)$做如下式所示的灰度振幅化处理，可以得到灰度振幅型光栅。

$$a(\varphi)=\frac{1+\cos(\varphi)}{2}\quad(3-47)$$

当两束光束同轴入射，即平面波E_1也沿z轴入射时$(\theta=0)$，干涉场的强度分布呈螺旋状，如图3-9(a)所示。当两束光束非同轴入射，即平面波E_1在与z方向有θ角的夹角时，考虑在面$z=0$处的干涉，式(3-46)可以简化为

$$\varphi(r,\Phi,z)=-l\Phi+kx\sin\theta\quad(3-48)$$

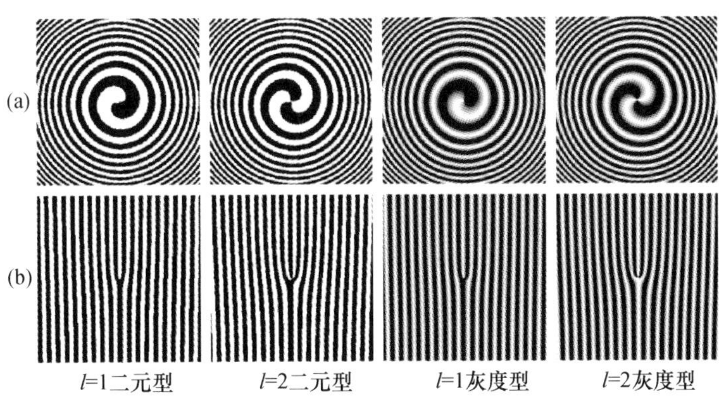

图3-9 产生涡旋光束的振幅型光栅图样

(a) 两束光同轴条件下的螺旋形光栅；(b) 两束光不同轴条件下的叉状光栅。

此时干涉场的相位分布是一个中心有 l 个位错的叉状光栅，如图 3－9 所示。图 3－9 中从左到右的四列分别对应 $l=1$ 二元型、$l=2$ 二元型、$l=1$ 灰度型和 $l=2$ 灰度型光栅。图 3－10 是用激光刻蚀生成的二元振幅型光栅实物图。

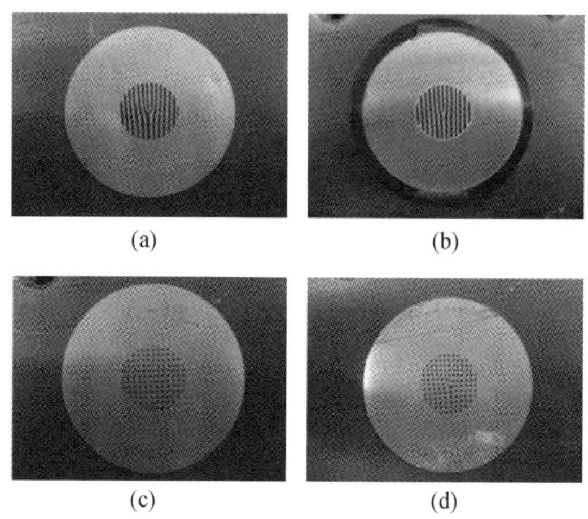

图 3－10　用激光刻蚀生成的二元振幅型光栅实物图

（a）两叉的叉状光栅，光栅常数为 0.8mm；（b）一叉的叉状光栅，光栅常数为 0.8mm；（c）水平方向一叉竖直方向零叉的复合光栅，光栅常数为 0.4mm；（d）水平方向三叉竖直方向一叉的复合光栅，光栅常数为 0.4mm。

3.3.2.4　相位型光栅

振幅型光栅可以方便地用于生成螺旋光，但是其衍射效率比较低，能量损耗较大。为了解决这个问题，可以采用纯相位型光栅。考虑非同轴条件下的入射，干涉场的相位分布为 $\varphi(r,\Phi,z)=-l\Phi+kx\sin\theta$。用 $h(\varphi)$ 表示由相位分布 $\varphi(r,\Phi,z)$ 确定的相位光栅传输函数，并写成

$$h(\varphi(r,\Phi,z))=\mathrm{e}^{-\mathrm{i}a[\mathrm{mod}(l\Phi-kx\sin\theta,2\pi)]} \tag{3-49}$$

式中：函数 $a(\varphi)$ 为相位的修正函数；相位光栅传输函数 $h(\varphi)$ 是一个幅度为 l 的相位项，对入射光场仅有相位的变化。图 3－11 是中心一个位错的相位连续型

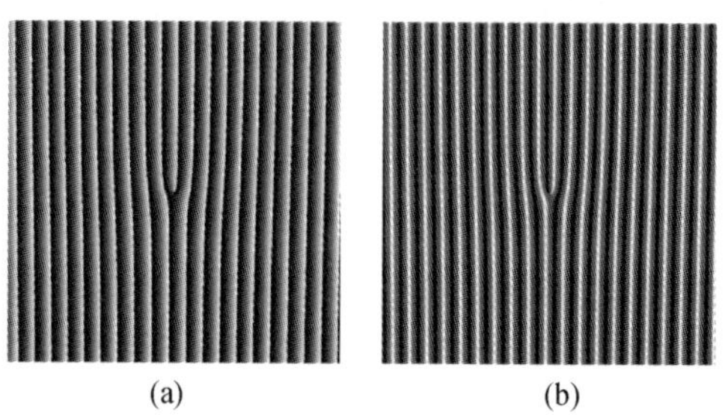

图 3－11　中心一个位错的相位连续型纯相位光栅

（a）相位分布函数 φ；（b）经过最小二乘法优化的相位分布函数 $h(\varphi)$。

纯相位光栅,图3-11(a)是式(3-49)决定的相位分布,图3-11(b)是经过最小二乘法优化的相位分布函数 $a(\varphi)$。

当基模高斯光入射到全息光栅后,其远场衍射场中各衍射级将生成携带轨道角动量的涡旋光束,如图3-12所示。

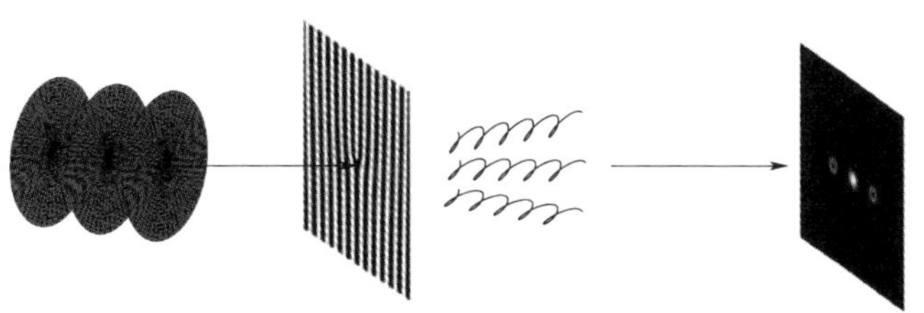

图3-12 利用二元振幅型光栅生成涡旋光束的实验装置示意图

3.3.2.5 螺旋相位片法

螺旋相位片法[20]是一种最直接明显的产生涡旋光束的方法,其工作原理如下:使一束平面波通过一块具有螺旋表面的光学元件,其中螺旋表面光学元件的厚度随着方位角 Φ 的不同而变化,$s = l\Phi\lambda/2\pi(n-1)$,$\lambda$ 为波数,n 为介质的折射率,l 为轨道角量子数,如图3-13所示。当平面波通过螺旋相位片后,相当于一个能够产生螺旋形相位延迟的元件给平面波前"嵌入"螺旋形波前,且在光束中心引入相位奇点。由于螺旋相位片在光束的中心引入相位奇点,因此会得到输出光强分布是环形的涡旋光束。

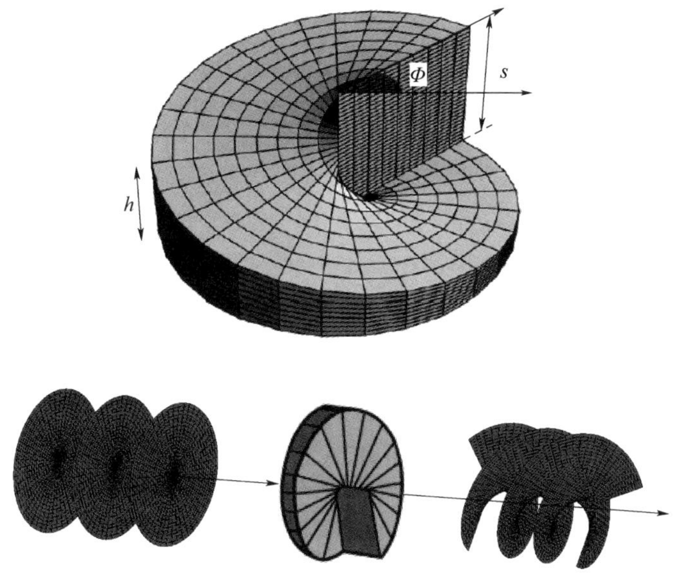

图3-13 螺旋相位片相位分布结构图

螺旋相位片法的优点在于能够以较高的转换效率产生高阶相位奇点,但是螺旋相位片要求的加工精度很高,制作困难,因为在光学波段要严格满足 $s = l\Phi\lambda/2\pi(n-1)$ 的厚度要求难度很大。

3.3.2.6 利用空间光调制器生成涡旋光束

空间光调制器(SLM)作为一种构成实时光学信息处理、光计算和光学神经网络等系统的器件,可以在随时间变化的驱动信号控制下或在空间光强分布的作用下改变空间上光分布的相位、偏振、振幅(或强度)等,即可以实现实时光学调制。

按照读出光的方式不同,空间光调制器可分为反射式和透射式。输入光和输出光在 SLM 同侧时为反射式 SLM。使用偏振分束器使输入光和输出光分离。输入光和输出光在器件两侧时为透射式 SLM,可以替代透明片来使用。按照调制参量不同,SLM 可以分为振幅型、相位型和混合型。只对光的强度进行调制的就是振幅型 SLM,只对相位进行调制的就是相位型 SLM。一般情况下,实际效果既带有振幅调制又带有相位调制,也就是混合型调制器。

利用空间光调制器可以很方便地生成全息光栅,也可以生成螺旋相位片,因此空间调制器已成为生成涡旋光束的重要工具。图 3-14 给出了液晶空间光调制器及用其生成的涡旋光束实验结果图。其中,图 3-14(a)是常见的液晶空间光调制器,图 3-14(b)是液晶空间光调制器加载相位型光栅生成的涡旋光束的阵列图。图 3-14(b)左图是贝塞尔光束阵列图,右图是拉盖尔高斯光束阵列图,图中标明了每个涡旋光束的阶数。

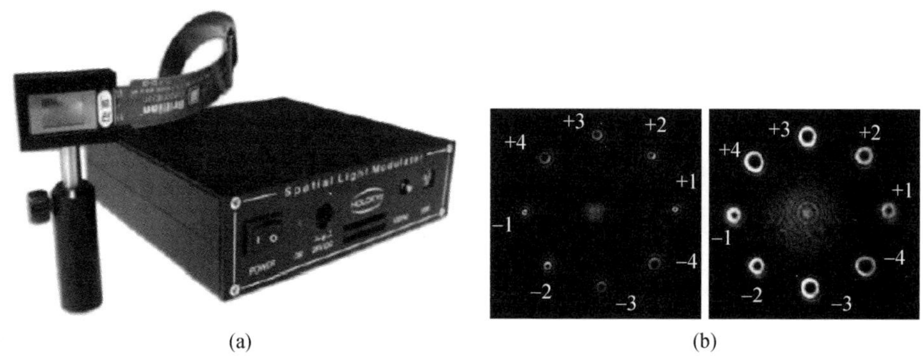

图 3-14 液晶空间光调制器及用其生成的涡旋光束实验结果图

3.4 涡旋光束的测量方法

在测量涡旋光束时,人们除了测量光束的束宽、发散角等光束参数外,一个

很重要的测量内容是螺旋相位或光束的轨道角动量的测量。目前，已经报道的主要测量方法包括利用机械作用产生扭矩测量、利用二阶强度矩测量、利用衍射光栅测量[21-26]、利用 Mach - Zehnder 干涉仪测量等。

3.4.1 扭矩测量法

扭矩测量法[27,28]是通过涡旋光束在传递过程中，其所携带的轨道角动量导致的机械旋转来测量的。图 3-15 是一个典型的测量装置，该系统是由一个柱面棱镜、反射镜 M_1、全反射镜 M_2、固定矩形支架和悬垂细线组成，其中柱面棱镜与全反射镜 M_2 由矩形支架固定在一起，并由细线悬挂起来，反射镜 M_1 通过外部结构固定。入射的厄米-高斯光束从下方入射到柱面棱镜，经过特定距离由 M_1 镜面反射回来，再通过柱面棱镜，从而形成携带轨道角动量的涡旋光束。由于涡旋光束携带的轨道角动量在光束传输过程中守恒，故导致柱面棱镜会发生轻微扭转，从而引起全反射镜 M_2 一同发生扭转，反射角发生的变化对应相应扭矩的变化，通过力学关系的推导，可以计算出拉盖尔-高斯光束螺旋相位。

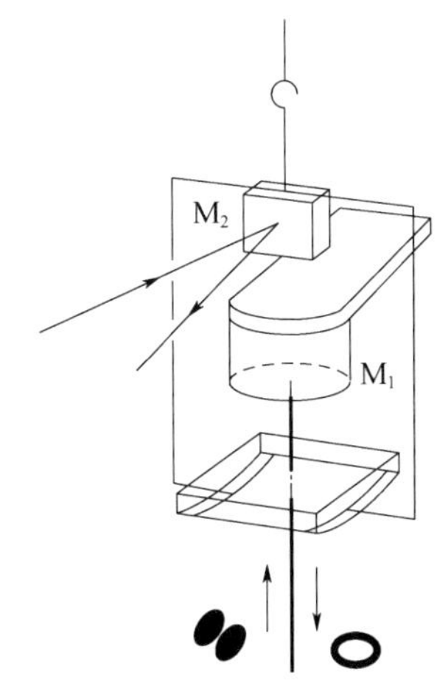

图 3-15 扭矩法测量螺旋相位装置图

3.4.2 光强二阶矩测量法

第 2 章中已经讨论过，光束可以用光强二阶矩表征[29]。在一般情况下任意光束最多可有 10 个独立的光强二阶矩参数，它们可用一个 4×4 的矩阵 $\boldsymbol{V}$ 表示：

$$\boldsymbol{V}=\begin{bmatrix}\langle x^2\rangle & \langle xy\rangle & \langle x\theta_x\rangle & \langle x\theta_y\rangle \\ \langle xy\rangle & \langle y^2\rangle & \langle y\theta_x\rangle & \langle y\theta_x\rangle \\ \langle x\theta_x\rangle & \langle y\theta_x\rangle & \langle \theta_x^2\rangle & \langle \theta_x\theta_y\rangle \\ \langle x\theta_y\rangle & \langle y\theta_y\rangle & \langle \theta_x\theta_y\rangle & \langle \theta_y^2\rangle\end{bmatrix} \tag{3-50}$$

式中：$(\langle x\theta_y\rangle-\langle y\theta_x\rangle)$是与光束的螺旋相位相关的项，光束的轨道角动量和光束的二阶强度矩满足关系 $J_{z,L}=(P/c)(\langle x\theta_y\rangle-\langle y\theta_x\rangle)$。测量$(\langle x\theta_y\rangle-\langle y\theta_x\rangle)$的实验装置如图 3-16 所示。

测量过程分以下几步：

(1) 首先任意选择一个参考面，并测量在此参考面处的二阶矩$\langle xy_{\text{ref}}\rangle$：

$$\langle xy\rangle=\frac{1}{P}\iint xyI(x,y,z)\mathrm{d}x\mathrm{d}y \tag{3-51}$$

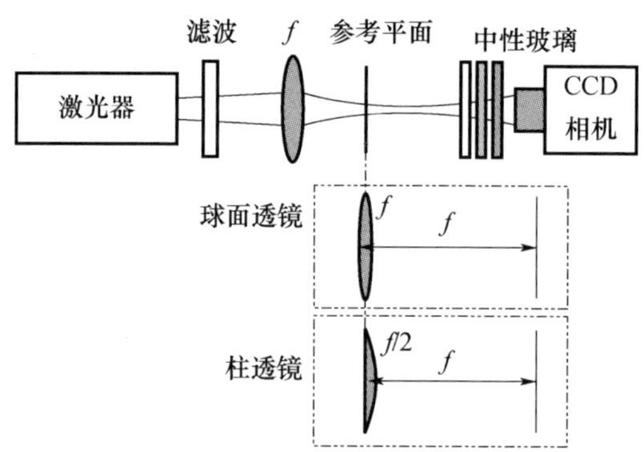

图 3-16　利用光强二阶矩测量涡旋相位的原理图

式中：P 为光束的功率；$I(x,y,z)$ 为被测面位置的光强分布。

(2) 在参考面上放置一个焦距是 f 的透镜，在该透镜的焦平面处测量二阶矩 $\langle xy_{\mathrm{sph}}\rangle$，$\langle xy_{\mathrm{sph}}\rangle$ 与原始光束的交叉矩 $\langle \theta_x\theta_y\rangle_{\mathrm{ref}}$ 之间有如下关系：

$$\langle xy_{\mathrm{sph}}\rangle = f^2 \cdot \langle \theta_x\theta_y\rangle_{\mathrm{ref}} \tag{3-52}$$

(3) 在完成步骤(2)后，将球面透镜用一个焦距是 $f/2$ 的柱面镜代替，并测量光束在平面 $z=f$ 处的交叉矩 $\langle xy_{\mathrm{cyl}}\rangle$。$\langle xy_{\mathrm{cyl}}\rangle$ 与初始光束的二阶矩之间满足如下关系：

$$\langle xy_{\mathrm{cyl}}\rangle = -\langle xy_{\mathrm{ref}}\rangle + f\cdot\langle y\theta_{x1}\rangle - f\cdot\langle x\theta_{y1}\rangle + f^2\langle \theta_x\theta_y\rangle_{\mathrm{ref}} \tag{3-53}$$

根据式(3-53)，$\langle y\theta_{x1}\rangle - \langle x\theta_{y1}\rangle$ 可由下式确定：

$$\langle y\theta_{x1}\rangle - \langle x\theta_{y1}\rangle = \frac{1}{f}\cdot(\langle xy_{\mathrm{cyl}}\rangle - \langle xy_{\mathrm{sph}}\rangle + \langle xy_{\mathrm{ref}}\rangle) \tag{3-54}$$

3.4.3　利用全息光栅法测量光束的螺旋相位

利用全息光栅法测量光束的螺旋，是利用全息光栅生成涡旋光束的逆过程。一束角量子数为 l_0 的涡旋光束入射到衍射全息光栅后，其远场衍射场对应于每个衍射级 n，其轨道角量子数变为 l_0+nl，n 为衍射级次，l 代表衍射光栅的中心畸变数。特别地，如果采用衍射光栅的中心位错数与入射光的角量子数 l_0 匹配，即可以使得 $l_0-nl=0$，则总能使某一特定的衍射级发生退化，得到角量子数为零的光束，此光束的中心不再存在相位奇点，也就不为暗斑，而是一个亮点，如图 3-17 所示。根据远场衍射图样中亮点出现的位置及检测光栅的中心位错情况，可以得出入射光束的轨道角动量态及其对应的螺旋相位。

图 3-18 是以二元振幅光栅为例进行的相关实验验证。采用中心横向 1 个位错、纵向 3 个位错的二元振幅复合叉状光栅，测量了几种涡旋光束的螺旋相位及轨道角动量，测量结果如图 3-18 所示。

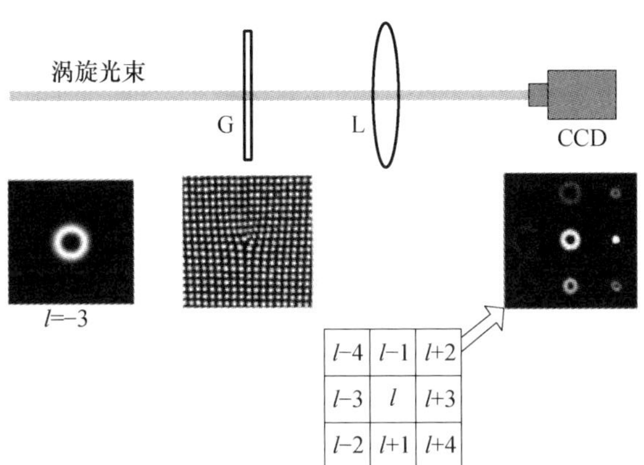

图 3-17 利用衍射光栅测量涡旋光束的实验装置示意图

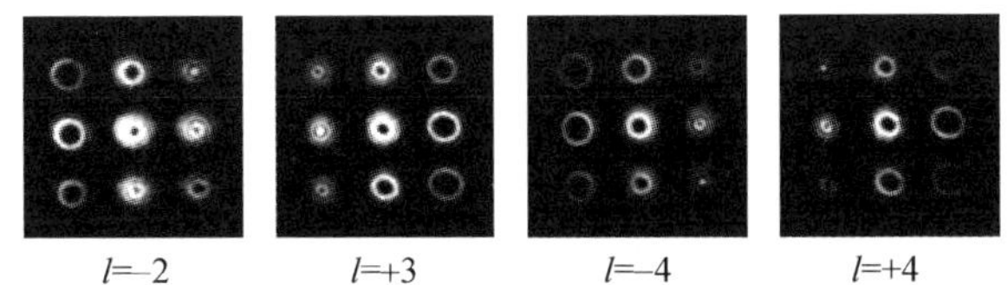

图 3-18 利用光栅测量涡旋光束实验结果

3.4.4 利用 Mach-Zehnder 干涉仪进行测量

各种干涉仪也是人们常用的检测光场相位的重要方法。图 3-19 所示是利用两臂带有 Dove 棱镜的 Mach-Zehnder 干涉仪(简称 M-Z 干涉仪)检测涡旋光束[30,31]的实验装置示意图,该系统可测量入射光束的轨道角动量态。图 3-19 中坐标系 z 轴始终沿光束传播方向,x 轴和 y 轴分别垂直和平行于纸面。两块分光比为 50∶50 的分光平片 S_1,S_2 与两块 45°全反射镜 R_1,R_2 的四个镜面相互平行。Dove 棱镜 D_1 相对于 Dove 棱镜 D_2 旋转过 $\pi/2$ 的角度,这意味着光束传输经过 Dove 棱镜 D_2 时垂直于 z 轴截面内的光场分布将相对 x 轴翻转,而相同的光束传输经过 Dove 棱镜 D_1 时垂直于 z 轴截面内的光场分布将相对 x 轴翻转并且旋转过 π 的角度。由于角量子数为 l 的涡旋光束包含相位因子 $e^{-il\Phi}$,该涡旋光束传输经过 Dove 棱镜 D_2 时螺旋相位因子变为 $e^{-il(-\Phi)}$,而传输经过 Dove 棱镜 D_1 时螺旋相位因子变为 $e^{-il(\pi-\Phi)}$,显然,相同角量子数 l 的涡旋光束分别传输经过 Dove 棱镜 D_1 和 D_2 时将产生 $l\pi$ 的相位差。

图 3-20 是利用 M-Z 干涉仪测量涡旋光束的实验结果示意图。当入射涡旋光束角量子数为 -2 和 +4 时,经过 M-Z 干涉仪后光束能量主要从 CCD_1 端口输出;当入射螺旋光束角量子数为 +1 和 -3 时,经过 M-Z 干涉仪后光束能

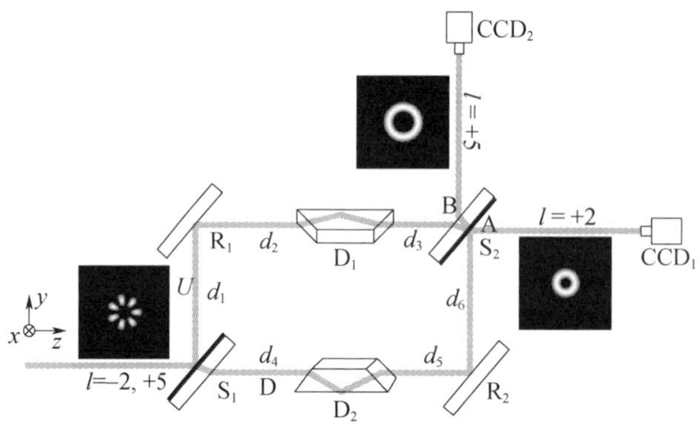

图 3 – 19 利用 M – Z 干涉仪测量涡旋光束实验系统原理图

S_1, S_2—分光平片;R_1, R_2—45°全反射镜;D_1, D_2—Dove 棱镜。

量主要从 CCD_2 端口输出。也即,采用两臂带有 Dove 棱镜的 M – Z 干涉仪分离出了角量子数为奇数和偶数的涡旋光束。

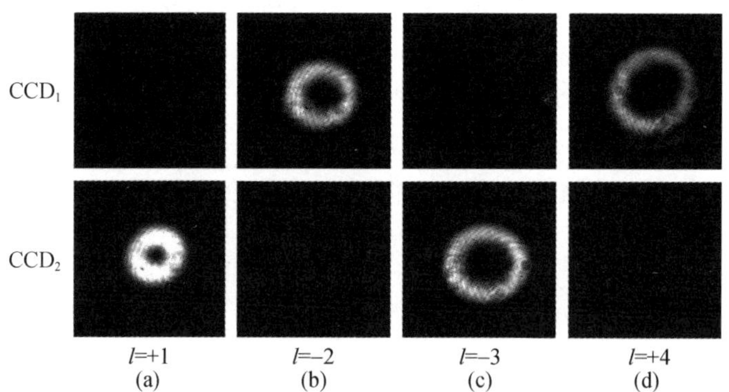

图 3 – 20 利用 M – Z 干涉仪测量涡旋光束的实验结果

3.4.5 利用周期渐变光栅进行测量

最近,研究人员提出了一种用周期渐变光栅测量涡旋光束的轨道角动量态的方法[32]。图 3 – 21 给出了利用周期渐变光栅测量涡旋光束的轨道角动量态的实验系统图及仿真结果。图 3 – 21(a)为实验系统示意图,其中周期渐变光栅的透过率函数可以表示为

$$t(x,y)=\begin{cases}1, \cos[2\pi(f_0+ny)x]\geqslant 0\\0, \cos[2\pi(f_0+ny)x]<0\end{cases} \tag{3-55}$$

式中:f_0为光栅的空间频率;n 为周期渐变光栅的变化因子,即代表了光栅周期的变化速率。所用周期渐变光栅示意图如图 3 – 21(b)所示。当轨道角动量态为 l

的涡旋光束入射通过周期渐变光栅后，在焦平面处的衍射光强分布与入射涡旋光束的轨道角动量态密切相关。首先，+1，-1 级次的衍射光斑节线方向与入射涡旋光束轨道角动量态的阶数的正负有关。当入射轨道角动量态的阶数为正数时，+1 级次的衍射光斑节线方向为水平方向，-1 级次的衍射光斑节线方向为竖直方向；当入射轨道角动量态的阶数为负数时，+1 级次的衍射光斑节线方向为竖直方向，-1 级次的衍射光斑节线方向为水平方向。因此，观察 +1，-1 级次的衍射光斑的节线方向，就可以测量出入射涡旋光束的轨道角动量态的阶数的正负。其次，一级衍射光斑的节线数与入射涡旋光束的轨道角动量态的阶数的大小有关。当入射涡旋光束的轨道量态的阶数为 +1 时，一级衍射级次的节线数均为 1；当入射涡旋光束的轨道角动量态的阶数为 -5 时，一级衍射级次的节线数均为 5。因此，观察一级衍射级次的节线数，就可以测量出入射涡旋光束的轨道角动量态的阶数的大小。利用该系统测量涡旋光束的轨道角动量态的实验仿真结果如图 3-21(c)所示，第一行为 +1 阶、+3 阶的涡旋光束通过光栅的衍射光场，第二行为 -2 阶、-4 阶的涡旋光束通过光栅的衍射光场。

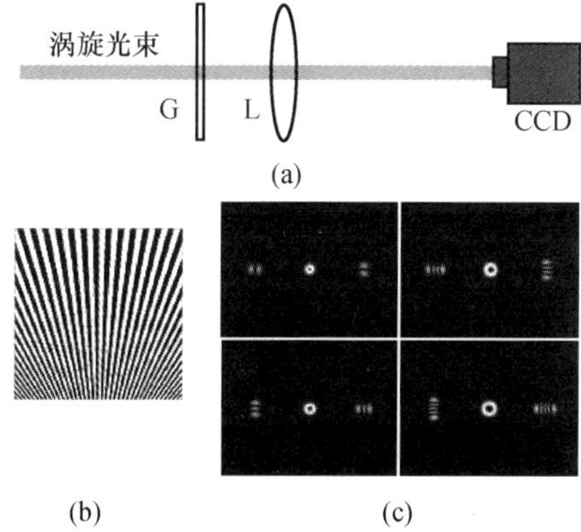

图 3-21 利用周期渐变光栅测量涡旋光束的轨道角动量态的实验系统图及仿真结果

参考文献

[1] Allen L, Beijersbergen M W, Spreeuw R J C, et al. Orbital angular-momentum of light and the transformation of Laguerre-Gaussian laser modes[J]. Phys. Rev. A, 1992, 45(11): 8185-8189.

[2] Yao A M, Padgett M J. Orbital angular momentum: origins, behavior and applications[J]. Adv. Opt. Photonics, 2011, 3(2): 161-204.

[3] Simpson N B, Dholakia K, Allen L, et al. Mechanical equivalence of spin and orbital angular momentum of light: an optical spanner[J]. Opt. Lett., 1997, 22(1): 52-54.

[4] Gao Chunqing, Gao Mingwei, Weber H. Generation and application of twisted hollow beams[J]. Optik, 2004, 115(3): 129-132.

[5] Gibson G, Courtial J, Padgett M J, et al. Free - space information transfer using light beams carrying orbital angular momentum[J]. Opt. Express, 2004, 12(22): 5448 - 5456.

[6] Wang Jian, Yang Jeng - Yuan, Fazal I M, et al. Terabit free - space data transmission employing orbital angular momentum multiplexing[J]. Nature Photon., 2012, 6(7): 488 - 496.

[7] Gao Chunqing, Wei Guanghui, Weber H. Orbital angular momentum of the laser beam and the second order intensity moments[J]. Sci. China Ser. A: Math., 2000, 43(12): 1306 - 1311.

[8] Jackson J D. Classical Electrodynamics[M]. New York: John Wiley& Sons. 1962, Inc.

[9] Weber H. Propagation of higher - order intensity moments in quadratic - index media[J]. Opt. Quantum Electron., 1992, 24(9): S1027 - S1049.

[10] Tamm C. Frequency locking of two transverse optical modes of a laser[J]. Phys. Rev. A, 1988, 38(11): 5960 - 5963.

[11] Tamm C, Weiss C O. Bistability and optical switching of spatial patterns in a laser[J]. J. Opt. Soc. Am. B, 1990, 7(6): 1034 - 1038.

[12] Ngcobo S, Litvin I, Burger L, et al. A digital laser for on - demand laser modes[J]. Nat. Commun., 2013, 4: 1 - 6.

[13] Beijersbergen M W, Allen L, Van der Veen HELO, et al. Astigmatic laser mode converters and transfer of orbital angular momentum[J]. Opt. Commun., 1993, 96(1): 123 - 132.

[14] Gao Chun - Qing, Wei Guang - Hui, Weber H. Generation of the stigmatic beam with orbital angular momentum[J]. Chin. Phys. Lett., 2001, 18(6): 771 - 773.

[15] Collins S A Jr. Lens - system diffraction integral written in terms of matrix optics[J]. J. Opt. Soc. Am., 1970, 60(9): 1168 - 1177.

[16] Gradshteyn V, RYZHIK I M. Table of Integrals, Series, and Products. [M] Academic Press. Inc., San Diego, 1980: 1147.

[17] Heckenberg N R, McDuff R, Smith C P, et al. Generation of optical phase singularities by computer - generated holograms[J]. Opt. Lett., 1992, 17(3): 221 - 223.

[18] 李丰,高春清,刘义东,等. 利用振幅光栅生成拉盖尔 - 高斯光束的实验研究[J]. 物理学报,2008,57(2):860 - 866.

[19] 刘义东. 光束轨道角动量及其信息传输的应用基础的研究. [D] 北京理工大学博士论文,2008.

[20] Lee W M, Yuan X - C, Cheong W C. Optical vortex beam shaping by use of highly efficient irregular spiral phase plates for optical micromanipulation[J]. Opt. Lett., 2004, 29(15): 1796 - 1798.

[21] Mair A, Vaziri A, Weihs G, et al. Enganglement of Orbital Angular Momentum States of Photons[J]. Nature, 2002.

[22] Gibson G, Courtial J, Padgett M, et al. Free - space information transfer using light beams carrying orbital angular momentum[J]. Opt. Express, 2004, 12(22): 5448 - 5456.

[23] Gibson G, Courtial J, Vasnetsov M, et al. Increasing the data density of free - space optical communications using orbital angular momentum[A]. Proc. of SPIE, 2004, 5550: 7.

[24] Celechovsky R, Bouchal Z. Optical implementation of the vortex information channel[J]. New Journal of Physics, 2007, 9(328): 12.

[25] Celechovsky R, Bouchal Z. Design and testing of the phase mask for transfer of information by vortex beams. Proc. of SPIE[A], 2007, 6609(66090B): 6.

[26] 叶芳伟,李永平. 用叉形光栅实现光子轨道角动量的叠加态的测量[J]. 物理学报,2003,52(2):328 - 331.

[27] Beth R A. Mechanical detection and measurement of the angular momentum of light[J]. Phys. Rev., 1936,50(2):115-125.

[28] Beijersbergen M W, Woerdman J P. Measuring orbital angular momentum of light with a torsion pendulum [A]. in Integrated Optoelectronic Devices 2005. 2005. International Society for Optics and Photonics.

[29] Gao Chunqing. Characterization and transformation of astigmatic laser beams[M]. 1999: Wissenschaft und Technik Verlag.

[30] Leach J, Padgett M J, Barnett S M, et al. Measuring the orbital angular momentum of a single photon[J]. Phys. Rev. Lett., 2002, 88(25):257901.

[31] Gao Chunqing, Qi Xiaoqing, Liu Yidong, et al. Sorting and detecting orbital angular momentum states by using a Dove prism embedded Mach-Zehnder interferometer and amplitude gratings[J]. Opt. Commun., 2011, 284(1):48-51.

[32] Kunjian Dai, Chunqing Gao, Lei zhong, et al. Measuring OAM states of light beams with gradually-changing-period gratings[J]. Opt. Lett., 2015, 40(4):562-565.

第4章 激光束的束宽及光束质量评价参数

4.1 束半宽的定义

在光束质量的几种定义和测量方法中都涉及“光斑直径”和“发散角”的测量，它实质上可归结为“光斑尺寸”的测量。因为实际光束经常是非对称或像散的，因此通常使用“光束束宽”，而不使用“光束直径”。在空间域中，光束半宽度的常用定义主要有以下几种。

4.1.1 1/n 定义

定义光强分布曲线上相对光强为峰值的 $1/n$ 的两点间距离的 1/2 即为束半宽度。

$$I(w_{1/n}) = \frac{I_{\max}}{n} \tag{4-1}$$

常用的 n 值有 e^2，e 和 2 等[1,2]。注意：当光强分布有多个极大值时，就难以确定相对光强为峰值的 $1/n$ 的两点了。

4.1.2 环围功率（能量）定义

将可变光阑的圆心与光束轴线重合，当通过光阑的能量为光束总功率（能量）的 η 倍时的光阑半径即为光束半宽 w_{PIB}。

$$\int_0^{2\pi}\int_0^{w_{\text{PIB}}} I(r) r\mathrm{d}r\mathrm{d}\theta = \eta \int_0^{2\pi}\int_0^{+\infty} I(r) r\mathrm{d}r\mathrm{d}\theta \tag{4-2}$$

常用 $\eta = 86.5\%$、63% 等。

可求出远场发散角：

$$\theta_{\text{PIB}} = \lim_{z\to\infty}\frac{w_{\text{PIB}}(z)}{z} \tag{4-3}$$

光束质量因子为

$$M^2_{\text{PIB}} = \frac{w_{\text{PIB}}\theta_{\text{PIB}}}{w_{0,\text{PIB}}\theta_{0,\text{PIB}}} \tag{4-4}$$

式中：$w_{0,\mathrm{PIB}}$和 $\theta_{0,\mathrm{PIB}}$分别是以环围功率定义的理想高斯光束的束腰宽度和远场发散角。

此法的优点是在测量束宽的同时可测得束宽范围内的总能量，这在材料加工和光纤传输中是重要的。可变光阑法不依赖于理论模型，不需经过间接的数据处理和推算，测量方便。这种方法的缺点是很难做到光阑中心对准光束轴线，且要求光束是旋转对称的。

4.1.3　熵束宽的定义

按熵定义的光腰处的束宽[3,4]为

$$w_{e0'} = 0.5\mathrm{e}^{-\int_{-\infty}^{\infty}\int_{-\infty}^{\infty}\frac{|E(x,y,z)|^2}{P}\ln\frac{|E(x,y,z)|^2}{P}\mathrm{d}x\mathrm{d}y} \tag{4-5}$$

式中：λ 为波长；P 为总功率，其计算公式为

$$P = \int_{-\infty}^{\infty}\int_{-\infty}^{\infty}|E(x,y,z)|^2\mathrm{d}x\mathrm{d}y = \int_{-\infty}^{\infty}\int_{-\infty}^{\infty}|G(f_x,f_y,z)|^2\mathrm{d}f_x\mathrm{d}f_y \tag{4-6}$$

4.1.4　高斯拟合定义

用最小二乘法找出相应的高斯拟合函数，从而求出束宽。

4.1.5　二阶矩定义

A. E. Siegman 提出的“4σ 准则”[5]通过一阶矩定光束中心（重心），二阶矩定束半宽，是比较严格的束半宽定义。

对位置 z 处光强分布为 $I(x,y)$ 的光束来说，光束的重心位置$(\bar{x},\bar{y})$是用一阶强度矩确定的：

$$\bar{x} = \frac{\int_{-\infty}^{\infty}\int_{-\infty}^{\infty}xI(x,y)\mathrm{d}x\mathrm{d}y}{\int_{-\infty}^{\infty}\int_{-\infty}^{\infty}I(x,y)\mathrm{d}x\mathrm{d}y} \tag{4-7}$$

$$\bar{y} = \frac{\int_{-\infty}^{\infty}\int_{-\infty}^{\infty}yI(x,y)\mathrm{d}x\mathrm{d}y}{\int_{-\infty}^{\infty}\int_{-\infty}^{\infty}I(x,y)\mathrm{d}x\mathrm{d}y} \tag{4-8}$$

光束的束宽 w_x和 w_y是用二阶强度矩确定的：

$$w_x^2 = \frac{4\int_{-\infty}^{\infty}\int_{-\infty}^{\infty}(x-\bar{x})^2I(x,y)\mathrm{d}x\mathrm{d}y}{\int_{-\infty}^{\infty}\int_{-\infty}^{\infty}I(x,y)\mathrm{d}x\mathrm{d}y} \tag{4-9}$$

$$w_y^2 = \frac{4\int_{-\infty}^{\infty}\int_{-\infty}^{\infty}(y-\bar{y})^2I(x,y)\mathrm{d}x\mathrm{d}y}{\int_{-\infty}^{\infty}\int_{-\infty}^{\infty}I(x,y)\mathrm{d}x\mathrm{d}y} \tag{4-10}$$

4.2 束宽的测量

4.2.1 针孔扫描法测束宽

这是“ISO 标准”认可的测量束半宽的方法之一。探测器密封，前表面有针孔，针孔半径应小于束半宽的 1/5，当针孔和探测器一起对光束作一维匀速扫描时，便可得到光束强度分布曲线。定义光强分布曲线上相对光强为峰值的 $1/e^2$ 的两点间的距离的 1/2 即为光束半宽度。针孔装置由于衍射引起较大的束半宽测量误差，一般很少采用。

4.2.2 刀口法测束宽

刀口法[6,7]如图 4-1 所示，在一个机械平台上沿垂直光束传输方向平移刀口，由探测器采集透过的光功率或能量[8]。刀口法的特点是结构简单，束宽测量范围广，可测得光束有效能量。通常采用近似的“4σ 准则”定义束宽，测得总能量的 10% 和 90% 之间刀口移动的距离 D_c，再修正到实际束宽 $D = 1.56D_c$。这一测量方法对低阶模精度较高，而测量高阶模光束时则误差较大。

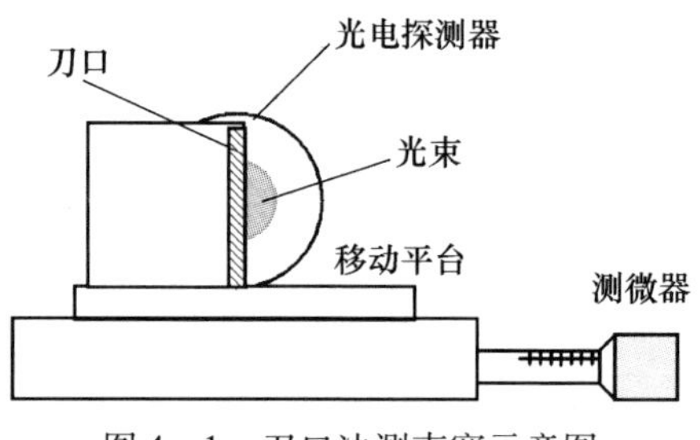

图 4-1　刀口法测束宽示意图

4.2.3 狭缝扫描法测束宽

狭缝扫描法测束宽如图 4-2 所示，直接以峰值光强的 $1/e^2$ 来得到光束半宽度[9]。测量中应注意的是狭缝宽度应为被测束半宽的 1/10 以下才不致引起较大的测量误差。探测器测出的透射激光功率（能量）为狭缝位置的函数，由测量透射光总功率（能量）的 $1/e^2$（13.5%）的两个位置便可确定束宽。

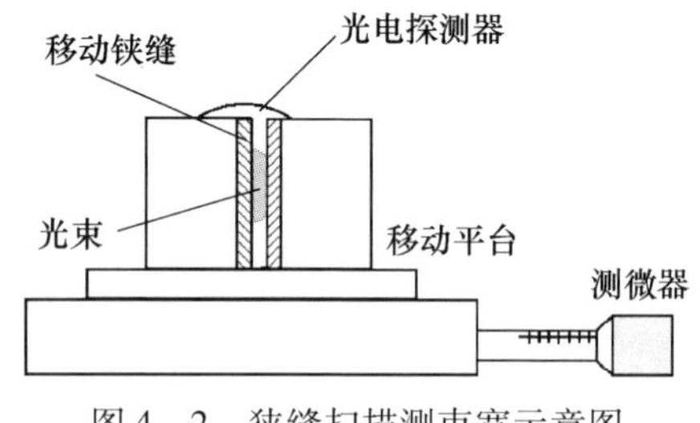

图 4-2　狭缝扫描测束宽示意图

4.2.4 可变光阑法测束宽

可变光阑法测束宽如图 4-3 所示，可变光阑法是将可变光阑的圆心与光束中心轴线重合，当通过光阑的能量为全部光束能量的 86.5% 时，光阑口径即为

束宽。此法的优点是在束宽测量的同时可测得束宽范围内的总能量，这在材料加工和光纤传输中是十分重要的。这种方法的缺点是很难做到光阑中心对准光束轴线，且要求光束是旋转对称的。

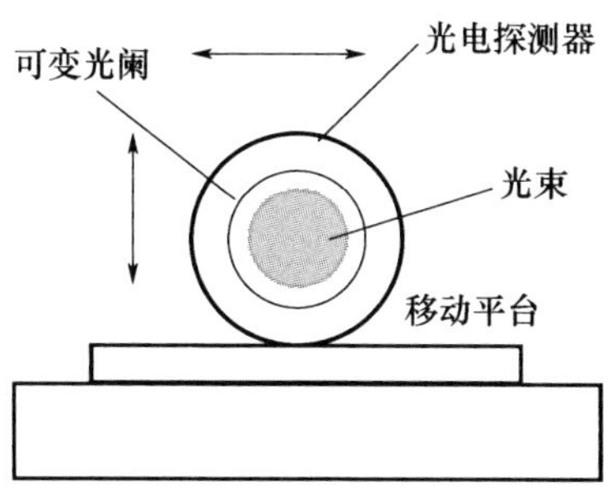

图4-3　可变光阑法测束宽示意图

4.2.5　成像器件测束宽

上述几种束宽的测量方法，按 ISO 建议对被测光束应有附加要求，主要是被测光束必须是连续的或是较高重复率的，而且光束参数在多次测量过程中要保持稳定不变。对单次脉冲发射或低重复率激光，可采用 2 维 CCD（或 CMOS）成像器测量和记录光强分布，采用式（4-7）和式（4-8）确定光束中心位置，采用式（4-9）和式（4-10）确定光束束宽。

4.3　近场光束质量评价参数

光束质量评价参数归结起来，可分为近场质量、远场质量和传输质量三类。

4.3.1　光强调制度

光强的调制度 M 定义为

$$M=\frac{I_{\max}-I_{\min}}{I_{\max}+I_{\min}} \tag{4-11}$$

式中：$I_{\max}$ 和 $I_{\min}$ 分别为最大光强和最小光强。$0\leqslant M\leqslant 1$，$M=0$ 表示光场是均匀的。

4.3.2　光强均匀度

光强均匀度 U 可用于描述激光束近场分布均匀性，定义为近场平顶区域峰值强度 $I_{\max}$ 与平均强度 I_{A} 之比[10-14]：

$$U=\frac{I_{\mathrm{A}}}{I_{\max}}=\frac{\sum_{i=1}^{N}I(x_i,y_i)}{NI_{\max}} \tag{4-12}$$

式中：I_{max}为最大光强；N 为取样区域的采样点数。$U \leqslant 1$，U 越接近于 1，近场越均匀。U 反映的是近场整体起伏量，不能反映近场的细节信息。光强均匀度 U 可用于判断高功率激光系统的运行安全性。对高功率激光装置，一般要求 $U \geqslant 0.7$。

4.3.3 光强对比度

光强对比度 C 是对光束近场光强分布的统计参数，定义为近场平顶取样区域内强度起伏的归一化均方根值（Root - Mean - Squared，RMS）：

$$C = \frac{1}{I_{avg}} \sqrt{\frac{\sum_{i=1}^{N} (I_i - I_{avg})^2}{N}} \tag{4-13}$$

式中：I_{avg}为平均光强；N 为测量点数；I_i为第 i 点的实测光强。$C \geqslant 0$，C 越小，近场分布越均匀。对理想均匀光束，$C = 0$。光强对比度 C 定量描述了近场光强分布的均匀性，是评价强激光光束质量的参数之一。对高功率激光装置，一般要求 $C \leqslant 0.1$。

4.3.4 波前分布的均方根

光强的调制度 M、均匀度 U 和对比度 C 虽然形式简单、使用方便，但反映出的信息少，不确定性大，演化规律不明。为此，人们提出了波前分布的 RMS、GRMS、高阶对比度 C_n、强度概率密度分布曲线和功率谱密度等来表征光场的特征。

波前分布的 RMS 的定义为

$$\mathrm{RMS} = \sqrt{\frac{\iint W^2(x,y)\,\mathrm{d}x\mathrm{d}y}{\iint \mathrm{d}x\mathrm{d}y}} \tag{4-14}$$

式中：$W(x,y)$为波前分布函数。该指标是对光束口径范围内的波前起伏量进行统计，以波长 λ 为单位。该指标与光束的散射关系密切，可用于衡量中高频噪声的扰动深度[15]。

4.3.5 波前梯度的均方根

对波前分布函数 $W(x,y)$ 分别求 x 和 y 方向的一阶导数，即$\frac{\partial W(x,y)}{\partial x}$，$\frac{\partial W(x,y)}{\partial y}$，可得综合波前梯度：

$$f(x,y) = \sqrt{\left(\frac{\partial W(x,y)}{\partial x}\right)^2 + \left(\frac{\partial W(x,y)}{\partial y}\right)^2} \tag{4-15}$$

从而可得 GRMS：

$$\mathrm{GRMS}=\sqrt{\frac{\iint f^2(x,y)\,\mathrm{d}x\mathrm{d}y}{\iint \mathrm{d}x\mathrm{d}y}} \tag{4-16}$$

GRMS 可以准确反映低频相位畸变信息，与光束的聚焦特性密切相关。

4.3.6　高阶对比度

高阶对比度 C_n 定义为

$$C_n=\frac{\dfrac{\sum_{i=1}^{N}(I_i-I_{\mathrm{avg}})^n}{N}}{I_{\mathrm{avg}}{}^n} \tag{4-17}$$

式中：I_{avg} 为平均光强；N 为测量点数；I_i 为第 i 点的实测光强；n 为阶数。

4.3.7　强度概率密度分布

采用 CCD 测量光场的积分通量，在近场的平顶区域内对所有采样点的灰度进行统计，就可以绘出强度概率密度分布曲线，对横纵坐标归一化后，就可以对不同距离处光场强度分布进行比较。

4.3.8　功率谱密度

PSD 是一种基于傅里叶变换的评价方法，它给出了波前空间频率分布特性[16]。一维 PSD 的计算公式为

$$\mathrm{PSD}=\frac{|A(m)|^2}{N\Delta x}=\frac{\Delta x}{N}\left|\sum_{s=0}^{N-1}A(s)\mathrm{e}^{-\mathrm{i}2\pi sm/N}\right|^2 \tag{4-18}$$

式中：$|A(s)|^2$ 为采样线上的强度分布；$A(m)$ 为 $A(s)$ 的傅里叶变换；N 为采样点数；Δx 为采样间隔。

为反映整个波前的情况，一般需对多条采样线的 PSD 值求平均，即将它们在相同频率上的 PSD 值相加，然后再除以取样条数 L，就得到表征近场特征的 $\mathrm{PSD}_{\mathrm{avg}}$[17]：

$$\mathrm{PSD}_{\mathrm{avg}}=\sum_{i=0}^{L}\mathrm{PSD}_i/L \tag{4-19}$$

用 PSD 评价近场光束可以得到三个特征量：调制度 σ、中频对比度和特征频率 ν_{T}。前两个用于量化描述近场调制的强弱，后一个用于描述近场的频率特征，并可以分析引起近场调制的原因[18]。PSD 与波前梯度 RMS 结合，在 ICF 激光驱动器中用于衡量光束波前的中高频噪声。

4.4 远场光束质量评价参数

4.4.1 聚焦光斑尺寸

聚焦光斑尺寸是指激光束经过聚焦光学系统后,在焦平面上所形成光斑的大小,是衡量光束质量的一种较为直观而简便的方法[19]。设均匀平面波经过直径为 $2w_0$ 的光阑,其振幅分布为

$$f(r) = \mathrm{circ}(r/w_0) \tag{4-20}$$

式中:circ 表示圆孔函数。经过焦距为 f 的光学系统,聚焦后的爱里斑半径为

$$w_A = 0.61\frac{f\lambda}{w_0} \tag{4-21}$$

由此可知,由于衍射效应,只可将激光束聚焦到波长 λ 的量级。若实际激光束聚焦光斑尺寸为 w_A 的 N 倍,则称该光束为 N 倍衍射极限。

若入射光束为基模高斯光束,其复振幅分布为

$$f(r) = Ae^{-\frac{r^2}{w_0^2}} \tag{4-22}$$

式中:A 为光场的复振幅;w_0 为入射基模高斯光束场峰值 1/e 处的腰斑半径。经过焦距为 f 的聚焦光学系统,聚焦后的光斑半径为

$$w_f = \frac{f\lambda}{\pi w_0} \tag{4-23}$$

若仍以均匀平面波圆孔光束为理想光束,则其衍射极限倍数为

$$N_{\mathrm{diff}} = w_f/w_A \approx 0.52 \tag{4-24}$$

若入射光束为超高斯光束,其复振幅分布为

$$f(r) = Ae^{-\left(\frac{r}{w_0}\right)^{2m}} \tag{4-25}$$

式中:m 为超高斯阶数,该光束经过聚焦光学系统后,聚焦光斑半径与理想光束光斑半径之比,即为衍射极限倍数。

用聚焦光斑尺寸作为衡量光束质量的标准比较直观方便。但是,焦斑大小除与激光束本身特性有关外,还与所用聚焦光学系统的参数有关。对同一光束,焦距越短,焦斑尺寸越小,光束远场发散角就越大。可见,只用聚焦光斑尺寸来判断光束质量的好坏有一定的局限性。

4.4.2 远场发散角

远场发散角或衍射角是评价激光质量的一个重要参数,它能反映远距离传输时的发散特性[19]。它可用焦斑尺寸与聚焦系统焦距 f 的比值表示。对理想聚焦系统,远场发散角与聚焦系统的焦距无关。

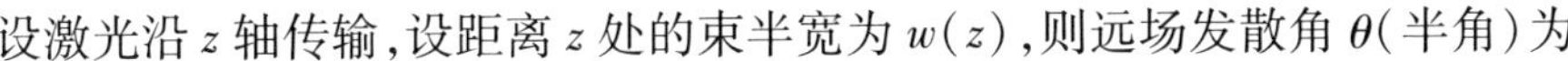

设激光沿 z 轴传输,设距离 z 处的束半宽为 $w(z)$,则远场发散角 θ(半角)为

$$\theta = \lim_{z\to\infty}\frac{w(z)}{z} \tag{4-26}$$

实际测量时,是通过近场方法测量激光束的远场发散角 θ。可将光束通过无像差聚焦光学系统,在像方焦平面上测量聚焦光斑直径 $2w_f$,则远场发散角为

$$\theta = w_f/f \tag{4-27}$$

对均匀平面波圆孔光束,以爱里斑确定的远场发散角为

$$\theta_A = 0.61\frac{\lambda}{w_0} \tag{4-28}$$

对基模高斯光束,光斑尺寸随 z 以双曲线规律变化为 $w^2(z) = w_0^2 + (\lambda z/\pi w_0)^2$,由高斯光束聚焦公式可确定其远场发散角为

$$\theta_G = \frac{\lambda}{\pi w_0} \tag{4-29}$$

将式(4-29)除以式(4-28),得 $\theta_G/\theta_A = 1/0.61\pi$,可见,基于基模高斯光束定义的远场发散角为基于平面波圆孔光束定义的远场发散角的 0.52 倍。

为了减小激光远场发散角,常用方法有:

(1) 单透镜对激光束准直。该方法简单,但是效果较差,准直度较低,由于像差所带来的负面影响,不易对远距离的激光束进行准直。受透镜放置的影响很大,使用不方便。

(2) 卡塞格林天线对激光束准直。该方法通过偏振分光镜和 1/2 波片的巧妙使用,能减少杂散光和反射光对信号光的干扰,特别适合于空间光通信系统。

(3) 采用发射望远镜对激光束准直[20]。预先用一个短焦距的透镜将高斯光束聚焦,以便获得极小的腰斑,然后再用一个长焦距的透镜来改善其方向性,可得到好的准直效果。

激光束的远场发散角 θ 作为光束质量评价标准也有一定的局限性。远场发散角虽然和聚焦系统焦距无关,但是与束宽有关,通过扩束或缩束可以改变远场发散角的大小,所以当用远场发散角评价光束质量时,必须将激光束宽取为某一确定值后进行比较才有意义。

4.4.3　斯特列尔比

由于激光介质的非均匀性和热效应等因素,高功率激光波阵面一般都存在畸变。畸变将减小远场峰值强度,增大光能扩散范围,改变强度分布,降低光束聚焦能力。斯特列尔比(Strehl ratio)S_R[21]就是描述这一关系的表示式。作为光束质量的标准,定义

$$S_R = \frac{\text{实际光束焦斑处峰值功率}}{\text{理想光束焦斑处峰值功率}} \tag{4-30}$$

$S_R \leqslant 1$，S_R越大，则光束质量越高。

由光束经无像差透镜后在几何焦面处的复振幅为

$$E(x,y)=\frac{e^{ikf}}{i\lambda f}e^{ik\frac{x^2+y^2}{2f}}\iint E(x_0,y_0)e^{-i2\pi\frac{xx_0+yy_0}{\lambda f}}dx_0dy_0 \tag{4-31}$$

设波前存在有畸变，光波为 $E(x_0,y_0)=A(x_0,y_0)e^{i\phi(x_0,y_0)}$，则在焦平面光轴上 $x=y=0$，轴上强度为

$$I(0,0,f)=\frac{1}{\lambda^2 f^2}\left|\iint A(x_0,y_0)e^{i\phi(x_0,y_0)}dx_0dy_0\right|^2 \tag{4-32}$$

对理想光波，$\phi(x_0,y_0)=0$，轴上强度为

$$I_0(0,0,f)=\frac{1}{\lambda^2 f^2}\left|\iint A(x_0,y_0)dx_0dy_0\right|^2 \tag{4-33}$$

当光束波阵面存在畸变时，斯特列尔比为

$$S_R=\frac{\left|\iint A(x_0,y_0)e^{i\phi(x_0,y_0)}dx_0dy_0\right|^2}{\left|\iint A(x_0,y_0)dx_0dy_0\right|^2}=\left|<e^{i\phi(x_0,y_0)}>\right|^2 \tag{4-34}$$

式(4-34)表示对 $e^{i\phi}$ 的加权平均，将指数函数展开成级数，考虑 ϕ 的二次项，则有

$$S_R\approx\left|1+<i\phi>+\frac{1}{2}<(i\phi)^2>\right|^2\approx 1-(<\phi^2>-<\phi>^2)=1-\sigma_\phi^2 \tag{4-35}$$

σ_ϕ^2 是 ϕ 的均方偏差，如波前畸变具有高斯分布时，可进一步表示为

$$S_R\approx e^{-\sigma_\phi^2} \tag{4-36}$$

若实际光束波相位差是由光程畸变 ΔL 引起的，则

$$S_R\approx e^{-\left(\frac{2\pi\Delta L}{\lambda}\right)^2} \tag{4-37}$$

式中：ΔL 为激光波前起伏的光程差。在小波像差近似下，有

$$S_R\approx 1-\left(\frac{2\pi}{\lambda}\right)^2\Delta L^2 \tag{4-38}$$

4.4.4 桶中功率

“桶系列”是具有规范尺寸的几个同心圆孔，规范尺寸可取为理想光束远场光斑上的几个特征尺寸，或用几个规范的能量百分比所相应的光斑尺寸评价远场光束质量，例如，选取半径为 w 的均匀平面波衍射角 $\theta=0.26\lambda/w$ 对应的桶中区域，理想光束在该区域内的能量占总能量的50%；还可选取规范尺寸为理想光束衍射光斑各级暗环对应的桶中区域，如一级暗环衍射角 $\theta=0.61\lambda/w$ 对应的桶中区域，理想光束在该区域内的能量占总能量的83.8%，二级暗环衍射角 $\theta=1.115\lambda/w$ 对应的桶中区域，理想光束在该区域内的能量占总能量的91.6%，三级暗环衍射角 $\theta=1.62\lambda/w$ 对应的桶中区域，理想光束在该区域内的

能量占总能量的93.6%。

4.4.5 衍射极限倍数

衍射极限倍数β因子[22]是评价光学系统能量传输性能的重要指标之一,能够较合理地评价光束质量,反映了实际激光束能量的传输效率和可聚焦能力。在激光系统中,为了能在远场目标上获得高的辐照度,除了要求激光束要有高的功率,还要求激光束聚焦到远场目标上的光斑小,即光束在远场的功率集中度高。为使激光束具有小的远场发散角,首先要选择较短的激光波长和大的发射口径。当波长和口径确定后,衍射极限倍数β成为激光束到远场目标上的辐照度的决定因素,是光束可聚焦程度的量度。β值一般大于1;β值越小,则光束质量越高。在使用聚焦光束或远场应用中,这是简明、直观评价光束质量的参数之一。衍射极限倍数β因子与聚焦系统及光束束宽都无关,非常适合于不同光束之间的横向比较,在大型激光装置上得到了广泛采用。

4.4.5.1 基于远场发散角的β因子

β因子的定义式为

$$\beta = \frac{\text{实际光束的远场发散角}}{\text{理想光束的远场发散角}} \tag{4-39}$$

β越接近于1,光束质量越高;$\beta = 1$为衍射极限光束。

4.4.5.2 基于焦斑的β因子

衍射极限倍数β也可以用焦斑半径来定义:

$$\beta = w/w_0 \tag{4-40}$$

式中:w和w_0分别为被测光束和理想光束通过同一聚焦光学系统后的焦斑半径。实际激光束的远场焦斑越小,β越接近于1,光束质量越好。

4.4.5.3 基于桶中功率比的β因子

桶中功率比(Power in the Bucket,PIB)定义为在光束横截面内,以光束轴为中心的一定直径或宽度区域内功率(或能量)与光束总功率(或能量)之比。基于桶中功率比,β值可定义为

$$\beta = \sqrt{A_m/A_0} \tag{4-41}$$

式中:A_m和A_0分别为桶中功率比PIB = 63%时,实际光束和理想光束所对应的面积[5,23]。

基于桶中功率比,β值也可定义为

$$\beta = \frac{\text{实际光束在参考光束特定的远场光束直径内的桶中功率比}}{\text{参考光束在特定的远场光束直径内的桶中功率比}} \tag{4-42}$$

上述的几种β因子都主要适用于评价刚从谐振腔发射出的激光束，它是描述激光系统光束质量的静态性能指标，并没有考虑大气对激光的散射、湍流和热晕等作用。β值的测量依赖于光束远场发散角的准确测量，对探测系统要求较高。

4.4.5.4 理想光束的选取

值得注意的是，衍射极限倍数和斯特列尔比两个评价参数都与“理想光束”模型的选取有关。理想光束模型应该根据实际情况而定，文献中有采用平行平面波、高斯光束、超高斯光束的，还有采用与被测光束面积相同的实心或空心均匀光束为参考光束的。对同一实际光束，若选取不同的理想光束作为参考光束，这样得到的衍射极限倍数因子β将会有不同的值，甚至出现“优于衍射极限”的实际光束，这给β因子的测定带来了不确定性和混乱，因此必须规范参考光束的选择。“理想光束”应根据具体应用要求或实际光束的类型而定。

4.4.5.5 实心理想光束

在高功率激光工程实际应用中，常选择圆口径均匀平面波作为理想光束，其远场光强分布为

$$I(\theta)=I_0\left[\frac{\mathrm{J}_1(ka\theta)}{ka\theta}\right]^2 \tag{4-43}$$

式中：k为波数；a为圆孔半径。环围能量份额为

$$F(\theta)=1-\mathrm{J}_0(ka\theta)^2-\mathrm{J}_1(ka\theta)^2 \tag{4-44}$$

理想光束的远场分布的特征量列于表4－1中。

表4－1 理想光束远场分布中的特征量

θ	$I(\theta)$	$F(\theta)/\%$	备注
$\theta_0=0.52\lambda/D$	$0.5I_0$	50	$I(\theta)/I_0=F(\theta)=50\%$
$\theta_1=1.22\lambda/D$	0	83.8	第一暗环
$\theta_2=2.232\lambda/D$	0	91	第二暗环
$\theta_3=3.24\lambda/D$	0	93.8	第三暗环

角坐标θ所环围的区域即是“衍射极限桶”。θ_0，θ_1，θ_2和θ_3就是用角坐标表示的“规范尺寸”，它们相应的环围区域即可作为“桶系列”；而50%，83.8%，91%和93%就是几个规范的能量百分比。顺便指出，相邻两暗环的间隔正好是λ/D。θ_0并不是暗环的位置，它是$I(\theta)/I_0=F(\theta)=0.5$所相应的特征位置，当目标尺度比衍射极限桶的尺度还小时，这个规范桶是有用的。

4.4.5.6 空心理想光束

常规非稳腔可能输出一个空心光束。设空心平顶理想光束的内外径之比为a_i/a_o。若设半径为a_o的实心光束的能量为E,则空心束的总能量为$E(1-a_i^2/a_o^2)$,空心光束的远场光强分布为

$$I_{空}(\theta)=\frac{I_0}{1-a_i^2/a_o^2}\left[\frac{J_1(ka_o\theta)}{ka_o\theta}-\frac{a_i^2}{a_o^2}\frac{J_1(ka_i\theta)}{ka_i\theta}\right] \tag{4-45}$$

不难得到

$$I_{空}(0)=I_0[1-a_i^2/a_o^2] \tag{4-46}$$

环围能量份额为

$$F_{空}(\theta)=\frac{k^2a^2}{1-a_i^2/a_o^2}\int_0^\theta\left[\frac{J_1(ka_o\theta)}{ka_o\theta}-\frac{a_i^2}{a_o^2}\frac{J_1(ka_i\theta)}{ka_i\theta}\right]\theta'\mathrm{d}\theta' \tag{4-47}$$

以圆口径均匀平面波的一倍衍射极限角作为标准,则衍射极限倍数为

$$\beta=\frac{\theta}{0.61\lambda/w} \tag{4-48}$$

式中:λ 为激光波长;w 为激光光斑半径;θ 为实际光束的远场发散角。β 因子是以与实际光束具有相同口径的均匀平面波作为比较基准的,将该平面波的远场衍射爱里斑角宽度作为理想光束的发散角。对一个实际光束,由于振幅和相位不均匀,远场衍射图的中心光斑一般不再有严格的零点,所以用光束总功率(或能量)的86.5%的角宽度作为实际光束的发散角,它和理想光束发散角的比值就是β因子。

4.4.5.7 亮度与衍射极限倍数

激光束的亮度B定义为

$$B=\frac{P}{\Delta S\cdot\Delta\Omega} \tag{4-49}$$

即亮度B表示了光束在单位面积、单位立体角内的总功率。又由于

$$\Delta S=\pi w_0^2,\Delta\Omega=\pi\theta^2 \tag{4-50}$$

式中:w_0和θ分别为光束聚焦光斑尺寸和远场发散角。根据上面两式可以得到用$M^2\left(=\frac{\pi}{\lambda}w_o\theta\right)$表示的亮度公式:

$$B=\frac{P}{M^4\lambda^2} \tag{4-51}$$

根据β的多种定义式,B,M^2与β没有精确的数字表达关系,可初步得到定性的结论:

$$\beta^2\propto 1/B \tag{4-52}$$

$$\beta \propto M^2 \tag{4-53}$$

可见,为提高激光系统的亮度,在提高激光系统输出功率的同时应严格控制激光束的衍射极限倍数 β 因子。

4.4.6 BQ 因子

在高功率激光器的设计和实际应用中,若所关注的远场能量集中区域与衍射极限角对应的光束宽度相近,常采用 BQ 因子[24]作为光束质量的评价因子。BQ 因子的定义为参考光束与被测光束的衍射极限角内桶中功率比之比的平方根值。BQ 因子的测试系统原理框图如图 4-4 所示,被测激光束经过衰减、光谱滤波和聚焦光学系统后,聚焦于面阵探测器上,数据采集系统获得每一帧光斑强度分布,根据强度分布计算出以强度一阶矩质心为中心的参考光束衍射极限角对应的远场光束直径内的桶中功率比。计算参考光束衍射极限角对应的远场光束宽度内的桶中功率比。

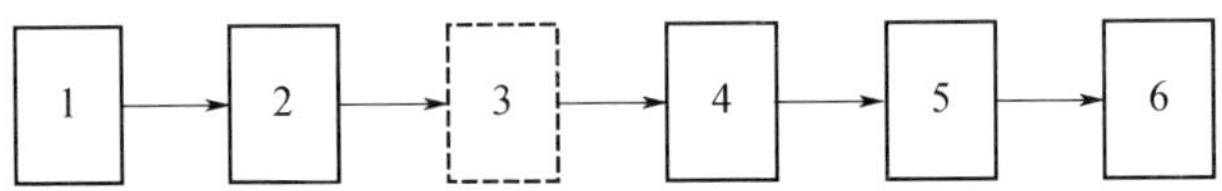

图 4-4　BQ 因子的测试系统原理框图

1—被测激光束;2—光束衰减器;3—光谱滤波器(必要时);
4—聚焦光学系统;5—面阵探测器;6—数据采集处理系统。

对圆形或圆环形横截面光束,计算 BQ 因子的方法为

$$\mathrm{BQ} = \sqrt{u(\mathrm{ref})\% / u(\mathrm{real})\%} \tag{4-54}$$

式中:$u(\mathrm{ref})\%$ 为参考光束在特定衍射极限角对应的远场光束直径内的桶中功率比;$u(\mathrm{real})\%$ 为被测光束在参考光束特定衍射极限角所对应的远场光束直径内的桶中功率比。参考光束可选理想基模高斯光束,也可选平面波光束,光束横截面为圆形、矩形或环形。

对非圆横截面光束,则分别在 x 方向和 y 方向 BQ_x,BQ_y:

$$\mathrm{BQ}_x = \sqrt{u_x(\mathrm{ref})\% / u_x(\mathrm{real})\%} \tag{4-55}$$

$$\mathrm{BQ}_y = \sqrt{u_y(\mathrm{ref})\% / u_y(\mathrm{real})\%} \tag{4-56}$$

式中:$u_x(\mathrm{ref})\%$ 和 $u_y(\mathrm{ref})\%$ 分别为参考光束在 x 方向和 y 方向的衍射极限角对应的远场光束宽度内的桶中功率比;$u_x(\mathrm{real})\%$ 和 $u_y(\mathrm{real})\%$ 分别为被测光束在 x 方向和 y 方向的远场光束宽度内的桶中功率比。

通常情况下的光束的 BQ 因子大于 1,理想情况下的光束的 BQ 因子等于 1。BQ 因子反映了激光能量在规定的桶中或靶面尺度内的集中程度,其特点是把光束质量和功率密度联系在一起,直观反映激光束在目标靶面上的能量集中度,

对强激光与目标的能量耦合和破坏效应的研究有实际意义。

4.4.7　BPF 因子

在高功率激光器的设计和实际应用中，若关注激光是否达到所设计的理想参考光束，常采用 BPF 因子作为光束质量的评价因子。BPF 因子定义为被测光束与圆形参考光束的衍射极限角内桶中功率比之比。BPF 因子的测试系统原理框图如图 4-5 所示，被测激光束经过光束衰减器和聚焦光学系统后，聚焦于功率（或能量）探测器上，通过数据采集处理系统分别获得总出光功率和通过小孔后的光功率。光束质量因子测试值 BPF 因子的计算公式为

$$\mathrm{BPF}=1.19(P/P_{\mathrm{total}}) \tag{4-57}$$

式中：P 为被测光束在圆形参考光束衍射极限角内的功率；P_{total} 为被测激光束的总功率。通常情况下光束的 BPF 因子小于 1，理想光束的 BPF 因子等于 1。

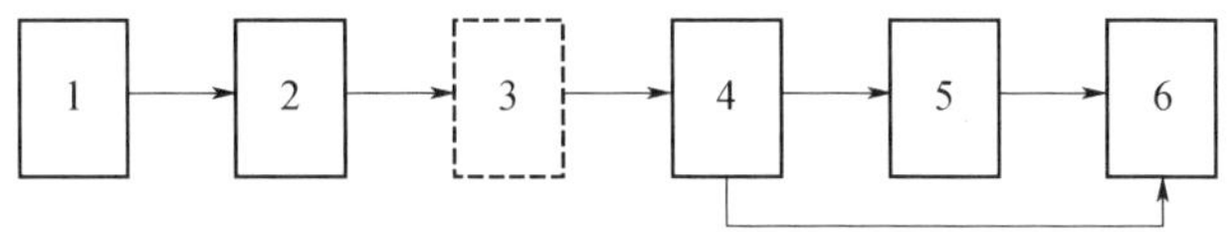

图 4-5　BPF 测试系统原理框图

1—被测激光束；2—光束衰减器；3—光谱滤波器（必要时）；
4—聚焦光学系统；5—小孔；6—功率（或能量）探测器。

4.4.8　VBQ 因子

对高功率激光系统，人们往往关心在特定圆孔内的功率，则可采用 VBQ 因子的定义[25]：

$$\mathrm{VBQ}=\sqrt{\alpha_0/\alpha_1} \tag{4-58}$$

式中：α_0 定义为计算得到的理想光束在远场特定“桶”中的总功率；α_1 是测量得到的实际光束在该“桶”中的总功率。一般情况下，VBQ > 1；VBQ 越接近于 1，光束质量越好。具体的测量 VBQ 因子的方法是，用透镜将输出激光聚焦，直接测量透过焦平面上特定直径圆孔的功率。

4.5　传输质量评价参数

4.5.1　束参数积

虽然束宽和远场发散角都可以通过光学系统来改变，但对确定的光束，其束腰宽度 w_0 和远场发散角 θ 的乘积（光束参数乘积，Beam Parameter Product，BPP）

是保持不变的：

$$\text{BPP} = \text{光束的束腰宽度} \times \text{远场发散角} = w_0\theta \tag{4-59}$$

对基模高斯光束，$\text{BPP} = \lambda/\pi \approx 0.318\lambda$；对实际激光束，$\text{BPP} \geq \lambda/\pi$。BPP 值越大，光束质量越差。

4.5.2 空间束宽积

光束的空间束宽积（Space - Beam Width Product，SBWP），是指光束在空间域中的半宽度（束腰半宽度）和在空间频率域中的角谱半宽度的乘积[18]。

束参数积与空间束宽积的物理内涵是相同的，但需注意 BPP 用的是远场发散角 θ，是空间束宽积使用的空间频域（角谱）半宽的 λ 倍。

对平面波通过圆孔的光束，基于衍射理论，计算可得其束参数乘积约为 0.61λ。

4.5.3 M^2因子

4.5.3.1 M^2因子的定义

M^2的概念最早是由 Larry 提出的，20 世纪 90 年代初，A. E. Siegman 引入空间频率和强度矩的概念，对用于评价光束质量的 M^2因子概念建立了较为完整的理论模型[26-28]。国际标准化组织（ISO）从 1991 年到 1993 年陆续公布了有关光束质量标准的草案及其修改稿[29-31]，提出用 M^2因子来评价光束质量。2005 年国际标准化组织又公布了最新版本的 M^2因子测量标准 ISO11146[32-34]。M^2因子的评价光束质量的方法已经成为一种最为广泛和被大家所接受的光束质量参数[35-39]。根据 ISO 标准，M^2因子定义为[5]

$$M^2 = \frac{\text{实际光束的空间束宽积}}{\text{理想光束的空间束宽积}} = \frac{w_0' w_s'}{w_0 w_s} \tag{4-60}$$

或

$$M^2 = \frac{\text{实际光束的 BPP}}{\text{理想光束的 BPP}} = \frac{w_0'\theta'}{w_0\theta_0} \tag{4-61}$$

设一维高斯光束的光场表达式为

$$E(x) = A\mathrm{e}^{-\frac{x^2}{w_0^2}} \tag{4-62}$$

式中：A 为振幅；w_0 为光腰半径。对应的空间频谱表达式为

$$\hat{E}(s) = B\mathrm{e}^{-\pi^2 w_0^2 s^2} \tag{4-63}$$

式中：B 为频谱振幅；s 为空间频率，在傍轴近似下有

$$s = \frac{\sin\theta}{\lambda} \approx \frac{\theta}{\lambda} \tag{4-64}$$

则光束的重心和二阶强度矩为

$$\bar{x} = \frac{\int_{-\infty}^{+\infty} xI(x)\,\mathrm{d}x}{\int_{-\infty}^{+\infty} I(x)\,\mathrm{d}x} = 0 \tag{4-65}$$

$$\sigma_x^2 = \frac{\int_{-\infty}^{+\infty} (x-\bar{x})^2 I(x)\,\mathrm{d}x}{\int_{-\infty}^{+\infty} I(x)\,\mathrm{d}x} = \frac{\int_{-\infty}^{+\infty} x^2 \mathrm{e}^{-\frac{2x2}{w_o^2}}\,\mathrm{d}x}{\int_{-\infty}^{+\infty} \mathrm{e}^{-\frac{2x2}{w_o^2}}\,\mathrm{d}x} = \frac{w_o^2}{4} \tag{4-66}$$

其空间频域的重心和二阶矩为

$$\bar{s} = \frac{\int_{-\infty}^{+\infty} s\hat{I}(s)\,\mathrm{d}s}{\int_{-\infty}^{+\infty} \hat{I}(s)\,\mathrm{d}s} = 0 \tag{4-67}$$

$$\sigma_s^2 = \frac{\int_{-\infty}^{+\infty} (s-\bar{s})^2 \hat{I}(s)\,\mathrm{d}s}{\int_{-\infty}^{+\infty} \hat{I}(s)\,\mathrm{d}s} = \frac{\int_{-\infty}^{+\infty} s^2 \mathrm{e}^{-2\pi^2 w_0^2 s^2}\,\mathrm{d}s}{\int_{-\infty}^{+\infty} \mathrm{e}^{-2\pi^2 w_0^2 s^2}\,\mathrm{d}s} = \frac{1}{4\pi^2 w_o^2} \tag{4-68}$$

高斯光束的 M^2 因子：

$$M_x^2 = 4\pi\sigma_x\sigma_s = 4\pi \frac{w_o}{2}\frac{1}{2\pi w_o} = 1 \tag{4-69}$$

同理，可推导出二维高斯光束的 $M_y^2 = 1$。

σ_{0x}，σ_{sx} 和 σ_{0y}，σ_{sy} 分别为光腰处 x 和 y 方向上的空域及空间频域的光强分布的二阶矩（均方差）[40]，它们与空间频谱宽度、远场发散半角和束腰半宽度的关系为

$$\Delta S_x = 2\sigma_{sx} \tag{4-70}$$

$$\Delta S_y = 2\sigma_{sy} \tag{4-71}$$

$$\theta_{0x} = 2\lambda\sigma_{sx} \tag{4-72}$$

$$\theta_{0y} = 2\lambda\sigma_{sy} \tag{4-73}$$

$$w_{0x}(z) = 2\sigma_{0x}(z) \tag{4-74}$$

$$w_{0y}(z) = 2\sigma_{0y}(z) \tag{4-75}$$

式中：λ 为激光波长。在傍轴近似下，空间频谱宽度 ΔS_x，ΔS_y 与发散角 θ_x，θ_y 的关系为

$$\Delta S_x = \sin\theta_x/\lambda \approx \theta_x/\lambda \tag{4-76}$$

$$\Delta S_y = \sin\theta_y/\lambda \approx \theta_y/\lambda \tag{4-77}$$

对于标准的基模高斯光束，其 $M^2 = \pi w_0\theta_0/\lambda = 1$。$M^2$ 越大，实际光束与理想基模高斯光束偏差越远，光束质量越差。可以证明，激光束通过无像差光学系统时，光束的 M^2 因子是一个传输不变量。

对于基模高斯光束应用的场合，M^2因子已被广泛采用，商业激光器产品中也普遍使用此参数描述激光器的性能，测量M^2值的商业仪器产品市场上也可以见到。A. E. Siegman 教授对M^2因子的提法作了更为明确的表述：①M^2因子是光束传输因子而不是光束质量因子；②除了用二阶矩定义的测量结果外，不能称为M^2因子。由于M^2因子主要反映光束的衍射性质，所以对某些实际应用（例如在激光约束核聚变中，要求尽可能均匀分布的光强剖面），使用M^2因子评价光束质量是不恰当的。对于 ICF 高功率激光装置，基模高斯光束并不是追求的理想光束，而且仅仅依靠一个评价参数也不可能把光束的特性完全描述出来，因此M^2因子在国内外的大型激光装置上未被采用，应依据应用目的有针对性地提出自己的评价指标[41-44]。

4.5.3.2 M^2因子在自由空间中的传输方程

基于 A. E. Siegman 提出的"一阶矩定束心，二阶矩定束宽"，实际激光的束宽按双曲线规律变化[5]。对能量归一化光场 $E(x,y,z)$ 及其角谱 $G(f_x,f_y,z)$：

$$G(f_x,f_y,z) = \int_{-\infty}^{+\infty}\int_{-\infty}^{+\infty} E(x,y,z)\mathrm{e}^{-\mathrm{i}2\pi(f_x x+f_y y)}\mathrm{d}x\mathrm{d}y \tag{4-78}$$

$$E(x,y,z) = \int_{-\infty}^{+\infty}\int_{-\infty}^{+\infty} G(f_x,f_y,z)\mathrm{e}^{\mathrm{i}2\pi(f_x x+f_y y)}\mathrm{d}f_x\mathrm{d}f_y \tag{4-79}$$

根据傅里叶变换的性质，有

$$\frac{\partial G(f_x,f_y,z)}{\partial f_x} = \int_{-\infty}^{+\infty}\int_{-\infty}^{+\infty}(-\mathrm{i}2\pi x)E(x,y,z)\mathrm{e}^{-\mathrm{i}2\pi(f_x x+f_y y)}\mathrm{d}x\mathrm{d}y \tag{4-80}$$

$$\frac{\partial G^*(f_x,f_y,z)}{\partial f_x} = \int_{-\infty}^{+\infty}\int_{-\infty}^{+\infty}(\mathrm{i}2\pi x)E^*(x,y,z)\mathrm{e}^{\mathrm{i}2\pi(f_x x+f_y y)}\mathrm{d}x\mathrm{d}y \tag{4-81}$$

设空间域和频率域的一阶矩为 0 的地方为坐标原点，则空间域和频率域的二阶矩分别为

$$\sigma_x^2(z) = \int_{-\infty}^{+\infty} x^2 |E(x,y,z)|^2 \mathrm{d}x = \int_{-\infty}^{+\infty} xE(x,y,z)xE^*(x,y,z)\mathrm{d}x \tag{4-82}$$

$$\sigma_{sx}^2 = \int_{-\infty}^{+\infty} f_x^2 |G(f_x,f_y,z)|^2 \mathrm{d}f_x = \int_{-\infty}^{+\infty} f_x G(f_x,f_y,z) f_x G^*(f_x,f_y,z)\mathrm{d}f_x \tag{4-83}$$

$$\sigma_y^2(z) = \int_{-\infty}^{+\infty} y^2 |E(x,y,z)|^2 \mathrm{d}y = \int_{-\infty}^{+\infty} yE(x,y,z)yE^*(x,y,z)\mathrm{d}y \tag{4-84}$$

$$\sigma_{sy}^2 = \int_{-\infty}^{+\infty} f_y^2 |G(f_x,f_y,z)|^2 \mathrm{d}f_y = \int_{-\infty}^{+\infty} f_y G(f_x,f_y,z) f_y G^*(f_x,f_y,z)\mathrm{d}f_y \tag{4-85}$$

式（4-82）的泰勒展开为

$$\sigma_x^2(z) = A_0 + \frac{\partial\sigma_x^2(z)}{\partial z}(z-z_1) + \frac{1}{2!}\frac{\partial^2\sigma_x^2(z)}{\partial z^2}(z-z_1)^2 + \frac{1}{3!}\frac{\partial^3\sigma_x^2(z)}{\partial z^3}(z-z_1)^3 + \cdots \tag{4-86}$$

根据傅里叶变换的定理,有

$$\sigma_x^2(z) = \frac{1}{4\pi^2}\int_{-\infty}^{+\infty}\frac{\partial G(f_x,f_y,z)}{\partial f_x}\frac{\partial G^*(f_x,f_y,z)}{\partial f_x}\mathrm{d}f_x \tag{4-87}$$

于是可得

$$\begin{aligned}\frac{\partial\sigma_x^2(z)}{\partial z} &= \frac{1}{4\pi^2}\int_{-\infty}^{+\infty}\frac{\frac{\partial G(f_x,f_y,z)}{\partial f_x}\frac{\partial G^*(f_x,f_y,z)}{\partial f_x}}{\partial z}\mathrm{d}f_x\\ &= \frac{1}{4\pi^2}\int_{-\infty}^{+\infty}\left[\frac{\partial G(f_x,f_y,z)}{\partial f_x\partial z}\frac{\partial G^*(f_x,f_y,z)}{\partial f_x} + \frac{\partial G(f_x,f_y,z)}{\partial f_x}\frac{\partial G^*(f_x,f_y,z)}{\partial f_x\partial z}\right]\mathrm{d}f_x\end{aligned} \tag{4-88}$$

在自由空间近轴条件下,角谱满足:

$$G(f_x,f_y,z) = G(f_x,f_y,z_0)\,\mathrm{e}^{\mathrm{i}\pi\lambda(z-z_0)f_x^2} \tag{4-89}$$

可得

$$\frac{\partial\sigma_x^2(z)}{\partial z} = \frac{\mathrm{i}\lambda}{2\pi}\int_{-\infty}^{+\infty}f_x\left[G(f_x,f_y,z)\frac{\partial G^*(f_x,f_y,z)}{\partial f_x} - G^*(f_x,f_y,z)\frac{\partial G(f_x,f_y,z)}{\partial f_x}\right]\mathrm{d}f_x \tag{4-90}$$

进一步,二阶导数和三阶导数分别为

$$\frac{\partial^2\sigma_x^2(z)}{\partial z^2} = 2\lambda^2\int_{-\infty}^{+\infty}f_x\,|G^*(f_x,f_y,z)|^2\mathrm{d}f_x = 2\lambda^2\sigma_{\mathrm{fx}}^2 \tag{4-91}$$

$$\frac{\partial^3\sigma_x^2(z)}{\partial z^3} = 0 \tag{4-92}$$

有

$$\sigma_x^2(z) = A_0 + A_1(z-z_1) + \lambda^2{\sigma_{\mathrm{fx}}}^2(z-z_1)^2 \tag{4-93}$$

令

$$z_0 = z_1 + A_1/2\lambda^2{\sigma_{\mathrm{fx}}}^2 \tag{4-94}$$

可将式(4-93)整理为

$$\sigma_x^2(z) = \sigma_x^2(z_0) + \lambda^2\sigma_{\mathrm{fx}}^2(z-z_0)^2 \tag{4-95}$$

对 y 方向可写出类似的公式。

定义:

$$\begin{cases} w_x(z) \equiv 2\sigma_x(z)\\ w_{ox}(z) \equiv 2\sigma_{ox}(z)\\ \sigma_{ox}(z)\sigma_{\mathrm{fx}}(z) = \dfrac{M_x^2}{4\pi}\end{cases} \tag{4-96}$$

可得传输方程:

$$w_x^2(z) = w_{0x}^2(z_{0x}) + M_x^4\frac{\lambda^2}{\pi^2 w_{0x}^2(z_{0x})}(z-z_{0x})^2 \tag{4-97}$$

式中:z_{0x}为光束在 x 方向的光腰位置;w_{0x}为在 x 方向的束腰宽度。对 y 方向和 r 径向可写出类似公式。

$$w_y^2(z)=w_{0y}^2(z_{0y})+M_y^4\frac{\lambda^2}{\pi^2 w_{0y}^2(z_{0y})}(z-z_{0y})^2 \tag{4-98}$$

$$w_r^2(z)=w_{0r}^2(z_{0r})+M_r^4\frac{\lambda^2}{\pi^2 w_{0r}^2(z_{0r})}(z-z_{0r})^2 \tag{4-99}$$

4.5.3.3 旋转对称光束的 M^2

如果光强分布为圆对称时,例如 LP_{0n}模式,可以利用广义二阶矩来计算。该方法相对于多点拟合法来说,较为简单便捷。

光束在空间域的广义强度二阶矩为

$$\langle r^2\rangle=\frac{1}{I_0}\int_0^{\infty}r^2\,|R(r)|^2 r\mathrm{d}r \tag{4-100}$$

$$\langle p^2\rangle=\frac{1}{k^2 I_0}\int_0^{\infty}|R'(r)|^2 r\mathrm{d}r \tag{4-101}$$

$$\langle rp\rangle=\frac{1}{2\mathrm{i}kI_0}\int_0^{\infty}\{r[R'(r)]^*R(r)-rR'(r)R^*(r)\}r\mathrm{d}r \tag{4-102}$$

式中:k 为波矢;$R(r)$为光场的振幅分布函数;$'$表示求导;$*$ 表示共轭。I_0 为光束的总能量,表示为

$$I_0=\int_0^{\infty}|R(r)|^2 r\mathrm{d}r \tag{4-103}$$

由此,可得到广义 M^2因子为

$$M^2=k\sqrt{\langle r^2\rangle\langle p^2\rangle-\langle rp\rangle^2} \tag{4-104}$$

4.5.3.4 $M^2\geqslant 1$ 的成立条件及证明

光场分布 $E(x)$的束宽为

$$w_x=2\sigma_x \tag{4-105}$$

式中

$$\sigma_x^2=\frac{\int_{-\infty}^{+\infty}(x-\bar{x})^2\,|E(x)|^2\mathrm{d}x}{\int_{-\infty}^{+\infty}|E(x)|^2\mathrm{d}x} \tag{4-106}$$

光束的远场发散角为

$$\theta_x=2\lambda\sigma_{\mathrm{f}x} \tag{4-107}$$

式中

$$\sigma_{\mathrm{f}x}^2=\frac{\int_{-\infty}^{+\infty}(f_x-\bar{f}_x)^2\,|G(f_x)|^2\mathrm{d}f_x}{\int_{-\infty}^{+\infty}|G(f_x)|^2\mathrm{d}f_x} \tag{4-108}$$

定义函数：

$$I(\xi) = \int_{-\infty}^{+\infty} \left| \left(\xi x - \frac{\lambda}{\pi} \frac{\partial}{\partial x} \right) E(x) \right|^2 \mathrm{d}x \geqslant 0 \tag{4-109}$$

展开得

$$I(\xi) = \xi^2 \int_{-\infty}^{+\infty} x^2 E(x) E^*(x) dx - \xi \frac{\lambda}{\pi} \int_{-\infty}^{+\infty} \left[xE(x) \frac{\partial E^*(x)}{\partial x} + xE^*(x) \frac{\partial E(x)}{\partial x} \right] \mathrm{d}x$$
$$+ \frac{\lambda^2}{\pi^2} \int_{-\infty}^{+\infty} \frac{\partial E^*(x)}{\partial x} \frac{\partial E(x)}{\partial x} \mathrm{d}x \geqslant 0 \tag{4-110}$$

用分步积分法可以证明：

$$\int_{-\infty}^{+\infty} xE^*(x) \frac{\partial E(x)}{\partial x} \mathrm{d}x = xE(x)E^*(x) \Big|_{-\infty}^{+\infty} - \int_{-\infty}^{+\infty} \left[E(x)E^*(x) + xE(x) \frac{\partial E^*(x)}{\partial x} \right] \mathrm{d}x$$

$$\int_{-\infty}^{+\infty} \frac{\partial E(x)}{\partial x} \frac{\partial E^*(x)}{\partial x} \mathrm{d}x = - \int_{-\infty}^{+\infty} E^*(x) \frac{\partial^2 E(x)}{\partial x^2} \mathrm{d}x \tag{4-111}$$

于是可得

$$I(\xi) = \xi^2 \int_{-\infty}^{+\infty} x^2 E(x) E^*(x) \mathrm{d}x + \xi \frac{\lambda}{\pi} \int_{-\infty}^{+\infty} E(x) E^*(x) \mathrm{d}x$$
$$- \frac{\lambda^2}{\pi^2} \int_{-\infty}^{+\infty} E^*(x) \frac{\partial^2 E(x)}{\partial x^2} \mathrm{d}x \geqslant 0 \tag{4-112}$$

式(4-112)大于0,则有

$$-4 \int_{-\infty}^{+\infty} x^2 E(x) E^*(x) \mathrm{d}x \times \frac{\lambda^2}{\pi^2} \int_{-\infty}^{+\infty} E^*(x) \frac{\partial^2 E(x)}{\partial x^2} \mathrm{d}x \geqslant \left(\frac{\lambda}{\pi} \right)^2 \tag{4-113}$$

利用傅里叶变换定义和角谱分析理论,可得

$$- \frac{\lambda^2}{\pi^2} \int_{-\infty}^{+\infty} E^*(x) \frac{\partial^2 E(x)}{\partial x^2} \mathrm{d}x = 4\lambda^2 \int_{-\infty}^{+\infty} f_x^{\ 2} G^*(f_x) G(f_x) \mathrm{d}f_x \tag{4-114}$$

于是有

$$16\lambda^2 \sigma_x^{\ 2} \sigma_{\mathrm{fx}}^{\ 2} \geqslant \left(\frac{\lambda}{\pi} \right)^2 \tag{4-115}$$

可得

$$w_x \theta_x \geqslant \frac{\lambda}{\pi} \tag{4-116}$$

$$w_x \theta_x = M^2 \frac{\lambda}{\pi} \geqslant \frac{\lambda}{\pi}, M^2 \geqslant 1 \tag{4-117}$$

4.5.3.5 M^2因子的优点和局限性

采用M^2因子定义光束质量有如下优点：

(1) M^2因子定义式中同时考虑了束宽和远场发散角的变化对激光光束传输的影响。一般情况下,激光束在通过理想无衍射、无像差光学系统时光束参数乘积是一个不变量,因此采用M^2因子避免了只用聚焦光斑尺寸或远场发散角判断光束传输特性时的不确定性。

(2) M^2因子以理想高斯光束作为度量光束传输质量的基准,代替以往的均匀平面波基准,这对大多数追求基模工作的激光器来说更为直接和方便。

(3) M^2因子直接表示衍射极限倍数,可用于评价不同波长、不同束腰半宽度、不同模式(含多模)激光的光束质量。

M^2因子评价光束质量也有局限性:

对于高能激光的光束来说,高能激光的谐振腔一般是非稳腔,输出的激光光束不规则,将不存在"光腰",而且对于能量分布离散型的高能激光光束,由二阶矩定义计算得到的光斑半径与实际相差很远,得到的M^2因子误差很大。M^2因子要求光束截面的光强分布不能有陡直边缘。因此,不等式$M^2 \geqslant 1$的成立有一定的条件。

4.5.3.6 L-G$_{pl}$模式的M^2的解析表达式

根据二阶矩定义,光束在x方向、y方向和r径向的束半宽表示为

$$w_x^2(z)=\frac{4\int_0^{2\pi}\int_0^{+\infty}r^2\cos^2(\phi)I(r,\phi,z)r\mathrm{d}r\mathrm{d}\phi}{\int_0^{2\pi}\int_0^{+\infty}I(r,\phi,z)r\mathrm{d}r\mathrm{d}\phi}=\frac{4\int_{-\infty}^{+\infty}\int_{-\infty}^{+\infty}x^2I(x,y,z)\mathrm{d}x\mathrm{d}y}{\int_{-\infty}^{+\infty}\int_{-\infty}^{+\infty}I(x,y,z)\mathrm{d}x\mathrm{d}y} \tag{4-118}$$

$$w_y^2(z)=\frac{4\int_0^{2\pi}\int_0^{+\infty}r^2\sin^2(\phi)I(r,\phi,z)r\mathrm{d}r\mathrm{d}\phi}{\int_0^{2\pi}\int_0^{+\infty}I(r,\phi,z)r\mathrm{d}r\mathrm{d}\phi}=\frac{4\int_{-\infty}^{+\infty}\int_{-\infty}^{+\infty}y^2I(x,y,z)\mathrm{d}x\mathrm{d}y}{\int_{-\infty}^{+\infty}\int_{-\infty}^{+\infty}I(x,y,z)\mathrm{d}x\mathrm{d}y} \tag{4-119}$$

$$w_r^2(z)=\frac{4\int_0^{2\pi}\int_0^{+\infty}r^2I(r,\phi,z)r\mathrm{d}r\mathrm{d}\phi}{\int_0^{2\pi}\int_0^{+\infty}I(r,\phi,z)r\mathrm{d}r\mathrm{d}\phi}=\frac{4\int_{-\infty}^{+\infty}\int_{-\infty}^{+\infty}(x^2+y^2)I(x,y,z)\mathrm{d}x\mathrm{d}y}{\int_{-\infty}^{+\infty}\int_{-\infty}^{+\infty}I(x,y,z)\mathrm{d}x\mathrm{d}y} \tag{4-120}$$

于是,L-G$_{pl}$模式在x方向、y方向和r径向的束半宽可表示为

$$\begin{aligned}w_{x,pl}^2(z)&=\frac{4\int_0^{2\pi}\int_0^{+\infty}\left(\frac{\sqrt{2}r}{w_{\mathrm{os}}(z)}\right)^{2l}\left[\mathrm{L}_p^l\left(\frac{2r^2}{w_{\mathrm{os}}^2(z)}\right)\right]^2\mathrm{e}^{-\frac{2r^2}{w_{\mathrm{os}}^2(z)}}\cos^2(l\phi)r^3\cos^2(\phi)\mathrm{d}r\mathrm{d}\phi}{\int_0^{2\pi}\int_0^{+\infty}\left(\frac{\sqrt{2}r}{w_{\mathrm{os}}(z)}\right)^{2l}\left[\mathrm{L}_p^l\left(\frac{2r^2}{w_{\mathrm{os}}^2(z)}\right)\right]^2\mathrm{e}^{-\frac{2r^2}{w_{\mathrm{os}}^2(z)}}\cos^2(l\phi)r\mathrm{d}r\mathrm{d}\phi}\\&=\begin{cases}3(p+1)w_{\mathrm{os}}^2(z), & l=1\\(2p+l+1)w_{\mathrm{os}}^2(z), & l\neq 1\end{cases}\end{aligned} \tag{4-121}$$

$$w_{y,pl}^2(z)=\frac{4\int_0^{2\pi}\int_0^{+\infty}\left(\frac{\sqrt{2}r}{w_{os}(z)}\right)^{2l}\left[\mathrm{L}_p^l\left(\frac{2r^2}{w_{os}^2(z)}\right)\right]^2\mathrm{e}^{-\frac{2r^2}{w_{os}^2(z)}}\cos^2(l\phi)r^3\sin^2(\phi)\mathrm{d}r\mathrm{d}\phi}{\int_0^{2\pi}\int_0^{+\infty}\left(\frac{\sqrt{2}r}{w_{os}(z)}\right)^{2l}\left[\mathrm{L}_p^l\left(\frac{2r^2}{w_{os}^2(z)}\right)\right]^2\mathrm{e}^{-\frac{2r^2}{w_{os}^2(z)}}\cos^2(l\phi)r\mathrm{d}r\mathrm{d}\phi}$$

$$=\begin{cases}(p+1)w_{os}^2(z),l=1\\(2p+l+1)w_{os}^2(z),l\neq 1\end{cases}\tag{4-122}$$

$$w_{r,pl}^2(z)=\frac{4\int_0^{2\pi}\int_0^{+\infty}\left(\frac{\sqrt{2}r}{w_{os}(z)}\right)^{2l}\left[\mathrm{L}_p^l\left(\frac{2r^2}{w_{os}^2(z)}\right)\right]^2\mathrm{e}^{-\frac{2r^2}{w_{os}^2(z)}}\cos^2(l\phi)r^3\mathrm{d}r\mathrm{d}\phi}{\int_0^{2\pi}\int_0^{+\infty}\left(\frac{\sqrt{2}r}{w_{os}(z)}\right)^{2l}\left[\mathrm{L}_p^l\left(\frac{2r^2}{w_{os}^2(z)}\right)\right]^2\mathrm{e}^{-\frac{2r^2}{w_{os}^2(z)}}\cos^2(l\phi)r\mathrm{d}r\mathrm{d}\phi}$$

$$=(2p+l+1)w_{os}^2(z)\tag{4-123}$$

设基模高斯光束的束腰半宽度和远场发散半角为 w_0 和 θ_0，且

$$w_0\theta_0=\frac{\lambda}{\pi}\tag{4-124}$$

于是，L-G_{pl}模式在 x 方向、y 方向和 r 径向的束腰半宽可表示为

$$w_{0x,pl}^2=\begin{cases}3(p+1)w_o^2, & l=1\\(2p+l+1)w_o^2, & l\neq 1\end{cases}\tag{4-125}$$

$$w_{0y,pl}^2=\begin{cases}(p+1)w_o^2, & l=1\\(2p+l+1)w_o^2, & l\neq 1\end{cases}\tag{4-126}$$

$$w_{0r,pl}^2=(2p+l+1)w_o^2\tag{4-127}$$

相应地，L-G_{pl}模式在 x 方向、y 方向和 r 径向的远场发散角为

$$\theta_{x,pl}=\lim_{z\to\infty}\frac{w_{x,pl}(z)}{z}=\lim_{z\to\infty}\frac{w_{os}(z)}{z}\begin{cases}\sqrt{3(p+1)}, & l=1\\\sqrt{2p+l+1}, & l\neq 1\end{cases}$$

$$=\theta_0\begin{cases}\sqrt{3(p+1)}, & l=1\\\sqrt{2p+l+1}, & l\neq 1\end{cases}\tag{4-128}$$

$$\theta_{y,pl}=\lim_{z\to\infty}\frac{w_{y,pl}(z)}{z}=\lim_{z\to\infty}\frac{w_{os}(z)}{z}\begin{cases}\sqrt{p+1}, & l=1\\\sqrt{2p+l+1}, & l\neq 1\end{cases}$$

$$=\theta_0\begin{cases}\sqrt{p+1}, & l=1\\\sqrt{2p+l+1}, & l\neq 1\end{cases}\tag{4-129}$$

$$\theta_{r,pl}=\lim_{z\to\infty}\frac{w_{r,pl}(z)}{z}=\sqrt{2p+l+1}\lim_{z\to\infty}\frac{w_{os}(z)}{z}$$

$$=\sqrt{2p+l+1}\ \theta_0\tag{4-130}$$

L-G_{pl}模式在 x 方向、y 方向和 r 径向的 M^2 因子为

$$M^2_{x,pl}=\frac{\pi}{\lambda}w_{0x,pl}\theta_{x,pl}=\begin{cases}3(p+1), & l=1\\ 2p+l+1, & l\neq 1\end{cases} \tag{4-131}$$

$$M^2_{y,pl}=\frac{\pi}{\lambda}w_{0y,pl}\theta_{y,pl}=\begin{cases}p+1, & l=1\\ 2p+l+1, & l\neq 1\end{cases} \tag{4-132}$$

$$M^2_{r,pl}=\frac{\pi}{\lambda}w_{0r,pl}\theta_{r,pl}=2(2p+l+1) \tag{4-133}$$

4.5.3.7 H-G_{mn}模式的 M^2 的解析表达式

根据二阶矩定义，H-G_{mn}模式在 x 方向、y 方向和 r 径向的束半宽 $w_{x,mn}(z)$、$w_{y,mn}(z)$ 分别为

$$w^2_{x,mn}(z)=\frac{4\int_{-\infty}^{+\infty}x^2\mathrm{H}_m^2\left(\frac{\sqrt{2}x}{w_{\mathrm{os}}}\right)\mathrm{e}^{-\frac{2x^2}{w_{0s}^2}}\mathrm{d}x}{\int_{-\infty}^{+\infty}\mathrm{H}_m^2\left(\frac{\sqrt{2}x}{w_{\mathrm{os}}}\right)\mathrm{e}^{-\frac{2x^2}{w_{0s}^2}}\mathrm{d}x}=(2m+1)w^2_{\mathrm{os}}(z) \tag{4-134}$$

$$w^2_{y,mn}(z)=\frac{4\int_{-\infty}^{+\infty}y^2\mathrm{H}_n^2\left(\frac{\sqrt{2}y}{w_{\mathrm{os}}}\right)\mathrm{e}^{-\frac{2y^2}{w_{0s}^2}}\mathrm{d}y}{\int_{-\infty}^{+\infty}\mathrm{H}_n^2\left(\frac{\sqrt{2}y}{w_{\mathrm{os}}}\right)\mathrm{e}^{-\frac{2y^2}{w_{0s}^2}}\mathrm{d}y}=(2n+1)w^2_{\mathrm{os}}(z) \tag{4-135}$$

H-G_{mn}模式在 r 径向的束半宽 $w_{r,mn}(z)$ 为

$$\begin{aligned}w^2_{r,mn}(z)&=\frac{4\int_{-\infty}^{+\infty}\int_{-\infty}^{+\infty}(x^2+y^2)\mathrm{H}_m^2\left(\frac{\sqrt{2}x}{w_{\mathrm{os}}}\right)\mathrm{H}_n^2\left(\frac{\sqrt{2}y}{w_{\mathrm{os}}}\right)\mathrm{e}^{-\frac{2(x^2+y^2)}{w_{0s}^2}}\mathrm{d}x\mathrm{d}y}{\int_{-\infty}^{+\infty}\int_{-\infty}^{+\infty}\mathrm{H}_m^2\left(\frac{\sqrt{2}x}{w_{\mathrm{os}}}\right)\mathrm{H}_n^2\left(\frac{\sqrt{2}y}{w_{\mathrm{os}}}\right)\mathrm{e}^{-\frac{2(x^2+y^2)}{w_{0s}^2}}\mathrm{d}x\mathrm{d}y}\\&=2(m+n+1)w^2_{\mathrm{os}}(z)\end{aligned} \tag{4-136}$$

设基模高斯光束的束腰半宽度和远场发散半角为 w_0 和 θ_0，且

$$w_0\theta_0=\frac{\lambda}{\pi} \tag{4-137}$$

则 H-G_{mn}模式在 x 方向、y 方向和 r 径向的束腰半宽分别为

$$w^2_{0x,mn}=(2m+1)w^2_{\mathrm{o}} \tag{4-138}$$

$$w^2_{0y,mn}=(2n+1)w^2_{\mathrm{o}} \tag{4-139}$$

$$w^2_{0r,mn}=2(m+n+1)w^2_{\mathrm{o}} \tag{4-140}$$

H-G_{mn}模式在 x 方向、y 方向和 r 径向的远场发散角半角 $\theta_{x,mn}$、$\theta_{y,mn}$ 和 $\theta_{r,mn}$ 分别为

$$\theta_{x,mn}=\lim_{z\to\infty}\frac{w_{x,mn}(z)}{z}=\sqrt{2m+1}\lim_{z\to\infty}\frac{w(z)}{z}=\sqrt{2m+1}\frac{\lambda}{\pi w_0}=\sqrt{2m+1}\theta_0 \tag{4-141}$$

$$\theta_{y,mn}=\lim_{z\to\infty}\frac{w_{y,mn}(z)}{z}=\sqrt{2n+1}\lim_{z\to\infty}\frac{w(z)}{z}=\sqrt{2n+1}\frac{\lambda}{\pi w_0}=\sqrt{2n+1}\theta_0 \tag{4-142}$$

$$\begin{aligned}\theta_{r,mn}&=\lim_{z\to\infty}\frac{w_{r,mn}(z)}{z}=\sqrt{(2m+1)+(2n+1)}\lim_{z\to\infty}\frac{w(z)}{z}\\&=\sqrt{2(m+n+1)}\frac{\lambda}{\pi w_0}\\&=\sqrt{2(m+n+1)}\ \theta_0\end{aligned} \tag{4-143}$$

H-G$_{mn}$模式在 x 方向、y 方向和 r 径向的的 M^2 因子分别为

$$M_x^2=\frac{\pi}{\lambda}w_{0x}\theta_x=\frac{\pi}{\lambda}\sqrt{2m+1}w_0\sqrt{2m+1}\ \ \theta_0=2m+1 \tag{4-144}$$

$$M_y^2=\frac{\pi}{\lambda}w_{0y}\theta_y=\frac{\pi}{\lambda}\sqrt{2n+1}w_0\sqrt{2n+1}\ \ \theta_0=2n+1 \tag{4-145}$$

$$\begin{aligned}M_r^2&=\frac{\pi}{\lambda}w_{0r}\theta_r=\frac{\pi}{\lambda}\sqrt{(2m+1)+(2n+1)}w_0\sqrt{(2m+1)+(2n+1)}\theta_0\\&=2(m+n+1)\end{aligned} \tag{4-146}$$

4.5.3.8 平顶光束的 M^2 因子

平顶分布光束具有近场分布均匀，远场能量集中的特点，是实际应用中较为理想的激光束，在高功率激光加工、核聚变、通信、测距与雷达等方面得到广泛应用。平顶光束的场分布为[45]

$$E(x,0)=\mathrm{e}^{-\frac{(N+1)x^2}{w_0^2}}\sum_{n=0}^{N}\frac{1}{n!}\left[\frac{(n+1)x^2}{w_0^2}\right]^2 \tag{4-147}$$

式中：N 为平顶光束的阶数；w_0 为束腰宽度。当 $N=0$ 时，退化为高斯光束；当 $N\to\infty$时，变为截断平面波，平顶光束的传输见文献[46-48]。

平顶分布光束也可用多高斯光束来表示[49]：

$$E(x,z)=\frac{\sum\limits_{\mathrm{m}=-N}^{N}\mathrm{e}^{-\left(\frac{x-mx_{x_d}}{w_0}\right)^2}}{\sum\limits_{\mathrm{m}=-N}^{N}\mathrm{e}^{-m^2}} \tag{4-148}$$

式中：w_0 为各个高斯光束的束腰均；x_d 为高斯光束的中心间距，所用高斯光束的个数为 $2N+1$。当 $N=0$ 时，退化为高斯光束；当 $N\to\infty$时，变为截断平面波。

也可用束宽和振幅不同的基模高斯光束合成平顶分布光束：

$$F(r)=\sum_{m=1}^{M}a_m e^{-mr^2} \tag{4-149}$$

式中：M 为高斯光束的个数；a_m 为第 m 个高斯光束的振幅，$a_m=\frac{(-1)^{m-1}}{M}\binom{M}{m}$。利用二项式定理可得

$$F(r)=\frac{1}{M}\{1-[1-e^{-r^2}]^M\} \tag{4-150}$$

以高斯光束作为比较标准、以二阶矩定义束宽的 M^2 因子不适用于非平方可积光束，如无界空间中传输的均匀平面波。对这类光束需使用“截断光束”概念。对平面波圆孔衍射，第一衍射角为

$$\theta=\frac{1.22\lambda}{2r} \tag{4-151}$$

可求出圆孔截断平面波的 M^2 因子为

$$M_c^2=\frac{r\theta}{w_0\theta_0}=\frac{0.61\lambda}{\lambda/\pi}\approx 2 \tag{4-152}$$

4.5.3.9 高斯－谢尔模型光束的 M^2 因子

对高斯－谢尔模型光束（Gaussian Schell－model beams），其远场发散角为

$$\theta=\frac{\lambda}{\pi w_0}\sqrt{\left(\frac{w_0}{\sigma_0}\right)^2+1} \tag{4-153}$$

式中：w_0为光束束腰半宽度；σ_0为相干长度。高斯－谢尔模型光束的 M^2 因子为

$$M^2=\sqrt{\left(\frac{w_0}{\sigma_0}\right)^2+1} \tag{4-154}$$

对部分相干光，σ_0取有限值，$M^2>1$；相干性越好，σ_0越大，越接近于理想高斯光束。当 σ_0趋近于无限大，$M^2=1$。

4.5.3.10 多模式光束的 M^2 因子

对 H-G 混合模、L-G 混合模而言，混合模中各阶模的光强分布有相同的高斯指数因子，传播相同距离后光束发散程度相同，因而有相同的瑞利距离和波面曲率半径。H-G 混合模光束的 M^2 因子可以认为是多个 H-G_{mn} 模式相对强度的加权平均[5]，即

$$M_x^2=\sum_{m=0}^{\infty}\sum_{n=0}^{\infty}(2m+1)\,|c_{mn}|^2 \tag{4-155}$$

$$M_y^2=\sum_{m=0}^{\infty}\sum_{n=0}^{\infty}(2n+1)\,|c_{mn}|^2 \tag{4-156}$$

$$M_r^2=\sum_{m=0}^{\infty}\sum_{n=0}^{\infty}2(m+n+1)\,|c_{mn}|^2 \tag{4-157}$$

式中：m 和 n 分别为 H-G_{mn}模式在 x 和 y 方向的阶数；c_{mn}为 H-G_{mn}模式的权重因子，且

$$\sum_{mn} |c_{mn}|^2 = 1 \tag{4-158}$$

L-G 混合模光束的 M^2 因子可以认为是多个 L-G_{mn}模式相对强度的加权平均[5]，即

$$M_x^2 = \sum_{p=0}^{\infty}\sum_{l=0}^{\infty} |c_{pl}|^2 \begin{cases} 3(p+1), & l=1 \\ 2p+l+1, & l\neq 1 \end{cases} \tag{4-159}$$

$$M_y^2 = \sum_{p=0}^{\infty}\sum_{l=0}^{\infty} |c_{pl}|^2 \begin{cases} p+1, & l=1 \\ 2p+l+1, & l\neq 1 \end{cases} \tag{4-160}$$

$$M_r^2 = \sum_{p=0}^{\infty}\sum_{l=0}^{\infty} (2p+l+1) |c_{pl}|^2 \tag{4-161}$$

式中：p 和 l 分别为 L-G_{pl}模式在径向和角向的阶数；c_{pl}为 L-G_{pl}模式的权重因子，且

$$\sum_{pl} |c_{pl}|^2 = 1 \tag{4-162}$$

4.5.3.11 嵌入高斯光束

多模光束的 Q 参数定义为

$$\frac{1}{Q(z)} = \frac{1}{R(z)} + \mathrm{i}\,\frac{M^2\lambda}{\pi w^2(z)} \tag{4-163}$$

Q 参数的传输同样遵守 $ABCD$ 定律，它可在多模光束中构造一个“嵌入高斯光束”，该“嵌入高斯光束”与多模有相同的束腰位置和瑞利距离，束宽为 $w(z)/M$，利用束宽和 $ABCD$ 定律可得到多模光束的传输方程、波面曲率半径和复曲率半径。若多模是非旋转对称的，则应把光束各传播参量写成在 x 和 y 方向的分解形式。

由于多模光束与“嵌入高斯光束”都有相同的瑞利长度和波面曲率半径，且在任意截面上有 $w = Mw_G$，可利用相应于实际多模光束的“嵌入高斯光束”及 $ABCD$ 定律进行系统结构参数设计，在各光学元件位置确定后，按多模光束束宽的 3 倍给出口径。

基于二阶矩定义的光束质量 M^2 因子概念和相关定义的规范化，有助于进一步深化对光束质量的认识以及统一标准的确定。与其他光束质量评价参数相比，M^2 在物理上更客观地评价光束的特性，是一个较为完善和合理的光束质量评价标准。但是，在实际应用中，M^2 除了在测量上会遇到一些问题以外，“发散困难”是另一问题。在激光系统中会存在若干光阑，对硬边强衍射光束来说，其 M^2 理论上趋于无穷大。为此，人们采用广义截断二阶矩法、渐近分析法和自收敛束宽法将 M^2 的定义由无光阑情况推广到有光阑情况[28,50,51]。

4.5.3.12 截断光束的 $M_G{}^2$ 因子

定义孔径处广义二阶强度矩[52]：

$$< x^2 > = \frac{1}{I_{0,m}^a}\int_{-a}^{a} x^2 \; |E(x,0)|^2 \mathrm{d}x \tag{4-164}$$

$$< u^2 > = \frac{1}{k^2 I_{0,m}^a}\left(I + \frac{8}{a}|E(a,0)|^2\right) \tag{4-165}$$

$$< xu > = \frac{1}{2\mathrm{i}kI_{0,m}^a}\int_{-a}^{a}\{x[E'(x,0)]^* E(x,0) - xE'(x,0)E^*(x,0)\}\mathrm{d}x \tag{4-166}$$

它们分别是空域二阶矩、频率二阶矩和交叉二阶矩。其中

$$I = \int_{-a}^{a} |E'(x,0)|^2 \mathrm{d}x \tag{4-167}$$

k 是波数，a 是孔径宽度，符号′表示对 x 求导数，$*$ 表示复共轭，$I_{0,m}^a$ 表示进入孔径的总功率。

截断光束的 M_G^2 定义为

$$M_G^2 = 2k\sqrt{< x^2 > < u^2 > - < xu >^2} \tag{4-168}$$

4.5.4 *K* 因子

光束传输因子 K[53] 为 M^2 因子的倒数：

$$K = \frac{1}{M^2} \tag{4-169}$$

4.5.5 M^2 曲线

在现阶段，人们对各种类型光束 M^2 因子的研究取得了很大的进展[11]。对于非旋转对称光束，通常采用 $M_x{}^2$ 和 $M_y{}^2$ 来评价激光的光束质量[54]。但实际测量中发现，不同的 x 轴和 y 轴取向上所测得的 $M_x{}^2$ 和 $M_y{}^2$ 会随取向发生变化[55,56]，如图 4-6 所示。对厄米-高斯和拉盖尔-高斯光束，当光斑主轴与实验室坐标轴重合时，$M_x{}^2$ 和 $M_y{}^2$ 分别取最大值和最小值。对像散椭圆高斯光束，当光斑主轴与实验室坐标轴重合时，$M_x{}^2$ 和 $M_y{}^2$ 之和取最小[32,57]。因此，单纯采用 M^2 或 $M_x{}^2$ 和 $M_y{}^2$ 来评价激光光束质量存在缺陷。本书提出了 M^2 曲线的概念，不仅包含了实验室坐标系下的 $M_x{}^2$ 和 M_y^2，同时引入交叉项 $M_{xy}{}^2$ 来表征待测光束光斑主轴与坐标系的位置关系。M^2 曲线矩阵可以有效地使得 M^2 因子的测量值统一起来，更为客观地描述光束质量，为实验中评价激光光束质量带来了便利。

设光场分布为 $I(x,y,z)$，由一阶矩可以确定光束的重心坐标 $(\bar{x},\bar{y})$。

$$\bar{x}(z)=\frac{\int_{-\infty}^{+\infty}\int_{-\infty}^{+\infty}xI(x,y,z)\,\mathrm{d}x\mathrm{d}y}{\int_{-\infty}^{+\infty}\int_{-\infty}^{+\infty}I(x,y,z)\,\mathrm{d}x\mathrm{d}y} \tag{4-170}$$

$$\bar{y}(z)=\frac{\int_{-\infty}^{+\infty}\int_{-\infty}^{+\infty}yI(x,y,z)\,\mathrm{d}x\mathrm{d}y}{\int_{-\infty}^{+\infty}\int_{-\infty}^{+\infty}I(x,y,z)\,\mathrm{d}x\mathrm{d}y} \tag{4-171}$$

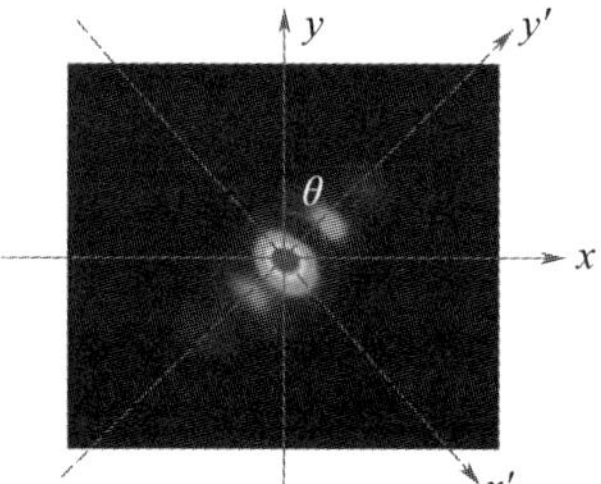

图 4-6　实验室坐标系下非旋转对称光束的示意图

当光场绕 z 轴顺时针旋转方位角 α 后，光束函数表达式里的自变量 x 和 y 变为 x_α 和 y_α，并满足关系：

$$\begin{bmatrix} x_\alpha \\ y_\alpha \end{bmatrix}=\boldsymbol{A}\begin{bmatrix} x \\ y \end{bmatrix} \tag{4-172}$$

式中：$\boldsymbol{A}=\begin{bmatrix} \cos\alpha & -\sin\alpha \\ \sin\alpha & \cos\alpha \end{bmatrix}$为旋转角度 α 的矩阵。

光场旋转前后保持能量守恒，即满足

$$\int_{-\infty}^{+\infty}\int_{-\infty}^{+\infty}I(x,y,z)\,\mathrm{d}x\mathrm{d}y=\int_{-\infty}^{+\infty}\int_{-\infty}^{+\infty}I_\alpha(x,y,z)\,\mathrm{d}x\mathrm{d}y \tag{4-173}$$

式中：$I_\alpha(x,y,z)$ 为旋转方位角 α 后的光场强度分布。

由一阶矩定义旋转方位角 α 后的光场重心坐标 $(\bar{x}_\alpha,\bar{y}_\alpha)$ 为

$$\bar{x}_\alpha(z)=\frac{\int_{-\infty}^{+\infty}\int_{-\infty}^{+\infty}xI_\alpha(x,y,z)\,\mathrm{d}x\mathrm{d}y}{\int_{-\infty}^{+\infty}\int_{-\infty}^{+\infty}I_\alpha(x,y,z)\,\mathrm{d}x\mathrm{d}y} \tag{4-174}$$

$$\bar{y}_\alpha(z)=\frac{\int_{-\infty}^{+\infty}\int_{-\infty}^{+\infty}yI_\alpha(x,y,z)\,\mathrm{d}x\mathrm{d}y}{\int_{-\infty}^{+\infty}\int_{-\infty}^{+\infty}I_\alpha(x,y,z)\,\mathrm{d}x\mathrm{d}y} \tag{4-175}$$

在光场旋转角度 α 前后，x,y 和 x_α,y_α 满足的关系：

$$(x-\bar{x})^2+(y-\bar{y})^2=(x_\alpha-\bar{x}_\alpha)^2+(y_\alpha-\bar{y}_\alpha)^2 \tag{4-176}$$

由二阶矩光场旋转角度 α 后的束半宽平方及其交叉项 $w_{\alpha,xy}^2$：

$$w_{\alpha,x}^2(z)=\frac{4\int_{-\infty}^{+\infty}\int_{-\infty}^{+\infty}(x-\bar{x}_\alpha)^2I_\alpha(x,y,z)\,\mathrm{d}x\mathrm{d}y}{\int_{-\infty}^{+\infty}\int_{-\infty}^{+\infty}I_\alpha(x,y,z)\,\mathrm{d}x\mathrm{d}y} \tag{4-177}$$

$$w_{\alpha,y}^2(z)=\frac{4\int_{-\infty}^{+\infty}\int_{-\infty}^{+\infty}(y-\bar{y}_\alpha)^2I_\alpha(x,y,z)\,\mathrm{d}x\mathrm{d}y}{\int_{-\infty}^{+\infty}\int_{-\infty}^{+\infty}I_\alpha(x,y,z)\,\mathrm{d}x\mathrm{d}y} \tag{4-178}$$

$$w_{\alpha,xy}^2(z) = \frac{4\int_{-\infty}^{+\infty}\int_{-\infty}^{+\infty}(x-\bar{x}_\alpha)(y-\bar{y}_\alpha)I_\alpha(x,y,z)\mathrm{d}x\mathrm{d}y}{\int_{-\infty}^{+\infty}\int_{-\infty}^{+\infty}I_\alpha(x,y,z)\mathrm{d}x\mathrm{d}y} \tag{4-179}$$

$$w_r^2(z) = \frac{4\int_{-\infty}^{+\infty}\int_{-\infty}^{+\infty}[(x-\bar{x}_\alpha)^2+(y-\bar{y}_\alpha)^2]I_\alpha(x,y,z)\mathrm{d}x\mathrm{d}y}{\int_{-\infty}^{+\infty}\int_{-\infty}^{+\infty}I_\alpha(x,y,z)\mathrm{d}x\mathrm{d}y} \tag{4-180}$$

利用二阶矩定义可以推导得到旋转前后的束宽半径有以下关系[57]：

$$w_{\alpha,x}^2(z) = w_x^2(z)\cos^2\alpha + w_y^2(z)\sin^2\alpha \tag{4-181}$$

$$w_{\alpha,y}^2(z) = w_x^2(z)\sin^2\alpha + w_y^2\ (z)^2\cos\alpha \tag{4-182}$$

$$w_{\alpha,x}^2(z) + w_{\alpha,y}^2(z) \equiv w_r^2(z) \tag{4-183}$$

沿 z 方向传输的光束在 x 方向、y 方向、交叉方向和 r 径向的束半宽[28]分别表示为

$$\begin{cases} w_{\alpha,x}^2(z) = w_{\alpha,0x}^2 + \theta_{\alpha,x}^2(z-z_{\alpha,x0})^2 \\ w_{\alpha,y}^2(z) = w_{\alpha,0y}^2 + \theta_{\alpha,y}^2(z-z_{\alpha,y0})^2 \\ w_{\alpha,xy}^2(z) = w_{\alpha,0xy}^2 + \theta_{\alpha,xy}^2(z-z_{\alpha,xy0})^2 \\ w_r^2(z) = w_{0r}^2 + \theta_r^2\ (z-z_{r0})^2 \end{cases} \tag{4-184}$$

式中：$w_{\alpha,0x}$，$w_{\alpha,0y}$，$w_{\alpha,0xy}$ 和 w_{r0} 分别表示在 x 方向、y 方向、交叉项和 r 径向的束腰半宽；$z_{\alpha,x0}$，$z_{\alpha,y0}$，$z_{\alpha,xy0}$ 和 θ_{r0} 分别表示在 x 方向、y 方向、交叉项和 r 径向的束腰位置；$\theta_{\alpha,x}$，$\theta_{\alpha,y}$，$\theta_{\alpha,xy}$ 和 θ_r 分别表示在 x 方向、y 方向、交叉项和 r 径向的远场发散半角。$\theta_{\alpha,x}$，$\theta_{\alpha,y}$，$\theta_{\alpha,xy}$ 和 θ_r 可由光束的传输轮廓线求得。

在不同方位角 α 下光束的 $M_{\alpha,x}^2$、$M_{\alpha,2y}$、交叉项 $M_{\alpha,xy}^2$ 和 M_r^2 分别为

$$M_{\alpha,x}^2 = \frac{\pi}{\lambda}w_{\alpha,0x}\theta_{\alpha,x} \tag{4-185}$$

$$M_{\alpha,y}^2 = \frac{\pi}{\lambda}w_{\alpha,0y}\theta_{\alpha,y} \tag{4-186}$$

$$M_{\alpha,xy}^2 = \frac{\pi}{\lambda}w_{\alpha,0xy}\theta_{\alpha,0xy} \tag{4-187}$$

$$M_r^2 = \frac{\pi}{\lambda}w_{0r}\theta_r \tag{4-188}$$

将 $M_{\alpha,x}^2$，$M_{\alpha,y}^2$，$M_{\alpha,xy}^2$ 和 $M_{\alpha,r}^2$ 作为矢径，其方位角 α 为旋转角，得到 M^2 因子随方位角变化的轨迹曲线即为 M^2 曲线。从式(4－185)～式(4－187)可以看出，当光束相对于坐标轴系统旋转角度 α 时，可以得到不同的 M^2 因子值，当待测激光以任意一个方向(比如 x 方向)为起始点旋转 360°时，那么可以得到随着旋转角度 α 变化的 M^2 因子值的变化轨迹，即定义为 M^2 曲线。以上分析可知，一旦待

测激光确定，它的 M^2 因子值随着旋转角度 α 变化的轨迹的形状是一样的，即 M^2 曲线具有唯一性且与待测激光一一映射。而传统的 M_x^2 和 M_y^2 仅仅是 M^2 曲线在特定 x 和 y 方向上的一组值，也就是说 $M_x{}^2$ 和 M_y^2 为 M^2 曲线的一个特例。从这方面来说，M^2 曲线比传统的 M^2 因子更具有普遍性、包含更广泛的物理意义。M^2 曲线面积越大，其光束质量越差。

作为计算例，计算得到 H-G_{mn} 模式、L-G_{mn} 模式和 LP_{mn} 模式的 M^2 曲线如图4－7所示。图中可见，模式阶数越高，其 M^2 曲线越远离中心，所包含的面积越大。从曲线上可以直观地了解到光束在各个方位角方向的光束质量。理想高斯光束就是半径为1的单位圆，H-G_{00} 模式和 L-G_{00} 模式都是基模高斯光束，其他模式的 M^2 曲线都是在单位圆以外的。值得注意的是，LP_{01} 模式虽然是 LP_{mn} 模式系列中的最低阶模，但由于它是光纤内建折射率阶梯形成的模式，在自由空间传输时，其传输特性不如基模高斯光束。

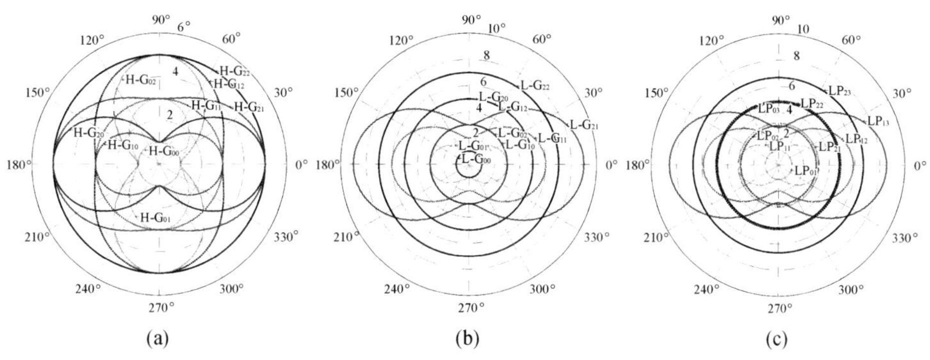

图4－7 模式的 M^2 曲线

(a) H-G_{mn} 模式；(b) L-G_{pl} 模式；(c) LP_{mn} 模式。

对于存在简单像散的模式系列，如正交柱面镜谐振腔产生的模式，虽然像散模式在主方向上的 M^2 与非像散模式的 M^2 相同，但由于光束存在像散，其 M^2 曲线明显大于非像散模式。可见，M^2 曲线可以很容易判断出光束是否存在像散。作为计算例，图4－8中给出了像散的 H-G_{mn} 模式和非像散的 H-G_{mn} 模式的 M^2 曲线。

对于存在复杂像散的光束，如交叉柱面镜谐振腔产生的模式，或经过复杂像散系统传输的光束，采用 M^2 曲线会更加直观表示光束的特性。作为计算例，设 H-G_{00} 模式通过一个焦距为20 w_0 的柱透镜（母线在 x 方向），变为了简单像散的光束，其 M^2 曲线由原来的单位圆变成了四瓣花的形状，M^2 在主方向上仍保持为1，但在其他方向上已经大于1了。当它再经过一个母线相对于 x 轴方向旋转30°的焦距为50 w_0 的柱透镜时，变为了复杂像散高斯光束，其 M^2 曲线进一步扭曲，如图4－9所示。当 H-G_{01} 模式通过同样的焦距为20 w_0 的柱透镜（母线在 x

方向),也变为了简单像散的光束,其 M^2 曲线由原来的单位圆变成了四瓣花的形状,M^2 在主方向上仍保持为 1,但在其他方向上已经大于 1 了。当它再经过一个母线相对于 x 轴方向旋转 30°的焦距为 $50w_0$ 的柱透镜时,变为了复杂像散高斯光束,其 M^2 曲线进一步扭曲。

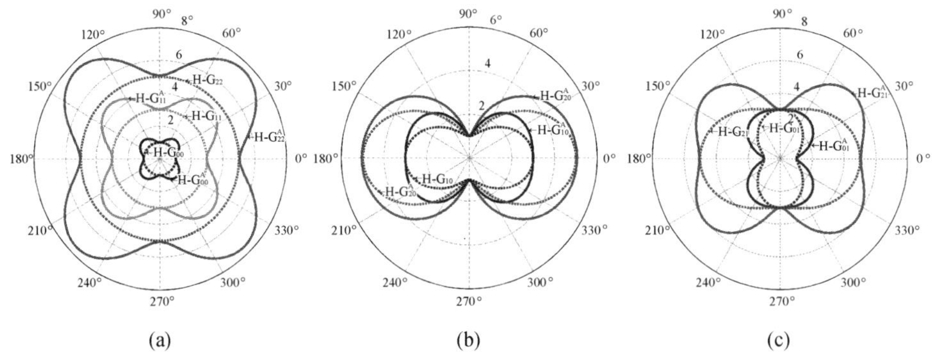

图 4-8 像散的 H-G_{mn} 模式与无像散的 H-G_{mn} 模式的 M^2 曲线

(a) H-G_{00},H-G_{11},H-G_{22};(b) H-G_{10},H-G_{20},(c) H-G_{21},H-G_{01}。

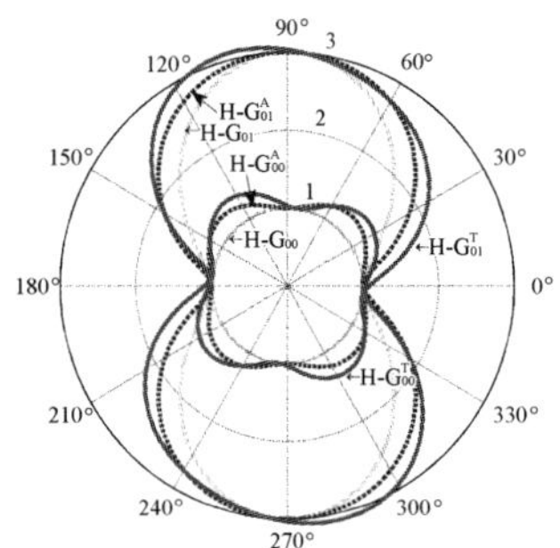

图 4-9 无像散的 H-G_{00} 模式和 H-G_{01} 模式、简单像散的 H-G_{00}^{A} 模式和 H-G_{01}^{A} 模式,以及复杂像散的 H-G_{00}^{T} 模式和 H-$G_{01}{}^{T}$ 模式的 M^2 曲线

如果在实际工作中确实需要仅用一个指标参数来比较激光光束的质量,建议采用 π 除以 M 曲线包含的面积,定义为 Q_{ZF} 参数:

$$Q_{ZF}=\frac{\text{基模高斯光束的 } M \text{ 曲线包含的面积}}{\text{实际高斯光束的 } M \text{ 曲线包含的面积}}=\frac{\pi}{\dfrac{1}{2}\displaystyle\int_0^{2\pi}M_x^2(\theta)\,\mathrm{d}\theta} \tag{4-189}$$

Q_{ZF} 参数的定义与人们常规的习惯是相符合的,即 Q_{ZF} 参数的值越大,其光束质量越好,最大值是 1;Q_{ZF} 参数的值越小,光束质量越差,最小值是 0。对于图 4-9 所示的光束,HG_{00} 模式的 Q_{ZF} 参数值为 1,变为像散光束和复杂像散光束后,Q_{ZF} 参数值分别减小到 0.79 和 0.70;HG_{01} 模式的 Q_{ZF} 参数值为 0.22,变为像

散光束和复杂像散光束后，Q_{ZF}参数值分别减小到 0.19 和 0.17。

4.6　光束质量因子 M^2 和 M^2 曲线的测量方法

人们对基于束半宽测量 M^2 方法进行了很多研究[58]，具体的有聚焦两点法、光腰两点法、调焦两点法、三点法、多点拟合法等。

4.6.1　聚焦两点法测 M^2

如图 4-10 所示，将透镜置于光束束腰处或 1/3 瑞利距离范围内，分别测出透镜前表面和透镜后焦面处的束宽半宽度 w_0 和 w_f，则

$$M^2 = \frac{\pi w_0 w_f}{\lambda f} \tag{4-190}$$

式中：f 为透镜焦距。

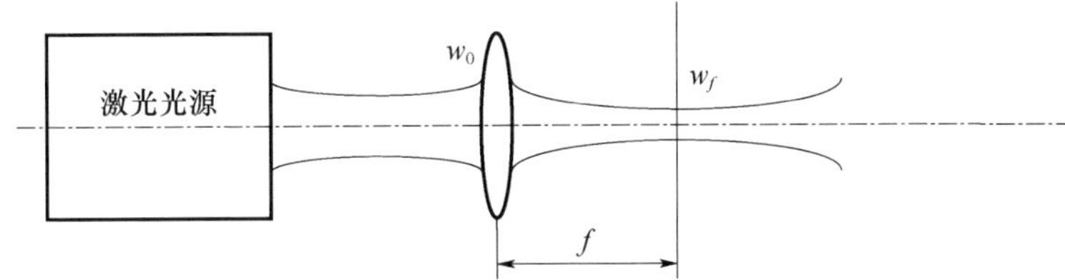

图 4-10　聚焦两点法测光束质量 M^2 因子示意图

4.6.2　光腰两点法测 M^2

只要测得束腰位置 z_0、束腰半宽度 w_0，以及任一其他位置 z 处的束腰半宽度 w，利用

$$M^2 = \frac{\sqrt{w^2 - w_0^2}}{z - z_0} w_0 \frac{\pi}{\lambda} \tag{4-191}$$

就能计算出 M^2。通常用一个无像差透镜将自由光束聚焦，在像空间测量有关参数，最后折算到物空间。这种“透镜变换法”已为 ISO 认可。选用这种方法时应选择适当的透镜以避免在测量结果中引入较大的误差。

4.6.3　调焦两点法测 M^2

测量系统如图 4-11 所示，由可变焦的高精度光学系统、分束棱镜、两个 CCD 面阵探测器和计算机组成。后组透镜及两 CCD 位置固定不变，且两 CCD 间距离为 t，微机控制步进电机，驱动前组透镜 F_1 前后移动，改变光学间隔 L，使光斑尺寸 w_1 达到最小值，并同时测出光斑尺寸 w_2，再结合光学系统参数，可计

算出被测激光束束腰位置 z_0、束腰半宽度 w_0、远场发散角及 M^2 因子。由激光光学可知：

$$\left(\frac{w_1}{w_2}\right)^2=\frac{1+\left(\frac{z_0}{z_R}\right)^2}{1+\left(\frac{t-z_0}{z_R}\right)^2} \tag{4-192}$$

$$z_R=\frac{\pi w_0^2}{\lambda} \tag{4-193}$$

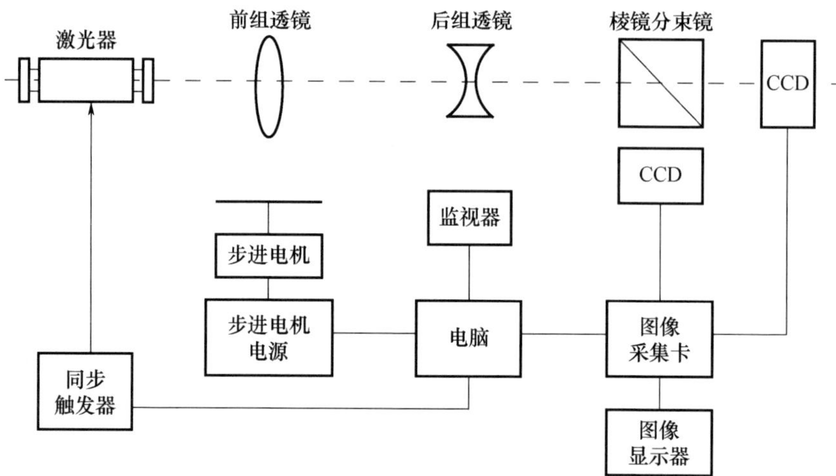

图 4-11　调焦两点法测光束质量 M^2 因子示意图

并利用调焦两点法的基本思想：

$$\mathrm{d}w_2/\mathrm{d}L=0 \tag{4-194}$$

可迭代求出“嵌入高斯光束”的束腰位置 z_0 和束腰半宽度 w_0，最后求得

$$M^2=\frac{w_1 w_2}{w_0^2\left[1+\left(\frac{z_0}{z_R}\right)^2\right]\left[1+\left(\frac{t-z_0}{z_R}\right)^2\right]} \tag{4-195}$$

4.6.4　三点法测 M^2

测出光束在三个不同位置 z_1，z_2 和 z_3 处的束宽半宽度 w_1，w_2 和 w_3[58]，利用光束传输方程可得

$$w_1^2=w_0^2+\theta^2\ (z_1-z_0)^2 \tag{4-196}$$

$$w_2^2=w_0^2+\theta^2\ (z_2-z_0)^2 \tag{4-197}$$

$$w_3^2=w_0^2+\theta^2\ (z_3-z_0)^2 \tag{4-198}$$

式中：z_0 为光束的束腰位置；θ 为光束的远场发散角。不难推出：

$$Z_0=\frac{1}{2}\cdot\frac{(z_1^2-z_3^2)(w_1^2-w_2^2)-(z_1^2-z_2^2)(w_1^2-w_3^2)}{(z_1-z_3)(w_1^2-w_2^2)-(z_1-z_2)(w_1^2-w_3^2)} \tag{4-199}$$

$$w_0=\sqrt{w_1^2-\theta^2\ (z_1-z_0)^2} \tag{4-200}$$

$$\theta=\sqrt{\frac{(w_1^2-w_3^2)}{(z_1+z_3-2z_0)(z_1-z_3)}} \tag{4-201}$$

最后,求得 M^2因子。

$$M^2=\frac{\pi w_0\theta}{\lambda} \tag{4-202}$$

4.6.5 多点拟合法测 M^2

原则上用三个不同位置的束宽就可以计算出 M^2因子,更多位置的测量是用来相互校核以减小误差。沿传播轴 z 测量光束在不同位置处的束宽半宽度 w,用双曲线拟合确定光束的传输轮廓,最后确定 M^2因子。根据国际标准化组织的有关标准,为了保证测量精度,至少测 10 次,必须有至少 5 次处于光束瑞利长度之内。束宽的双曲线拟合公式如下:

$$w^2=Az^2+Bz+C \tag{4-203}$$

用数理统计的知识求出双曲线的系数 A,B 和 C 后,束腰半宽度 w_0,位置 z_0、远场发散角及 M^2因子如下:

$$w_0=\sqrt{C-\frac{B^2}{4A}} \tag{4-204}$$

$$z_0=-\frac{B}{2A} \tag{4-205}$$

$$\theta=\sqrt{A} \tag{4-206}$$

$$M^2=\frac{\pi}{\lambda}\sqrt{AC-\frac{B^2}{4}} \tag{4-207}$$

4.6.6 M^2因子实时测量方法

传统的 M^2因子分析仪是通过移动光学器件以获取多个位置的激光束宽值,操作复杂并且测量速度缓慢,并且不能用来测量脉冲激光或者实时检测激光光束质量变化情况。实时测量光束质量的难度在于一次性得到束腰附近两倍瑞利距离内的多个光斑能量分布。一般地,分光镜法或者透镜阵列法可实现多个位置的同时测量,但是存在光学系统复杂、操作不易实现等缺点。1998年,H. L. Offerhaus 等人提出基于剪切干涉的单次测量 M^2因子的方法[59],由近场的波前相位和振幅分布计算得到 M^2因子。Bernd 等人提出采用哈特曼波前传感器测量 M^2方法[60,61],其仅需一次就可以测得 M^2值,但是其只适用于基模激光光束质量的评价,对于高阶模激光则会有较大的误差[62]。2012 年,Oliver A. Schmidt 等人[63,64]采用模式分解法实时测量 M^2 因子,并与传统的方法进行比较而得到了很好的结果。此外,还有以下几种相对简单但有效的 M^2 因子实时测量方法,包括基于平行平板法、正交散焦光栅法[65,66]以及散射光成像法[67]等。

4.6.6.1 平行平板法

基于平行平板法 M^2 因子实时测量装置如图 4-12 所示,其主要由两块不同反射率的平行玻璃平板构成的多平面成像系统组成。待测激光经聚焦透镜后进入平行平板成像系统,经过平行平板多次反射后,其出射光束进入到面阵 CCD 靶面,那么在 CCD 靶面上得到一系列不同光程差的光斑。通过选取合适的透镜焦距和调节平行平板之间的距离,可以使得待测激光束腰附近两倍瑞利距离内多个不同光程差的光斑在 CCD 靶面上成像,那么 CCD 记录下来的不同光程差的系列光强分布类似于传统多次移动 CCD 测量的结果。

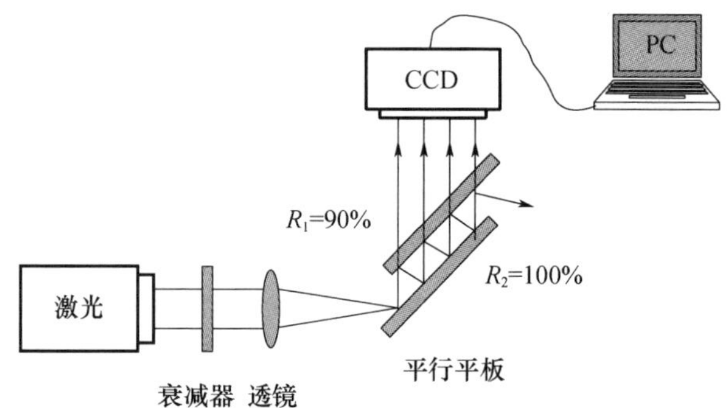

图 4-12 基于平行平板的 M^2 因子测量实验装置图

图 4-13 所示是为采用该方法采集到的一系列光斑图样。对采集到的图片通过定标将像素大小转换为实际尺寸,根据二阶矩公式计算得到各个位置的光束的束宽,经双曲线拟合法确定待测激光的 M^2 因子。平行平板法的关键是在于选择合适的平板反射率,因为它对光束的光强分布具有很大的影响,将直接影响最后 M^2 因子值测量结果的准确性。

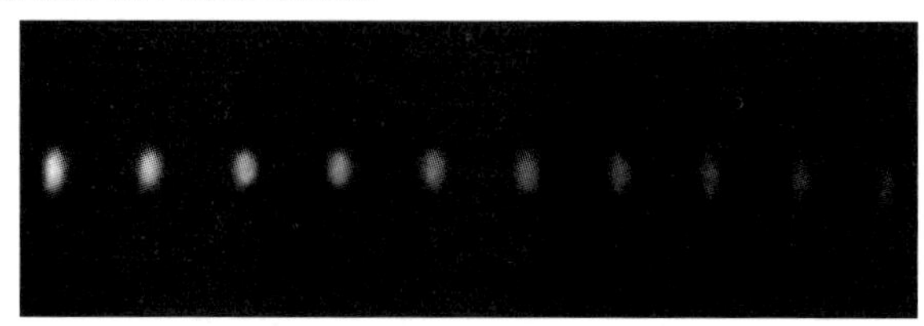

图 4-13 基于平行平板法采集到的光斑图样

4.6.6.2 散焦光栅法

1999 年,Blanchard 等人发明了散焦光栅[65],其实质上是离轴的菲涅尔波带片。它一方面起着普通光栅的棱镜作用,将入射激光波前在光栅不同衍射级别上分束,具有对称分布的正负级次衍射光轴;另一方面则起着菲涅尔波带片的透镜作用,在不同衍射级次中引入具有不同焦距的透镜效应[68]。将散焦光栅与透镜组合(主要提供聚焦功能)使用,能够在同一成像面(如 CCD 靶面)形成多个物平面成像。同时只考虑 -1,0, +1 三个衍射级次时,这样的散焦光栅与透镜的组合具有三个衍射光轴,每个光轴对应着不同的焦距,分别是小于、等于和大于透镜的焦距[65,68]。图 4-14 中,把散焦光栅与透镜组合用于成像系统时,可以看成多个物平面成像在同一个平面上,在三个物平面上放置了三个打印有字母 A,B 和 C 的透明胶片,它们则可以在同一个像平面上成像[65]。

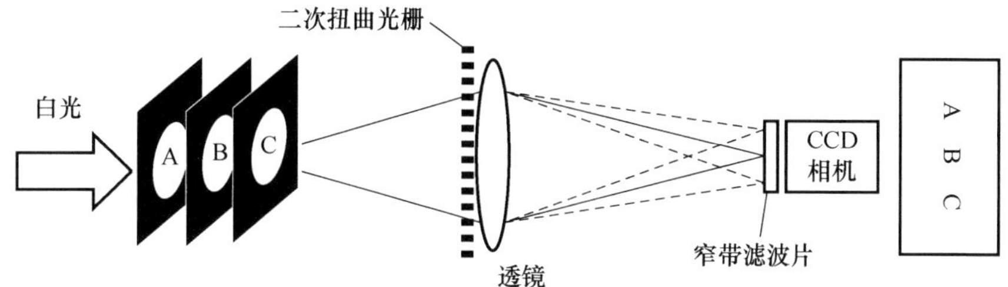

图 4-14 散焦光栅成像特性(三个物平面在同一个像平面上成像)[65]

基于正交散焦光栅的光束质量 M^2 因子实时测量实验装置如图 4-15 所示,其光路结构与传统的移动 CCD 测量方法类似,只是将正交散焦光栅与透镜紧密组合代替单一的聚焦透镜。正如前面的分析,散焦光栅和透镜组合可以产生 -1, 0, +1 三个衍射光轴;若将一对正交散光光栅与透镜组合使用,则能产生 3×3=9 个不同的含有等效焦距的衍射光轴,分别为(-1, -1),(-1,0),(-1, +1),(0, -1),(0,0),(0, +1),(+1, -1),(+1,0)和(+1, +1)。当待测激光光束入射至正交散光光栅和透镜组合时,经过不同的等效透镜聚焦效应后,将产生 9 个相互分离的高斯光束,如图 4-16 所示[69]。经过合理设计光路可以使得变换后的高斯光束的束腰位置分别在各自衍射级次的等效焦平面附近。因此,像面上的 9 个光斑强度分布可近似认为高斯光束束腰附近的 9 个光斑空域强度分布(接近于 ISO 11146 标准的 10 次测量),然后利用二阶矩方法计算束宽,并由双曲线拟合方法得到待测激光的 M^2 因子。

由以上分析可知,合理设计正交散光光栅(等效焦距和离轴量)和选取透镜的焦距是采用该方法能否有效测量 M^2 因子的关键,使得各个衍射级次能够足够分开并且使得待测激光光斑均匀等效地分布在束腰两侧瑞利范围之内。实际测量时,可以通过调制和探测成像面之间的距离,使得探测成像平面位于零级衍射光的束腰处。若不能严格测量各个衍射级光束的束腰位置,就无法精确确定探测成像平面到各个衍射级次束腰的距离,即无法精确控制同一被测光束上 9 个测量光斑与束腰的距离,导致双曲线拟合计算 M^2 因子时不准确。

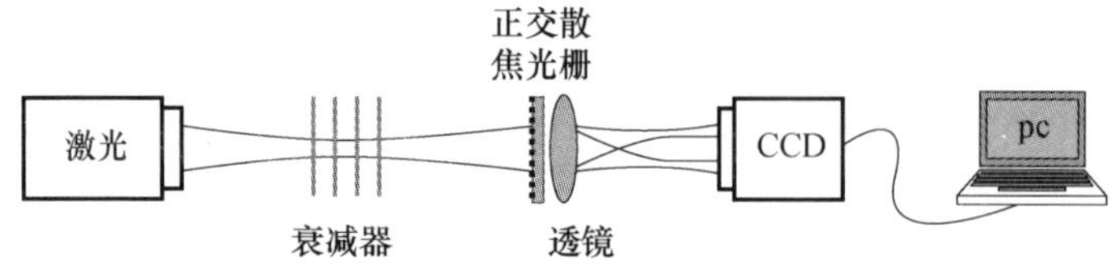

图 4-15　基于散焦光栅的 M^2 因子测量系统装置图

图 4-16　基于散焦光栅法采集到的光斑阵列图样[69]

4.6.6.3　散射光成像法

基于散射光成像法(Scattering Light Imaging Method,SLIM)的 M^2 因子实时测量实验原理装置如图 4-17 所示[67]。待测激光沿着其传播方向 z 进入散射光成像系统后,被透镜聚焦至均匀散射物(水、气体或者均匀固体介质等)。被聚焦的透镜会被均匀的散射介质散射,散射光被由柱面棱镜 Lens 1 和 Lens 2 组成的成像系统后被放置在其成像平面上的 CCD 相机接收,并由 CCD 记录待测激光验证 z 轴方向上的光强分布 $I(x_i,z)$。

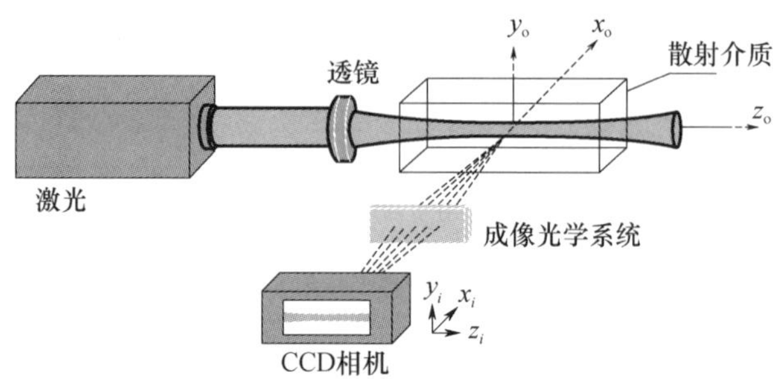

图 4-17　基于散射光成像法 M^2 因子测量实验原理图[67]

从图 4－17 中可以看出，CCD 相机接收到的图像相当于测量了待测激光光束在 y 方向上的多个位置的强度轮廓分布 $I_{SLIM}(y_i, z_i)$，其中每个 y_i 点的值为 x_0 方向上的所有强度值的叠加。采用 SLIM 测量光束的束宽半径的精度主要取决于柱面透镜成像系统，即主要受成像系统的聚焦深度对图像质量的影响。如图 4－18 所示，采用了基于 SLIM 的 M^2 因子测量方法得到的任何畸变光束和近乎理想光束的散射光图像，即待测激光光强轮廓分布在 y 方向上随着传输距离 z 的分布情况，然后利用二阶矩的方法可以确定沿着传播方向 z 上的束宽，结果如图 4－19 所示[67]。

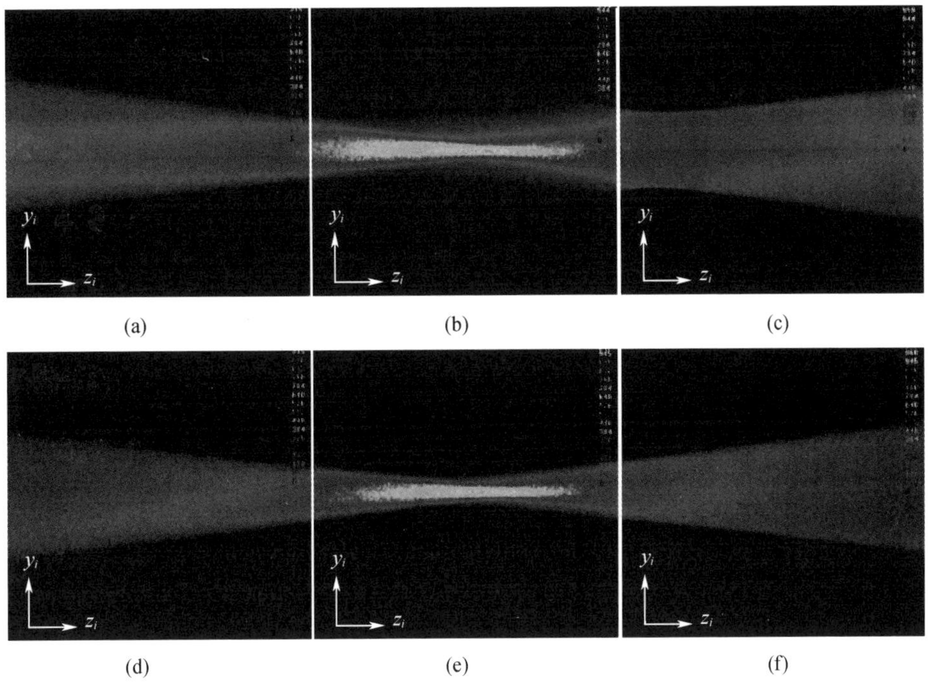

图 4－18　Nd:YAG 激光束光强传输的实验结果[67]

(a)～(c)任意光束；(d)～(f)理想光束。

从图 4－19 可以看出，采用 SLIM 的测量结果与传统的 CCD 移动法的结果基本吻合。而采用 SLIM 得到的束宽半径在传播方向上具有更高的分辨率，也就是说，几乎可以在 z 轴方向上以散射光成像系统的分辨率为距离测一个数据点，这也使得该测量方法在曲线拟合上可以获得更高的精度，并提高了 M^2 因子的测量准确度。以上只是给出了 y 方向上的待测激光光强轮廓分布情况；对于散光激光或者是非圆对称的光束则可以通过旋转成像系统 90° 测量其 x 方向的激光光强轮廓分布以获得被测光束的另一个方向上的 M^2 因子[67]。

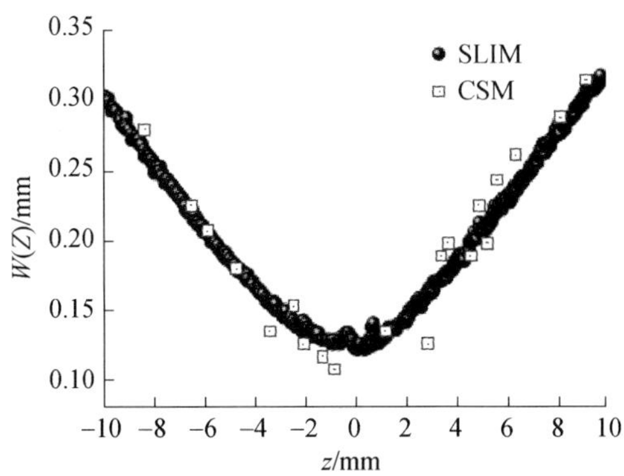

图 4 - 19　采用 CCD 移动法和 SLIM 得到的理想光束的传输曲线[67]

4.6.7　M^2 曲线的测量

测量系统原理框图如图 4 - 20 所示，其中包括待测激光、衰减片、聚焦透镜、电动平移台、阵列探测器、数据采集及处理系统等。

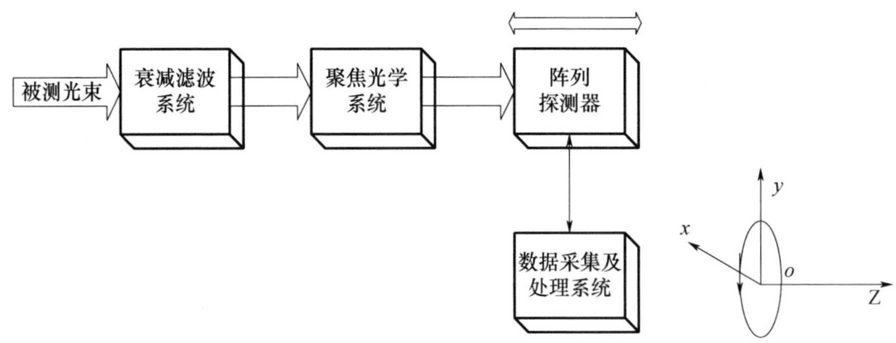

图 4 - 20　M^2 曲线测量系统原理框图

被测激光束经过衰减滤波系统和聚焦光学系统后，阵列探测器沿光束传输方向移动，采集在不同位置处的光斑强度分布。先计算出实验室坐标系下沿 x 方向、y 方向、r 径向和 xy 交叉方向的 M^2 因子，再将采集到的光斑组分别绕 z 轴旋转某一角度，再计算出沿 x 方向、y 方向、r 径向和 xy 交叉方向的 M^2 因子，可获得 M^2 因子随旋转角度变化的曲线。

测量步骤如下：

(1) 测量前采集背景帧图像，多帧平均得到本底帧信息，统计得到噪声均方根值，采集帧数应不少于 10 帧。

(2) 利用阵列探测器测量被测激光在不同位置处的光斑图，每一个测量位置上，都需要测量多次，以降低随机误差的影响；在整个测量过程中，应保证探测

器的测量是在线性范围内进行。

(3) 在整个测量过程中,透镜固定,通过电控平移台移动阵列探测器的位置,至少有10个 z 位置的光斑分布,其中有一半位于瑞利距离以内。

数据采集及处理步骤如下:

(1) 去除光斑图的背景噪声。

(2) 将每一个测量位置上多次测量结果叠加,以降低随机误差的影响。

(3) 利用光场强度一阶矩计算得到每一个 z 位置处的光束重心位置。

(4) 每一个 z 位置处,利用光场强度二阶矩计算得到 x 方向、y 方向、r 径向和 xy 交叉方向的束宽。

(5) 采用多点测量双曲线拟合法,计算出光束在实验室坐标系下在 x 方向、y 方向、r 径向和 xy 交叉方向的 M^2 因子。

(6) 将各个位置处的光斑分别旋转角度10°,20°,30°,40°,50°,60°,70°,80°,分别重复(4)和(5)得到不同旋转角度下的 M^2 因子。

(7) 画出 M_x^2,M_y^2,M_r^2 和 M_{xy}^2 随旋转角度变化的曲线。

4.6.8 基于 MZ-PDI 的复振幅重建及 M^2 曲线测量

4.6.8.1 Mach-Zehnder 径向剪切干涉仪

图4-21所示的 Mach-Zehnder 径向剪切干涉仪[70]的基本原理与传统的CRSI类似,只是采用 Mach-Zehnder 光路架构,其主要由待测波前、分光器 BS_1 和 BS_2、反射镜 M_1 和 M_2、傅里叶透镜 L_1 ~ L_4 以及 CCD 相机等光学部件组成。待测激光进入 Mach-Zehnder 径向剪切干涉系统后,首先被分光器 BS_1 分为透射光和反射光。其中,透射光被由 L_1 和 L_2 组成的正向望远镜系统放大后形成参考光束,而反射光则被由 L_3 和 L_4 组成的反向望远镜系统缩小后形成信号光束,信号光和参考光在分束镜 BS_2 处发生汇合并发生干涉形成径向剪切干涉条纹图,最后干涉图被放置于成像面的 CCD 相机记录。

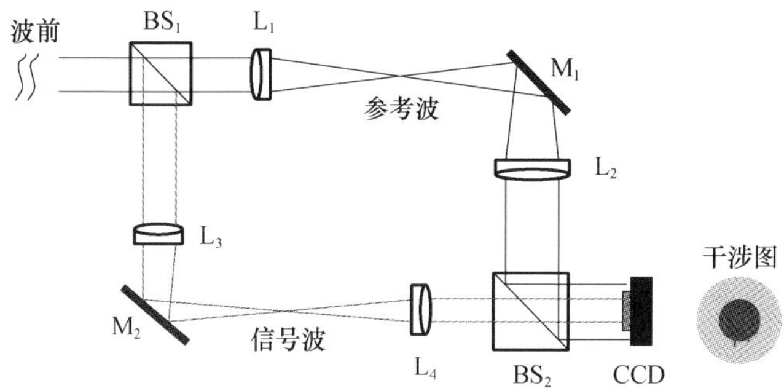

图4-21 Mach-Zehnder 径向剪切干涉仪的基本原理

4.6.8.2 Mach - Zehnder 点衍射干涉仪(MZ - PDI)

利用 Mach - Zehnder 自参考干涉系统无需设置专门参考光的特点,在其参考臂和测试臂上分别设置放大倍率为 s 且互为倒置的望远镜系统,使得经针孔滤波、准直后的参考光被放大 $S=s^2$ 倍形成波前与振幅(或强度)皆近似于一个平面的理想参考光。利用傅里叶干涉条纹分析法从干涉图中便可直接重建待测激光复振幅分布,具有结构简单和测量快速的优点,为后续瞬态激光的静态和动态输出光场进行复振幅重建实验提供方法。

4.6.8.3 MZ - PDI 基本原理

图 4 - 22 中,为了克服传统 SRI - WFS[71] 与 CRSI[72,73] 各自的缺点并结合二者的优点,在其两臂上分别设置放大倍率一致且互为倒置的望远镜系统。使得待测激光进入 MZ - PDI 系统经分光镜 1 后分为两束,其中一束经过由焦距分别为 f_3,f_4 的透镜 L_3 和透镜 L_4 组成放大倍率为 $s=f_3/f_4$ 的倒置的望远镜系统后形成包含待测激光全部信息的缩小光束,作为测试光;另一光束则依次经过透镜 L_1(焦距为 f_1)、针孔和透镜 L_2(焦距为 f_2)组成的放大倍率为 $s=f_2/f_1$ 针孔滤波系统滤波后形成扩束光束,作为参考光。参考光和信号光经分光镜 L_2 会合后并在成像面 P_i 发生干涉并形成干涉图,定义 $S=s^2>1$ 为 MZ - PDI 的放大倍数。当 S 足够大时,经针孔滤波、扩束准直后的波前与振幅(或强度)皆可近似于一个平面形成理想的参考光。因此,利用傅里叶分析法得到干涉图的复振幅调制函数即为待测激光复振幅分布。

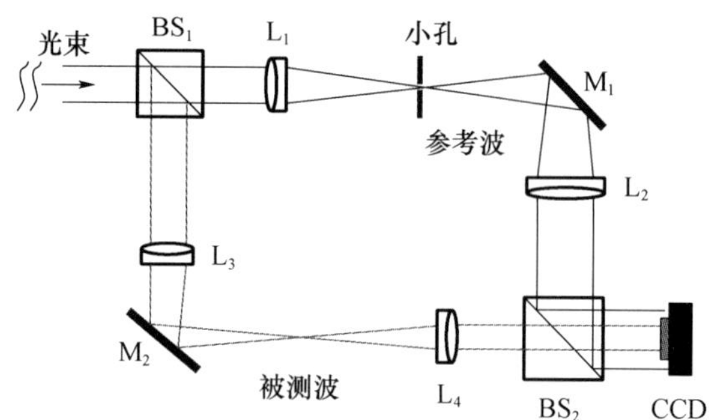

图 4 - 22 MZ - PDI 的基本原理

4.6.8.4 MZ - PDI 理论分析

在图 4 - 22 中,设 $A(x_0,y_0)$ 和 $W(x_0,y_0)$ 分别为入射激光 $E(x_0,y_0)$ 在物面 P_0 上的振幅与波前分布,则经分光镜 BS_1 反射的入射激光依次通过透镜 L_3 和

透镜 L_4 形成的测试光在像平面 P_i 的复振幅可表示为[74]

$$E_T(x_i,y_i) \propto E(sx_i,sy_i) = A(sx_i,sy_i)\mathrm{e}^{\mathrm{i}2\pi W(sx_i,sy_i)} \tag{4-208}$$

而分光镜 BS_1 的透射光束则依次通过透镜 L_1、透镜 L_2 和针孔组成的针孔滤波系统后形成扩束光束作为参考光。针孔滤波系统可以等效为如图4-23所示光路系统，其中针孔放置于透镜 L_1 焦平面 P_f 处，图中相应标出了理论分析过程中需要用到的参数与坐标表达形式。

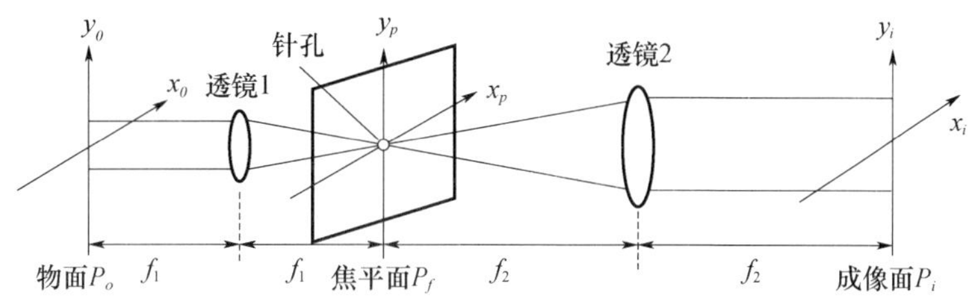

图4-23 针孔滤波系统示意图

根据傅里叶光学理论，待测光场 $E(x_0,y_0)$ 经透镜 L_1 并传播至其焦平面 (x_p, y_p) 相当于对 $E(x_0,y_0)$ 作傅里叶变换，而焦平面上设置一个直径为 D_{pin} 的针孔相当于一个理想圆低通滤波器，对入射光场进行调制实现了低通滤波，即针孔后面的光场可表示为[75]

$$E_p(x_p,y_p) \propto \mathscr{F}\{E(x_0,y_0)\} \cdot \mathrm{cyl}\left[\frac{\sqrt{x_p^2+y_p^2}}{D_{\mathrm{pin}}}\right] \tag{4-209}$$

式中：$\mathscr{F}\{\quad\}$ 表示傅里叶变换；$\mathrm{cyl}(\sqrt{x^2+y^2}/D_{\mathrm{pin}})$ 为一个圆函数，其具体形式为

$$\mathrm{cyl}\left(\frac{\sqrt{x^2+y^2}}{D_{\mathrm{pin}}}\right) = \begin{cases} 1, & \sqrt{x^2+y^2} \leqslant D_{\mathrm{pin}} \\ 0, & \sqrt{x^2+y^2} > D_{\mathrm{pin}} \end{cases} \tag{4-210}$$

而经针孔滤波后的光场 $E_p(x_p,y_p)$ 经过透镜 L_2 后在其成像面 P_i 上成像，在数学上相当于对针孔滤波后的光场 $E_p(x_p,y_p)$ 再次作傅里叶变换，忽略复比例常数和像的倒置关系，并考虑针孔滤波系统的放大倍率 $s=f_2/f_1$，且入射光场聚焦在针孔中心，则在成像面 P_i 上的参考光场为[75]

$$E_{\mathrm{R}}(x_i,y_i) \propto E\left(\frac{x_i}{s},\frac{y_i}{s}\right) \otimes T(x_i,y_i) \tag{4-211}$$

式中：⊗表示二维卷积；$T(x_i,y_i)$ 为针孔滤波窗函数 cyl 的傅里叶变换，也称为针孔滤波器的脉冲响应函数，其具体表达式为[76]

$$T(x_i,y_i) \propto \frac{\pi D_{\mathrm{pin}}^2}{4\lambda f_1} \cdot 2\mathrm{J}_1\left[\pi D_{\mathrm{pin}}\sqrt{\left(\frac{x_i}{s}\right)^2+\left(\frac{y_i}{s}\right)^2}\Big/\lambda f_1\right]\Big/\left[\pi D_{\mathrm{pin}}\sqrt{\left(\frac{x_i}{s}\right)^2+\left(\frac{y_i}{s}\right)^2}\Big/\lambda f_1\right] \tag{4-212}$$

式中：J_1 为第一类贝塞尔函数。为了便于分析，式(4-211)所述的参考光场可以写为更一般的形式：

$$E_{\mathrm{R}}(x_i, y_i) \propto A_{\mathrm{R}}\left(\frac{x_i}{s}, \frac{y_i}{s}\right) \mathrm{e}^{\mathrm{i}2\pi W_{\mathrm{R}}\left(\frac{x_i}{s}, \frac{y_i}{s}\right)} \tag{4-213}$$

式中：$A_{\mathrm{R}}(x_i/s, y_i/s)$ 和 $W_{\mathrm{R}}(x_i/s, y_i/s)$ 分别为参考光的振幅和波前。根据光的干涉原理，测试光 $E_{\mathrm{T}}(x_i, y_i)$ 与参考光 $E_{\mathrm{R}}(x_i, y_i)$ 在像平面 P_i 重叠区域发生干涉[77]：

$$I(x_i, y_i) \propto |E_{\mathrm{T}}(x_i, y_i) + E_{\mathrm{R}}(x_i, y_i)|^2 \tag{4-214}$$

式(4-214)所述的干涉图样包含了待测激光的波前相位和强度信息。一般地，通过相移算法[70]或者空间载频相位解调方法[78,79]即可以重建待测激光的复振幅场分布情况。

4.6.8.5 复振幅重建方法——参考光强近似法

MZ-PDI 干涉条纹的强度分布由式(4-214)确定，将式(4-208)所述的信号光和式(4-213)所述的参考光代入式(4-214)并展开，可得[80,81]

$$\begin{aligned} I(x_i, y_i) = {} & A_{\mathrm{T}}^2(sx_i, sy_i) + A_{\mathrm{R}}^2\left(\frac{x_i}{s}, \frac{y_i}{s}\right) + 2A_{\mathrm{T}}(sx_i, sy_i) A_{\mathrm{R}}\left(\frac{x_i}{s}, \frac{y_i}{s}\right) \\ & \times \cos\left[2\pi W_{\mathrm{T}}(sx_i, sy_i) - 2\pi W_{\mathrm{R}}\left(\frac{x_i}{s}, \frac{y_i}{s}\right) - 2\pi\kappa\left(\frac{x_i}{s}, \frac{y_i}{s}\right)\right] \end{aligned} \tag{4-215}$$

式中：$\kappa(x_i, y_i) = \sin\theta/\lambda$ 为参考光与测试光之间夹角 θ 而引入的线性载频。结合 MZ-PDI 的特点，把干涉区域(sx_i, sy_i)定义为新的定义域(x, y)，因此式(4-215)可以写为

$$\begin{aligned} I(x, y) = {} & A_{\mathrm{T}}^2(x, y) + A_{\mathrm{R}}^2\left(\frac{x}{S}, \frac{y}{S}\right) + 2A_{\mathrm{T}}(x, y) A_{\mathrm{R}}\left(\frac{x}{S}, \frac{y}{S}\right) \\ & \times \cos\left[2\pi W_{\mathrm{T}}(x, y) - 2\pi W_{\mathrm{R}}\left(\frac{x}{S}, \frac{y}{S}\right) - 2\pi\kappa\left(\frac{x}{S}, \frac{y}{S}\right)\right] \end{aligned} \tag{4-216}$$

式中：$S = s^2$ 为 MZ-PDI 的放大倍数。

将式(4-215)中的第 3 项可以写成其等价形式[82]：

$$\begin{aligned} & 2A_{\mathrm{T}}(x, y) A_{\mathrm{R}}\left(\frac{x}{S}, \frac{y}{S}\right) \cos\left[2\pi W_{\mathrm{T}}(x, y) - 2\pi W_{\mathrm{R}}\left(\frac{x}{S}, \frac{y}{S}\right) - 2\pi\kappa\left(\frac{x}{S}, \frac{y}{S}\right)\right] \\ & = c(x, y) \mathrm{e}^{\mathrm{i}2\pi\kappa\left(\frac{x}{S}, \frac{y}{S}\right)} + c^*(x, y) \mathrm{e}^{-\mathrm{i}2\pi\kappa\left(\frac{x}{S}, \frac{y}{S}\right)} \end{aligned} \tag{4-217}$$

并定义 $c(x, y)$ 为干涉图的复振幅调制函数[83]，其具体形式如下：

$$c(x, y) = A_{\mathrm{R}}\left(\frac{x}{S}, \frac{y}{S}\right) A_{\mathrm{T}}(x, y) \mathrm{e}^{\mathrm{i}2\pi\left[W_{\mathrm{T}}(x, y) - W_{\mathrm{R}}\left(\frac{x}{S}, \frac{y}{S}\right)\right]} \tag{4-218}$$

当针孔直径 D_{pin} 足够小时，$2J_1(\beta r)/\beta r$ 趋近于 1，即参考波前 $W_{\mathrm{R}}(x/S, y/S)$

变成原始波前的积分形式,可近似为一个平面波前;而当 MZ-PDI 的放大倍数 S 足够大时,参考振幅 $A_R(x/S,y/S)$ 趋近于一个高度为 $A_R(0,0)$ 的平面,同时考虑到实际应用中考虑振幅的相对值,因此待测激光的复振幅可由以下公式确定[74]:

$$E(x,y)\propto A_R(0,0)\cdot A_T(x,y)\exp[\mathrm{i}2\pi W_T(x,y)] \tag{4-219}$$

因为干涉图是由线性载频的方法得到的,因此式(4-219)很容易由傅里叶变换方法[79]得到。

4.6.8.6 复振幅重建方法——傅里叶变换法

为了便于以下分析,把式(4-215)写为更一般的形式:

$$g(x,y)=a(x,y)+b(x,y)\cos[2\pi(\kappa_{0x}x+\kappa_{0y}y)+\phi_T(x,y)] \tag{4-220}$$

式中:$a(x,y)=A_T^2(x,y)+A_R^2(x/S,y/S)$ 和 $b(x,y)=2A_T(x,y)A_R(x/S,y/S)$ 分别表示干涉条纹的背景光强和调制度函数;$\phi_T(x,y)$ 表示待测激光波前相位;κ_{0x} 和 κ_{0y} 分别表示 x 和 y 方向上的空间载频分量;$S=s^2$ 表示 MZ-PDI 的放大倍数。

根据欧拉公式的等价关系,将式(4-220)改写为以下形式:

$$\begin{aligned}\mathrm{g}(x,y)=&a(x,y)+c(x,y)\mathrm{e}^{\mathrm{i}2(\kappa_{0x}x+\kappa_{0y}y)}\\&+c^*(x,y)\mathrm{e}^{-\mathrm{i}2(\kappa_{0x}x+\kappa_{0y}y)}\end{aligned} \tag{4-221}$$

其中"*"表示共轭,并且有

$$c(x,y)=\frac{1}{2}b(x,y)\mathrm{e}^{\mathrm{i}\phi_T(x,y)} \tag{4-222}$$

对式(4-221)两边作傅里叶变换得

$$G(\kappa_x,\kappa_y)=A(\kappa_x,\kappa_y)+C(\kappa_x-\kappa_{ox},\kappa_y-\kappa_{oy})+C^*(\kappa_x+\kappa_{ox},\kappa_y+\kappa_{oy}) \tag{4-223}$$

其中:$G(\kappa_x,\kappa_y)$,$A(\kappa_x,\kappa_y)$,$C(\kappa_x-\kappa_{ox},\kappa_y-\kappa_{oy})$,$C^*(\kappa_x+\kappa_{ox},\kappa_y+\kappa_{oy})$ 分别为式(4-221)中对应各项的傅里叶变换。然后在频域中作频谱滤波,分别滤出一级频谱分量 $C(\kappa_x-\kappa_{ox},\kappa_y-\kappa_{oy})$ 和零级频谱分量 $A(\kappa_x,\kappa_y)$。并将得到的一级频谱分量 $C(\kappa_x-\kappa_{ox},\kappa_y-\kappa_{oy})$ 移至频谱零点位置后得 $C(\kappa_x,\kappa_y)$,作傅里叶反变换得到干涉条纹的复振幅调制度函数 $c(x,y)$[79]:

$$c(x,y)=\mathcal{F}^{-1}\{C(\kappa_x,\kappa_y)\} \tag{4-224}$$

式中:$\mathcal{F}^{-1}\{\ \}$ 表示逆傅里叶变换。结合式(4-222),可以得到干涉条纹调制度函数 $b(x,y)$ 和待测激光波前相位 $\phi_T(x,y)$,即

$$b(x,y)=2|c(x,y)| \tag{4-225}$$

$$\phi_T(x,y)=\mathrm{unwrap}\left\{\arctan\left\{\frac{\mathrm{Im}[c(x,y)]}{\mathrm{Re}[c(x,y)]}\right\}\right\} \tag{4-226}$$

式中:unwrap{ }表示相位展开操作。

同时,对得到的零级频谱分量 $A(\kappa_x,\kappa_y)$ 作傅里叶反变换,得到干涉条纹背景光强分布 $a(x,y)$,即

$$a(x,y)=\mathcal{F}^{-1}\{A(\kappa_x,\kappa_y)\} \tag{4-227}$$

结合得到的干涉条纹调制度函数 $b(x,y)$ 和干涉条纹背景光强分布 $a(x,y)=A_S^2(x,y)+A_R^2(x,y)$,可以求得干涉条纹分布的最大值 $g_{max}(x,y)$ 和最小值 $g_{min}(x,y)$:

$$g_{max}(x,y)=a(x,y)+b(x,y) \tag{4-228}$$

$$g_{min}(x,y)=a(x,y)-b(x,y) \tag{4-229}$$

当满足 $a(x,y)\geqslant b(x,y)$ 时,待测激光的振幅分布由下式确定:

$$A_T(x,y)=\frac{\sqrt{g_{max}(x,y)}+\sqrt{g_{min}(x,y)}}{2} \tag{4-230}$$

至此已经得到待测激光波前相位 $\phi_T(x,y)$ 和振幅 $A_T(x,y)$,即可求得待测激光的复振幅分布 $E_T(x,y)=A_T(x,y)e^{i\phi_T(x,y)}$。

4.6.8.7 参考光质量的仿真与分析

针孔直径 D_{pin} 和 MZ - PDI 放大倍数 S 是决定 MZ - PDI 系统能否获得高质量参考光的关键因素,即其直接关系到 MZ - PDI 系统能否精确重建待测激光复振幅分布。以下结合 MZ - PDI 系统自身的特点,讨论了针孔直径 D_{pin} 和 MZ - PDI 放大倍数 S 对参考波前和参考光强精度以及参考光强度通过率的影响。

假定待测激光的振幅为 1,原始波前相位为峰谷值(PV)$\phi_{PV}=2\lambda$ 的球面波。实际针孔直径大小以针孔滤波系统的爱里斑直径 D_{Airy} 为单位,用归一化光强的峰谷值 I_{PV} 表示参考光强精度,以参考波前的均方根值(RMS)ϕ_{RMS} 表示参考波前精度。结果如图 4-24 所示,给出了不同 MZ - PDI 系统放大倍数 S 和针孔直径 D_{pin} 对针孔滤波后参考光强精度的影响。由图可知,随着针孔直径 D_{pin} 增大,滤波后的参考光强的起伏程度增大,但随着 MZ - PDI 放大倍数 S 的增大,参考光强的起伏程度则迅速减小。当 MZ - PDI 系统放大倍数 $S=1$ 时,对应于针孔直径 D_{pin} 分别为 $0.5D_{Airy}$,$1.0D_{Airy}$,$2.0D_{Airy}$ 和 $4.0D_{Airy}$ 时的参考光强 PV 误差 I_{PV} 分别为 0.3714,0.8866,0.9992 和 0.9999,而当放大倍数 S 分别增大到 $S=3,4,6,8$ 时,对应于不同针孔直径 D_{pin} 滤波后的参考光强误差 I_{PV} 分别减小至 0.0054,0.0062,0.0051,0.0058,几乎接近于一个理想的平面。

图 4-25 给出了不同 MZ - PDI 放大倍数 S 与针孔直径对针孔滤波后参考波前精度的影响。可以看出,随着针孔直径 D_{pin} 增大,参考波前误差急剧上升,但是随着 MZ - PDI 放大倍数 S 的增大,参考波前误差迅速减小并趋向于一个定值。当 $D_{pin}=0.5D_{Airy}$ 且 $S=1$ 时,参考波前误差 $\phi_{RMS}=0.0091\lambda$,这与文献中的结果相符。而当针孔直径 D_{pin} 增大为 $1.0D_{Airy}$、$2.0D_{Airy}$ 和 $4.0D_{Airy}$ 后,适当增大

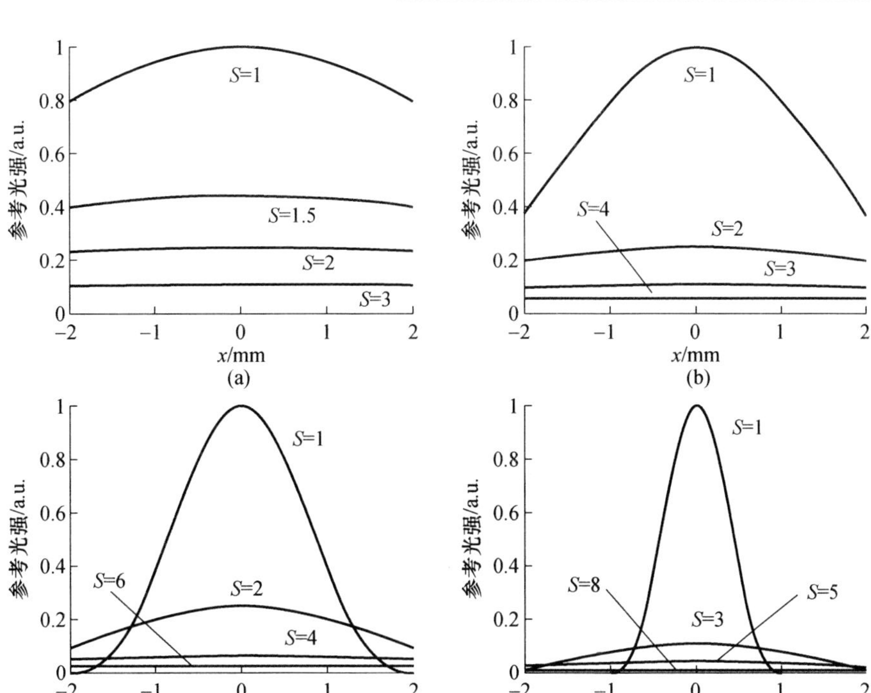

图 4-24 MZ-PDI 放大倍数 S 与针孔直径 d_{pin} 对参考光强精度的影响

(a) $D_{pin}=0.5D_{Airy}$;(b) $D_{pin}=1.0D_{Airy}$;(c) $D_{pin}=2.0D_{Airy}$;(d) $D_{pin}=4.0D_{Airy}$。

MZ-PDI 放大倍数 S 同样可以获得高精度的参考波前,即放大倍数分别 $S=2,4,8$ 对应于针孔直径 D_{pin} 为 $1.0D_{Airy}$,$2.0D_{Airy}$ 和 $4.0D_{Airy}$ 的参考波前误差 ϕ_{RMS} 分别为 0.0092λ,0.0087λ 和 0.0102λ,几乎与 $D_{pin}=0.5D_{Airy}$ 时的参考波前一致。

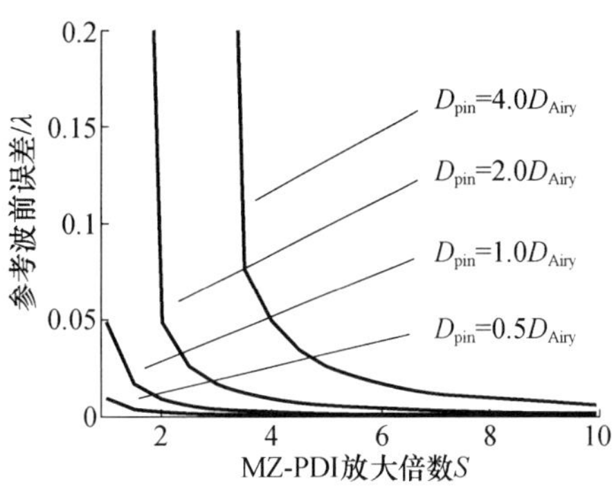

图 4-25 MZ-PDI 放大倍数 S 与针孔直径 D_{pin} 对参考波前精度的影响

由以上分析可知,当增大针孔直径 D_{pin} 时,适当增大 MZ-PDI 放大倍数 S 不但可以获得高精度的参考光强和参考波前,同时因为增大针孔直径 D_{pin} 可以提高参考光强度通过率,并且使得不同波前像差的光场经针孔滤波后的强度通过率趋于平稳,即增大针孔直径 D_{pin} 可以使得干涉图的背景光强和对比度更加均匀稳定,也因此改善了动态光场复振幅测量时条纹对比度波动问题,使得该系统用于动态光场复振幅实时检测成为可能。同时,在适当选取

MZ－PDI 的放大倍数 S 时，加大针孔直径 D_{pin} 保持参考波前的精度，还可以优化参考光的强度起伏程度，使得干涉图的背景光强和对比度更加均匀，提高了干涉图样的质量，同时提高光的利用率。

4.6.8.8 基模激光复振幅重建实验结果

对 He－Ne 激光器输出的光场进行复振幅重建实验，结果如图 4－26 所示，其中图 4－26(a) 为采集到的干涉条纹图，预处理后的干涉图如图 4－26(b) 所示，对应的傅里叶频谱分布如图 4－26(c) 所示，可以看出其各级频谱分量独立分开，分别提取其零级频谱和一级频谱并作傅里叶变换后，重建待测激光的强度和相位分布分别如图 4－26(d) 和图 4－26(e) 所示。

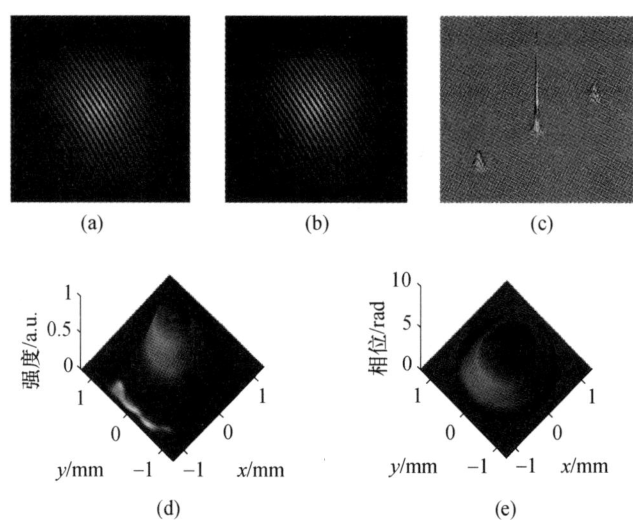

图 4－26 He－Ne 激光器输出光场复振幅重建实验结果
(a) 采集到的干涉图；(b) 预处理后的干涉图；(c) 频谱分布；
(d) 重建的光强；(e) 相位分布。

至此 MZ－PDI 波前传感器系统已经从单幅干涉图重建待测激光的波前相位和强度分布。从重建的复振幅场出发，利用数值计算的方法得到 M^2 因子[81]。

从 MZ－PDI 重建的复振幅出发，根据菲涅尔衍射理论可以计算得到在其传播方向 z 上的任意位置上的场分布，如图 4－27 所示；然后根据 ISO1146 所描述的激光光束质量测量方法[33]，求得待测激光的束腰半径随着其传播方向 z 的变化如图 4－28 所示。最后利用最小二乘双曲线拟合法求得表征光束质量的各种参数的结果如下：其中光束质量 M^2 因子为 $M_x^2=1.08$ 和 $M_y^2=1.03$，束腰半径为 $w_x=0.47$mm 和 $w_y=0.46$mm，远场发散角 θ：$\theta_x=0.51$ mrad 和 $\theta_y=0.50$ mrad，与实际情况吻合。

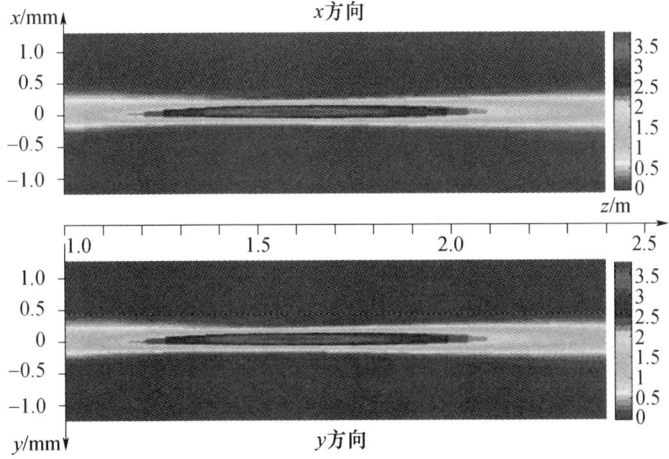

图 4 - 27　激光在其传播方向上的光强分布

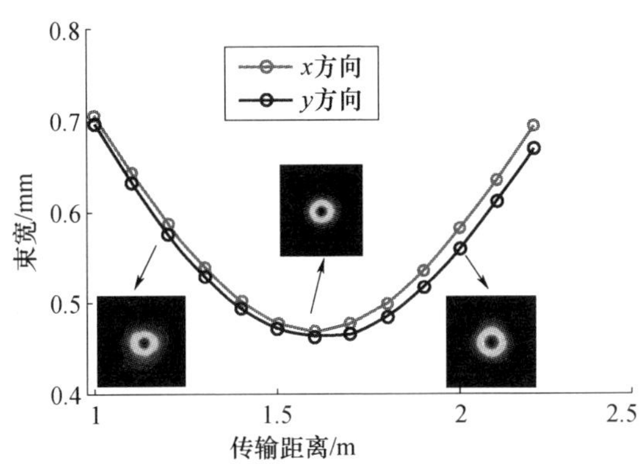

图 4 - 28　激光束腰半径随其传播距离的变化

4.6.8.9　飞秒激光调制光场的复振幅重建实验

为了进一步验证基于 MZ - PDI 在实时检测应用领域的可行性,我们对瞬态畸变光场的复振幅进行了在线实验研究,总体系统方案如图 4 - 29 所示,主要包括 MZ - PDI 光路系统、干涉条纹数据采集系统以及复振幅重建模块等。其工作原理大致如下:由 MZ - PDI 产生的含有待测波前相位和振幅或强度信息的干涉图被数据采集系统实时采集并发送至计算机,然后由计算机根据设定的复振幅重建算法对干涉条纹图进行分析,获得待测激光的复振幅场分布;最后对所得结果包括波前相位和强度分布进行显示并保存相应的数据结果。在图 4 - 29 中,在物面 P_o 上放置一块 3mm 厚的 BK7 玻璃,然后利用输出功率为 0.62 ~ 0.9 mW 的飞秒脉冲激光经一个焦距为 100mm 的透镜聚焦后入射到 BK7 玻璃内部,使得待测激光在通过 BK7 晶体时被飞秒聚焦作用区域的光场产生畸变，并且其畸变程度随着飞秒激光输出功率大小动态变化[84]。在 MZ－PDI 成像面利用 CCD 相机以 8 帧/s 的速度采集干涉图并发送至计算机处理，采用傅里叶变换法重建得到被飞秒激光调制的畸变光场的复振幅分布。图 4－30 所示为在飞秒激光作用时被测光场前 4 帧复振幅重建结果，从左到右分别为采集到的干涉条纹图和重建的波前相位与强度分布。类似地，根据 ISO1146 所描述的激光光束质量测量方法求得动态畸变光场的光束质量 M^2 因子随时间的变化如图 4－31 所示。可以看出，该方法能够有效地重建瞬态畸变光场的复振幅分布，验证了其实时在线检测的可行性。

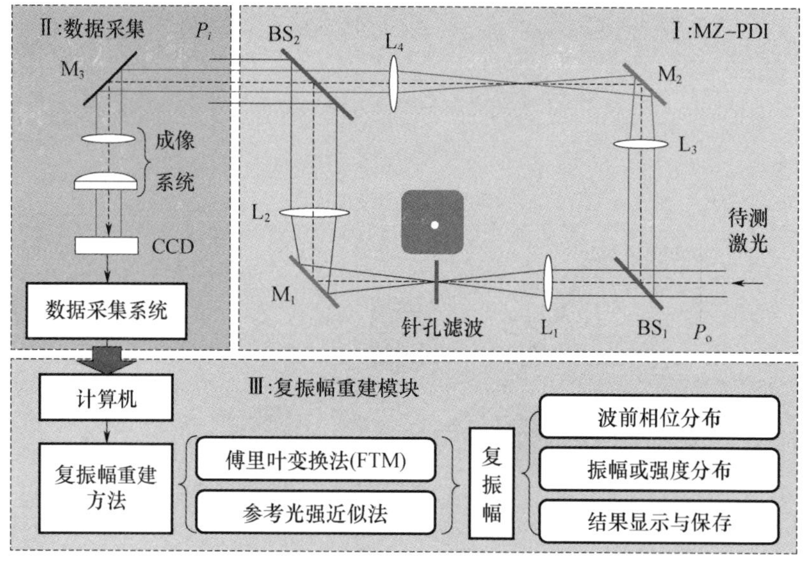

图 4－29　MZ－PDI 系统框图

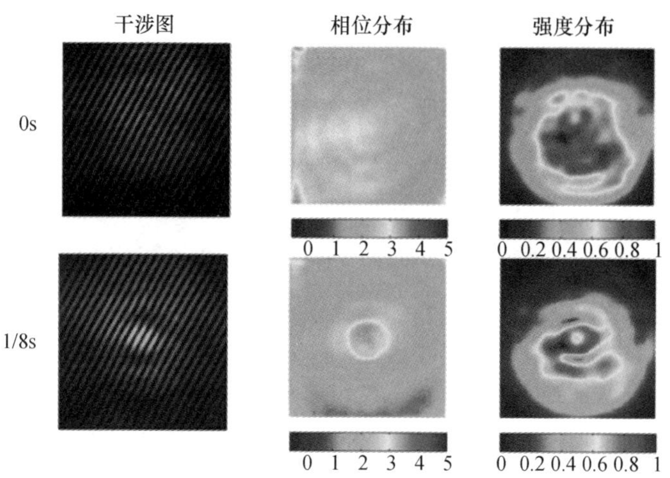

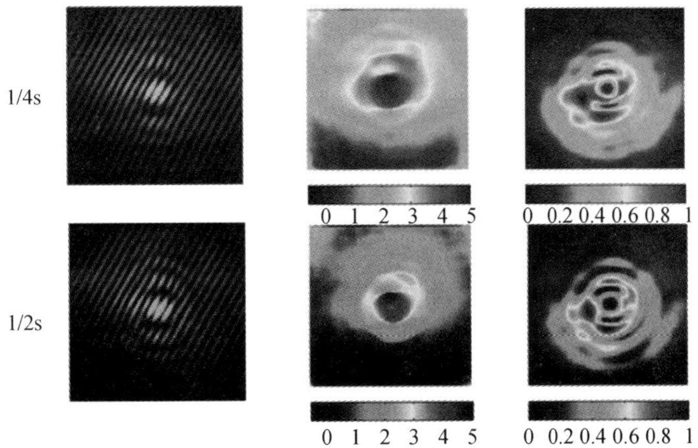

图4-30 飞秒激光作用下畸变光场复振幅实时重建结果
（图中左、中、右分别为采集到的干涉图和 MZ-PDI 重建得到的相位与强度分布）

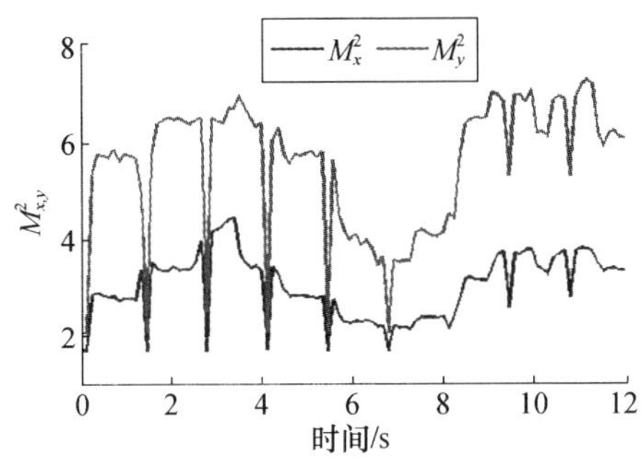

图4-31 飞秒激光作用下畸变光场的 M^2 因子随时间变化情况

4.6.8.10 动态光场复振幅测量

采用 MZ-PDI 系统单次测量获得待测激光复振幅场分布后，便可以通过数值计算的方法得到光束质量 M^2 因子，而且该方法完全符合国际标准 ISO11146 对激光光束质量 M^2 因子测量的规定[33]。由于采用 MZ-PDI 只需单次测量即可以重建激光复振幅，因此使得其在光束质量 M^2 因子实时测量成为可能。

对一个实际的 DPSSL 激光器，调节输出腔镜使得激光器输出光场1和光场2，同时在激光传输的过程中引入空气抖动使输出光场呈动态变化，用 CCD 以10帧/s 的速度记录动态干涉图，并利用傅里叶变换法对此干涉条纹图进行分析，实现对待测激光的复振幅的重建，对应得到的动态光场1和光场2的 M^2 因子随时间变化情况如图4-32和图4-33所示。实验结果验证基于 MZ-PDI 对复杂光场的光束质量 M^2 因子实时测量的可行性。

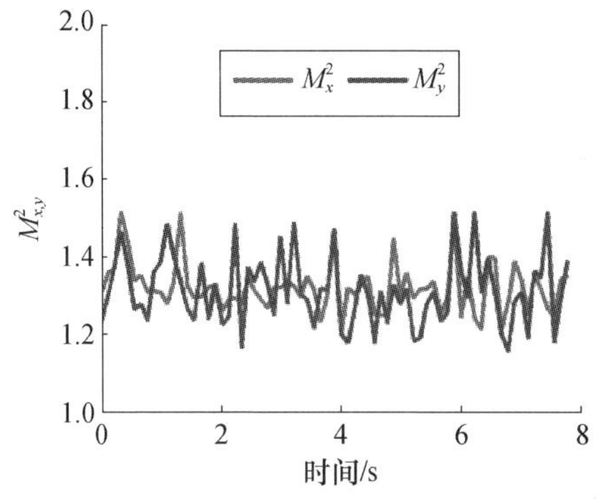

图 4-32　光场 1 的 M^2 因子随时间变化情况

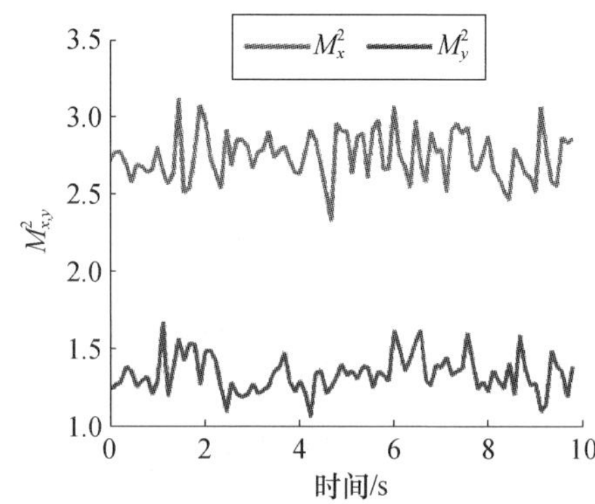

图 4-33　光场 2 的 M^2 因子随时间变化情况

4.6.8.11　M^2 曲线的实验测量

对一个实际的 532 nm 激光器，通过微调谐振腔镜可得到光场 1、光场 2 和光场 3。CCD 相机直接采集得到的待测激光输出光场 1、2 和 3 的强度分布如图 4-34 所示。待测激光经过 MZ-PDI 后形成的干涉图及处理结果如图 4-35 所示。对图 4-35(a)所示的采集到的干涉条纹进行分析，通过傅里叶变换条纹分析法，重建待测激光的复振幅场分布信息，所得结果如图 4-35(b)和图 4-35(c)所示。从单幅干涉图重建待测激光的复振幅场分布出发，根据衍射理论可得在其传播方向上的任意位置 z 上的场分布，按照国际标准 ISO11146 所描述的激光光束质量测量求解方法求得待测激光光场 1、2 和 3 的含有不同旋转角度 α 的束宽半径。

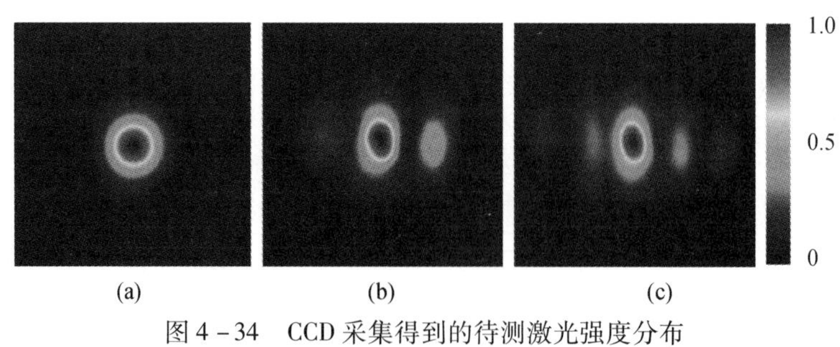

图 4-34　CCD 采集得到的待测激光强度分布
(a) 光场 1；(b) 光场 2；(c) 光场 3。

图 4-36 所示为旋转角度分别为 $\alpha=10°,20°,30°,40°,50°,60°,70°,80°$ 和 $90°$ 的光场 1、2 和 3 类厄米-高斯模 TEM_{00}、TEM_{20} 和 TEM_{40} 的束宽半径随着传播距离的变换情况。可以看出对于不同的旋转角度 α，光场束宽半径的传播轨迹是不相同的，即通过特定的传播曲线拟合计算得到待测激光光束参数 $w_{x\alpha}(z_0)$、$\theta_{x\alpha}$ 和 $z_{0\alpha}$ 等值是不一致的。进一步得到待测激光束宽半径随着选取的

旋转角度 α 的变化情况，如图 4-37 所示。这也验证了采用传统 M^2 因子表征非对称光束的光束质量 M^2 因子值不唯一的问题。

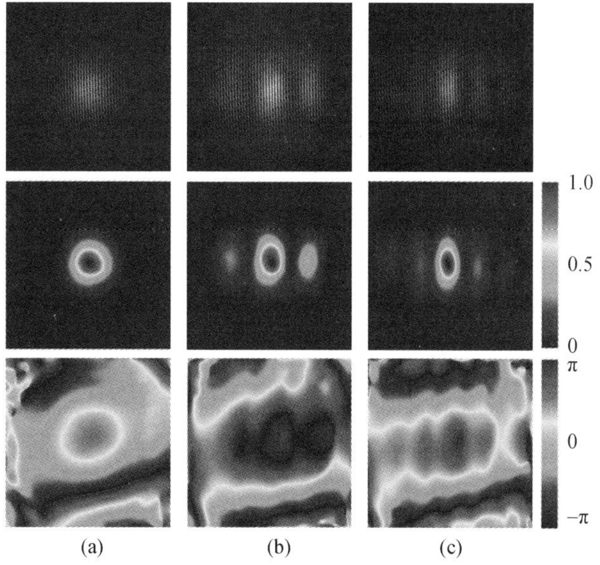

图 4-35 待测激光经过 MZ-PDI 后形成的干涉图及处理结果

（a）光场 1；（b）光场 2；（c）光场 3。

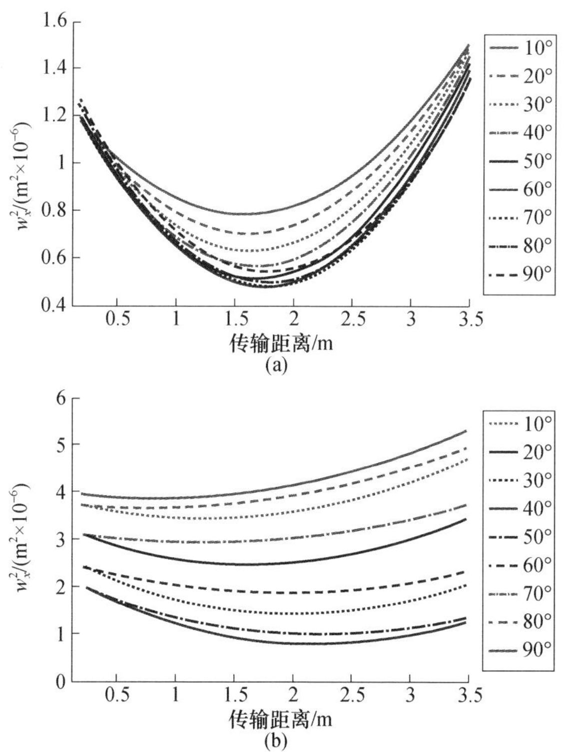

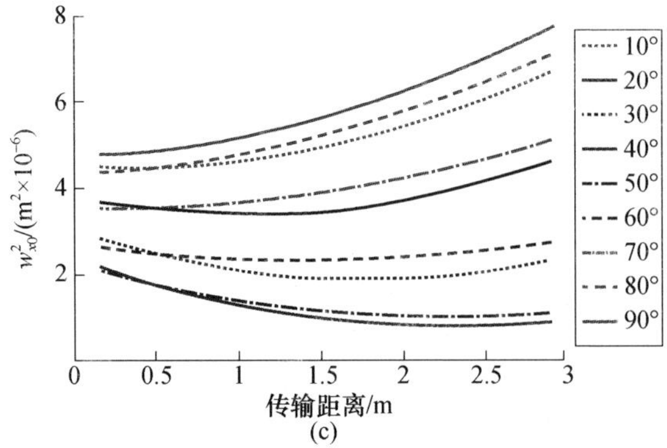

(c)

图 4-36 在不同旋转角下的束宽参数随传播距离的变化轨迹图

(a) 光场 1;(b) 光场 2;(c) 光场 3。

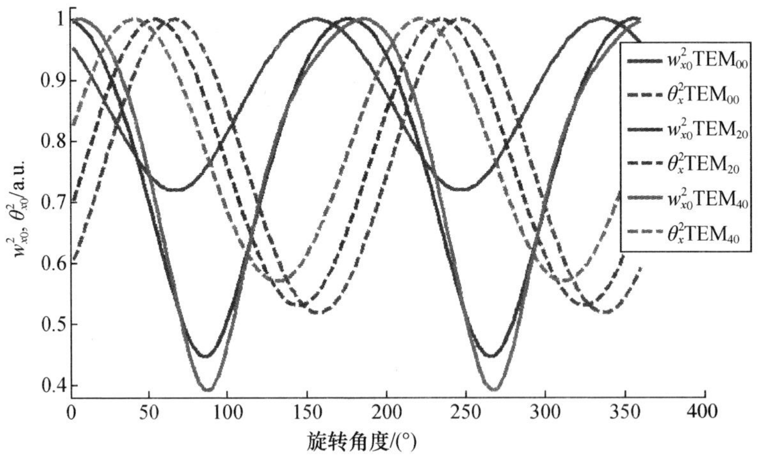

图 4-37 光场 1、光场 2 和光场 3 的束宽参数随着旋转角度变化的轨迹图

根据不同旋转角度 α 情况下得到待测激光的 $w_{x\alpha}(z_0)$、$\theta_{x\alpha}$ 和 $z_{0\alpha}$,可以进一步计算得到含有旋转角度 α 的 M^2 因子,即 M^2 曲线,结果如图 4-38 所示。可以看出所测量得到的 M^2 因子随着旋转角度 α 的变化而变化,随着旋转角度走完一圈 360°,也就形成一个完整闭合的 M^2 因子轨迹,一旦待测激光光束确定,那么该轨迹也唯一确定。从图 4-38 可知,M^2 曲线也包括了其中在 x 和 y 方向上的两个特定的 M^2 因子 M_x^2 和 M_y^2;也就是说传统 M^2 因子是 M^2 曲线的一个特例,从这方面来说,M^2 线比传统的 M^2 因子更具有普遍性,包含更广泛的物理意义。

图 4-38 中,光场 1 类厄米-高斯模 TEM$_{00}$,TEM$_{20}$ 和 TEM$_{40}$ 得到的 M^2 曲线是一个中心对称图形,当然对于不同的输出光场,M^2 曲线可能是一个圆、椭圆或者是一个"8"字形图案。从中心对称点从发至 M^2 曲线轨迹的交叉点的距离代表了在该旋转角度 α 上的 M^2 因子值。例如,在图 4-38 中,光场 1、2 和 3 在 α =

0°时，对应的 M^2 因子分别为 1.05，2.74 和 3.71，而当 $\alpha=90°$ 时，对应的 M^2 因子分别为 1.06，1.27 和 1.37，所有这些值与传统 M^2 因子测量值得到很好的验证。

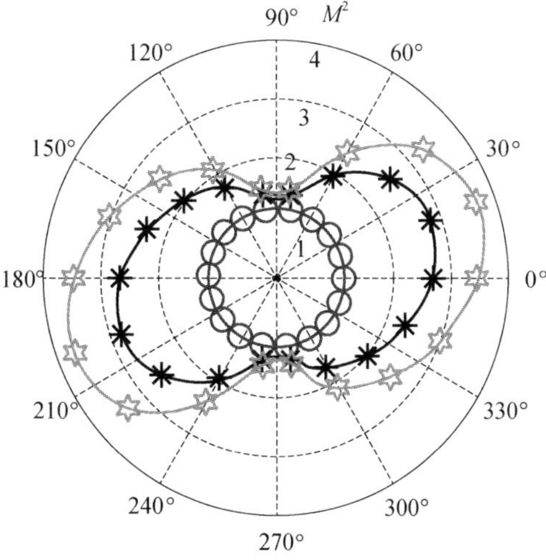

图 4-38　光场 1、光场 2 和光场 3 的 M^2 曲线实验结果

参考文献

[1] McCally R L. Measurement of Gaussian beam parameters[J]. Appl. Opt.,1984,23(14):2227-2227.

[2] Fleischer J M,Darchuk J M. Standardizing the measurement of spatial characteristics of optical beams[A]. in 1988 Los Angeles Symposium - OE/LASE'88. 1988. International Society for Optics and Photonics.

[3] Porras M A,Rafael M. Entropy-based definition of laser beam spot size[J]. Appl. Opt.,1995,34(36): 8247-8251.

[4] T Graf,Balmer J E. Laser beam quality,entropy and the limits of beam shaping[J]. Opt. Commun.,1996, 131(1-3):77-83.

[5] Siegman A E. New developments in laser resonators[A]. in Proc. SPIE. 1990.

[6] D Wright,P Greve,J Fleischer,et al. Laser beam width,divergence and beam propagation factor—an international standardization approach[J]. Opt. Quantum Electron.,1992,24(9):S993-S1000.

[7] Arnaud J A,Hubbard W M,Mandeville G D,et al. Technique for fast measurement of Gaussian laser beam parameters[J]. Appl. Opt.,1971,10(12):2775-2776.

[8] Bilger H R,Habib T. Knife-edge scanning of an astigmatic Gaussian beam[J]. Appl. Opt.,1985,24(5): 686-690.

[9] Zheng Jiaan,Zhao Shengzhi,Wang Qingpu,et al. Measurement of beam quality factor (M^2) by slit-scanning method[J]. Opt. Laser Technol.,2001,33(4):213-217.

[10] Gao C,Weber H. The problems with M^2[J]. Opt. Laser Technol.,2000,32:221-224.

[11] Lü Baida,Ji Xiaoling,Luo Shirong. The beam quality of annular lasers and related problems[J]. Mod. Opt.,2001,48(7):1171-1178.

[12] 吕百达,康小平. 对激光光束质量一些问题的认识[J]. 红外与激光工程,2007,36(1):47-51.

[13] 吕百达,季小玲,罗时荣,等. 激光的参数描述和光束质量[J]. 红外与激光工程,2004,33(1):14-17.

[14] Porras M A. Experimental investigation on aperture-diffracted laser beam characterization[J]. Opt. Commun.,1994,109(1):5-9.

[15] Du Xiangwan. Four factors describing of the beam quality of high-power lasers[A]. in XV International Symposium on Gas Flow,Chemical Lasers,and High-Power Lasers. 2005. Prague,Czech Republic:SPIE.

[16] Lawson J K,Auerbach J M,English R E,et al. NIF optical specifications-The importance of RMS gradient[A],in SPIE. 1999:336-343.

[17] Elosn J M,Bennett J M. Calculation of the power spectral density from surface profile data[J]. Appl. Opt.,1995. 43(1):201-208.

[18] Dittmar F,Sumpf B,Fricke J,et al. High-power 808-nm tapered diode lasers with nearly diffraction-limited beam quality of $M^2 = 1.9$ at $P = 4.4$ W[J]. IEEE Photon. Technol. Lett.,2006,18(4):601-603.

[19] Boyd G D,Gordon J P. Confocal multimode resonator for millimeter through optical wavelength masers[J]. Bell Sys Tech,1961,40:489-508.

[20] Yasutoshi Y,Tetsuo K,Makoto S. New collimating lens system for laser diode package[J]. 1993.

[21] Mahajan V N. Strehl ratio for primary abrration:some analytical results for circular and annular pupils[J]. Opt. Soc. Am. A,1982,72(9):1258-1266.

[22] Siegman A E. Analysis of laser beam quality degradation caused by quartic phase aberrations[J]. Appl. Opt.,1993,32(30):5893-5901.

[23] Siegman A E. How to (maybe) measure laser beam quality[A]. OSA Trends in Optics and Photonics Series,1998,17(2):184-199.

[24] Miller H C. A laser beam quality definition based on induced temperature rise[J]. Opt. Express,2012,20(27):28819-28828.

[25] Goodno G D,Komine H,McNaught S J,et al. Coherent combination of high-power zig-zag slab lasers[J]. Opt. Lett.,2006,31(9):1247-1249.

[26] Siegman A E,Townsend S W. Output Beam Propagation and Beam Quality from a Multimode Stable-Cavity Laser[J]. IEEE J. Quantum Electron.,1993,29(4):1212-1217.

[27] Siegman A E. Defining,measuring,and optimizing laser beam quality[A]. SPIE,1993,1868:1-10.

[28] Siegman A E. New developments in laser resonators[A]. SPIE,1990,1224:2-14.

[29] ISO/TC 172/SC9/WG1 N14[S],in ISO Standards. 1991.

[30] ISO/TC 172/SC9/WG1 N15[S],in ISO Standards. 1992.

[31] ISO/TC 172/SC9/WG1 N16[S],in ISO Standards. 1993.

[32] 11146-1-Stigmatic and simple astigmatic beams-2005[S]. ISO,2005.

[33] Wiersma D S,et al. Optics of nanostructured dielectrics[J]. Opt. A:Pure Appl. Opt.,2005,7(2):S190.

[34] 11146-3-Intrinsic and geometrical laser beam-2004(TR). ISO,2005.

[35] 周寿桓,冯国英. 大口径薄片激光器中的谐振模式及光束质量诊断[J]. 光学学报,2011,31(9):0900110.

[36] Fang T,Ye X,Niu J,et al. Definition and measurement of the beam propagation factor M2 for chromatic laser beams[J]. Chin. Opt. Lett.,2006,4(10):586-588.

[37] Paschotta R. Beam quality deterioration of lasers caused by intracavity beam distortions[J]. Opt. Express,

2006,14(13):6069 – 6074.

[38] Borgentun C, Bengtsson J, Larsson A. Full characterization of a high – power semiconductor disk laser beam with simultaneous capture of optimally sized focus and farfield[J]. Appl. Opt., 2011, 50(12): 1640 – 1649.

[39] Fu Yuqing, Feng Guoying, Zhang Dayong, et al. Beam quality factor of mixed modes emerging from a multimode step – index fiber[J]. Optik, 2010, 121(5):452 – 456.

[40] Simon R, Sudarshan E C G, Mukunda N. Generalized rays in first – order optics: Transformation properties of Gaussian Schell – model fields[J]. Phys. Rev. A, 1984, 29(6):3273 – 3279.

[41] Van Wonterghem B M, Caird J A, Barker C E. Recent results of the National Ignition Facility Beamlet demonstration Project[J]. UCRL – JC – 120917, 1995.

[42] Wegner P J, Barker C E, Caird J A. Third – hamonic Performance of the Beamlet Prototype laser[A]. Proc. SPIE, 1996, 3047:370 – 380.

[43] Rothenberg J E, Auerbach J M, Dixit S N. Focal spot conditioning for indirect drive on the NIF[A]. Proc. SPIE, 1998. 3492:65 – 77.

[44] Zacharias R A, Beer N R, Bliss E S. Alignment and wavefront control system of the National Ignition Facility[A]. Opt. Engineering, 2004, 43(12):2873 – 2884.

[45] Gori F. Flattened gaussian beams[J]. Opt. Commun., 1994, 107(5 – 6):335 – 341.

[46] Bagini V, Borghi R, Gori F, et al. Propagation of axially symmetric flattened Gaussian beams[J]. Opt. Soc. Am. A, 1996, 13:1385 – 1394.

[47] Lü B, Luo S, Zhang B. Propagation of flattened Gaussian beams with rectangular symmetry passing through a paraxial optical ABCD system with and without aperture[J]. Opt. Commun., 1999, 164(1 – 3):1 – 6.

[48] Li Y. Light beams with flat – topped profiles[J]. Opt. Lett., 2002, 27(12):1007 – 1009.

[49] Tovar A A. Propagation of flat – topped multi – Gaussian laser beams[J]. Opt. Soc. Am. A, 2001, 18(8):1897 – 1904.

[50] Weber H. Propagation of higher – order intensity moments in quadratic – index media[J]. Opt. Quantum Electron., 1992. 24(9):1027 – 1049.

[51] Martínez – Herrero R, Mejías P M, Sánchez M, et al. Third – and fourth – order parametric characterization of partially coherent beams propagating through ABCD optical systems[J]. Opt. Quantum Electron., 1992, 24(9):1021 – 1026.

[52] Mafusire C, Forbes A. Generalized beam quality factor of aberrated truncated Gaussian laser beams[J]. Opt. Soc. Am.: A, 2011, 28(7):1372 – 1378.

[53] Weber H. Some historical and technical aspects of beam quality[J]. Opt. Quantum Electron., 1992, 24(9):S861 – S864.

[54] 冯国英,周寿桓. 激光光束质量综合评价的探讨[J]. 中国激光,2009,36(7):1643 – 1653.

[55] 邓国亮,冯国英,李玮,等. 非圆对称光束 M^2 因子矩阵的实验研究[J]. 中国激光,2009,36(8):2014 – 2018.

[56] 李玮. 全固态激光的输出模场及 M^2 因子矩阵的研究[D]. 成都:四川大学博士学位论文,2010.

[57] 刘晓丽,冯国英,李玮,等. 像散椭圆高斯光束的 M^2 因子矩阵的理论与实验研究[J]. 物理学报,2014,62(19):194202.

[58] Ruff J A, Siegman A E. Single – pulse laser bema quality measurements using a CCD camera system[J]. Appl. Opt., 1992, 31(24):4907 – 4908.

[59] Offerhaus H L, Edwards C B, Witteman W J. Single shot beam quality (M^2) measurement using a spatial Fourier transform of the near field[J]. Opt. Commun., 1998, 151:65 - 68.

[60] Schaäfer B, Luübbecke M, Mann K. Hartmann - Shack wave front measurements for real time determination of laser beam propagation parameters[J]. Rev. Sci. Instrum., 2006, 77(5):053103.

[61] Schäfer B, Mann K. Accuracy of laser beam parameters and beam propagation from realtime Hartmann - Shack experiments[J]. SPIE, 2007, 6452:645206.

[62] Neubert B J, Huber G, Scharfe W. On the problem of M2 analysis using Shack - Hartmann measurements [J]. Phys. D:Appl. Phys., 2001, 34:2414 - 2419.

[63] Kaiser T, Flamm D, Schröter S, et al. Complete modal decomposition for optical fibers using CGH - based correlation filters[J]. Opt. Express, 2009, 17(11):9347 - 9346.

[64] Schmidt O A, Schulze C, Flamm D, et al. Real - time determination of laser beam quality by modal decomposition[J]. Opt. Express, 2011, 19(7):6741 - 6748.

[65] Blanchard P M, Greenaway A H. Simultaneous multiplane imaging with a distorted diffraction grating. Appl [J]. Opt., 1999, 38(32):6692 - 6699.

[66] Cary A M, Guttman J L, Chirita R, et al. Instantaneous measurement of M2 beam propagation ratio in real - time[A]. in Lasers and Applications in Science and Engineering. 2008. International Society for Optics and Photonics.

[67] Jorge K C, Riva R, Rodrigues N A S, et al. Scattered light imaging method (SLIM) for characterization of arbitrary laser beam intensity profiles[A]. 2014.

[68] Blanchard P M, Fisher D J, Woods S C, et al. Phase - diversity wave - front sensing with a distorted diffraction grating[J]. Appl. Opt., 2000, 39(35):6649 - 6655.

[69] Lambert R W, Martínez R C, Waddie A J, et al. Compact Optical System for Pulse - to - Pulse Laser Beam Quality Measurement and Applications in Laser Machining[J]. Appl. Opt., 2004, 43(26):5037 - 5046.

[70] Malacara D. Radial, Rotational, and Reversal Shear Interferometer[J]. Optical Shop Testing, Third Edition, 2007. John Wiley & Sons, Inc., Hoboken, New Jersey.

[71] Feldman M, Mockler D J, English R E Jr, et al. Self - referencing Mach - Zehnder interferometer as a laser system diagnostic[A]. in San Diego,'91, San Diego, CA. 1991. International Society for Optics and Photonics.

[72] Murty M V R K. A Compact Radial Shearing Interferometer Based on the Law of refraction[J]. Appl. Opt, 1964, 3(7):853 - 858.

[73] Kohler D R, Gamiz V L. Interferogram reduction for radial - shear and localreference - holographic interferograms[J]. Appl. Opt., 1986, 25(10):1650 - 1652.

[74] Du Yongzhao, Feng Guoying, Li Hongru, et al. Real - time determination of beam propagation factor by Mach - Zehnder point diffraction interferometer[J]. Opt. Commun., 2013, 287:1 - 5.

[75] Goodman J W. Frequency Analysis of Optical Imaging Systems, Introduction to Fourier Optics[A]. THE McGRAW - HILL COMPANIES, INC., 1985.

[76] Koliopoulos C, Kwon R S O, Wyant J C. Infrared point - diffraction interferometer[J]. Opt. Lett., 1978, 3 (3):118 - 120.

[77] Hariharan P. Basics of interferometry[A]. 2010:Academic Press.

[78] Bone D J, Bachor H A, Sandeman R J. Fringe - pattern analysis using a 2 - D Fourier transform[J]. Appl. Opt., 1986, 25(10):1653 - 1660.

[79] Takeda M, Ina H, Kobayashi S. Fourier transform method of fringe pattern analysis for computer - based to-

pography and interferometry[J]. Opt. Soc. Am. ,1982,72(1):156-160.

[80] Hariharan P. Optical Interferometry 2003[M]. Second Edition.

[81] 冯国英,杜永兆,周寿桓. 马赫-曾德点衍射干涉仪及激光复振幅重建方法. ZL201110164464[P]. 2012.

[82] Du Yongzhao, Feng Guoying, Li Hongru, et al. Spatial carrier phase-shifting algorithm based on principal component analysis method[J]. Opt. Express, 2012, 20(15): 16471-16479.

[83] Lago E L, de la Fuente R. Amplitude and phase reconstruction by radial shearing interferometry[J]. Appl. Opt. ,2008,47(3):372-376.

[84] Zhang Qiuhui, Feng Guoying, Du Yongzhao, et al. Femtosecond laser-induced phase modulation based on KTP crystal[J]. Optik, 2013, 124(13): 1656-1659.

第 5 章
激光模式的产生、线性传输及叠加

5.1 TEM_{mn}模式的产生

激光器输出何种样式的横模主要是由腔内的损耗所决定的。任意一个稳定的谐振腔都可以等效为一个共焦腔,其菲涅尔数为

$$N = \frac{a^2}{\lambda L} \tag{5-1}$$

式中:L 为腔长;λ 为光波长;a 为腔的横向尺寸,如圆形反射镜片的半径。

此外,对于一定菲涅尔数而言,横模的序数越高,则衍射损耗越大,要想产生高阶横模,所需要的增益也就越多。因此基横模的衍射损耗最低,最容易满足振荡条件,高阶横模一般较难获得。利用图 5-1 所示的猫眼逆向器可以获得多个阶数的模式。

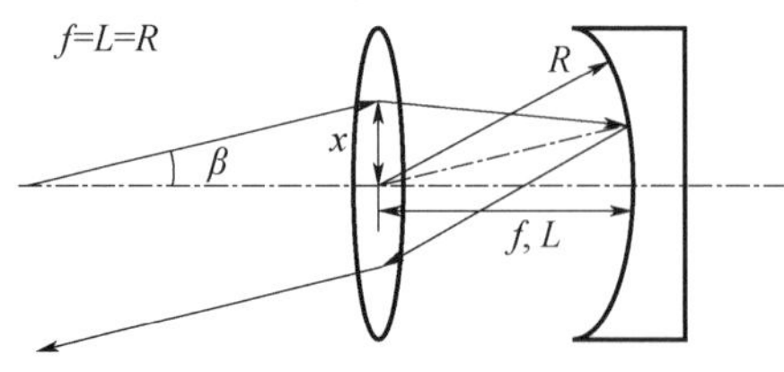

图 5-1　猫眼逆向器示意图

猫眼逆向器由一个凸透镜和镀有全反膜的凹面镜构成,凸透镜焦距 f 与凹面镜曲率半径 R 以及两者间距 L 相等。由几何光学可知,焦面上一点发出的光经透镜后将以平行光出射,因此入射光与猫眼逆向器输出的光平行反向。也就是说,在一定的角度范围内,猫眼逆向器可以使任意方向入射的光沿原路返回。

利用几何光学中近轴光线的 $ABCD$ 定律来分析猫眼逆向器的逆向反射过程。设入射光线矢量为$(x,\theta)^{\mathrm{T}}$,其中 x 为光线上某点与光轴之间的距离,θ 为光线与光轴的夹角。因此,光线经过猫眼后的矢量$(x,\beta)^{\mathrm{T}}$ 为

$$
\begin{pmatrix} x' \\ \theta' \end{pmatrix} = \boldsymbol{M}_{f'} \cdot \boldsymbol{M}_{L'} \cdot \boldsymbol{M}_R \cdot \boldsymbol{M}_L \cdot \boldsymbol{M}_f \cdot \begin{pmatrix} x \\ \theta \end{pmatrix}
$$

$$
= \begin{pmatrix} 1 & 0 \\ -\dfrac{1}{f} & 1 \end{pmatrix} \begin{pmatrix} 1 & L \\ 0 & 1 \end{pmatrix} \begin{pmatrix} 1 & 0 \\ -\dfrac{2}{R} & 1 \end{pmatrix} \begin{pmatrix} 1 & L \\ 0 & 1 \end{pmatrix} \begin{pmatrix} 1 & 0 \\ -\dfrac{1}{F} & 1 \end{pmatrix} \begin{pmatrix} x \\ \theta \end{pmatrix} \tag{5-2}
$$

$$
= \begin{pmatrix} 1 - \dfrac{2L}{R} - \dfrac{2L}{f} + \dfrac{2L^2}{Rf} & 2L - \dfrac{2L^2}{R} \\ -\dfrac{2}{f} - \dfrac{2}{R} + \dfrac{4L}{Rf} + \dfrac{2L}{f^2} - \dfrac{2L^2}{Rf^2} & 1 - \dfrac{2L}{R} - \dfrac{2L}{f} + \dfrac{2L^2}{Rf} \end{pmatrix} \begin{pmatrix} x \\ \theta \end{pmatrix}
$$

式中:透镜的变换矩阵为[1]

$$
\boldsymbol{M}_{f'} = \boldsymbol{M}_f = \begin{pmatrix} 1 & 0 \\ -\dfrac{1}{f} & 1 \end{pmatrix}
$$

传播距离 L 的变换矩阵为

$$
\boldsymbol{M}_{L'} = \boldsymbol{M}_L = \begin{pmatrix} 1 & L \\ 0 & 1 \end{pmatrix}
$$

当 $f = L = R$ 时,式(5 -2)简化为

$$
\begin{pmatrix} x' \\ \theta' \end{pmatrix} = \begin{pmatrix} -1 & 0 \\ 0 & -1 \end{pmatrix} \begin{pmatrix} x \\ \theta \end{pmatrix} \tag{5-3}
$$

可见,经猫眼逆向器后的反射光线与入射光线平行,且在凸透镜上的出射点与入射点相对光轴对称。

把猫眼逆向器作为激光器的外腔镜,与输出镜组成猫眼谐振腔。猫眼谐振腔示意图如图 5 -2 所示。

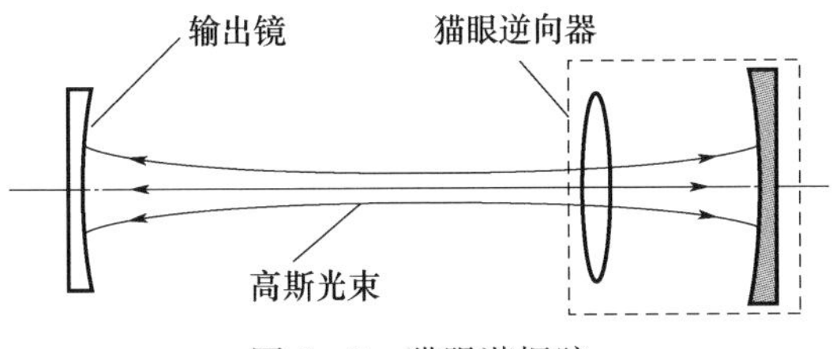

图 5 -2　猫眼谐振腔

在利用猫眼产生高阶横模及实现横模变换的过程中,保证凸透镜的焦距与凹面镜的曲率半径相等,仅改变两镜的间距 L,则 $ABCD$ 矩阵变为

$$
\begin{pmatrix} A & B \\ C & D \end{pmatrix} = \begin{pmatrix} 1 - \dfrac{4L}{f} + \dfrac{2L^2}{f^2} & 2L - \dfrac{2L^2}{f} \\ -\dfrac{4}{f} + \dfrac{6L}{f^2} - \dfrac{2L^2}{f^3} & 1 - \dfrac{4L}{f} + \dfrac{2L^2}{f^2} \end{pmatrix} \tag{5-4}
$$

假设猫眼可等效为一个单独的曲率半径为 R_{eq} 的腔镜，该腔镜与原猫眼凸透镜的距离为 L_{eq}，则等效腔镜的 $ABCD$ 矩阵为

$$\begin{pmatrix} A' & B' \\ C' & D' \end{pmatrix} = \begin{pmatrix} 1 & L_{eq} \\ 0 & 1 \end{pmatrix} \begin{pmatrix} 1 & 0 \\ -\dfrac{2}{R_{eq}} & 1 \end{pmatrix} \begin{pmatrix} 1 & L_{eq} \\ 0 & 1 \end{pmatrix} = \begin{pmatrix} 1 - \dfrac{2L_{eq}}{R_{eq}} & 2L_{eq} - \dfrac{2L_{eq}^2}{R_{eq}} \\ -\dfrac{2}{R_{eq}} & 1 - \dfrac{2L_{eq}}{R_{eq}} \end{pmatrix} \tag{5-5}$$

由高斯光束的 $ABCD$ 定律，猫眼逆向器及其等效凹面镜的输出光束分别为

$$\begin{cases} q' = \dfrac{Aq + B}{Cq + D} \\ q'_{eq} = \dfrac{A'q + B'}{C'q + D'} \end{cases} \tag{5-6}$$

又由于猫眼逆向器与等效凹面镜的等效关系为 $q'_{eq} = q'$，则

$$\frac{Aq + B}{Cq + D} = \frac{A'q + B'}{C'q + D'} \tag{5-7}$$

考虑到 $A = D, A' = D'$，并且式(5－7)的展开项中 q 的对应系数相等，可以得到

$$\frac{A}{A'} = \frac{B}{B'} = \frac{C}{C'} \tag{5-8}$$

由式(5－5)和式(5－7)得

$$\frac{A}{C} = \frac{1 - \dfrac{2L_{eq}}{R_{eq}}}{-\dfrac{2}{R_{eq}}} \rightarrow L_{eq} = \frac{R_{eq}}{2} + \frac{A}{C} \tag{5-9}$$

$$\frac{B}{C} = \frac{2L_{eq} - \dfrac{2{L_{eq}}^2}{R_{eq}}}{-\dfrac{2}{R_{eq}}} = {L_{eq}}^2 - L_{eq}R_{eq} \tag{5-10}$$

将式(5－9)代入式(5－10)得

$${R_{eq}}^2 = \frac{4(A^2 - BC)}{C^2} \tag{5-11}$$

因为当入射面和出射面在同一介质中时 ABCD 矩阵的秩为 1，即 $AD - BC = 1$，且 $A = D$，因此由式(5－11)得

$$R_{eq} = \pm \frac{2}{C} \tag{5-12}$$

取 $R_{eq} = 2/C$，代入式(5－4)和式(5－9)得

$$R_{eq} = \frac{2}{-\dfrac{4}{f} + \dfrac{6L}{f^2} - \dfrac{2L^2}{f^3}} = \frac{f}{\left(\dfrac{L}{f} - 1\right)\left(2 - \dfrac{L}{f}\right)} \tag{5-13}$$

$$L_{eq} = \frac{f(L-f)}{2f-L} \tag{5-14}$$

因此,当 $L=f$ 时,$R_{eq}=\infty$,$L_{eq}=0$;当 $0<L<f$ 时,$R_{eq}<0$,$L_{eq}<0$;当 $2f>L>f$ 时,$R_{eq}>0$,$L_{eq}>0$。

当猫眼内凸透镜和凹面镜间距相对理想位置有微小增量 ΔL,即 $\Delta L=L-f$ 且 $\Delta L \ll f$ 时,由式(5-13)和式(5-14)得

$$R_{eq} = \frac{f^3}{\Delta L(f-\Delta L)} \approx \frac{f^2}{\Delta L} \tag{5-15}$$

$$L_{eq} = \frac{f\Delta L}{f-\Delta L} \approx \Delta L \tag{5-16}$$

可见,R_{eq} 与 ΔL 成反比,L_{eq} 约等于 ΔL。按照式(5-15)和式(5-16)用 Matlab 绘出 R_{eq} 和 L_{eq} 随 L 的变化曲线,如图5-3所示,其中横坐标是 L 与 f 的比值,纵坐标是 R_{eq} 或 L_{eq} 与 f 的比值。可见其特性与式(5-15)和式(5-16)所得结论相同。

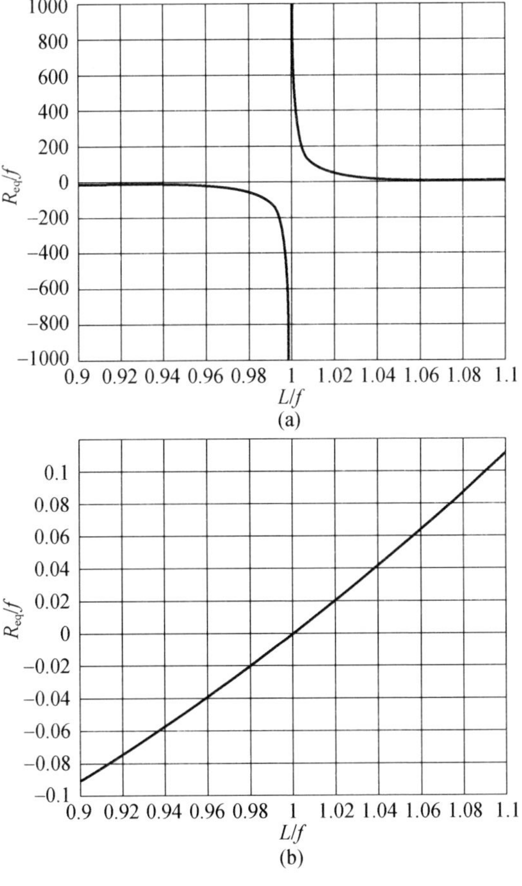

图5-3 猫眼的(a)等效反射镜曲率半径 R_{eq} 及其(b)位置 L_{eq} 随猫眼内两镜间距 L 变化的曲线

由以上分析可知，当$f=R=L$，即猫眼的凸透镜焦距、凹面镜曲率半径、凸透镜与凹面镜间距三者相等时，可将它们等效为一个平面镜$R_{eq}=\infty$，等效平面镜位于原凸透镜的位置$L_{eq}=0$。当$L<f=R$，即猫眼内两镜间距小于凸透镜焦距或凹面镜曲率半径时，猫眼等效为一个凸面镜$R_{eq}>0$，且等效凸面镜位于原凸透镜之前即$L_{eq}<0$。当$L>f=R$，即猫眼内两镜间距大于凸透镜焦距或凹面镜曲率半径时，猫眼等效为一个凹面镜$R_{eq}>0$，且等效凹面镜位于原凸透镜之后即$L_{eq}>0$。此外，等效反射镜的曲率半径与间距变化量成反比$R_{eq}\approx f^2/\Delta L$，等效反射镜相对原凸透镜的位置约等于间距变化量即$L_{eq}\approx\Delta L$。因此，通过合理设计猫眼逆向器的机械结构，将凸透镜与凹面镜固定在一个套筒内，保证同轴，仅改变两镜间距L，就可以改变其等效腔镜的曲率半径和位置。谐振腔的腔长和其中一个腔镜的曲率半径变了，其等效共焦腔也变了，腔内损耗就会变化，因此会输出不同的横模图样。

5.2 H-G$_{mn}$模式的传输

H-G$_{mn}$模式主要应用于激光光束的基本特性研究，比如激光光束的特征解[2]、模式传输与转换[3]；还应用于激光器的特性研究，比如非稳定腔中的模式计算[4]、激光光束合成[5]。

当光在自由空间中传输时，遵从亥姆霍兹方程：

$$\nabla^2 E-\frac{n_0^2}{c^2}\frac{\partial^2}{\partial t^2}E=0 \tag{5-17}$$

在旁轴近似情况下，式(5-17)的解可以写为 Huygens - Fresnel 积分公式：

$$E_1(x_2,y_2)=\frac{e^{ikz}}{i\lambda z}\int\int_{-\infty}^{+\infty}E_1(x_1,y_1)e^{\frac{ik}{2z}[(x_2-x_1)^2+(y_2-y_1)^2]}dx_1dy_1 \tag{5-18}$$

式中：$E_1(x_1,y_1)$为光初始位置的场分布；$E_2(x_2,y_2)$为光束传播一段距离后的场分布；z为传输距离；k为波矢，λ为波长。直接计算式(5-18)，计算量大，耗时长，为了提高运算速度，一般采用基于快速傅里叶变换的算法。

可以将式(5-18)写成响应函数的卷积形式：

$$E_z(x,y)=h_z(x,y)\otimes E(x,y) \tag{5-19}$$

$$h_z(x,y)=\frac{e^{ikz}}{i\lambda z}e^{\frac{ik}{2z}(x^2+y^2)} \tag{5-20}$$

式中：$\otimes$代表卷积。对式(5-20)做傅里叶变换得到

$$H(f_x,f_y)=\mathcal{F}[h_z(x,y)]=e^{i2\pi z/\lambda}e^{-i\pi\lambda z(f_x^2+f_y^2)} \tag{5-21}$$

对式(5-20)做傅里叶变换，并将式(5-21)代入，由傅里叶变换的卷积定理

可得

$$E_z(x,y)=\mathcal{F}^{-1}\{H(f_x,f_y)\mathcal{F}[E(x,y)]\} \tag{5-22}$$

式中，$f_x=\dfrac{x}{\lambda z}$，$f_y=\dfrac{y}{\lambda z}$。

H-G_{mn}模式传输距离 L 后光场分布的表达式为

$$E_z(x,y)=\mathcal{F}^{-1}\left\{e^{ikL}e^{-i\pi\lambda L(f_x^2+f_y^2)}\mathcal{F}\left\{H_m\left(\frac{\sqrt{2}x}{w_0}\right)H_n\left(\frac{\sqrt{2}y}{w_0}\right)\cdot e^{\frac{x^2+y^2}{w_0^2}}\right\}\right\} \tag{5-23}$$

作为计算例，计算得到 H-G_{00}模式、H-G_{02}模式、H-G_{31}模式在自由空间传输时的强度分布、位相分布和束宽轮廓线，分别如图5-4～图5-6所示。

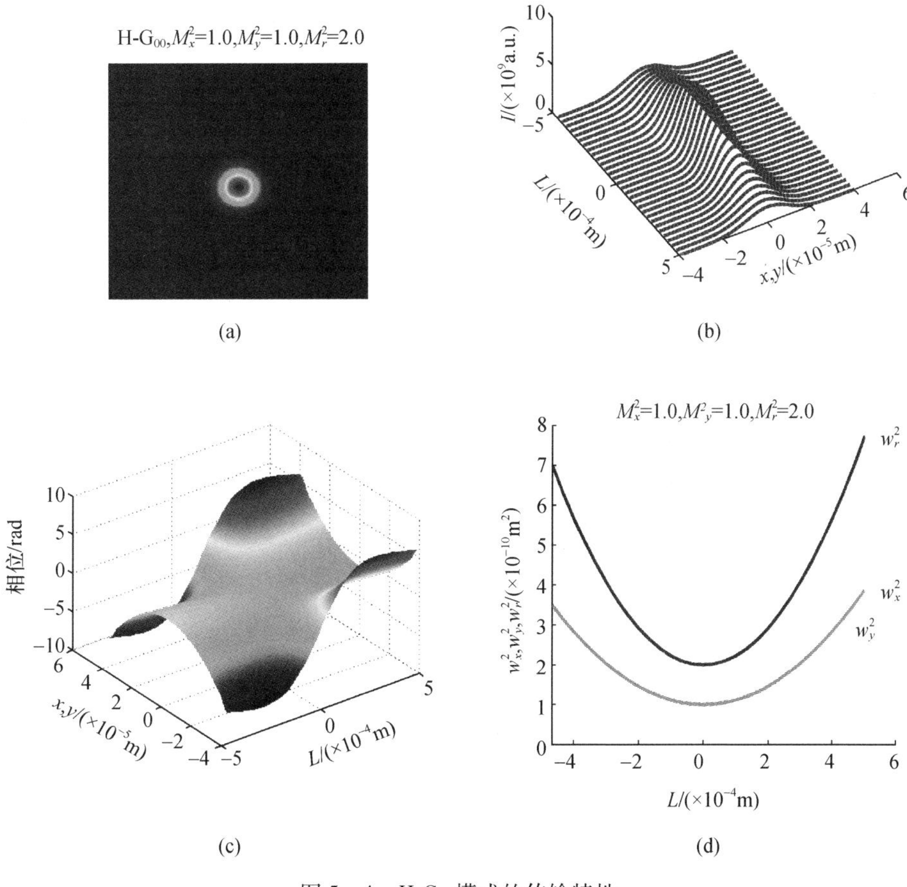

图5-4　H-G_{00}模式的传输特性

(a)光斑图样；(b)在自由空间传输过程中的强度；(c)相位分布；(d)x 方向、y 方向、r 径向的束宽平方随传输距离 L 变化的曲线。

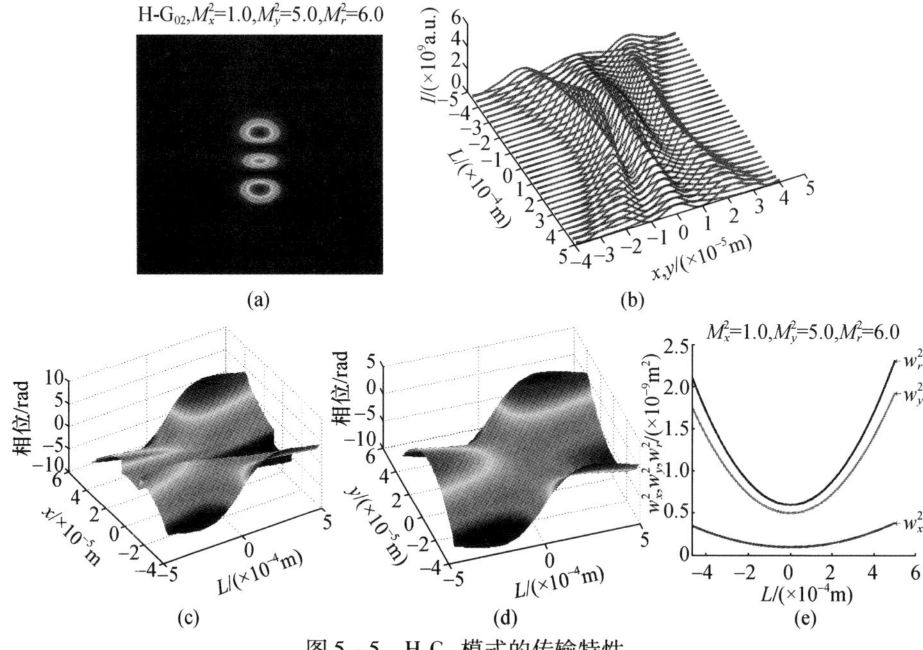

图 5-5　H-G_{02}模式的传输特性

(a)光斑图样;(b)在自由空间传输过程中的强度分布;(c)x 方向相位分布;

(d)y 方向的相位分布;(e)x 方向、y 方向和 r 径向的束宽平方随传输距离 L 变化的曲线。

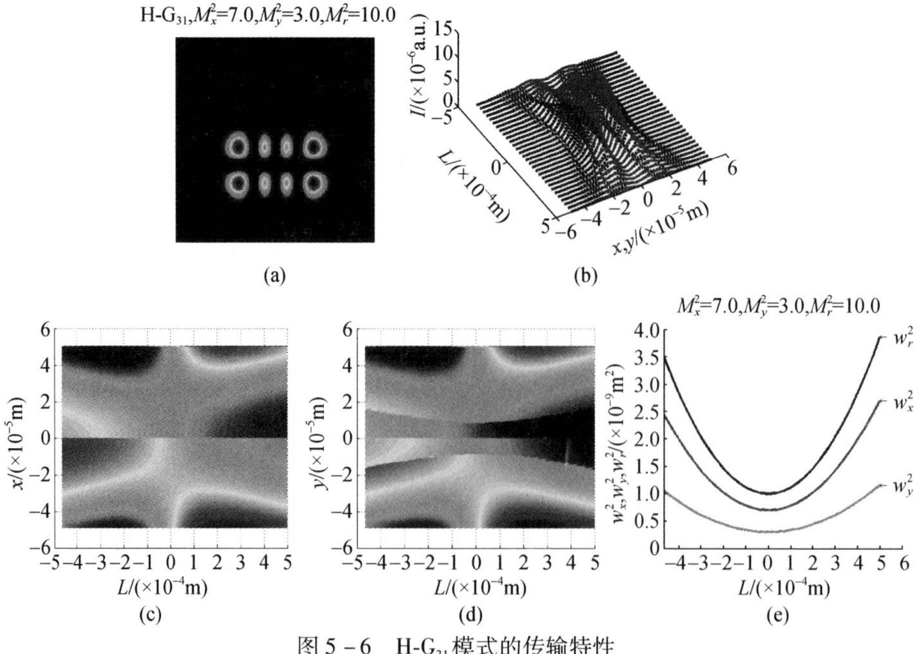

图 5-6　H-G_{31}模式的传输特性

(a)光斑图样;(b)在自由空间传输过程中的强度分布;(c)x 方向相位分布;

(d)y 方向的相位分布;(e)x 方向、y 方向和 r 径向的束宽平方随传输距离 L 变化的曲线。

5.3 L-G_{pl}模式的传输

L-G_{pl}模式与H-G_{mn}模式类似，都可以表征旁轴光束的完备性[6]，还经常应用于光束轨道角动量研究[7]。

L-G_{pl}模式传输距离L后光场分布的表达式为

$$E_z(x,y)=\mathcal{F}^{-1}\left\{\mathrm{e}^{\mathrm{i}kL}\mathrm{e}^{-\mathrm{i}\pi\lambda L(f_x^2+f_y^2)}\mathcal{F}\left\{\left(\frac{\sqrt{2}r}{w_{\mathrm{os}}}\right)^l\mathrm{L}_p^l\left(\frac{2r^2}{w_{\mathrm{os}}^2}\right)\mathrm{e}^{\frac{r^2}{w_{\mathrm{os}}^2}}\cos(l\phi)\right\}\right\} \quad (5-24)$$

作为计算例，计算得到L-G_{10}模式、L-G_{20}模式、L-G_{11}模式光斑图样及其在自由空间传输时的强度分布、位相分布和束宽轮廓线，分别如图5-7~图5-9所示。

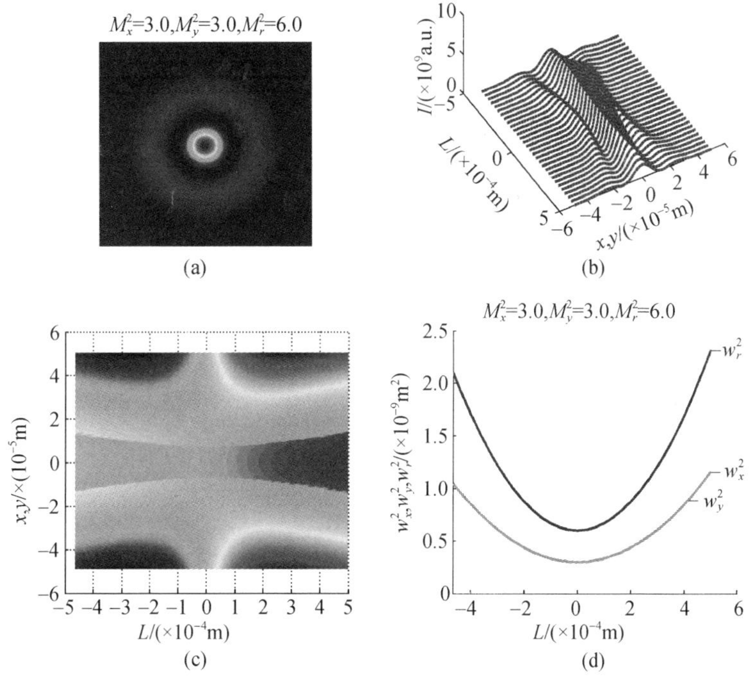

图5-7 L-G_{10}模式的传输特性

(a)光斑图样；(b)在自由空间传输过程中的强度；(c)相位分布；
(d)x方向、y方向和r径向的束宽平方随传输距离L变化的曲线。

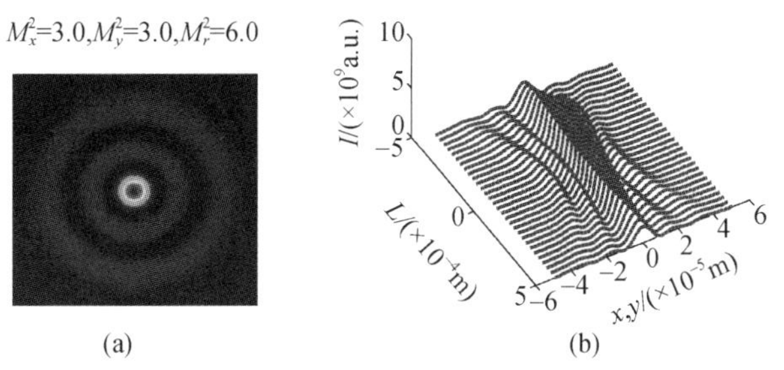

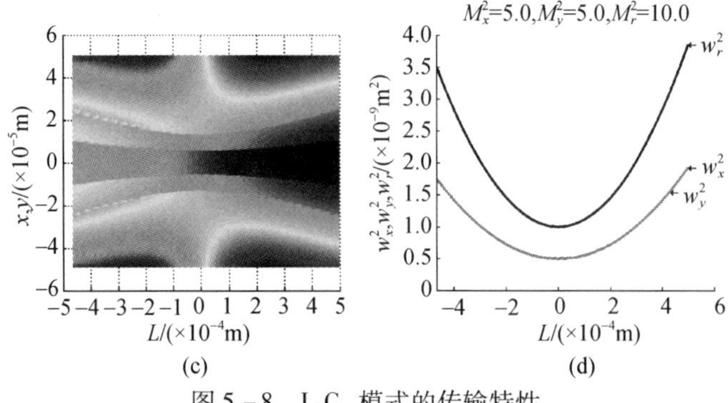

图 5-8 L-G_{20}模式的传输特性

(a)光斑图样;(b)在自由空间传输过程中的强度;(c)相位分布;
(d)x 方向、y 方向和 r 径向的束宽平方随传输距离 L 变化的曲线。

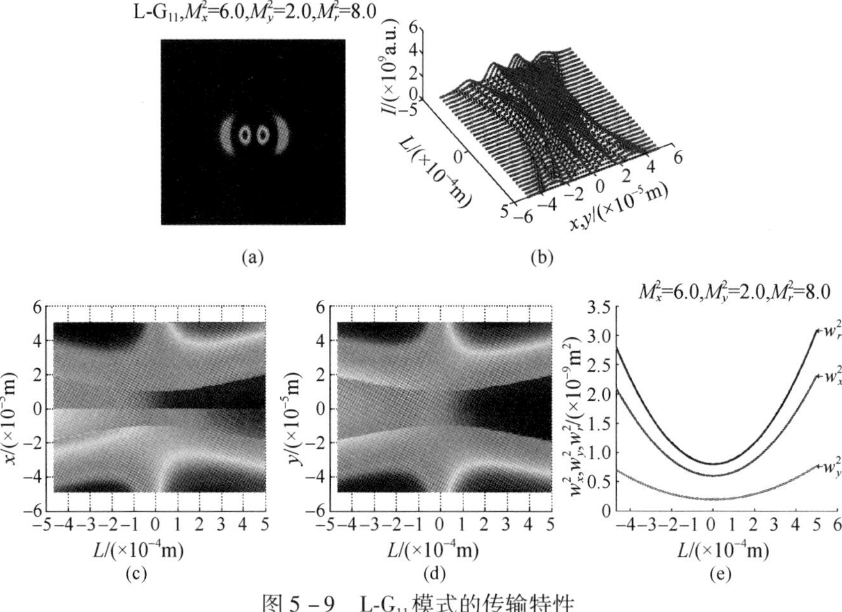

图 5-9 L-G_{11}模式的传输特性

(a)光斑图样;(b)在自由空间传输过程中的强度分布;(c)x 方向的相位分布;
(d)y 方向的相位分布;(e)x 方向、y 方向和 r 径向的束宽平方随传输距离 L 变化的曲线。

5.4 LP_{mn}模式的传输

自从 1964 年 Koester 和 Snitzer 第一次提出关于光纤激光器的构想[8],光纤激光器就引发了越来越多人的兴趣。随后,光纤的发展就与光纤激光器紧密结合起来,相关的光纤制造工艺也在提高。改进化学气相沉积(MCVD)[9]、双坩埚法[10,11]、堆积法(Stack - and - Draw)[12]等的提出也促进了新型光纤设计的发展，如单模光子晶体光纤[13]、光子带隙光纤[14]和空芯光纤[15]等。

在光纤通信系统中，由于受到波分复用系统（WDM）中光放大器带宽和输入功率的限制，难以进一步提高传输容量，因此需要增加更多通道来提高传输效率。模分复用（MDM）[16-18]成为一种解决网络容量的方法。MDM 系统利用光纤中多个模式传输信息，这需要实时监控模式功率。

由于光纤中承载更多数量的高阶模，这会降低输出光束质量。传统的光束质量用 M^2 来表示，一个小的 M^2 值等价于光束工作在单模状态。但是，尽管在高阶模功率含量比较大的情况下，仍然可能获得小的 M^2 值[19]。因而对光纤模式的测量与分析成为对光纤激光器输出模式的控制与优化的重要手段之一。

同时，光纤模式的分析与表征在色散补偿器[20,21]、光纤折射率分布表征[22,23]、光纤模式转换器[23]和偏振控制仪[24]等应用也发挥了重要作用。

LP_{mn} 模式传输距离 L 后光场分布的表达式为

$$E_z(x,y)=\mathcal{F}^{-1}\{e^{ikL}e^{-i\pi\lambda L(f_x^2+f_y^2)}\mathcal{F}\{LP_{mn}\}\} \tag{5-25}$$

作为计算例，计算得到 LP_{01} 模式、LP_{11} 模式、LP_{22} 模式的光斑图样及其在自由空间传输时的强度分布、相位分布和束宽轮廓线，分别如图5-10～图5-12所示。

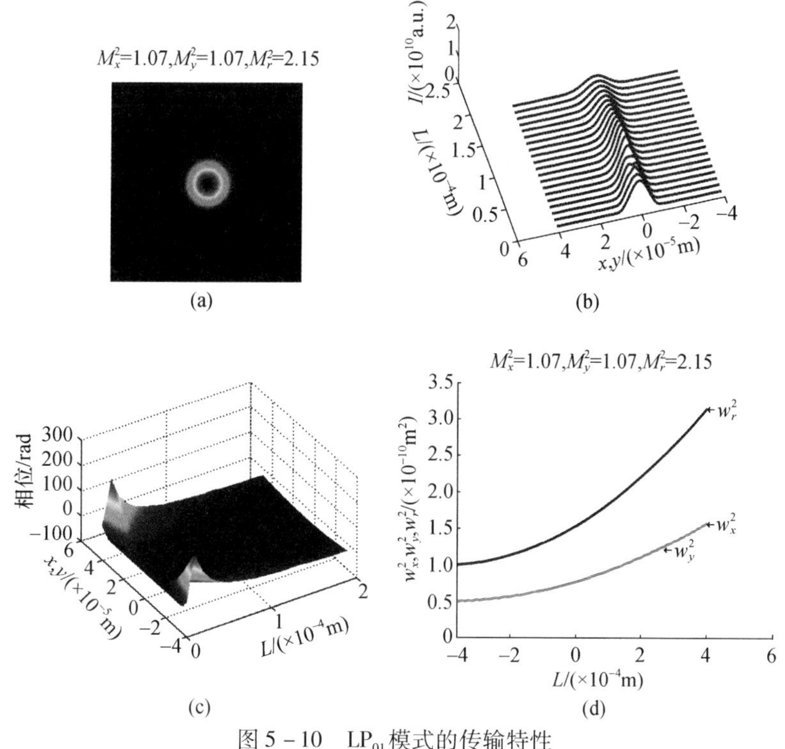

图5-10 LP_{01} 模式的传输特性

（a）光斑图样；（b）在自由空间传输过程中的强度分布；（c）在自由空间传输过程中的相位分布；（d）x 方向、y 方向和 r 径向的束宽平方随传输距离 L 变化的曲线。

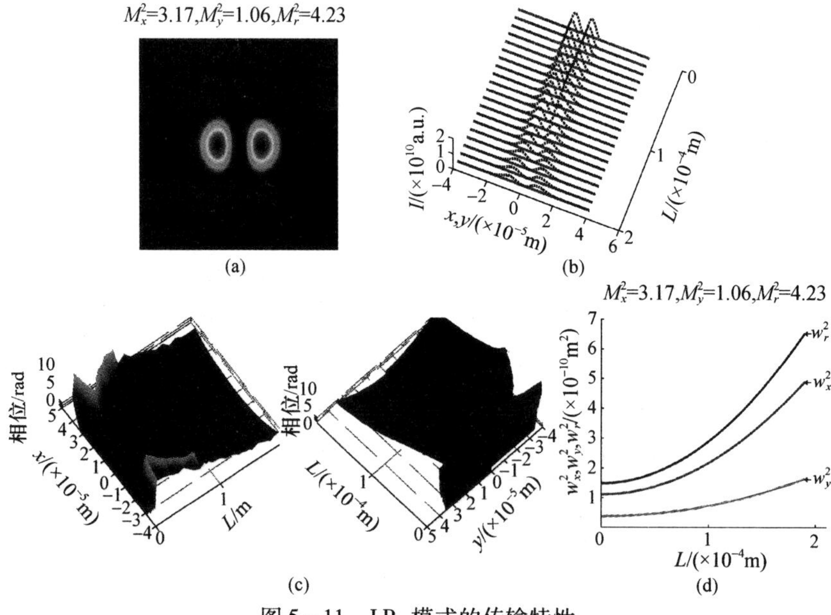

图 5-11　LP_{11}模式的传输特性

(a)光斑图样;(b)在自由空间传输过程中的强度分布;(c)在自由空间传输过程中 x 方向和 y 方向的相位分布;(d)x 方向、y 方向和 r 径向的束宽平方随传输距离 L 变化的曲线。

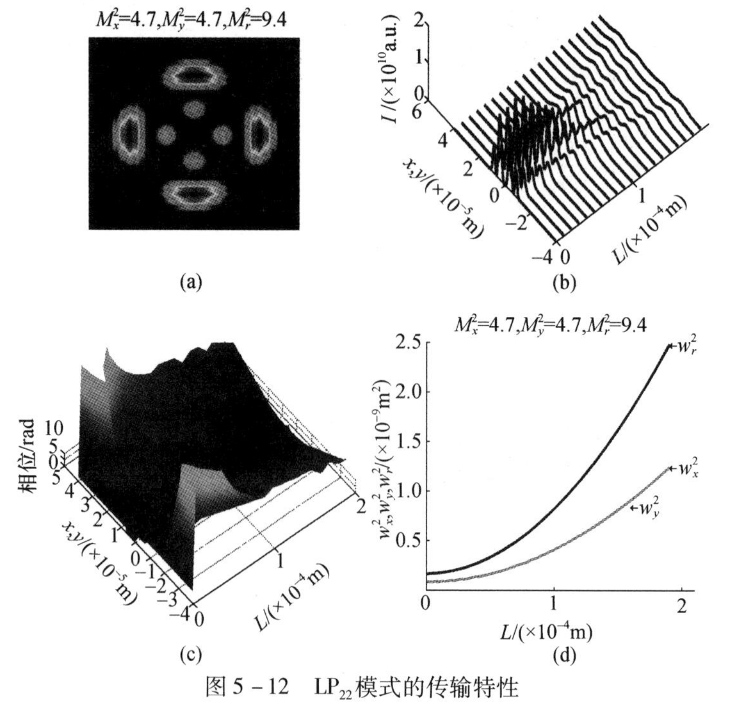

图 5-12　LP_{22}模式的传输特性

(a)光斑图样;(b)在自由空间传输过程中的强度分布;(c)在自由空间传输过程中 x 方向和 y 方向的相位分布;(d)x 方向、y 方向和 r 径向的束宽平方随传输距离 L 变化的曲线。

5.5 H-G$_{mn}$模式的相干叠加

在激光放大器中，由于耦合等因素的影响，基模可能激发其他高阶模式并被一起传输和放大，从而使得输出光为模式的相干叠加。在激光振荡器中，如多横模振荡的光纤激光器，由于自发辐射的影响，这些振荡模式的相位通常是无关的，从而使得输出光为模式的非相干叠加。

5.5.1 两个 H-G$_{mn}$模式相干叠加

5.5.1.1 H-G$_{00}$模式与 H-G$_{01}$模式相干叠加

在这一节中，首先以 H-G$_{00}$模式和 H-G$_{01}$模式相干叠加为例，研究模式功率占比对相干叠加场的光场分布和光束质量 M^2 因子的影响[25]。

H-G$_{00}$模式和 H-G$_{01}$模式相干叠加场的光场表达式为

$$E(x,y)=\frac{\sqrt{\eta}}{\sqrt{P_{00}}}\mathrm{H}_0\left(\frac{\sqrt{2}}{w_0}x\right)\mathrm{H}_0\left(\frac{\sqrt{2}}{w_0}y\right)\mathrm{e}^{-\frac{x^2+y^2}{w_0^2}}+\frac{\sqrt{1-\eta}}{\sqrt{P_{01}}}\mathrm{H}_0\left(\frac{\sqrt{2}}{w_0}x\right)\mathrm{H}_1\left(\frac{\sqrt{2}}{w_0}y\right)\mathrm{e}^{-\frac{x^2+y^2}{w_0^2}} \tag{5-26}$$

式中

$$P_{00}=\iint_{-\infty}^{\infty}\left|\mathrm{H}_0\left(\frac{\sqrt{2}}{w_0}x\right)\mathrm{H}_0\left(\frac{\sqrt{2}}{w_0}y\right)\mathrm{e}^{-\frac{x^2+y^2}{w_0^2}}\right|^2\mathrm{d}x\mathrm{d}y=\iint_{-\infty}^{\infty}\mathrm{e}^{-\frac{2(x^2+y^2)}{w_0^2}}\mathrm{d}x\mathrm{d}y \tag{5-27}$$

$$P_{01}=\iint_{-\infty}^{\infty}\left|\mathrm{H}_0\left(\frac{\sqrt{2}}{w_0}x\right)\mathrm{H}_1\left(\frac{\sqrt{2}}{w_0}y\right)\mathrm{e}^{-\frac{x^2+y^2}{w_0^2}}\right|^2\mathrm{d}x\mathrm{d}y=\iint_{-\infty}^{\infty}\left|\mathrm{H}_1\left(\frac{\sqrt{2}}{w_0}y\right)\right|^2\mathrm{e}^{-\frac{2(x^2+y^2)}{w_0^2}}\mathrm{d}x\mathrm{d}y \tag{5-28}$$

$\eta(0\leqslant\eta\leqslant1)$为 H-G$_{00}$模式的功率占比。

计算得到 H-G$_{00}$模式和 H-G$_{01}$模式相干叠加场在不同的 η 取值下的光斑图像及其在 x 方向、y 方向和 r 径向的 M^2因子，如图 5-13 所示。H-G$_{00}$模式和 H-G$_{01}$模式的相干叠加光场在 x 方向和 y 方向的 M^2 因子随 η 变化的曲线如图 5-14 所示。不同 η 取值时，计算得到 H-G$_{00}$模式和 H-G$_{01}$模式的相干叠加光场的 M^2 曲线如图 5-15 所示。

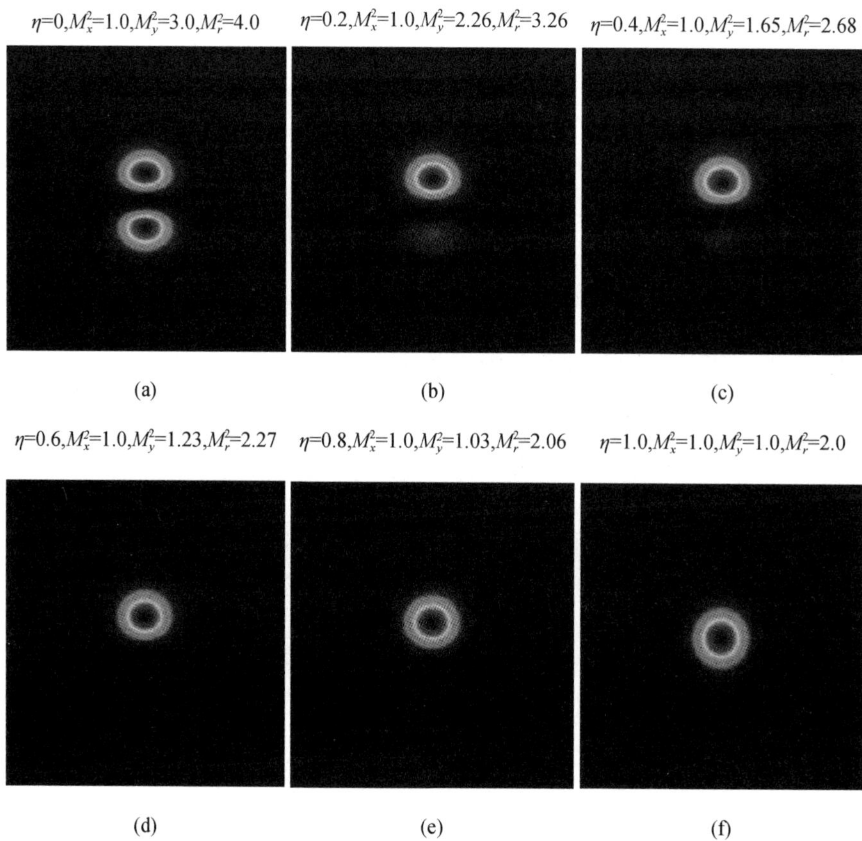

图 5-13　H-G_{00}模式和 H-G_{01}模式相干叠加的近场光斑图像及其在 x 方向、y 方向和 r 径向的 M^2 因子

(a)$\eta=0$;(b)$\eta=0.2$;(c)$\eta=0.4$;(d)$\eta=0.6$;(e)$\eta=0.8$;(f)$\eta=1.0$。

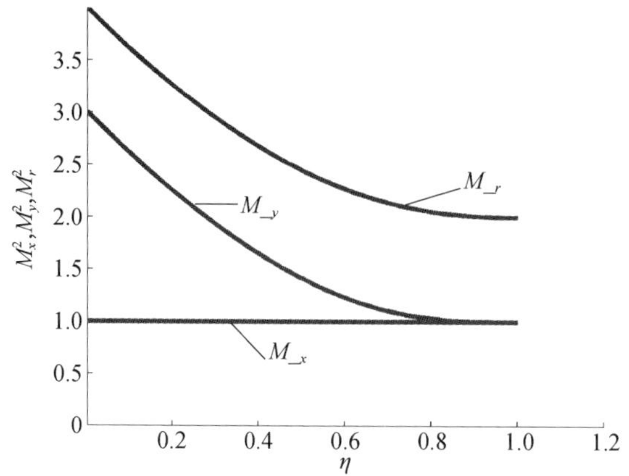

图 5-14　计算得到 H-G_{00}模式和 H-G_{01}模式的相干叠加光场在 x 方向和 y 方向的 M^2因子随 η 变化的曲线

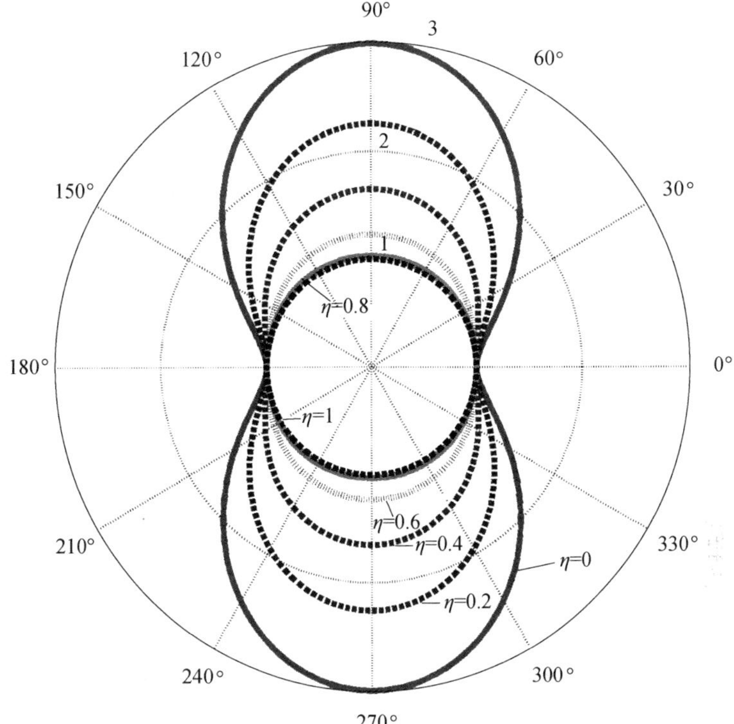

图5-15 不同 η 取值时,计算得到 H-G_{00}模式和 H-G_{01}模式的相干叠加光场的 M^2 曲线

5.5.1.2 H-G_{00}模式与 H-G_{11}模式相干叠加

H-G_{00}模式和 H-G_{11}模式相干叠加场的光场表达式为

$$E(x,y)=\frac{\sqrt{\eta}}{\sqrt{P_{00}}}\mathrm{H}_0\left(\frac{\sqrt{2}}{w_0}x\right)\mathrm{H}_0\left(\frac{\sqrt{2}}{w_0}y\right)\mathrm{e}^{-\frac{x^2+y^2}{w_0^2}}+\frac{\sqrt{1-\eta}}{\sqrt{P_{11}}}\mathrm{H}_1\left(\frac{\sqrt{2}}{w_0}x\right)\mathrm{H}_1\left(\frac{\sqrt{2}}{w_0}y\right)\mathrm{e}^{-\frac{x^2+y^2}{w_0^2}} \tag{5-29}$$

式中

$$P_{11}=\iint_{-\infty}^{\infty}\left|\mathrm{H}_1\left(\frac{\sqrt{2}}{w_0}x\right)\mathrm{H}_1\left(\frac{\sqrt{2}}{w_0}y\right)\mathrm{e}^{-\frac{x^2+y^2}{w_0^2}}\right|^2\mathrm{d}x\mathrm{d}y \tag{5-30}$$

$\eta(0\leqslant\eta\leqslant1)$为 H-$G_{00}$模式的功率占比。

计算得到 H-G_{00}模式和 H-G_{11}模式相干叠加场在不同的 η 取值下的光斑图像及其在 x 方向、y 方向和 r 径向的 M^2 因子,如图5-16所示。H-G_{00}模式和 H-G_{11}模式的相干叠加光场在 x 方向、y 方向和 r 径向的 M^2 因子随 η 变化的曲线如图5-17所示。不同 η 取值时,计算得到 H-G_{00}模式和 H-G_{11}模式的相干叠加光场的 M^2 曲线如图5-18所示。

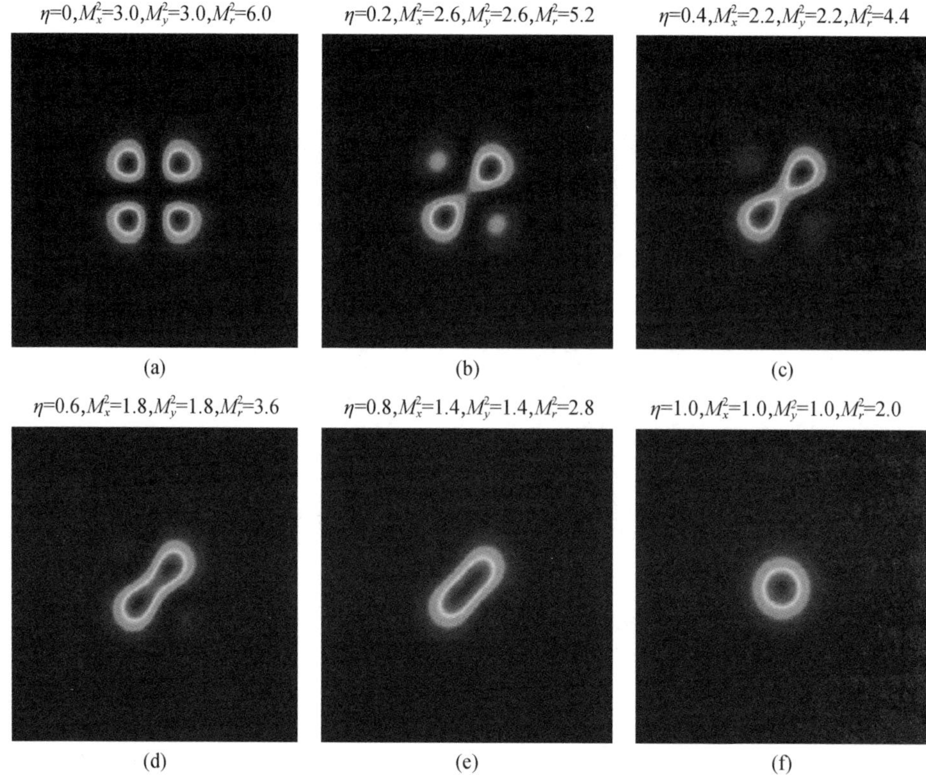

图 5－16　H-G_{00}模式和 H-G_{11}模式相干叠加的近场光斑图像及其在 x 方向、y 方向和 r 径向的 M^2 因子

(a)$\eta=0$;(b)$\eta=0.2$;(c)$\eta=0.4$;(d)$\eta=0.6$;(e)$\eta=0.8$;(f)$\eta=1.0$。

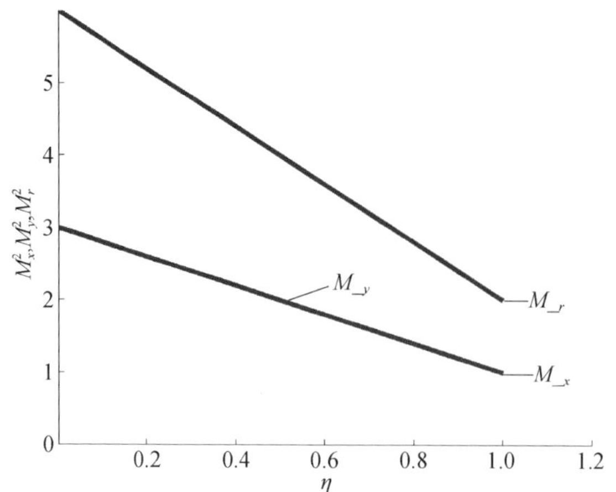

图 5－17　计算得到 H-G_{00}模式和 H-G_{11}模式的相干叠加光场在 x 方向、y 方向和 r 径向的 M^2 因子随 η 变化的曲线

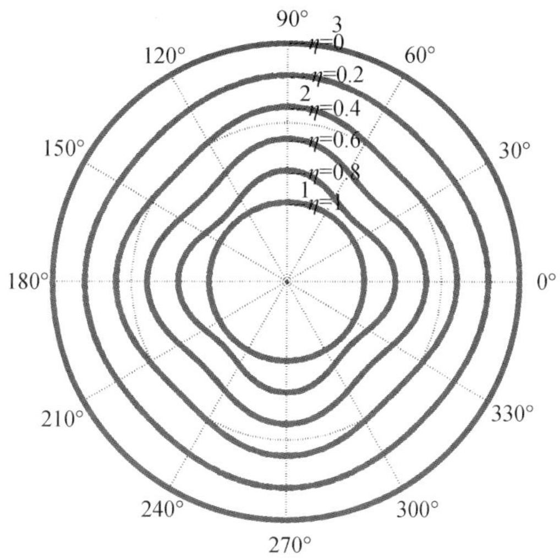

图5-18 不同 η 取值时,计算得到 H-G$_{00}$ 模式和 H-G$_{11}$ 模式的相干叠加光场的 M^2 曲线

5.5.1.3 H-G$_{11}$模式与 H-G$_{02}$模式相干叠加

H-G$_{11}$模式和 H-G$_{02}$模式相干叠加场的光场表达式为

$$E(x,y)=\frac{\sqrt{\eta}}{\sqrt{P_{11}}}\mathrm{H}_1\left(\frac{\sqrt{2}}{w_0}x\right)\mathrm{H}_1\left(\frac{\sqrt{2}}{w_0}y\right)\mathrm{e}^{-\frac{x2+y2}{w_0^2}}+\frac{\sqrt{1-\eta}}{\sqrt{P_{02}}}\mathrm{H}_0\left(\frac{\sqrt{2}}{w_0}x\right)\mathrm{H}_2\left(\frac{\sqrt{2}}{w_0}y\right)\mathrm{e}^{-\frac{x2+y2}{w_0^2}} \tag{5-31}$$

式中

$$\begin{aligned}P_{02}&=\iint_{-\infty}^{\infty}\left|\mathrm{H}_0\left(\frac{\sqrt{2}}{w_0}x\right)\mathrm{H}_2\left(\frac{\sqrt{2}}{w_0}y\right)\mathrm{e}^{-\frac{x2+y2}{w_0^2}}\right|^2\mathrm{d}x\mathrm{d}y\\&=\iint_{-\infty}^{\infty}\left|\mathrm{H}_2\left(\frac{\sqrt{2}}{w_0}y\right)\right|^2\mathrm{e}^{-\frac{2(x2+y2)}{w_0^2}}\mathrm{d}x\mathrm{d}y\end{aligned} \tag{5-32}$$

$\eta(0\leqslant\eta\leqslant1)$为 H-G$_{11}$模式的功率占比。

计算得到 H-G$_{11}$模式和 H-G$_{02}$模式相干叠加场在不同的 η 取值下的光斑图像及其在 x 方向、y 方向和 r 径向的 M^2 因子,如图5-19所示。H-G$_{11}$模式和 H-G$_{02}$模式的相干叠加光场在 x 方向、y 方向和 r 径向的 M^2 因子随 η 变化的曲线如图5-20所示。不同 η 取值时,计算得到 H-G$_{11}$模式和 H-G$_{02}$模式的相干叠加光场的 M^2 曲线如图5-21所示。从图5-19和图5-21可以看出,虽然 H-G$_{11}$模式和 H-G$_{02}$模式的主方向为 x 和 y 方向,但它们的相干叠加场的光斑主方向不再是 x 和 y 方向,而是绕 z 轴旋转了一个角度。

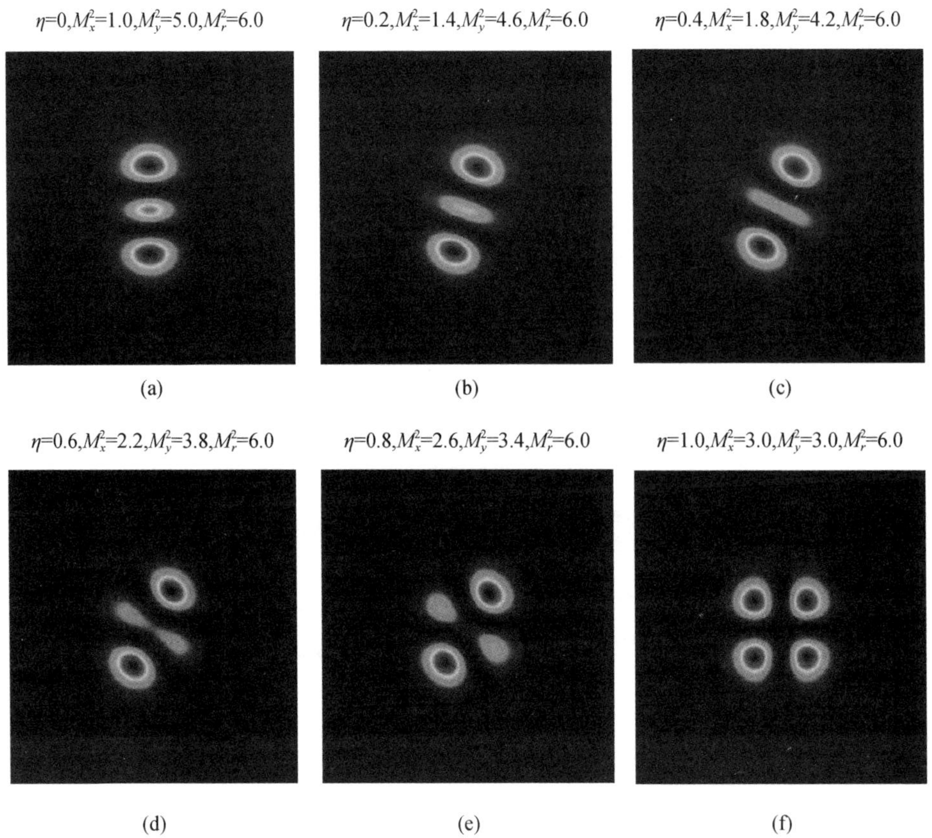

$\eta=0, M_x^2=1.0, M_y^2=5.0, M_r^2=6.0$　$\eta=0.2, M_x^2=1.4, M_y^2=4.6, M_r^2=6.0$　$\eta=0.4, M_x^2=1.8, M_y^2=4.2, M_r^2=6.0$

(a)　(b)　(c)

$\eta=0.6, M_x^2=2.2, M_y^2=3.8, M_r^2=6.0$　$\eta=0.8, M_x^2=2.6, M_y^2=3.4, M_r^2=6.0$　$\eta=1.0, M_x^2=3.0, M_y^2=3.0, M_r^2=6.0$

(d)　(e)　(f)

图 5-19　H-G_{11}模式和 H-G_{02}模式相干叠加场的光斑图像及其在 x 方向、y 方向和 r 径向的 M^2 因子

(a)$\eta=0$;(b)$\eta=0.2$;(c)$\eta=0.4$;(d)$\eta=0.6$;(e)$\eta=0.8$;(f)$\eta=1.0$。

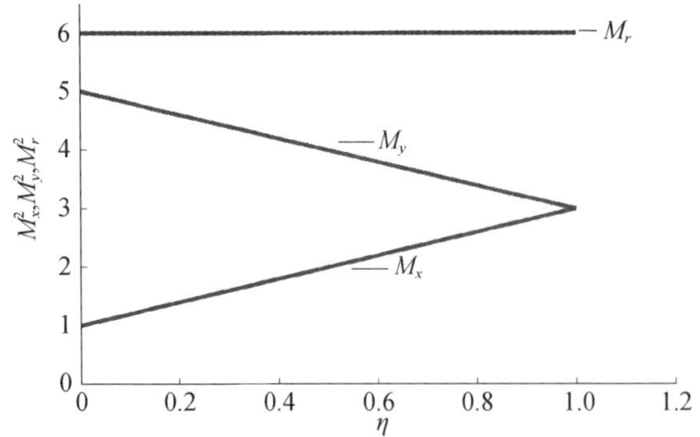

图 5-20　计算得到 H-G_{11}模式和 H-G_{02}模式的相干叠加光场在 x 方向、y 方向和 r 径向的 M^2 因子随 η 变化的曲线

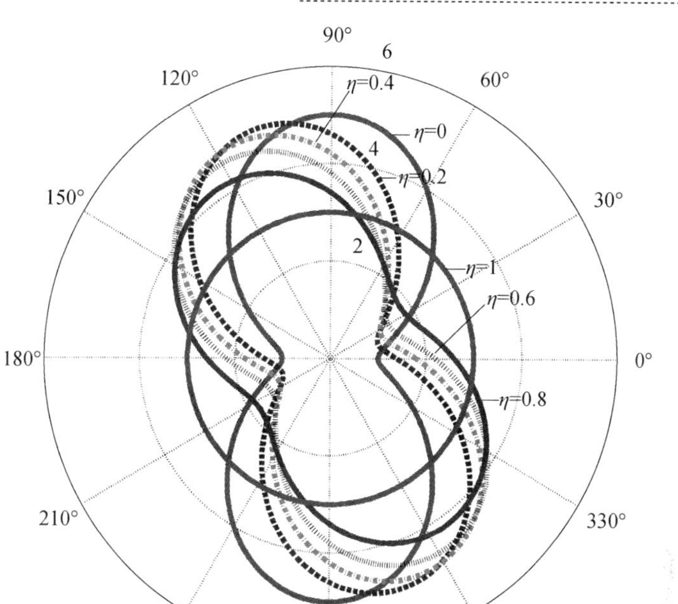

图5－21　不同η取值时，计算得到H-G$_{11}$模式和H-G$_{02}$模式的相干叠加光场的M^2曲线

5.5.2　三个H-G$_{mn}$模式相干叠加

H-G$_{00}$模式、H-G$_{01}$模式和H-G$_{11}$模式相干叠加场的光场表达式为

$$E(x,y)=\frac{\sqrt{\eta_{00}}}{\sqrt{P_{00}}}\mathrm{H}_0\left(\frac{\sqrt{2}}{w_0}x\right)\mathrm{H}_0\left(\frac{\sqrt{2}}{w_0}y\right)\mathrm{e}^{-\frac{x^2+y^2}{w_0^2}}+\frac{\sqrt{\eta_{01}}}{\sqrt{P_{01}}}\mathrm{H}_0\left(\frac{\sqrt{2}}{w_0}x\right)\mathrm{H}_1\left(\frac{\sqrt{2}}{w_0}y\right)\mathrm{e}^{-\frac{x^2+y^2}{w_0^2}}$$
$$+\frac{\sqrt{\eta_{11}}}{\sqrt{P_{11}}}\mathrm{H}_1\left(\frac{\sqrt{2}}{w_0}x\right)\mathrm{H}_1\left(\frac{\sqrt{2}}{w_0}y\right)\mathrm{e}^{-\frac{x^2+y^2}{w_0^2}} \tag{5-33}$$

式中：η_{00}，η_{01}和η_{11}分别为H-G$_{00}$模式、H-G$_{01}$模式和H-G$_{11}$模式的功率占比。

计算得到H-G$_{00}$模式、H-G$_{01}$模式和H-G$_{11}$模式的相干叠加场在不同的η_{00}取值下的光斑图像及其在x方向、y方向和r径向的M^2，如图5－22所示。计算得到H-G$_{00}$模式、H-G$_{01}$模式和H-G$_{11}$模式的相干叠加场的M^2因子随η_{00}变化的曲线（$\eta_{01}=\eta_{11}=0.5-\eta_{00}/2$）如图5－23所示。不同$\eta_{00}$取值时，计算得到H-G$_{00}$模式、H-G$_{01}$模式和H-G$_{11}$模式的相干叠加光场的$M^2$曲线（$\eta_{01}=\eta_{11}=0.5-\eta_{00}/2$）如图5－24所示。

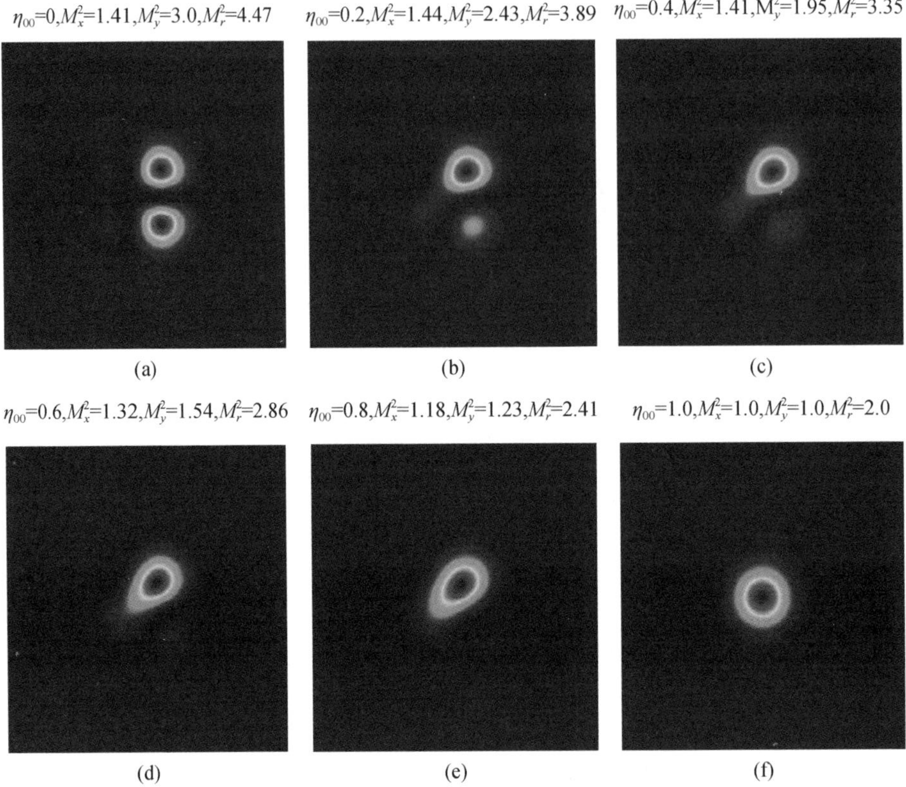

图 5-22 H-G_{00}模式、H-G_{01}模式和 H-G_{11}模式的相干叠加的光斑图像及其在 x 方向、y 方向和 r 径向的 M^2 因子($\eta_{01}=\eta_{11}=0.5-\eta_{00}/2$)

(a)$\eta_{00}=0$;(b)$\eta_{00}=0.2$;(c)$\eta_{00}=0.4$;(d)$\eta_{00}=0.6$;(e)$\eta_{00}=0.8$;(f)$\eta_{00}=1.0$。

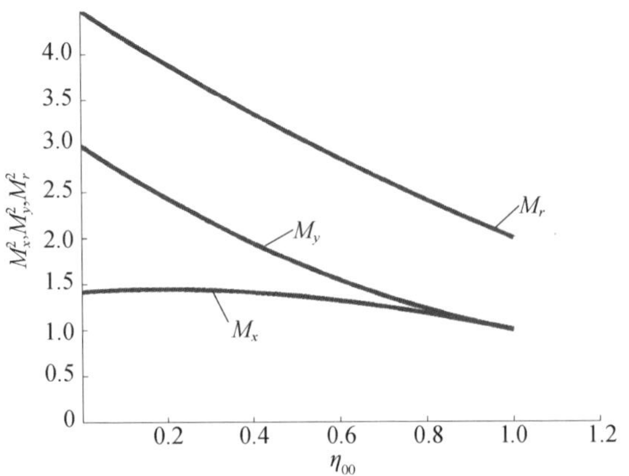

图 5-23 计算得到 H-G_{00}模式、H-G_{01}模式和 H-G_{11}模式的相干叠加光场的 M^2 因子随 η_{00}变化的曲线($\eta_{01}=\eta_{11}=0.5-\eta_{00}/2$)

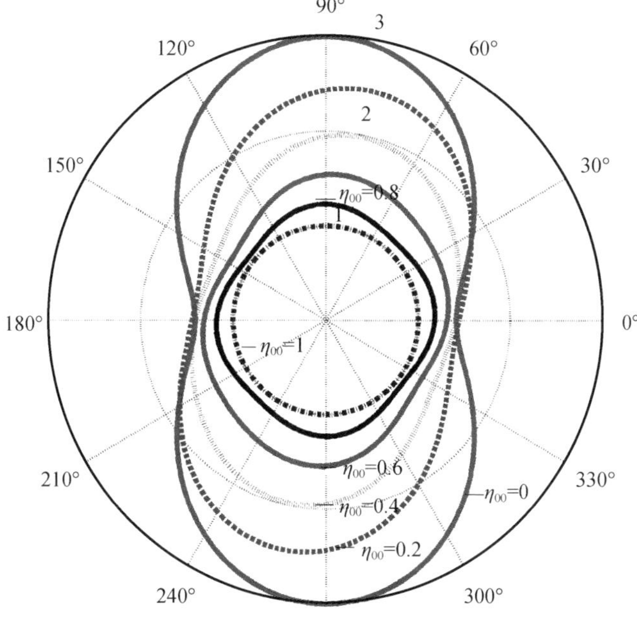

图 5-24 不同 η_{00} 取值时,计算得到 H-G$_{00}$ 模式、H-G$_{01}$ 模式和 H-G$_{11}$ 模式的相干叠加光场的 M^2 曲线($\eta_{01}=\eta_{11}=0.5-\eta_{00}/2$)

5.5.3 多个 H-G$_{mn}$模式相干叠加

多个 H-G$_{mn}$ 模式相干叠加场的表达式为

$$E(x,y)=\sum_{m,n}\frac{\sqrt{\eta_{mn}}}{\sqrt{P_{mn}}}\mathrm{H}_m\left(\frac{\sqrt{2}}{w_0}x\right)\mathrm{H}_n\left(\frac{\sqrt{2}}{w_0}y\right)\mathrm{e}^{-\frac{x^2+y^2}{w_0^2}} \tag{5-34}$$

式中:η_{mn} 为 H-G$_{mn}$ 模式的功率占比。

作为计算例,计算得到多个 H-G$_{mn}$ 模式的相干叠加场在不同的 η_{00} 取值下的光斑图像及其在 x 方向、y 方向和 r 径向的 M^2 因子,如图 5-25 所示,相干叠加场的 M^2 随 η_{00} 变化的曲线如图 5-26 所示,相应的 M^2 曲线如图 5-27 所示。

5.5.4 多个 H-G$_{mn}$模式叠加为 L-G$_{mn}$模式

E. Abramochkin 和 V. Volostnikov 在文献[6]中,将 L-G 多项式展开为多个 H-G多项式的叠加:

$$\begin{aligned}&\sum_{k=0}^{n+m}(2\mathrm{i})^k P_k^{(n-k,m-k)}(0)\mathrm{H}_{n+m-k}(x)\mathrm{H}_k(y)\\&=2^{n+m}\times\begin{cases}(-1)^m m!(x+\mathrm{i}y)^{n-m}L_m^{n-m}(x^2+y^2), & n\geqslant m\\(-1)^n n!(x-\mathrm{i}y)^{m-n}L_m^{m-n}(x^2+y^2), & m\geqslant n\end{cases}\end{aligned} \tag{5-35}$$

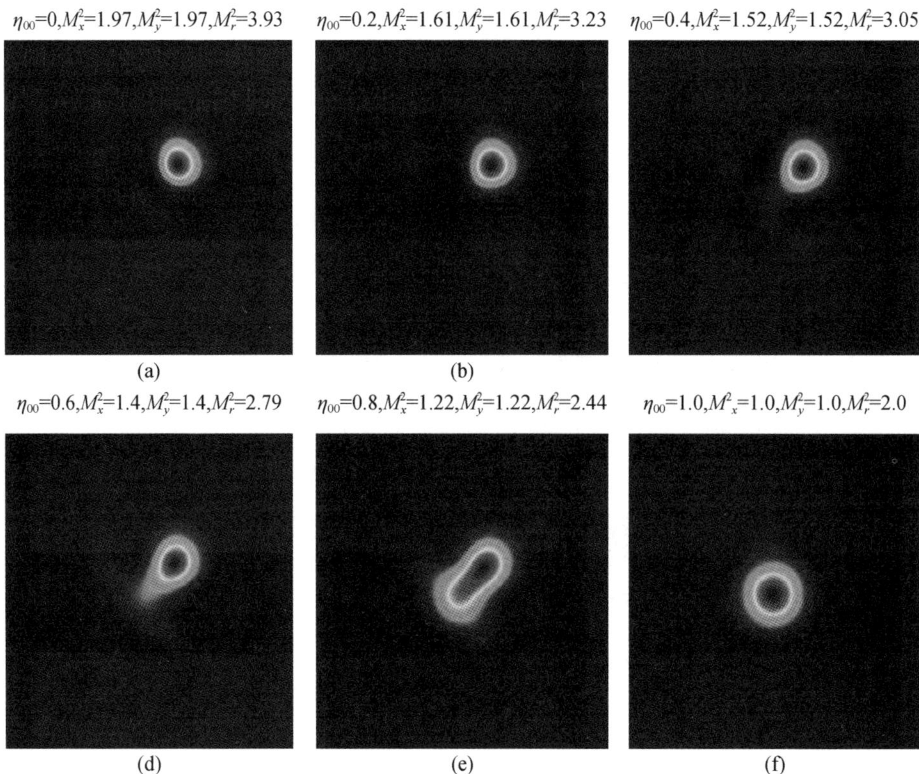

图 5-25　多个 H-G_{mn} 模式的相干叠加场在不同 η_{00} 取值时的光斑图像及其在 x 方向、y 方向和 r 径向的 M^2 因子($\eta_{mn}=(1-\eta_{00})/8(m=0,1,2;n=0,1,2;mn\neq0)$)

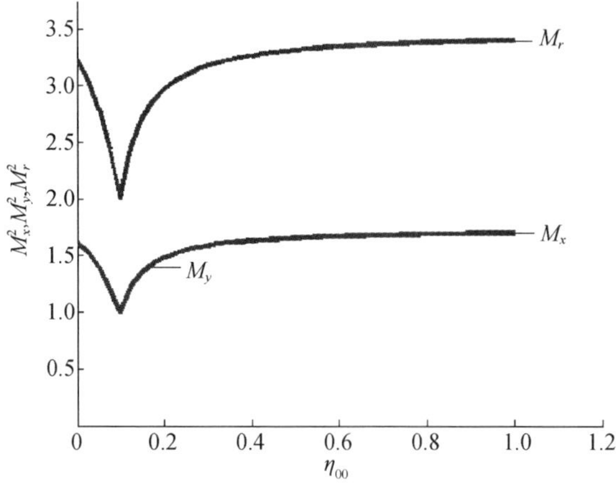

图 5-26　不同 η_{00} 取值时,计算得到多个 H-G_{mn} 模式 $\eta_{mn}=(1-\eta_{00})/8$ ($m=0,1,2;n=0,1,2;mn\neq0$)的相干叠加场的 M^2 随 η_{00} 变化的曲线

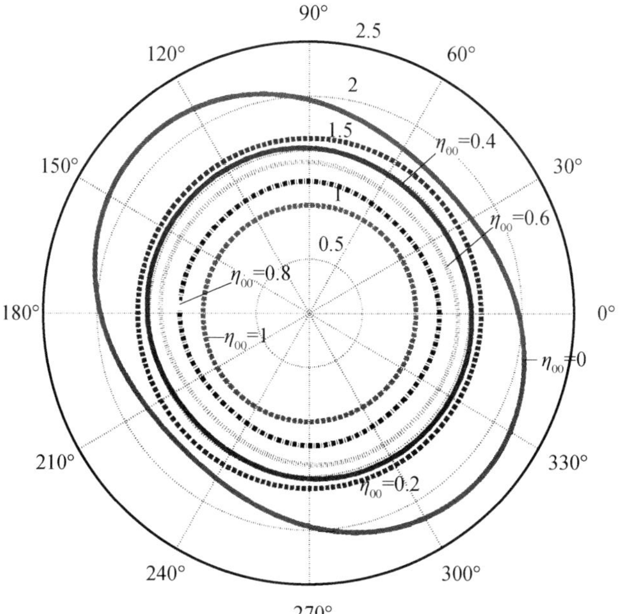

图5-27 不同 η_{00} 取值时,计算得到多个 H-G_{mn} 模式 $\eta_{mn}=(1-\eta_{00})/8(m=0,1,2;n=0,1,2;mn\neq 0)$ 的相干叠加光场的 M^2 曲线

式中

$$P_k^{(n-k,m-k)}(0)=\frac{(-1)^k}{2^k k!}\frac{\mathrm{d}^k}{\mathrm{d}t^k}[(1-t)^n(1+t)^m]\big|_{t=0} \tag{5-36}$$

由多项式之间的关系可得模式之间的关系为

$$\text{L-G}_{mn}(x,y,z)=\sum_{k=0}^{n}\mathrm{i}^k b(n,m,k)\ \text{H-G}_{n-k,k}(x,y,z) \tag{5-37}$$

式中:实系数 b 为

$$b(n,m,k)=\sqrt{\frac{(n-k)!\ k!}{2^n n!\ m!}}\frac{1}{k!}\frac{\mathrm{d}^k}{\mathrm{d}t^k}[(1-t)^n(1+t)^m]\big|_{t=0} \tag{5-38}$$

作为例子,将 H-G 的二阶模式进行组合:

$$\text{L-G}_{20}=\frac{1}{2}\text{H-G}_{02}+\frac{\mathrm{i}}{\sqrt{2}}\text{H-G}_{11}-\frac{1}{2}\text{H-G}_{20} \tag{5-39}$$

$$\text{L-G}_{20}=\frac{1}{2}\text{H-G}_{02}-\frac{\mathrm{i}}{\sqrt{2}}\text{H-G}_{11}-\frac{1}{2}\text{H-G}_{20} \tag{5-40}$$

$$\text{L-G}_{11}=\frac{1}{\sqrt{2}}\text{H-G}_{02}+\frac{1}{\sqrt{2}}\text{H-G}_{20} \tag{5-41}$$

计算得到了 L-G 模式的分布,如图5-28所示。

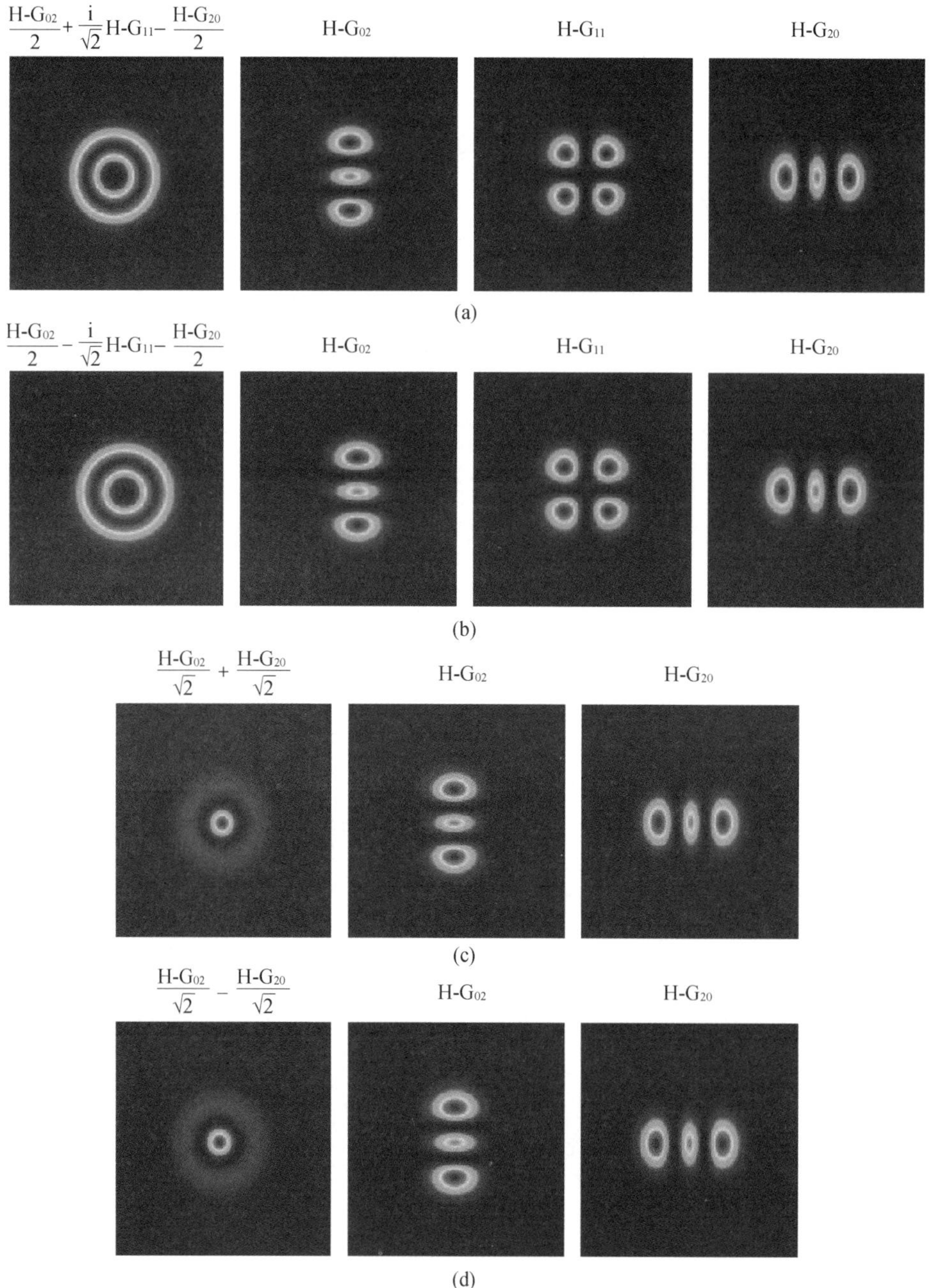

图 5－28　L-G 模式展开为 H-G 模式的相干叠加

(a) $L\text{-}G_{20}=\frac{1}{2}H\text{-}G_{02}+\frac{i}{\sqrt{2}}H\text{-}G_{11}-\frac{1}{2}H\text{-}G_{20}$；(b) $L\text{-}G_{20}=\frac{1}{2}H\text{-}G_{02}-\frac{i}{\sqrt{2}}H\text{-}G_{11}-\frac{1}{2}H\text{-}G_{20}$；

(c) $L\text{-}G_{10}=\frac{1}{\sqrt{2}}H\text{-}G_{02}+\frac{1}{\sqrt{2}}H\text{-}G_{20}$；(d) $L\text{-}G_{11}=\frac{1}{\sqrt{2}}H\text{-}G_{02}-\frac{1}{\sqrt{2}}H\text{-}G_{20}$。

5.6 L-G$_{mn}$模式相干叠加

5.6.1 两个 L-G$_{mn}$模式相干叠加

5.6.1.1 L-G$_{00}$模式与 L-G$_{10}$模式相干叠加

L-G$_{00}$模式和 L-G$_{10}$模式的相干叠加场的光场表达式为

$$E(r)=\frac{\sqrt{\eta}}{\sqrt{P_{00}}}\mathrm{e}^{-\frac{r2}{w_{0s}^2}}+\frac{\sqrt{1-\eta}}{\sqrt{P_{10}}}\mathrm{L}_1^0\left(\frac{2r^2}{w_{os}^2}\right)\mathrm{e}^{-\frac{r2}{w_{0s}^2}} \tag{5-42}$$

式中

$$P_{00}=\int_0^{2\pi}\int_0^{\infty}\mathrm{e}^{-\frac{2r2}{w_{0s}^2}}r\mathrm{d}r\mathrm{d}\theta \tag{5-43}$$

$$P_{10}=\int_0^{2\pi}\int_0^{\infty}\left|\mathrm{L}_1^0\left(\frac{2r^2}{w_{os}^2}\right)\mathrm{e}^{-\frac{r2}{w_{0s}^2}}\right|^2 r\mathrm{d}r\mathrm{d}\theta \tag{5-44}$$

$\eta(0\leqslant\eta\leqslant1)$为 L-G$_{00}$模式的功率占比。

计算得到 L-G$_{00}$模式和 L-G$_{10}$模式的相干叠加场在不同的 η 取值下的光斑图像及其在 x 方向、y 方向和 r 径向的 M^2 因子，如图 5－29 所示。计算得到L-G$_{00}$模式和 L-G$_{10}$模式的相干叠加场在 x 方向、y 方向和 r 径向的 M^2 因子随 η 变化的曲线如图 5－30 所示。不同 η 取值时，计算得到 L-G$_{00}$模式和 L-G$_{10}$模式的相干叠加光场的 M^2 曲线如图 5－31 所示。

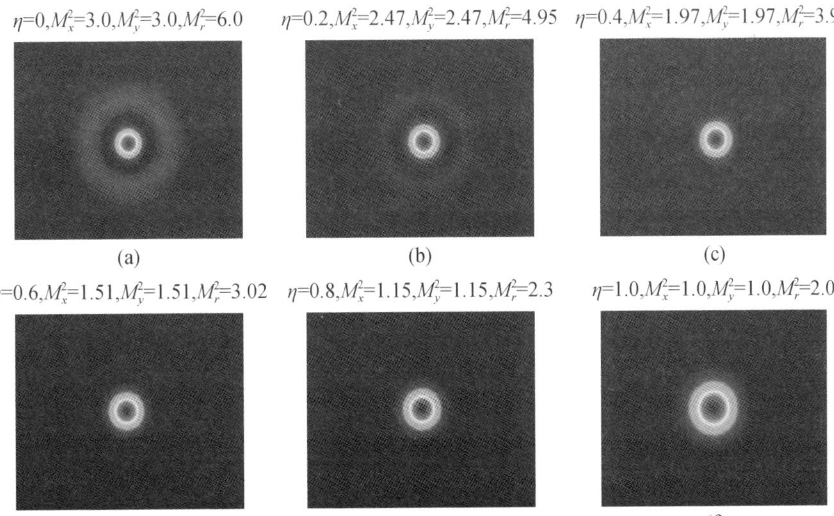

图 5－29 L-G$_{00}$模式和 L-G$_{10}$模式相干叠加场的光斑图像及其在 x 方向、y 方向和 r 径向的 M^2 因子

(a) $\eta=0$；(b) $\eta=0.2$；(c) $\eta=0.4$；(d) $\eta=0.6$；(e) $\eta=0.8$；(f) $\eta=1.0$。

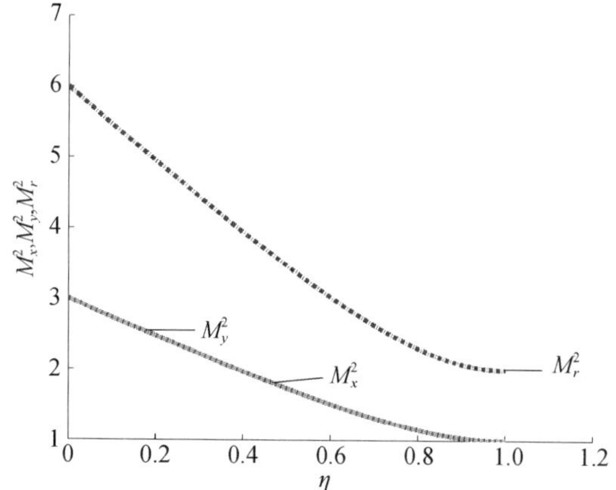

图 5-30　计算得到 L-G$_{00}$模式和 L-G$_{10}$模式的相干叠加场在 x 方向、y 方向和 r 径向的 M^2 因子随 η 变化的曲线

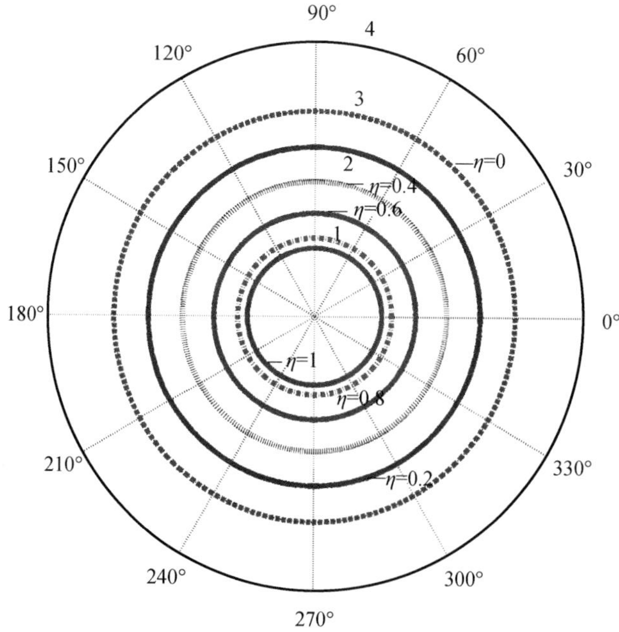

图 5-31　不同 η 取值时，计算得到 L-G$_{00}$模式和 L-G$_{10}$模式的相干叠加光场的 M^2 曲线

5.6.1.2　L-G$_{00}$模式与 L-G$_{11}$模式相干叠加

L-G$_{00}$模式和 L-G$_{11}$模式相干叠加场的光场表达式为

$$E(r,\theta)=\frac{\sqrt{\eta}}{\sqrt{P_{00}}}\mathrm{e}^{-\frac{r^2}{w_{0s}^2}}+\frac{\sqrt{1-\eta}}{\sqrt{P_{11}}}\left(\frac{\sqrt{2}r}{w_{0s}}\right)\mathrm{L}_1^1\left(\frac{2r^2}{w_{0s}^2}\right)\mathrm{e}^{-\frac{r^2}{w_{0s}^2}}\cos(\theta) \qquad (5-45)$$

式中

$$P_{11} = \int_0^{2\pi}\int_0^{\infty}\left|\frac{\sqrt{2}r}{w_{os}}L_1^1\left(\frac{2r^2}{w_{os}^2}\right)e^{-\frac{r^2}{w_{os}^2}}\cos(\theta)\right|^2 r\mathrm{d}r\mathrm{d}\theta \qquad (5-46)$$

$\eta(0\leqslant\eta\leqslant1)$为 L-$G_{00}$模式的功率占比。

计算得到 L-G_{00}模式和 L-G_{11}模式相干叠加场在不同的η取值下的光斑图像及其在x方向、y方向和r径向的M^2因子,如图5-32所示。

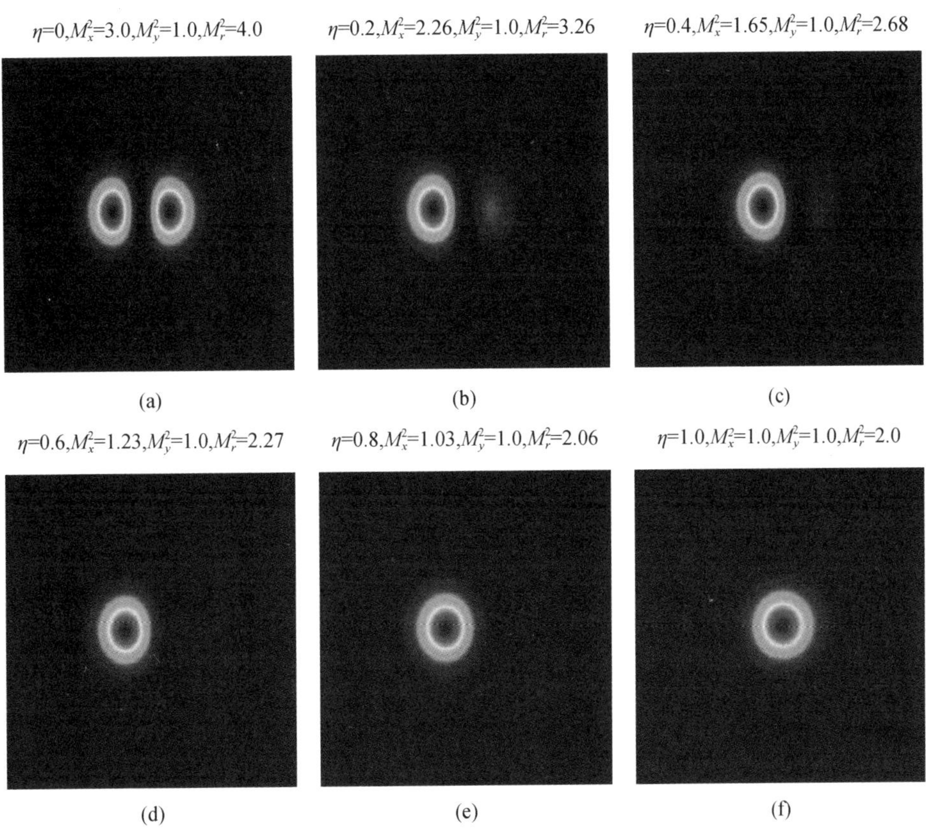

图5-32 L-G_{00}模式和 L-G_{11}模式的相干叠加场的光斑图像及其在x方向、y方向和r径向的M^2因子。
(a)$\eta=0$;(b)$\eta=0.2$;(c)$\eta=0.4$;(d)$\eta=0.6$;(e)$\eta=0.8$;(f)$\eta=1.0$。

计算得出不同η取值时 L-G_{00}模式和 L-G_{11}模式的相干叠加场在x方向和y方向的光强分布如图5-33所示。计算得到 L-G_{00}模式和 L-G_{11}模式的相干叠加场在x方向、y方向和r径向的M^2因子随η变化的曲线如图5-34所示。不同η取值时,计算得到 L-G_{00}模式和 L-G_{11}模式的相干叠加场的M^2曲线如图5-35所示。

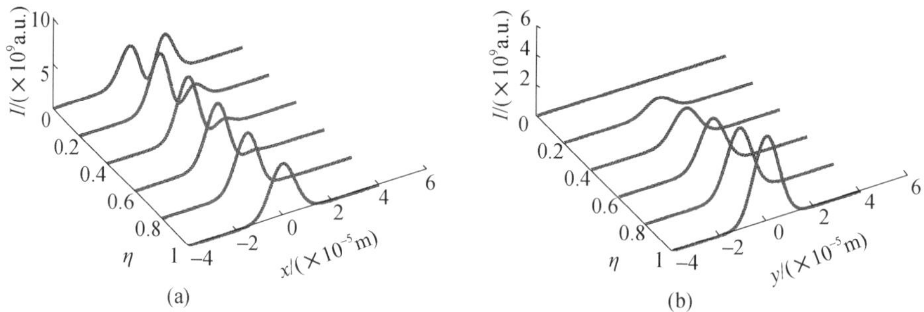

图 5-33　计算得到不同 η 时，L-G_{00} 模式和 L-G_{11} 模式的相干叠加场的光强分布

(a) x 方向；(b) y 方向。

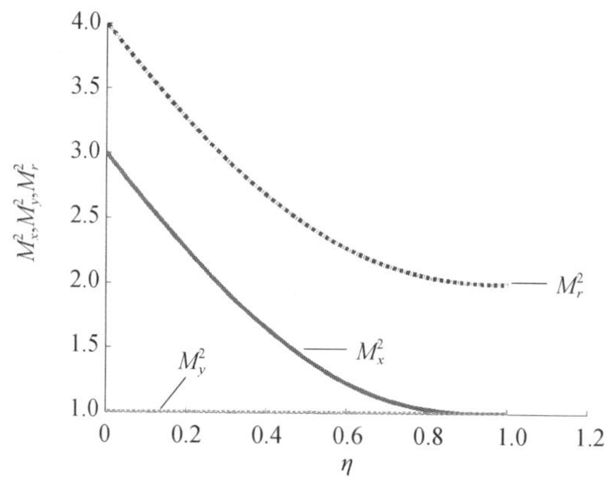

图 5-34　计算得到 L-G_{00} 模式和 L-G_{11} 模式的相干叠加场在 x 方向、y 方向和 r 径向的 M^2 因子随 η 变化的曲线

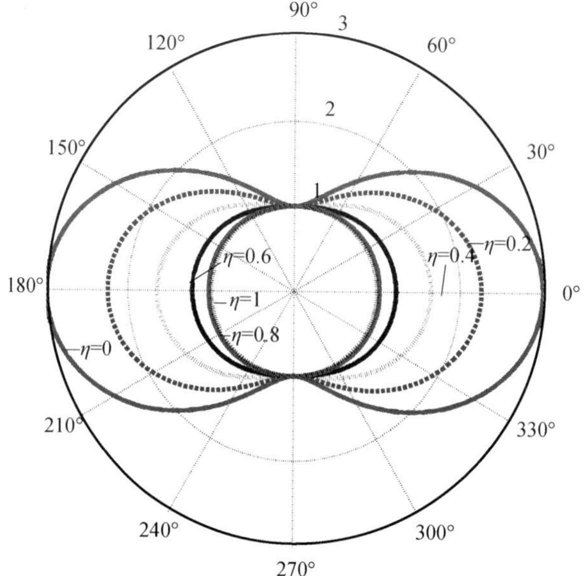

图 5-35　不同 η 取值时，计算得到 L-G_{00} 模式和 L-G_{11} 模式的相干叠加场的 M^2 曲线

5.6.1.3 L-G$_{10}$模式与L-G$_{11}$模式相干叠加

L-G$_{10}$模式和L-G$_{11}$模式相干叠加场的光场表达式为

$$E(r,\phi)=\frac{\sqrt{\eta}}{\sqrt{P_{10}}}\mathrm{L}_1^0\left(\frac{2r^2}{w_{\mathrm{os}}^2}\right)\mathrm{e}^{-\frac{r^2}{w_{\mathrm{os}}^2}}+\frac{\sqrt{1-\eta}}{\sqrt{P_{11}}}\left(\frac{\sqrt{2}r}{w_{\mathrm{os}}}\right)\mathrm{L}_1^1\left(\frac{2r^2}{w_{\mathrm{os}}^2}\right)\mathrm{e}^{-\frac{r^2}{w_{\mathrm{os}}^2}}\cos(\phi) \tag{5-47}$$

式中：$\eta(0\leqslant\eta\leqslant1)$为L-G$_{10}$模式的功率占比。

计算得到L-G$_{10}$模式和L-G$_{11}$模式相干叠加场在不同η取值下的光斑图样及其在x方向、y方向和r径向的M^2因子，如图5-36所示。

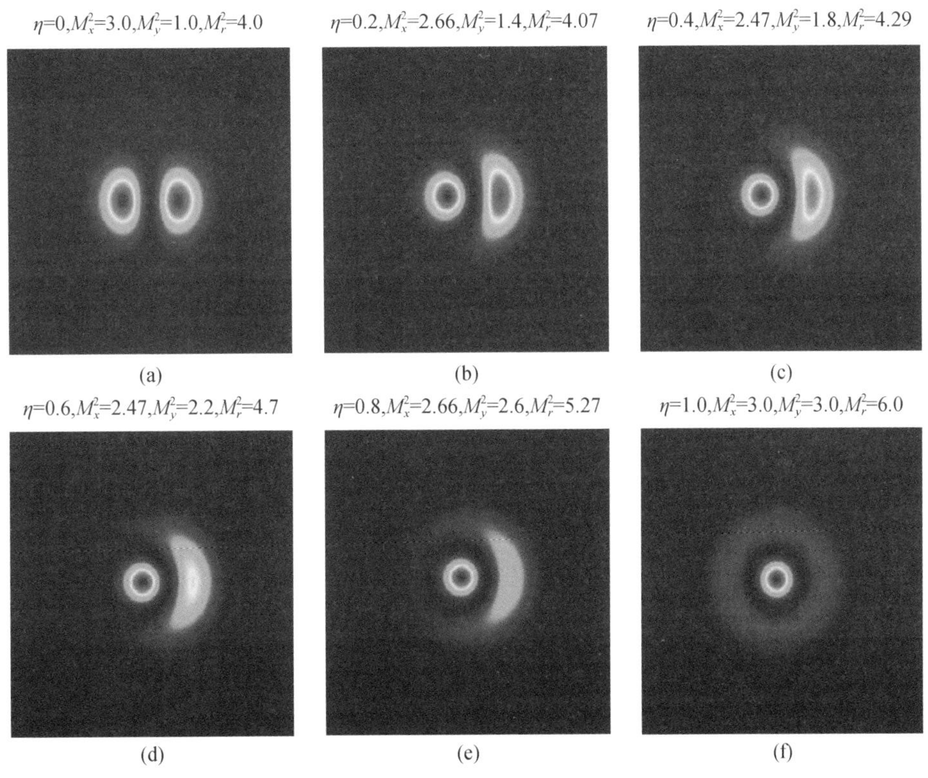

图5-36 L-G$_{10}$模式和L-G$_{11}$模式的相干叠加场的光斑图像及其在x方向、y方向和r径向的M^2因子

(a)$\eta=0$；(b)$\eta=0.2$；(c)$\eta=0.4$；(d)$\eta=0.6$；(e)$\eta=0.8$；(f)$\eta=1$。

计算得出不同η取值时L-G$_{10}$模式和L-G$_{11}$模式的相干叠加场在x方向和y方向的光强分布如图5-37所示。计算得到L-G$_{10}$模式和L-G$_{11}$模式的相干叠加场在x方向、y方向和r径向的M^2因子随η变化的曲线如图5-38所示。不同η取值时，计算得到L-G$_{10}$模式和L-G$_{11}$模式的相干叠加场的M^2曲线如图5-39所示。

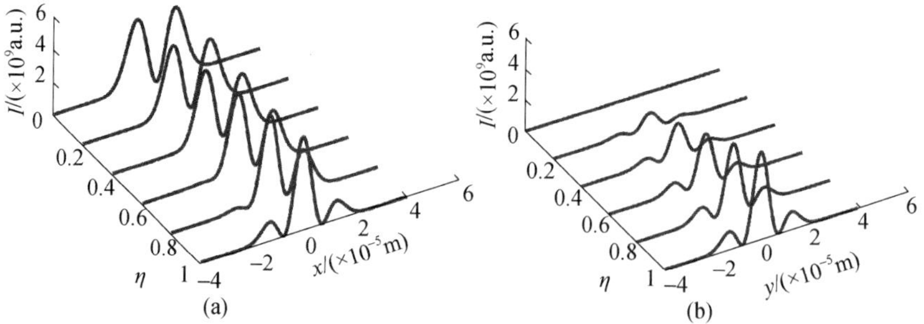

图 5－37　计算得到不同 η 时，L-G_{10} 模式和 L-G_{11} 模式非相干叠加场的光强分布
(a) x 方向；(b) y 方向。

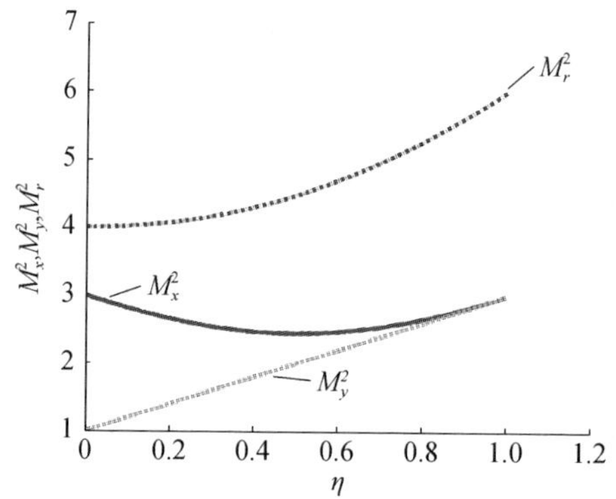

图 5－38　计算得到 L-G_{10} 模式和 L-G_{11} 模式的相干叠加场在 x 方向、y 方向和 r 径向的 M^2 因子随 η 变化的曲线

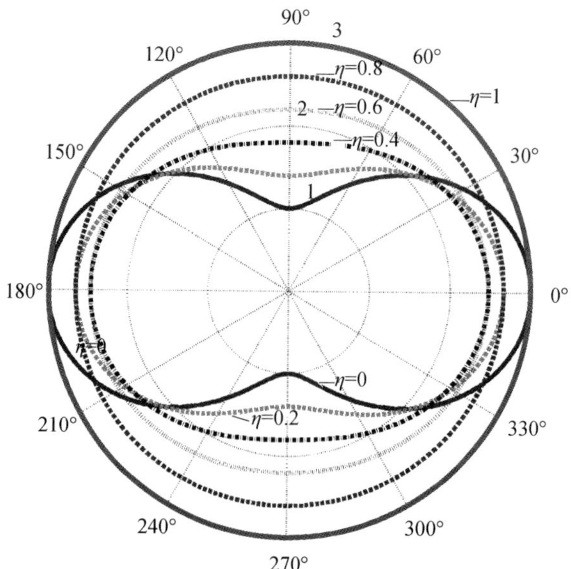

图 5－39　不同 η 取值时，计算得到 L-G_{10} 模式和 L-G_{11} 模式的相干叠加场的 M^2 曲线

5.6.2　三个 L-G$_{mn}$模式相干叠加

L-G$_{00}$模式、L-G$_{11}$模式和 L-G$_{21}$模式相干叠加场的光场表达式为

$$E(x,y)=\frac{\sqrt{\eta}}{\sqrt{P_{00}}}\mathrm{e}^{-\frac{r^2}{w_{0s}^2}}+\frac{\sqrt{1-\eta}}{\sqrt{2P_{11}}}\left(\frac{\sqrt{2}r}{w_{os}}\right)\mathrm{L}_1^1\left(\frac{2r^2}{w_{os}^2}\right)\mathrm{e}^{-\frac{r^2}{w_{0s}^2}}\cos(\phi)+\frac{\sqrt{1-\eta}}{\sqrt{2P_{21}}}\left(\frac{\sqrt{2}r}{w_{os}}\right)\mathrm{L}_2^1\left(\frac{2r^2}{w_{os}^2}\right)\mathrm{e}^{-\frac{r^2}{w_{0s}^2}}\cos(\phi)\tag{5-48}$$

式中：$\eta(0\leqslant\eta\leqslant1)$为 L-G$_{00}$模式的功率占比。

计算得到 L-G$_{00}$模式、L-G$_{11}$模式和 L-G$_{21}$模式的相干叠加场在不同的 η 取值下的光斑图像及其在 x 方向、y 方向和 r 径向的 M^2 因子，如图 5-40 所示。

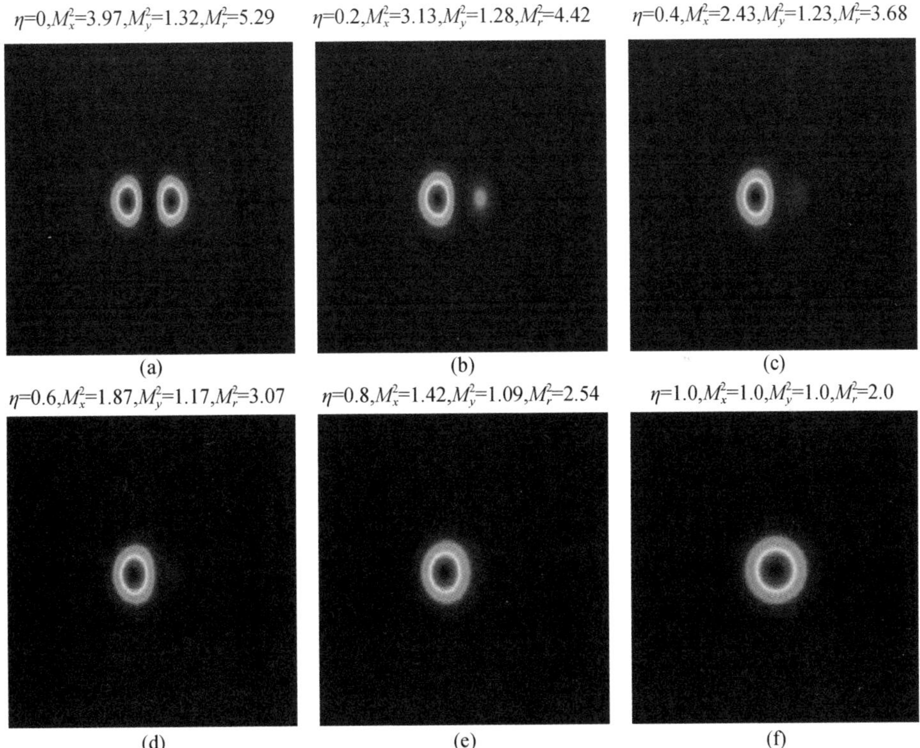

图 5-40　L-G$_{00}$模式、L-G$_{11}$模式和 L-G$_{21}$模式的相干叠加场的光斑图像及其在 x 方向、y 方向和 r 径向的 M^2 因子

(a) $\eta=0$；(b) $\eta=0.2$；(c) $\eta=0.4$；(d) $\eta=0.6$；(e) $\eta=0.8$；(f) $\eta=1.0$。

在不同 η 取值时，计算得出 L-G$_{00}$模式、L-G$_{11}$模式和 L-G$_{21}$模式的相干叠加场在 x 方向和 y 方向的光强分布如图 5-41 所示。计算得到 L-G$_{00}$模式、L-G$_{11}$模式和 L-G$_{21}$模式的相干叠加场在 x 方向、y 方向和 r 径向的 M^2 因子随 η 变化的曲

线如图5-42所示。不同η取值时,计算得到L-G_{00}模式、L-G_{11}模式和L-G_{21}模式的相干叠加光场的M^2曲线如图5-43所示。

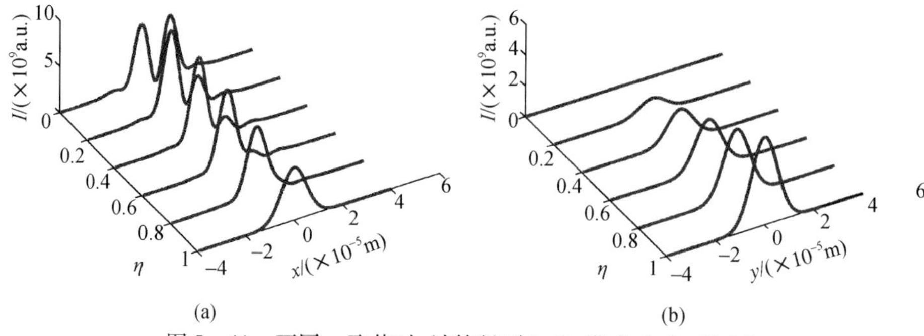

图5-41　不同η取值时,计算得到L-G_{00}模式、L-G_{11}模式和L-G_{21}模式的相干叠加场在x方向和y方向的光强分布

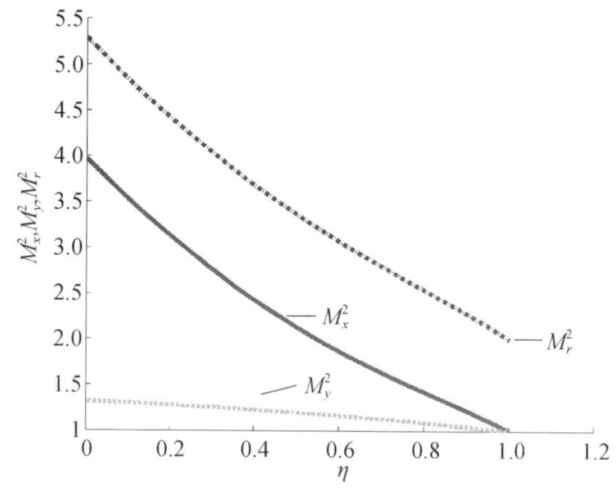

图5-42　计算得到L-G_{00}模式、L-G_{11}模式和L-G_{21}模式的相干叠加场在x方向、y方向和r径向的M^2因子随η变化的曲线

5.6.3　多个L-G_{mn}模式相干叠加

多个L-G_{mn}模式相干叠加场的表达式为

$$E(r,\phi) = \sum_{p,l} \frac{\sqrt{\eta_{pl}}}{P_{pl}} \left(\frac{\sqrt{2}r}{w_{os}}\right)^l \mathrm{L}_p^l\left(\frac{2r^2}{w_{os}^2}\right) \mathrm{e}^{-\frac{r^2}{w_{os}^2}} \cos(l\phi) \tag{5-49}$$

式中:η_{pl}为L-G_{pl}模式的功率占比。

在不同的η_{00}取值下,计算得到L-G_{00}模式、L-G_{01}模式、L-G_{02}模式、L-G_{10}模式、L-G_{11}模式、L-G_{12}模式、L-G_{20}模式、L-G_{21}模式和L-G_{22}模式等9个模式的相干叠加场的光斑图像及其在x方向、y方向和r径向的M^2因子,如图5-44所示。

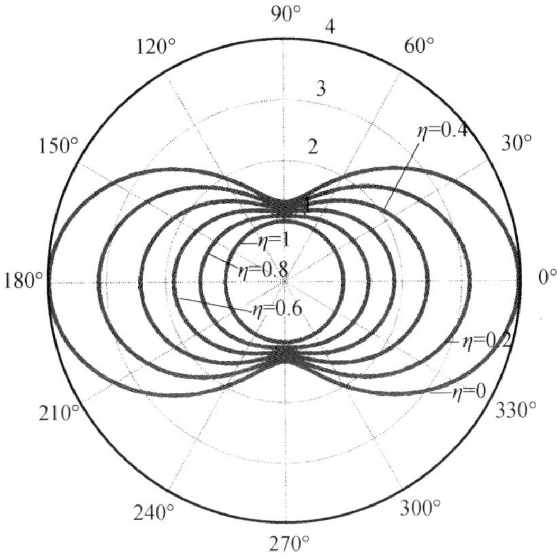

图5－43　不同η取值时，计算得到L-G_{00}模式、L-G_{11}模式和L-G_{21}模式的相干叠加光场的M^2曲线

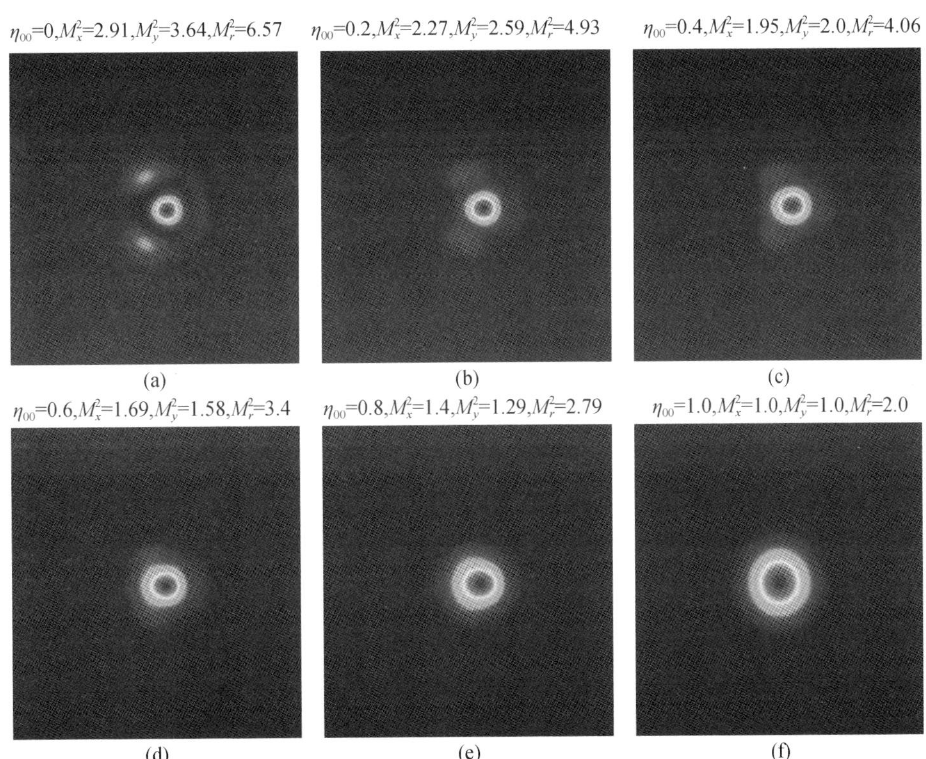

图5－44　9个L-G_{mn}模式的相干叠加场在不同η_{00}取值时的光斑图像及其在x方向、y方向和r径向的M^2因子（$\eta_{01}=\eta_{02}=\eta_{10}=\eta_{11}=\eta_{12}=\eta_{20}=\eta_{21}=\eta_{22}=(1-\eta_{00})/8$）

(a)$\eta_{00}=0$；(b)$\eta_{00}=0.2$；(c)$\eta_{00}=0.4$；(d)$\eta_{00}=0.6$；(e)$\eta_{00}=0.8$；(f)$\eta_{00}=1.0$。

不同 η_{00} 取值时，计算得出 9 个 L-G$_{mn}$ 模式的相干叠加场在 x 方向和 y 方向的光强分布如图 5－45 所示。计算得到 9 个 L-G$_{mn}$ 模式的相干叠加场在 x 方向、y 方向和 r 径向的 M^2 因子随 η_{00} 变化的曲线如图 5－46 所示。不同 η_{00} 取值时，计算得到 9 个 L-G$_{mn}$ 模式的相干叠加场的 M^2 曲线如图 5－47 所示。

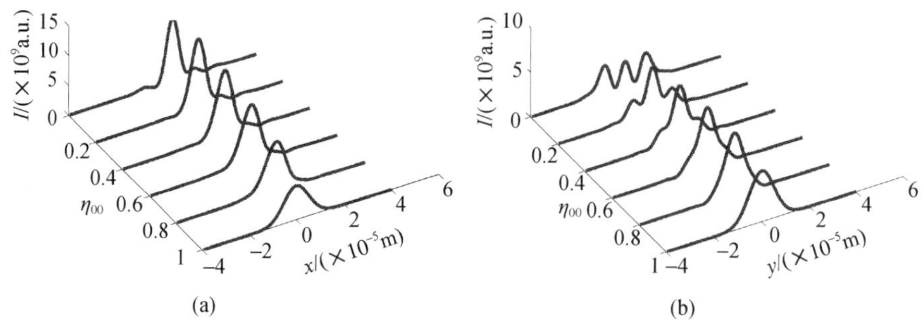

图 5－45　不同 η_{00} 取值时，计算得到 9 个 L-G$_{mn}$ 模式的相干叠加场的光强分布

$(\eta_{01}=\eta_{02}=\eta_{10}=\eta_{11}=\eta_{12}=\eta_{20}=\eta_{21}=\eta_{22}=(1-\eta_{00})/8)$

(a) x 方向；(b) y 方向。

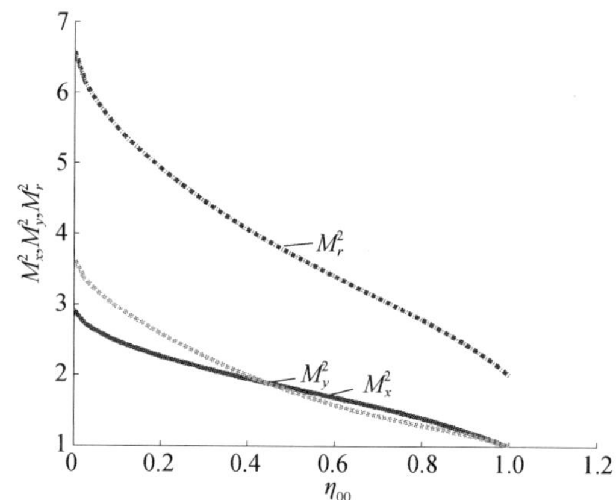

图 5－46　计算得到 9 个 L-G$_{mn}$ 模式的相干叠加场在 x 方向、y 方向和 r 径向的 M^2 因子随 η_{00} 变化的曲线 $(\eta_{01}=\eta_{02}=\eta_{10}=\eta_{11}=\eta_{12}=\eta_{20}=\eta_{21}=\eta_{22}=(1-\eta_{00})/8)$

5.7　LP$_{mn}$ 模式相干叠加

如果一束相干光入射到光纤放大器中，在光纤不太长的情况下，从光纤放大器输出的激光应该是以相干叠加方式存在的[26]。在光纤放大器中进行传输、放大的导波模式 LP$_{mn}$ 是由同一个入射信号光激发的，在光纤放大器输出端，LP$_{mn}$ 模式应该是相干的[27,28]，此时，输出光的光场可写为

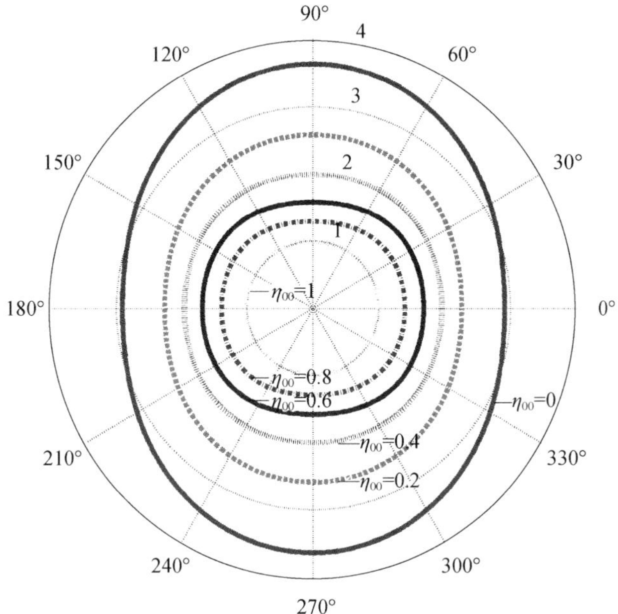

图 5-47 不同 η_{00} 取值时,计算得到 9 个 L-G_{mn} 模式的相干叠加场的 M^2 曲线

($\eta_{01}=\eta_{02}=\eta_{10}=\eta_{11}=\eta_{12}=\eta_{20}=\eta_{21}=\eta_{22}=(1-\eta_{00})/8$)

$$E_{\text{out}} = \sum_{m,n} \sqrt{P_{mn}}\,\text{LP}_{mn}\text{e}^{\text{i}\beta_{mn}L} \tag{5-50}$$

式中:P_{mn} 为光纤放大器输出端 LP_{mn} 模式的功率;β_{mn} 为 LP_{mn} 模式的传播常数[29]。根据色散曲线可知模式间的传播常数差别为 10^3/m 量级,即使光纤长度只有毫米量级的微小变化也将引起输出光场的改变,从而引起输出激光光束质量的变化[30]。

5.7.1 两个 LP_{mn} 模式相干叠加

5.7.1.1 LP_{01} 模式与 LP_{02} 模式相干叠加

LP_{01} 模式和 LP_{02} 模式相干叠加场的光场表达式为

$$E = \begin{cases} \dfrac{\sqrt{\eta}}{\sqrt{P_{01}}}\dfrac{\text{J}_0(U_{01}r/a)}{\text{J}_0(U_{01})} + \dfrac{\sqrt{1-\eta}}{\sqrt{P_{02}}}\dfrac{\text{J}_0(U_{02}r/a)}{\text{J}_0(U_{02})}\text{e}^{-\text{i}\Psi}, & 0 \leqslant r \leqslant a \\ \dfrac{\sqrt{\eta}}{\sqrt{P_{01}}}\dfrac{\text{K}_0(W_{01}r/a)}{\text{K}_0(W_{01})} + \dfrac{\sqrt{1-\eta}}{\sqrt{P_{02}}}\dfrac{\text{K}_0(W_{02}r/a)}{\text{K}_0(W_{02})}\text{e}^{-\text{i}\Psi}, & a \leqslant r \leqslant b \end{cases} \tag{5-51}$$

式中

$$P_{01} = \int_0^{2\pi}\int_0^a \frac{\text{J}_0(U_{01}r/a)}{\text{J}_0(U_{01})}r\text{d}r\text{d}\theta + \int_0^{2\pi}\int_a^b \frac{\text{K}_0(U_{01}r/a)}{\text{K}_0(U_{01})}r\text{d}r\text{d}\theta \tag{5-52}$$

$$P_{02} = \int_0^{2\pi}\int_0^a \frac{J_0(U_{02}r/a)}{J_0(U_{02})} r\mathrm{d}r\mathrm{d}\theta + \int_0^{2\pi}\int_a^b \frac{K_0(U_{02}r/a)}{K_0(U_{02})} r\mathrm{d}r\mathrm{d}\theta \tag{5-53}$$

$\eta(0\leqslant\eta\leqslant1)$为 LP_{01} 模式的功率占比；Ψ 为 LP_{01} 模式和 LP_{02} 模式之间的相位差。

作为计算例，设纤芯折射率 $\mu_1=1.46$，包层折射率 $\mu_2=1.44$，激光波长 $\lambda=1.064\mu m$，纤芯半径 $a=10\mu m$。在 $\eta=0,0.2,0.4,0.6,0.8,1$ 时，计算得出 LP_{01} 模式和 LP_{02} 模式同相（$\Psi=0$）相干叠加场的光斑图像及其在 x 方向、y 方向和 r 径向的 M^2 因子，如图 5－48 所示。

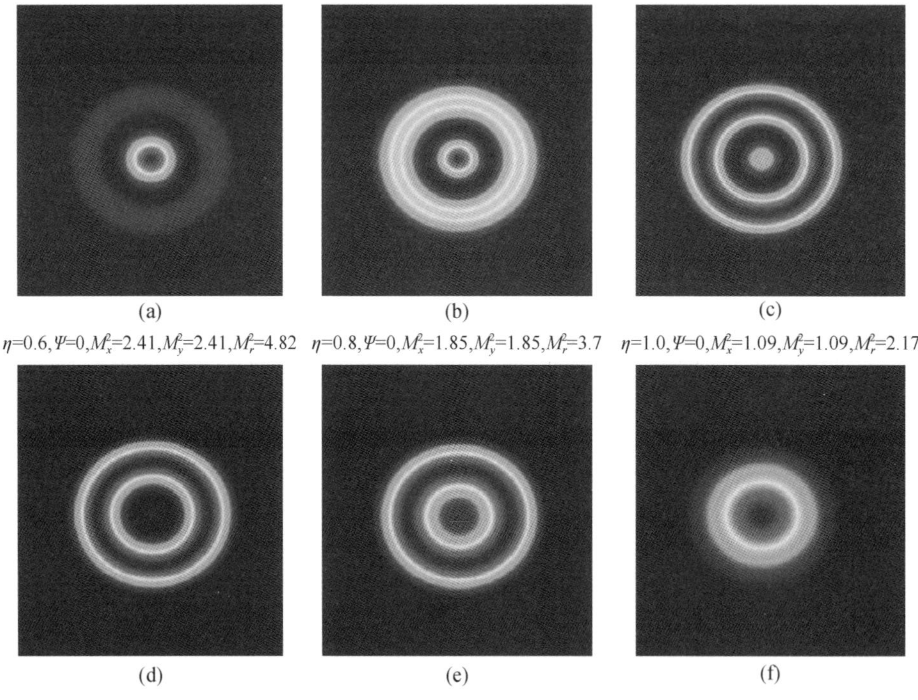

图 5－48　LP_{01} 模式和 LP_{02} 模式相干叠加的光斑图像及其在 x 方向、y 方向和 r 径向的 M^2 因子（$\Psi=0$）

(a) $\eta=0$；(b) $\eta=0.2$；(c) $\eta=0.4$；(d) $\eta=0.6$；(e) $\eta=0.8$；(f) $\eta=1.0$。

在 $\eta=0.8$ 时，计算得出 LP_{01} 模式和 LP_{02} 模式相干叠加场在不同的 Ψ 值下的光斑图像及其在 x 方向、y 方向和 r 径向的 M^2 因子，如图 5－49 所示。

图 5－49 说明了 LP_{01} 模式和 LP_{02} 模式相干叠加的定性性质。在相干叠加的情况下，光场分布随相位的变化有很大的不同，呈现周期性的变化。不同 η 取值时，计算得到 LP_{01} 模式和 LP_{02} 模式相干叠加场的 M_x^2 因子随 Ψ 的变化如图 5－50 所示。不同 Ψ 取值时，LP_{01} 模式和 LP_{02} 模式的相干叠加场的 $M_x{}^2$ 因子随 η 的变化曲线如图 5－51 所示。

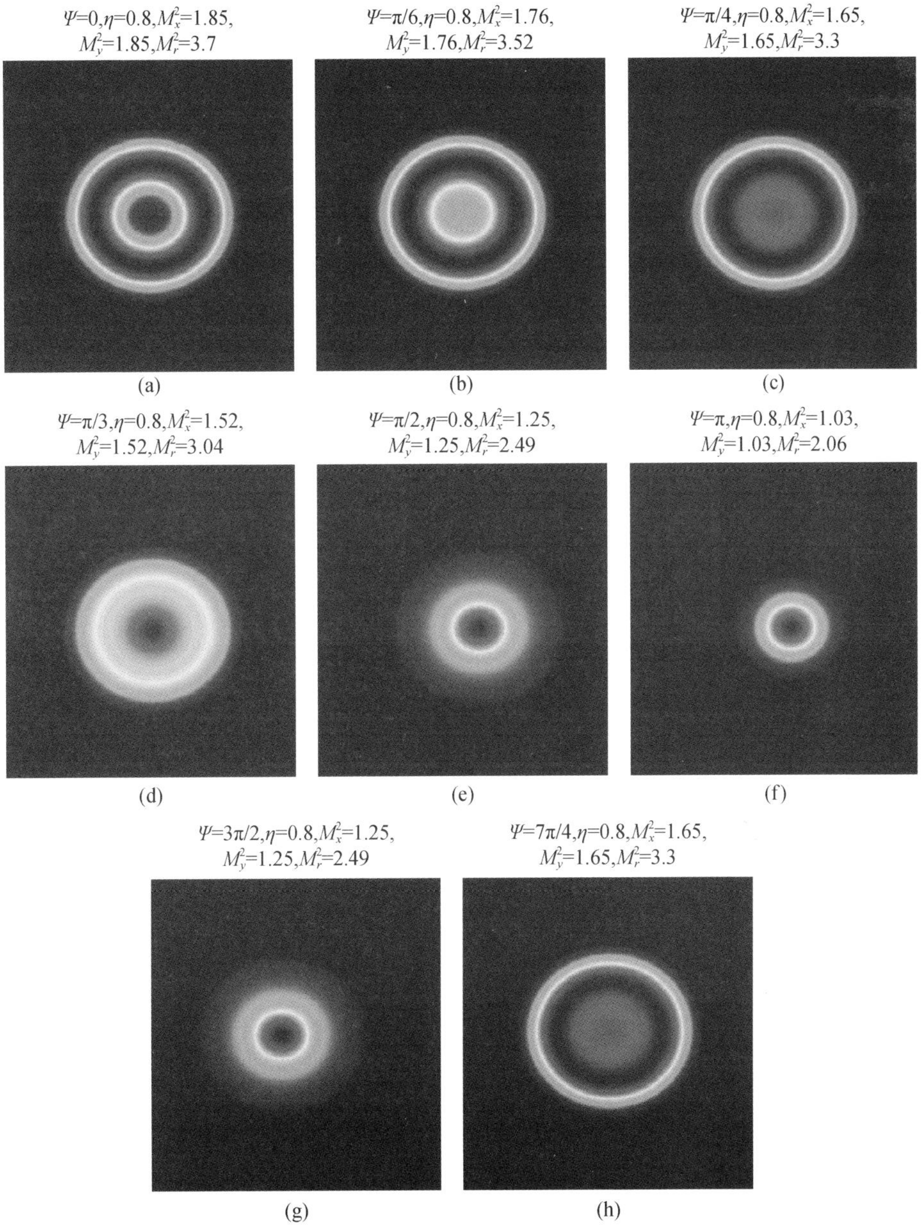

$\Psi=0,\eta=0.8,M_x^2=1.85,$
$M_y^2=1.85,M_r^2=3.7$

(a)

$\Psi=\pi/6,\eta=0.8,M_x^2=1.76,$
$M_y^2=1.76,M_r^2=3.52$

(b)

$\Psi=\pi/4,\eta=0.8,M_x^2=1.65,$
$M_y^2=1.65,M_r^2=3.3$

(c)

$\Psi=\pi/3,\eta=0.8,M_x^2=1.52,$
$M_y^2=1.52,M_r^2=3.04$

(d)

$\Psi=\pi/2,\eta=0.8,M_x^2=1.25,$
$M_y^2=1.25,M_r^2=2.49$

(e)

$\Psi=\pi,\eta=0.8,M_x^2=1.03,$
$M_y^2=1.03,M_r^2=2.06$

(f)

$\Psi=3\pi/2,\eta=0.8,M_x^2=1.25,$
$M_y^2=1.25,M_r^2=2.49$

(g)

$\Psi=7\pi/4,\eta=0.8,M_x^2=1.65,$
$M_y^2=1.65,M_r^2=3.3$

(h)

图5－49 LP_{01}模式和LP_{02}模式相干叠加的光斑图像及其在x方向、y方向和r径向的M^2因子($\eta=0.8$)

(a)$\Psi=0$;(b)$\Psi=\pi/6$;(c)$\Psi=\pi/4$;(d)$\Psi=\pi/3$;(e)$\Psi=\pi/2$;(f)$\Psi=\pi$;(g)$\Psi=3\pi/2$;(h)$\Psi=7\pi/4$。

作为一个应用举例,设多模光纤的纤芯折射率$\mu_1=1.454$,包层折射率$\mu_2=1.453$,信号光波长$\lambda_s=1.08\mu m$,多模光纤纤芯半径$a=20\mu m$,计算可得多模光纤的归一化频率$V=6.37$,此时信号光在多模光纤内只能以LP_{01}和LP_{02}模式进

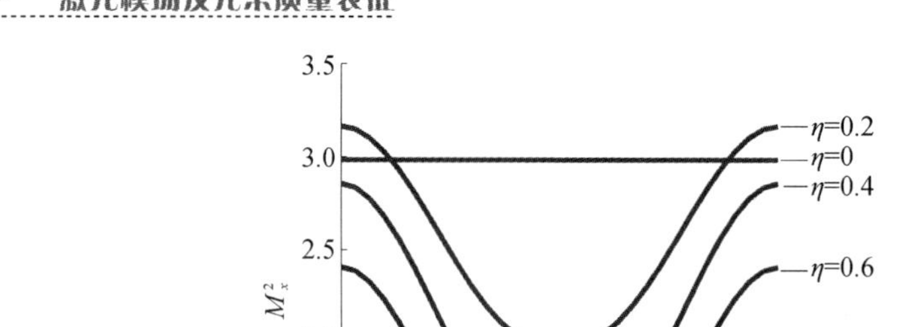

图 5-50　不同 η 取值时，计算得到 LP_{01} 模式和 LP_{02} 模式相干叠加场的 M_x^2 因子随 Ψ 变化的曲线

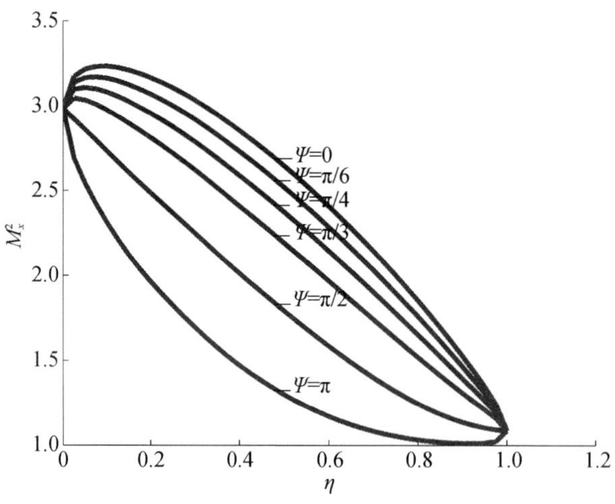

图 5-51　不同 Ψ 取值时，LP_{01} 模式和 LP_{02} 模式的相干叠加场的 M_x^2 因子随 η 变化的曲线

行传输和放大。设光纤放大器的实际长度为 L，得到输出光的光场分布为

$$E_{\text{out}} = \sqrt{P_{01}}\,\text{LP}_{01}\text{e}^{\text{i}\beta_{01}L} + \sqrt{P_{02}}\,\text{LP}_{02}\text{e}^{\text{i}\beta_{02}L} \tag{5-54}$$

相应的光强分布为

$$I_{\text{out}} = P_{01}\left|\text{LP}_{01}\right|^2 + P_{02}\left|\text{LP}_{02}\right|^2 + 2\sqrt{P_{01}P_{02}}\,\text{LP}_{01}\text{LP}_{02}\cos\left[(\beta_{01}-\beta_{02})L\right] \tag{5-55}$$

由式(5-55)可得，光强分布变化的周期长度为

$$\Delta = \frac{2\pi}{\left|\beta_{01}-\beta_{02}\right|} \tag{5-56}$$

采用以上计算参数得到该周期 Δ 约为 2.4mm。设 $P_{01}=26.7\text{W}$ 和 $P_{02}=$

10.6W，计算得到在不同 L' 下，输出光场的光束质量 M^2 因子，如图 5-52 所示，图 5-52 的实线为假设 LP_{01} 和 LP_{02} 模式非相干叠加情况下的输出光束的 M^2 因子，以方便我们和相干叠加情况作比较。由图 5-52 可看出，相干叠加情况下的光束质量 M^2 因子随 L 的变化幅度很大，从 1.06 到 1.92 变化，变化周期为 Δ。而且，在“标称长度”($j\Delta, j=0,1,2,3,\cdots$)处，$M^2$ 因子并不是最小的，即光束质量不是最好。如果要得到最小的 M^2 因子，应精确控制 L。在本计算例中，若能控制到 $L=j\Delta+(1\sim1.6)$ mm，$M^2<1.1$，可以得到较好的光束质量。

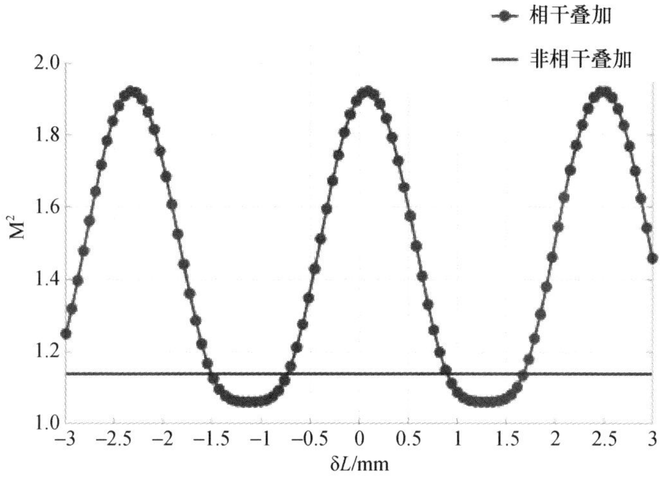

图 5-52 LP_{01} 模式和 LP_{02} 模式相干叠加(实圆心)和非相干叠加(实线)两种情况下，叠加场的光束质量 M^2 因子随光纤放大器实际长度变化的曲线

5.7.1.2 LP_{01} 模式与 LP_{11} 模式相干叠加

LP_{01} 模式和 LP_{11} 模式相干叠加场的光场表达式为

$$E=\begin{cases}\dfrac{\sqrt{\eta}}{\sqrt{P_{01}}}\dfrac{J_0(U_{01}r/a)}{J_0(U_{01})}+\dfrac{\sqrt{1-\eta}}{\sqrt{P_{11}}}\dfrac{J_1(U_{11}r/a)}{J_1(U_{11})}\cos(\phi)e^{-i\psi}, & 0\leqslant r\leqslant a\\ \dfrac{\sqrt{\eta}}{\sqrt{P_{01}}}\dfrac{K_0(W_{01}r/a)}{K_0(W_{01})}+\dfrac{\sqrt{1-\eta}}{\sqrt{P_{11}}}\dfrac{K_1(W_{11}r/a)}{K_1(W_{11})}\cos(\phi)e^{-i\psi}, & a\leqslant r\leqslant b\end{cases} \tag{5-57}$$

式中

$$P_{11}=\int_0^{2\pi}\int_0^a\frac{J_1(U_{11}r/a)}{J_1(U_{11})}\cos(\theta)r\mathrm{d}r\mathrm{d}\theta+\int_0^{2\pi}\int_a^b\frac{K_1(U_{11}r/a)}{K_1(U_{11})}\cos(\theta)r\mathrm{d}r\mathrm{d}\theta \tag{5-58}$$

$\eta(0\leqslant\eta\leqslant1)$ 为 LP_{01} 模式的功率占比；Ψ 为 LP_{01} 模式和 LP_{11} 模式之间的相位差。

在 $\eta=0,0.2,0.4,0.6,0.8,1$ 时，计算得出 LP_{01} 模式和 LP_{11} 模式同相（$\Psi=0$）相干叠加场的光斑图像及其在 x 方向、y 方向和 r 径向的 M^2 因子，如图 5－53 所示。图 5－53 说明了 LP_{01} 模式和 LP_{11} 模式相干叠加的定性性质。当 $\eta=0.2,0.4,0.6$ 和 0.8 时，相干叠加场的光强最大值不在中心，向一侧偏移了。在 $\Psi=0,\pi/6,\pi/4,\pi/3,\pi/2,\pi$ 时，计算得出 LP_{01} 模式和 LP_{11} 模式（$\eta=0.8$）相干叠加场的光斑图像及其在 x 方向、y 方向和 r 径向的 M^2 因子，如图 5－54 所示。

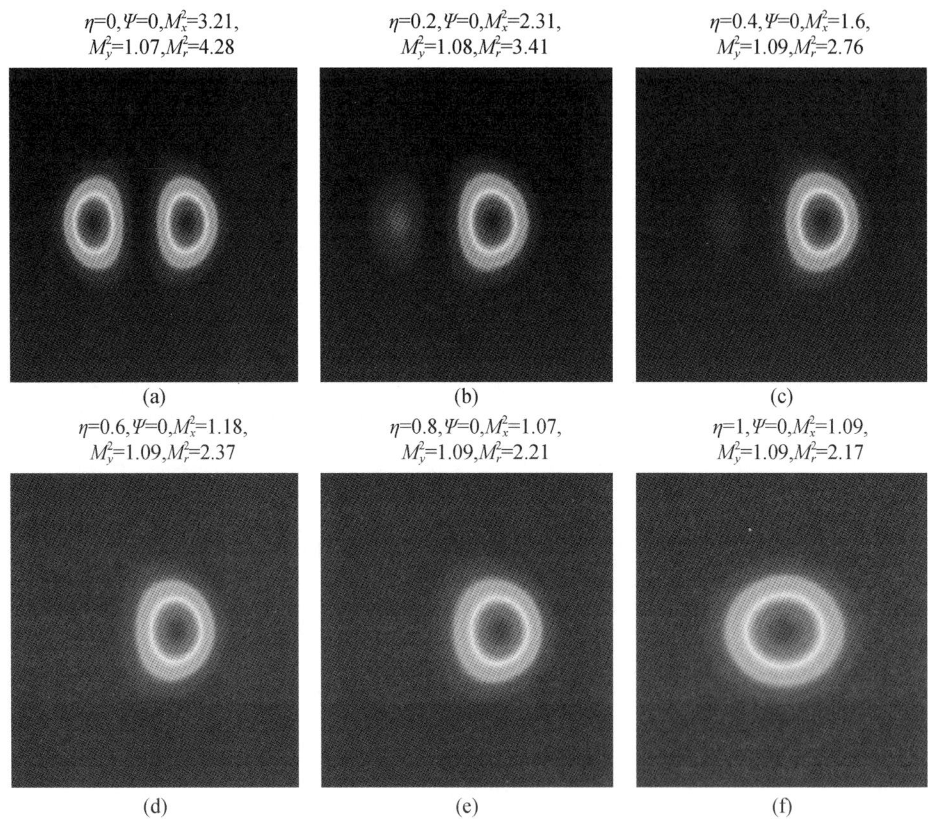

图 5－53 不同 η 取值下，LP_{01} 模式和 LP_{11} 模式相干叠加的光斑图像及在 x 方向、y 方向和 r 径向的 M^2 因子

（a）$\eta=0$；（b）$\eta=0.2$；（c）$\eta=0.4$；（d）$\eta=0.6$；（e）$\eta=0.8$；（f）$\eta=1.0$。

在不同相位差 Ψ 取值下，计算得到 LP_{01} 模式和 LP_{11} 模式相干叠加场的 M_x^2 因子随 η 的变化，如图 5－55 所示；在不同 η 取值下，计算得到 LP_{01} 模式和 LP_{11} 模式的相干叠加场的 M_x^2 因子随 Ψ 的变化，如图 5－56 所示；从图中可以看到随着高阶模成分的增加，光束质量越来越差，但是由于模式之间存在相位差，单纯依赖 M^2 因子不能确定模式成分。由图 5－56 可看出，LP_{01} 与 LP_{11} 模式相干叠加后 M_x^2 因子是周期变化的。

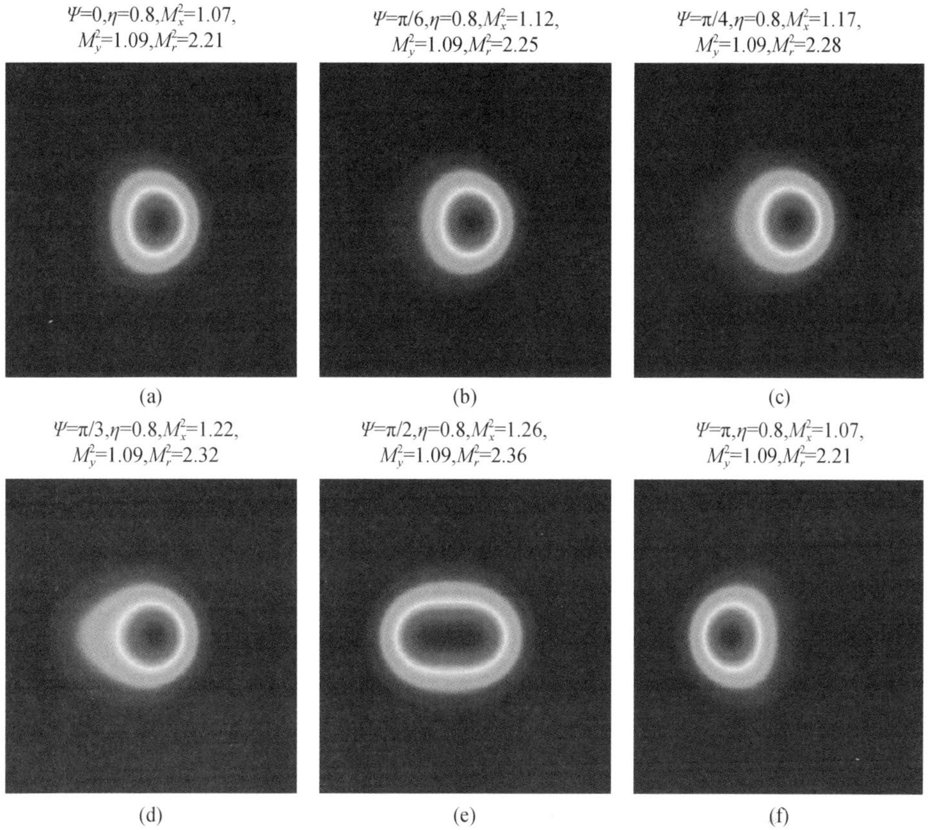

$\Psi=0,\eta=0.8,M_x^2=1.07,$
$M_y^2=1.09,M_r^2=2.21$

(a)

$\Psi=\pi/6,\eta=0.8,M_x^2=1.12,$
$M_y^2=1.09,M_r^2=2.25$

(b)

$\Psi=\pi/4,\eta=0.8,M_x^2=1.17,$
$M_y^2=1.09,M_r^2=2.28$

(c)

$\Psi=\pi/3,\eta=0.8,M_x^2=1.22,$
$M_y^2=1.09,M_r^2=2.32$

(d)

$\Psi=\pi/2,\eta=0.8,M_x^2=1.26,$
$M_y^2=1.09,M_r^2=2.36$

(e)

$\Psi=\pi,\eta=0.8,M_x^2=1.07,$
$M_y^2=1.09,M_r^2=2.21$

(f)

图 5-54 不同 Ψ 取值下，LP_{01} 模式和 LP_{11} 模式相干叠加的近场光斑图像及在 x 方向、y 方向和 r 径向的 M^2 因子（$\eta=0.8$）

(a) $\Psi=0$；(b) $\Psi=\pi/6$；(c) $\Psi=\pi/4$；(d) $\Psi=\pi/3$；(e) $\Psi=\pi/2$；(f) $\Psi=\pi$。

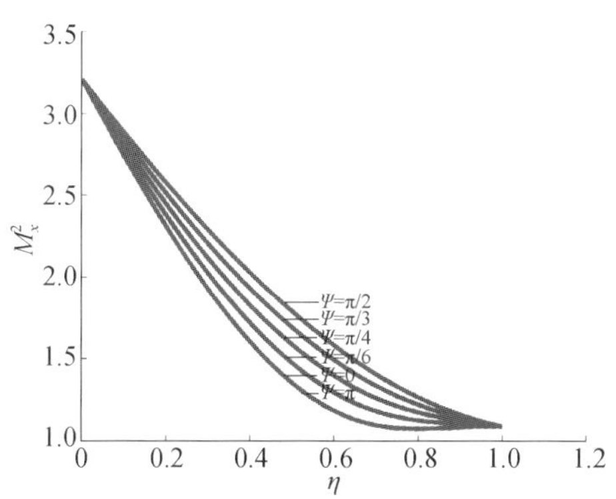

图 5-55 在不同相位差 Ψ 取值下，计算得到 LP_{01} 模式和 LP_{11} 模式的相干叠加场的 M_x^2 因子随 η 变化的曲线

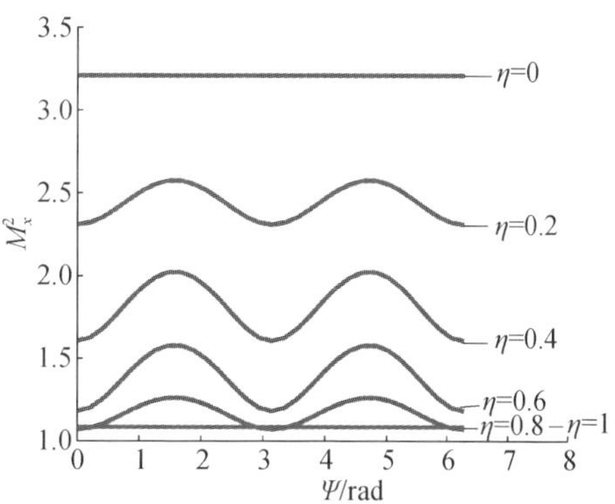

图 5-56 在不同 η 取值下，计算得到 LP_{01} 和 LP_{11} 模式相干叠加场的 M_x^2 因子随 Ψ 变化的曲线

5.7.1.3 LP_{11}模式与LP_{21}模式相干叠加

LP_{11}模式和LP_{21}模式相干叠加场的光场表达式为

$$E=\begin{cases}\dfrac{\sqrt{\eta}}{\sqrt{P_{11}}}\dfrac{J_1(U_{11}r/a)}{J_1(U_{11})}\cos(\phi)+\dfrac{\sqrt{1-\eta}}{\sqrt{P_{21}}}\dfrac{J_2(U_{21}r/a)}{J_2(U_{21})}\cos(2\phi)e^{-i\psi}, & 0\leqslant r\leqslant a\\ \dfrac{\sqrt{\eta}}{\sqrt{P_{11}}}\dfrac{K_1(W_{11}r/a)}{K_1(W_{11})}\cos(\phi)+\dfrac{\sqrt{1-\eta}}{\sqrt{P_{21}}}\dfrac{K_2(W_{21}r/a)}{K_2(W_{21})}\cos(2\phi)e^{-i\psi}, & a\leqslant r\leqslant b\end{cases} \tag{5-59}$$

式中

$$P_{21}=\int_0^{2\pi}\int_0^a\frac{J_2(U_{21}r/a)}{J_2(U_{21})}\cos(2\theta)r\mathrm{d}r\mathrm{d}\theta+\int_0^{2\pi}\int_a^b\frac{K_2(U_{21}r/a)}{K_2(U_{21})}\cos(2\theta)r\mathrm{d}r\mathrm{d}\theta \tag{5-60}$$

$\eta(0\leqslant\eta\leqslant1)$为$LP_{11}$模式的功率占比；$\Psi$为$LP_{11}$模式和$LP_{21}$模式之间的相位差。

在$\eta=0,0.2,0.4,0.6,0.8,1$时，计算得出LP_{11}模式和LP_{21}模式的同相($\Psi=0$)相干叠加场的光斑图样及其在x方向、y方向和r径向的M^2因子，如图5-57所示。

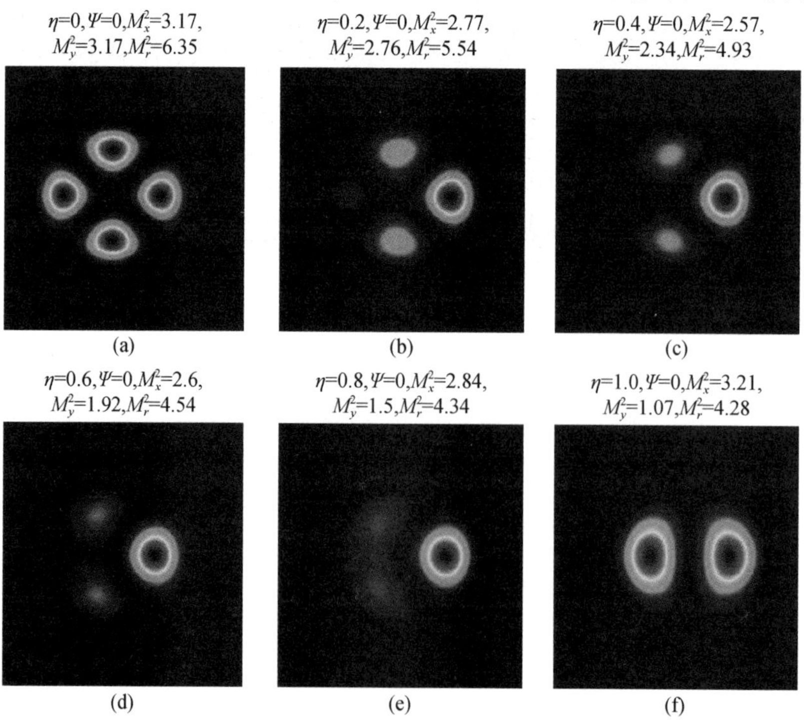

图5-57 LP_{11}模式和LP_{21}模式相干叠加的光斑图像及其在x方向、y方向和r径向的M^2因子($\Psi=0$)

(a)$\eta=0$;(b)$\eta=0.2$;(c)$\eta=0.4$;(d)$\eta=0.6$;(e)$\eta=0.8$;(f)$\eta=1.0$。

在 $\eta=0.8$ 时，计算得出 LP_{11} 模式和 LP_{21} 模式的相干叠加场在不同的 Ψ 值下的光斑图像及其在 x 方向、y 方向和 r 径向的 M^2 因子，如图5－58所示。图5－58说明了 LP_{11} 模式和 LP_{21} 模式相干叠加的定性性质，光场分布随相位差的变化有很大的不同，呈现周期性的变化。

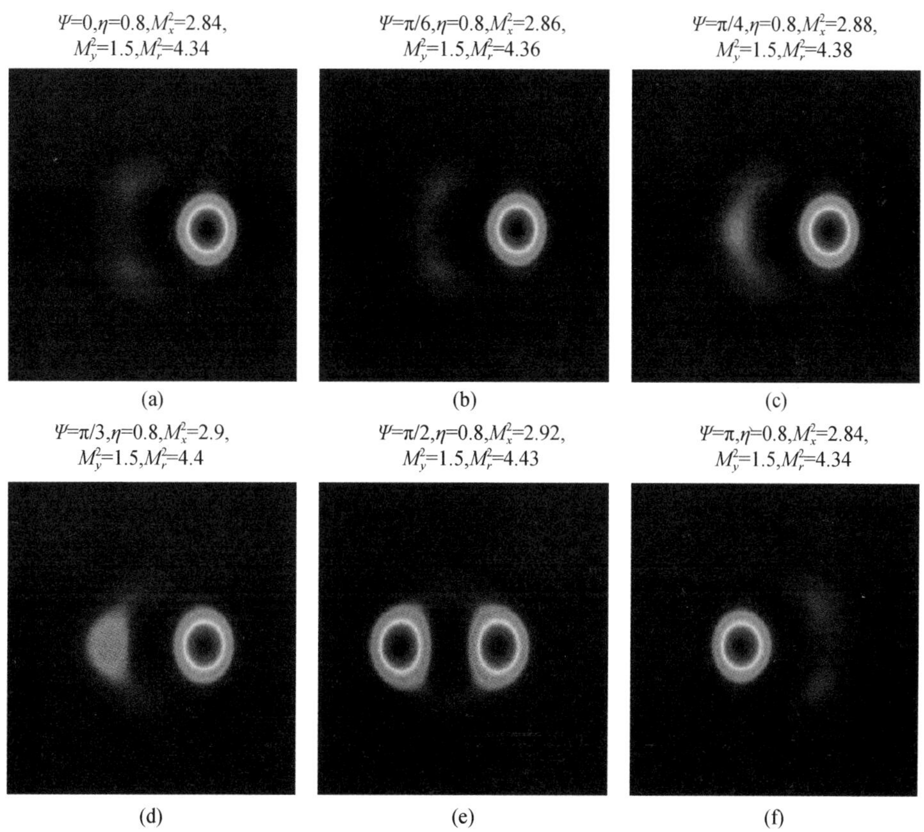

图5－58 LP_{11} 模式和 LP_{21} 模式相干叠加的近场光斑图像及在 x 方向、y 方向和 r 径向的 M^2 因子（$\eta=0.8$）

(a) $\Psi=0$；(b) $\Psi=\pi/6$；(c) $\Psi=\pi/4$；(d) $\Psi=\pi/3$；(e) $\Psi=\pi/2$；(f) $\Psi=\pi$。

不同 η 取值时，LP_{11} 模式和 LP_{21} 模式的相干叠加场的 M_x^2 因子随 Ψ 的变化曲线如图5－59所示。可见，两模式同时存在时的 M_x^2 因子可比单独存在 LP_{11} 模式或 LP_{21} 模式时的 M_x^2 因子要低。

不同 Ψ 取值时，LP_{11} 模式和 LP_{21} 模式相干叠加场的 M_x^2 因子随 η 变化的曲线如图5－60所示。同样可见，两模式同时存在时的 M_x^2 可比单独存在 LP_{11} 模式或 LP_{21} 模式时的 M_x^2 因子要小。

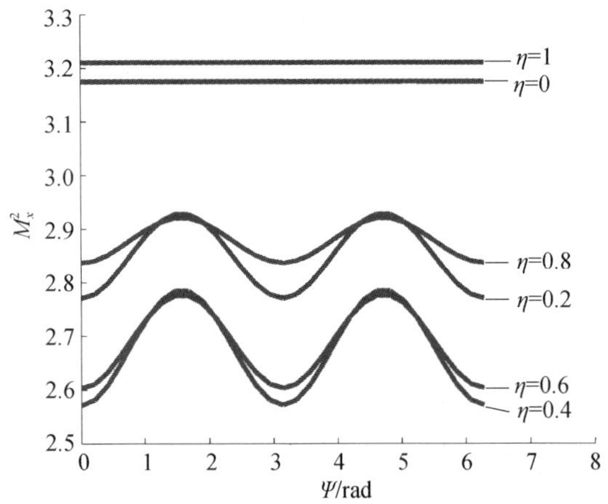

图 5-59　不同 η 取值时,计算得到 LP_{11} 模式和 LP_{21} 模式相干叠加场的 M_x^2 因子随 Ψ 变化的曲线

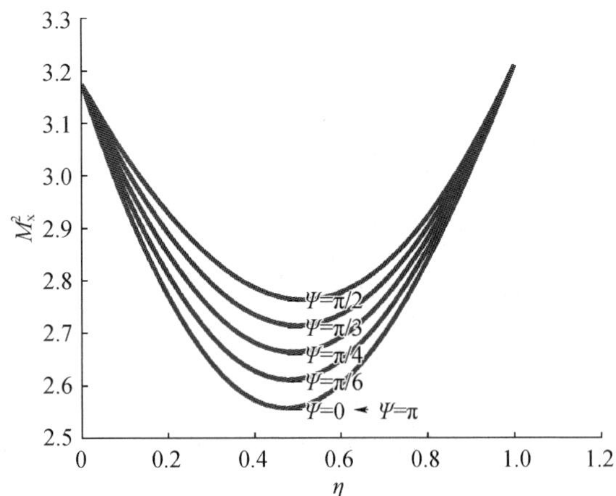

图 5-60　不同 Ψ 取值时,计算得到 LP_{11} 模式和 LP_{21} 模式相干叠加场的 M_x^2 因子随 η 变化的曲线

5.7.2　三个 LP_{mn} 模式相干叠加

LP_{01} 模式、LP_{11} 模式和 LP_{02} 模式相干叠加场的光场表达式为

$$E=\begin{cases}\dfrac{\sqrt{\eta_{01}}}{\sqrt{P_{01}}}\dfrac{J_0(U_{01}r/a)}{J_0(U_{01})}+\dfrac{\sqrt{\eta_{11}}}{\sqrt{P_{11}}}\dfrac{J_1(U_{11}r/a)}{J_1(U_{11})}\cos(\phi)e^{-i\Psi_{11}}+\dfrac{\sqrt{\eta_{02}}}{\sqrt{P_{02}}}\dfrac{J_0(U_{02}r/a)}{J_0(U_{02})}e^{-i\Psi_{02}}, & 0\leqslant r\leqslant a\\ \dfrac{\sqrt{\eta_{01}}}{\sqrt{P_{01}}}\dfrac{K_0(W_{01}r/a)}{K_0(W_{01})}+\dfrac{\sqrt{\eta_{11}}}{\sqrt{P_{11}}}\dfrac{K_1(W_{11}r/a)}{K_1(W_{11})}\cos(\phi)e^{-i\Psi_{11}}+\dfrac{\sqrt{\eta_{02}}}{\sqrt{P_{02}}}\dfrac{K_0(W_{02}r/a)}{K_0(W_{02})}e^{-i\Psi_{02}}, & a\leqslant r\leqslant b\end{cases}\tag{5-61}$$

式中：η_{01}、η_{11}和η_{02}分别为LP_{01}模式、LP_{11}模式和LP_{02}模式的比例分量；Ψ_{11}和Ψ_{02}分别为LP_{11}模式和LP_{02}模式相对于LP_{01}模式的相位差。

设$\Psi_{11}=\Psi_{02}=0$，计算得到LP_{01}模式、LP_{11}模式和LP_{02}模式的相干叠加场在η_{01}取不同值时的光斑图像及其在x方向、y方向和r径向的M^2因子，如图5-61所示。

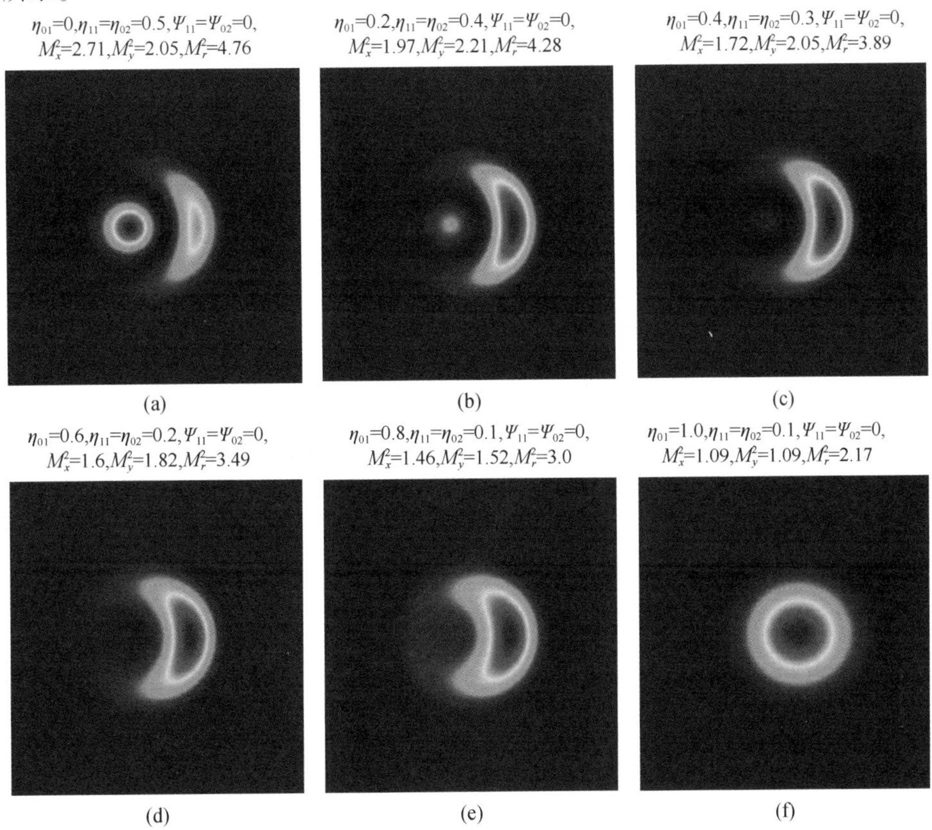

图5-61 不同η_{01}取值时，计算得到LP_{01}模式、LP_{11}模式和LP_{02}模式的相干叠加场的光斑图像及其在x方向、y方向和r径向的M^2因子（$\eta_{11}=\eta_{02}=0.5-\eta_{01}/2$，$\Psi_{11}=\Psi_{02}=0$）
(a)$\eta_{01}=0$；(b)$\eta_{01}=0.2$；(c)$\eta_{01}=0.4$；(d)$\eta_{01}=0.6$；(e)$\eta_{01}=0.8$；(f)$\eta_{01}=1.0$。

在$\eta_{01}=0.8$、$\eta_{11}=0.1$和$\eta_{02}=0.1$时，计算得到LP_{01}模式、LP_{11}模式和LP_{21}模式相干叠加场在不同的Ψ_{11}和Ψ_{02}取值下的光斑图像及其在x方向、y方向和r径向的M^2因子，如图5-62所示。

计算得出在不同η取值下，计算得到LP_{01}模式、LP_{11}模式和LP_{02}模式相干叠加场的M_x^2因子随Ψ的变化曲线示于图5-63；在不同的Ψ取值下，计算得到LP_{01}模式、LP_{11}模式和LP_{02}模式的相干叠加场的M_x^2因子随η变化的曲线示于图5-64。仅仅由M^2因子还不能唯一确切得到高阶模式成分所占的功率比例。

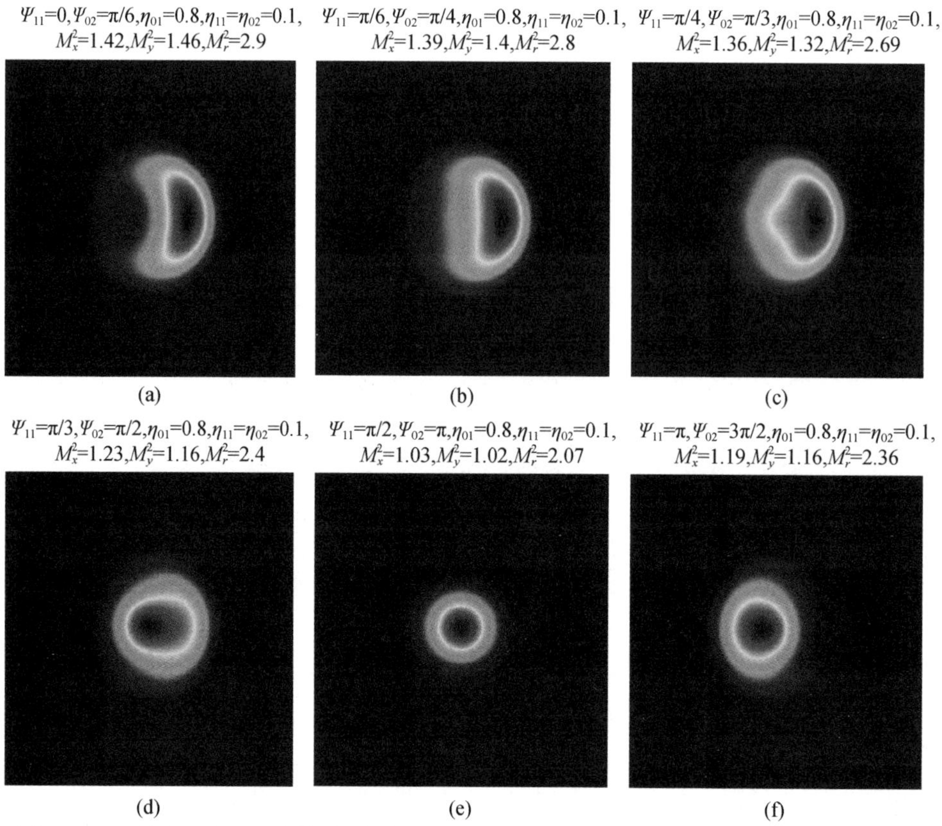

$\Psi_{11}=0,\Psi_{02}=\pi/6,\eta_{01}=0.8,\eta_{11}=\eta_{02}=0.1,$
$M_x^2=1.42,M_y^2=1.46,M_r^2=2.9$

(a)

$\Psi_{11}=\pi/6,\Psi_{02}=\pi/4,\eta_{01}=0.8,\eta_{11}=\eta_{02}=0.1,$
$M_x^2=1.39,M_y^2=1.4,M_r^2=2.8$

(b)

$\Psi_{11}=\pi/4,\Psi_{02}=\pi/3,\eta_{01}=0.8,\eta_{11}=\eta_{02}=0.1,$
$M_x^2=1.36,M_y^2=1.32,M_r^2=2.69$

(c)

$\Psi_{11}=\pi/3,\Psi_{02}=\pi/2,\eta_{01}=0.8,\eta_{11}=\eta_{02}=0.1,$
$M_x^2=1.23,M_y^2=1.16,M_r^2=2.4$

(d)

$\Psi_{11}=\pi/2,\Psi_{02}=\pi,\eta_{01}=0.8,\eta_{11}=\eta_{02}=0.1,$
$M_x^2=1.03,M_y^2=1.02,M_r^2=2.07$

(e)

$\Psi_{11}=\pi,\Psi_{02}=3\pi/2,\eta_{01}=0.8,\eta_{11}=\eta_{02}=0.1,$
$M_x^2=1.19,M_y^2=1.16,M_r^2=2.36$

(f)

图 5-62 不同 Ψ_{11} 和 Ψ_{02} 取值时，计算得到 LP_{01} 模式、LP_{11} 模式和 LP_{21} 模式的相干叠加场的光斑图样及其在 x 方向、y 方向和 r 径向的 M^2 因子（$\eta_{01}=0.8,\eta_{11}=\eta_{02}=0.1$）

(a) $\Psi_{11}=0,\Psi_{02}=\pi/6$；(b) $\Psi_{11}=\pi/6,\Psi_{02}=\pi/4$；(c) $\Psi_{11}=\pi/4,\Psi_{02}=\pi/3$；
(d) $\Psi_{11}=\pi/3,\Psi_{02}=\pi/2$；(e) $\Psi_{11}=\pi/2,\Psi_{02}=\pi$；(f) $\Psi_{11}=\pi,\Psi_{02}=3\pi/2$。

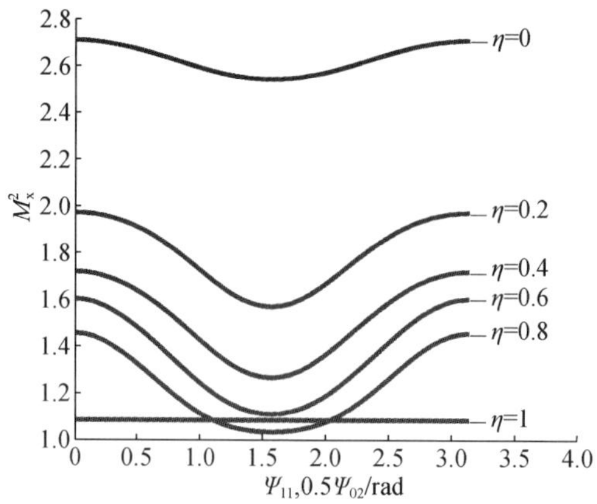

图 5-63 在不同 η 取值下，计算得到 LP_{01} 模式、LP_{11} 模式和 LP_{02} 模式的相干叠加场的 M^2 因子随 Ψ 变化的曲线（$\Psi_{11}=\Psi_{02}/2$）

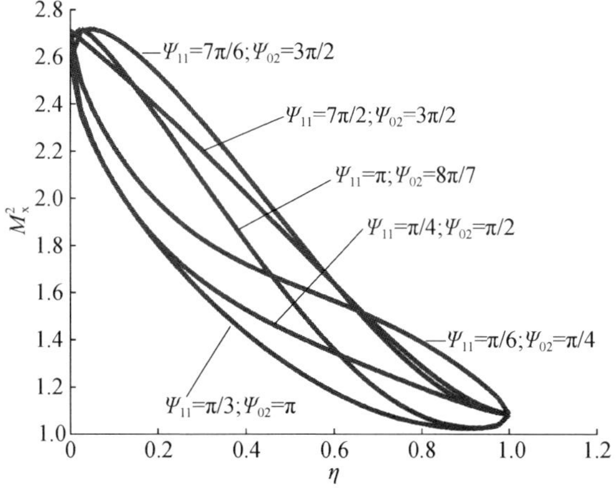

图 5－64 在不同 Ψ_{11} 和 Ψ_{02} 取值下，计算得到 LP_{01} 模式、LP_{11} 模式和 LP_{02} 模式的相干叠加场的 M_x^2 因子随 η 变化的曲线

作为一个应用举例，设多模光纤的纤芯折射率 $\mu_1=1.454$，包层折射率 $\mu_2=1.453$，信号光波长 $\lambda_s=1.08\mu m$，多模光纤纤芯半径 $a=25\mu m$，计算可得多模光纤的归一化频率 $V=7.96$，此时信号光在多模光纤内以 LP_{01}、LP_{02} 和 LP_{03} 模式进行传输和放大。设光纤放大器的实际长度为 L，得到输出激光光场分布为

$$E_{out}=\sqrt{P_{01}}LP_{01}e^{i\beta_{01}L}+\sqrt{P_{02}}LP_{02}e^{i\beta_{02}L}+\sqrt{P_{03}}LP_{03}e^{i\beta_{03}L} \tag{5-62}$$

相应的光强分布为

$$\begin{aligned}I_{out}=&P_{01}|LP_{01}|^2+P_{02}|LP_{02}|^2+P_{03}|LP_{03}|^2+2\sqrt{P_{01}P_{02}}LP_{01}LP_{02}\cos[(\beta_{01}-\beta_{02})L]+\\&2\sqrt{P_{01}P_{03}}LP_{01}LP_{03}\cos[(\beta_{01}-\beta_{03})L]+2\sqrt{P_{02}P_{03}}LP_{02}LP_{03}\cos[(\beta_{02}-\beta_{03})L]\end{aligned} \tag{5-63}$$

由式(5－55)可得三项余弦项的周期经计算分别是 3.6mm、2.1mm 和 1.3mm，那么输出光强分布随 L 变化的周期将是这三者的最小公倍数，即 327.6mm，输出光的光束质量 M^2 因子随 L 变化的周期也是 327.6mm。三模式相干叠加时 M^2 因子随 L 的变化曲线如图 5－65 所示。图 5－65 中的实线为 LP_{01}、LP_{02} 和 LP_{03} 模式非相干叠加的光束质量 M^2 因子，以便于作比较。

5.7.3 多个 LP_{mn} 模式相干叠加

多个 LP_{mn} 模式相干叠加场的光场表达式为

$$E(r,\phi)=\begin{cases}\sum\limits_{m,n}\dfrac{\sqrt{\eta_{mn}}}{\sqrt{P_{mn}}}\dfrac{J_m(U_{mn}r/a)}{J_m(U_{mn})}\cos(m\phi)e^{i\Psi_{mn}}, & 0\leqslant r\leqslant a\\ \sum\limits_{m,n}\dfrac{\sqrt{\eta_{mn}}}{\sqrt{P_{mn}}}\dfrac{K_0(W_{mn}r/a)}{K_0(W_{mn})}\cos(m\phi)e^{i\Psi_{mn}}, & a\leqslant r\leqslant b\end{cases} \tag{5-64}$$

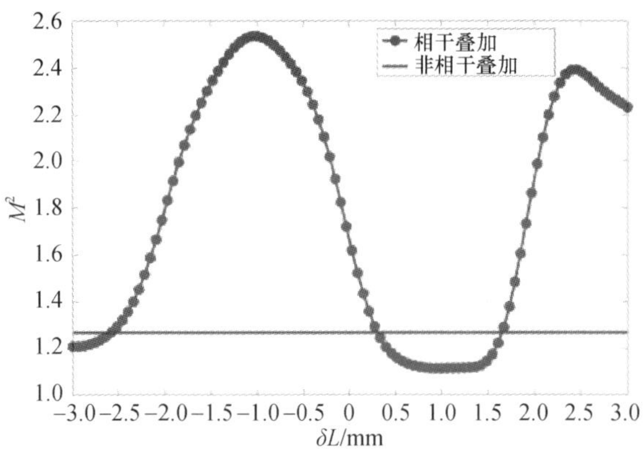

图 5-65 LP$_{01}$模式、LP$_{02}$模式和 LP$_{03}$模式相干叠加(实圆心)和非相干叠加(实线)两种情况下,叠加场的光束质量 M^2 因子随光纤放大器长度 L 的变化曲线

式中:η_{mn}($0 \leqslant \eta_{mn} \leqslant 1$)为 LP$_{mn}$模式的光强占叠加场总光强的比例分量;$\Psi_{mn}$为 LP$_{mn}$模式的相位。作为计算例,给出了在不同 η_{01} 取值下,9 个 LP$_{mn}$模式叠加光场的光斑图像及光束的 M_x^2 因子,如图 5-66 所示。

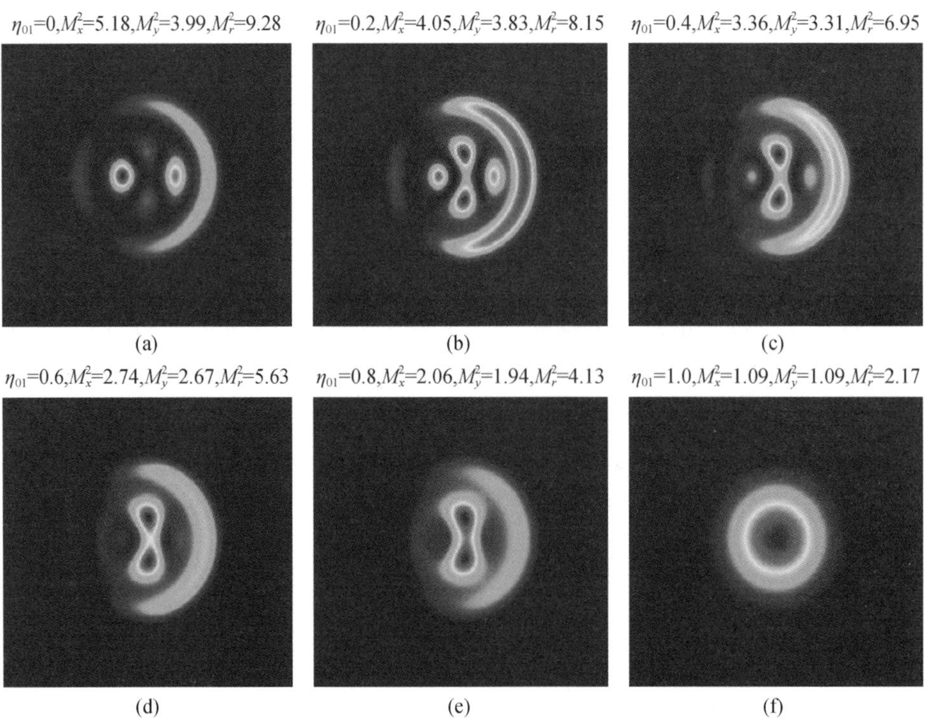

图 5-66 在不同 η 取值时,计算得到 9 个 LP$_{mn}$模式相干叠加场的光斑图像及其在 x 方向、y 方向和 r 径向的 M^2 因子($\eta_{02}=\eta_{03}=\eta_{11}=\eta_{12}=\eta_{13}=\eta_{21}=\eta_{22}=\eta_{23}=(1-\eta_{01})/8$)
(a)$\eta_{01}=0$;(b)$\eta_{01}=0.2$;(c)$\eta_{01}=0.4$;(d)$\eta_{01}=0.6$;(e)$\eta_{01}=0.8$;(f)$\eta_{01}=1.0$。

5.8 H-G$_{mn}$模式非相干叠加

5.8.1 两个H-G$_{mn}$模式非相干叠加

多横模振荡的激光器,由于自发辐射的影响,这些振荡模式的相位通常是无关的,从而使得输出光为非相干叠加。

假设光场分布分别为H-G$_{mn}$模式和H-G$_{m'n'}$模式的非相干叠加,H-G$_{mn}$模式占总功率的功率比为η,两模式间的相对相位差为Ψ,那么叠加场的光场分布为

$$E(x,y)=\sqrt{\eta}\,\text{H-G}_{mn}(x,y)+\sqrt{1-\eta}\,\text{H-G}_{m'n'}(x,y)\,\mathrm{e}^{\mathrm{i}\psi(x,y,t)} \tag{5-65}$$

相应的光强分布为

$$I=\langle|E|^2\rangle \tag{5-66}$$

式中:符号〈 〉表示取时间平均。由于所叠加的两模式的相位无关,计算光强分布时两模式的交叉项的时间平均将为0,因此非相干叠加的光强表达式为

$$I(x,y)=\eta\,|\text{H-G}_{mn}(x,y)|^2+(1-\eta)\,|\text{H-G}_{m'n'}(x,y)|^2 \tag{5-67}$$

5.8.1.1 H-G$_{00}$模式与H-G$_{01}$模式的非相干叠加

假设光场分布为H-G$_{00}$模式和H-G$_{01}$模式非相干叠加,H-G$_{00}$模式占总功率的功率比为η,H-G$_{01}$模式占总功率的功率比为$1-\eta$,那么非相干叠加场的光强分布表达式为

$$I=\frac{\eta}{P_{00}}\left|\mathrm{H}_0\left(\frac{\sqrt{2}}{w_0}x\right)\mathrm{H}_0\left(\frac{\sqrt{2}}{w_0}y\right)\mathrm{e}^{-\frac{x^2+y^2}{w_0^2}}\right|^2+\frac{1-\eta}{P_{01}}\left|\mathrm{H}_0\left(\frac{\sqrt{2}}{w_0}x\right)\mathrm{H}_1\left(\frac{\sqrt{2}}{w_0}y\right)\mathrm{e}^{-\frac{x^2+y^2}{w_0^2}}\right|^2 \tag{5-68}$$

设束腰宽度为10μm,计算得到H-G$_{00}$模式与H-G$_{01}$模式非相干叠加的光斑图像及其在x方向、y方向和r径向的M^2因子,如图5-67所示。

$\eta=0, M_x^2=1.0, M_y^2=3.0, M_r^2=4.0$

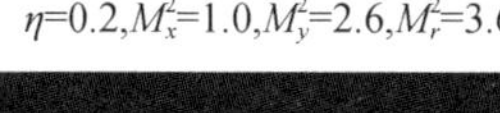

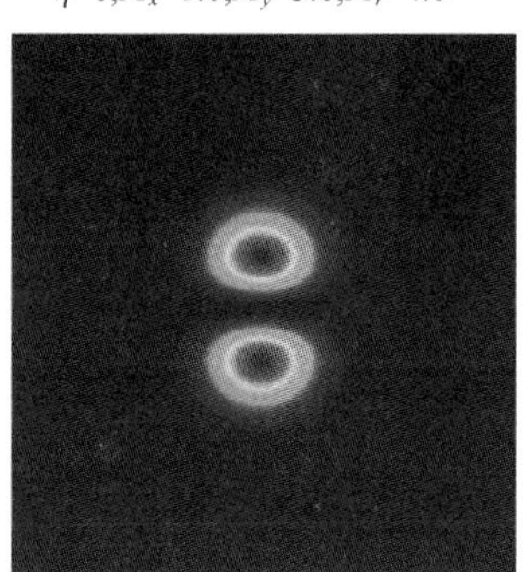

(a)

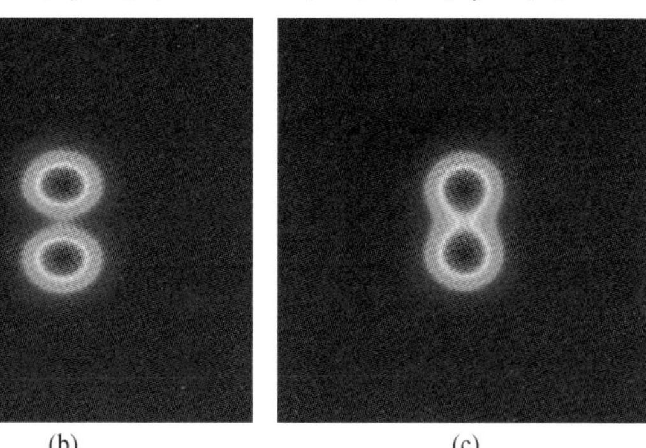

(b) (c)

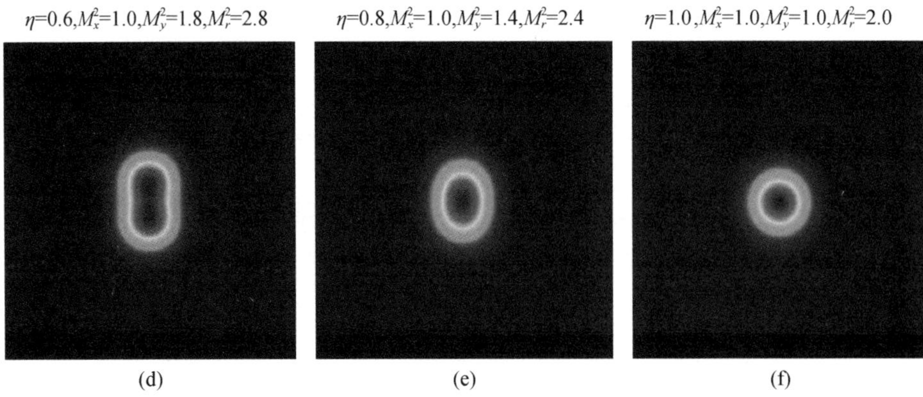

图 5-67 不同 η 取值时,H-G_{00} 模式和 H-G_{01} 模式的非相干叠加场的光斑图像及其在 x 方向、y 方向和 r 径向的 M^2 因子

(a) $\eta=0$;(b) $\eta=0.2$;(c) $\eta=0.4$;(d) $\eta=0.6$;(e) $\eta=0.8$;(f) $\eta=1.0$。

计算得出不同 η 取值时 H-G_{00} 模式和 H-G_{01} 模式的非相干叠加场在 x 方向和 y 方向的光强分布如图 5-68 所示,已对各光强分布进行功率归一化,即总功率为 1。

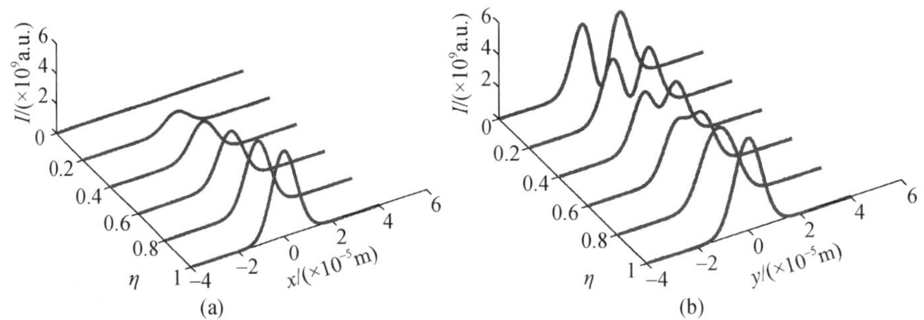

图 5-68 不同 η 取值时,计算得到 H-G_{00} 模式和 H-G_{01} 模式的非相干叠加场在 x 方向和 y 方向的光强分布

计算得出 H-G_{00} 模式和 H-G_{01} 模式的非相干叠加场的 M^2 因子随 η 变化的曲线如图 5-69 所示,可见,在非相干叠加情况下,叠加场的 M^2 是随着高阶模成分的增加而增大的,高阶模式占有的成分越多,非相干叠加场的光束质量越差。

5.8.1.2 H-G_{00} 模式与 H-G_{11} 模式的非相干叠加

设光场分布为 H-G_{00} 模式和 H-G_{11} 模式的非相干叠加,H-G_{00} 模式占总功率的功率比为 η,H-G_{11} 模式占总功率的功率比为 $1-\eta$,那么非相干叠加场的光强分布表达式为

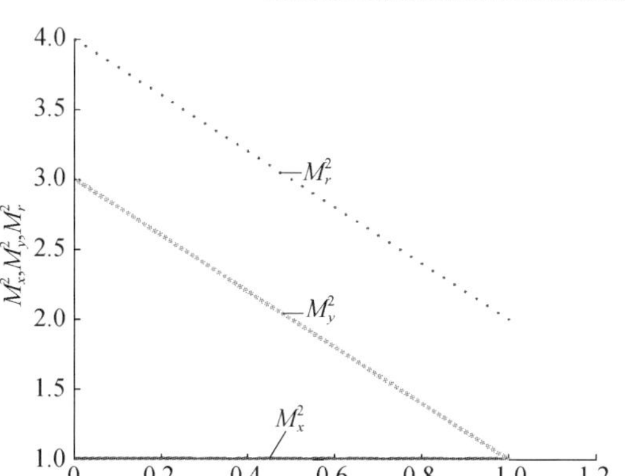

图 5－69　计算得到 H-G$_{00}$模式和 H-G$_{01}$模式的非相干叠加场的 M^2 因子随 η 变化的曲线

$$I(x,y)=\frac{\eta}{P_{00}}\left|\mathrm{H}_0\left(\frac{\sqrt{2}}{w_0}x\right)\mathrm{H}_0\left(\frac{\sqrt{2}}{w_0}y\right)\mathrm{e}^{-\frac{x^2+y^2}{w_0^2}}\right|^2+\frac{1-\eta}{P_{11}}\left|\mathrm{H}_1\left(\frac{\sqrt{2}}{w_0}x\right)\mathrm{H}_1\left(\frac{\sqrt{2}}{w_0}y\right)\mathrm{e}^{-\frac{x^2+y^2}{w_0^2}}\right|^2 \tag{5-69}$$

设束腰宽度为 10μm，计算得到 H-G$_{00}$模式与 H-G$_{11}$模式非相干叠加的光斑图像及其在 x 方向、y 方向和 r 径向的 M^2 因子，如图 5－70 所示。

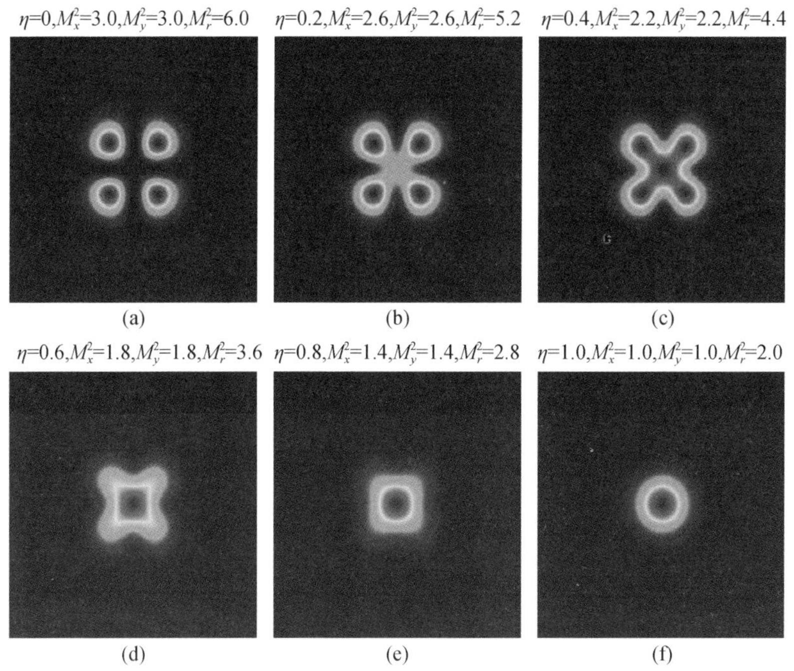

图 5－70　不同 η 取值时，计算得到 H-G$_{00}$模式和 H-G$_{11}$模式的非相干叠加场的光斑图像及其在 x 方向、y 方向和 r 径向的 M^2 因子
(a) $\eta=0$；(b) $\eta=0.2$；(c) $\eta=0.4$；(d) $\eta=0.6$；(e) $\eta=0.8$；(f) $\eta=1.0$。

不同 η 取值时，计算得出 H-G_{00}模式和 H-G_{11}模式的非相干叠加场在 x 方向和 y 方向的光强分布如图 5-71 所示。

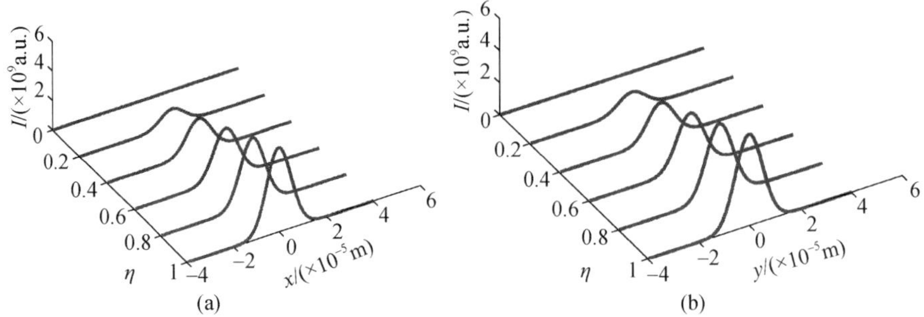

图 5-71　计算得到不同 η 时，H-G_{00}模式和 H-G_{11}模式非相干叠加场在 x 方向和 y 方向的光强分布

H-G_{00}模式和 H-G_{11}模式的非相干叠加场的 M^2 因子随 η 变化的曲线如图 5-72所示。

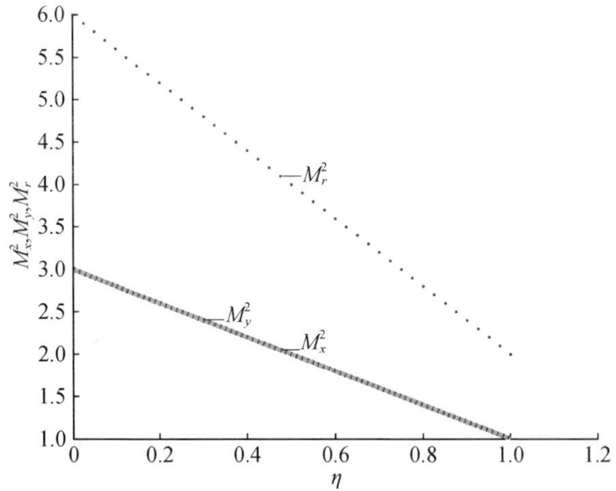

图 5-72　H-G_{00}模式和 H-G_{11}模式的非相干叠加场的 M^2 因子随 η 变化的曲线

5.8.1.3　H-G_{11}模式与 H-G_{21}模式的非相干叠加

设光场为 H-G_{11}模式和 H-G_{21}模式的非相干叠加，H-G_{11}模式占总功率的功率比为 η，H-G_{21}模式占总功率的功率比为 $1-\eta$，那么非相干叠加场的光强分布表达式为

$$I(x,y)=\frac{\eta}{P_{11}}\left|\mathrm{H}_1\left(\frac{\sqrt{2}}{w_0}x\right)\mathrm{H}_1\left(\frac{\sqrt{2}}{w_0}y\right)\mathrm{e}^{-\frac{x^2+y^2}{w_0^2}}\right|^2+\frac{1-\eta}{P_{21}}\left|\mathrm{H}_2\left(\frac{\sqrt{2}}{w_0}x\right)\mathrm{H}_1\left(\frac{\sqrt{2}}{w_0}y\right)\mathrm{e}^{-\frac{x^2+y^2}{w_0^2}}\right|^2 \tag{5-70}$$

设束腰宽度为 10μm，计算得到 H-G_{11}模式与 H-G_{21}模式的非相干叠加的光

斑图样及其在 x 方向、y 方向和 r 径向的 M^2 因子，如图 5 - 73 所示。

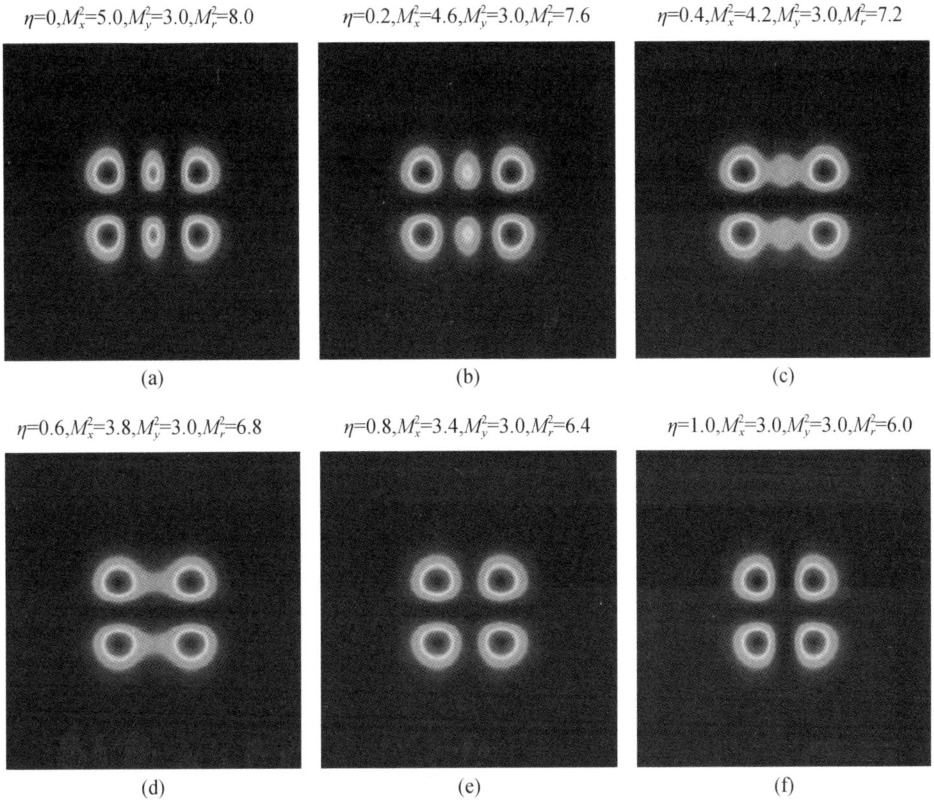

$\eta=0, M_x^2=5.0, M_y^2=3.0, M_r^2=8.0$　　$\eta=0.2, M_x^2=4.6, M_y^2=3.0, M_r^2=7.6$　　$\eta=0.4, M_x^2=4.2, M_y^2=3.0, M_r^2=7.2$

(a)　　(b)　　(c)

$\eta=0.6, M_x^2=3.8, M_y^2=3.0, M_r^2=6.8$　　$\eta=0.8, M_x^2=3.4, M_y^2=3.0, M_r^2=6.4$　　$\eta=1.0, M_x^2=3.0, M_y^2=3.0, M_r^2=6.0$

(d)　　(e)　　(f)

图 5 - 73　不同 η 取值时，计算得到 H-G_{11} 模式和 H-G_{21} 模式的非相干叠加场的光斑图样及其在 x 方向、y 方向和 r 径向的 M^2 因子

(a) $\eta=0$；(b) $\eta=0.2$；(c) $\eta=0.4$；(d) $\eta=0.6$；(e) $\eta=0.8$；(f) $\eta=1.0$。

不同 η 取值时，计算得出 H-G_{11} 模式和 H-G_{21} 模式的非相干叠加场在 x 方向和 y 方向的光强分布如图 5 - 74 所示。

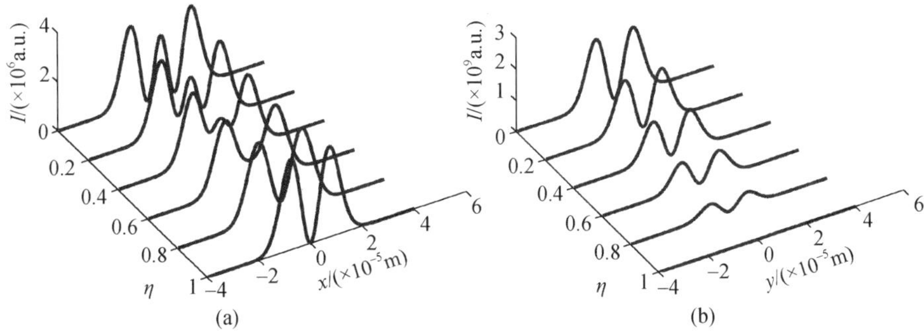

图 5 - 74　不同 η 取值时，计算得到 H-G_{11} 模式和 H-G_{21} 模式的非相干叠加场的光强分布

(a) x 方向；(b) y 方向。

H-G_{11}模式和 H-G_{21}模式的非相干叠加场的 M^2 因子随 η 变化的曲线如图 5-75所示。

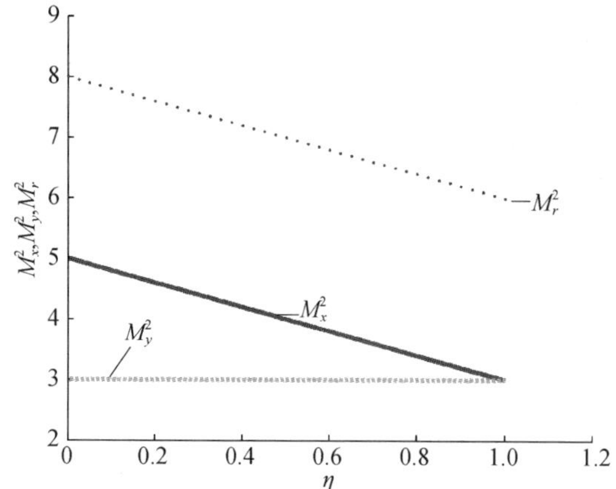

图 5-75 H-G_{11}模式和 H-G_{21}模式的非相干叠加场的 M^2 因子随 η 变化的曲线

5.8.2 三个 H-G_{mn}模式非相干叠加

设光场为 H-G_{00}模式、H-G_{01}模式和 H-G_{02}模式的非相干叠加，H-G_{00}模式占总功率的功率比为 η，H-G_{01}模式和 H-G_{02}模式占总功率的功率比为 $0.5-\eta/2$，那么非相干叠加场的光强分布表达式为

$$I(x,y)=\frac{\eta}{P_{00}}\left|\mathrm{H}_0\left(\frac{\sqrt{2}}{w_0}x\right)\mathrm{H}_0\left(\frac{\sqrt{2}}{w_0}y\right)\mathrm{e}^{-\frac{x^2+y^2}{w_0^2}}\right|^2+\frac{1-\eta}{2P_{01}}\left|\mathrm{H}_0\left(\frac{\sqrt{2}}{w_0}x\right)\mathrm{H}_1\left(\frac{\sqrt{2}}{w_0}y\right)\mathrm{e}^{-\frac{x^2+y^2}{w_0^2}}\right|^2+$$
$$\frac{1-\eta}{2P_{02}}\left|\mathrm{H}_0\left(\frac{\sqrt{2}}{w_0}x\right)\mathrm{H}_2\left(\frac{\sqrt{2}}{w_0}y\right)\mathrm{e}^{-\frac{x^2+y^2}{w_0^2}}\right|^2 \tag{5-71}$$

设束腰宽度为 10μm，计算得到 H-G_{00}模式、H-G_{01}模式和 H-G_{02}模式非相干叠加的光斑图像及其在 x 方向、y 方向和 r 径向的 M^2 因子，如图 5-76 所示。

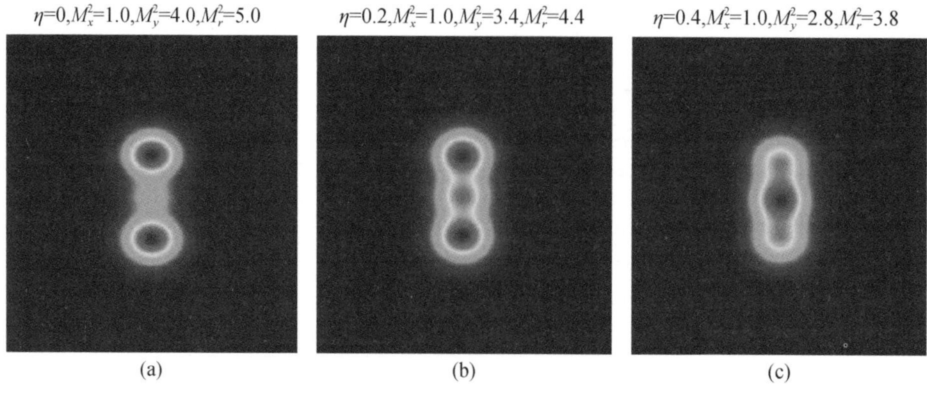

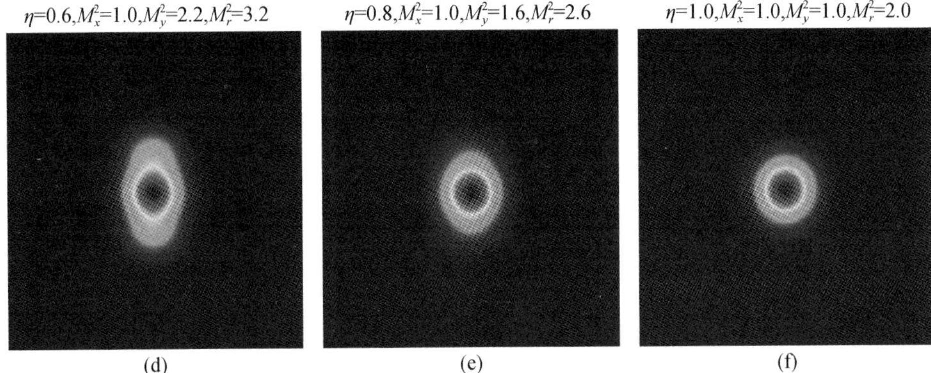

图5-76 不同η取值时，计算得到H-G$_{00}$模式、H-G$_{01}$模式和H-G$_{02}$模式的非相干叠加场的光斑图像及其在x方向、y方向和r径向的M^2因子

(a)$\eta=0$;(b)$\eta=0.2$;(c)$\eta=0.4$;(d)$\eta=0.6$;(e)$\eta=0.8$;(f)$\eta=1.0$。

不同η取值时，计算得出H-G$_{00}$模式、H-G$_{01}$模式和H-G$_{02}$模式的非相干叠加场在x方向和y方向的光强分布如图5-77所示。

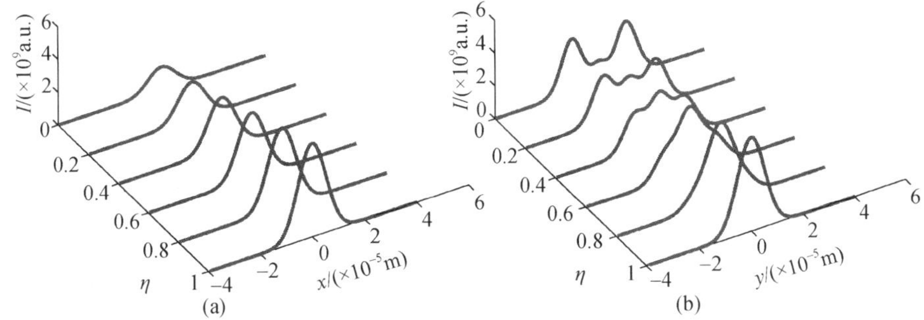

图5-77 不同η取值时，计算得到H-G$_{00}$模式、H-G$_{01}$模式和H-G$_{02}$模式的非相干叠加场的光强分布

(a)x方向;(b)y方向。

H-G$_{00}$模式、H-G$_{01}$模式和H-G$_{02}$模式的非相干叠加场的M^2因子随η变化的曲线如图5-78所示。

5.8.3 多个H-G$_{mn}$模式非相干叠加

设光场为H-G$_{00}$，H-G$_{01}$，H-G$_{10}$，…，H-G$_{mn}$的多个模式非相干叠加，各模式占总功率的功率比为η_{00}，η_{01}，η_{10}，…，η_{mn}。

多个H-G$_{mn}$模式的非相干叠加场的光强分布表达式为

$$I(x,y)=\sum_{m,n}\frac{\eta_{mn}}{P_{mn}}\left|\mathrm{H}_m\left(\frac{\sqrt{2}}{w_0}x\right)\mathrm{H}_n\left(\frac{\sqrt{2}}{w_0}y\right)\mathrm{e}^{-\frac{x^2+y^2}{w_0^2}}\right|^2 \tag{5-72}$$

式中：$\eta_{mn}(0\leqslant\eta_{mn}\leqslant1)$为H-G$_{mn}$模式的功率成分比例。

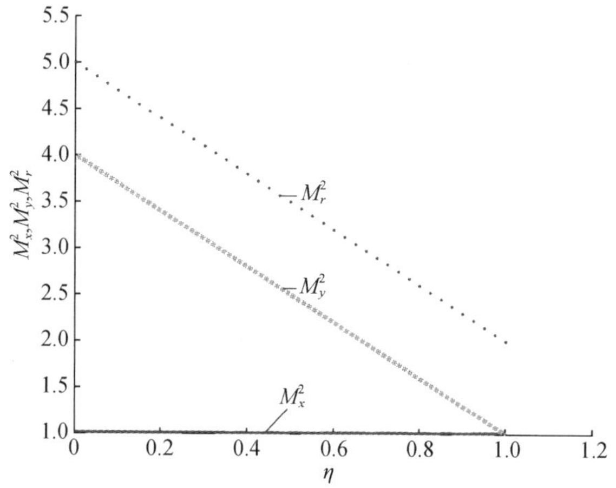

图 5-78 计算得到 H-G_{00} 模式、H-G_{01} 模式和 H-G_{02} 模式的非相干叠加场的 M^2 因子随 η 变化的曲线

$$\eta_{00}+\eta_{01}+\eta_{10}+\cdots+\eta_{mn}=1 \tag{5-73}$$

作为计算例,给出了在不同 η_{00} 取值下,9 个 H-G_{mn} 模式非相干叠加光场的光斑图像及其在 x 方向、y 方向和 r 径向的 M^2 因子,如图 5-79 所示。计算得到光斑在 x 方向和 y 方向的光强分布如图 5-80 所示。

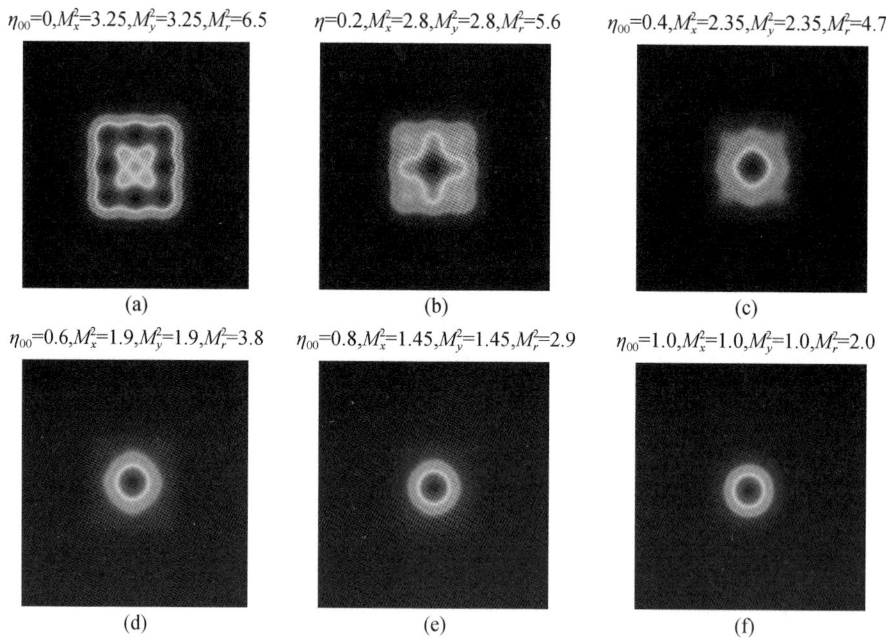

图 5-79 在不同 η_{00} 取值时,计算得到 9 个 H-G_{mn} 模式的非相干叠加场的光斑图像及其在 x 方向、y 方向和 r 径向的 M^2 因子($\eta_{01}=\eta_{02}=\eta_{10}=\eta_{11}=\eta_{12}=\eta_{20}=\eta_{21}=\eta_{22}=(1-\eta_{00})/8$)

(a) $\eta_{00}=0$;(b) $\eta_{00}=0.2$;(c) $\eta_{00}=0.4$;(d) $\eta_{00}=0.6$;(e) $\eta_{00}=0.8$;(f) $\eta_{00}=1.0$。

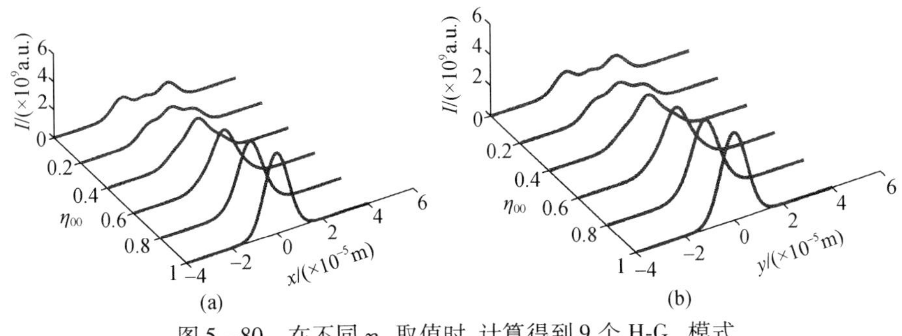

图5-80 在不同η_{00}取值时,计算得到9个H-G_{mn}模式非相干叠加场在(a)x方向和(b)y方向的强度分布

计算得出9个H-G_{mn}模式的非相干叠加场的M^2因子随η_{00}变化的曲线如图5-81所示,可见,在多个H-G_{mn}模式非相干叠加情况下,光场分布变得复杂,M^2因子随着高阶模式成分的增加而增大,高阶模式占有的成分越多,非相干叠加场的光束质量越差。

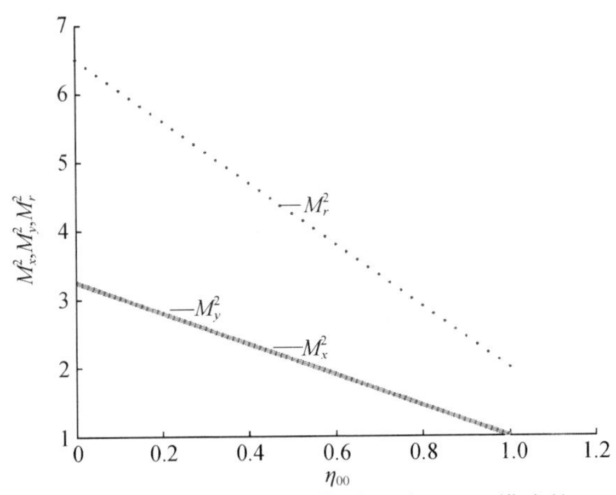

图5-81 在不同η_{00}取值时,9个H-G_{mn}模式的非相干叠加场的M^2因子随η_{00}变化的曲线

5.9 L-G_{pl}模式非相干叠加

5.9.1 两个L-G_{pl}模式非相干叠加

设光场为L-$G_{pl}(r,\phi)$和L-$G_{p'l'}(r,\phi)$的两模式非相干叠加,L-$G_{m'n'}(r,\phi)$场占总功率的功率占比为η。由于所叠加的两模式的相位无关,计算光强分布时两模式的交叉项的时间平均将为0,因此非相干叠加的光强表达式为

$$I(r,\phi)=(1-\eta)\left|\text{L-G}_{mn}(r,\phi)\right|^2+\eta\left|\text{L-G}_{m'n'}(r,\phi)\right|^2 \tag{5-74}$$

5.9.1.1 L-G$_{00}$模式与 L-G$_{10}$模式的非相干叠加

L-G$_{00}$模式和 L-G$_{10}$模式非相干叠加场的光强分布表达式为

$$I(r)=\frac{\eta}{P_{00}}\mathrm{e}^{-\frac{2r^2}{w_{0s}^2}}+\frac{1-\eta}{P_{10}}\left|\mathrm{L}_1^0\left(\frac{2r^2}{w_{os}^2}\right)\right|^2\mathrm{e}^{-\frac{2r^2}{w_{0s}^2}} \tag{5-75}$$

式中

$$P_{00}=\int_0^{2\pi}\int_0^{\infty}\mathrm{e}^{-\frac{2r^2}{w_{0s}^2}}r\mathrm{d}r\mathrm{d}\theta \tag{5-76}$$

$$P_{10}=\int_0^{2\pi}\int_0^{\infty}\left|\mathrm{L}_1^0\left(\frac{2r^2}{w_{os}^2}\right)\right|^2\mathrm{e}^{-\frac{2r^2}{w_{0s}^2}}r\mathrm{d}r\mathrm{d}\theta \tag{5-77}$$

$\eta(0\leqslant\eta\leqslant1)$为 L-G$_{00}$模式的功率占比。

在不同的 η 取值下，计算得到 L-G$_{00}$模式和 L-G$_{10}$模式的非相干叠加场的光斑图像及其在 x 方向、y 方向和 r 径向的 M^2 因子，如图 5－82 所示。不同 η 取值时，计算得到 L-G$_{00}$模式和 L-G$_{10}$模式非相干叠加场在 x 方向和 y 方向的光强分布如图 5－83所示。计算得到 L-G$_{00}$模式和 L-G$_{10}$模式的非相干叠加场在 x 方向、y 方向和 r 径向的 M^2 因子随 η 变化的曲线如图 5－84 所示。不同 η 取值时，计算得到 L-G$_{00}$模式和 L-G$_{10}$模式的非相干叠加光场的 M^2 曲线如图 5－85 所示。

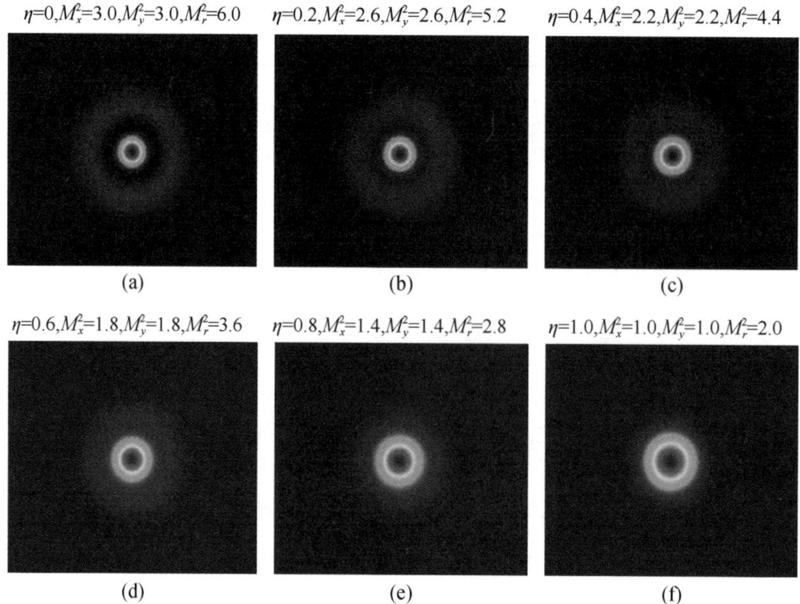

图 5－82 计算得到 L-G$_{00}$模式和 L-G$_{10}$模式的非相干叠加场的光斑图像及其在 x 方向、y 方向和 r 径向的 M^2 因子

(a)$\eta=0$；(b)$\eta=0.2$；(c)$\eta=0.4$；(d)$\eta=0.6$；(e)$\eta=0.8$；(f)$\eta=1.0$。

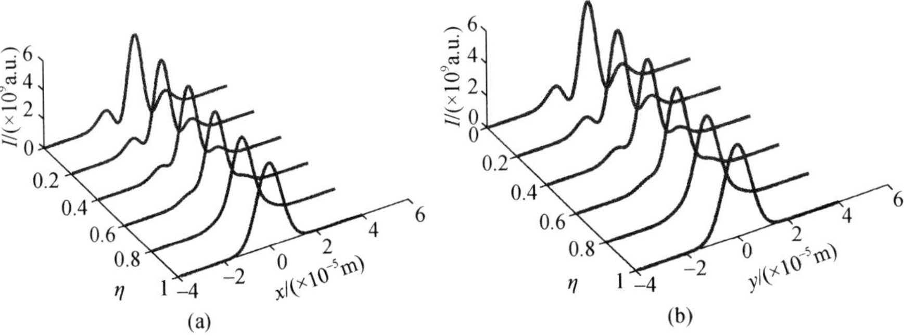

图5-83 不同 η 取值时，计算得到L-G_{00}模式和L-G_{10}模式的非相干叠加场的光强分布
(a) x 方向;(b) y 方向。

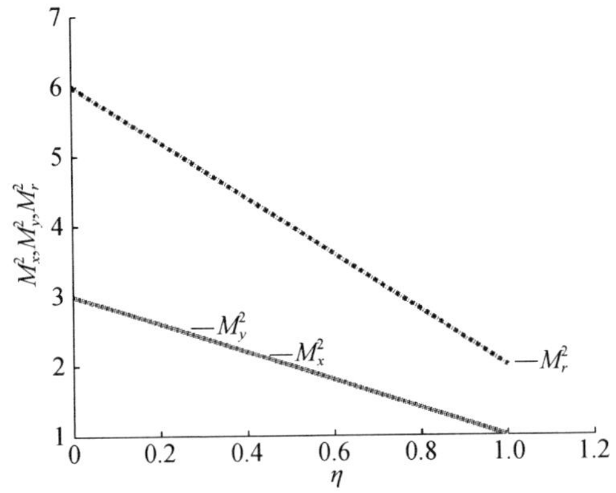

图5-84 计算得到L-G_{00}模式和L-G_{10}模式的非相干叠加场在 x 方向、y 方向和 r 径向的 M^2 因子随 η 变化的曲线

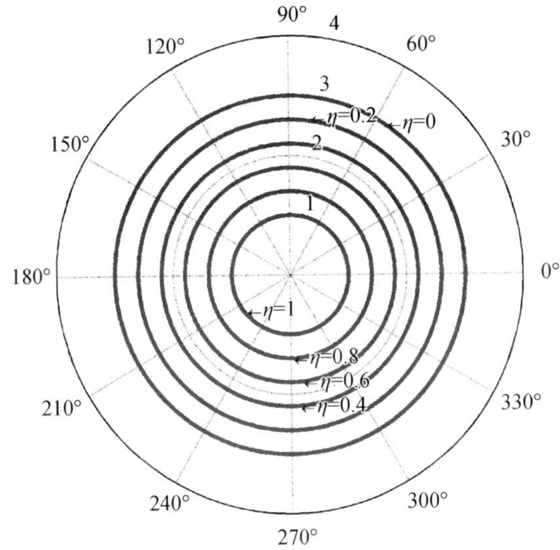

图5-85 不同 η 取值时，计算得到L-G_{00}模式和L-G_{10}模式的非相干叠加光场的 M^2 曲线

5.9.1.2 L-G$_{00}$模式与 L-G$_{11}$模式的非相干叠加

L-G$_{00}$模式和 L-G$_{11}$模式非相干叠加场的光强分布表达式为

$$I(r,\phi)=\frac{\eta}{P_{00}}\mathrm{e}^{-\frac{2r^2}{w_{0s}^2}}+\frac{1-\eta}{P_{11}}\left|\frac{\sqrt{2}r}{w_{0s}}\mathrm{L}_1^1\left(\frac{2r^2}{w_{0s}^2}\right)\right|^2\mathrm{e}^{-\frac{2r^2}{w_{0s}^2}}\cos^2\phi \tag{5-78}$$

式中：$\eta(0\leqslant\eta\leqslant1)$为 L-G$_{00}$模式的功率占比。

计算得到 L-G$_{00}$模式和 L-G$_{11}$模式的非相干叠加场在不同的 η 取值下的光斑图像及其在 x 方向、y 方向和 r 径向的 M^2 因子，如图 5－86 所示。不同 η 取值时，计算得到 L-G$_{00}$模式和 L-G$_{11}$模式的非相干叠加场在 x 方向和 y 方向的光强分布如图 5－87 所示。计算得到 L-G$_{00}$模式和 L-G$_{11}$模式的非相干叠加场在 x 方向、y 方向和 r 径向的 M^2 因子随 η 变化的曲线如图 5－88 所示。不同 η 取值时，计算得到 L-G$_{00}$模式和 L-G$_{11}$模式的非相干叠加光场的 M^2 曲线如图 5－89 所示。

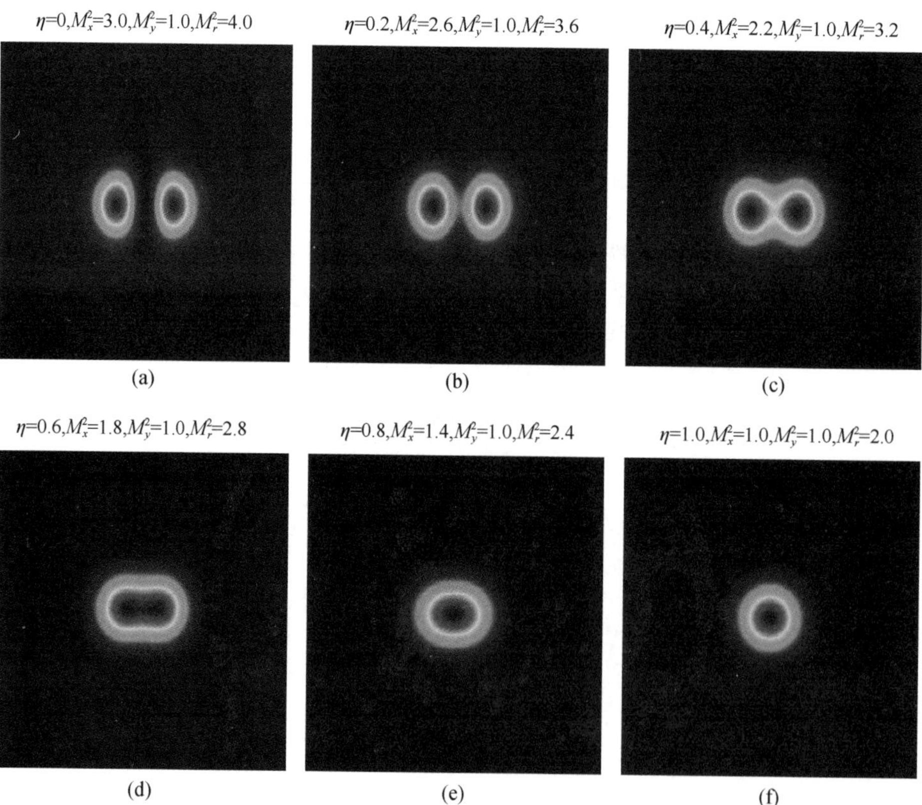

图 5－86 计算得到 L-G$_{00}$和 L-G$_{11}$模式的非相干叠加场的光斑图像及其在 x 方向、y 方向和 r 径向的 M^2 因子

(a)$\eta=0$；(b)$\eta=0.2$；(c)$\eta=0.4$；(d)$\eta=0.6$；(e)$\eta=0.8$；(f)$\eta=1.0$。

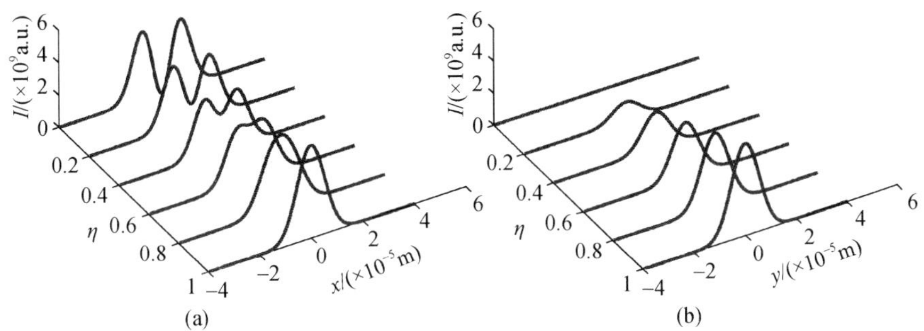

图5-87　不同η取值时，计算得到L-G$_{00}$模式和L-G$_{11}$模式的非相干叠加场的光强分布

(a)x方向；(b)y方向。

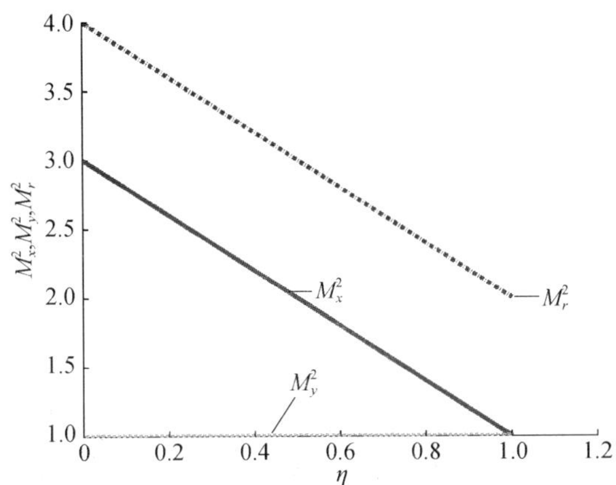

图5-88　计算得到L-G$_{00}$模式和L-G$_{11}$模式的非相干叠加场在x方向、y方向和r径向的M^2因子随η变化的曲线

5.9.1.3　L-G$_{11}$模式与L-G$_{21}$模式的非相干叠加

L-G$_{11}$模式和L-G$_{21}$模式非相干叠加场的光强分布表达式为

$$I(r,\phi)=\frac{\eta}{P_{11}}\left|\frac{\sqrt{2}r}{w_{\mathrm{os}}}\mathrm{L}_1^1\left(\frac{2r^2}{w_{\mathrm{os}}^2}\right)\right|^2\mathrm{e}^{-\frac{2r2}{w_{\mathrm{os}}^2}}\cos^2\phi+\frac{1-\eta}{P_{21}}\left|\frac{\sqrt{2}r}{w_{\mathrm{os}}}\mathrm{L}_2^1\left(\frac{2r^2}{w_{\mathrm{os}}^2}\right)\right|^2\mathrm{e}^{-\frac{2r2}{w_{\mathrm{os}}^2}}\cos^2\phi \quad (5-79)$$

式中：$\eta(0\leqslant\eta\leqslant1)$为L-G$_{11}$模式的功率占比。

在不同的η取值下，计算得到L-G$_{11}$模式和L-G$_{21}$模式的非相干叠加场的光斑图像及其在x方向、y方向和r径向的M^2因子，如图5-90所示。不同η取值时，计算得到L-G$_{11}$模式和L-G$_{21}$模式的非相干叠加场在x方向和y方向的光强分布如图5-91所示。计算得到L-G$_{11}$模式和L-G$_{21}$模式的非相干叠加场在x方向、y方向和r径向的M^2因子随η变化的曲线如图5-92所示。不同η取值时，计算得到L-G$_{11}$模式和L-G$_{21}$模式的非相干叠加光场的M^2曲线如图5-93所示。

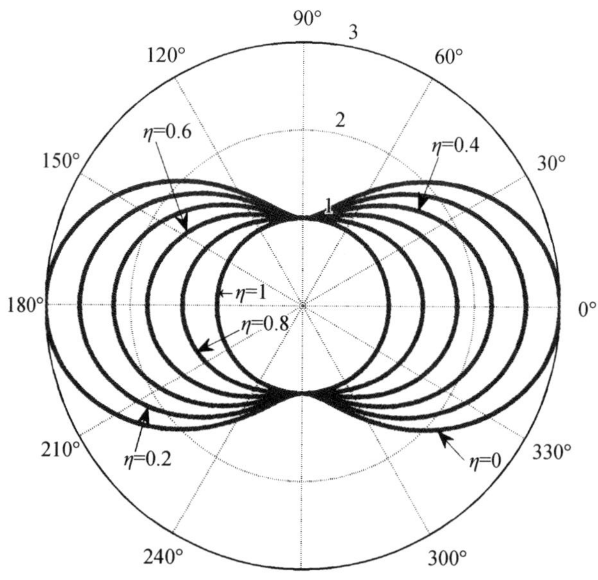

图 5－89　不同 η 取值时，计算得到 L-G_{00} 模式和 L-G_{11} 模式的非相干叠加光场的 M^2 曲线

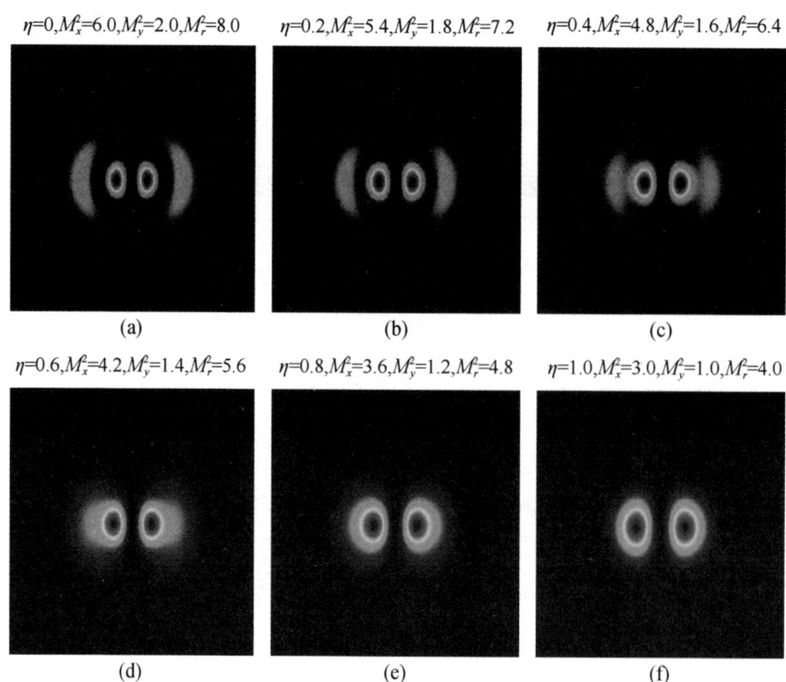

图 5－90　L-G_{11} 模式和 L-G_{21} 模式的非相干叠加场的光斑图像及其在 x 方向、y 方向和 r 径向的 M^2 因子

(a) $\eta=0$；(b) $\eta=0.2$；(c) $\eta=0.4$；(d) $\eta=0.6$；(e) $\eta=0.8$；(f) $\eta=1.0$。

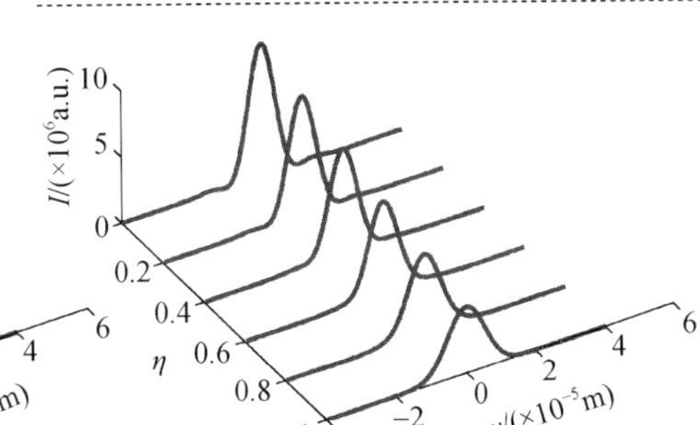

图 5－91　不同 η 取值时，计算得到 L-G_{11} 模式和 L-G_{21} 模式的非相干叠加场的光强分布

(a)x 方向；(b)y 方向。

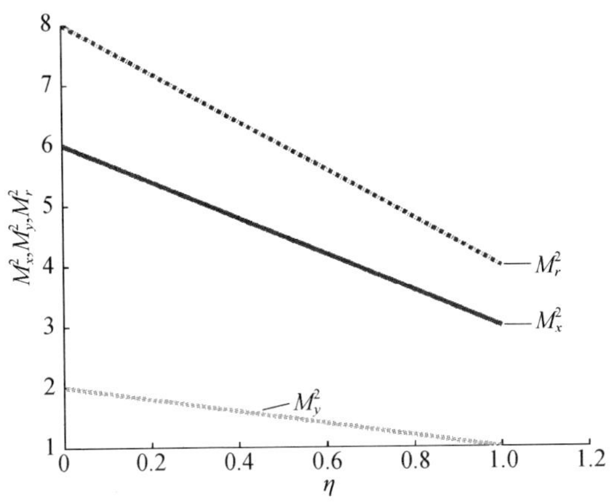

图 5－92　计算得到 L-G_{11} 模式和 L-G_{21} 模式的非相干叠加场在 x 方向、y 方向和 r 径向的 M^2 因子随 η 变化的曲线

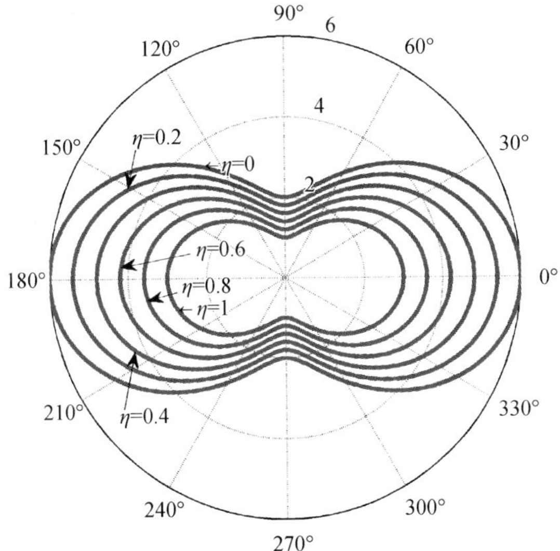

图 5－93　不同 η 取值时，计算得到 L-G_{11} 模式和 L-G_{21} 模式的非相干叠加光场的 M^2 曲线

5.9.2 三个 L-G$_{pl}$模式非相干叠加

设激光器输出三种模式，即 L-G$_{00}$模式、L-G$_{10}$模式和 L-G$_{11}$模式，那么非相干叠加场的光强分布为

$$I(r,\phi)=\frac{\eta}{P_{00}}\mathrm{e}^{-\frac{2r^2}{w_{0s}^2}}+\frac{1-\eta}{2P_{10}}\left|\mathrm{L}_1^0\left(\frac{2r^2}{w_{os}^2}\right)\right|^2\mathrm{e}^{-\frac{2r^2}{w_{0s}^2}}+\frac{1-\eta}{2P_{11}}\left|\frac{\sqrt{2}r}{w_{os}}\mathrm{L}_1^1\left(\frac{2r^2}{w_{os}^2}\right)\right|^2\mathrm{e}^{-\frac{2r^2}{w_{0s}^2}}\cos^2\phi \tag{5-80}$$

式中：$\eta(0\leqslant\eta\leqslant1)$为 L-G$_{00}$模式的功率占比。

在不同的 η 取值下，计算得到 L-G$_{00}$模式、L-G$_{10}$模式和 L-G$_{11}$模式的非相干叠加场的光斑图像及其在 x 方向、y 方向和 r 径向的 M^2 因子，如图 5－94 所示。不同 η 取值时，计算得到 L-G$_{00}$模式、L-G$_{10}$模式和 L-G$_{11}$模式的非相干叠加场在 x 方向和 y 方向的光强分布如图 5－95 所示。计算得到 L-G$_{00}$模式、L-G$_{10}$模式和 L-G$_{11}$模式的非相干叠加场在 x 方向、y 方向和 r 径向的 M^2 因子随 η 变化的曲线如图 5－96 所示。不同 η 取值时，计算得到 L-G$_{00}$模式、L-G$_{10}$模式和 L-G$_{11}$模式的非相干叠加光场的 M^2 曲线如图 5－97 所示。

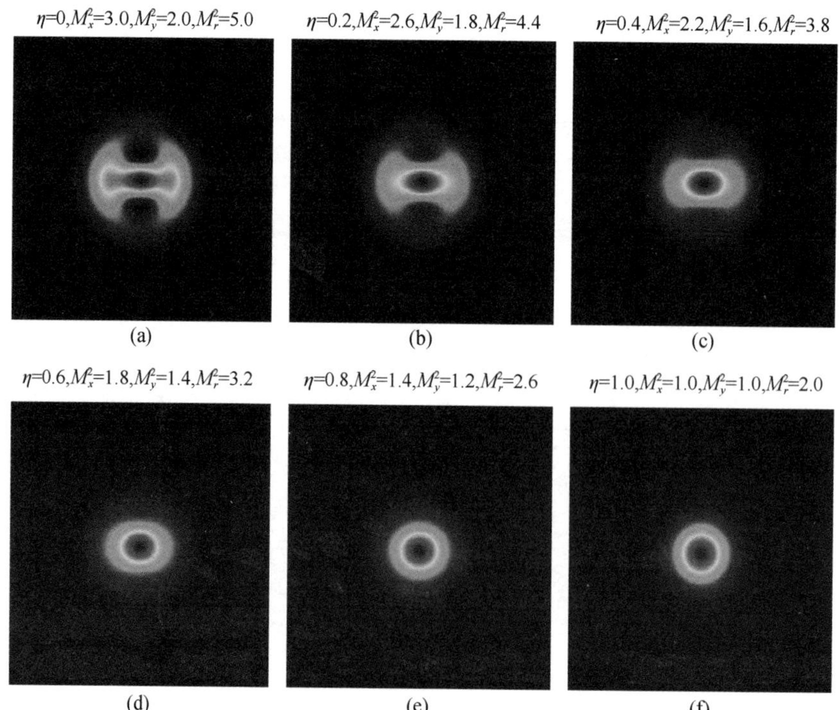

图 5－94　L-G$_{00}$模式、L-G$_{10}$模式和 L-G$_{11}$模式的非相干叠加场的光斑图像及其在 x 方向、y 方向和 r 径向的 M^2 因子

(a)$\eta=0$；(b)$\eta=0.2$；(c)$\eta=0.4$；(d)$\eta=0.6$；(e)$\eta=0.8$；(f)$\eta=1.0$。

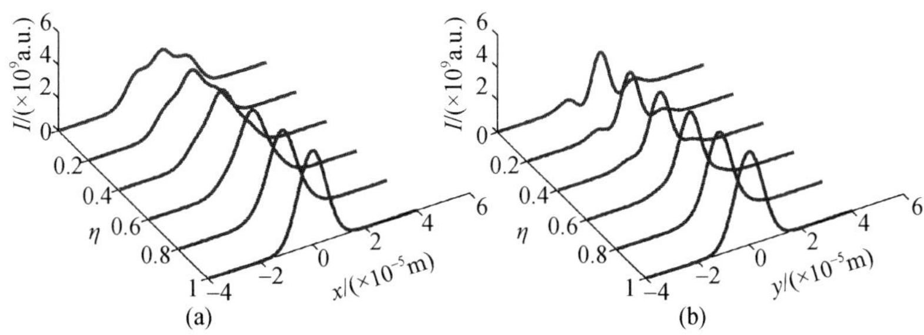

图5-95 不同η取值时，计算得到L-G$_{00}$模式、L-G$_{10}$模式和L-G$_{11}$模式的非相干叠加场的光强分布

(a)x方向；(b)y方向。

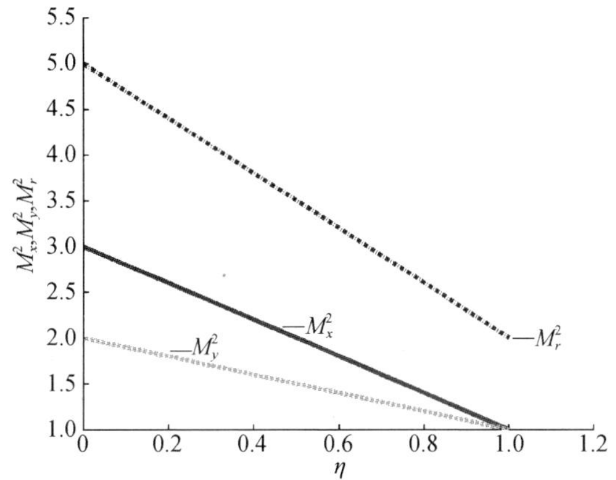

图5-96 计算得到L-G$_{00}$模式、L-G$_{10}$模式和L-G$_{11}$模式的非相干叠加场在x方向、y方向和r径向的M^2因子随η变化的曲线

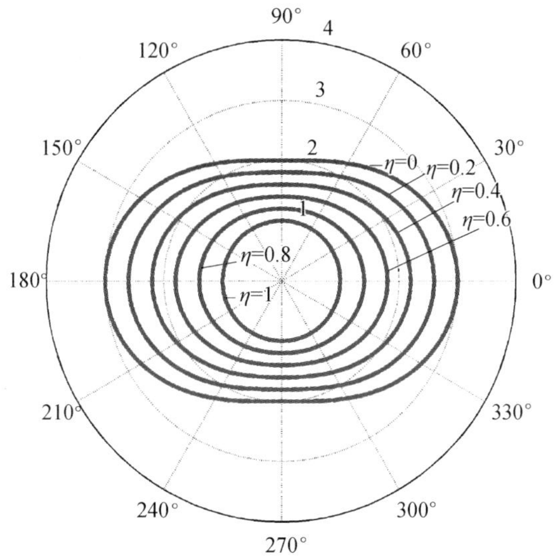

图5-97 不同η取值时，计算得到L-G$_{00}$模式、L-G$_{10}$模式和L-G$_{11}$模式的非相干叠加光场的M^2曲线

5.9.3 多个 L-G$_{pl}$模式非相干叠加

设光场为 L-G$_{01}$,L-G$_{02}$,L-G$_{11}$,…,L-G$_{pl}$的多个模式的非相干叠加,各模式占总功率的功率比为 η_{01}、η_{02}、η_{11},…,η_{mn}。各模式相应的光强分布为

$$I_{pl}=\eta_{pl}\langle|\text{L-G}_{pl}|^2\rangle \tag{5-81}$$

式中:符号〈 〉表示取时间平均。由于所叠加的模式间的相位无关,计算光强分布时两模式的交叉项的时间平均将为0,因此,可写出多个 L-G$_{pl}$模式非相干叠加场的光强分布表达式:

$$I(r,\phi)=\sum_{p,l}\frac{\eta_{pl}}{P_{pl}}\left|\left(\frac{\sqrt{2}r}{w_{os}}\right)^l \mathrm{L}_p^l\left(\frac{2r^2}{w_{os}^2}\right)\right|^2 \mathrm{e}^{-\frac{2r2}{w_{os}^2}}\cos^2(l\phi) \tag{5-82}$$

式中:$\eta_{pl}(0\leqslant\eta_{pl}\leqslant1)$为 L-G$_{pl}$模式的功率成分。

$$\eta_{01}+\eta_{10}+\eta_{11}+\cdots+\eta_{pl}=1 \tag{5-83}$$

作为计算例,给出了在不同 η_{00}取值下,9 个 L-G$_{pl}$模式的非相干叠加光场的光斑强度分布及其在 x 方向、y 方向和 r 径向的 M^2 因子,如图 5-98 所示。计算得到光斑在 x 方向和 y 方向的光强分布如图 5-99 所示。

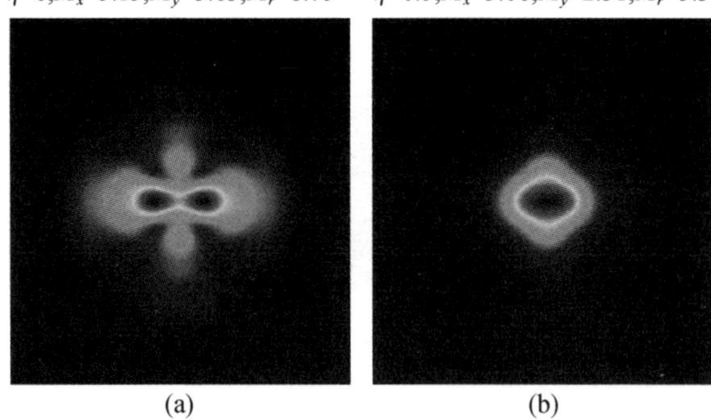

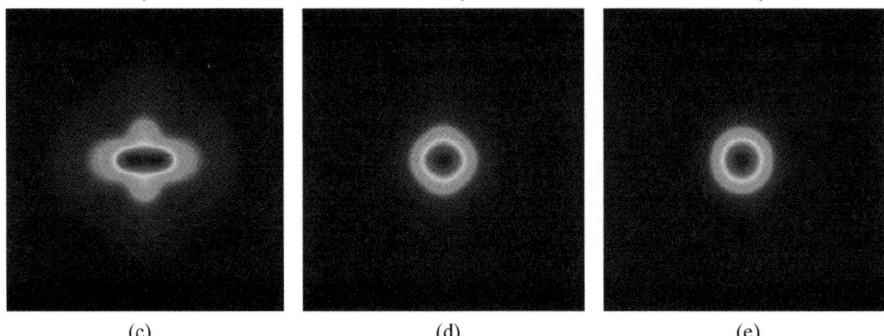

图 5-98 在不同 η_{00}取值时,计算得到 9 个 L-G$_{pl}$模式的非相干叠加场的光斑图像及其在 x 方向、y 方向和 r 径向的 M^2 因子($\eta_{10}=\eta_{11}=\eta_{20}=\eta_{21}=\eta_{22}=(1-\eta_{00})/5$)

(a)$\eta_{00}=0$;(b)$\eta_{00}=0.5$;(c)$\eta_{00}=0.25$;(d)$\eta_{00}=0.75$;(e)$\eta_{00}=1.0$。

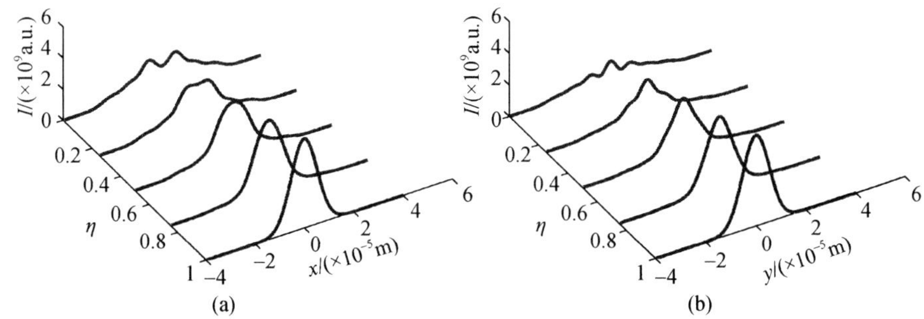

图5-99　在不同 η_{00} 取值时，计算得到9个 L-G$_{pl}$ 模式的非相干叠加场的强度分布

($\eta_{10}=\eta_{11}=\eta_{20}=\eta_{21}=\eta_{22}=(1-\eta_{00})/5$)

(a) x 方向；(b) y 方向。

计算得出9个 L-G$_{pl}$ 模式非相干叠加场的 M^2 因子随 η_{00} 变化的曲线如图5-100所示，可见，在多个 L-G$_{pl}$ 模式非相干叠加情况下，光场分布变得复杂，M^2 因子随着高阶模式成分的增加而增大，高阶模式占有的成分越多，非相干叠加场的光束质量越差。不同 η_{00} 取值时，计算得到9个 L-G$_{pl}$ 模式的非相干叠加光场的 M^2 曲线如图5-101所示。

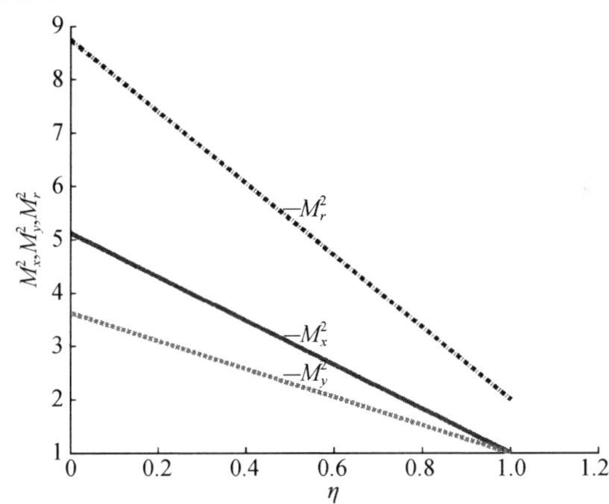

图5-100　在不同 η_{00} 取值时，9个 L-G$_{pl}$ 模式非相干叠加场的 M^2 因子随 η_{00} 变化的曲线($\eta_{10}=\eta_{11}=\eta_{20}=\eta_{21}=\eta_{22}=(1-\eta_{00})/5$)

5.10　LP$_{mn}$ 模式非相干叠加

5.10.1　两个 LP$_{mn}$ 模式非相干叠加

多横模振荡的光纤激光器，由于自发辐射的影响，这些振荡模式的相位通常是无关的，从而使得输出光为非相干叠加。

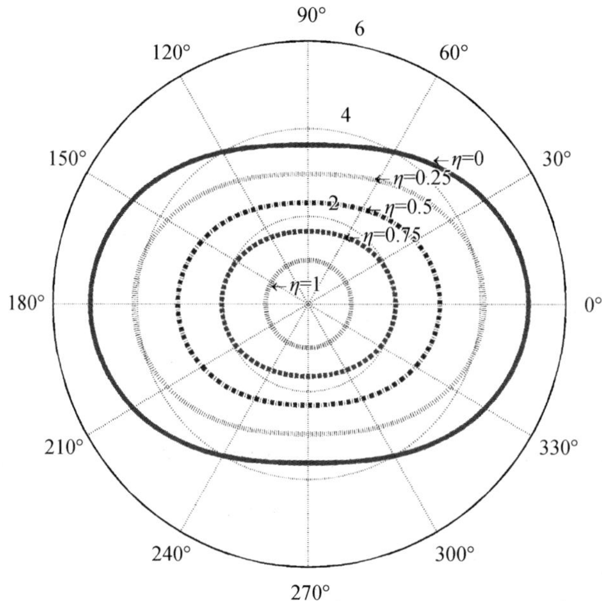

图 5-101　不同 η_{00} 取值时，计算得到 9 个 L-G_{pl} 模式的非相干叠加光场的 M^2 曲线
($\eta_{10}=\eta_{11}=\eta_{20}=\eta_{21}=\eta_{22}=(1-\eta_{00})/5$)

假设功率归一化光场分布分别为$LP_{mn}(r,\phi)$和$LP_{m'n'}(r,\phi)$的两模式非相干叠加，$LP_{mn}(r,\phi)$场占总功率的功率比为 η，两模式间的相对相位差为 Ψ，那么叠加场的光场分布写为

$$E(r,\phi)=\sqrt{\eta}LP_{mn}(r,\phi)+\sqrt{1-\eta}LP_{m'n'}(r,\phi)e^{i\Psi} \tag{5-84}$$

相应的光强分布为

$$I=\langle |E|^2\rangle \tag{5-85}$$

式中:符号〈 〉表示取时间平均。由于所叠加的两模式的相位无关，计算光强分布时两模式的交叉项的时间平均将为 0，因此非相干叠加的光强表达式为

$$I=(1-\eta)\,|LP_{mn}(r,\phi)|^2+\eta\,|LP_{m'n'}(r,\phi)|^2 \tag{5-86}$$

5.10.1.1　LP_{01}模式与 LP_{02}模式的非相干叠加

假设光场分布为 LP_{01}和 LP_{02}两模式非相干叠加，LP_{01}场占总功率的功率比为 η，LP_{02}场占总功率的功率比为 $1-\eta$，那么叠加场的光强分布为

$$I(r)=\begin{cases}\dfrac{\eta}{P_{01}}\dfrac{J_0^2(U_{01}r/a)}{J_0^2(U_{01})}+\dfrac{1-\eta}{P_{02}}\dfrac{J_0^2(U_{02}r/a)}{J_0^2(U_{02})}, & 0\leqslant r\leqslant a\\[2ex] \dfrac{\eta}{P_{01}}\dfrac{K_0^2(W_{01}r/a)}{K_0^2(W_{01})}+\dfrac{1-\eta}{P_{02}}\dfrac{K_0^2(W_{02}r/a)}{K_0^2(W_{02})}, & a\leqslant r\leqslant b\end{cases} \tag{5-87}$$

设纤芯折射率 $\mu_1=1.46$，包层折射率 $\mu_2=1.44$，激光波长 $\lambda=1.064\mu m$，纤芯半径 $a=10\mu m$。计算得到不同 η 取值下 LP_{01} 模式与 LP_{11} 模式的非相干叠加的光斑图像及其在 x 方向、y 方向和 r 径向的 M^2 因子，如图 5-102 所示。

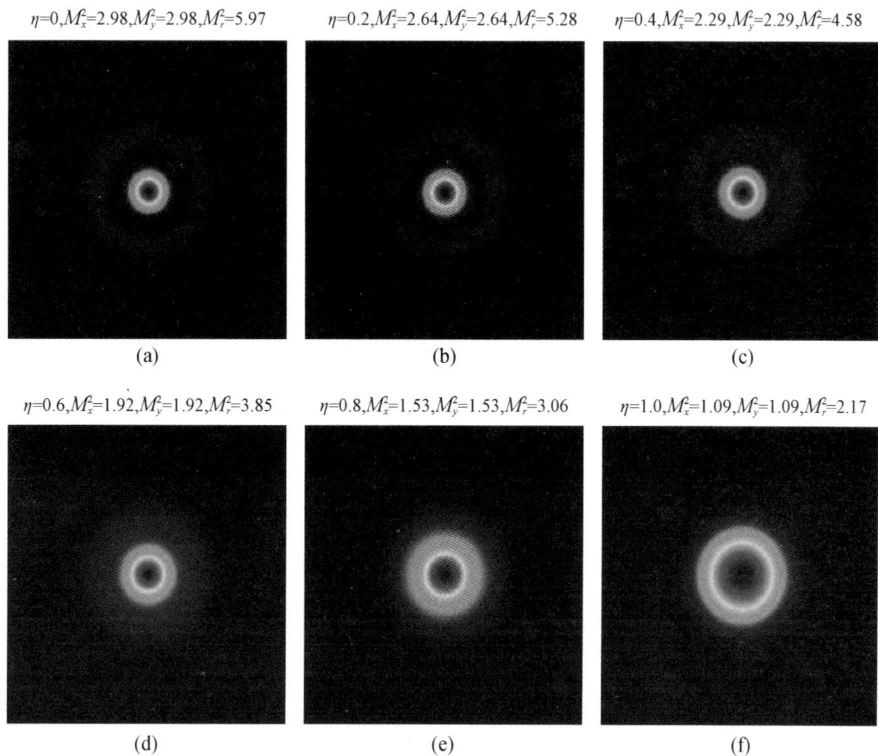

图 5-102 不同 η 取值时，计算得到 LP_{01} 模式和 LP_{02} 模式的非相干叠加场的光斑图像及其在 x 方向、y 方向和 r 径向的 M^2 因子

(a) $\eta=0$；(b) $\eta=0.2$；(c) $\eta=0.4$；(d) $\eta=0.6$；(e) $\eta=0.8$；(f) $\eta=1.0$。

不同 η 取值时，计算得出 LP_{01} 模式和 LP_{02} 模式的非相干叠加场在 x 方向的光强分布，示于图 5-103。

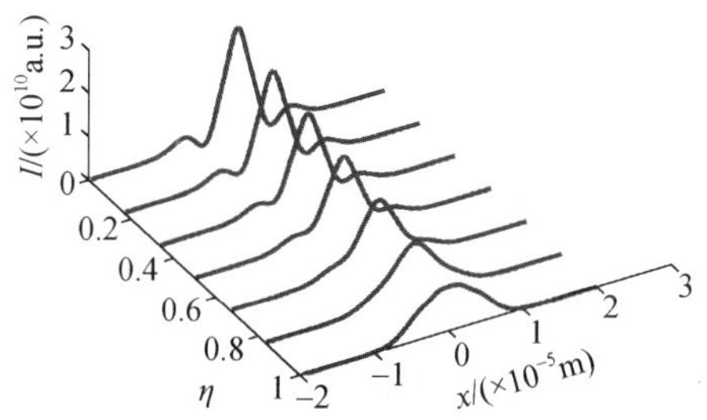

图 5-103 不同 η 取值时，计算得到 LP_{01} 模式和 LP_{02} 模式的非相干叠加场在 x 方向的光强分布

计算得出在不同 η 取值时，LP_{01} 模式和 LP_{02} 模式非相干叠加场的 M^2 因子，如图 5-104 所示。

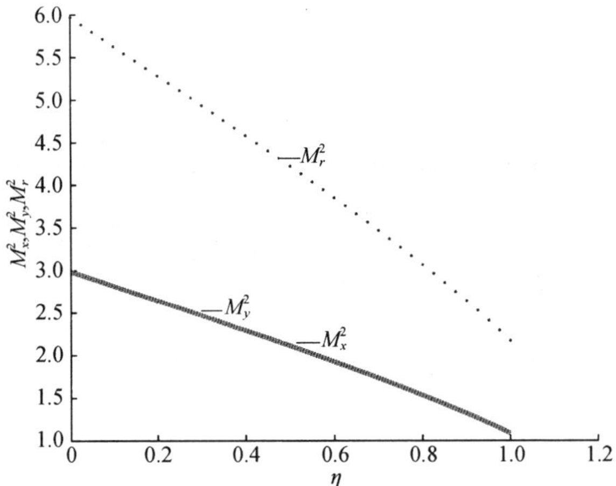

图 5-104　LP_{01} 模式和 LP_{02} 模式非相干叠加场的 M^2 因子随 η 变化的曲线

5.10.1.2　LP_{01} 模式与 LP_{11} 模式的非相干叠加

设光纤中存在 LP_{01} 模式和 LP_{11} 模式，它们的非相干叠加场的光强分布表达式为

$$I(r,\phi)=\begin{cases}\dfrac{\eta}{P_{01}}\dfrac{J_0^2(U_{01}r/a)}{J_0^2(U_{01})}+\dfrac{1-\eta}{P_{11}}\dfrac{J_1^2(U_{11}r/a)}{J_1^2(U_{11})}\cos^2(\phi), & 0\leqslant r\leqslant a\\ \dfrac{\eta}{P_{01}}\dfrac{K_0^2(W_{01}r/a)}{K_0^2(W_{01})}+\dfrac{1-\eta}{P_{11}}\dfrac{K_1^2(W_{11}r/a)}{K_1^2(W_{11})}\cos^2(\phi), & a\leqslant r\leqslant b\end{cases}\tag{5-88}$$

式中：η 为 LP_{01} 模式占叠加场总功率的比例分量。

设纤芯折射率 $\mu_1=1.46$，包层折射率 $\mu_2=1.44$，激光波长 $\lambda=1.064\mu m$，纤芯半径 $a=10\mu m$。计算得到不同 η 取值下，LP_{01} 模式与 LP_{11} 模式的非相干叠加的光斑图像及其在 x 方向、y 方向和 r 径向的 M^2 因子，如图 5-105 所示。

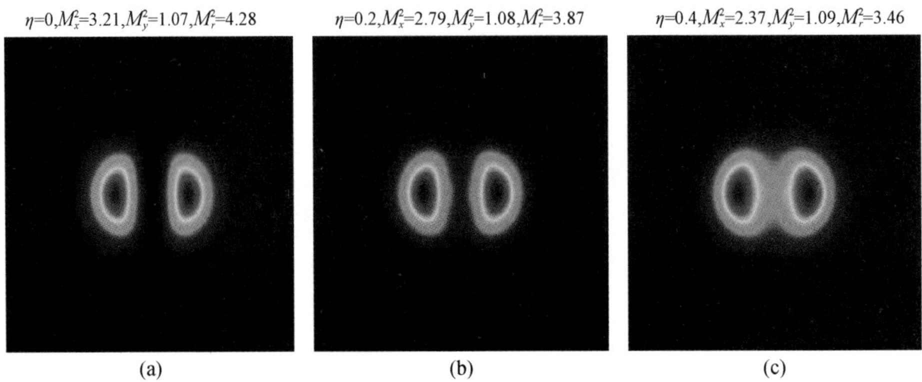

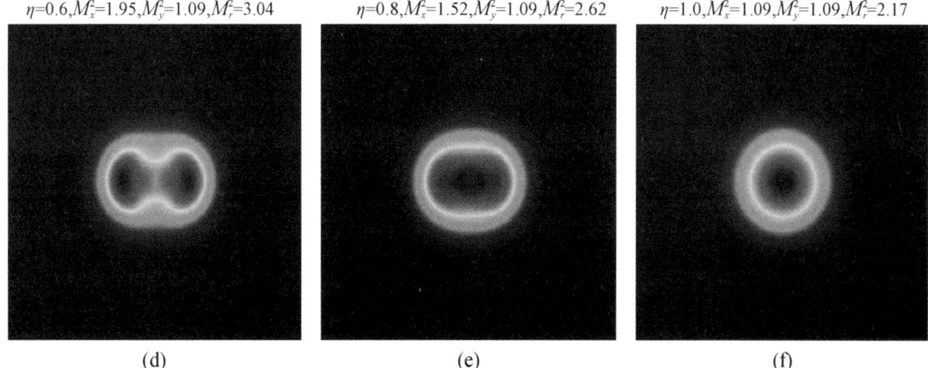

图5－105　不同 η 取值时，计算得到 LP_{01} 模式和 LP_{11} 模式的非相干叠加场的光斑图像及其在 x 方向、y 方向和 r 径向的 M^2 因子

(a) $\eta=0$；(b) $\eta=0.2$；(c) $\eta=0.4$；(d) $\eta=0.6$；(e) $\eta=0.8$；(f) $\eta=1.0$。

不同 η 取值时，计算得出 LP_{01} 模式和 LP_{11} 模式的非相干叠加场在 x 方向和 y 方向的光强分布，示于图5－106。

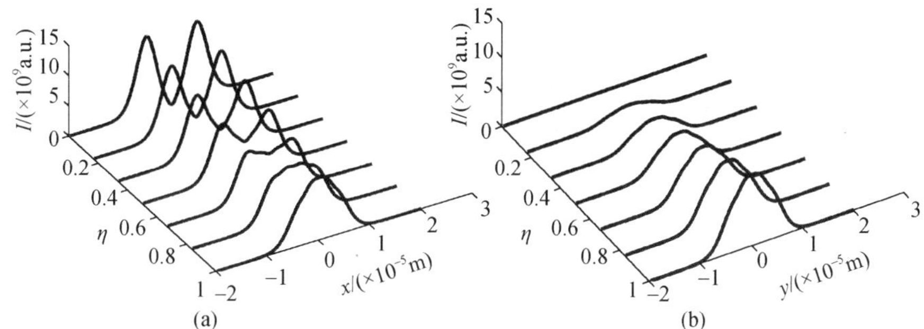

图5－106　不同 η 取值时，计算得到 LP_{01} 模式和 LP_{11} 模式的非相干叠加场在(a) x 方向和(b) y 方向的光强分布

计算得到 LP_{01} 模式和 LP_{11} 模式的非相干叠加场的 M^2 因子随 η 变化的曲线如图5－107所示。

5.10.1.3　LP_{11} 模式与 LP_{21} 模式的非相干叠加

LP_{11} 模式和 LP_{21} 模式的非相干叠加场的光强分布表达式为

$$I(r,\phi)=\begin{cases}\dfrac{\eta}{P_{11}}\dfrac{J_1^2(U_{11}r/a)}{J_1^2(U_{11})}\cos^2(\phi)+\dfrac{(1-\eta)}{P_{21}}\dfrac{J_2^2(U_{21}r/a)}{J_2^2(U_{21})}\cos^2(2\phi), & 0\leqslant r\leqslant a\\ \dfrac{\eta}{P_{11}}\dfrac{K_1^2(W_{11}r/a)}{K_1^2(W_{11})}\cos^2(\phi)+\dfrac{(1-\eta)}{P_{21}}\dfrac{K_2^2(W_{21}r/a)}{K_2^2(W_{21})}\cos^2(2\phi), & a\leqslant r\leqslant b\end{cases}$$

(5－89)

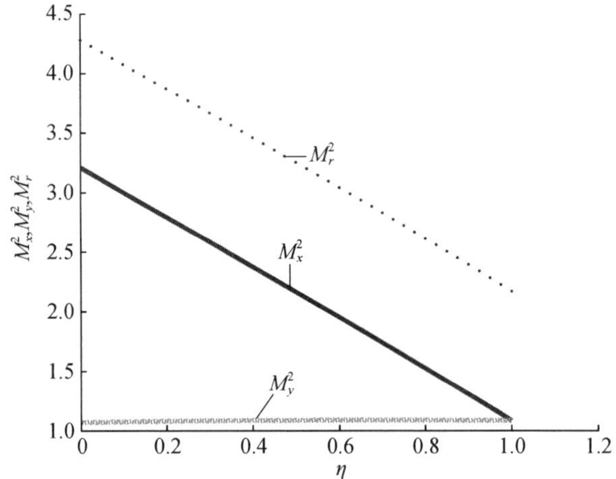

图 5-107 计算得到 LP_{01} 模式和 LP_{11} 模式的非相干叠加场的 M^2 因子随 η 变化的曲线

式中:η 为 LP_{11} 模式占叠加场总功率的比例分量。

计算得到不同 η 取值下,LP_{11} 模式与 LP_{21} 模式的非相干叠加的光斑图像及其在 x 方向、y 方向和 r 径向的 M^2 因子,如图 5-108 所示。

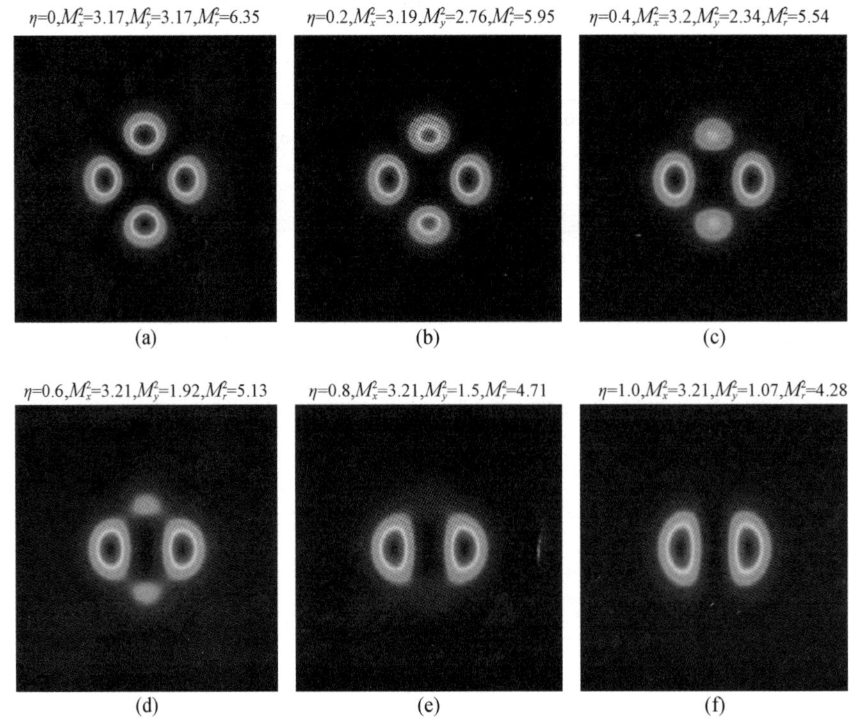

图 5-108 不同 η 取值时,计算得到 LP_{11} 模式和 LP_{21} 模式的非相干叠加场的光斑图像及其在 x 方向、y 方向和 r 径向的 M^2 因子

(a)η=0;(b)η=0.2;(c)η=0.4;(d)η=0.6;(e)η=0.8;(f)η=1.0。

不同 η 取值下，计算得出 LP_{11} 模式和 LP_{21} 模式的非相干叠加场在 x 方向和 y 方向的光强分布示于图 5－109。

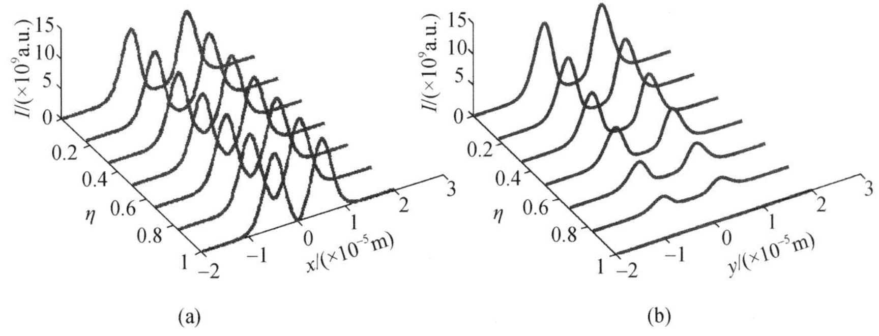

图 5－109　LP_{11} 模式和 LP_{21} 模式的非相干叠加场随 η 变化的曲线

(a) x 方向；(b) y 方向。

计算得出 LP_{11} 模式和 LP_{21} 模式的非相干叠加场的 M^2 因子随 η 变化的曲线如图 5－110 所示。

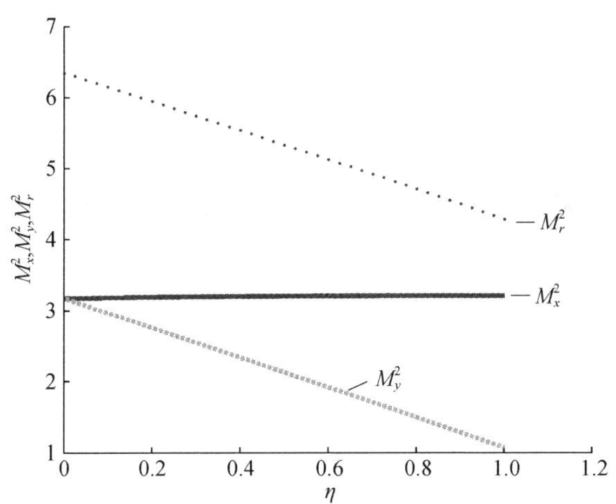

图 5－110　计算得到 LP_{11} 模式和 LP_{21} 模式的非相干叠加场的 M^2 因子随 η 变化的曲线

5.10.2　三个 LP_{mn} 模式非相干叠加

设光纤激光器输出三种模式，即 LP_{01}、LP_{11} 和 LP_{02}，其中 LP_{01} 模式占总功率的功率比为 η，LP_{11} 模式和 LP_{02} 模式占总功率的功率比为 $0.5-\eta/2$，那么非相干叠加场的光强分布表达式为

$$I(r,\phi)=\begin{cases}\dfrac{\eta_{01}}{P_{01}}\dfrac{J_0^2(U_{01}r/a)}{J_0^2(U_{01})}+\dfrac{\eta_{11}}{P_{11}}\dfrac{J_1^2(U_{11}r/a)}{J_1^2(U_{11})}\cos^2(\phi)+\dfrac{\eta_{02}}{P_{02}}\dfrac{J_0^2(U_{02}r/a)}{J_0^2(U_{02})}, & 0\leqslant r\leqslant a\\ \dfrac{\eta_{01}}{P_{01}}\dfrac{K_0^2(W_{01}r/a)}{K_0^2(W_{01})}+\dfrac{\eta_{11}}{P_{11}}\dfrac{K_1^2(W_{11}r/a)}{K_1^2(W_{11})}\cos^2(\phi)+\dfrac{\eta_{02}}{P_{02}}\dfrac{K_0^2(W_{02}r/a)}{K_0^2(W_{02})}, & a\leqslant r\leqslant b\end{cases} \tag{5-90}$$

不同 η 取值时，计算得出 LP_{01} 模式、LP_{11} 模式和 LP_{02} 模式的非相干叠加场的光斑图像及其在 x 方向、y 方向和 r 径向的 M^2 因子如图 5－111 所示，计算得到光斑在 x 方向和 y 方向的光强分布如图 5－112 所示。

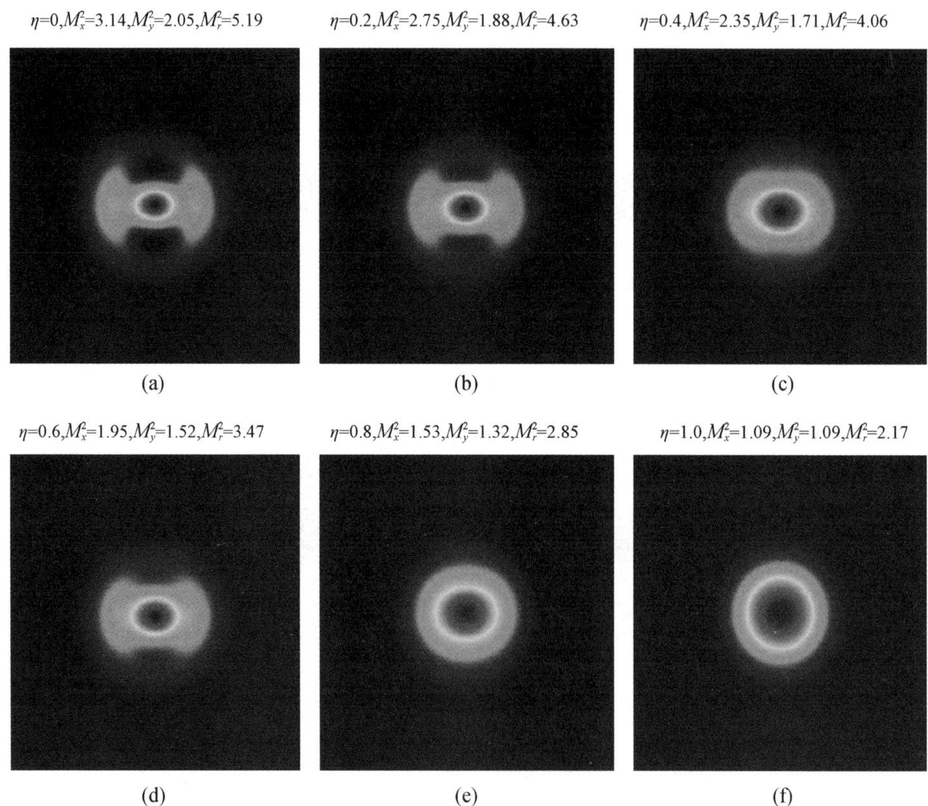

图 5－111　不同 η 取值时，计算得到 LP_{01} 模式、LP_{11} 模式和 LP_{02} 模式的非相干叠加场的光斑图像及其在 x 方向、y 方向和 r 径向的 M^2 因子
$(\eta_{11}=\eta_{02}=0.5-\eta/2, \eta_{01}=\eta)$
(a) $\eta=0$；(b) $\eta=0.2$；(c) $\eta=0.4$；(d) $\eta=0.6$；(e) $\eta=0.8$；(f) $\eta=1.0$。

计算得出在不同 η 取值时，LP_{01}、LP_{11} 和 LP_{02} 模式非相干叠加场的 M^2 因子随 η_{01} 变化的曲线如图 5－113 所示。

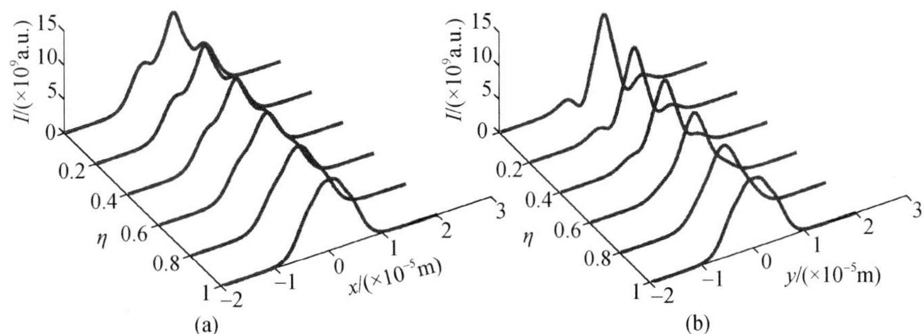

图5-112 不同η取值时，LP_{01}模式、LP_{11}模式和LP_{02}模式的非相干叠加场在(a)x方向和(b)y方向的光强分布($\eta_{11}=\eta_{02}=0.5-\eta/2,\eta_{01}=\eta$)

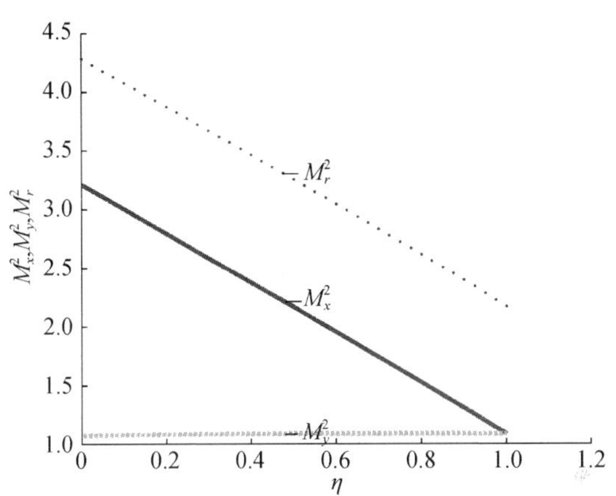

图5-113 计算得到LP_{01}模式、LP_{11}模式和LP_{02}模式的非相干叠加场的M^2因子随η_{01}变化的曲线($\eta_{11}=\eta_{02}=0.5-\eta_{01}/2,\eta_{01}=\eta$)

5.10.3 多个LP_{mn}模式非相干叠加

多个LP_{mn}模式非相干叠加场的光强分布表达式为

$$I(r,\phi)=\begin{cases}\dfrac{\eta_{01}}{P_{01}}\dfrac{J_0^2(U_{01}r/a)}{J_0^2(U_{01})}+\dfrac{\eta_{11}}{P_{11}}\dfrac{J_1^2(U_{11}r/a)}{J_1^2(U_{11})}\cos^2(\phi)+\\ \dfrac{\eta_{02}}{P_{02}}\dfrac{J_0^2(U_{02}r/a)}{J_0^2(U_{02})}+\cdots+\dfrac{\eta_{mn}}{P_{mn}}\dfrac{J_m^2(U_{mn}r/a)}{J_m^2(U_{mn})}\cos^2(m\phi), & 0\leqslant r\leqslant a\\ \dfrac{\eta_{01}}{P_{01}}\dfrac{\mathrm{K}_0^2(W_{01}r/a)}{\mathrm{K}_0^2(W_{01})}+\dfrac{\eta_{11}}{P_{11}}\dfrac{\mathrm{K}_1^2(W_{11}r/a)}{\mathrm{K}_1^2(W_{11})}\cos^2(\phi)+\\ \dfrac{\eta_{02}}{P_{02}}\dfrac{\mathrm{K}_0^2(W_{02}r/a)}{\mathrm{K}_0^2(W_{02})}+\cdots+\dfrac{\eta_{mn}}{P_{mn}}\dfrac{\mathrm{K}_m^2(W_{mn}r/a)}{\mathrm{K}_m^2(W_{mn})}\cos^2(m\phi), & a\leqslant r\leqslant b\end{cases}\tag{5-91}$$

式中：$\eta_{mn}(0\leqslant\eta_{mn}\leqslant1)$为 LP_{mn}模式的功率成分比例。

$$\eta_{01}+\eta_{11}+\eta_{02}+\cdots+\eta_{mn}=1 \tag{5-92}$$

作为计算例，给出了在不同 η_{01}取值下，9 个 LP_{mn}模式非相干叠加光场的光斑图像及其在 x 方向、y 方向和 r 径向的 M^2 因子，如图 5－114 所示。计算得到光斑在 x 方向和 y 方向的光强分布如图 5－115 所示。

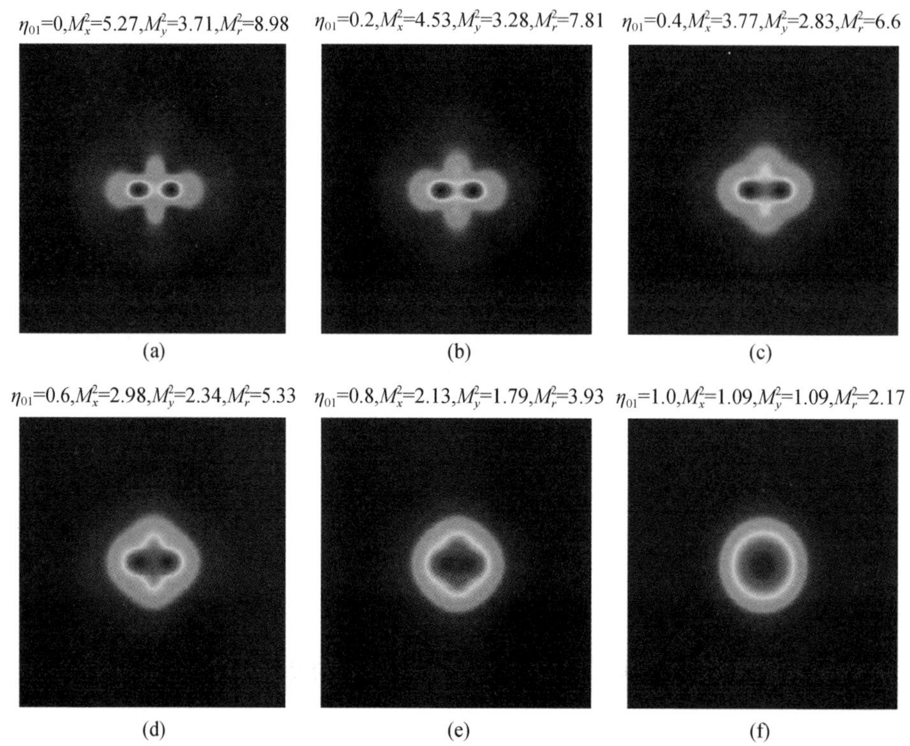

图 5－114　在不同 η_{01}取值时，计算得到 9 个 LP_{mn}模式的非相干叠加场的光斑图像及其在 x 方向、y 方向和 r 径向的 M^2 因子（$\eta_{02}=\eta_{03}=\eta_{11}=\eta_{12}=\eta_{13}=\eta_{21}=\eta_{22}=\eta_{23}=(1-\eta_{01})/8$）

(a) $\eta_{01}=0$；(b) $\eta_{01}=0.2$；(c) $\eta_{01}=0.4$；(d) $\eta_{01}=0.6$；(e) $\eta_{01}=0.8$；(f) $\eta_{01}=1.0$。

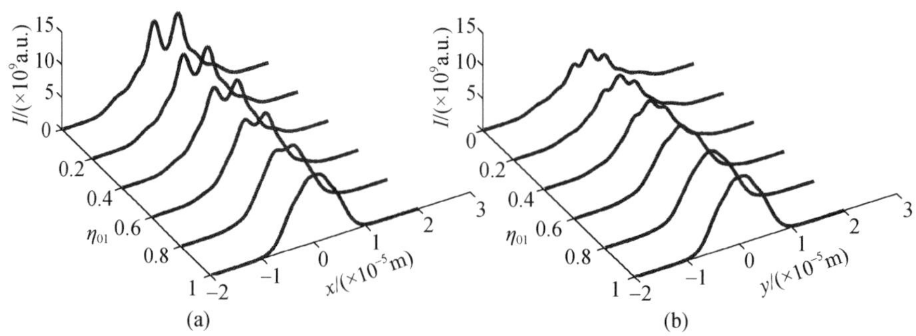

图 5－115　在不同 η_{01}取值时，计算得到 9 个 LP_{mn}模式的非相干叠加场的光强分布

(a) x 方向；(b) y 方向。

计算得出9个LP_{mn}模式的非相干叠加场的M^2因子随η_{01}变化的曲线如图5-116所示，可见，在多个LP_{mn}模式非相干叠加情况下，光场分布变得复杂，M^2因子随着高阶模式成分的增加而增大，高阶模式占有的成分越多，非相干叠加场的光束质量越差。

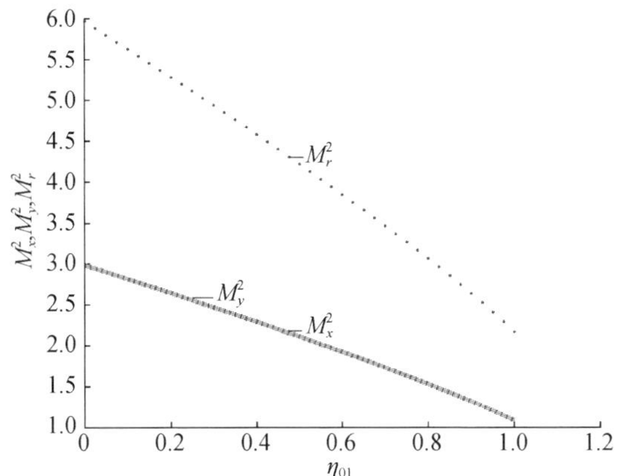

图5-116 在不同η_{01}取值时，计算得到9个LP_{mn}模式的非相干叠加场的光斑图像及其在x方向、y方向和r径向的M^2因子
（$\eta_{02}=\eta_{03}=\eta_{11}=\eta_{12}=\eta_{13}=\eta_{21}=\eta_{22}=\eta_{23}=(1-\eta_{01})/8$）

5.11 正交偏振模式的叠加

5.11.1 两个正交偏振的H-G_{01}和H-G_{10}模式的叠加

设H-G_{01}模式为$\boldsymbol{x}$偏振方向，H-G_{10}模式为$\boldsymbol{y}$偏振方向。这两个正交偏振的H-G_{01}模式和H-G_{10}模式所叠加的光场表达式为

$$\begin{aligned}E(x,y)&=\boldsymbol{x}\frac{\sqrt{\eta}}{\sqrt{P_{01}}}\mathrm{H}_0\left(\frac{\sqrt{2}}{w_0}x\right)\mathrm{H}_1\left(\frac{\sqrt{2}}{w_0}y\right)\mathrm{e}^{-\frac{x^2+y^2}{w_0^2}}+\boldsymbol{y}\frac{\sqrt{1-\eta}}{\sqrt{P_{10}}}\mathrm{H}_1\left(\frac{\sqrt{2}}{w_0}x\right)\mathrm{H}_0\left(\frac{\sqrt{2}}{w_0}y\right)\mathrm{e}^{-\frac{x^2+y^2}{w_0^2}}\\&=\boldsymbol{x}\frac{\sqrt{\eta}}{\sqrt{P_{01}}}\frac{2\sqrt{2}y}{w_0}\mathrm{e}^{-\frac{x^2+y^2}{w_0^2}}+\boldsymbol{y}\frac{\sqrt{1-\eta}}{\sqrt{P_{10}}}\frac{2\sqrt{2}x}{w_0}\mathrm{e}^{-\frac{x^2+y^2}{w_0^2}}\end{aligned}\tag{5-93}$$

式中

$$\begin{aligned}P_{01}=P_{10}&=\iint_{-\infty}^{\infty}\left|\mathrm{H}_0\left(\frac{\sqrt{2}}{w_0}x\right)\mathrm{H}_1\left(\frac{\sqrt{2}}{w_0}y\right)\mathrm{e}^{-\frac{x^2+y^2}{w_0^2}}\right|^2\mathrm{d}x\mathrm{d}y\\&=\iint_{-\infty}^{\infty}\left|\mathrm{H}_1\left(\frac{\sqrt{2}}{w_0}x\right)\mathrm{H}_0\left(\frac{\sqrt{2}}{w_0}y\right)\mathrm{e}^{-\frac{x^2+y^2}{w_0^2}}\right|^2\mathrm{d}x\mathrm{d}y\end{aligned}\tag{5-94}$$

$\eta(0\leqslant\eta\leqslant1)$为H-$G_{01}$模式的功率占比。

偏振方向正交的 H-G_{01} 模式和 H-G_{10} 模式所叠加光场的光强表达式为

$$\begin{aligned} I(x,y) &= \left| \frac{\sqrt{\eta}}{\sqrt{P_{01}}} \frac{2\sqrt{2}y}{w_0} \mathrm{e}^{-\frac{x^2+y^2}{w_0^2}} \right|^2 + \left| \frac{\sqrt{1-\eta}}{\sqrt{P_{10}}} \frac{2\sqrt{2}x}{w_0} \mathrm{e}^{-\frac{x^2+y^2}{w_0^2}} \right|^2 \\ &= \frac{\eta}{P_{01}} \frac{8y^2}{w_0^2} \mathrm{e}^{-\frac{2r^2}{w_0^2}} + \frac{1-\eta}{P_{01}} \frac{8x^2}{w_0^2} \mathrm{e}^{-\frac{2r^2}{w_0^2}} \end{aligned} \tag{5-95}$$

当 η 取值为 50% 时，上式变为

$$I(x,y) = \frac{8r^2}{P_{01} w_0^2} \mathrm{e}^{-\frac{2r^2}{w_0^2}} \tag{5-96}$$

叠加场的光强分布变为旋转对称的圆环形。

计算得到正交偏振的 H-G_{01} 模式和 H-G_{10} 模式的叠加光场在不同 η 取值的光斑图像及其在 x 方向、y 方向和 r 径向的 M^2 因子，如图 5-117 所示。计算得到正交偏振的 H-G_{01} 模式和 H-G_{10} 模式的叠加光场在 x 方向、y 方向和 r 径向的 M^2 因子随 η 变化的曲线如图 5-118 所示。不同 η 取值时，计算得到正交偏振的 H-G_{01} 模式和 H-G_{10} 模式的叠加光场在 x 方向和 y 方向的光强分布如图 5-119 所示。不同 η 取值时，计算得到正交偏振的 H-G_{01} 模式和 H-G_{10} 模式的叠加光场的 M^2 曲线如图 5-120 所示。

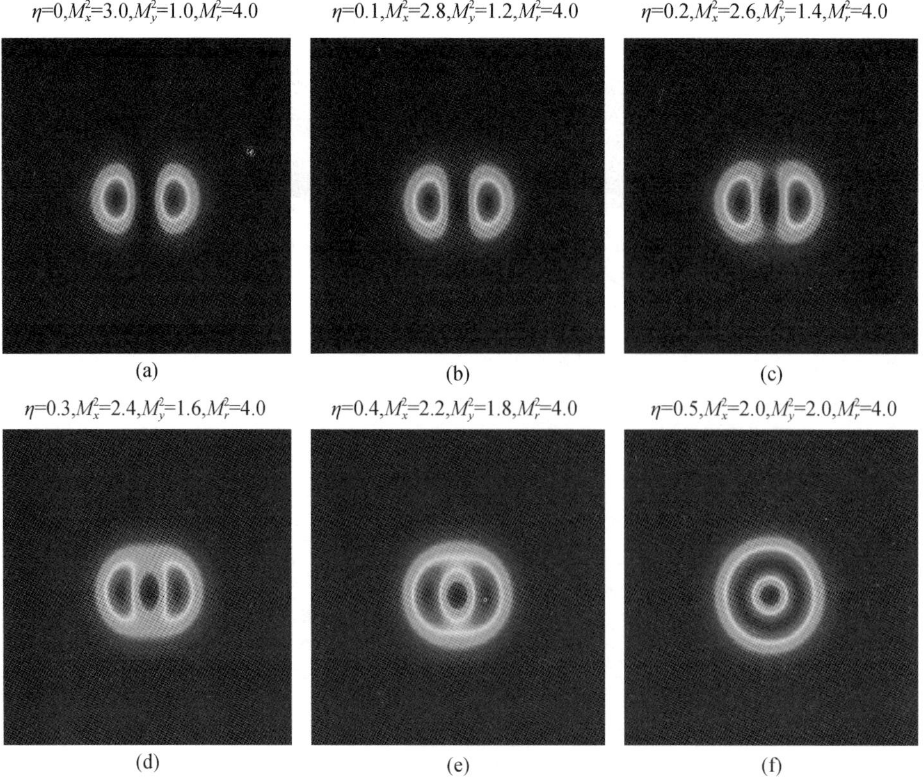

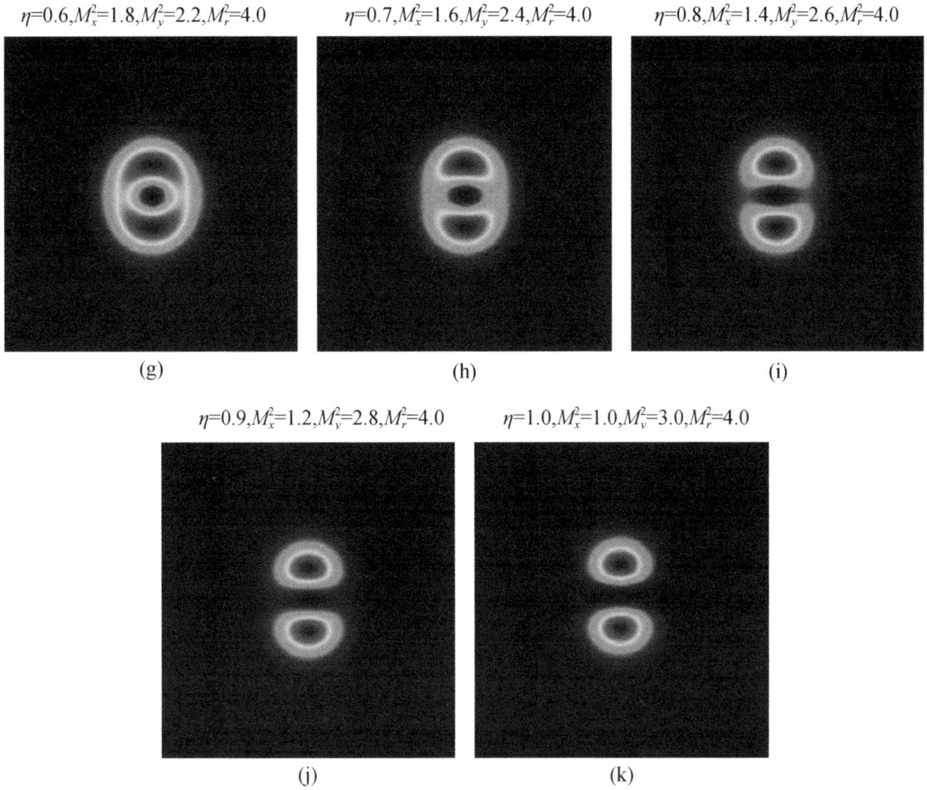

η=0.6,M_x^2=1.8,M_y^2=2.2,M_r^2=4.0　　η=0.7,M_x^2=1.6,M_y^2=2.4,M_r^2=4.0　　η=0.8,M_x^2=1.4,M_y^2=2.6,M_r^2=4.0

(g)　　(h)　　(i)

η=0.9,M_x^2=1.2,M_y^2=2.8,M_r^2=4.0　　η=1.0,M_x^2=1.0,M_y^2=3.0,M_r^2=4.0

(j)　　(k)

图5-117　正交偏振的H-G_{01}模式和H-G_{10}模式相叠加的光斑图像及其在x方向、y方向和r方向的M^2因子

(a)$\eta=0$;(b)$\eta=0.1$;(c)$\eta=0.2$;(d)$\eta=0.3$;(e)$\eta=0.4$;(f)$\eta=0.5$;(g)$\eta=0.6$;(h)$\eta=0.7$;(i)$\eta=0.8$;(j)$\eta=0.9$;(k)$\eta=1.0$。

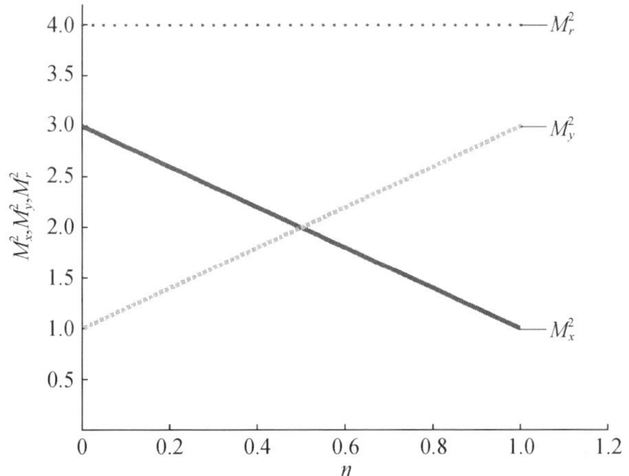

图5-118　计算得到正交偏振的H-G_{01}模式和H-G_{10}模式的叠加光场在x方向、y方向和r径向的M^2因子随η变化的曲线

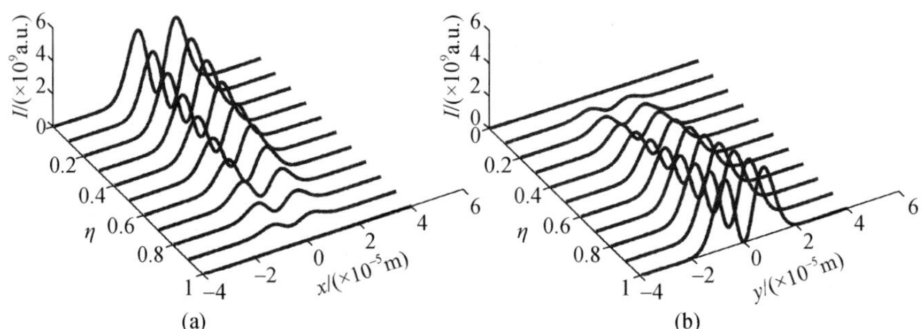

图 5－119　不同 η 取值时，计算得到正交偏振的 H-G$_{01}$ 模式和 H-G$_{10}$ 模式的叠加光场在(a)x 方向和(b)y 方向的光强分布

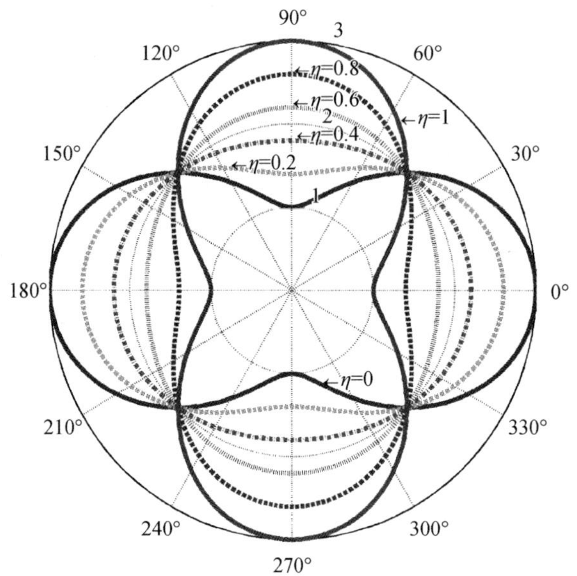

图 5－120　不同 η 取值时，计算得到正交偏振的 H-G$_{01}$ 模式和 H-G$_{10}$ 模式的叠加光场的 M^2 曲线

5.11.2　两个正交偏振的 H-G$_{02}$ 和 H-G$_{20}$ 模式的叠加

设 H-G$_{02}$ 模式为 $\boldsymbol{x}$ 偏振方向，H-G$_{20}$ 模式为 $\boldsymbol{y}$ 偏振方向。这两个正交偏振的 H-G$_{02}$ 模式和 H-G$_{20}$ 模式所叠加的光场表达式为

$$
\begin{aligned}
E(x,y) &= \boldsymbol{x}\,\frac{\sqrt{\eta}}{\sqrt{P_{02}}}\mathrm{H}_0\left(\frac{\sqrt{2}}{w_0}x\right)\mathrm{H}_2\left(\frac{\sqrt{2}}{w_0}y\right)\mathrm{e}^{-\frac{x^2+y^2}{w_0^2}} + \boldsymbol{y}\,\frac{\sqrt{1-\eta}}{\sqrt{P_{20}}}\mathrm{H}_2\left(\frac{\sqrt{2}}{w_0}x\right)\mathrm{H}_0\left(\frac{\sqrt{2}}{w_0}y\right)\mathrm{e}^{-\frac{x^2+y^2}{w_0^2}} \\
&= \boldsymbol{x}\,\frac{\sqrt{\eta}}{\sqrt{P_{02}}}\mathrm{H}_2\left(\frac{\sqrt{2}}{w_0}y\right)\mathrm{e}^{-\frac{x^2+y^2}{w_0^2}} + \boldsymbol{y}\,\frac{\sqrt{1-\eta}}{\sqrt{P_{02}}}\mathrm{H}_2\left(\frac{\sqrt{2}}{w_0}x\right)\mathrm{e}^{-\frac{x^2+y^2}{w_0^2}}
\end{aligned}
\tag{5-97}
$$

式中

$$P_{02}=\iint_{-\infty}^{\infty}\left|\mathrm{H}_0\left(\frac{\sqrt{2}}{w_0}x\right)\mathrm{H}_2\left(\frac{\sqrt{2}}{w_0}y\right)\mathrm{e}^{-\frac{x^2+y^2}{w_0^2}}\right|^2\mathrm{d}x\mathrm{d}y$$
$$=P_{20}=\iint_{-\infty}^{\infty}\left|\mathrm{H}_2\left(\frac{\sqrt{2}}{w_0}x\right)\mathrm{H}_0\left(\frac{\sqrt{2}}{w_0}y\right)\mathrm{e}^{-\frac{x^2+y^2}{w_0^2}}\right|^2\mathrm{d}x\mathrm{d}y \tag{5-98}$$

$\eta(0\leqslant\eta\leqslant1)$为 H-G_{02} 模式的功率占比。

偏振方向正交的 H-G_{02} 模式和 H-G_{20} 模式所叠加光场的光强表达式为

$$I(x,y)=\frac{\eta}{P_{02}}\left|\mathrm{H}_2\left(\frac{\sqrt{2}}{w_0}y\right)\right|^2\mathrm{e}^{-\frac{2(x^2+y^2)}{w_0^2}}+\frac{1-\eta}{P_{02}}\left|\mathrm{H}_2\left(\frac{\sqrt{2}}{w_0}x\right)\right|^2\mathrm{e}^{-\frac{2(x^2+y^2)}{w_0^2}} \tag{5-99}$$

计算得到正交偏振的 H-G_{02} 模式和 H-G_{20} 模式的叠加光场在不同的 η 取值下的光斑图像及其在 x 方向、y 方向和 r 径向的 M^2 因子，如图 5－121 所示。计算得到正交偏振的 H-G_{02} 模式和 H-G_{20} 模式的叠加光场在 x 方向、y 方向和 r 径向的 M^2 因子随 η 变化的曲线如图 5－122 所示。不同 η 取值时，计算得到正交偏振的 H-G_{02} 模式和 H-G_{20} 模式的叠加光场在 x 方向和 y 方向的光强分布如图 5－123 所示。不同 η 取值时，计算得到正交偏振的 H-G_{02} 模式和 H-G_{20} 模式的叠加光场的 M^2 曲线如图 5－124 所示。

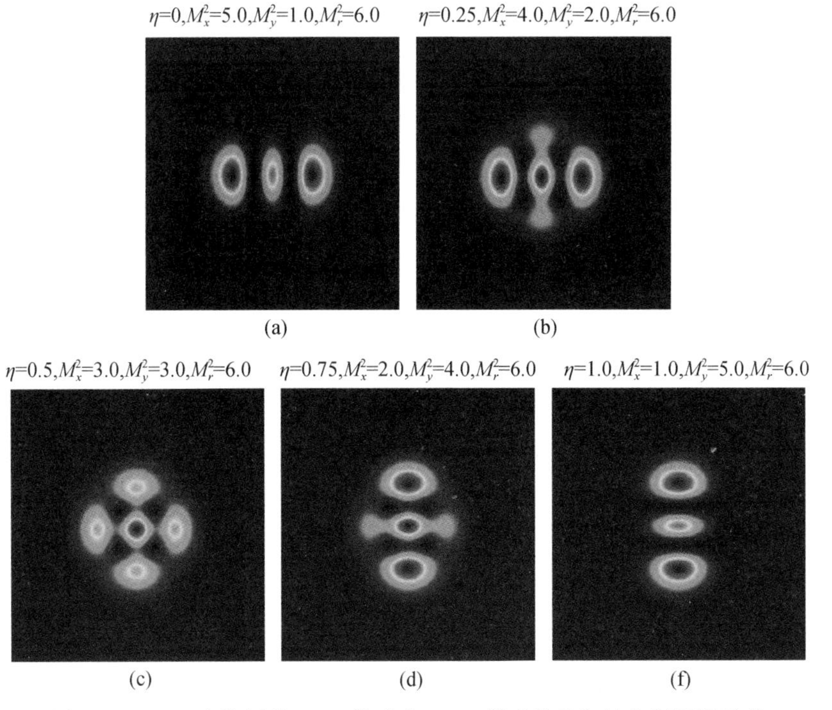

图 5－121 正交偏振的 H-G_{02} 模式和 H-G_{20} 模式的叠加的光斑图像及其在 x 方向、y 方向和 r 径向的 M^2 因子

(a) $\eta=0$；(b) $\eta=0.25$；(c) $\eta=0.5$；(d) $\eta=0.75$；(e) $\eta=1.0$。

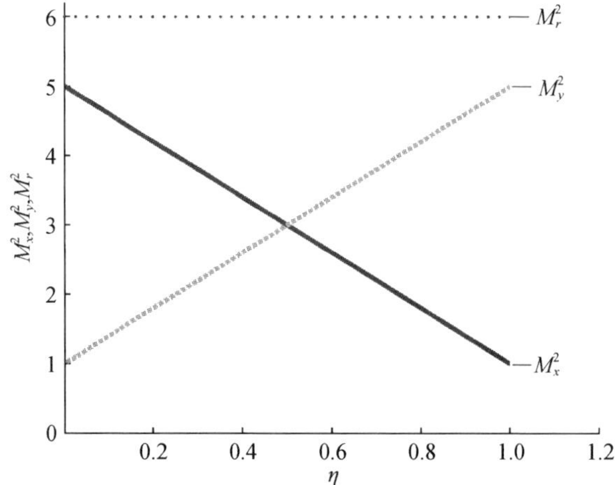

图 5－122　计算得到正交偏振的 H-G_{02} 模式和 H-G_{20} 模式的叠加光场在 x 方向、y 方向和 r 径向的 M^2 因子随 η 变化的曲线

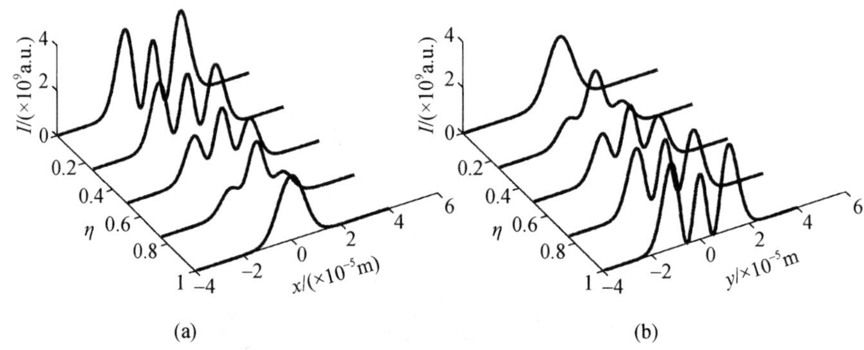

图 5－123　不同 η 取值时，计算得到正交偏振的 H-G_{02} 模式和 H-G_{20} 模式的叠加光场的光强分布

(a) x 方向；(b) y 方向。

5.11.3　两个正交偏振的 L-G_{01} 模式的叠加

设一个 L-G_{01} 模式为 $\boldsymbol{x}$ 偏振方向，另一个 L-G_{01} 模式为 $\boldsymbol{y}$ 偏振方向且绕 z 轴旋转 90°。这两个正交偏振的 L-G_{01} 模式所叠加而成的光场表达式为

$$E(r,\phi)=\boldsymbol{x}\frac{\sqrt{\eta}}{\sqrt{P_{01}}}\frac{\sqrt{2}r}{w_{\mathrm{os}}}\mathrm{L}_0^1\left(\frac{2r^2}{w_{\mathrm{os}}^2}\right)\mathrm{e}^{-\frac{r^2}{w_{0\mathrm{s}}^2}}\begin{cases}\cos(\phi)\\\sin(\phi)\end{cases}+\boldsymbol{y}\frac{\sqrt{1-\eta}}{\sqrt{P_{01}}}\frac{\sqrt{2}r}{w_{\mathrm{os}}}\mathrm{L}_0^1\left(\frac{2r^2}{w_{\mathrm{os}}^2}\right)\mathrm{e}^{-\frac{r^2}{w_{0\mathrm{s}}^2}}\begin{cases}\cos(\phi+\pi/2)\\\sin(\phi+\pi/2)\end{cases}$$

$$=\boldsymbol{x}\frac{\sqrt{\eta}}{\sqrt{P_{01}}}\frac{\sqrt{2}r}{w_{\mathrm{os}}}\mathrm{e}^{-\frac{r^2}{w_{0\mathrm{s}}^2}}\begin{cases}\cos(\phi)\\\sin(\phi)\end{cases}+\boldsymbol{y}\frac{\sqrt{1-\eta}}{\sqrt{P_{01}}}\frac{\sqrt{2}r}{w_{\mathrm{os}}}\mathrm{e}^{-\frac{r^2}{w_{0\mathrm{s}}^2}}\begin{cases}\cos(\phi+\pi/2)\\\sin(\phi+\pi/2)\end{cases}\quad(5-100)$$

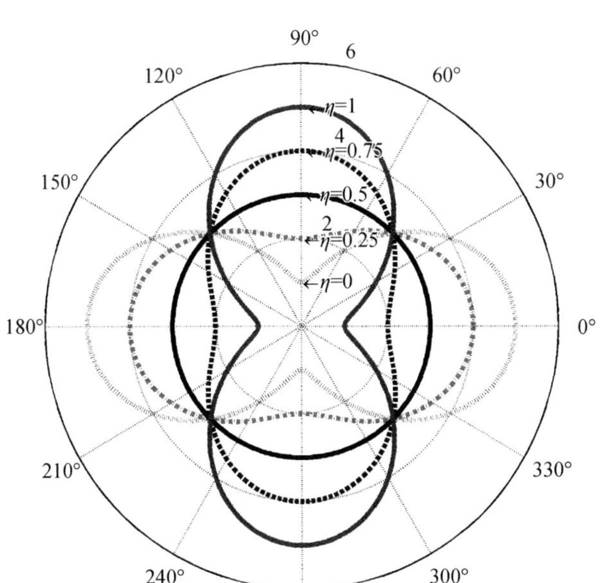

图5-124 不同 η 取值时,计算得到正交偏振的H-G_{02}模式和H-G_{20}模式的叠加光场的 M^2 曲线

式中

$$P_{01} = \frac{2}{{w_{os}}^2}\int_0^{2\pi}\int_0^{\infty} e^{-\frac{2r^2}{w_{0s}^2}} \cos^2(\theta) r^3 \mathrm{d}r\mathrm{d}\theta \tag{5-101}$$

$\eta(0\leqslant\eta\leqslant1)$ 为第一个L-G_{01}模式的功率占比。

不难看出,叠加光场的强度分布为

$$I(r,\phi) = |E(x,y)|^2 = \frac{\eta}{P_{01}}\frac{2r^2}{{w_{os}}^2}e^{-\frac{2r^2}{w_{0s}^2}}\begin{cases}\cos^2(\phi)\\ \sin^2(\phi)\end{cases} + \frac{1-\eta}{P_{01}}\frac{2r^2}{{w_{os}}^2}e^{-\frac{2r^2}{w_{0s}^2}}\begin{cases}\cos^2(\phi+\pi/2)\\ \sin^2(\phi+\pi/2)\end{cases} \tag{5-102}$$

当 η 取值为50%时,上式变为

$$I(r) = \frac{r^2}{P_{01}{w_{os}}^2}e^{-\frac{2r^2}{w_{0s}^2}} \tag{5-103}$$

叠加场的光强分布变为旋转对称的圆环形。

计算得到正交偏振的L-G_{01}模式叠加而成的光场在不同的 η 取值下的光斑图像及其在 x 方向、y 方向和 r 径向的 M^2 因子,如图5-125所示。计算得到正交偏振的两个L-G_{01}模式的叠加光场在 x 方向、y 方向和 r 径向的 M^2 因子随 η 变化的曲线如图5-126所示。不同 η 取值时,计算得到正交偏振的两个L-G_{01}模式的叠加光场在 x 方向和 y 方向的光强分布如图5-127所示。不同 η 取值时,计算得到正交偏振的两个L-G_{01}模式的叠加光场的 M^2 曲线如图5-128所示。

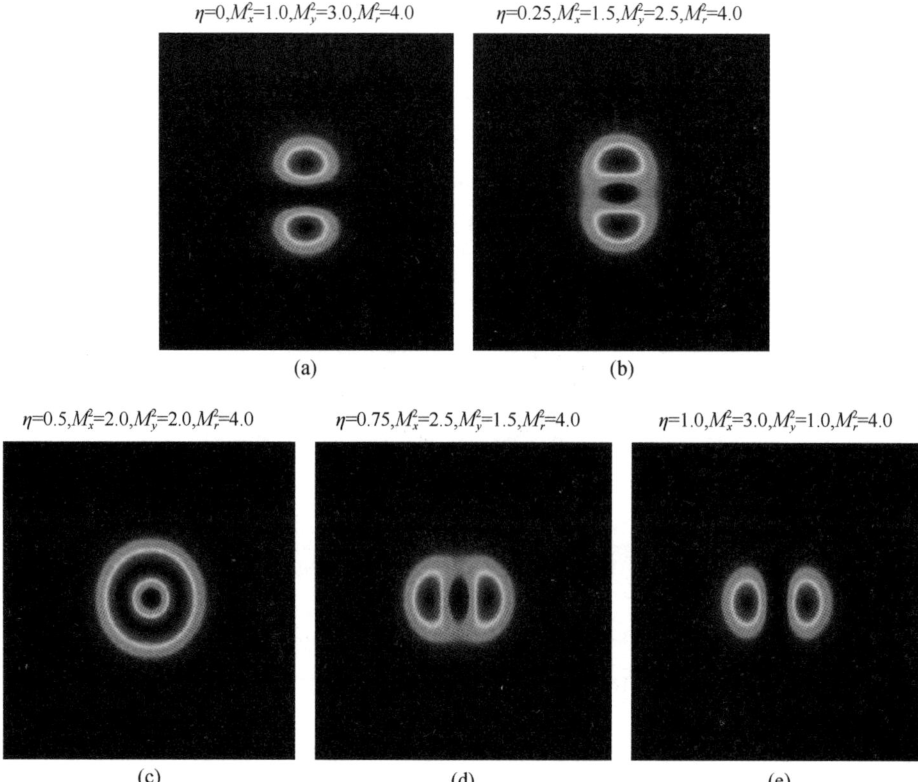

图 5－125　正交偏振的两个 L-G_{01} 模式的叠加后的光斑图像及其在 x 方向、y 方向和 r 径向的 M^2 因子

(a) $\eta=0$；(b) $\eta=0.25$；(c) $\eta=0.5$；(d) $\eta=0.75$；(e) $\eta=1.0$。

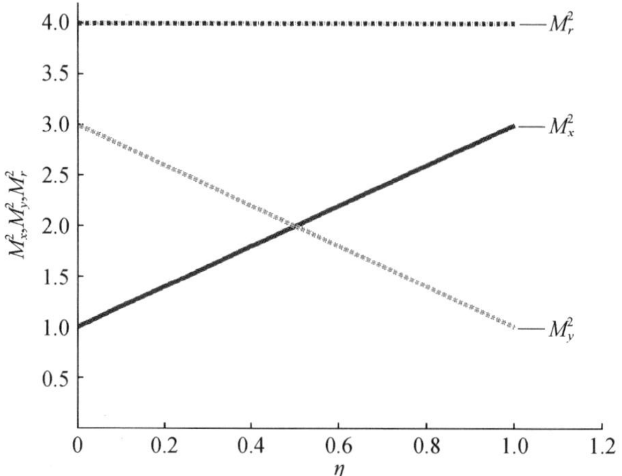

图 5－126　计算得到正交偏振的两个 L-G_{01} 模式的叠加光场在 x 方向、y 方向和 r 径向的 M^2 因子随 η 变化的曲线

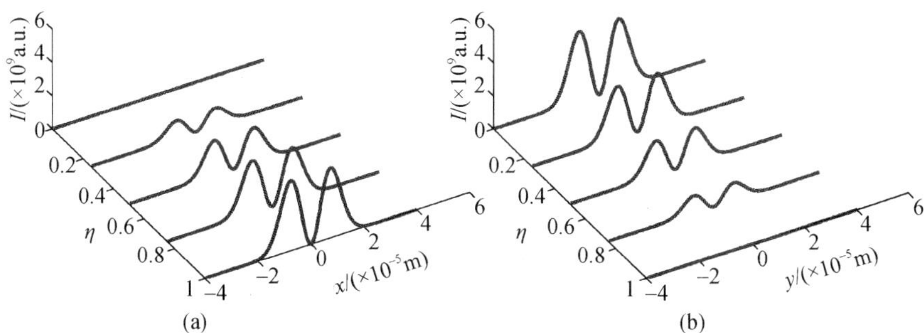

图 5-127 不同 η 取值时,计算得到正交偏振的两个 L-G_{01} 模式的叠加光场的光强分布

(a)x 方向;(b)y 方向。

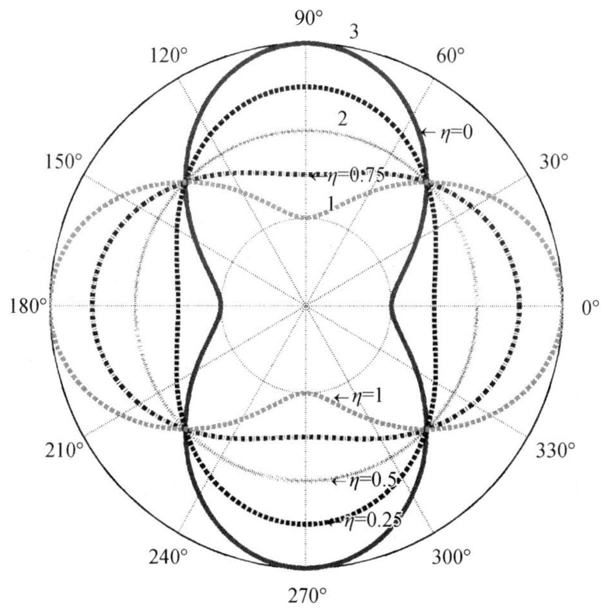

图 5-128 不同 η 取值时,计算得到正交偏振的两个 L-G_{01} 模式的叠加光场的 M^2 曲线

5.11.4 两个正交偏振的 L-G_{n1} 模式的叠加

设一个 L-G_{n1}($n\geqslant0$)模式为 $\boldsymbol{x}$ 偏振方向,另一个 L-G_{n1} 模式为 $\boldsymbol{y}$ 偏振方向且绕 z 轴旋转 90°。这两个正交偏振的 L-G_{n1} 模式所叠加而成的光场表达式为

$$E(r,\phi)=\boldsymbol{x}\frac{\sqrt{\eta}}{\sqrt{P_{n1}}}\frac{\sqrt{2}r}{w_{\mathrm{os}}}\mathrm{L}_n^1\left(\frac{2r^2}{w_{\mathrm{os}}^2}\right)\mathrm{e}^{-\frac{r^2}{w_{\mathrm{os}}^2}}\begin{cases}\cos(\phi)\\ \sin(\phi)\end{cases}+\boldsymbol{y}\frac{\sqrt{1-\eta}}{\sqrt{P_{n1}}}\frac{\sqrt{2}r}{w_{\mathrm{os}}}\mathrm{L}_n^1\left(\frac{2r^2}{w_{\mathrm{os}}^2}\right)\mathrm{e}^{-\frac{r^2}{w_{\mathrm{os}}^2}}\begin{cases}\cos(\phi+\pi/2)\\ \sin(\phi+\pi/2)\end{cases}\tag{5-104}$$

式中

$$P_{n1} = \frac{2}{w_{os}{}^2}\int_0^{2\pi}\int_0^{\infty}\left[L_n^1\left(\frac{2r^2}{w_{os}^2}\right)\right]^2 e^{-\frac{2r2}{w_{0s}^2}}\cos^2(\theta)r^3\mathrm{d}r\mathrm{d}\theta \tag{5-105}$$

$\eta(0\leqslant\eta\leqslant1)$为第一个 L-G$_{n1}$模式的功率占比。

不难看出,叠加光场的强度分布为

$$I(r,\phi) = |E(x,y)|^2 = \frac{\eta}{P_{n1}}\frac{2r^2}{w_{os}{}^2}\left[L_n^1\left(\frac{2r^2}{w_{os}^2}\right)\right]^2 e^{-\frac{2r2}{w_{0s}^2}}\begin{cases}\cos^2(\phi)\\ \sin^2(\phi)\end{cases} +$$

$$\frac{1-\eta}{P_{n1}}\frac{2r^2}{w_{os}{}^2}\left[L_n^1\left(\frac{2r^2}{w_{os}^2}\right)\right]^2 e^{-\frac{2r2}{w_{0s}^2}}\begin{cases}\cos^2(\phi+\pi/2)\\ \sin^2(\phi+\pi/2)\end{cases} \tag{5-106}$$

当η取值为50%时,上式变为

$$I(r) = \frac{r^2}{P_{n1}w_{os}{}^2}\left[L_n^1\left(\frac{2r^2}{w_{os}^2}\right)\right]^2 e^{-\frac{2r2}{w_{0s}^2}} \tag{5-107}$$

叠加场的光强分布变为旋转对称的圆环形。

计算得到正交偏振的 L-G$_{n1}$模式叠加而成光场的光斑图像及其在 x 方向、y 方向和 r 径向的 M^2 因子,如图 5-129 所示。

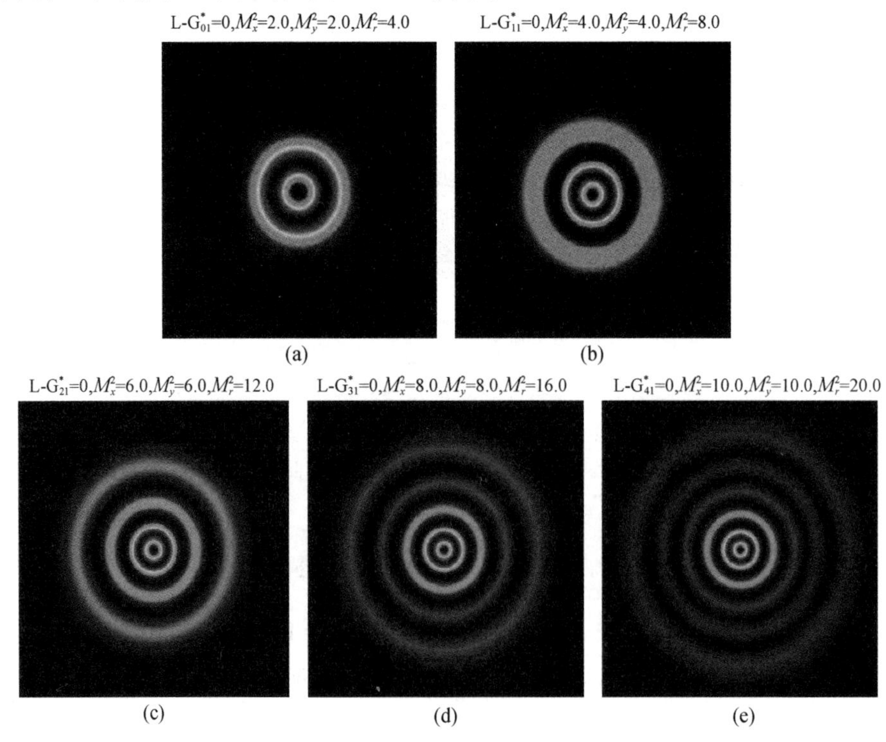

图 5-129 正交偏振的两个 L-G$_{n1}$模式的叠加后的光斑图像及其在 x 方向、y 方向和 r 径向的 M^2 因子

(a)L-G$_{01}$;(b)L-G$_{11}$;(c)L-G$_{21}$;(d)L-G$_{31}$;(e)L-G$_{41}$。

5.11.5 两个正交偏振的 LP_{11} 模式的叠加

设光纤中存在两个偏振方向正交的 LP_{11} 模式，其中一个 LP_{11} 模式为 $\boldsymbol{x}$ 偏振方向，另一个 LP_{11} 模式为 $\boldsymbol{y}$ 偏振方向且绕 z 轴旋转 90°。这两个正交偏振的 LP_{11} 模式所叠加而成的光场表达式为

$$\boldsymbol{E}(r,\phi)=\begin{cases}\boldsymbol{x}\dfrac{\sqrt{\eta}}{\sqrt{P_{11}}}\dfrac{\mathrm{J}_1(U_{11}r/a)}{\mathrm{J}_1(U_{11})}\cos(\phi)+\boldsymbol{y}\dfrac{\sqrt{1-\eta}}{\sqrt{P_{11}}}\dfrac{\mathrm{J}_1(U_{11}r/a)}{\mathrm{J}_1(U_{11})}\cos(\phi+\pi/2), & 0\leqslant r\leqslant a\\ \boldsymbol{x}\dfrac{\sqrt{\eta}}{\sqrt{P_{11}}}\dfrac{\mathrm{K}_1(W_{11}r/a)}{\mathrm{K}_1(W_{11})}\cos(\phi)+\boldsymbol{y}\dfrac{\sqrt{1-\eta}}{\sqrt{P_{11}}}\dfrac{\mathrm{K}_1(W_{11}r/a)}{\mathrm{K}_1(W_{11})}\cos(\phi+\pi/2), & a\leqslant r\leqslant b\end{cases}\tag{5-108}$$

式中

$$P_{11}=\int_0^{2\pi}\int_0^a\frac{\mathrm{J}_1^2(U_{11}r/a)}{\mathrm{J}_1^2(U_{11})}\cos^2(\theta)r\mathrm{d}r\mathrm{d}\theta+\int_0^{2\pi}\int_a^{\infty}\frac{\mathrm{K}_1^2(W_{11}r/a)}{\mathrm{K}_1^2(W_{11})}\cos^2(\theta)r\mathrm{d}r\mathrm{d}\theta\tag{5-109}$$

$\eta(0\leqslant\eta\leqslant1)$ 为第一个 LP_{11} 模式的功率占比。

不难看出，叠加光场的强度分布为

$$I(r,\phi)=\begin{cases}\dfrac{\eta}{P_{11}}\dfrac{\mathrm{J}_1^2(U_{11}r/a)}{\mathrm{J}_1^2(U_{11})}\cos^2(\phi)+\dfrac{1-\eta}{P_{11}}\dfrac{\mathrm{J}_1^2(U_{11}r/a)}{\mathrm{J}_1^2(U_{11})}\cos^2(\phi+\pi/2), & 0\leqslant r\leqslant a\\ \dfrac{\eta}{P_{11}}\dfrac{\mathrm{K}_1^2(W_{11}r/a)}{\mathrm{K}_1^2(W_{11})}\cos^2(\phi)+\dfrac{1-\eta}{P_{11}}\dfrac{\mathrm{K}_1^2(W_{11}r/a)}{\mathrm{K}_1^2(W_{11})}\cos^2(\phi+\pi/2), & a\leqslant r\leqslant b\end{cases}\tag{5-110}$$

当 η 取值为 50% 时，上式变为

$$I(r)=\begin{cases}\dfrac{1}{P_{11}}\dfrac{\mathrm{J}_1^2(U_{11}r/a)}{\mathrm{J}_1^2(U_{11})}, & 0\leqslant r\leqslant a\\ \dfrac{1}{P_{11}}\dfrac{\mathrm{K}_1^2(W_{11}r/a)}{\mathrm{K}_1^2(W_{11})}, & a\leqslant r\leqslant b\end{cases}\tag{5-111}$$

变为旋转对称的圆环形光强分布。

计算得到正交偏振的 LP_{11} 模式叠加而成的光场在不同的 η 取值下的光斑图像及其在 x 方向、y 方向和 r 径向的 M^2 因子，如图 5－130 所示。计算得到正交偏振的两个 LP_{11} 模式的叠加光场在 x 方向、y 方向和 r 径向的 M^2 因子随 η 变化的曲线如图 5－131 所示。不同 η 取值时，计算得到正交偏振的两个 LP_{11} 模式的叠加光场在 x 方向和 y 方向的光强分布如图 5－132 所示。不同 η 取值时，计算得到正交偏振的两个 LP_{11} 模式的叠加光场的 M^2 曲线如图 5－133 所示。

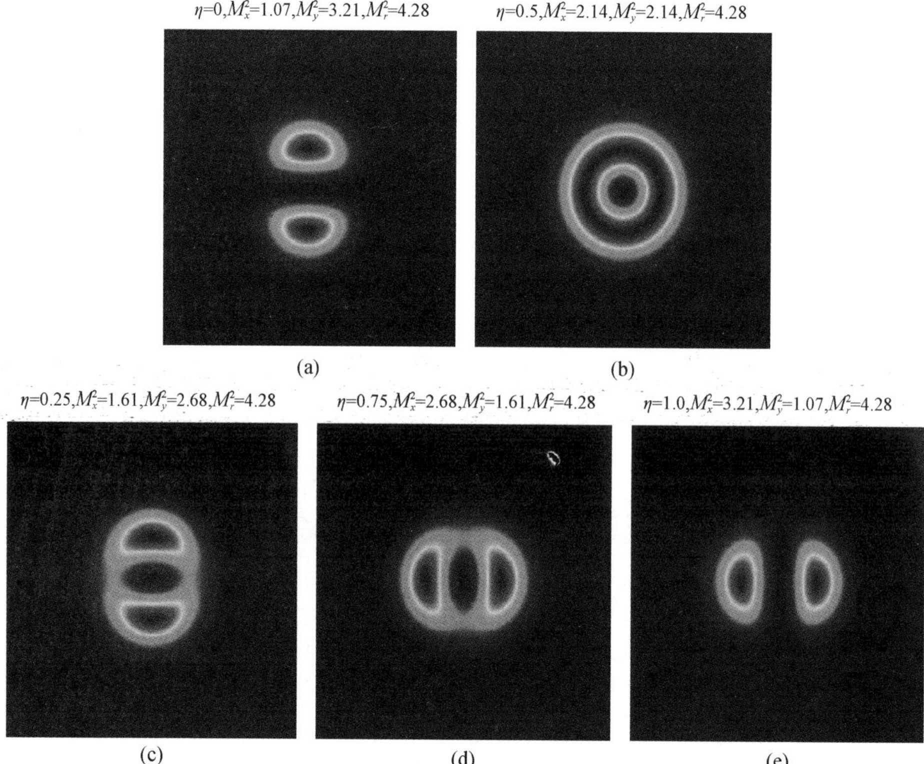

图 5-130　正交偏振的两个 LP_{11} 模式的叠加后的光斑图像及其在 x 方向、y 方向和 r 径向的 M^2 因子

(a) $\eta=0$；(b) $\eta=0.5$；(c) $\eta=0.25$；(d) $\eta=0.75$；(e) $\eta=1.0$。

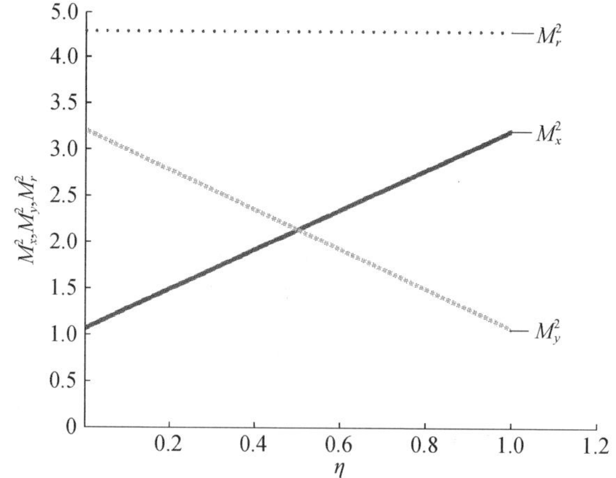

图 5-131　计算得到正交偏振的两个 LP_{11} 模式的叠加光场在 x 方向、y 方向和 r 径向的 M^2 因子随 η 变化的曲线

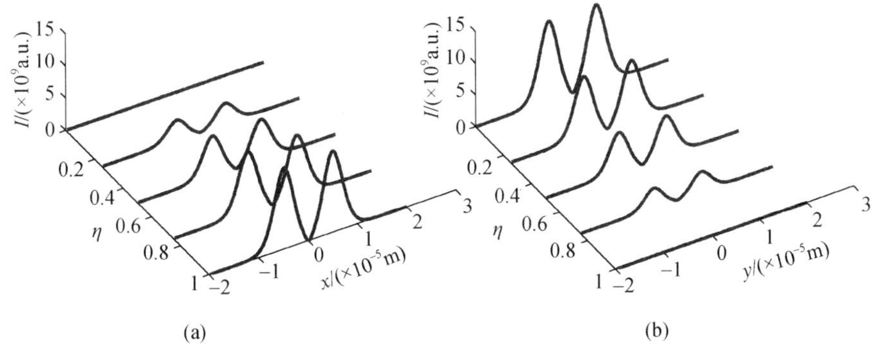

图 5-132 不同 η 取值时，计算得到正交偏振的两个 LP_{11} 模式的叠加光场的光强分布

(a) x 方向；(b) y 方向。

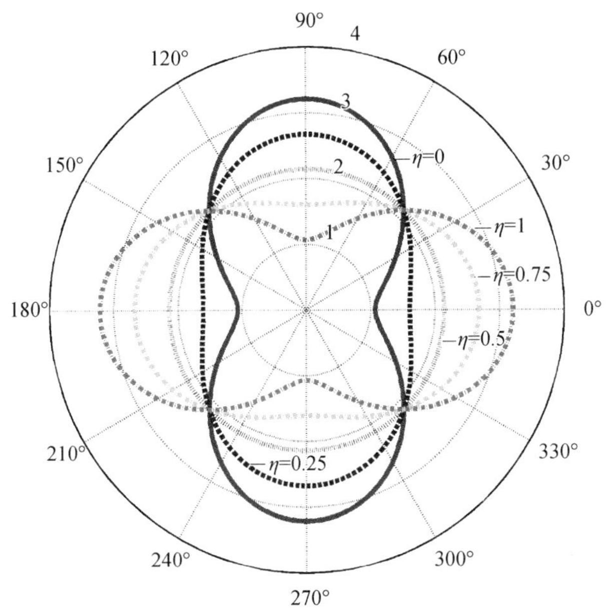

图 5-133 不同 η 取值时，计算得到正交偏振的两个 LP_{11} 模式的叠加光场的 M^2 曲线

5.11.6 两个正交偏振的 LP_{1n} 模式的叠加

设光纤中存在两个偏振方向正交的 LP_{1n} 模式（$n>0$），其中一个 LP_{1n} 模式为 $\boldsymbol{x}$ 偏振方向，另一个 LP_{1n} 模式为 $\boldsymbol{y}$ 偏振方向且绕 z 轴旋转 90°。这两个正交偏振的 LP_{1n} 模式所叠加而成的光场表达式为

$$\boldsymbol{E}(r,\phi)=\begin{cases}\boldsymbol{x}\dfrac{\sqrt{\eta}}{\sqrt{P_{1n}}}\dfrac{\mathrm{J}_1(U_{1n}r/a)}{\mathrm{J}_1(U_{1n})}\cos(\phi)+\boldsymbol{y}\dfrac{\sqrt{1-\eta}}{\sqrt{P_{1n}}}\dfrac{\mathrm{J}_1(U_{1n}r/a)}{\mathrm{J}_1(U_{1n})}\cos(\phi+\pi/2), & 0\leqslant r\leqslant a\\ \boldsymbol{x}\dfrac{\sqrt{\eta}}{\sqrt{P_{1n}}}\dfrac{\mathrm{K}_1(W_{1n}r/a)}{\mathrm{K}_1(W_{1n})}\cos(\phi)+\boldsymbol{y}\dfrac{\sqrt{1-\eta}}{\sqrt{P_{1n}}}\dfrac{\mathrm{K}_1(W_{1n}r/a)}{\mathrm{K}_1(W_{1n})}\cos(\phi+\pi/2), & a\leqslant r\leqslant b\end{cases}$$

(5－112)

式中

$$P_{1n}=\int_0^{2\pi}\int_0^a\frac{\mathrm{J}_1^2(U_{1n}r/a)}{\mathrm{J}_1^2(U_{1n})}\cos^2(\theta)r\mathrm{d}r\mathrm{d}\theta+\int_0^{2\pi}\int_a^{\infty}\frac{\mathrm{K}_1^2(W_{1n}r/a)}{\mathrm{K}_1^2(W_{1n})}\cos^2(\theta)r\mathrm{d}r\mathrm{d}\theta$$

(5－113)

$\eta(0\leqslant\eta\leqslant1)$为第一个 LP_{1n}模式的功率占比。

不难看出,叠加光场的强度分布为

$$I(r,\phi)=\begin{cases}\dfrac{\eta}{P_{1n}}\dfrac{\mathrm{J}_1^2(U_{1n}r/a)}{\mathrm{J}_1^2(U_{1n})}\cos^2(\phi)+\dfrac{1-\eta}{P_{1n}}\dfrac{\mathrm{J}_1^2(U_{1n}r/a)}{\mathrm{J}_1^2(U_{1n})}\cos^2(\phi+\pi/2), & 0\leqslant r\leqslant a\\ \dfrac{\eta}{P_{1n}}\dfrac{\mathrm{K}_1^2(W_{1n}r/a)}{\mathrm{K}_1^2(W_{1n})}\cos^2(\phi)+\dfrac{1-\eta}{P_{1n}}\dfrac{\mathrm{K}_1^2(W_{1n}r/a)}{\mathrm{K}_1^2(W_{1n})}\cos^2(\phi+\pi/2), & a\leqslant r\leqslant b\end{cases}$$

(5－114)

当 η 取值为50%时,上式变为

$$I(r)=\begin{cases}\dfrac{1}{P_{1n}}\dfrac{\mathrm{J}_1^2(U_{1n}r/a)}{\mathrm{J}_1^2(U_{1n})}, & 0\leqslant r\leqslant a\\ \dfrac{1}{P_{1n}}\dfrac{\mathrm{K}_1^2(W_{1n}r/a)}{\mathrm{K}_1^2(W_{1n})}, & a\leqslant r\leqslant b\end{cases}\tag{5－115}$$

变为旋转对称的圆环形光强分布。

计算得到正交偏振的两个 LP_{1n}模式叠加而成光场的光斑图像及其 x 方向、y 方向和 r 径向的 M^2 因子,如图 5－134 所示。

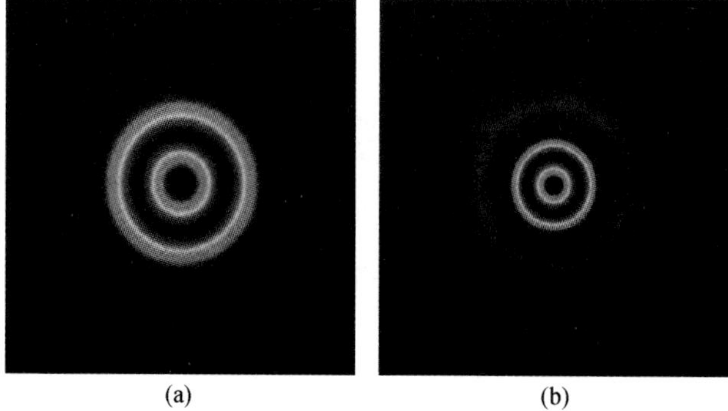

(a) (b)

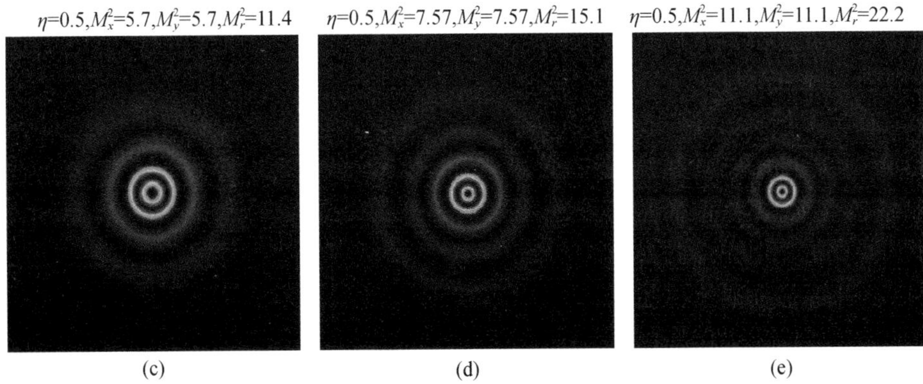

图 5-134　正交偏振的两个 LP_{1n} 模式的叠加后的光斑图像及其在 x 方向、y 方向和 r 径向的 M^2 因子

(a) LP_{11}；(b) LP_{12}；(c) LP_{13}；(d) LP_{14}；(e) LP_{15}。

5.12　模式耦合

5.12.1　到 H-G$_{mn}$模式的耦合

对复振幅分布为 $E_{in}(x,y)$ 的光场，可将它分解为一系列的 H-G$_{mn}$ 模式的组合，可将 $E_{in}(x,y)$ 分解为多个 H-G$_{mn}$ 模式的组合，有

$$E_{in}(x,y) = \sum_{m,n} c_{mn} \text{H-G}_{mn}(x,y) \tag{5-116}$$

式中：c_{mn} 为光场分解为 H-G$_{mn}$ 模式的耦合系数；m 和 n 为 H-G$_{mn}$ 模式的阶数。根据模式耦合理论，利用正交模系展开法可计算得到模系数：

$$c_{mn} = \frac{\int_{-\infty}^{\infty}\int_{-\infty}^{\infty} \text{H-G}_{mn}^{*}(x,y) E_{in}(x,y) \mathrm{d}x\mathrm{d}y}{\int_{-\infty}^{\infty}\int_{-\infty}^{\infty} E_{in}(x,y) E_{in}^{*}(x,y) \mathrm{d}x\mathrm{d}y} \tag{5-117}$$

5.12.2　到 L-G$_{mn}$模式的耦合

对复振幅分布为 $E_{in}(r,\phi)$ 的光场，可将它分解为一系列的 L-G$_{mn}$ 模式的组合，有

$$E_{in}(r,\phi) = \sum_{m,n} c_{mn} \text{L-G}_{mn}(r,\phi) \tag{5-118}$$

式中：c_{mn} 为光场分解为 L-G$_{mn}$ 模式的耦合系数；m 和 n 为 L-G$_{mn}$ 模式的阶数。根据模式耦合理论，利用正交模系展开法可计算得到模系数：

$$c_{mn} = \frac{\int_0^{2\pi}\int_0^{\infty} \text{L-G}_{mn}^*(r,\phi)E_{\text{in}}(r,\phi)r\text{d}r\text{d}\phi}{\int_0^{2\pi}\int_0^{\infty} E_{\text{in}}(r,\phi)E_{\text{in}}^*(r,\phi)r\text{d}r\text{d}\phi} \tag{5-119}$$

5.12.3 到阶跃光纤的耦合

若输入场复振幅分布为 $E_{\text{in}}(x,y)$，将它注入到阶跃光纤中时，只有耦合为 LP_{mn} 模式的成分才能在光纤中长距离传输。根据模式耦合理论，可将 $E_{\text{in}}(x,y)$ 分解为多个 LP_{mn} 模式的组合，有

$$E_{\text{in}}(r,\phi) = \sum_m \sum_n c_{mn}\,\text{LP}_{mn}(r,\phi) \tag{5-120}$$

式中：c_{mn} 为信号光耦合入光纤的 LP_{mn} 模式的耦合系数；m 和 n 为 LP_{mn} 模式的阶数。利用正交模系展开法可计算得到模系数：

$$c_{mn} = \frac{\int_0^{2\pi}\int_0^{\infty} \text{LP}_{mn}^*(r,\theta)E_{\text{in}}(r)r\text{d}r\text{d}\theta}{\int_0^{2\pi}\int_0^{\infty} E_{\text{in}}(r)E_{\text{in}}^*(r)r\text{d}r\text{d}\theta} \tag{5-121}$$

作为一个特例，设单模光纤输出信号光，入射到长为 L 的多模光纤放大器进行放大。信号光在多模光纤中以导波模式传输并被放大。由于多模光纤中存在的导波模式是由同一个相干光源激发的，因此可以近似认为它们之间应该是相干的。

由单模光纤输出的基模信号光 E_{in} 的表达式为

$$E_1(r) = \begin{cases} \text{J}_0(U_1 r/a_1)/\text{J}_0(U_1), & 0 \leqslant r \leqslant a_1 \\ \text{K}_0(W_1 r/a_1)/\text{K}_0(W_1), & r \geqslant a_1 \end{cases} \tag{5-122}$$

式中：U_1 和 W_1 分别为单模光纤中纤芯和包层区域中的归一化横向传播常数；a_1 为单模光纤的纤芯半径。

光场选取 y 方向偏振，$\cos(m\theta)$ 作为角向分量。对于相对应的其他简并模式，分析过程是一样的。对于模式阶数 $m \neq 0$ 的 LP_{mn} 模式，角向分量 $\cos(m\theta) \neq 0$，将使 $c_{mn} = 0$，也就是说，圆对称分布的输入信号正入射到多模光纤中只能以 LP_{0n} 模式进行传输放大。由此，可以简化耦合系数的求解：

$$c_{0n} = \frac{\int_{-\infty}^{\infty} E_1(r)\,\text{LP}_{0n}^*(r)r\text{d}r}{\int_{-\infty}^{\infty} E_1(r)E_{\text{in}}^*(r)r\text{d}r} \tag{5-123}$$

式中：$\text{LP}_{0n}(r)$ 为多模光纤的导波模式 LP_{0n} 模的横向电场分布，并假设是归一化的。

5.12.4 到其他正交模式系的耦合

在实际的激光应用中，正交模式系有很多，如光子晶体光纤中的模式系，它

既不同于方形域展开的 H-G_{mn}模式系列，也不同于圆形域展开的 L-G_{pl}模式系列或 LP_{mn}模式系列。对于复振幅分布为 $E_{in}(x,y)$ 的光场，可针对实际需求将它分解为一系列正交的模式 $MODE_j$ 的组合，同样有

$$E_{in}(x,y) = \sum_j c_j \, MODE_j(x,y) \tag{5-124}$$

式中：c_j 为光场分解为 $MODE_j$ 模式的耦合系数；j 为 $MODE_j$模式的阶数。根据模式耦合理论，利用正交模系展开法可计算得到模系数：

$$c_j = \frac{\int_{-\infty}^{\infty}\int_{-\infty}^{\infty} MODE_j^*(x,y)E_{in}(x,y)\,dxdy}{\int_{-\infty}^{\infty}\int_{-\infty}^{\infty} E_{in}(x,y)E_{in}^*(x,y)\,dxdy} \tag{5-125}$$

参考文献

[1] 周炳琨，高以智，陈倜嵘，等．激光原理[M]．北京：国防工业出版社，2000.

[2] Siegman A E. Hermite – Gaussian functions of complex argument as optical – beam eigenfunctions[J]. J. Opt. Soc. Am. ,1973,63(9):1093 – 1094.

[3] O'Neil A T, Johannes Courtial. Mode transformations in terms of the constituent Hermite – Gaussian or Laguerre – Gaussian modes and the variable – phase mode converter[J]. Opt. Commun. ,2000,181(1):35 – 45.

[4] Siegman A E, Sziklas E A. Mode calculations in unstable resonators with flowing saturable gain. 1: Hermite – Gaussian expansion[J]. Appl. Opt. ,1974,13(12):2775 – 2792.

[5] Lü Baida, Ma Hong. Beam combination of a radial laser array: Hermite – Gaussian model[J]. Opt. Commun. , 2000,178(4):395 – 403.

[6] Tumbull G A, Robertson D A, Smith G M, et al. The generation of free – space Laguerre – Gaussian modes at millimetre – wave frequencies by use of a spiral phaseplate[J]. Opt. Angular Mom. ,2003:183 – 188.

[7] Allen L, Beijersbergen M W, Spreeuw R J C, et al. Orbital angular momentum of light and the transformation of Laguerre – Gaussian laser modes[J]. Phys. Rev. A, 1992,45(11):8185 – 8189.

[8] Koester C J, Snitzer E. Amplification in a fiber laser[J]. Appl. Opt. ,1964,3(3):1182 – 1186.

[9] Macchesney J B, O'Connor P B, Presby H M. A new technique for the preparation of low – loss and graded – index optical fibers[J]. Proc. IEEE, 1974,62(9):1280 – 1281.

[10] Fluoride Glass Optical Fibres, Fluoride Glass Optical Fibres[J]. Springer Netherlands, 2013.

[11] Moll N. Optical fibers for transmission[J]. Proc. IEEE, 1981,69(6):765 – 766.

[12] Russell P. Photonic crystal fibers[J]. Science, 2003,299(5605):4729 – 4749.

[13] Birks T A, Knight J C, Russell P St J. Endlessly single – mode photonic crystal fiber[J]. Opt. Lett. ,1997, 22(13):961 – 963.

[14] Knight J C, Broeng J, Birks T A, et al. Photonic band gap guidance in optical fibers[J]. Science, 1998,282 (5393):1476 – 1478.

[15] Cregan R F, Mangan B J, Knight J C, et al. Single – Mode Photonic Band Gap Guidance of Light in Air[J]. Science, 1999,285(5433):1537 – 1539.

[16] Andermahr N, Theeg T, Fallnich C. Novel approach for polarization – sensitive measurements of transverse modes in few – mode optical fibers. Appl[J]. Phys. B, 2008, 91(2): 353 – 357.

[17] Berdagué S, Facq P. Mode division multiplexing in optical fibers[J]. Appl. Opt., 1982, 21(11): 1950 – 1955.

[18] Schimpf D N, Barankov R A, Ramachandran S. Cross – correlated (C2) imaging of fiber and waveguide modes[J]. Opt. Express, 2011, 19(14): 13008 – 13019.

[19] Clarke R, Sandberg C L, Fiber optic temperature sensing[M]. 1983, US.

[20] Ouellette F. All – fiber filter for efficient dispersion compensation[J]. Opt. Lett., 1991, 16(5): 303 – 305.

[21] Poole C D, Wiesenfeld J M, Digiovanni D J, et al. Optical fiber – based dispersion compensation using higher order modes near cutoff[J]. Lightwave Technol., 1994, 12(10): 1746 – 1758.

[22] Posey R, Phillips L, Diggs D, et al. LP_{01} – LP_{02} interference using a spectrally extended light source: measurement of the non – step – refractive – index profile of optical fibers[J]. Opt. Lett., 1996, 21(17): 1357 – 1359.

[23] Ramachandran S, Wang Zhiyong, Yan Man. Bandwidth control of long – period grating – based mode converters in few – mode fibers[J]. Opt. Lett., 2002, 27(9): 698 – 700.

[24] Ramachandran S, Das M, Wang Z, et al. High extinction, broadband polarisers using long – period fibre gratings in few – mode fibres[J]. Electron. Lett., 2002, 38(22): 1327 – 1328.

[25] 李玮，陈建国，冯国英，等. 厄米 – 高斯光束的 M^2 因子矩阵[J]. 物理学报，2009，58(4): 2461 – 2466.

[26] Nicholson J W, Yablon A D, Ramachandran S, et al. Spatially and spectrally resolved imaging of modal content in large – mode – area fibers[J]. Opt. Express, 2008, 16(10): 7233 – 7243.

[27] Nguyen D M, Blin S, Nguyen T N, et al. Modal decomposition technique for multimode fibers[J]. Appl. Opt., 2012, 51(4): 450 – 456.

[28] Sévigny B, Cocq G L, Carrero C C C, et al. Advanced S^2 Imaging: Application of Multivariate Statistical Analysis to Spatially and Spectrally Resolved Datasets[J]. J. Lightwave Technol., 2014, 32(23): 4004 – 4010.

[29] 胡丽荔，冯国英，董哲良. 基于空间和频谱分辨的光纤模式测量方法[J]. 红外与激光工程，2015，44(8): 2517 – 2522.

[30] 傅玉青，段志春，陈建国. 多模光纤放大器输出光分析[J]. 强激光与粒子束，2010，22(7): 1453 – 1456.

第6章 基于速率方程的光纤激光器模式分析

光纤激光器和放大器以其卓越的性能,在通信、工业、医学、军事、航空航天等领域的应用日益广泛[1]。近年来,低损耗稀土掺杂光纤制作工艺水平不断提高[2],模式控制技术[3-14]和模式转换技术[15-17]、包层泵浦技术[18-32]以及高功率半导体激光器技术不断取得突破[33,34],光纤激光器和放大器[35,36]在提高功率[1,37]、改善光束质量[38]等方面取得了长足进展。目前,单根光纤激光器单模输出功率已达万瓦量级,多模输出功率可达50kW,飞秒脉冲输出的峰值功率可达GW量级[39]。在这样高的功率下,光纤内势必会存在诸如受激拉曼散射(SRS)[40,41]、受激布里渊散射(SBS)[42]、自相位调制(SPM)[43]、交叉相位调制(XPM)[44]和四波混频(FWM)[45]等各种非线性效应,这些已成为进一步提高光纤激光器和放大器输出功率/能量的主要限制因素。为减小非线性效应的影响,可以采用多模光纤,然而在使用过程中,光纤中不可避免地存在高阶横模。在以高光束质量为首要考虑因素的应用场合,可以通过增加纤芯尺寸[46-48]并同时减小纤芯-包层折射率差,使归一化频率 V 小于2.405以维持光纤的单模传输;但由于高功率器件不可避免的热效应和增益分布等因素的影响,也会出现高阶模式及多模竞争的情况。了解光纤激光器和放大器的模式特性,如模式成分、模式功率占比、模式功率分布、输出光束质量以及脉冲波形等,是十分必要的。相较于经典理论、量子理论等分析方法,运用速率方程组,可以更方便地了解光纤激光器和放大器的工作参数,为激光器的研究和设计提供指导。

6.1 多模光纤放大器速率方程组的建立

图6-1中,设光纤中的柱形小体积元为 $\Delta V(=\Delta S\cdot\Delta z)$,其底面积为 ΔS,高为 ΔZ。有一束光强为 I 的光从左端面射入该体积元。下面将从小体积元出发,推导光子数与粒子数所满足的微分形式的速率方程组,分析把方程组运用到具有宏观尺寸的激光器和放大器所需的条件和所采用的近似,建立多模光纤放大器速率方程组[49]。

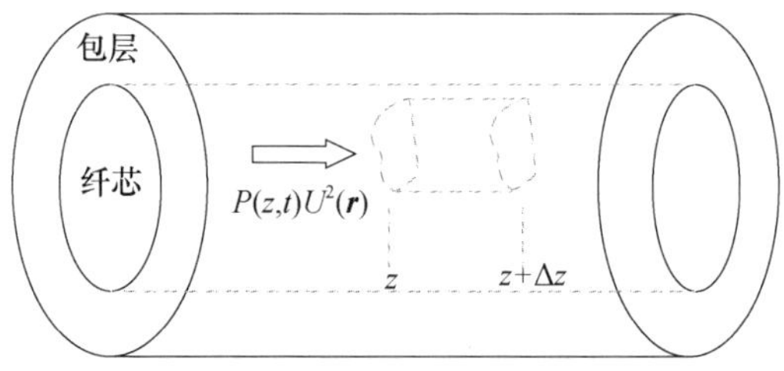

图 6-1　小体积元示意图

在光纤这类具有内建折射率台阶的波导器件中，模场的横向分布是不随 z 发生变化的。众所周知，介质的复折射率 $\tilde{\mu}$ 可表示为

$$\tilde{\mu}=\mu+\mathrm{i}(g-\alpha)/2k \tag{6-1}$$

式中：$k=2\pi/\lambda$ 为波数；μ 为介质的折射率；g 为增益系数；α 为吸收系数；λ 为激光波长。在实际的器件中，复折射率的虚部是远远小于内建折射率台阶的，因而在光场传输的过程中，模场的横向分布是不会变化的。这与量子力学中光场的扰动不会改变原子的能级结构是相似的。

假设模场的功率归一化分布为 $U^2(r,\phi)$，模式功率为 $P(z,t)$，那么有

$$I(r,\phi,z,t)=U^2(r,\phi)P(z,t) \tag{6-2}$$

6.1.1　光子速率方程

引起小体积元中光子数变化的因素主要包括输运效应、受激发射和介质吸收等。

单位时间内，在 z 处通过 ΔS 进入体积元的光子数为

$$N_{\mathrm{um\_In}}=\frac{I(r,\phi,z,t)\Delta S}{h\nu}=\frac{U^2(r,\phi)P(z,t)\Delta S}{h\nu} \tag{6-3}$$

从 $z+\Delta z$ 处流出的光子数为

$$N_{\mathrm{um\_Out}}=\frac{U^2(r,\phi)P(z+\Delta z,t)\Delta S}{h\nu} \tag{6-4}$$

那么，在单位时间内，体积元 ΔV 内净增加的光子数为

$$\begin{aligned}\Delta N_{\mathrm{um}}&=N_{\mathrm{um\_In}}-N_{\mathrm{um\_Out}}\\&=\frac{U^2(r,\phi)\Delta S[P(z,t)-P(z+\Delta z,t)]}{h\nu}\\&=-\frac{(\Delta S\cdot\Delta z)U^2(r,\phi)}{h\nu}\frac{\partial P(z,t)}{\partial z}\\&=-\frac{\Delta V\times U^2(r,\phi)}{h\nu}\frac{\partial P(z,t)}{\partial z}\end{aligned} \tag{6-5}$$

引入光子数密度 N_{ph}，它与模场表达式的对应关系为

$$N_{\mathrm{ph}}=\frac{P(z,t)U^2(r,\phi)}{v_{\mathrm{g}}h\nu} \tag{6-6}$$

式中:v_{g} 为介质中的光速。那么,由输运效应引起的光子数密度变化为

$$\left.\frac{\mathrm{d}N_{\mathrm{ph}}}{\mathrm{d}t}\right|_{\text{输运效应}}=\frac{\Delta N_{\mathrm{um}}}{\Delta V}=-\frac{U^2(r,\phi)}{h\nu}\frac{\partial P(z,t)}{\partial z} \tag{6-7}$$

由受激发射引起的增益系数 g_0 与上、下能级粒子数密度 $N_{上}$、$N_{下}$ 的关系是

$$g_0=(\sigma_{\mathrm{e}}N_{上}-\sigma_{\mathrm{a}}N_{下}) \tag{6-8}$$

式中:σ_{e} 为发射截面;σ_{a} 为吸收截面。那么,单位时间内由受激发射引起的光子数密度变化为

$$\left.\frac{\mathrm{d}N_{\mathrm{ph}}}{\mathrm{d}t}\right|_{\text{受激发射}}=v_{\mathrm{g}}N_{\mathrm{ph}}(\sigma_{\mathrm{e}}N_{上}-\sigma_{\mathrm{a}}N_{下}) \tag{6-9}$$

考虑由于散射、激光器缺陷等引起的损耗所对应的吸收系数 α 后,可得到光子速率方程为

$$\frac{\mathrm{d}N_{\mathrm{ph}}}{\mathrm{d}t}=v_{\mathrm{g}}N_{\mathrm{ph}}(\sigma_{\mathrm{e}}N_{上}-\sigma_{\mathrm{a}}N_{下})-\frac{U^2(r,\phi)}{h\nu}\frac{\partial P(z,t)}{\partial z}-\frac{\alpha I(z,t,\boldsymbol{r})}{h\nu} \tag{6-10}$$

把式(6-2)和式(6-6)代入式(6-10),有

$$\begin{aligned}&U^2(r,\phi)\frac{\partial P(z,t)}{\partial t}+v_{\mathrm{g}}U^2(\boldsymbol{r})\frac{\partial P(z,t)}{\partial z}\\&=v_{\mathrm{g}}(\sigma_{\mathrm{e}}N_{上}-\sigma_{\mathrm{a}}N_{下})P(z,t)U^2(r,\phi)-\alpha v_{\mathrm{g}}U^2(r,\phi)P(z,t)\end{aligned} \tag{6-11}$$

光传输方向如果与选定的 $+z$ 方向相反,那么式(6-11)左边的第二项为"-"。

需要指出的是,式(6-11)是从小体积元得到的,未必适用于具有宏观长度 L 和宏观横向尺寸的激光器和放大器。至少,还需作必要的修正才能用于具有宏观尺寸的器件。在光纤中,由于内建的折射率台阶远大于增益(对应复折射率的虚部)的影响,因而模式的横向分布 $U^2(r,\phi)$ 在传输过程中是保持不变的。在 z 方向,式(6-11)可适用于半导体激光器和放大器、光纤激光器和放大器等具有内建折射率台阶的波导器件。事实上,在认定代表复折射率虚部的增益不改变模场分布$U^2(r,\phi)$的其他激光器和放大器中,式(6-11)也可以推广到激光器和放大器的整个长度方向,否则必须考虑光场的衍射效应。

在垂直于 z 方向的平面内,对于掺杂型光纤激光器、放大器或半导体激光器来说,ΔV 可能处在增益区(如有掺杂的纤芯、半导体激光器的有源区等),也可能处在没有增益的包层中,甚至可能处在有增益与无增益区的界面上。从式(6-11)可以看到,在稳态情况下,如果 ΔV 处于有增益的掺杂区域内,在通过该体积元后 P 将会增大;如果 ΔV 处在无掺杂区域(如包层)时,在通过该体积元后 P 会减小。常见的处理方法是在用速率方程组分析模式功率变化时先对式(6-11)作横向积分。在掺杂均匀的情况下(绝大多数掺杂光纤均是这种情况),作为一种近似的简化处理手段,可以把 N 考虑为 z 处的平均粒子数密度而提出积分号,

从而有

$$\frac{\partial P(z,t)}{\alpha t}+v_{\mathrm{g}}\frac{\alpha P(z,t)}{\alpha z}=\Gamma v_{\mathrm{g}}[\sigma_{\mathrm{e}}N_{上}(z)-\sigma_{\mathrm{a}}N_{下}(z)]P(z,t)-\alpha v_{\mathrm{g}}P(z,t) \tag{6-12}$$

式中:Γ 称为填充因子或交迭因子。

6.1.2 泵浦光速率方程

对于光纤激光器或放大器,描述泵浦光功率 P_{p} 的速率方程为

$$\frac{\partial P_{\mathrm{p}}(z,t)}{\partial t}+v_{\mathrm{g,p}}\frac{\partial P_{\mathrm{p}}(z,t)}{\partial z}=\Gamma_{\mathrm{p}}v_{\mathrm{g,p}}[\sigma_{\mathrm{e,p}}N_{上}(z)-\sigma_{\mathrm{a,p}}N_{下}(z)]P_{\mathrm{p}}(z,t)-\alpha_{\mathrm{p}}v_{\mathrm{g,p}}P_{\mathrm{p}}(z,t) \tag{6-13}$$

式中:下标“p”表示泵浦光。由于双包层器件的内包层尺寸远大于激光波长,在包层中可以传输的导波模式数量很大。人们通常用几何光学的方法来处理,假定泵浦光在包层中的横向分布是均匀的,因而泵浦光的填充因子 Γ_{p} 可以简单地用纤芯(确切地说是掺杂区)的面积与包层面积之比来代替;设定 $N_{上}$ 和 $N_{下}$是与(r,θ)无关的函数。

6.1.3 信号光速率方程

对于光纤激光器或放大器,描述信号光功率 P_{s} 的速率方程为

$$\frac{\partial P_{\mathrm{s}}(z,t)}{\partial t}+v_{\mathrm{g,s}}\frac{\partial P_{\mathrm{s}}(z,t)}{\partial z}=\Gamma_{\mathrm{s}}v_{\mathrm{g,s}}[\sigma_{\mathrm{e,s}}N_{上}(z)-\sigma_{\mathrm{a,s}}N_{下}(z)]P_{\mathrm{s}}(z,t)-\alpha_{\mathrm{s}}v_{\mathrm{g,s}}P_{\mathrm{s}}(z,t) \tag{6-14}$$

式中:下标“s”表示信号光。

6.1.4 粒子数密度速率方程

作为完整的速率方程组,还得包括粒子数方程。各个能级粒子数的平衡是很容易分析清楚的,对 z 处总粒子数有贡献的放在方程右边,不外乎泵浦光、信号光以及与上能级粒子寿命有关的衰减项等。凡是使总粒子数增加的取正号,使总粒子数下降的取负号。对于固态类器件,由于粒子不会发生宏观迁移,不存在发光粒子的输运问题,因此在粒子数密度速率方程无需考虑输运效应,而仅需考虑受激辐射效应和上能级粒子能级寿命。于是,可得到上能级粒子数密度 $N_{上}$所对应的速率方程为

$$\begin{aligned}\frac{\partial N_{上}(z,t)}{\partial t}=&-[\sigma_{\mathrm{e,s}}N_{上}(z)-\sigma_{\mathrm{a,s}}N_{下}(z)]\frac{P_{\mathrm{s}}^{+}(z,t)+P_{\mathrm{s}}^{-}(z,t)}{h\nu_{\mathrm{s}}A}-\\&[\sigma_{\mathrm{e,p}}N_{上}(z)-\sigma_{\mathrm{a,p}}N_{下}(z)]\frac{P_{\mathrm{p}}^{+}(z,t)+P_{\mathrm{p}}^{-}(z,t)}{h\nu_{\mathrm{p}}A}-\frac{N_{上}(z,t)}{\tau}\end{aligned} \tag{6-15}$$

式中:τ 为上能级粒子寿命;A 为掺杂面积。

6.1.5 三能级系统的速率方程组

三能级系统的工作原理如图 6-2 所示,E_1 为基态(激光下能级),E_2 为亚稳态(激光上能级),E_3 为高能态(泵浦能级)。泵浦源首先将粒子从基态 E_1 泵浦到高能态 E_3,E_3 的能级寿命很短,这部分粒子通过无辐射跃迁快速弛豫到激光上能级 E_2。由于 E_2 的能级寿命较长,粒子将在 E_2 上逐渐积累,最终在 E_2 和 E_1 之间实现粒子数反转。在三能级系统中,激光下能级为基态,由于在热平衡情况下,粒子几乎全处于基态上,因此为了实现激光上下能级的粒子数反转,必须将一半以上的粒子激发到高能级,这就要求泵浦功率足够高。

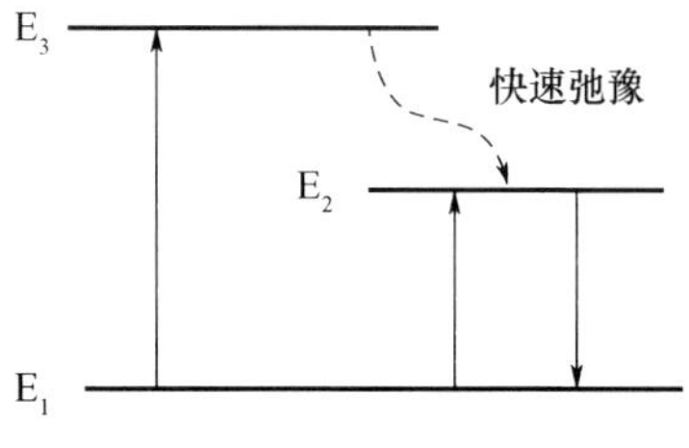

图 6-2 三能级系统简化能级图

光纤三能级系统的速率方程组如下:

$$\frac{\partial N_3(z,t)}{\partial t} = -[\sigma_{e,p}N_3(z) - \sigma_{a,p}N_1(z)]\frac{P_p^+(z,t)+P_p^-(z,t)}{h\nu_p A} - \frac{N_3(z,t)}{\tau_3} \tag{6-16}$$

$$\frac{\partial N_2(z,t)}{\partial t} = -[\sigma_{e,s}N_2(z) - \sigma_{a,s}N_1(z)]\frac{P_s^+(z,t)+P_s^-(z,t)}{h\nu_s A} - \frac{N_2(z,t)}{\tau_2} + \frac{N_3(z,t)}{\tau_3} \tag{6-17}$$

$$N = N_1 + N_2 + N_3 \tag{6-18}$$

$$\frac{\partial P_p^{\pm}(z,t)}{\partial t} \pm v_{g,p}\frac{\partial P_p^{\pm}(z,t)}{\partial z} = \Gamma_p v_{g,p}[\sigma_{e,p}N_3(z) - \sigma_{a,p}N_1(z)]P_p^{\pm}(z,t) - \alpha_p v_{g,p}P_p^{\pm}(z,t) \tag{6-19}$$

$$\frac{\partial P_s^{\pm}(z,t)}{\partial t} \pm v_{g,s}\frac{\partial P_s^{\pm}(z,t)}{\partial z} = \Gamma_s v_{g,s}[\sigma_{e,s}N_2(z) - \sigma_{a,s}N_1(z)]P_s^{\pm}(z,t) - \alpha_s v_{g,s}P_s^{\pm}(z,t) \tag{6-20}$$

式中:N_1、N_2 和 N_3 分别为能级 E_1、E_2 和 E_3 的粒子数密度;N 为各能级粒子数密度之和;$\tau_i(i=2,3)$ 为处于第 Ei 能级的粒子的能级寿命。

6.1.6 四能级系统的速率方程组

四能级系统的工作原理如图 6-3 所示,E_1为基态,E_2为激光下能级,E_3为激光上能级,E_4为泵浦能级。泵浦源首先将粒子从基态 E_1泵浦到高能态 E_4,E_4的能级寿命很短,这部分粒子通过无辐射跃迁快速弛豫到激光上能级 E_3。由于 E_3 的能级寿命较长,粒子将在 E_3上逐渐积累,最终在 E_3和 E_2之间实现粒子数反转。在四能级系统中，由于激光下能级 E_2 上几乎没有粒子数，很容易在 E_3 与 E_2 之间实现粒子数反转，对泵浦源的功率要求较低。因此，四能级系统的泵浦阈值功率远小于三能级系统。

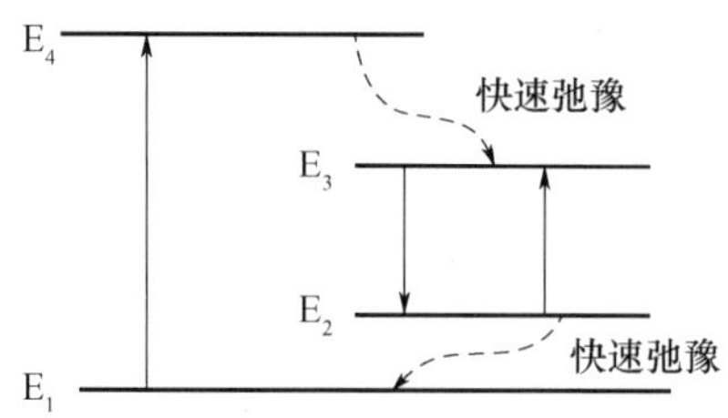

图 6-3　四能级系统简化能级图

光纤四能级系统的速率方程组为

$$\frac{\partial N_2(z,t)}{\partial t} = -[(\sigma_{e,s}+\sigma_{a,s})N_2(z,t)-\sigma_{a,s}N]\frac{P_s^+(z,t)+P_s^-(z,t)}{h\nu_s A} - [(\sigma_{e,p}+\sigma_{a,p})N_2(z,t)-\sigma_{a,p}N]\frac{P_p^+(z,t)+P_p^-(z,t)}{h\nu_p A} - \frac{N_2(z,t)}{\tau} \tag{6-21}$$

$$N = N_1 + N_2 \tag{6-22}$$

$$\frac{\partial P_p^{\pm}(z,t)}{\partial t} \pm v_{g,p}\frac{\partial P_p^{\pm}(z,t)}{\partial z} = \Gamma_p v_{g,p}[(\sigma_{e,p}+\sigma_{a,p})N_2(z,t)-\sigma_{a,p}N]P_p^{\pm}(z,t) - \alpha_p v_{g,p}P_p^{\pm}(z,t) \tag{6-23}$$

$$\frac{\partial P_s^{\pm}(z,t)}{\partial t} \pm v_{g,s}\frac{\partial P_s^{\pm}(z,t)}{\partial z} = \Gamma_s v_{g,s}[(\sigma_{e,s}+\sigma_{a,s})N_2(z,t)-\sigma_{a,s}N]P_s^{\pm}(z,t) - \alpha_s v_{g,s}P_s^{\pm}(z,t) \tag{6-24}$$

式中：N_1 和 N_2 为激光上能级和激光下能级的粒子数密度；N 为总的粒子数密度；τ 为激光上能级粒子的能级寿命。

6.1.7　多模光纤放大器速率方程组

当光纤不太长、放大自发辐射可以忽略时，设 $P_p^+(z)$、$P_p^-(z)$ 分别是沿光纤轴向位置 z 处的正、反向泵浦光功率分布，描述多模光纤放大器泵浦光和信号光的速率方程组可以表示为

$$\frac{N_2(z)}{N} = \frac{[P_p^+(z)+P_p^-(z)]\sigma_{a,p}\Gamma_p/(h\nu_p A) + \sum_{mn} P_{mn}(z)\sigma_{a,s}\Gamma_{mn}/(h\nu_s A)}{[P_p^+(z)+P_p^-(z)]\sigma_{t,p}\Gamma_p/(h\nu_p A) + \frac{1}{\tau} + \sum_{mn} P_{mn}(z)\sigma_{t,s}\Gamma_{mn}/(h\nu_s A)} \tag{6-25}$$

$$\pm \mathrm{d}P_{\mathrm{p}}^{\pm}(z)/\mathrm{d}z = \Gamma_{\mathrm{p}}[\sigma_{\mathrm{t,p}}N_2(z) - \sigma_{\mathrm{a,p}}N]P_{\mathrm{p}}^{\pm}(z) - \alpha_{\mathrm{p}}P_{\mathrm{p}}^{\pm}(z) \tag{6-26}$$

$$\mathrm{d}P_{mn}(z)/\mathrm{d}z = \Gamma_{mn}[\sigma_{\mathrm{t,s}}N_2(z) - \sigma_{\mathrm{a,s}}N]P_{mn}(z) - \alpha_{\mathrm{s}}P_{mn}(z) \tag{6-27}$$

$$\sigma_{\mathrm{t,s}} = \sigma_{\mathrm{a,s}} + \sigma_{\mathrm{e,s}} \tag{6-28}$$

$$\sigma_{\mathrm{t,p}} = \sigma_{\mathrm{a,p}} + \sigma_{\mathrm{e,p}} \tag{6-29}$$

式中：$P_{mn}(z)$为 LP_{mn}模式沿光纤轴向位置 z 处的功率分布；$N_2(z)$为激光上能级粒子数密度分布函数；N 为纤芯处各能级粒子数密度之和；$\sigma_{\mathrm{a,p}}$，$\sigma_{\mathrm{e,p}}$分别为泵浦光的吸收和发射截面，$\sigma_{\mathrm{a,s}}$，$\sigma_{\mathrm{e,s}}$分别为信号光的吸收和发射截面；α_{p}、α_{s} 分别是泵浦光和信号光的散射损耗系数；ν_{p}，ν_{s} 分别是泵浦光和信号光频率，由于各模式来自同一信号光，因而对所有的 LP_{0n}模，其吸收截面、发射截面、散射损耗系数及频率都是一样的；Γ_{p} 称为泵浦光与纤芯的重叠因子；A 是纤芯截面积；h 为普朗克常量；τ 为自发辐射寿命。Γ_{mn}描述 LP_{mn}模的信号光与纤芯的交迭因子，可由下式求得：

$$\Gamma_{mn} = \frac{P_{\mathrm{core}}}{P_{\mathrm{total}}} = \frac{\int_0^{2\pi}\int_0^a [\mathrm{J}_m(U_{mn}r/a)/\mathrm{J}_m(U_{mn})]^2(\cos m\theta)^2 r\mathrm{d}r\mathrm{d}\theta}{\left\{\begin{aligned}&\int_0^{2\pi}\int_0^a [\mathrm{J}_m(U_{mn}r/a)/\mathrm{J}_m(U_{mn})]^2(\cos m\theta) r\mathrm{d}r\mathrm{d}\theta\\ &+\int_0^{2\pi}\int_a^{\infty} [\mathrm{K}_m(W_{mn}r/a)/\mathrm{K}_m(W_{mn})]^2(\cos m\theta) r\mathrm{d}r\mathrm{d}\theta\end{aligned}\right\}} \tag{6-30}$$

式中：P_{core}为纤芯中传输的功率；P_{total}为光纤中传输的总功率；U_{mn}和 W_{mn}分别为 LP_{mn}模的归一化径向位相常数和归一化径向衰减常数。

若 $N_2(z)$是与 $\boldsymbol{r}$ 无关的，且掺杂粒子数浓度 N 也是均匀的，那么模式间的耦合项为 0：

$$\int_0^{2\pi}\int_0^b \mathrm{LP}_{mn}(r,\theta)\,\mathrm{LP}_{m'n'}(r,\theta)[\sigma_{\mathrm{a,s}}N - \sigma_{\mathrm{t,s}}N_2(z)]r\mathrm{d}r\mathrm{d}\theta = 0, m' \neq m, n \neq n' \tag{6-31}$$

因此，在速率方程组中，不再考虑模式间的能量转移问题。

对于给定的光纤参数，在光纤内可以传输的导波模式数目是固定的，所不同的是各个模式之间的分配比例。通过计算得到基模信号光耦合入光纤导波模式 LP_{mn}的耦合系数 c_{mn}，从而得到在多模光纤放大器输入端 $z=0$ 处各模式的初始信号光功率 P_{mn}（$P_{0n}=|c_{0n}|^2$），把该初始信号光功率和泵浦光功率及其他参数代入速率方程组（6-25）~式（6-27），利用四阶龙格库塔法迭代求解，即可求得各个 LP_{mn}模式在多模光纤放大器输出端 $z=L$ 处所占有的功率占比、功率和各模式的总功率。

6.1.8 两个 LP 模式的放大

在光纤参数不变的情况下，入射泵浦光功率的大小将会影响光纤内导波模式的功率占比。若入射泵浦光功率不变,光纤纤芯掺杂粒子数浓度也将会影响光纤内导波模式的功率占比[7]。设多模光纤的纤芯折射率 $\mu_1=1.454$,包层折射率 $\mu_2=1.453$,信号光波长 $\lambda_s=1.08\mu m$,多模光纤纤芯半径 $a=20\mu m$,光纤长度 $L=8m$,经计算,多模光纤的归一化频率 $V=6.37$,光纤内只能有 LP_{01} 和 LP_{02} 模式。设 $z=0$ 处,LP_{01} 和 LP_{02} 模式的初始功率分别为 64.6mW 和 35.4mW。当泵浦光功率从 0W 逐渐增加到 10W,计算得到在光纤放大器输出端 LP_{01} 和 LP_{02} 模式的输出功率和功率占比分别示于图 6-4 和图 6-5。由图 6-4 可见,两模式的功率都随着泵浦功率的增加而增加,采用最小二乘法拟合得到 LP_{01} 模式的斜效率约为 66.1%,LP_{02} 模式的斜效率约为 21.4%,LP_{01} 模式的斜效率要高于 LP_{02} 模式,也就是说,LP_{01} 模式随泵浦功率增加的速率要高于 LP_{02} 模式。这意味着 LP_{01} 模式的功率占比随着泵浦功率的增加而增加,而 LP_{02} 模式的功率占比则是随之减小的,如图 6-5 所示。

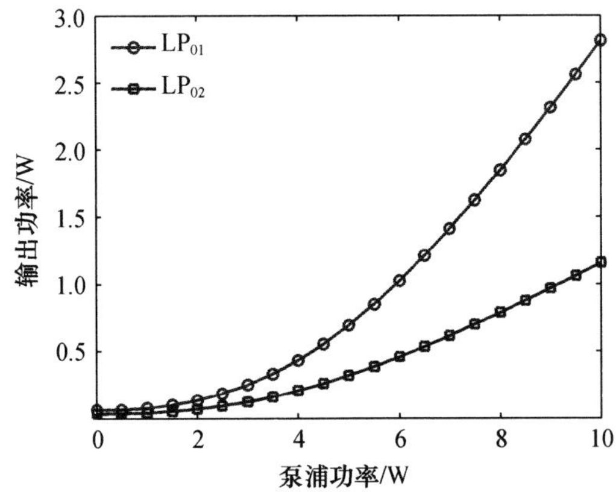

图 6-4　不同泵浦功率下,LP_{01} 模式和 LP_{02} 模式的输出功率

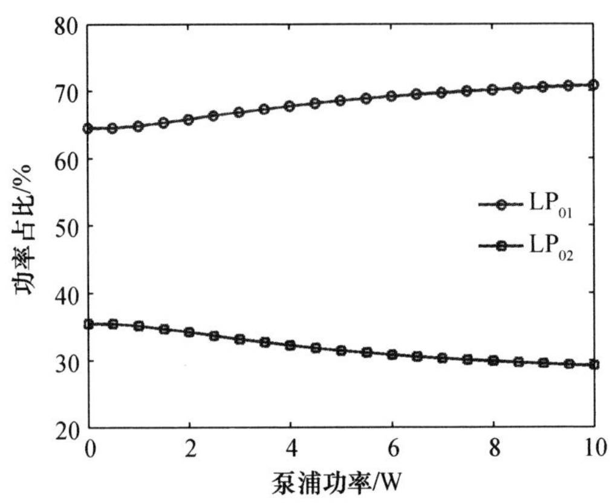

图 6-5　不同泵浦功率下,LP_{01} 模式和 LP_{02} 模式的功率占比

设泵浦功率为 60W，当掺 Yb^{3+} 粒子数浓度 N_0 从 0 到 $3\times10^{25}m^{-3}$ 变化[50]，计算得到 LP_{01} 和 LP_{02} 模式在光纤放大器输出端的输出功率和功率占比分别示于图 6-6 和图 6-7。可见，当掺杂粒子数浓度 N_0 较低时（从 0 到 $2\times10^{25}m^{-3}$），LP_{01} 和 LP_{02} 模式的输出功率随掺杂粒子数浓度的增加而快速增加；而当 $N_0>2\times10^{25}m^{-3}$ 后，两模式的功率开始缓慢增加直到趋于饱和，这是由于泵浦光功率有限，所能泵浦的上能级粒子数已趋于饱和；由图 6-7 可见，LP_{01} 模式的功率占比在 N_0 较小时快速增加，之后趋于一常值，而 LP_{02} 模式的功率占比则是先急剧减小直到趋于一常值。

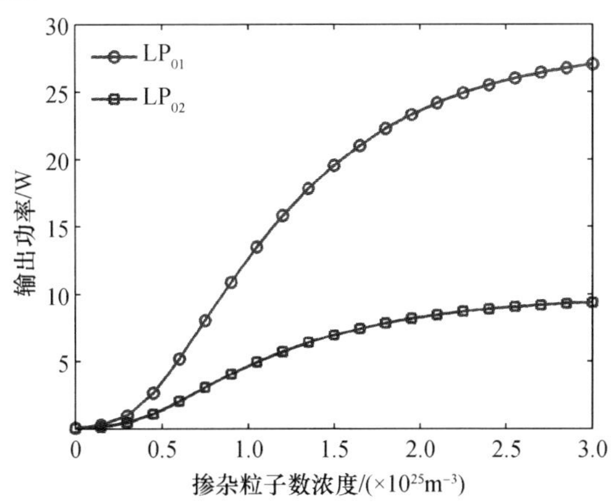

图 6-6　不同掺杂粒子数浓度下，LP_{01} 模式和 LP_{02} 模式的输出功率

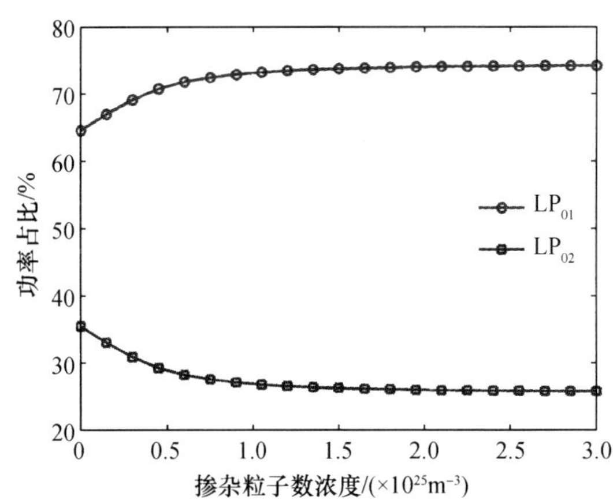

图 6-7　不同掺杂粒子数浓度下，LP_{01} 模式和 LP_{02} 模式的功率占比

6.1.9　三个 LP 模式的放大

设多模光纤的纤芯折射率 $\mu_1=1.454$，包层折射率 $\mu_2=1.453$，信号光波长

$\lambda_s = 1.08\mu m$,多模光纤的纤芯半径取 $25\mu m$,光纤长度 $L = 8m$。经计算,多模光纤的归一化频率 $V = 7.96$,光纤存在 LP_{01},LP_{02} 和 LP_{03} 模式。在 $z = 0$ 处,LP_{01},LP_{02} 和 LP_{03} 模式的初始功率分别为 48.1mW,38mW 和 13.9mW。当总泵浦光功率从 0W 逐渐增加到 10W,在光纤放大器输出端 LP_{01},LP_{02} 和 LP_{03} 模式的输出功率和功率占比分别示于图 6-8 和图 6-9。由图 6-8 可见,各模式的功率都随着泵浦功率的增加而增加,采用最小二乘法拟合得到 LP_{01} 模式的斜效率约为 51.6%,LP_{02} 模式的斜效率约为 30.9%,LP_{03} 模式的斜效率约为 3.4%,LP_{01} 模式的斜效率要高于另两个高阶模式的。这意味着 LP_{01} 模式的功率占比随着泵浦功率的增加而增加,而 LP_{02} 和 LP_{03} 模式的功率占比则是随之减小的,如图 6-9 所示。分别把图 6-8 与图 6-4,图 6-9 与图 6-5 作比较,还可以看出,在其他参数不变的情况下,光纤纤芯尺寸的增大将导致 LP_{01} 模式的斜效率和功率占比下降,而高阶模式的斜效率和功率占比上升,可以预见,叠加场的光束质量也将有所下降。

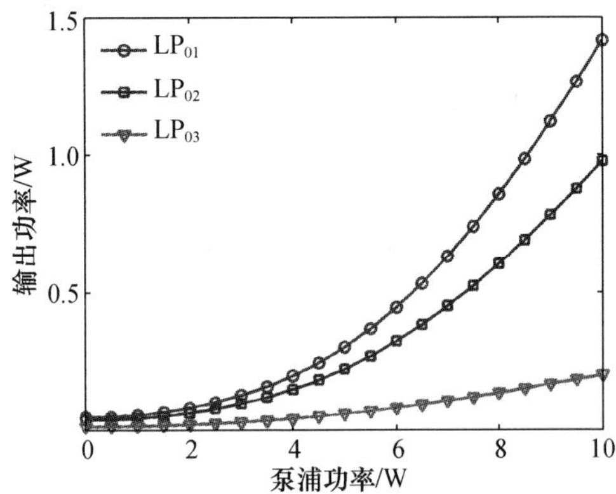

图 6-8 不同泵浦功率下,LP_{01} 模式、LP_{02} 模式和 LP_{03} 模式的输出功率

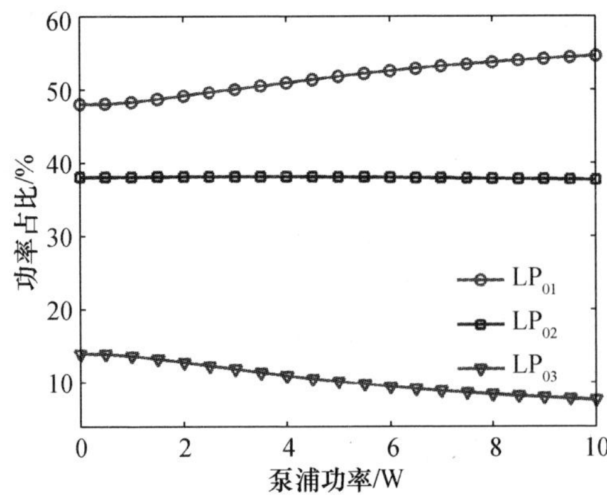

图 6-9 不同泵浦功率下,LP_{01} 模式、LP_{02} 模式和 LP_{03} 模式的功率占比

当泵浦光功率为60W,设掺Yb^{3+}粒子数浓度N_0从$0\sim3\times10^{25}m^{-3}$变化[50],计算得到$LP_{01}$,$LP_{02}$和$LP_{03}$模式在光纤放大器输出端的输出功率和功率占比分别示于图6-10和图6-11。由图6-10可见,当掺杂粒子数浓度N_0较低时(从$0\sim1.5\times10^{25}m^{-3}$),$LP_{01}$,$LP_{02}$和$LP_{03}$模式的输出功率都随掺杂粒子数浓度的增加而快速增加;而当$N_0>1.5\times10^{25}m^{-3}$后,三种模式的功率开始缓慢增加直到趋于饱和,这是由于泵浦光功率有限,所能泵浦的上能级粒子数已趋于饱和。由图6-11可见,LP_{01}模式的功率占比在N_0较小时快速增加,之后趋于一常值;而两种高阶模式LP_{02}和LP_{03}的功率占比则是先减小直到趋于一常值。

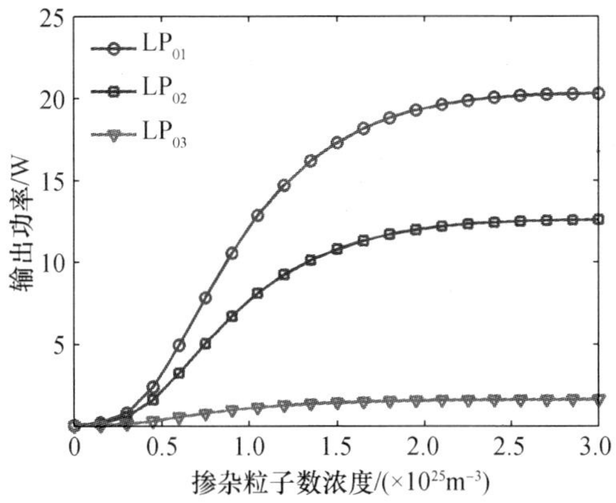

图6-10 不同掺杂粒子数浓度下,LP_{01}模式、LP_{02}模式和LP_{03}模式的输出功率

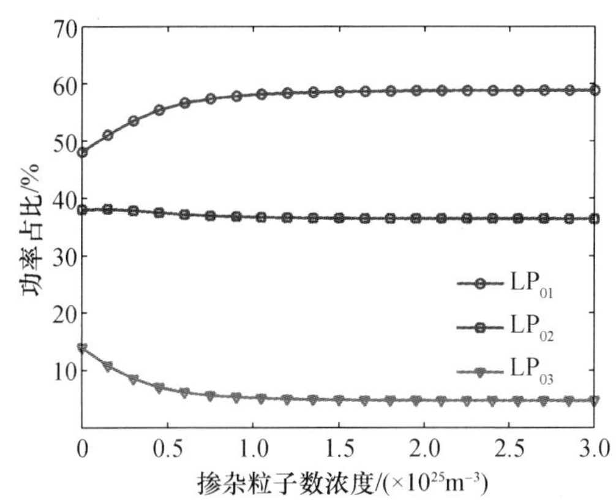

图6-11 不同掺杂粒子数浓度下,LP_{01}模式、LP_{02}模式和LP_{03}模式的输出功率占比

6.2 光纤激光脉冲放大的模式分析

在大多数应用场合,光纤放大器是对光脉冲或脉冲串进行放大[51-54]。人们对光纤放大器的频率特性进行了大量的研究[55,56],主要集中在分析和讨论

色散因素对光器件中脉冲传输的影响[57,58]。对光纤激光波导器件来说，传播常数β与信号光波长有关，模场分布也与信号光波长有关。这意味着激光模式在光纤纤芯中的重叠因子Γ也是与波长有关的，模式的增益也是与波长有关。

对于单一模式的光纤激光脉冲放大器，脉冲畸变主要是由色散这一主要因素引起的，Γ等因素的影响是次要的。对于多模式的光纤激光脉冲放大器，激光脉冲是以两个或两个以上的模式在光纤中传输的。由于每一个横模在光纤中的传播速度都不同，它们将以不同的时延到达光纤输出端，引起脉冲的散开，称为模式色散。此外，每一模式也会有色散和Γ等因素的影响。由于上述因素的综合作用，将使得输出脉冲更加复杂。

6.2.1 多模式高斯单脉冲放大

设高斯型的单脉冲入射到多模光纤放大器，经过模式耦合，将以光纤的导波LP_{mn}模式进行传输、放大。因此，放大器在输入端的光场可表示为

$$E_{in}(0,r,\phi,t) = \sum_{mn} A_{mn}\,LP_{mn}(r,\phi)\,e^{-t^2/2T_0^2} \tag{6-32}$$

式中：LP_{mn}为功率归一化横向光场复振幅分布；A_{mn}为LP_{mn}的振幅，可利用耦合系数求得。

采用傅里叶变换可得到输入信号的频域表达式：

$$\begin{aligned}\widetilde{E}_{in}(0,r,\phi,\omega-\omega_0) &= 1/\sqrt{2\pi}\sum_{mn} A_{mn}\,LP_{mn}(r)\int_{-\infty}^{\infty} e^{-t^2/2T_0^2}e^{i(\omega-\omega_0)t}dt \\ &= \sum_{mn} A_{mn}\,LP_{mn}(r)\,T_0 e^{-T_0^2(\omega-\omega_0)^2/2}\end{aligned} \tag{6-33}$$

经过长为L的光纤放大器传输放大后的输出脉冲频域表达式为

$$\widetilde{E}_{out}(L,r,\phi,\omega-\omega_0) = \sum_{mn}\left\{A_{mn}LP_{mn}(r)\,T_0 e^{(\Gamma_{mn}G-\alpha_s L)/2-i\beta_{mn}L}\times e^{-T_0^2(\omega-\omega_0)^2/2}\right\} \tag{6-34}$$

式中：Γ_{mn}为LP_{mn}模式的重叠因子；β_{mn}为LP_{mn}模式的传播常数；增益G定义为

$$G = \int_0^L [\sigma_{ts}N_2(z) - \sigma_{as}N]\,dz \tag{6-35}$$

对式(6－34)做逆傅里叶变换，可得到输出脉冲的时域表达式：

$$E_{out}(L,r,\phi,t) = 1/\sqrt{2\pi}\sum_{mn}\left\{\begin{aligned}&A_{mn}LP_{mn}(r,\phi)\,T_0\\ &\times\int_{-\infty}^{\infty}\left\{e^{(\Gamma_{mn}G-\alpha_s L)/2+i\beta_{mn}L}e^{-T_0^2(\omega-\omega_0)^2/2}e^{-i(\omega-\omega_0)t}d\omega\right\}\end{aligned}\right\} \tag{6-36}$$

假定为小信号情况，并进一步假设在脉冲光谱范围内增益为一个常数G_0。对Γ_{mn}和β_{mn}进行泰勒级数展开，有

$$\Gamma_{mn} = \Gamma_{mn\_0} + \sum_{q=1}^{\infty} \Gamma_{mn\_q}(\omega - \omega_0)^q/q! \tag{6-37}$$

$$\beta_{mn} = \beta_{mn\_0} + \sum_{q=1}^{\infty} \beta_{mn\_q}(\omega - \omega_0)^q/q! \tag{6-38}$$

式中：Γ_{mn_0}和β_{mn_0}分别为频率位于中心频率ω_0处的纵模的重叠因子和传播常数。并且有

$$\Gamma_{mn\_q} = d^q\Gamma_{mn}/\mathrm{d}\omega^q\big|_{\omega=\omega_0} \tag{6-39}$$

$$\beta_{mn\_q} = d^q\beta_{mn}/\mathrm{d}\omega^q\big|_{\omega=\omega_0} \tag{6-40}$$

在一阶近似下，式(6-37)和式(6-38)可写为

$$\Gamma_{mn} = \Gamma_{mn\_0} + \Gamma_{mn\_1}(\omega - \omega_0) \tag{6-41}$$

$$\beta_{mn} = \beta_{mn\_0} + \beta_{mn\_1}(\omega - \omega_0) \tag{6-42}$$

把式(6-41)和式(6-42)代入式(6-36)，可得光纤放大器输出脉冲表达式：

$$E_{\text{out}}(L,r,\phi,t) = \sum_{mn}\left\{\begin{array}{l} A_{mn}\mathrm{LP}_{mn}(r,\phi)\times \mathrm{e}^{\frac{\Gamma_{mn\_0}G_0-\alpha_s L}{2}+\frac{(\Gamma_{mn\_1}G_0)^2}{8T_0^2}-\frac{(t-\beta_{mn\_1}L)^2}{2T_0^2}}\times \\ \mathrm{e}^{\mathrm{i}\left[\beta_{mn\_0}L-\frac{\Gamma_{mn\_1}G_0(t-\beta_{mn\_1}L)}{2T_0^2}\right]} \end{array}\right\} \tag{6-43}$$

光纤放大器输出脉冲的光强分布为

$$I_{\text{out}}(L,r,\phi,t) = \sum_{mn}\left|A_{mn}\mathrm{LP}_{mn}(r,\phi)\right|^2 \mathrm{e}^{\Gamma_{mn\_0}G_0-\alpha_s L+\frac{(\Gamma_{mn\_1}G_0)^2}{4T_0^2}-\frac{(t-\beta_{mn\_1}L)^2}{T_0^2}} \tag{6-44}$$

若单一LP_{mn}模式高斯脉冲在光纤里传输放大，输出脉冲光场的表达式为

$$E_{\text{out}}(L,r,\phi,t) = A_{mn}\mathrm{LP}_{mn}(r,\phi)\mathrm{e}^{\frac{\Gamma_{mn\_0}G_0-\alpha_s L}{2}+\frac{(\Gamma_{mn\_1}G_0)^2}{8T_0^2}-\frac{(t-\beta_{mn\_1}L)^2}{2T_0^2}}\times \mathrm{e}^{\mathrm{i}\left[\beta_{mn\_0}L-\frac{\Gamma_{mn\_1}G_0(t-\beta_{mn\_1}L)}{2T_0^2}\right]} \tag{6-45}$$

由式(6-45)可以看出，时域为高斯形状脉冲的单模经过光纤放大器放大后，输出脉冲仍然保持高斯形状，但幅度调整为$\mathrm{e}^{\frac{\Gamma_{01_0}G_0-\alpha_s L}{2}-\frac{(t-\beta_{01_1}L)^2}{2T_0^2}}$，它到达光纤激光器输出端的时间由$\beta_{mn_1}$（对应模式群速度的倒数）决定。但是输出脉冲在频率上会产生$\delta\omega$的频移，其频移量为

$$\delta\omega_{mn} = -\frac{\mathrm{d}\left[\beta_{mn\_0}L - \dfrac{\Gamma_{mn\_1}G_0(t-\beta_{mn\_1}L)}{2T_0^2}\right]}{\mathrm{d}t} = \Gamma_{mn\_1}G_0/2T_0^2 \tag{6-46}$$

若是多个P_{mn}模式高斯脉冲在光纤里传输放大，由式(6-44)可以看出：经过放大器的激光脉冲在时域上为多个存在时间延迟的高斯形状脉冲的叠加，一般情况下输出脉冲不再保持高斯形状；在空间域上，由于经过放大后各个模式间的相对功率成分发生改变，且各模式间存在时间延迟，输出光场相对于输入光场

的空间域光强分布也会发生变化；由于各个 LP_{mn} 模式在频率上会贡献 $\delta\omega_{mn}$ 的频移，总的输出光场也会出现频移现象。

6.2.2 多模式脉冲放大速率方程

设泵浦方式为正向端面泵浦，多模光纤激光脉冲放大器的速率方程组为

$$\frac{\partial N_2(z,t)}{\partial t} = -[\sigma_{t,s}N_2(z,t) - \sigma_{a,s}N]\frac{P_{mn}(z,t)}{h\nu_s A} - [\sigma_{t,p}N_2(z,t) - \sigma_{a,p}N]\frac{P_p(z,t)}{h\nu_p A} - \frac{N_2(z,t)}{\tau} \tag{6-47}$$

$$N = N_1 + N_2 \tag{6-48}$$

$$\frac{\partial P_p(z,t)}{\partial t} + v_{g,p}\frac{\partial P_p(z,t)}{\partial z} = \Gamma_p v_{g,p}[\sigma_{t,p}N_2(z,t) - \sigma_{a,p}N]P_p(z,t) - \alpha_p v_{g,p}P_p(z,t) \tag{6-49}$$

$$\frac{\partial P_{mn}(z,t)}{\partial t} + v_{g,s}\frac{\partial P_{mn}(z,t)}{\partial z} = \Gamma_{mn} v_{g,s}[\sigma_{t,s}N_2(z,t) - \sigma_{a,s}N]P_{mn}(z,t) - \alpha_s v_{g,s}P_{mn}(z,t) \tag{6-50}$$

式中：P_{mn} 为各 LP_{mn} 模式的功率。

在小信号近似下，可忽略信号光对上能级粒子数的消耗。只需联立求解式(6-47)和式(6-49)，并略去式(6-47)中描述信号光对粒子数的消耗项。

重写需联立求解的方程组如下：

$$\frac{\partial N_2(z,t)}{\partial t} = -[\sigma_{t,p}N_2(z,t) - \sigma_{a,p}N]\frac{P_p(z,t)}{h\nu_p A} - \frac{N_2(z,t)}{\tau} \tag{6-51}$$

$$\frac{\partial P_p(z,t)}{\partial t} + v_{g,p}\frac{\partial P_p(z,t)}{\partial z} = \Gamma_p v_{g,p}[\sigma_{t,p}N_2(z,t) - \sigma_{a,p}N]P_p(z,t) - \alpha_p v_{g,p}P_p(z,t) \tag{6-52}$$

考虑连续波泵浦，N_2 和 P_p 都不随时间变化，式(6-51)和式(6-52)变为

$$\frac{h\nu_p A}{\tau}N_2(z) = -[\sigma_{t,p}N_2(z) - \sigma_{a,p}N]P_p(z) \tag{6-53}$$

$$\frac{dP_p(z)}{dz} = \Gamma_p[\sigma_{t,p}N_2(z) - \sigma_{a,p}N]P_p(z) - \alpha_p P_p(z) \tag{6-54}$$

式(6-53) $\times \Gamma_p$ + 式(6-54)，得

$$\frac{h\nu_p A\Gamma_p}{\tau}N_2(z) + \frac{dP_p(z)}{dz} = -\alpha_p Pp(z) \tag{6-55}$$

由式(6-53)可推得

$$N_2(z) = \frac{\sigma_{a,p}N}{h\nu_p A/\tau + \sigma_{t,p}P_p(z)}P_p(z) \tag{6-56}$$

将式(6-56)代入式(6-55)，可得到

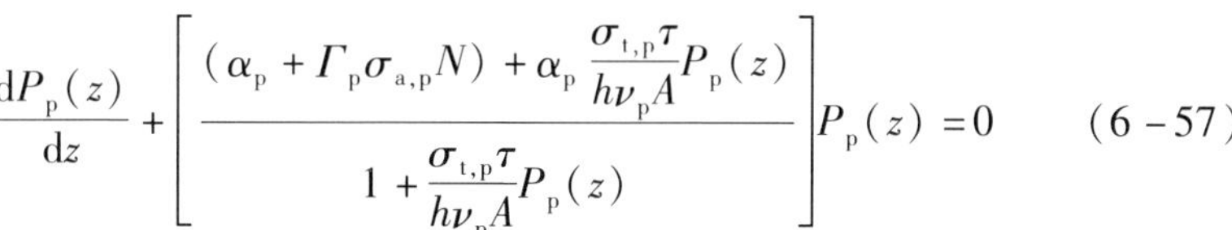

$$\frac{\mathrm{d}P_{\mathrm{p}}(z)}{\mathrm{d}z}+\left[\frac{(\alpha_{\mathrm{p}}+\Gamma_{\mathrm{p}}\sigma_{\mathrm{a,p}}N)+\alpha_{\mathrm{p}}\dfrac{\sigma_{\mathrm{t,p}}\tau}{h\nu_{\mathrm{p}}A}P_{\mathrm{p}}(z)}{1+\dfrac{\sigma_{\mathrm{t,p}}\tau}{h\nu_{\mathrm{p}}A}P_{\mathrm{p}}(z)}\right]P_{\mathrm{p}}(z)=0 \tag{6-57}$$

由式(6-57)可导出 $P_{\mathrm{p}}(z)$ 满足的方程为

$$\frac{\mathrm{d}P_{\mathrm{p}}(z)}{\mathrm{d}z}+\left[\frac{\alpha_{\mathrm{p}}+\Gamma_{\mathrm{p}}\sigma_{\mathrm{a,p}}N+\alpha_{\mathrm{p}}P_{\mathrm{p}}(z)\dfrac{\sigma_{\mathrm{t,p}}\tau}{h\nu_{\mathrm{p}}A}}{1+P_{\mathrm{p}}(z)\dfrac{\sigma_{\mathrm{t,p}}\tau}{h\nu_{\mathrm{p}}A}}\right]P_{\mathrm{p}}(z)=0 \tag{6-58}$$

或者写成

$$\mathrm{d}P_{\mathrm{p}}(z)\left\{\frac{1+P_{\mathrm{p}}(z)\dfrac{\sigma_{\mathrm{t,p}}\tau}{h\nu_{\mathrm{p}}A}}{\left[\alpha_{\mathrm{p}}+\Gamma_{\mathrm{p}}\sigma_{\mathrm{a,p}}N+\alpha_{\mathrm{p}}P_{\mathrm{p}}(z)\dfrac{\sigma_{\mathrm{t,p}}\tau}{h\nu_{\mathrm{p}}A}\right]P_{\mathrm{p}}(z)}\right\}=-\mathrm{d}z \tag{6-59}$$

对式(6-59)进行因式分解,得

$$\mathrm{d}P_{\mathrm{p}}(z)\left[\frac{1}{P_{\mathrm{p}}(z)}+\frac{\Gamma_{\mathrm{p}}\sigma_{\mathrm{a,p}}N\dfrac{\sigma_{\mathrm{t,p}}\tau}{h\nu_{\mathrm{p}}A}}{\alpha_{\mathrm{p}}+\Gamma_{\mathrm{p}}\sigma_{\mathrm{a,p}}N+\alpha_{\mathrm{p}}P_{\mathrm{p}}(z)\dfrac{\sigma_{\mathrm{t,p}}\tau}{h\nu_{\mathrm{p}}A}}\right]=-(\alpha_{\mathrm{p}}+\Gamma_{\mathrm{p}}\sigma_{\mathrm{a,p}}N)\mathrm{d}z \tag{6-60}$$

对式(6-60)两边进行积分,并代入边界条件 $P_{\mathrm{p}}(z=0)=P_{\mathrm{p}}(0)$,可得

$$\ln\frac{P_{\mathrm{p}}(z)}{P_{\mathrm{p}}(0)}+\frac{\Gamma_{\mathrm{p}}\sigma_{\mathrm{a,p}}N}{\alpha_{\mathrm{p}}}\ln\left[\frac{\alpha_{\mathrm{p}}+\Gamma_{\mathrm{p}}\sigma_{\mathrm{a,p}}N+\alpha_{\mathrm{p}}P_{\mathrm{p}}(z)\dfrac{\sigma_{\mathrm{t,p}}\tau}{h\nu_{\mathrm{p}}A}}{\alpha_{\mathrm{p}}+\Gamma_{\mathrm{p}}\sigma_{\mathrm{a,p}}N+\alpha_{\mathrm{p}}P_{\mathrm{p}}(0)\dfrac{\sigma_{\mathrm{t,p}}\tau}{h\nu_{\mathrm{p}}A}}\right]=-(\alpha_{\mathrm{p}}+\Gamma_{\mathrm{p}}\sigma_{\mathrm{a,p}}N)z \tag{6-61}$$

或者

$$\ln\left[\frac{P_{\mathrm{p}}(z)}{P_{\mathrm{p}}(0)}\right]+\frac{\Gamma_{\mathrm{p}}\sigma_{\mathrm{a,p}}N}{\alpha_{\mathrm{p}}}\ln\left[\frac{\dfrac{\alpha_{\mathrm{p}}+\Gamma_{\mathrm{p}}\sigma_{\mathrm{ap}}N}{P_{\mathrm{p}}(0)}+\dfrac{\alpha_{\mathrm{p}}\sigma_{\mathrm{t,p}}\tau}{h\nu_{\mathrm{p}}A}\dfrac{P_{\mathrm{p}}(z)}{P_{\mathrm{p}}(0)}}{\dfrac{\alpha_{\mathrm{p}}+\Gamma_{\mathrm{p}}\sigma_{\mathrm{a,p}}N}{P_{\mathrm{p}}(0)}+\alpha_{\mathrm{p}}\dfrac{\sigma_{\mathrm{t,p}}\tau}{h\nu_{\mathrm{p}}A}}\right]=-(\alpha_{\mathrm{p}}+\Gamma_{\mathrm{p}}\sigma_{\mathrm{a,p}}N)z \tag{6-62}$$

式(6-62)可改写为

$$\frac{P_{\mathrm{p}}(z)}{P_{\mathrm{p}}(0)}\left[\frac{\dfrac{\alpha_{\mathrm{p}}+\Gamma_{\mathrm{p}}\sigma_{\mathrm{a,p}}N}{P_{\mathrm{p}}(0)}+\dfrac{\alpha_{\mathrm{p}}\sigma_{\mathrm{t,p}}\tau}{h\nu_{\mathrm{p}}A}\dfrac{P_{\mathrm{p}}(z)}{P_{\mathrm{p}}(0)}}{\dfrac{\alpha_{\mathrm{p}}+\Gamma_{\mathrm{p}}\sigma_{\mathrm{a,p}}N}{P_{\mathrm{p}}(0)}+\dfrac{\alpha_{\mathrm{p}}\sigma_{\mathrm{t,p}}\tau}{h\nu_{\mathrm{p}}A}}\right]^{\frac{\Gamma_{\mathrm{p}}\sigma_{\mathrm{a,p}}N}{\alpha_{\mathrm{p}}}}=\mathrm{e}^{-(\alpha_{\mathrm{p}}+\Gamma_{\mathrm{p}}\sigma_{\mathrm{a,p}}N)z} \tag{6-63}$$

式(6-63)是一个关于 $P_{\mathrm{p}}(z)/P_{\mathrm{p}}(0)$ 的隐函数,一旦找到 $P_{\mathrm{p}}(z)$ 后,代入式(6-56)就可找到 $N_2(z)$。

引入运动坐标

$$t' = t - z/v_{g,s} \tag{6-64}$$

并考虑 N_2 不随时间变化，式(6-50)化为

$$\frac{\partial P_{mn}(z,t')}{\partial z} = \Gamma_{mn}[\sigma_{t,s}N_2(z) - \sigma_{a,s}N]P_{mn}(z,t') - \alpha_s P_{mn}(z,t') \tag{6-65}$$

对式(6-65)两边进行积分，得到了 mn 阶模式经过光纤放大后的功率为

$$P_{mn}(z,t') = P_{mn}(0,t')\mathrm{e}^{\int_0^z \Gamma_{mn}\sigma_{t,s}N_2(z)\mathrm{d}z - (\Gamma_{mn}\sigma_{a,s}N+\alpha_s)z} \tag{6-66}$$

式中，由于在 $z=0$ 处，$t'=t$，则 $P_{mn}(0,t')$ 就是 $P_{mn}(0,t)$，对应 LP_{mn} 模式的输入脉冲信号光功率。

对式(6-54)积分，得

$$P_p(z)/P_p(0) = \mathrm{e}^{\Gamma_p\sigma_{t,p}\int_0^z N_2(z)\mathrm{d}z - (\Gamma_p\sigma_{a,p}N+\alpha_p)z} \tag{6-67}$$

对式(6-67)两边取对数，有

$$\ln[P_p(z)/P_p(0)] = \Gamma_p\sigma_{t,p}\int_0^z N_2(z)\mathrm{d}z - (\Gamma_p\sigma_{a,p}N + \alpha_p)z \tag{6-68}$$

$$\begin{aligned}\int_0^z \Gamma_{mn}\sigma_{t,s}N_2(z)\mathrm{d}z &= \frac{\Gamma_{mn}\sigma_{t,s}}{\Gamma_p\sigma_{t,p}} \times \left\{\ln\left[\frac{P_p(z)}{P_p(0)}\right] + (\Gamma_p\sigma_{a,p}N + \alpha_p)z\right\} \\ &= \frac{\Gamma_{mn}\sigma_{t,s}}{\Gamma_p\sigma_{tp}}\ln\left[\frac{P_p(z)}{P_p(0)}\right] + N\Gamma_{mn}\sigma_{t,s}z + \frac{\Gamma_{mn}\alpha_p\sigma_{t,s}z}{\Gamma_p\sigma_{t,p}}\end{aligned} \tag{6-69}$$

将式(6-69)代入式(6-66)，可得在小信号近似下光纤放大器输出端的各 LP_{mn} 模式的输出功率为

$$P_{mn}(z,t') = P_{mn}(0,t')\mathrm{e}^{\Gamma_{mn}\left[\frac{\sigma_{t,s}}{\Gamma_p\sigma_{t,p}}\ln\frac{P_p(z)}{P_p(0)} + N\sigma_{ts}z + \frac{\alpha_p\sigma_{t,s}z}{\Gamma_p\sigma_{t,p}} - \sigma_{a,s}Nz\right] - z\alpha_s} \tag{6-70}$$

令

$$G_0 = \frac{\sigma_{t,s}}{\Gamma_p\sigma_{t,p}}\ln\frac{P_p(z)}{P_p(0)} + N\sigma_{t,s}z + \frac{\alpha_p\sigma_{t,s}z}{\Gamma_p\sigma_{t,p}} - \sigma_{a,s}Nz \tag{6-71}$$

可将式(6-71)写为

$$P_{mn}(z,t-z/v_{g,s}) = P_{mn}(0,t)\mathrm{e}^{\Gamma_{mn}G_0 - \alpha_s z} \tag{6-72}$$

由式(6-72)不难看出，当模式在光纤中的交迭因子较大时，可获得更多的增益。作为计算例，假设光纤激光放大器采用前端泵浦方式，设纤芯折射率为1.454，包层折射率为1.453，纤芯半径为25μm，光纤长度为10m。信号光中心波长为1064nm，在光纤内传输的模式有 LP_{01} 模式、LP_{02} 模式和 LP_{03} 模式，它们的初始入射功率分别为789pW，92pW 和119pW。泵浦光功率为100mW，泵浦光波长为975nm。此时输出脉冲光场的表达式为

$$E_{out}(L,r,t) = \sum_{n=1}^{3}\left\{A_{0n}\mathrm{LP}_{0n}(r)\mathrm{e}^{\left[\frac{\Gamma_{0n\_0}G_0-\alpha_s L}{2} + \frac{(\Gamma_{0n\_1}G_0)^2}{8T_0^2} - \frac{(t-\beta_{0n\_1}L)^2}{2T_0^2}\right]} \times \mathrm{e}^{\mathrm{i}\left[\beta_{0n\_0}L - \frac{\Gamma_{0n\_1}G_0(t-\beta_{0n\_1}L)}{2T_0^2}\right]}\right\} \tag{6-73}$$

计算得到 LP_{01} 模式的传播常数的一阶导数（对应模式传播速度的倒数）$\beta_{01\_1}=44.279\text{ns/m}$，$LP_{02}$ 模式的传播常数的一阶导数 $\beta_{02\_1}=44.286\text{ns/m}$，$LP_{03}$ 模式的传播常数的一阶导数 $\beta_{03\_1}=44.290\text{ns/m}$。因此，在光纤中各模式的传播速度 LP_{01} 模式 > LP_{02} 模式 > LP_{03} 模式。这三种模式经过长为 10m 的光纤后，到达光纤放大器输出端所经历的时间分别为 44.279ns，44.286ns 和 44.290ns，时延差高达 110ps。可以推断，如果输入脉冲的脉宽 $T_0<110\text{ps}$，通过 10m 长的放大器后脉冲将会产生明显的畸变。

在小信号近似下，根据式（6－71）计算得到增益系数 $G_0=6.06$。对不同的输入脉冲宽度 T_0，由式（6－73）计算得到的输出脉冲的光强分布如图 6－12 所示。由图 6－12 可见，当 $T_0<20\text{ps}$ 时，LP_{01} 模式对应的波形的后沿和 LP_{02} 模式对应的波形前沿，以及 LP_{02} 模式对应的波形后沿和 LP_{03} 模式对应的波形前沿不发生重叠，整个输出脉冲由三个波包组成。当 $T_0>20\text{ps}$ 时，LP_{01} 模式对应的波形的后沿和 LP_{02} 模式对应的波形前沿，以及 LP_{02} 模式对应的波形后沿和 LP_{03} 模式对应的波形前沿发生重叠，从而导致整个输出脉冲波形在后沿产生畸变，随着 T_0 的增加，重叠区域越大，畸变越不明显。当 $T_0>70\text{ps}$ 时，输出脉冲波形回到类高斯形状，后沿与前沿区别不大明显。

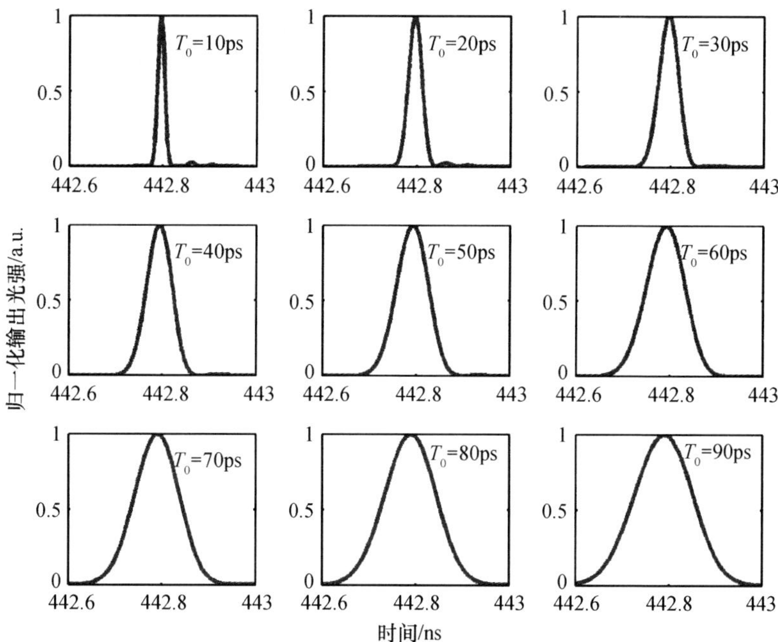

图 6－12　不同输入脉冲宽度 T_0 时，输出脉冲的光强分布

（放大光纤的纤芯折射率为 1.454，包层折射率为 1.453，

纤芯半径为 25μm，光纤长度为 10m）

6.3 共掺光纤激光器理论模型

光纤激光器所掺杂的稀土离子主要有铒(Er^{3+})、镱(Yb^{3+})、钕(Nd^{3+})、铥(Tm^{3+})、镨(Pr^{3+})、钬(Ho^{3+})以及共掺离子($Er^{3+}-Yb^{3+}$,$Tm^{3+}-Yb^{3+}$)等[59-64]。由于单一掺杂离子对泵浦光的吸收有限,为了提高激光器的效率,可以采用高掺杂离子浓度的光纤。但是,离子掺杂浓度过高又会形成离子对或离子簇,导致浓度淬灭的发生,从而导致激光效率下降甚至不出光。泵浦单掺Tm^{3+}光纤所需的泵浦源主要为1064nm,1410nm,目前还没有低成本的高功率激光二极管。近年来,人们研究了$Er^{3+}-Yb^{3+}$共掺[62,65-70]、$Er^{3+}-Yb^{3+}$共掺[71]、$Tm^{3+}-Yb^{3+}$共掺[72-78]、$Tm^{3+}-Al^{3+}$共掺[79]、$Tm^{3+}-Ho^{3+}$共掺[80,81]、$Ho^{3+}-Pr^{3+}$共掺[82]、$Yb^{3+}/Tm^{3+}/Ho^{3+}$三掺[83]光纤激光器等,以期获得更高的系统效率、输出功率和更宽的输出波长。图6-13给出了共掺光纤激光器的结构示意图[84],采用双波长泵浦装置(一个是805nm,另一个是975nm)[72]。长度为L的$Yb^{3+}-Tm^{3+}$共掺光纤两端分别是光纤光栅(M_1)和输出镜(M_2)。采用发射波长为975nm的LD泵浦Yb^{3+}离子,使其从基态能级$^2F_{7/2}$跃迁到激发态能级$^2F_{5/2}$。采用发射波长为805nm的LD泵浦Tm^{3+}离子。Yb^{3+}离子到Tm^{3+}离子存在能量转移过程。Chang等人[85]建立了一种描述$Yb^{3+}-Tm^{3+}$共掺光纤放大器的理论模型。这个模型包含了Yb^{3+}离子到Tm^{3+}离子的能量转移过程,但是没有考虑Tm^{3+}离子之间的交叉弛豫过程对输出性能的影响。而已有研究表明,Tm^{3+}离子之间的交叉弛豫过程对激光性能可能有很重要的影响[79,86],因此在理论模型中应该给予考虑。当Tm^{3+}离子被800nm左右的泵浦光激发到$^3H_4$能级后,将会出现不同Tm^{3+}离子间的交叉弛豫过程。这个过程包括CR_1:$^3H_4$,$^3H_6 \to {}^3F_4$,$^3F_4$和CR_2:$^3H_5$,$^3H_6 \to {}^3F_4$,$^3F_4$[79,86-88]。在这两种过程中,由于$^3H_4 \to {}^3F_4$荧光谱与$^3H_6 \to {}^3F_4$吸收谱间存在很强的谱重叠,CR_1在硅基质光纤中最有可能发生。已有研究表明CR_2对整个交叉弛豫过程具有不可忽略的贡献,因此在理论模型中也应该给予考虑[79,84,86,87]。

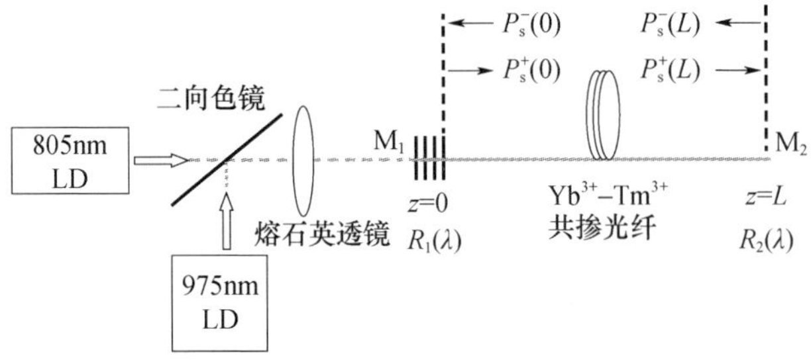

图6-13 双波长泵浦的$Yb^{3+}-Tm^{3+}$共掺光纤激光器的结构示意图
(共掺光纤两端分别为光纤光栅(M_1)和输出镜(M_2))

Tm^{3+}离子的能级结构非常复杂，在建立双波长泵浦 $Yb^{3+}-Tm^{3+}$ 共掺光纤模型时，必须简化模型，去掉不必要的、次要的影响因素。假设 Yb^{3+}，Tm^{3+} 都是均匀加宽的离子，并且可以用实验测定的截面积来代替不同斯塔克（Stark）能级的贡献。简化后的 $Yb^{3+}-Tm^{3+}$ 共掺光纤的能级结构图如图 6－14 所示。

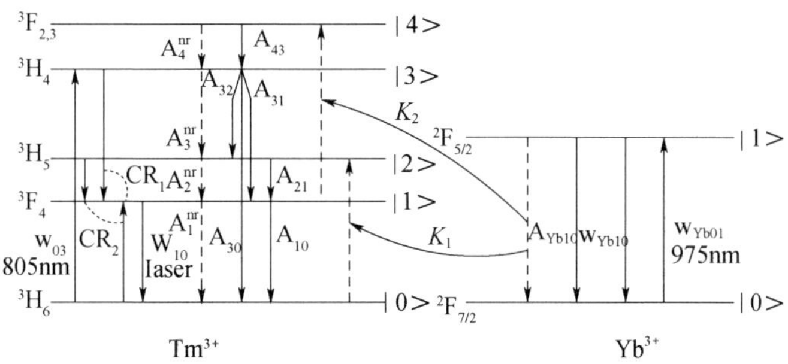

图 6－14 简化后的 $Yb^{3+}-Tm^{3+}$ 共掺光纤的能级图
（K_1 和 K_2 表示 Yb^{3+} 到 Tm^{3+} 的能量转移过程，
CR_1 和 CR_2 代表不同 Tm^{3+} 之间的交叉弛豫过程）

由于 Tm^{3+} 离子的 $^3F_2$ 能级与 $^3F_3$ 能级非常接近，我们可以把它们看作一个能级（能级 4）[85]。这样，考虑 Yb^{3+} 离子到 Tm^{3+} 离子的能量转移过程和 Tm^{3+} 离子间的交叉弛豫过程后，描述 Tm^{3+} 离子的四能级速率方程组可以写为

$$\frac{\mathrm{d}N_1}{\mathrm{d}t} = \sum_{i=2}^{4} N_i A_{i1} - N_1(1/\tau_1 + A_{10}) + N_2/\tau_2 + 2\mathrm{CR}_1 + 2\mathrm{CR}_2 - K_2 N_1 N_{\mathrm{Yb1}} - (N_1 W_{10} - N_0 W_{01}) \tag{6-74}$$

$$\frac{\mathrm{d}N_2}{\mathrm{d}t} = \sum_{i=3}^{4} N_i A_{i2} - N_2\left(\sum_{j=0}^{1} A_{2j} + 1/\tau_2\right) + N_3/\tau_3 - \mathrm{CR}_2 + K_1 N_0 N_{\mathrm{Yb1}} \tag{6-75}$$

$$\frac{\mathrm{d}N_3}{\mathrm{d}t} = N_0 W_{03} - N_3\left(\sum_{j=0}^{2} A_{3j} + 1/\tau_3 + W_{30}\right) + N_4(1/\tau_4 + A_{43}) - \mathrm{CR}_1 \tag{6-76}$$

$$\frac{\mathrm{d}N_4}{\mathrm{d}t} = -N_4\left(\sum_{j=0}^{3} A_{4j} + 1/\tau_4\right) + K_2 N_1 N_{\mathrm{Yb1}} \tag{6-77}$$

$$N_{\mathrm{Tm}} = N_0 + N_1 + N_2 + N_3 + N_4 \tag{6-78}$$

描述 Yb^{3+} 离子上、下能级粒子数密度 N_{Yb0} 和 N_{Yb1} 的速率方程组为

$$\frac{\mathrm{d}N_{\mathrm{Yb1}}}{\mathrm{d}t} = N_{\mathrm{Yb0}} W_{\mathrm{Yb01}} - N_{\mathrm{Yb1}} W_{\mathrm{Yb10}} - K_1 N_0 N_{\mathrm{Yb1}} - K_2 N_1 N_{\mathrm{Yb1}} - N_{\mathrm{Yb1}}/\tau_{\mathrm{Yb1}} \tag{6-79}$$

$$N_{\mathrm{Yb}} = N_{\mathrm{Yb0}} + N_{\mathrm{Yb1}} \tag{6-80}$$

而描述沿光纤轴线正向和反向传输的泵浦光和信号光功率的速率方程组为

$$\frac{\mathrm{d}P_1(z)}{\mathrm{d}z} = -\Gamma_1 P_1(z)(N_0\sigma_{03} - N_3\sigma_{30}) - \alpha_1 P_1(z) \tag{6-81}$$

$$\frac{dP_2(z)}{dz}=-\Gamma_2P_2(z)(N_{Yb0}\sigma_{Yb01}-N_{Yb1}\sigma_{Yb10})-\alpha_2P_2(z) \tag{6-82}$$

$$\pm\frac{dP^{\pm}(z,\lambda)}{dz}=-\Gamma(\lambda)[N_0\sigma_{01}(\lambda)-N_1\sigma_{10}(\lambda)]P^{\pm}(z,\lambda)+\Gamma(\lambda)\sigma_{10}(\lambda)N_1P_0(\lambda)-\alpha(\lambda)P^{\pm}(z,\lambda) \tag{6-83}$$

式中:N_{Tm}和N_{Yb}分别为光纤纤芯内Tm^{3+}离子和Yb^{3+}离子的掺杂浓度;P_1和P_2分别表示波长为805nm和975nm的泵浦光功率。泵浦光的传输方程定义为z方向。$P^+(z,\lambda)$和$P^-(z,\lambda)$分别为沿着z方向传输的正向和反向信号光功率(信号光波长为λ)。功率密度$P_0(\lambda)$表示自发辐射对激光模式的贡献,定义为$P_0(\lambda)=2\pi c^2/\lambda^3$,其中加入数字2是由于考虑正交偏振方程的缘故[63],c为真空中的光速。α_1,α_2和$\alpha(\lambda)$分别为805nm,975nm和信号光波长处的损耗,Γ_1,Γ_2和$\Gamma(\lambda)$分别为805nm,975nm和信号光波长处的重叠因子。对于强激光泵浦的光纤激光器,泵浦光在光纤包层的横截面内可以看作是均匀分布的,因此Γ_1和Γ_2可以近似看作是纤芯面积与包层面积的比值,而信号光的重叠因子表示为模场在纤芯中的能量占模场总能量的比值[13]。

在式(6-74)~式(6-77)和式(6-79),A_{ij}为掺入硅玻璃基质的Tm^{3+}离子的自发辐射率[89],τ_i是第$|i>$能级的能级寿命,K_1和K_2为Yb^{3+}离子到Tm^{3+}离子的能量转移过程,表示为[64]

$$K_1:{}^3H_6(Tm^{3+})+{}^2F_{5/2}(Yb^{3+})\rightarrow{}^3H_5(Tm^{3+})+{}^2F_{7/2}(Yb^{3+}) \tag{6-84}$$

$$K_2:{}^3F_4(Tm^{3+})+{}^2F_{5/2}(Yb^{3+})\rightarrow{}^3F_{2,3}(Tm^{3+})+{}^2F_{7/2}(Yb^{3+}) \tag{6-85}$$

而Tm^{3+}离子间的交叉弛豫过程为[79,86-88]

$$CR_1=k_{3101}N_3N_0-k_{1013}N_1^2(\text{交叉弛豫}:{}^3H_4,{}^3H_6\rightarrow{}^3F_4,{}^3F_4) \tag{6-86}$$

$$CR_2=k_{2101}N_2N_0-k_{1012}N_1^2(\text{交叉弛豫}:{}^3H_5,{}^3H_6\rightarrow{}^3F_4,{}^3F_4) \tag{6-87}$$

CR_1和CR_2的值可分别由交叉弛豫系数k_{3101},k_{1013},k_{2101}和k_{1012}得到。描述离子间电场内在联系的跃迁几率W_{ij}可以写成[90]

$$W_{ij}(z)=\int_0^{\infty}\lambda\Gamma(\lambda)\sigma_{ij}(\lambda)[P_\lambda^+(z,\lambda)+P_\lambda^-(z,\lambda)]\cdot(hc\pi a^2)^{-1}d\lambda \tag{6-88}$$

式中:σ_{ij}描述从$|i>$能级到$|j>$能级的跃迁横截面积;h为普朗克常数;a为光纤纤芯半径。假设掺杂面积等于纤芯面积。

为求解式(6-74)~式(6-83),必须用到以下边界条件:

$$P^+(0,\lambda)=R_1(\lambda)P^-(0,\lambda) \tag{6-89}$$

$$P^-(L,\lambda)=R_2(\lambda)P^+(L,\lambda) \tag{6-90}$$

式中:$R_1(\lambda)$和$R_2(\lambda)$分别为$z=0$和$z=L$处的光纤光栅和输出镜的反射率。

假设光纤光栅的带宽足够窄,激光器可以单模形式振荡,因此$P^{\pm}(z,\lambda)$可

以表示为 $P_s^{\pm}(z)\delta(\lambda-\lambda_s)$，其中 $P_s^{\pm}(z)$ 为激光腔内传输的信号光功率。并且，在一个典型的强泵浦光纤激光器内，由于镜面反射和高增益，自发辐射相较于信号光功率是可以忽略不计的[13,63]。因此，式(6-83)可简写成

$$\pm\frac{dP_s^{\pm}(z)}{dz}=-\Gamma_s[N_0\sigma_{01}(\lambda_s)-N_1\sigma_{10}(\lambda_s)]P_s^{\pm}(z)-\alpha_s P_s^{\pm}(z) \quad (6-91)$$

式中：α_s 和 Γ_s 为信号光波长 λ_s 处的损耗和重叠因子。在这样的情况下，可以有

$$W_{03}=\Gamma_1 P_1\sigma_{03}\cdot(h\nu_1\pi a^2)^{-1} \quad (6-92)$$

$$W_{30}=\Gamma_1 P_1\sigma_{30}\cdot(h\nu_1\pi a^2)^{-1} \quad (6-93)$$

$$W_{\mathrm{Yb01}}=\Gamma_2 P_2\sigma_{\mathrm{Yb01}}\cdot(h\nu_2\pi a^2)^{-1} \quad (6-94)$$

$$W_{\mathrm{Yb10}}=\Gamma_2 P_2\sigma_{\mathrm{Yb10}}\cdot(h\nu_2\pi a^2)^{-1} \quad (6-95)$$

$$W_{10}=\Gamma_s(P_s^{+}+P_s^{-})\sigma_{10}(\lambda_s)\cdot(h\nu_s\pi a^2)^{-1} \quad (6-96)$$

$$W_{01}=\Gamma_s(P_s^{+}+P_s^{-})\sigma_{01}(\lambda_s)\cdot(h\nu_s\pi a^2)^{-1} \quad (6-97)$$

式中：ν_1，ν_2 和 ν_s 分别为805nm，975nm和信号光波长处的频率。式(6-89)和式(6-90)可重写为

$$P_s^{+}(0)=R_1(\lambda_s)P_s^{-}(0) \quad (6-98)$$

$$P_s^{-}(L)=R_2(\lambda_s)P_s^{+}(L) \quad (6-99)$$

式中：$R_1(\lambda_s)$ 和 $R_2(\lambda_s)$ 分别为光纤两端在 $\lambda=\lambda_s$ 处的反射率。

表6-1列出了理论模型所使用的 $Yb^{3+}-Tm^{3+}$ 共掺光纤(具有不同的 Tm^{3+} 离子和 Yb^{3+} 离子浓度)。每根共掺光纤的长度 L 是根据 $\alpha_{\mathrm{eff}}L\sim2$[79]来调整的，其中，$\alpha_{\mathrm{eff}}$ 为相应光纤的有效吸收系数，它的值由波长和掺杂浓度共同决定。具体计算例所使用的参数总结在表6-2中，其中 K_1 和 K_2 的值取决于 Tm^{3+} 离子和 Yb^{3+} 离子的掺杂浓度积，更详细的解释可以参考文献[64,85]。

表6-1　3种光纤激光器的参数

光纤激光器编号	Tm^{3+}/%(质量分数)	Yb^{3+}/%(质量分数)	光纤长度 L/m
1	2	2	6.3
2	2	1	6.3
3	1	2	3.2

表6-2　计算参数

参数	取值	文献	参数	取值	文献
$2a$/μm	18.5	[72]	R_1	1	
$\mathrm{NA_{core}}$	0.22	[72]	R_2	0.04	
$2b$/μm	300	[72]	A_{10}/s^{-1}	160.69	[89]
α_1/m^{-1}	0.012	[87]	A_{20}/s^{-1}	181.23	[89]

（续）

参数	取值	文献	参数	取值	文献
α_2/m^{-1}	0.003	[63]	A_{21}/s^{-1}	3.89	[89]
$\alpha_s/(\mathrm{dB/km})$	400	[79]	A_{30}/s^{-1}	716.90	[89]
$\tau_1/\mu\mathrm{s}$	334.7	[87]	A_{31}/s^{-1}	58.71	[89]
$\tau_2/\mu\mathrm{s}$	0.007	[87]	A_{32}/s^{-1}	14.61	[89]
$\tau_3/\mu\mathrm{s}$	14.2	[87]	A_{40}/s^{-1}	898.59	[89]
$\tau_4/\mu\mathrm{s}$	0.0004	[87]	A_{41}/s^{-1}	20.94	[89]
$\tau_5/\mu\mathrm{s}$	783.8	[87]	A_{42}/s^{-1}	237.46	[89]
$\tau_{\mathrm{Yb1}}/\mu\mathrm{s}$	1500	[63]	A_{43}/s^{-1}	3.28	[89]
$k_{2101}/(\mathrm{m}^3\cdot\mathrm{s}^{-1})$	3×10^{-24}	[87]	$\sigma_{\mathrm{Yb01}}/\mathrm{m}^2$	2.5×10^{-24}	[63]
$k_{1012}/(\mathrm{m}^3\cdot\mathrm{s}^{-1})$	$0.5k_{2101}$	[87]	$\sigma_{\mathrm{Yb10}}/\mathrm{m}^2$	2.5×10^{-24}	[63]
$k_{3101}/(\mathrm{m}^3\cdot\mathrm{s}^{-1})$	1.8×10^{-20}	[87]	σ_{03}/m^2	5×10^{-25}	[87]
$k_{1013}/(\mathrm{m}^3\cdot\mathrm{s}^{-1})$	$0.084k_{3101}$	[87]	σ_{30}/m^2	0.1×10^{-25}	[87]
$\sigma_{01}(2\mu\mathrm{m})/\mathrm{m}^2$	0.1×10^{-27}	[87]			
$\sigma_{10}(2\mu\mathrm{m})/\mathrm{m}^2$	3.2×10^{-25}	[87]			

数值计算按照以下步骤来实现：

(a) 给定一个初始正向信号光功率 $P_s^+(z=0)$ 的猜想值。使用边界条件式(6-98)，可以得到初始负向信号光功率 $P_s^-(z=0)$。

(b) 把 $z=0$ 处的泵浦光功率和信号光功率代入到式(6-92)~式(6-97)，以得到跃迁几率 $W_{ij}(z=0)$。接着，在 $W_{ij}(z=0)$ 和其他给定参数下对式(6-74)~式(6-80)迭代求解，可得到 $z=0$ 处各个稳态条件下的 N_i 值。把这些值再代入式(6-81)、式(6-82)和式(6-91)，可以确定下一个位置 $z=\Delta z$ 处的泵浦光和信号光功率大小，Δz 为计算选取的步长。

(c) 使用新的泵浦光和信号光功率重复步骤(b)，就可以一步步地确定沿光纤轴线传输的泵浦光和信号光功率。

(d) 使用边界条件式(6-99)来验证 $z=L$ 处的信号光功率。如果不满足该边界条件，就要重置 $P_s^+(z=0)$ 的初始值，再重复步骤(a)~(c)，直到信号光功率满足边界条件式(6-99)。

这种计算方法简单、快速且具有通用性，在文献[78,85,91]均有详细的解释。由于泵浦光和信号光功率是通过假定一个初始信号光和边界条件来确定的，因此，可以在没有自发辐射项的情况下求得泵浦光和信号光功率的数值解。

6.3.1 泵浦光和信号光的功率分布

采用图6-13所示的双波长泵浦方式对镱铥共掺光纤激光器进行泵浦，波长为805nm的泵浦光功率为26.5W,波长为975nm的泵浦光功率为21W。计算得到镱铥共掺光纤激光器的泵浦光和信号光沿光纤的分布,如图6-15所示。由图6-15可看出,两个泵浦光的功率被完全吸收,前向信号光在距离前端端面约2m处达到最大输出,之后由于信号光的重吸收,信号光有所减小。

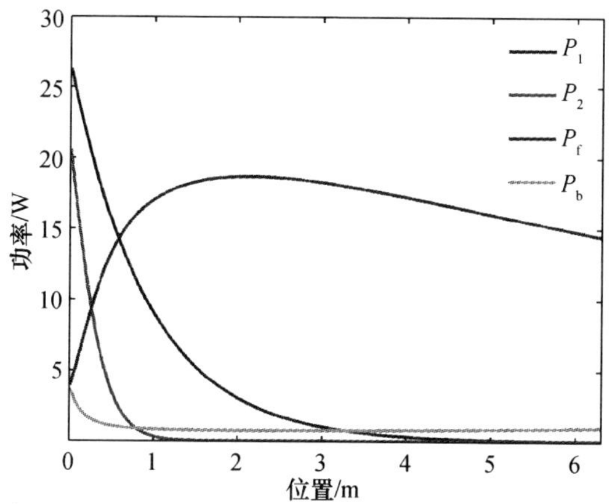

图6-15 计算得到镱铥共掺光纤激光器的泵浦光和信号光沿光纤的分布

6.3.2 不同信号光波长时的输出功率

若信号光波长从1750nm到2200nm变化,由于发射截面积与波长有关[87],激光输出功率P_{out}将随着变化。计算可得镱铥共掺光纤激光器的输出功率P_{out}随信号光波长变化的曲线如图6-16所示。由图6-16看出,当信号光波长为1800nm时可得到最大输出功率22W[49]。

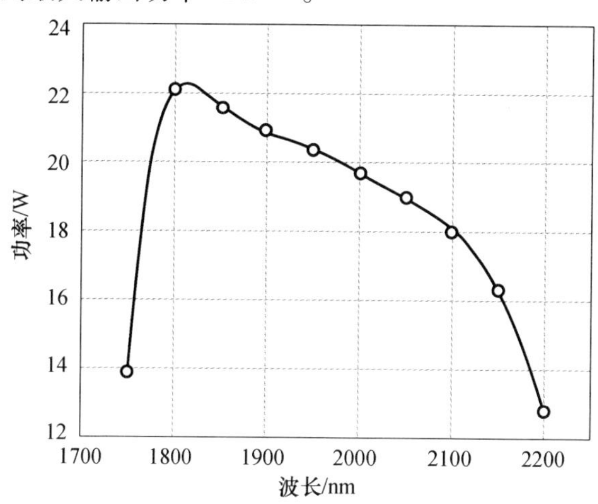

图6-16 计算所得镱铥共掺光纤激光器的输出功率随信号波长的变化曲线

6.3.3 交叉弛豫过程对镱铥共掺光纤激光器的影响

设信号光波长为 2μm。在低功率阶段(LS),镱铥共掺光纤激光器只由波长为 805nm 的泵浦光源泵浦,泵浦光功率从 5W 到 26.5W 变化。在高功率阶段(HS),波长为 805nm 的泵浦光功率固定在 26.5W,再加入波长为 975nm 的泵浦光,功率从 1~21W 变化。

计算得到的输出信号光功率随总泵浦光功率的变化曲线示于图 6-17。当考虑交叉弛豫过程(圆心曲线)时,在 LS 阶段,阈值泵浦光功率为 5W,激光器的最大输出功率为 10.9W,斜效率为 48.7%。计算得到的 LS 阶段的最大的输出功率和斜效率非常接近于文献[72]报道的实验结果(10.5W 和 49%)。由于在粒子数速率方程中忽略了自发辐射项对激光增益的损耗作用,因此理论计算得到的输出功率要比实验观察到的输出功率大。在 HS 阶段,开启波长为 975nm 的泵浦光,双波长泵浦光的作用下,激光输出功率达到它的最大值 19.8W,而斜效率为 44%。从 LS 阶段到 HS 阶段斜效率的下降与文献[72]的实验结果类似。作为比较分析,如果不考虑交叉弛豫过程(菱形曲线),在 LS 阶段,最大的输出功率仅有 7.9W,斜效率为 36%;在 HS 阶段,最大输出功率为 16.7W,斜效率为 44%。最大输出功率小于文献[72]的实验结果(18W)。这些比较结果证明了应该在分析镱铥共掺光纤激光器的理论模型中考虑交叉弛豫过程。

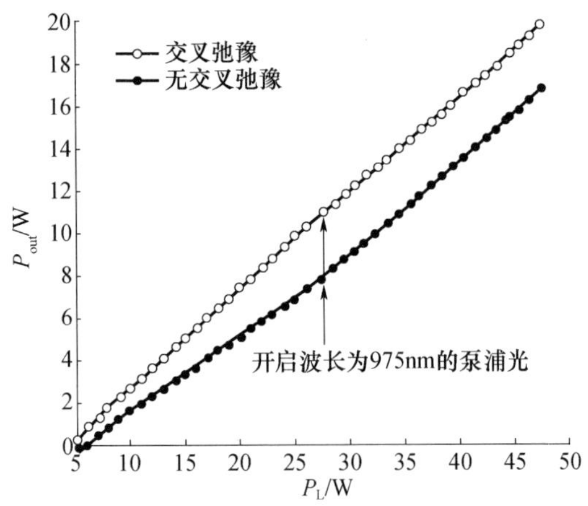

图 6-17 考虑和未考虑 Tm^{3+} 离子间交叉弛豫过程时,计算得到的输出功率 P_{out} 随入射泵浦功率 P_L 的变化

6.3.4 输出功率随泵浦功率的变化

针对表 6-1 所示的 3 个光纤激光器参数,计算得到输出功率 P_{out} 随入射泵浦功率 P_L 的变化曲线如图 6-18 所示。3 个光纤激光器的斜效率分别为 42%、

37%和27%。由图6-18可以看出,在同样的Tm^{3+}离子掺杂浓度下,增加Yb^{3+}离子掺杂浓度可以增加激光器的输出功率和斜效率,提高泵浦光的利用率;在同样的Yb^{3+}离子掺杂浓度下,增加Tm^{3+}离子掺杂浓度可以增加激光器的输出功率和斜效率,提高泵浦光的利用率。因此,可得出,在一定的浓度下,较高的Yb^{3+}离子和Tm^{3+}离子掺杂浓度可以得到较大的输出功率和较高的斜效率。

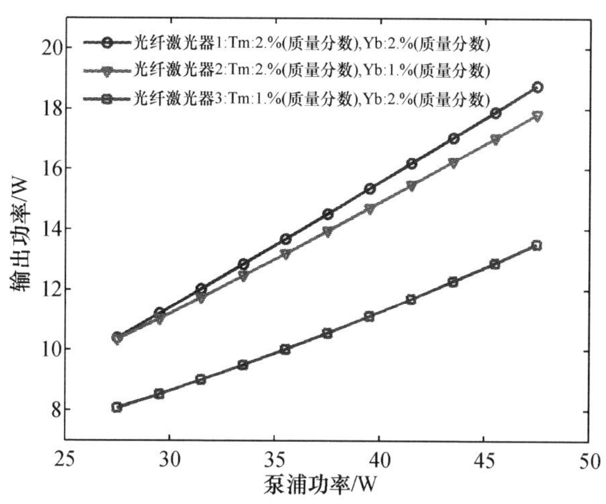

图6-18 计算得到光纤激光器1,2,3的输出功率P_{out}随入射泵浦功率P_L的变化曲线

6.3.5 输出功率随掺杂浓度的变化

设波长为805nm的泵浦光功率为26.5W,波长为975nm的泵浦光功率为21W,光纤长度为6.3m。若Tm^{3+}离子掺杂浓度固定为2%(质量分数),Yb^{3+}掺杂浓度从0到2%变化,计算得到输出功率P_{out}随Yb^{3+}离子掺杂浓度变化的曲线如图6-19的圆心曲线所示。若Yb^{3+}离子掺杂浓度固定为2%,Tm^{3+}离子从0.1%到2%变化,计算得到输出功率P_{out}随Yb^{3+}离子掺杂浓度变化的曲线如图6-19的菱形曲线所示。从图6-19可看出,在Tm^{3+}离子掺杂浓度固定时,当Yb^{3+}离子掺杂浓度较低时,增加Yb^{3+}离子掺杂浓度,光纤激光器的输出功率增加幅度较大;当Yb^{3+}离子掺杂浓度较高时(>1%),光纤激光器的输出功率增速变缓,最终趋于饱和。在Yb^{3+}离子掺杂浓度固定时,当Tm^{3+}离子掺杂浓度较低时,增加Tm^{3+}离子掺杂浓度,光纤激光器的输出功率增加幅度较大;当Tm^{3+}离子掺杂浓度较高时(>1.8%),光纤激光器的输出功率增加速率缓慢,如果不考虑Tm^{3+}离子在高掺杂浓度时的浓度淬灭,可以预计当再增加Tm^{3+}离子掺杂浓度时,光纤激光器的输出功率也将趋于饱和。因此,在一定掺杂浓度下,提高Tm^{3+}离子或Yb^{3+}离子掺杂浓度可以增加光纤激光器的输出功率。

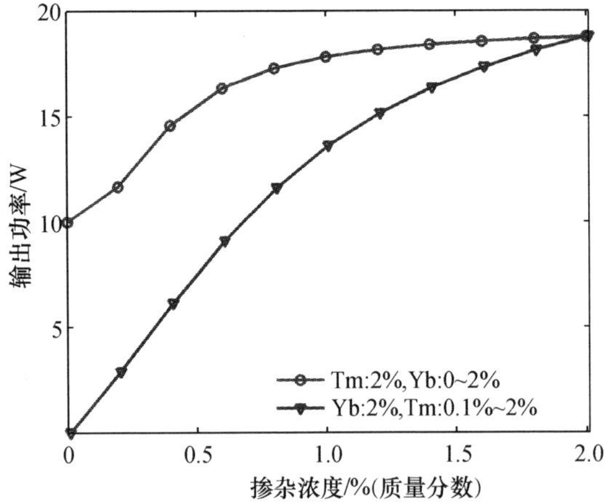

图 6-19　计算得到的输出功率 P_{out} 随 Tm^{3+} 或 Yb^{3+} 离子掺杂浓度的变化

参考文献

[1] Jackson S D. Towards high-power mid-infrared emission from a fibre laser[J]. Nature Photon., 2012, 6(7): 423-431.

[2] Wang Longfei, He Dongbing, Suya Feng, et al. Yb/Er co-doped phosphate all-solid single-mode photonic crystal fiber[J]. Sci. Rep., 2014. 4: 6139.

[3] Robin C, Dajani I, Pulford B. Modal instability-suppressing, single-frequency photonic crystal fiber amplifier with 811 W output power[J]. Opt. Lett., 2014, 39(3): 666-669.

[4] Koplow J P, Kliner D A V, Goldberg L. Single-mode operation of a coiled multimode fiber amplifier[J]. Opt. Lett., 2000. 25(7): 442-444.

[5] Alvarez-Chavez J A, Grudinin A B, Nilsson J, et al. Mode selection in high power cladding pumped fibre lasers with tapered section[J]. in Proc. Conf. Lasers and Electro-Optics. 1999. IEEE.

[6] Siegman A E. Propagating modes in gain-guided optical fibers[J]. J. Opt. Soc. Am. A, 2003, 20(8): 1617-1628.

[7] Limpert J, Zellmer H, Tünnermann A, et al. Suppression of higher order modes in a multimode fiber amplifier using efficient gain-loss-management (GLM)[J]. Advanced Solid State Lasers, 2002: 112-114.

[8] Gong Mali, Liao Suying, Yuan Yanyang, et al. High-order modes suppression in large-mode-area fiber amplifiers and lasers by controlling the mode power allocations[J]. J. Opt. A: Pure Appl. Opt., 2009, 11(1): 015701.

[9] Huo Y, Cheo P, King G. Fundamental mode operation of a 19-core phase-locked Yb-doped fiber amplifier[J]. Opt. Express, 2004, 12(25): 6230-6239.

[10] Lavoute L, Roy P, Desfarges-Berthelemot A, et al. Design of microstructured single-mode fiber combining large mode area and high rare earth ion concentration[J]. Opt. Express, 2006, 14(7): 2994-2999.

[11] Galvanauskas A, Swan M C, Liu C H. Effectively single-mode large core passive and active fibers with chirally coupled-core structures[A]. OSA CLEO, 2008.

[12] Chen Mingyang, Zhang Yongkang, Fu Xiaoxia, et al. Proposal and design of sectorial cladding optical fibre for large - mode - area, single - mode operation[J]. J. Opt., 2010, 12(5): 055403.

[13] Gong Mali, Yuan Yanyang, Li Chen, et al. Numerical modeling of transverse mode competition in strongly pumped multimode fiber lasers and amplifiers[J]. Opt. Express, 2007, 15(6): 3236 - 3246.

[14] Fini J M. Bend - resistant design of conventional and microstructure fibers with very large mode area[J]. Opt. Express, 2006. 14(1): 69 - 81.

[15] Ramachandran S, Nicholson J W, Ghalmi S, et al. Light propagation with ultralarge modal areas in optical fibers[J]. Opt. Lett., 2006, 31(12): 1797 - 1799.

[16] Nicholson J W, Ramachandran S, Ghalmi S, et al. Propagation of femtosecond pulses in large - mode - area, higher - order - mode fiber[J]. Opt. Lett., 2006, 31(21): 3191 - 3193.

[17] Lindlein N, Leuchs G, Ramachandran S. Achieving Gaussian outputs from large - mode - area higher - order - mode fibers[J]. Appl. Opt., 2007, 46(22): 5147 - 5157.

[18] Snitzer E, Po H, Hakimi F, et al. Double clad, offset core Nd fiber laser[A]. Optical Society of America, 1988.

[19] Sabaeian M, Nadgaran H, Sario M D, et al. Thermal effects on double clad octagonal Yb: glass fiber laser [J]. Opt. Mater., 2009, 31(9): 1300 - 1305.

[20] Weber T, Lüthy W, Weber H P, et al. A longitudinal and side - pumped single transverse mode double - clad fiber laser with a special silicone coating[J]. Opt. Commun., 1995, 115(1): 99 - 104.

[21] Ripin D J, Goldberg L. High efficiency side - coupling of light into optical fibres using imbedded v - grooves [J]. Electron. Lett., 1995, 31(25): 2204 - 2205.

[22] Goldberg L, Cole B, Snitzer E. V - groove side - pumped 1.5μm fibre amplifier[J]. Electron. Lett., 1997, 33(25): 2127 - 2129.

[23] Jeffrey P K, Sean W M, Dahv A V. A new method for side pumping of double - clad fiber sources[J]. IEEE J. Quantum Electron., 2003, 39(4): 529 - 540.

[24] Herda R, Liem A, Schnabel B, et al. Efficient side - pumping of fibre lasers using binary gold diffraction gratings[J]. Electron. Lett., 2003, 39(3): 276 - 277.

[25] Augst S J, Goyal A K, Aggarwal R L, et al. Wavelength beam combining of ytterbium fiber lasers[J]. Opt. Lett., 2003, 28(5): 331 - 333.

[26] Kosterin A, Temyanko V, Fallahi M, et al. Tapered fiber bundles for combining high - power diode lasers [J]. Appl. Opt., 2004, 43(19): 3893 - 3900.

[27] Ou P, Yan P, Gong M, et al. Studies of pump light leakage out of couplers for multi - coupler side - pumped Yb - doped double - clad fiber lasers[J]. Opt. Commun., 2004, 239(4 - 6): 421 - 428.

[28] Fan Z, Chun - Can W, Tigang N, et al. Multi - point side pumping scheme of fiber lasers for high - power diode arrays[J]. Opt. Commun., 2009, 282(16): 3325 - 3329.

[29] Krupka P, Grobelny A F, Beres - Pawlik E M, et al. Double - clad fibre laser pumping by side coupling method[J]. 2004. IEEE ICTON.

[30] Ueda K, Liu A. Future of high - power fiber lasers[J]. Laser Phys., 1998, 8(3): 774 - 781.

[31] Hamamatsu Photonics K K. The fiber disk laser explained[J]. Nature Photon., 2006: 14 - 15.

[32] Yan Ping, Gong Mali, Li Chen, et al. Distributed pumping multifiber series fiber laser[J]. Opt. Express, 2005, 13(7): 2699 - 2706.

[33] Stutzki F, Gaida C, Gebhardt M, et al. Tm - based fiber - laser system with more than 200 MW peak power [J]. Opt. Lett., 2015, 40(1): 9 - 12.

[34] Gaida C, Kienel M, Müller M, et al. Coherent combination of two Tm - doped fiber amplifiers[J].

Opt. Lett. ,2015,40(10):2301 – 2304.

[35] Jauregui C,Stutzki F,Jansen F,et al. Laser – Induced Efficiency Improvement for Thulium – doped Fiber Laser Systems[A]. in Advanced Solid State Lasers. 2013. Optical Society of America.

[36] Bufetov I A,Melkumov M A,Firstov S V,et al. Bi – doped optical fibers and fiber lasers[J]. IEEE J. Sel. Topics Quantum Electron. ,2014,20(5):111 – 125.

[37] Zervas M N,Codemard C A. High power fiber lasers:a review[J]. IEEE J. Sel. Topics Quantum Electron. , 2014,20(5):219 – 241.

[38] Jun Zhang,Fromzel V,Dubinskii M. Resonantly cladding – pumped Yb – free Er – doped LMA fiber laser with record high power and efficiency[J]. Opt. Express,2011,19(6):5574 – 5578.

[39] Eidam T,Rothhardt J,Stutzki F,et al. Fiber chirped – pulse amplification system emitting 3. 8 GW peak power[J]. Opt. Express,2011,19(1):255 – 260.

[40] Gray S,Walton D T,Chen X,et al. Optical fibers with tailored acoustic speed profiles for suppressing stimulated Brillouin scattering in high – power,single – frequency sources[J]. IEEE J. Sel. Topics Quantum Electron. ,2009,15(1):37 – 46.

[41] Laroche M,Gilles H,Girard S. High – peak – power nanosecond pulse generation by stimulated Brillouin scattering pulse compression in a seeded Yb – doped fiber amplifier[J]. Opt. Lett. ,2011,36(2):241 – 243.

[42] Gambetta A,Kumar V,Grancini G,et al. Fiber – format stimulated – Raman – scattering microscopy from a single laser oscillator[J]. Opt. Lett. ,2010,35(2):226 – 228.

[43] Bao H,Gu M. Reduction of self – phase modulation in double – clad photonic crystal fiber for nonlinear optical endoscopy[J]. Opt. Lett. ,2009,34(2):148 – 150.

[44] Lee K F,Nuernberger P,Bonvalet A,et al. Removing cross – phase modulation from midinfrared chirped – pulse upconversion spectra[J]. Opt. Express,2009,17(21):18738 – 18744.

[45] Xu X,Yao Y,Zhao X,et al. Multiple Four – Wave – Mixing Processes and Their Application to Multiwavelength Erbium – Doped Fiber Lasers[J]. J. Lightwave Technol. ,2009,27(14):2876 – 2885.

[46] He Wenbin,Leich M,Grimm S,et al. Very large mode area ytterbium fiber amplifier with aluminum – doped pump cladding made by powder sinter technology[J]. Laser Phys. Lett. ,2014,12(1):015103.

[47] Abedin K S,Fini J M,Thierry T F,et al. Seven – core erbium – doped double – clad fiber amplifier pumped simultaneously by side – coupled multimode fiber[J]. Opt. Lett. ,2014,39(4):993 – 996.

[48] Gaida C,Kadwani P,Leick L,et al. CW – lasing and amplification in Tm^{3+} – doped photonic crystal fiber rod[J]. Opt. Lett. ,2012,37(21):4513 – 4515.

[49] 傅玉青. 多模光纤放大器和共掺光纤激光器的速率方程分析[D]. 四川大学博士学位论文,2010.

[50] Paschotta R,Nilsson J,Tropper A C,et al. Ytterbium – doped fibre amplifiers[J]. IEEE J. Quantum Electron. ,1997,33(7):1049 – 56.

[51] Koyama M,Hirose T,Okida M,et al. Power scaling of a picosecond vortex laser based on a stressed Yb – doped fiber amplifier[J]. Opt. Express,2011,19(2):994 – 999.

[52] Galvanauskas A,Cho G C,Hariharan A,et al. Generation of high – energy femtosecond pulses in multimode – core Yb – fiber chirped – pulse amplification systems[J]. Opt. Lett. ,2001,26(12):935 – 937.

[53] Taverner D,Richardson D J,Dong L,et al. 158 – μJ pulses from a single – transverse – mode,large – mode – area erbium – doped fiber amplifier[J]. Opt. Lett. ,1997,22(6):378 – 380.

[54] Nilsson J,Paschotta R,Caplen J E,et al. Yb^{3+} – ring – doped fiber for high – energy pulse amplification [J]. Opt. Lett. ,1997,22(14):1092 – 1094.

[55] Hanna M,Papadopoulos D,Druon F,et al. Distributed nonlinear fiber chirped – pulse amplifier system[J].

Opt. Express,2009,17(13):10835 - 10840.

[56] Budz A J, Waisman J, Tiedje H F, et al. Short - Pulse Dual - Wavelength System Based on Mode - Locked Diode Lasers With a Single Polarization - Maintaining Yb: Fiber Amplifier[J]. J. Lightwave Technol., 2009. 27(16):3416 - 3424.

[57] Daniault L, Gaponov D A, Hanna M, et al. High power femtosecond chirped pulse amplification in large mode area photonic bandgap Bragg fibers[J]. Appl. Phys. B,2011:1 - 7.

[58] Gumenyuk R, Vartiainen I, Tuovinen H, et al. Dispersion compensation technologies for femtosecond fiber system[J]. Appl. Opt.,2011,50(6):797 - 801.

[59] Stone J, Burrus C A. Neodymium - doped silica lasers in end - pumped fiber geometry[J]. Appl. Phys. Lett.,1973,23(7):388 - 389.

[60] Mears R J, Reekie L, Jauncey I M, et al. Low - noise erbium - doped fibre amplifier operating at 1.54μm[J]. Electron. Lett.,1987,23(19):1026 - 1028.

[61] Sakamoto T, Shimizu M, Kanamori T, et al. 1.4 - μm - band gain characteristics of a Tm - Ho - doped ZBLYAN fiber amplifier pumped in the 0.8 - μm band. IEEE Photon[J]. Technol. Lett.,1995,7(9):983 - 985.

[62] Karasek M. Optimum design of Er^{3+} - Yb^{3+} codoped fibers for large - signal high - pump - power applications[J]. IEEE J. Quantum Electron.,1997,33(10):1699 - 1705.

[63] Kelson I, Hardy A A. Strongly pumped fiber lasers[J]. IEEE J. Quantum Electron.,1998,34(9):1570 - 1577.

[64] Braud A, Girard S, Doualan J L, et al. Energy - transfer processes in Yb:Tm - doped KY_3F_{10}, $LiYF_4$, and BaY_2F_8 single crystals for laser operation at 1.5 and 2.3 μm[J]. Phys. Rev. B,2000,61(8):5280 - 5292.

[65] Laroche M, Chardon A M, Nilsson J, et al. Compact diode - pumped passively Q - switched tunable Er - Yb double - clad fiber laser[J]. Opt. Lett.,2002,27(22):1980 - 1982.

[66] Taccheo S, Valle G D, Osellame R, et al. Er:Yb - doped waveguide laser fabricated by femtosecond laser pulses[J]. Opt. Lett.,2004,29(22):2626 - 2628.

[67] Shirakawa A, Ota J, Musha M, et al. Large - mode - area erbium - ytterbium - doped photonic - crystal fiber amplifier for high - energy femtosecond pulses at 1.55 mm.[J] Opt. Express,2005,13(4):1221 - 1227.

[68] Jasapara J C, Andrejco M J, Yablon A D, et al. Picosecond pulse amplification in a core - pumped large - mode - area erbium fiber[J]. Opt. Lett.,2007,32(16):2429 - 2431.

[69] Liu X, Chi Y, Dong G, et al. Optical gain at 1550 nm from colloidal solution of Er^{3+} - Yb^{3+} codoped $NaYF_4$ nanocubes[J]. Opt. Express,2009,17(7):5885 - 5890.

[70] Sobon G, Sliwinska D, Abramski K M, et al. 10 W single - mode Er/Yb co - doped all - fiber amplifier with suppressed Yb - ASE[J]. Laser Phys. Lett.,2014,11(2):025103.

[71] Rivera V A G, El - Amraoui M, Ledemi Y, et al. Expanding broadband emission in the near - IR via energy transfer between Er^{3+} - Tm^{3+} co - doped tellurite - glasses[J]. J. Lumin.,2014,145:787 - 792.

[72] Jackson S D. Power scaling method for 2 - μm diode - cladding - pumped Tm^{3+} - doped silica fiber lasers that uses Yb^{3+} codoping[J]. Opt. Lett.,2003,28(22):2192 - 2194.

[73] Jeong Y, Dupriez P, Sahu J K, et al. Power scaling of 2 μm ytterbium - sensitised thulium - doped silica fibre laser diode - pumped at 975nm[J]. Electron. Lett.,2005,41(4):173 - 174.

[74] Wang X, Nie Q, Xu T, et al. Tm^{3+} - doped tellurite glass with Yb^{3+} energy sensitized for broadband amplifier at 1400 - 1700 nm bands[J]. J. Rare Earth,2008,26(6):907 - 911.

[75] Zhang Y Y, Yang L W, Han H L, et al. Excitation power controlled luminescence switching in Yb^{3+} - Tm^{3+}

co - doped hexagonal $NaYF_4$ nanorods[J]. Opt. Commun. ,2009,282(14):2857 - 2860.

[76] Pal A, Dhar A, Das S, et al. Ytterbium - sensitized Thulium - doped fiber laser in the near - IR with 980 nm pumping[J]. Opt. Express,2010,18(5):5068 - 5074.

[77] Koptev M Y, Anashkina E A, Andrianov A V, et al. Two - color optically synchronized ultrashort pulses from a Tm/Yb - co - doped fiber amplifier[J]. Opt. Lett. ,2014,39(7):2008 - 2011.

[78] Chang Jun, Wang QingPu, Zhang Xingyu, et al. S - band optical amplification by an internally generated pump in thulium ytterbium codoped fiber[J]. Opt. Express,2005,13(11):3902 - 3912.

[79] Jackson S D, Mossman S. Efficiency dependence on the Tm^{3+} and Al^{3+} concentrations for Tm^{3+} - doped silica double - clad fiber lasers[J]. Appl. Opt. ,2003,42(15):2702 - 2707.

[80] Cornacchia F, Sani E, Toncelli A, et al. Optical spectroscopy and diode - pumped laser characteristics of codoped Tm - Ho:YLF and Tm - Ho:BaYF:a comparative analysis[J]. Appl. Phys. B,2002,75(8):817 - 822.

[81] Li Kefeng, Zhang Guang, Wang Xin, et al. Tm^{3+} and Tm^{3+} - Ho^{3+} co - doped tungsten tellurite glass single mode fiber laser[J]. Opt. Express,2012,20(9):10115 - 10121.

[82] Crawford S, Hudson D D, Jackson S. 3.4 W Ho^{3+}, Pr^{3+} co - doped fluoride fibre laser[A]. in CLEO:Science and Innovations. Optical Society of America,2014.

[83] Tsang Y, Richards B, Binks D, et al. A $Yb^{3+}/Tm^{3+}/Ho^{3+}$ triply - doped tellurite fibre laser[J]. Opt. Express,2008,16(14):10690 - 10695.

[84] Fu Yuqing, Chen Jianguo. Theoretical modeling of dual - wavelength pumped Yb^{3+} - Tm^{3+} co - doped silica fiber laser[J]. J. Opt. ,2010,12(9):095707.

[85] Chang J, Wang Q P, Peng G D. Optical amplification in Yb^{3+} - codoped thulium doped silica fiber[J]. Opt. Mater. ,2006,28(1):1088 - 1094.

[86] Jackson S D. Cross relaxation and energy transfer upconversion processes relevant to the functioning of 2 μm Tm^{3+} - doped silica fibre lasers[J]. Opt. Commun. ,2004,230(1):197 - 203.

[87] Jackson S D, King T A. Theoretical modeling of Tm - doped silica fiber lasers[J]. J. Lightwave Technol. , 1999,17(5):948 - 956.

[88] Moulton P F, Rines G A, Slobodtchikov E V, et al. Tm - Doped Fiber Lasers:Fundamentals and Power Scaling[J]. IEEE J. Sel. Topics Quantum Electron. ,2009,15(1):85 - 92.

[89] Peng B, Izumitani T. Optical properties, fluorescence mechanisms and energy transfer in Tm^{3+}, Ho^{3+} and Tm^{3+} - Ho^{3+} doped near - infrared laser glasses, sensitized by Yb^{3+}[J]. Opt. Mater. ,1995,4(6):797 - 810.

[90] Peterka P, Faure B, Blanc W, et al. Theoretical modelling of S - band thulium - doped silica fibre amplifiers [J]. Opt. Quantum Electron. ,2004,36(1):201 - 212.

[91] Escuer A, Jarabo S, Alvarez J M. Analysis of theoretical models for erbium - doped silica fibre lasers[J]. Opt. Commun. ,2001,187(2):107 - 123.

第7章 光纤模式的测量

7.1 模式分析的研究进展

在高功率大模场光纤[1]、多模光纤中都可能存在高阶横模。高阶模式成分受到光纤折射率分布[2]、光纤弯曲[3]、外界应力[4]、温度[4]等因素的影响。了解光纤模式特性,如模式分布、模式成分、模式功率占比、模式偏振态等将有助于更好地对模式加以抑制或利用。一方面,可以更好地理解、研究抑制高阶模式的方法,从而可以进一步增加光纤放大器纤芯尺寸,抑制非线性效应,提升放大增益;另一方面,在一些利用高阶模式的应用场合,例如通过长周期光栅转换法[5,6]、相位板法[7]等模式转换技术将高阶模转换成基模,要获得较高的模式转换效率也必须详细了解模式功率占比等情况。因此,有必要详细研究光纤中的模场分布、模式数目及功率占比以及对光束质量的影响。2006年,日本宇都宫大学的Hidehiko Yoda等人[8]研究了阶跃光纤中线偏振模的光束质量因子(M^2因子)随光纤V值的变化,并分析了两种典型的模式相干叠加情况。分析结果表明,当光纤模式非常接近于截止条件时,其对应的M^2因子具有一个峰值。在相干叠加情况下,由于高阶模式的引入,光束质量恶化。2007年,美国新泽西州国家通信实验室的Stephan Wielandy等人[9]研究了大模场光纤中高阶模成分对光束质量的影响。分析结果表明,即使大模场光纤输出激光光束质量极好($M^2<1.1$),也不意味着大模场光纤里面的高阶模式成分较少,而且由于光纤内模式位相的影响,高阶模的存在将对光束质量、峰值强度都产生明显的影响。2007年,清华大学[10]从理论上证实了在纤芯区域选取不同的掺杂分布形状,可以改变模式间的竞争能力、重新分配光纤内各模式的功率占比。当纤芯区域的掺杂分布为平顶分布时,重叠因子越小,基模越占优势;在引入弯曲下,基模所占比例明显增高,有利于提高输出光的光束质量。2008年,德国汉诺威激光中心的N. Andermahr等人[11]通过分析包含局部增益饱和的菲涅尔波动方程,分析了一个大模场面积光纤放大器横模间的模式竞争。2008年,清华大学[12]分析了大模场

放大器中模式失真对横模模式竞争的影响。他们的分析结果表明,模式失真对光纤内各模式功率分布影响很大,在大模场光纤设计中应给予考虑。2009 年,他们提出了一种新方法,即插入光纤滤波器来改变光纤内各模式间的功率分配[3],采用光纤滤波器可以有效地抑制高阶模式成分。2010 年,四川大学[13]研究了阶跃光纤中的线偏振模 LP_{mn} 相干和非相干叠加时的光束质量,其中一个重要的结论是 M^2 因子小(趋于 1)的光束不一定指的是基模运行;同样地,M^2 因子大的光束不一定代表高阶模式的功率占比小。2010 年,以色列的 Yariv Shamir 等人[14]分析和优化了一个绝热的低模锥形光纤合束器的光束质量。2011 年,德国 Cesar Jauregui 等人[2]研究了高功率光纤放大器中模间干涉对输出光束质量的影响。2015 年,国防科技大学[15]研究了高功率光纤激光器中的模式成分。光纤模式的分析和表征在模分复用[16,17]、色散补偿器[2-3]、光纤折射率分布表征[4]、光纤模式转换器[5]、偏振控制仪[6]和光纤传感器[18-20]等应用中发挥了重要作用。

对光纤模式测量与分析的方法多种多样。最早采用的有边发射技术[7],该方法不仅可以激发多模光纤中的高阶模,同时可测量其相对功率;但是其对光纤包层暴露技术的精确度要求高、难度较大。Andermahr 等人提出三镜环形腔法[8],但该方法需要光纤精确对准,并且只能测出功率含量大于 3% 的高阶模式。另外,还有低相干干涉技术[9-11],它可以同时测量空间相位、强度分布以及模式色散性质等参数,但其结构较复杂并且缺乏较强的鲁棒性。2008 年,Nicholson 等提出了基于空间和频谱分辨成像法[12-16],可以用来确定激发模式在横向分布和相对功率值;但是该方法只考虑基模和高阶模之间的干涉,忽略了高阶模间的干涉;Nguyen 等人对其进行了完善,以提高光纤模式测量精确度[21]。近年来,空间和频谱分辨成像法(S^2)更是因为其优越的特性被人们关注[22]。在 S^2 基础上,本书作者提出了 F^2 法,进一步提高了测量模式分布和模式功率占比的精度。

7.1.1 解析 CCD 图像法

2003 年,加拿大蒙特利尔工程学院的 Skorobogatiy 等人提出了解析 CCD 图像法[23],图 7-1 为实验装置图。He-Ne 激光器出来的光通过透镜耦合进光纤后,主要激发 LP_{01} 模式,通过一个由几个紧紧缠绕的光纤环组成的模式剥离器,模式转换成 LP_{11} 模式(转换成何种模式是由模式剥离器的光纤环的直径来决定的),由 CCD 接收信息。通过分析 CCD 图像来确定转换后的模式以及转换的百分比。

解析 CCD 图像法是从 CCD 记录的远场强度图样获得本征模的权重信息。首先要用转换矩阵法计算特定光纤分布的本征模,接着定义一个目标函数为预

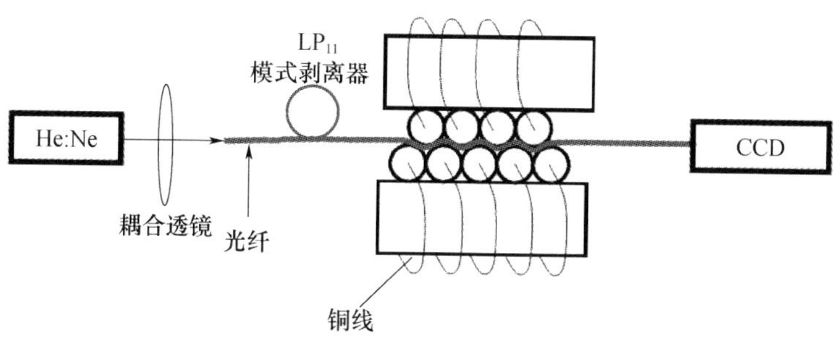

图 7-1 解析 CCD 图像法的实验装置图[23]

测强度和测量强度差异的平方和,通过多次改变权重和相位来获得最小的目标函数值,这时的权重和相位即对应所要测量的本征模的权重和相位。这种方法需要不断地改变拟合参数来获得较好的匹配。

7.1.2 三镜环形腔法

2008 年,德国联邦物理技术研究院的 Andermahr 等人提出三镜环形腔法[24],图 7-2 为实验装置示意图。Nd:YAG 单频率非平面环形振荡器(NPRO)通过两透镜组合 f_1、f_2 耦合进少模光纤(该光纤存在四种模式,当弯曲半径为 8cm 时,高阶模式被抑制),通过一个挤压器来激发高阶模。偏振分析部分由1/4 波片和偏振分束器(PBS)组成,模式分析部分由环形谐振腔组成。旋转 1/4 波片,用光电探测器 1(PD_1)、光电探测器 2(PD_2)分别记录不同角度下光束的总功率以及各个模式的功率。

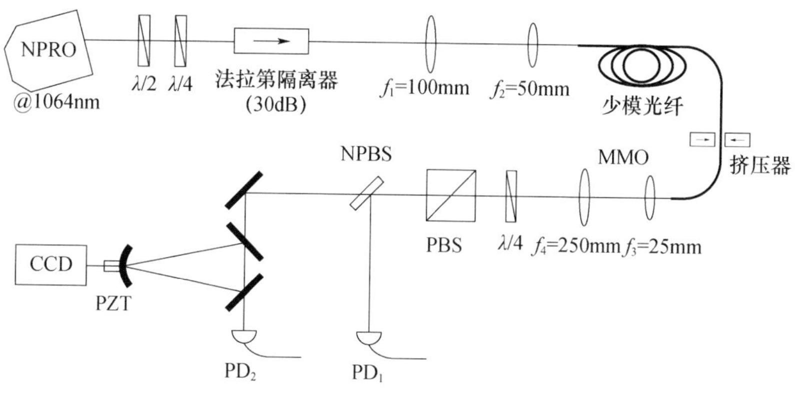

图 7-2 三镜环形腔法实验装置图[24]

三镜环形腔法主要是用一个大容量 F-P 谐振腔的更高阶模式匹配于光纤放大器的更高阶模式。利用环形谐振腔的本征模具有不同的古埃相移而导致不同的谐振长度,通过扫描谐振长度可以得到各个模式的功率成分。不过该方法需要光纤的精确对准,并且只能测出功率含量大于3%的高阶模。

7.1.3 低相干干涉法

德国埃尔兰根-纽伦堡大学光学信息和光子学研究所提出了低相干干涉法来确定模式分布以及模间色散[25],图7-3为实验装置图。光源为掺铒光纤放大器(EDFA),迈克尔逊干涉仪由作为干涉臂的光纤和作为参考臂的自由空间组成。步进电机控制自由空间长度。光纤臂上,光被耦合进待测光纤,后又经过镀有金膜的反射镜 M_1 反射,干涉图样由CCD记录。随着参考臂的移动,当干涉臂上光纤某个模式与参考臂的光程长度相匹配时,会出现干涉图样。通过 N 次相移法可以求出各个模式的分布。

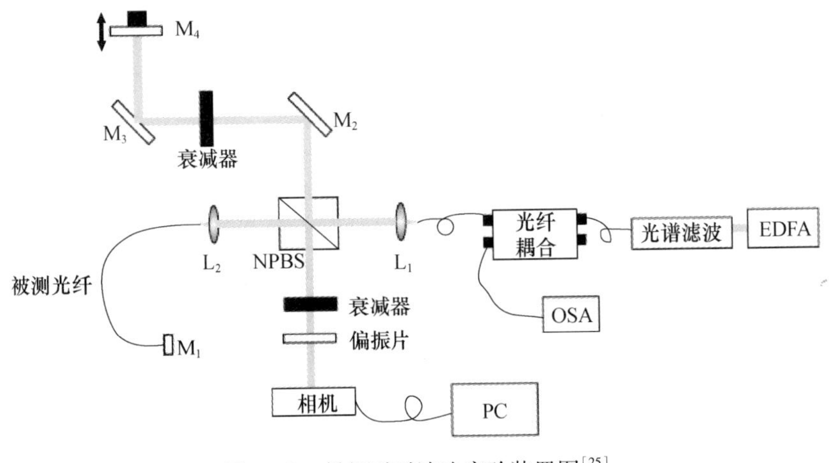

图7-3 低相干干涉法实验装置图[25]

英国巴斯大学物理学院光子学和光子材料中心的Nandi等人[26]利用低相干干涉法观察到全光纤模式转换器中不同模式在中心波长750nm处的相对群时延,并且利用傅里叶技术计算输出端的模式强度和相位分布。加拿大多伦多大学电子计算机学院的Michael等人用虚拟参考臂干涉法测量了多模光纤中的模式色散[27]。

低相干干涉法基于迈克尔逊干涉仪,只有参考臂的光程和光纤中某个模式相匹配时才会出现干涉图样。由于模式在光纤中的传播常数不同,随着参考臂的移动会逐渐恢复出所干涉的模式。该方法需要确保待测臂和参考臂的光程差小于光源的相干长度。

7.1.4 C^2 成像法

C^2 成像法实际上是低相干干涉法的一种改进,不同点在于这种方法使用色散补偿单模光纤作为参考臂,而低相干干涉法使用自由空间作为参考臂。C^2 成像法即使在小的相对群时延下也可以确定模式分布、权重、相对群时延以及模间色散。

2011 年,美国波士顿大学电子和计算机工程学院光学中心的 Schimpf 等人提出了 C^2 成像法(Cross - Correlated Imaging)[28],图 7 -4 为实验装置图和结果图。光源为宽谱光源,迈克尔逊干涉仪的参考臂为色散补偿单模光纤。在参考臂上,电控平移台的扫描范围可以完整地覆盖待测光纤中每个模式的群时延。当每次移动平移台时,用 CCD 记录下待测光纤输出的近场和参考臂的放大光束之间的干涉。这样,就能得到每个像素点处的时域图,从而重建参与干涉的模式。

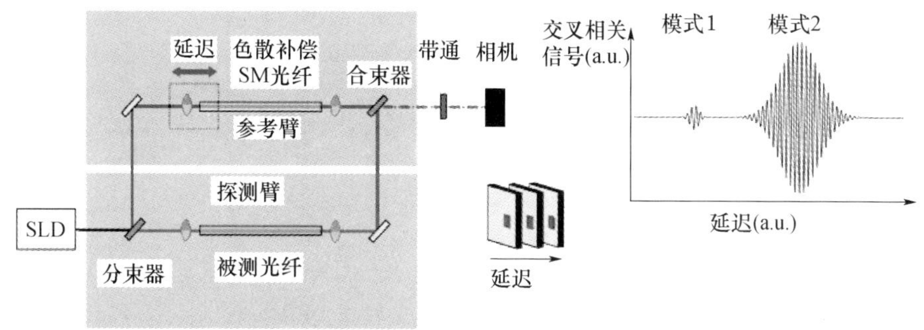

图 7 -4　C^2 成像法实验装置图和结果图[28]

2012 年,他们使用 C^2 成像法来表征少模光纤,展示了光纤中不同模式由于弯曲产生的双折射[29]。这种方法也适用于高功率光纤激光器和模分复用光通信系统中偏振对波传播的影响。2013 年,丹麦技术大学光学工程学院的 Laurila 等人使用 C^2 成像法在不同波长范围分析了光子晶体带隙光纤的模态含量,并评价了模态含量对不同输入耦合条件的灵敏度[30]。2014 年,美国波士顿大学电子工程与光电子中心的 Jeff 等人将 C^2 成像法的测量速度提高到了亚秒量级[31]。2015 年,美国波士顿大学电气与计算机工程系的 L. Yan 等人用 C^2 成像法测量了光纤光栅中的模态权重[32]。

7.1.5　相关滤波器法

相关滤波器法是将待测光纤输出光斑通过计算机生成的全息图(基于待测模式空间分布并且带有特殊设计传输函数)或空间光调制器后,再通过一个简单的强度测量就可以获得模态的相位和振幅信息,从而重建待测光纤的光场。这种方法的优势在于它精确的唯一性和实验的简单性,但是如果要用全息图作为滤波器就需要提前知道光纤的几何参数,如果在不知道光纤性质的条件下用空间光调制器作为滤波器就需要不断地调整编码。

2009 年,德国耶拿弗里德里希·席勒大学应用物理研究所的 Kaiser 等人提出相关滤波器法来进行完整的模态分解[33]。图 7－5 为实验装置图,Nd:YAG 激光器通过空间耦合方式激发光纤中的模式,由显微物镜系统和透镜对光纤输出光斑进行放大,通过光束分束器进行分光。一束光经过模式分析元件(MODAN)(这里使用的是全息光学元件作为相关滤波器)以及傅里叶透镜,第一个 CCD 记录的信息可以获得相关模式的权重和相位;另一束光经过一个反射镜后,第二个 CCD 记录近场分布和远场分布,获得总场分布。

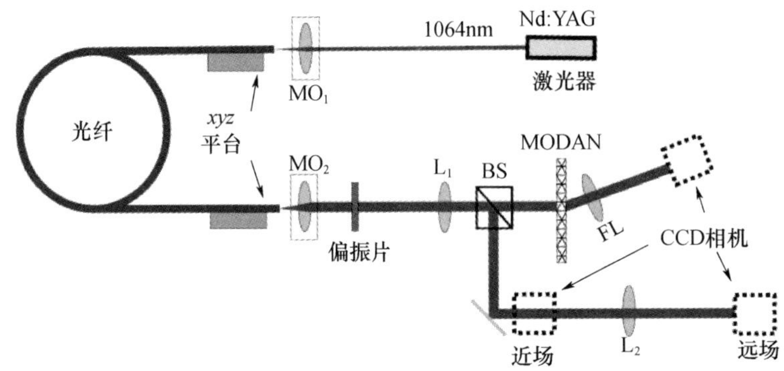

图 7－5 相关滤波器法的实验装置图[33]

2010 年,德国耶拿弗里德里希·席勒大学应用光学研究所的 Flamm 等人使用计算机生成的全息图(CGH)作为相关滤波器,测量了在有源阶跃大模场光纤中传输的各个模式的偏振态[34]。这以后,他们又用同样的方法确定了激发的光纤模式的振幅和相位,接着测量了光纤输出光束的光束质量;之后又使用空间光调制器作为相关滤波器对光纤模式进行分解;然后使用相关滤波器法测量了多模光束的模态功率频谱;再使用相关滤波器法对光纤到光纤耦合过程进行表征[21]。2013 年 12 月,同一个团队的 Schulze 等人使用相关滤波器法对光纤中模态进行分解,接着测量了光纤中高阶模的传输损耗[35];2014 年,用该方法测量了多模光纤中的有效折射率差[36]。

7.2 S^2 法

7.2.1 基本原理

当两个模式在空间点(x,y)处叠加时,会由于不同模式在宽谱光源下的群时延差异而发生频谱干涉。假设基模和高阶模进行干涉,用一个系数 α_{mn} 相关联可以得到以下关系:

$$E_{mn}(x,y,\omega)=\alpha_{mn}(x,y)E_{01}(x,y,\omega)\mathrm{e}^{\mathrm{i}\omega\Delta\tau_{mn}} \tag{7-1}$$

式中：E_{01} 和 E_{mn} 分别为基模和高阶模的场分布；$\Delta\tau_{mn}$ 为高阶模和基模之间的相对群时延。根据光的相干理论，在光纤中传输的基模和高阶模之间要产生模间干涉，其干涉光场分布可以由下式表示：

$$E(x,y,\omega) = E_{01}(x,y,\omega) + \sum_{m\neq 0,n\neq 1} \alpha_{mn}(x,y)E_{01}(x,y,\omega)\mathrm{e}^{\mathrm{i}\omega\Delta\tau_{mn}} \tag{7-2}$$

那么其相应的频谱干涉强度为

$$\begin{aligned} I(x,y,\omega) &= E(x,y,\omega)\cdot E^{*}(x,y,\omega) \\ &= I_{01}(x,y,\omega)\Big[1+\sum_{m\neq 0,n\neq 1}\alpha_{mn}(x,y)\mathrm{e}^{\mathrm{i}\omega\Delta\tau_{mn}}\Big]\times\Big[1+\sum_{p\neq 0,q\neq 1}\alpha_{pq}(x,y)\mathrm{e}^{-\mathrm{i}\omega\Delta\tau_{pq}}\Big] \\ &= I_{01}(x,y,\omega)\Big[1+\sum_{m\neq 0,n\neq 1}\alpha_{mn}^{2}(x,y)+\sum_{m\neq 0,n\neq 1}\alpha_{mn}(x,y)\big(\mathrm{e}^{\mathrm{i}\omega\Delta\tau_{mn}}+\mathrm{e}^{-\mathrm{i}\omega\Delta\tau_{mn}}\big) \\ &\quad+\sum_{\substack{m\neq p,n\neq q\\ m\neq 0,n\neq 1}}\alpha_{mn}(x,y)\alpha_{pq}(x,y)\mathrm{e}^{\mathrm{i}\omega(\Delta\tau_{mn}-\Delta\tau_{pq})}\Big] \end{aligned} \tag{7-3}$$

式中：$I_{01}(x,y,\omega)$ 为基模的强度分布。对频谱干涉强度进行逆傅里叶变换可得到时域强度分布：

$$\begin{aligned} F(x,y,\tau) &= \Big[1+\sum_{m\neq 0,n\neq 1}\alpha_{mn}^{2}(x,y)\Big]F_{01}(x,y,\tau)+ \\ &\quad\sum_{m\neq 0,n\neq 1}\alpha_{mn}(x,y)\big[F_{01}(x,y,\tau-\Delta\tau_{mn})+F_{01}(x,y,\tau+\Delta\tau_{mn})\big]+ \\ &\quad\sum_{\substack{m\neq p,n\neq q\\ m\neq 0,n\neq 1}}\alpha_{mn}(x,y)\alpha_{pq}(x,y)F_{01}(x,y,\tau-\Delta\tau_{mn}+\Delta\tau_{pq}) \end{aligned} \tag{7-4}$$

式中：$F_{01}(x,y,\tau)$ 为基模的光场的逆傅里叶变换。式(7-4)的第二项为高阶模和基模之间的干涉，在 $\tau=\Delta\tau_{mn}$ 处会有一个尖峰，它为某个模式和基模之间的拍。定义 $f(x,y)$ 为频谱干涉强度的逆傅里叶变换值在相对群时延为 $\Delta\tau_{mn}$ 和 0 时的比值：

$$f_{mn}(x,y) = \frac{F(x,y,\tau=\Delta\tau_{mn})}{F(x,y,\tau=0)} = \frac{\alpha_{mn}(x,y)}{1+\sum_{p\neq 0,q\neq 1}\alpha_{pq}^{2}(x,y)} \tag{7-5}$$

这样就可以得到 $f_{mn}(x,y)$ 与 $\alpha_{mn}(x,y)$ 的关系：

$$\alpha_{mn}(x,y) = \frac{f_{mn}(x,y)\left(1-\sqrt{1-4\sum_{p\neq 0,q\neq 1}f_{pq}^{2}(x,y)}\right)}{2\sum_{p\neq 0,q\neq 1}f_{pq}^{2}(x,y)} \tag{7-6}$$

因此就可以重建基模和高阶模的强度分布：

$$I_{01}(x,y) = I_{T}(x,y)\frac{1}{1+\sum_{m\neq 0,n\neq 1}\alpha_{mn}^{2}(x,y)} \tag{7-7}$$

$$I_{mn}(x,y) = I_T(x,y)\frac{\alpha_{mn}^2(x,y)}{1+\sum\limits_{p\neq 0,q\neq 1}\alpha_{pq}^2(x,y)} \tag{7-8}$$

式中：$I_T(x,y)$ 为给定点(x,y)积分后的频谱干涉强度，可得到多路径干涉值 MPI 为

$$\mathrm{MPI} = 10\lg\frac{\iint I_{mn}(x,y)\mathrm{d}x\mathrm{d}y}{\iint I_{01}(x,y)\mathrm{d}x\mathrm{d}y} \tag{7-9}$$

即为高阶模与基模的功率比，这样就可以获得高阶模的相对功率和强度分布。式(7－4)中的第三项代表高阶模之间的干涉，这样导致了逆傅里叶变换中在时延$|\Delta\tau_{mn}-\Delta\tau_{pq}|$处增加尖峰，它们的比值$f_{mn,pq}$定义为

$$f_{mn,pq}(x,y) = \frac{F(x,y,\tau=\Delta\tau_{mn}-\Delta\tau_{pq})}{F(x,y,\tau=0)} = \frac{\alpha_{mn}(x,y)\alpha_{pq}(x,y)}{1+\sum\limits_{m\neq 0,n\neq 1}\alpha_{mn}^2(x,y)} \tag{7-10}$$

如果高阶模相对于基模较弱，忽略高阶模之间的干涉，式(7－5)和式(7－10)可写成如下形式：

$$f_{mn}(x,y) = \frac{\alpha_{mn}(x,y)}{1+\alpha_{mn}^2(x,y)} \tag{7-11}$$

$$f_{mn,pq}(x,y)\approx 0 \tag{7-12}$$

在考虑高阶模间干涉的情况下，会在频谱干涉强度逆傅里叶变换图上看到高阶模与基模之间干涉得到的尖峰和高阶模之间干涉得到的尖峰。

综上，基于空间和频谱分辨测量法的数据处理过程如下：

(1) 由于光纤模式间的不同群时延，待测光纤中任意两模式在空间位置(x,y)处形成空间叠加，发生频谱干涉，获得待测光纤光斑上每个点的频谱干涉强度$I(x,y,\omega)$。

(2) 对步骤(1)中获得的每个点的频谱干涉强度进行逆傅里叶变换得到时域强度分布$F(x,y,\tau)$，将每个点的时域强度分布取模后相加，可得到横坐标为相对群时延，纵坐标为时域强度的总时域图。

(3) 由于每个光纤模式间群时延差异的不同，总时域图上会在几个$\tau=\Delta\tau_{mn}$处出现若干尖峰，这些尖峰位置处分别对应不同光纤模式的群时延，根据式(7－5)可以得到$f_{mn}(x,y)$，根据式(7－6)得到$\alpha_{mn}(x,y)$。

(4) 利用步骤(3)得到的$\alpha_{mn}(x,y)$，根据式(7－7)和式(7－8)重建基模强度分布$I_{01}(x,y)$和高阶模强度分布$I_{mn}(x,y)$，根据式(7－9)即可获得高阶模与基模的相对功率比 MPI 值。

7.2.2 数值模拟

设光源中心波长为1.07μm，谱宽为10nm，光纤纤芯直径为14μm，折射率为

1.4675，包层直径为125μm，折射率为1.4631，光纤长度为1m。在波长为1.07μm时，归一化频率V为4.6725，光纤中会存在LP_{01}、LP_{02}、LP_{21}和LP_{11}四种模式。模拟的结果如图7-6和图7-7所示。

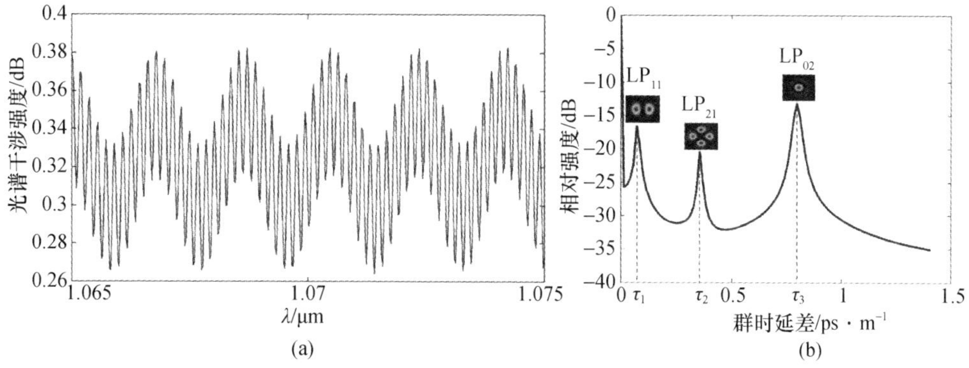

图7-6 不考虑高阶模间干涉的模拟结果

(a)某一探测点(x,y)的频谱干涉强度;(b)总时域图。

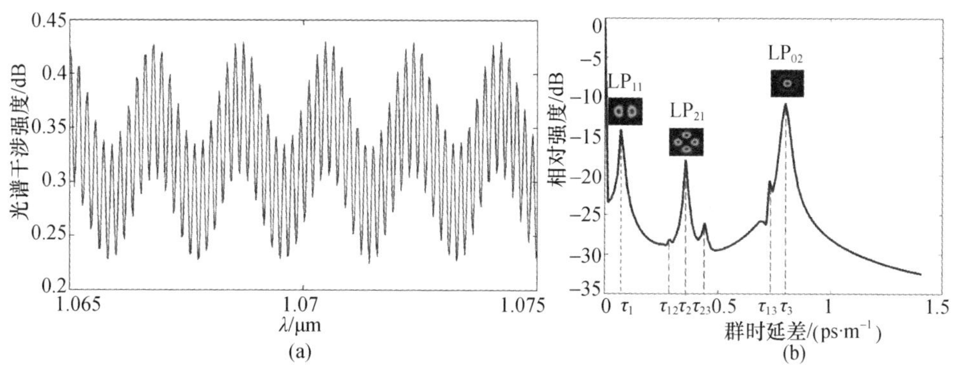

图7-7 考虑高阶模间干涉的模拟结果

(a)某一探测点(x,y)的频谱干涉强度;(b)总时域图。

当不考虑高阶模间干涉时，模拟结果如图7-6所示；图7-7为考虑了高阶模间干涉的情况。其中，图7-6(a)和图7-7(a)分别为某一探测点(x,y)的频谱干涉强度；而图7-6(b)和图7-7(b)分别为对所有位置(x,y)上的空间扫描频谱干涉强度进行逆傅里叶变换后取模相加得到的总时域图。由图7-6(b)可以看出，当不考虑高阶模时，在总时域图的相对群时延差τ_1，τ_2和τ_3处可以看到三个尖峰，分别对应于LP_{11}，LP_{21}，LP_{02}。而图7-7(b)中在相同的τ_1，τ_2，τ_3处的尖峰也对应着这三个模式，但是除了这些模式所对应的尖峰外，还有其他几个尖峰存在。在$\tau_{12}=\tau_2-\tau_1$处得到的尖峰即为LP_{11}和LP_{21}干涉得到的尖峰；同样地，在τ_{23}，τ_{13}处也会得到尖峰，它们都是高阶模之间干涉得到的尖峰。因此，需要将高阶模之间干涉得到的尖峰去除，这样才能得到需要的高阶模的信息。

一般来说,高阶模弱于基模,f_{mn},f_{pq}一般大于$f_{mn,pq}$,因此最高尖峰所对应的就是某个真实高阶模;根据该尖峰所对应的相对群时延差异减去第二高尖峰的相对群时延差异会得到高阶模间干涉的尖峰,而这个尖峰会低于对应的那两个模式的尖峰,依此类推,就会找出全部高阶模之间干涉的尖峰,从而得到待测光纤高阶模的信息。

虽然忽略高阶模间的干涉可以很容易地重建光纤中激发的模式,但是在实际光纤模式测量过程中,由于不能保证光纤中高阶模含量总是弱于基模,因此不能忽略高阶模之间的干涉。采用考虑高阶模间干涉的算法可以提高实验测量结果的精确性。

下面简要讨论影响重建光纤模式结果的几个因素。

7.2.2.1 光斑的采集点数对模式重建结果的影响

基于空间和频谱分辨测量光纤模式法需要对光斑上每个点进行频谱干涉强度测量,因此光斑上采集点数对重建结果有一定的影响。理论上来说,当然是点数越多越精确,但是从实际上来说,需要同时考虑重建的精确度和时间的控制。设光源谱宽为20nm,光谱仪分辨率为0.05nm,光纤长度L为1m,改变光斑采集点数得到图7-8、图7-9和图7-10所示的结果,对应的采集点数分别为10×10,30×30和40×40。

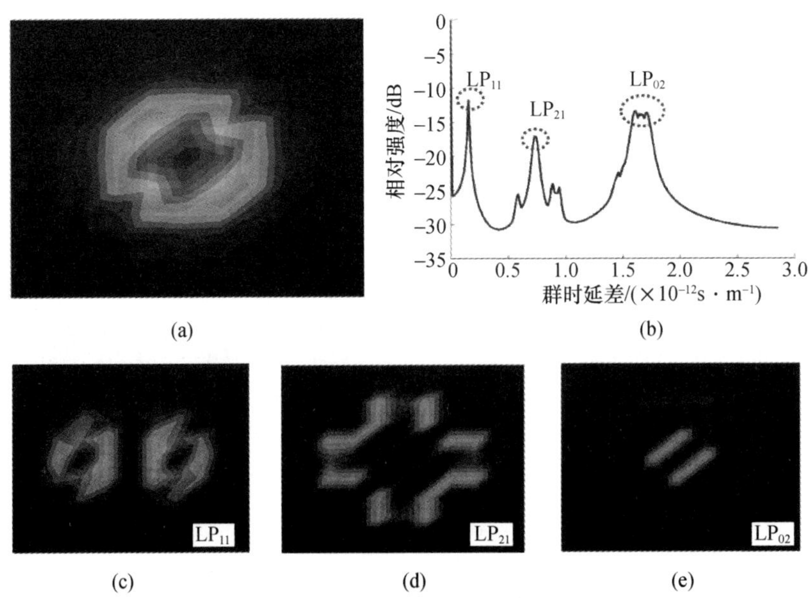

图7-8 采集点数为10×10的重建结果

(a)光束强度分布图;(b)总时域图;(c)重建的模式图LP_{11};(d)重建的模式图LP_{21};(e)重建的模式图LP_{02}。

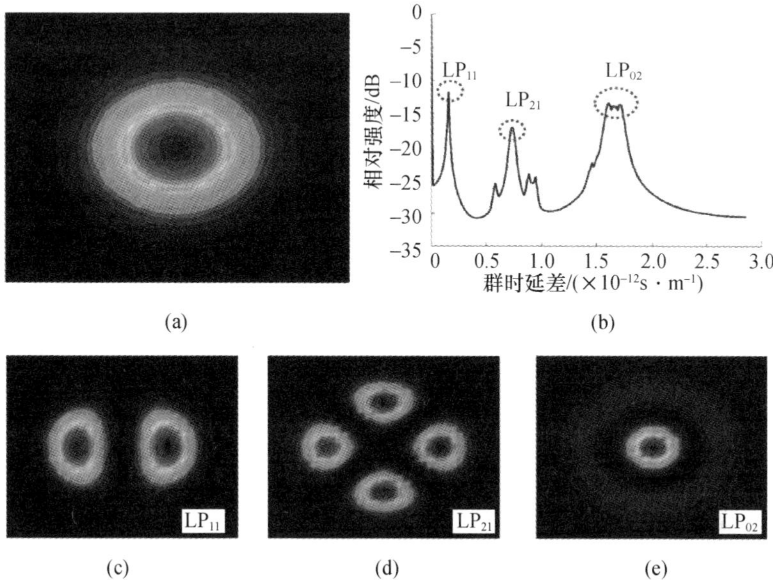

图7-9　采集点数为30×30的重建结果

(a)光束强度分布图;(b)总时域图;(c)重建的模式图LP_{11};

(d)重建的模式图LP_{21};(e)重建的模式图LP_{02}。

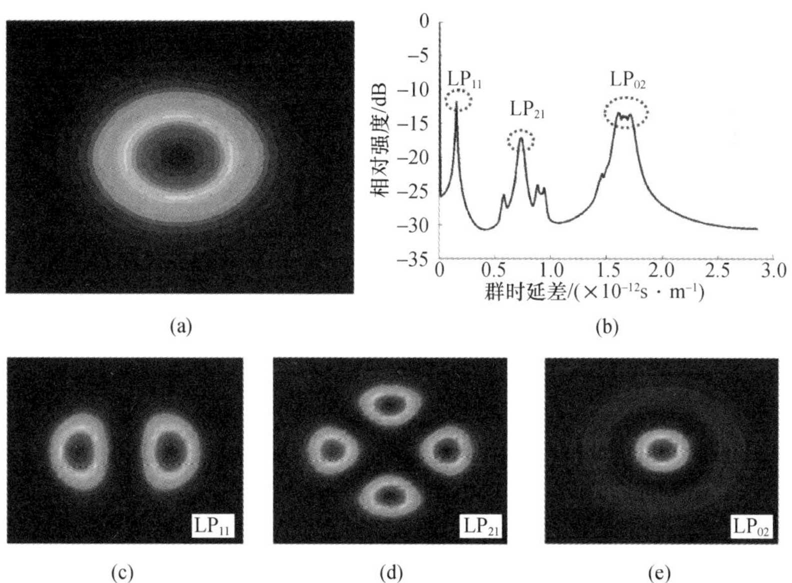

图7-10　采集点数为40×40的重建结果

(a)光束强度分布图;(b)总时域图;(c)重建的模式图LP_{11};

(d)重建的模式图LP_{21};(e)重建的模式图LP_{02}。

图 7－8、图 7－9 和图 7－10 中的(a)为用所有点的频谱干涉强度进行积分来重建的光束强度分布图，图 7－8、图 7－9 和图 7－10 中的(b)为对所有点的光谱进行逆傅里叶变换后取模相加得到的总时域图，图 7－8、图 7－9 和图 7－10 中的(c)～(e)为重建的模式图。对比这三个图可以看出，当采集点数比较少时，重建的模式图并不是很精确，而点数到达一定值时，重建的结果并没有相差多少。综合考虑，选取的点数为 30×30 附近比较适宜。

7.2.2.2 光纤长度对模式重建结果的影响

图 7－11 为不同光纤长度下，对所有点的频谱干涉强度进行逆傅里叶变换后取模相加得到的总时域强度图。设光源谱宽为 20nm，光谱仪分辨率为 0.05nm，光斑采集点数为 30×30，选取光纤长度 $L=0.1\text{m}$、1m、2m。由于每个模式的群时延不同，在对应的尖峰上可以重建参与干涉的高阶模。当光谱仪分辨率和光源谱宽一定时，在长度为 L 的光纤中不同模式间的相对群时延的最小值要大于时域中群时延的最小间隔，这样才不会覆盖存在的模式干涉后应该出现的尖峰。同时，随着光纤长度的增大，不同模式间的群时延差异也在变大，这样就更容易分辨出光纤中所激发的模式。由图 7－11 可知，当光纤长度为 0.1m 时，由于

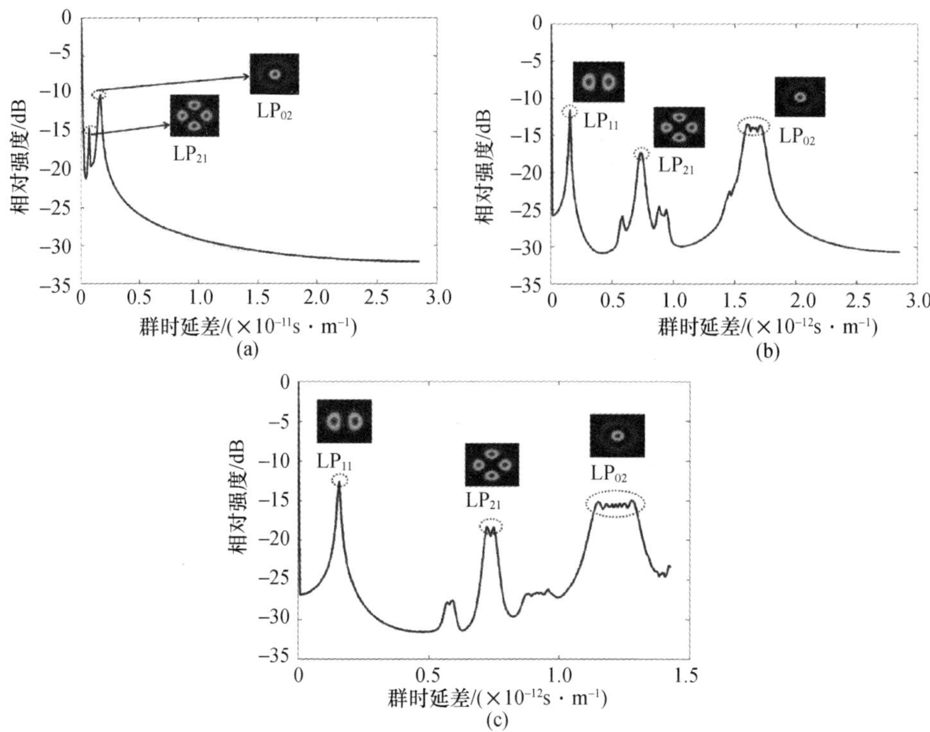

图 7－11 不同光纤长度所对应的总时域图

(a)光纤长度为 0.1m；(b)光纤长度为 1m；(c)光纤长度为 2m。

LP_{11}和基模LP_{01}的相对群时延差异较小,没有出现比较明显的尖峰,因此只能够重建LP_{21}和LP_{02}。当光纤长度为1m和2m时,都能够重建存在的LP_{11}、LP_{21}和LP_{02}三种高阶模。因此,只有在合适的光纤长度下才能够分辨出光纤中激发的所有模式。

7.2.2.3 光源谱宽对重建模式结果的影响

图7-12为不同光源谱宽的情况下,对所有点的频谱干涉强度进行逆傅里叶变换后取模相加得到的时域图。设光谱仪分辨率为0.05nm,光斑采集点数为30×30,光纤长度为1m,选取光源谱宽为1nm,10nm,20nm和100nm。当光谱仪分辨率和长度一定时,当谱宽只有1nm时,只能重建LP_{21}和LP_{02}两种模式。而当光源谱宽达到10nm甚至更大时,都能重建存在的LP_{11},LP_{21}和LP_{02}三种高阶模式。这是因为随着光源谱宽的增大,对应的群时延可以覆盖更多的模式拍周期,从而使得模式的重建更加完整。

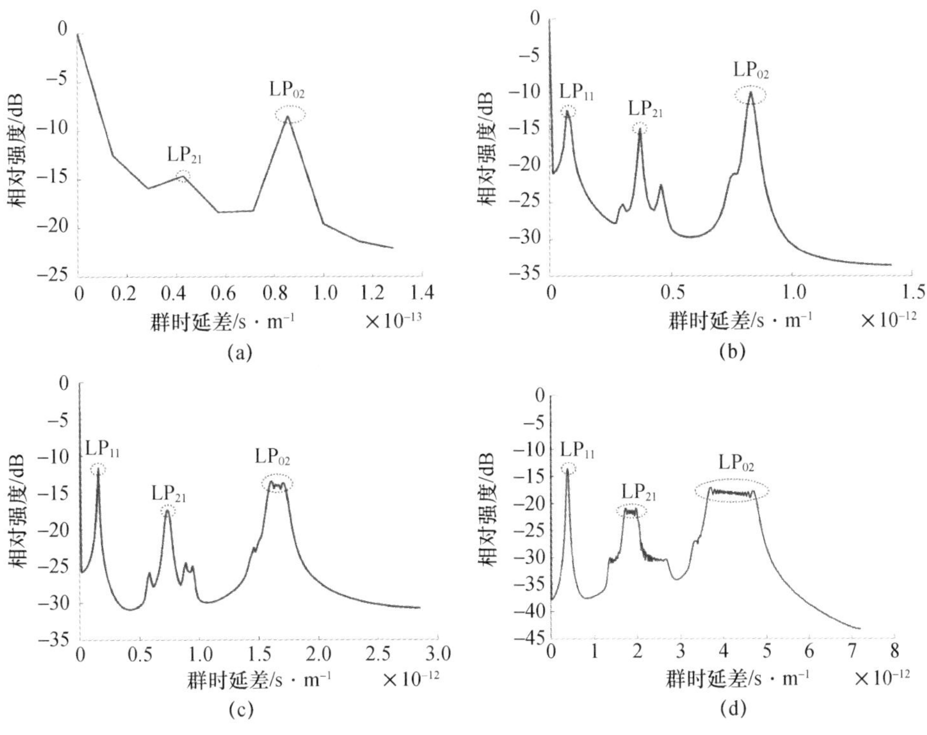

图7-12 不同光源谱宽所对应的总时域图

光源谱宽分别为(a)1nm;(b)10nm;(c)20nm;(d)100nm。

7.2.2.4 光谱仪分辨率对模式重建结果的影响

光谱仪的分辨率影响模式重建结果。设光源谱宽20nm,光斑采集点数为

30×30,光纤长度为1m。图7-13~图7-17是光谱仪分辨率分别为1nm,0.5nm,0.1nm,0.05nm和0.02nm的频谱干涉强度图和总时域图。图7-13~图7-17中的(a)为某探测点的频谱干涉强度,可以看出,不同光谱仪分辨率下得到的频谱干涉强度分布是不同的。在一定谱宽下,随着光谱仪分辨率的提高,采集到的细节会更多,这样会测得更多的信息。图7-13~图7-17中的(b)为对所有点的频谱干涉强度进行逆傅里叶变换后取模相加得到的总时域图,可以看出,光谱仪分辨率越高,能够重建的模式越全。

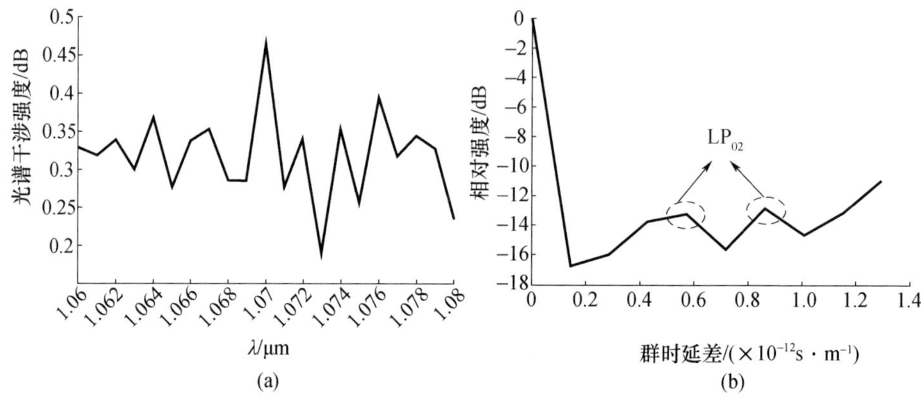

图7-13　光谱仪分辨率为1nm时的频谱干涉强度图和相应的总时域图

(a)某探测点的频谱干涉强度;(b)总时域图。

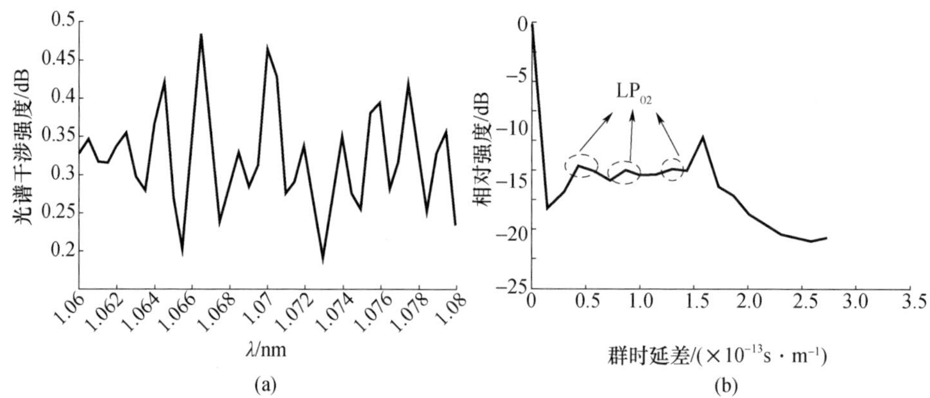

图7-14　光谱仪分辨率为0.5nm时的频谱干涉强度图和相应的总时域图

(a)某探测点的频谱干涉强度;(b)总时域图。

综上所述,基于空间和频谱分辨测量光纤模式法依赖于光纤中传输的各个模式间的相对群时延差异,因此要求光源谱宽和光纤长度所确定的时域中的最小间隔要小于光纤中各个模式的相对群时延差,这样才能把光纤中各个模式分辨出来。

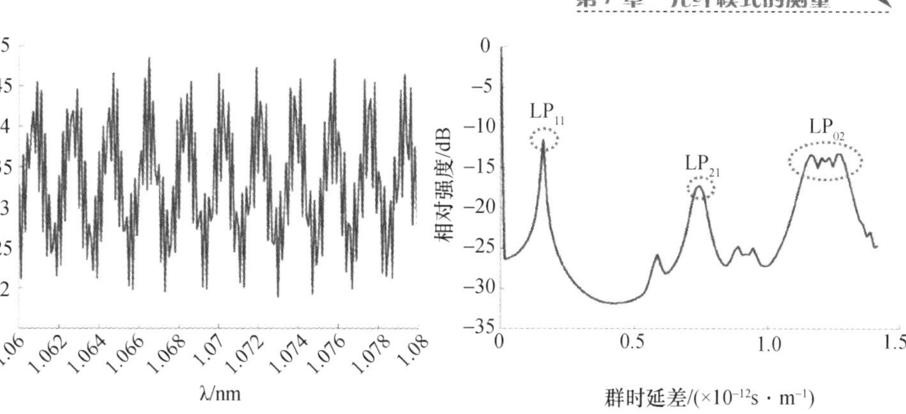

图 7－15 光谱仪分辨率为 0.1nm 时的频谱干涉强度图和相应的总时域图
(a)某探测点的频谱干涉强度;(b)总时域图。

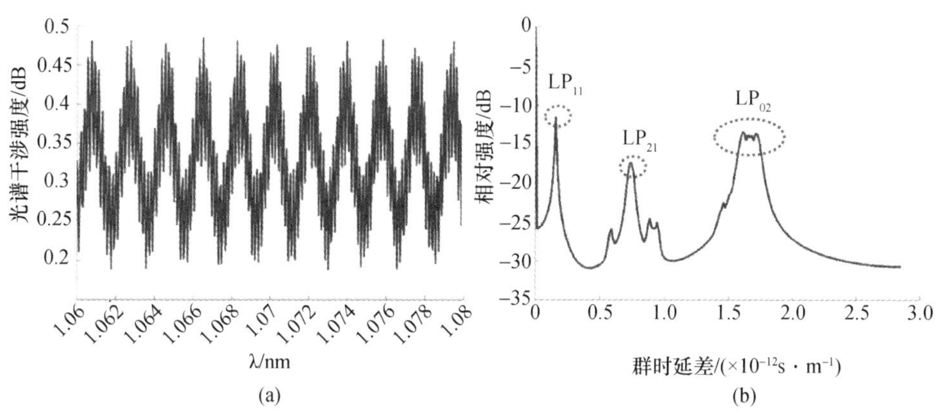

图 7－16 光谱仪分辨率为 0.05nm 时的频谱干涉强度图和相应的总时域图
(a)某探测点的频谱干涉强度;(b)总时域图。

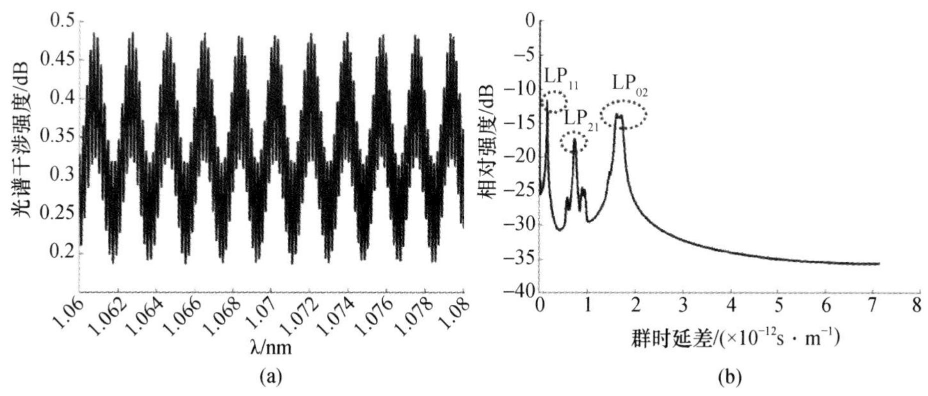

图 7－17 光谱仪分辨率为 0.02nm 时的频谱干涉强度图和相应的总时域图
(a)某探测点的频谱干涉强度;(b)总时域图。

7.2.3 实验测量

7.2.3.1 测试方案

程序设计流程图如图 7 – 18 所示。光纤扫描路径如图 7 – 19 所示。对应的 LabVIEW 框图如图 7 – 20 ~ 图 7 – 23 所示。

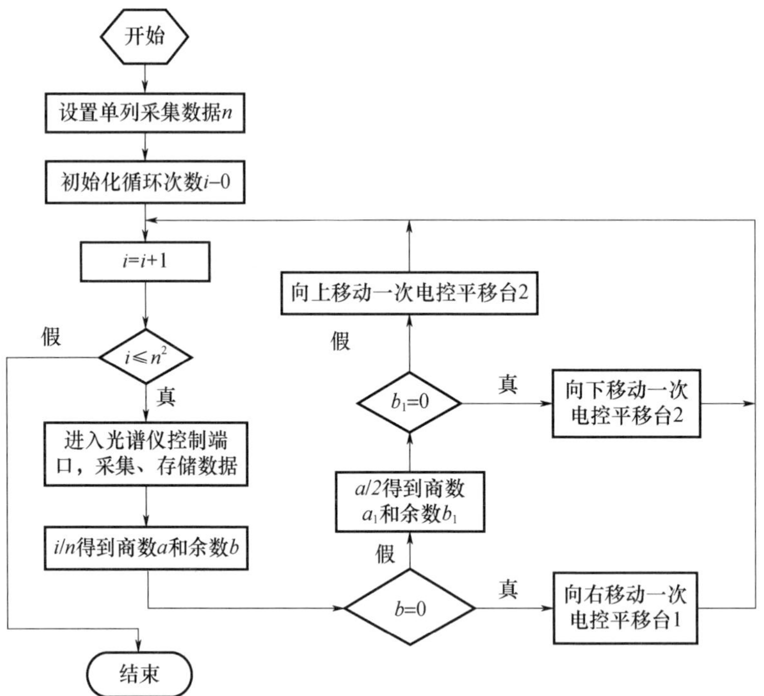

图 7 – 18　程序自动化设计流程图

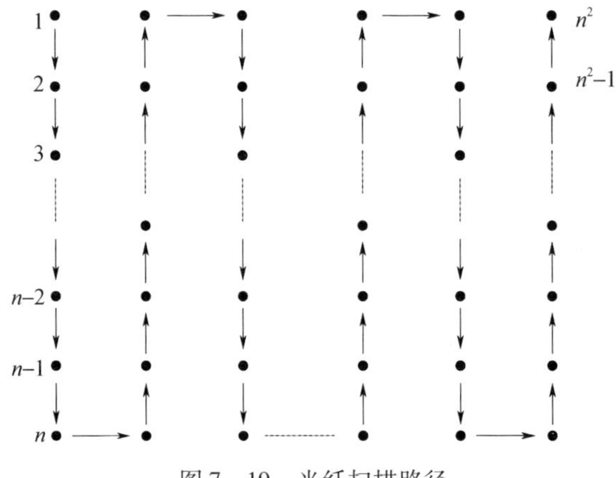

图 7 – 19　光纤扫描路径

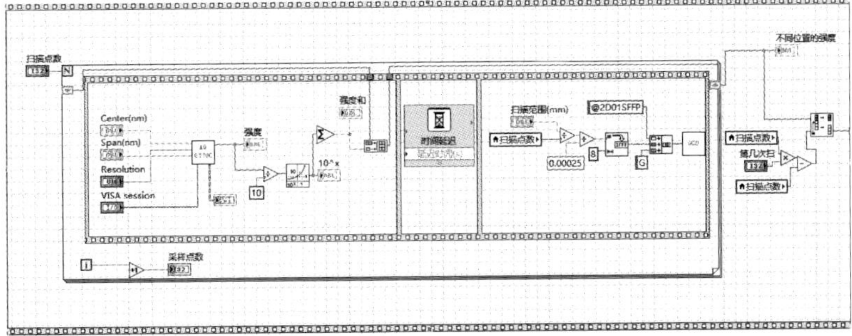

图 7-20 纵向扫描过程程序框图

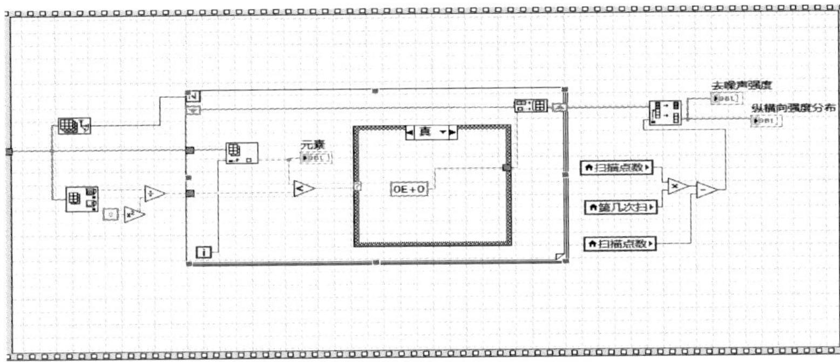

图 7-21 去噪声过程程序框图

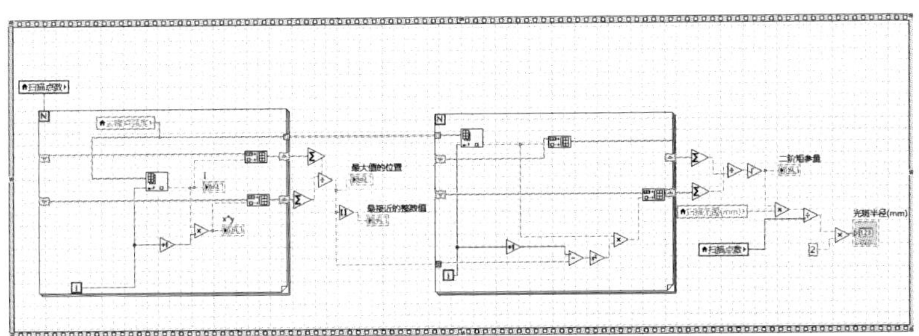

图 7-22 计算一阶矩和二阶矩程序框图

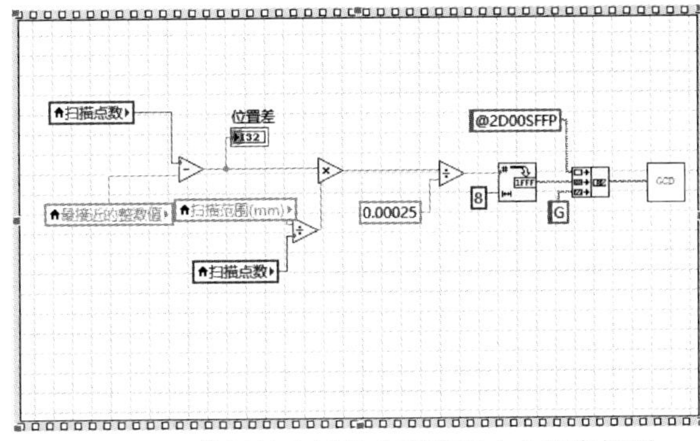

图 7-23 将探针光纤移动到光斑中心程序框图

7.2.3.2 普通通信光纤

选取普通的通信用单模光纤，长度为 2.53m，纤芯直径约为 6μm，NA 为 0.11。采集的光谱为 1060～1080nm，在这段波长范围内能支持 LP_{01} 和 LP_{11} 两种模式，实验结果如图 7－24 和图 7－25 所示。

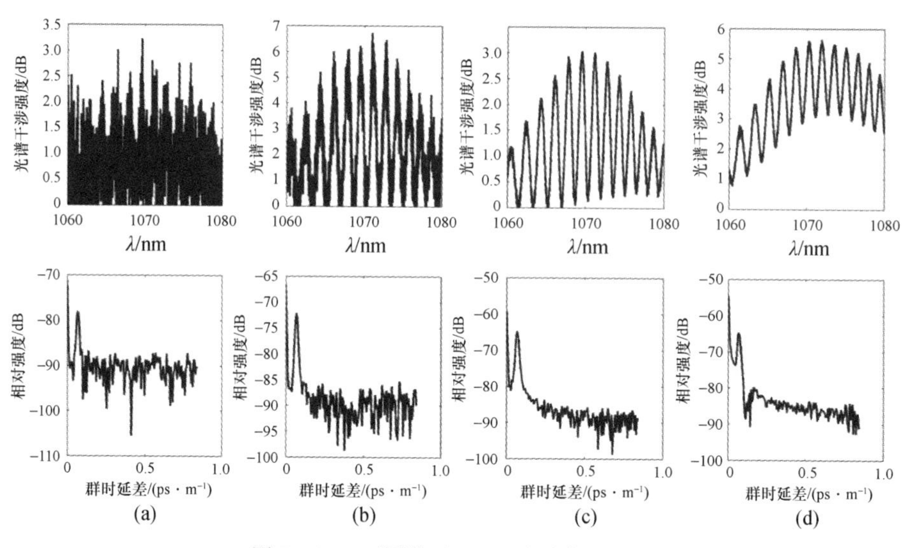

图 7－24 不同位置(x,y)处采集的光谱
(a)(2,2)；(b)(5,5)；(c)(10,10)；(d)(15,15)。

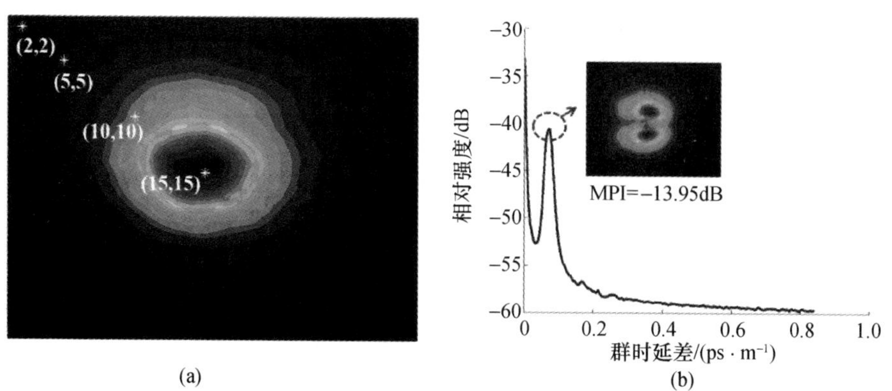

图 7－25 标准通信单模光纤模式测量结果
(a)重建的强度分布图；(b)总时域图，其中插图为重建的 LP_{11} 模的强度分布。

图 7－24 上排为采集到的不同位置(x,y)处的光谱，下排为将对应的光谱进行逆傅里叶变换得到的时域分布图，其中，图 7－24(a)为位置(2,2)处，图 7－24(b)为位置(5,5)处，图 7－24(c)为位置(10,10)处，图 7－24(d)为位置(15,

15）处。图7－25（a）为将采集到的每个点的光谱进行积分重建得到的强度分布图，图上标注的点与图7－24的各个（x,y）点相对应。图7－25（b）为每个扫描测量点（x,y）的光谱进行逆傅里叶变换后取模相加得到的总时域图。可以看出，图7－25（b）中对应一个尖峰，尖峰处重建的模式如图7－25（b）中插图所示，即为LP_{11}模，计算得到它的MPI值为－13.95dB。从图7－25可以看出，在谱宽为20nm时激发的光纤模式除了基模LP_{01}外，还存在高阶模LP_{11}。

7.2.3.3 大模场双包层光纤

选取一段长度为3m、纤芯直径为30μm、内包层直径为400μm的大模场双包层光纤（LMA－GDF－30/400）；在1060nm处的内包层NA为0.46，纤芯NA为0.06。实验结果如图7－26和图7－27所示。图7－26为某个（x,y）点采集到的光谱；图7－27（a）为对每一个扫描位置（x,y）的光谱进行积分后重建的光束强度分布；图7－27（b）为对每个扫描测量点（x,y）的光谱进行逆傅里叶变换后取模相加的结果。

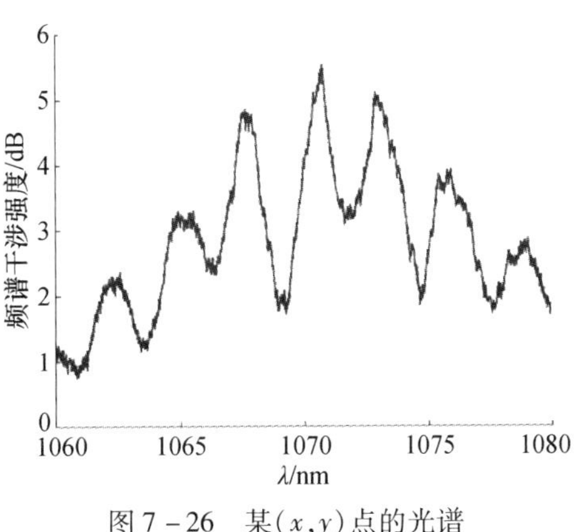

图7－26 某（x,y）点的光谱

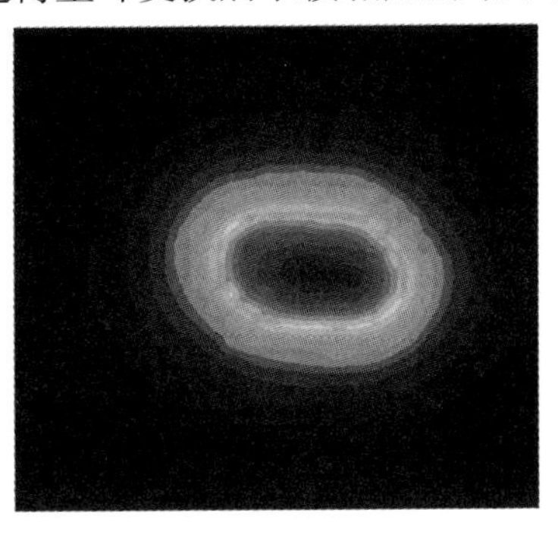

(a)

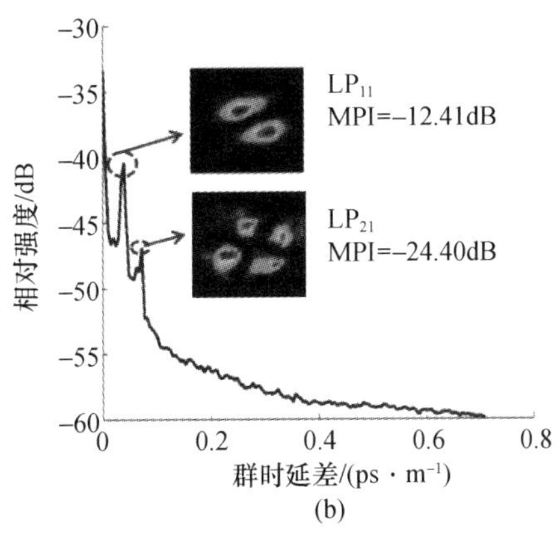

(b)

图7－27 大模场双包层光纤模式测量结果

（a）重建的强度分布图；（b）总时域图，其中插图为重建的LP_{11}模和LP_{21}模的光强分布。

可以看到，图7－27（b）中存在两个尖峰，插图为尖峰处重建的模式LP_{11}和LP_{21}，对应的MPI分别为－12.41dB和－24.40dB。不存在明显的高阶模之间的干涉尖峰，这是由于高阶模LP_{11}和LP_{21}相对基模的功率较小，高阶模间的干涉不明显。

7.3 F^2 法

7.3.1 基本原理

双重傅里叶变换法[37]简称 F^2 法。F^2 法比 S^2 法相比测量更为简单,侧重于对输出激光的傅里叶变换谱的测量,大大降低了对测量装置移动精度的要求,适合于高功率光纤激光模式的测量,有极佳的使用前景。F^2 法的基本思想是:若光纤激光输出端面的模式间是正交的且有相对群延迟,则经过傅里叶变换后它们仍然保持正交,且群时延保持不变。图 7-28 给出了几种 LP_{mn} 模式傅里叶变换前后的强度分布。

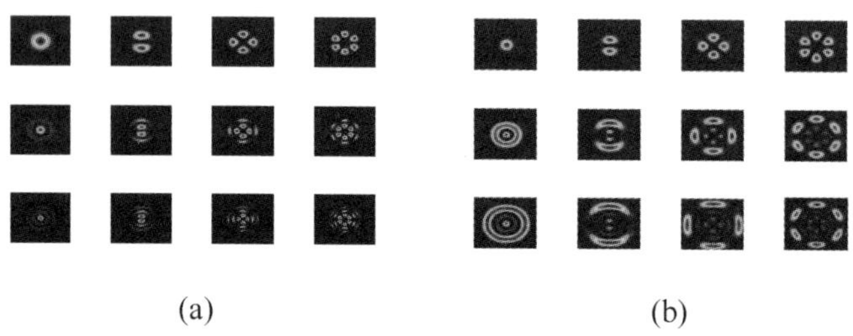

(a) (b)

图 7-28 几种 LP_{mn} 模式傅里叶变换前后的强度分布

(a)光纤端面输出模式花样;(b)傅里叶变换后的模式花样。

从图 7-28 中可以看出,LP_{01},LP_{11},LP_{21},LP_{31} 四个模式在傅里叶变换前后几乎没有差别,但是更高阶模式的能量分布就有了明显的变化。高阶模式在傅里叶变换前其能量主要集中在光斑中心,周围能量很小,而傅里叶变换后的能量均匀分布在光斑中心的四周,可以更加清晰地分辨出模式。

当光纤不再是阶跃光纤时,其模场分布则更加复杂。图 7-29 给出了几种光子晶体光纤的横截面微结构图,人们很难找到它们的模场解析解。如果采用 F^2 方法,则可以找到它们的模式的光强分布。

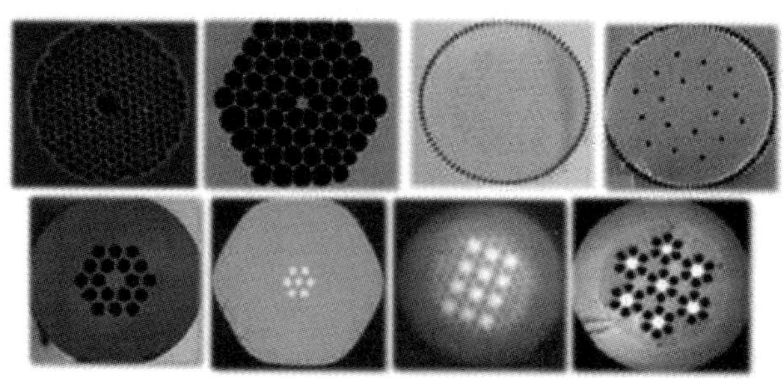

图 7-29 光子晶体光线的横截面微结构图

在光纤中可能存在一系列的模式,输出光场是这些模式的叠加,如图7-30所示。

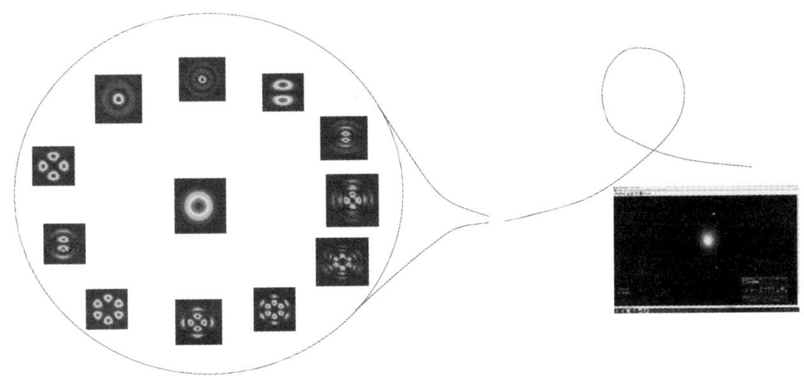

图7-30　光纤端面输出光场中可能存在的模式

在光纤端面处输出光场为各个模式的相干叠加:

$$e(x,y,\lambda) = e_{01}(x,y,\lambda) + \sum_{m\neq 0,n\neq 1} \alpha_{mn}(x,y) e_{01}(x,y,\lambda)\cos(2\pi c\Delta\tau_{mn}/\lambda) \tag{7-13}$$

式中:$e_{01}(x,y,\lambda)$为基模的光场分布;$\Delta\tau_{mn}$为高阶模和基模之间的相对群时延。高阶模的光场分布为

$$e_{mn}(x,y,\lambda) = \alpha_{mn} e_{01}(x,y,\lambda)\mathrm{e}^{\mathrm{i}2\pi c\Delta\tau_{mn}/\lambda} \tag{7-14}$$

式(7-13)相应的光强分布为

$$\begin{aligned} I(x,y,\lambda) &= e(x,y,\lambda)\cdot e(x,y,\lambda)^{*} \\ &= I_{01}(x,y,\lambda)\left[1 + \sum_{m\neq 0,n\neq 1}\alpha_{mn}^{2}(x,y) + 2\sum_{m\neq 0,n\neq 1}\alpha_{mn}(x,y)\cos(2\pi c\Delta\tau_{mn}/\lambda)\right] \end{aligned} \tag{7-15}$$

对式(7-13)两端做空间域傅里叶变换,有

$$\mathcal{F}\{e(x,y,\lambda)\} = \mathcal{F}\left\{e_{01}(x,y,\lambda) + \sum_{m\neq 0,n\neq 1}\alpha_{mn}(x,y)e_{01}(x,y,\lambda)\cos(2\pi c\Delta\tau_{mn}/\lambda)\right\} \tag{7-16}$$

即

$$E(f_x,f_y,\lambda) = E_{01}(f_x,f_y,\lambda) + \sum_{m\neq 0,n\neq 1} A_{mn}(f_x,f_y) * E_{01}(f_x,f_y,\lambda)\cos(2\pi c\Delta\tau_{mn}/\lambda) \tag{7-17}$$

式中:f_x 和 f_y 为空间频谱,且

$$\mathcal{F}\{e(x,y,\lambda)\} = E_F(f_x,f_y,\lambda) \tag{7-18}$$

$$\mathcal{F}\{e_{01}(x,y,\lambda)\} = E_{01,F}(f_x,f_y,\lambda) \tag{7-19}$$

$$\mathcal{F}\{e_{mn}(x,y,\lambda)\} = E_{mn,F}(f_x,f_y,\lambda) \tag{7-20}$$

$$\mathcal{F}\{\alpha_{mn}(x,y)\} = A_{mn,F}(f_x,f_y) \tag{7-21}$$

当采用焦距为f的无像差理想透镜进行空间傅里叶变换时，在透镜的后焦面的空间坐标为(x',y')，则式(7-17)变为

$$\begin{aligned} E_{\mathrm{F}}\left(\frac{x'}{\lambda f},\frac{y'}{\lambda f},\lambda\right) = E_{01,\mathrm{F}}\left(\frac{x'}{\lambda f},\frac{y'}{\lambda f},\lambda\right) + \sum_{m\neq 0,n\neq 1} A_{mn,\mathrm{F}}\left(\frac{x'}{\lambda f},\frac{y'}{\lambda f}\right) * \\ E_{01,\mathrm{F}}\left(\frac{x'}{\lambda f},\frac{y'}{\lambda f},\lambda\right)\cos(2\pi c\Delta\tau_{mn}/\lambda) \end{aligned} \tag{7-22}$$

定义函数$B_{mn}\left(\frac{x'}{\lambda f},\frac{y'}{\lambda f}\right)$满足条件：

$$A_{mn,\mathrm{F}}\left(\frac{x'}{\lambda f},\frac{y'}{\lambda f}\right) * E_{01,\mathrm{F}}\left(\frac{x'}{\lambda f},\frac{y'}{\lambda f},\lambda\right) = B_{mn}\left(\frac{x'}{\lambda f},\frac{y'}{\lambda f}\right)E_{01,\mathrm{F}}\left(\frac{x'}{\lambda f},\frac{y'}{\lambda f},\lambda\right) \tag{7-23}$$

则相应的光强分布为

$$\begin{aligned} I_{\mathrm{F}}\left(\frac{x'}{\lambda f},\frac{y'}{\lambda f},\lambda\right) &= E_{\mathrm{F}}\left(\frac{x'}{\lambda f},\frac{y'}{\lambda f},\lambda\right)\cdot E_{\mathrm{F}}{}^{*}\left(\frac{x'}{\lambda f},\frac{y'}{\lambda f},\lambda\right) \\ &= I_{01,\mathrm{F}}\left(\frac{x'}{\lambda f},\frac{y'}{\lambda f},\lambda\right)\left[\begin{aligned} &1 + \sum_{m\neq 0,n\neq 1} B_{mn}^2\left(\frac{x'}{\lambda f},\frac{y'}{\lambda f}\right) + \\ &\sum_{m\neq 0,n\neq 1} B_{mn}\left(\frac{x'}{\lambda f},\frac{y'}{\lambda f}\right)\left(\mathrm{e}^{\mathrm{i}2\pi c\Delta\tau_{mn}/\lambda} + \mathrm{e}^{-2\pi c\Delta\tau_{mn}/\lambda}\right) + \\ &\sum_{\substack{m\neq p,n\neq q;\\ m\neq 0,n\neq 1}} B_{mn}\left(\frac{x'}{\lambda f},\frac{y'}{\lambda f}\right)B_{pq}\left(\frac{x'}{\lambda f},\frac{y'}{\lambda f}\right)\mathrm{e}^{\mathrm{i}\omega(\Delta\tau_{mn}-\Delta\tau_{pq})} \end{aligned}\right] \end{aligned} \tag{7-24}$$

对式(7-24)两端做频域傅里叶变换得到时域强度分布[38]，有

$$\begin{aligned} I_{\mathrm{F2}}\left(\frac{x'}{\lambda f},\frac{y'}{\lambda f},\tau\right) &= I_{01,\mathrm{F2}}\left(\frac{x'}{\lambda f},\frac{y'}{\lambda f},\tau\right)\left[1 + \sum_{m\neq 0,n\neq 1} B_{mn}^2\left(\frac{x'}{\lambda f},\frac{y'}{\lambda f}\right)\right] + \\ &\sum_{m\neq 0,n\neq 1} B_{mn}\left(\frac{x'}{\lambda f},\frac{y'}{\lambda f}\right)\left[I_{01,\mathrm{F}}\left(\frac{x'}{\lambda f},\frac{y'}{\lambda f},\tau - \Delta\tau_{mn}\right) + I_{01,\mathrm{F}}\left(\frac{x'}{\lambda f},\frac{y'}{\lambda f},\tau + \Delta\tau_{mn}\right)\right] + \\ &\sum_{\substack{m\neq p,n\neq q;\\ m\neq 0,n\neq 1}} B_{mn}\left(\frac{x'}{\lambda f},\frac{y'}{\lambda f}\right)B_{pq}\left(\frac{x'}{\lambda f},\frac{y'}{\lambda f}\right)I_{01,\mathrm{F}}\left(\frac{x'}{\lambda f},\frac{y'}{\lambda f},\tau - \Delta\tau_{mn} + \Delta\tau_{pq}\right) \end{aligned} \tag{7-25}$$

式中：$I_{01,\mathrm{F2}}\left(\frac{x'}{\lambda f},\frac{y'}{\lambda f},\tau\right)$为基模光场进行了两次（空间域和时间域）傅里叶变换后的结果。式(7-25)的第二项为高阶模和基模之间的干涉，因此在$\tau=\Delta\tau_{mn}$处会有一个尖峰，它为某个模式和基模之间的拍。

定义f_{mn}[39]为式(7-25)在相对群时延分别为$\Delta\tau_{mn}$和0的比值：

$$f_{mn}\left(\frac{x'}{\lambda f},\frac{y'}{\lambda f}\right) = \frac{I_{\mathrm{F2}}\left(\frac{x'}{\lambda f},\frac{y'}{\lambda f},\tau = \Delta\tau_{mn}\right)}{I_{\mathrm{F2}}\left(\frac{x'}{\lambda f},\frac{y'}{\lambda f},\tau = 0\right)} = \frac{B_{mn}\left(\frac{x'}{\lambda f},\frac{y'}{\lambda f}\right)}{1 + \sum_{m\neq 0,n\neq 1} B_{mn}^2\left(\frac{x'}{\lambda f},\frac{y'}{\lambda f}\right)} \tag{7-26}$$

这样就可以得到$f_{mn}(x',y')$与$B_{mn}(x',y')$的关系：

$$B_{mn}\left(\frac{x'}{\lambda f},\frac{y'}{\lambda f}\right)=\frac{f_{mn}\left(\frac{x'}{\lambda f},\frac{y'}{\lambda f}\right)\left[1-\sqrt{1-4\sum\limits_{\substack{p\neq 0,q\neq 1\\ p\neq m,q\neq n}}f_{pq}^{2}\left(\frac{x'}{\lambda f},\frac{y'}{\lambda f}\right)}\right]}{2\sum\limits_{\substack{p\neq 0,q\neq 1\\ p\neq m,q\neq n}}f_{pq}^{2}\left(\frac{x'}{\lambda f},\frac{y'}{\lambda f}\right)} \tag{7-27}$$

因此就可以分别重建基模和高阶模的二次傅里叶变换强度分布：

$$I_{01,\mathrm{F2}}\left(\frac{x'}{\lambda f},\frac{y'}{\lambda f}\right)=I_{\mathrm{total,F2}}\left(\frac{x'}{\lambda f},\frac{y'}{\lambda f}\right)\frac{1}{1+\sum\limits_{m\neq 0,n\neq 1}B_{mn}^{2}\left(\frac{x'}{\lambda f},\frac{y'}{\lambda f}\right)} \tag{7-28}$$

$$I_{mn,\mathrm{F2}}\left(\frac{x'}{\lambda f},\frac{y'}{\lambda f}\right)=I_{\mathrm{total,F2}}\left(\frac{x'}{\lambda f},\frac{y'}{\lambda f}\right)\frac{B_{mn}^{2}\left(\frac{x'}{\lambda f},\frac{y'}{\lambda f}\right)}{1+\sum\limits_{p\neq 0,q\neq 1}B_{pq}^{2}\left(\frac{x'}{\lambda f},\frac{y'}{\lambda f}\right)} \tag{7-29}$$

其中，$I_{\mathrm{total,F2}}(x,y)$为给定点$(x,y)$的光谱强度积分值。从式(7-29)可以看出，对于从光纤端面输出的激光来说，由于光纤芯径尺寸很小，在微米量级，输出光场傅里叶频谱比较宽，且当透镜的焦距较大时，在频谱面的光斑尺寸也较大，而光谱探测又是采用单模光纤，空间分辨率和精度可以很高。这给实际应用中高功率光纤激光模式的测量带来了方便，不需要像S^2法那样对测量系统的移动精度提出很高的要求（nm级移动精度）且必须进行功率衰减。

进一步可得到各个模式占光纤输出光场的功率比为

$$P_{01}=\frac{\sum I_{01,\mathrm{F2}}\left(\frac{x'}{\lambda f},\frac{y'}{\lambda f}\right)}{\sum I_{\mathrm{total,F2}}\left(\frac{x'}{\lambda f},\frac{y'}{\lambda f}\right)} \tag{7-30}$$

$$P_{mn}=\frac{\sum I_{mn,\mathrm{F2}}\left(\frac{x'}{\lambda f},\frac{y'}{\lambda f}\right)}{\sum I_{\mathrm{total,F2}}\left(\frac{x'}{\lambda f},\frac{y'}{\lambda f}\right)} \tag{7-31}$$

这样就可以得到基模和高阶模相对总光场的功率比以及强度分布。需要指出的是，式(7-25)中的第三项代表高阶模之间的干涉，这样导致了傅里叶变换中在时延$|\Delta\boldsymbol{\tau}_{mn}-\Delta\boldsymbol{\tau}_{pq}|$处会增加一个尖峰，它们的比值$f_{mn,pq}$定义为

$$\begin{aligned}f_{mn,pq}\left(\frac{x'}{\lambda f},\frac{y'}{\lambda f}\right)&=\frac{I_{\mathrm{F2}}\left(\frac{x'}{\lambda f},\frac{y'}{\lambda f},\boldsymbol{\tau}=\Delta\boldsymbol{\tau}_{mn}-\Delta\boldsymbol{\tau}_{pq}\right)}{I_{\mathrm{F2}}\left(\frac{x'}{\lambda f},\frac{y'}{\lambda f},\boldsymbol{\tau}=0\right)}\\&=\frac{B_{mn}\left(\frac{x'}{\lambda f},\frac{y'}{\lambda f}\right)B_{pq}\left(\frac{x'}{\lambda f},\frac{y'}{\lambda f}\right)}{1+\sum\limits_{m\neq 0,n\neq 1}B_{mn}^{2}\left(\frac{x'}{\lambda f},\frac{y'}{\lambda f}\right)}\end{aligned} \tag{7-32}$$

如果高阶模相对基模较弱，可以忽略高阶模之间的干涉，式(7－26)和式(7－32)可以写成如下形式：

$$f_{mn}\left(\frac{x'}{\lambda f},\frac{y'}{\lambda f}\right)=\frac{B_{mn}\left(\frac{x'}{\lambda f},\frac{y'}{\lambda f}\right)}{1+B_{mn}^{2}\left(\frac{x'}{\lambda f},\frac{y'}{\lambda f}\right)} \tag{7-33}$$

$$f_{mn,pq}\left(\frac{x'}{\lambda f},\frac{y'}{\lambda f}\right)\approx 0 \tag{7-34}$$

在考虑高阶模干涉的情况下，会在频谱干涉强度逆傅里叶变换图上看到高阶模与基模之间干涉得到的尖峰和高阶模之间干涉得到的小尖峰。

根据上述理论分析，可总结 F^2法的测量方法如下：

(1) 光纤输出端面位于透镜的前焦面，在透镜的后焦面是严格的傅里叶变换，在透镜的后焦面进行光谱测量。由于在光纤输出端面处各模式间存在群时延，透镜将光束输出模场做傅里叶变换后，各模式对应的傅里叶变换模场间也存在相同的群时延。待测光纤中任意两模式在空间位置(x',y')处形成空间叠加，发生频谱干涉，获得待测光纤光斑上每个点的频谱干涉强度 $I(x',y',\omega)$。

(2) 对步骤(1)中获得的每个点的频谱干涉强度进行逆傅里叶变换得到时域强度分布 $F(x',y',\tau)$，将每个点的时域强度分布取模后相加，可得到横坐标为相对群时延，纵坐标为时域强度的总时域图。

(3) 由于每个光纤模式间群时延差异的不同，总时域图上会在几个 $\tau=\Delta\tau_{mn}$ 处出现若干尖峰，这些尖峰位置处分别对应不同光纤模式的群时延，这时根据上述式(7－5)可以得到$f_{mn}(x',y')$，从而根据式(7－6)得到 $\alpha_{mn}(x',y')$。

(4) 利用步骤(3)得到的 $\alpha_{mn}(x,y)$ 即可根据式(7－8)重建基模强度分布 $I_{01}(x,y)$，高阶模强度分布 $I_{mn}(x,y)$。根据式(7－9)即可获得高阶模与基模的相对功率比 MPI 值。这样就可以获得基模和高阶模的强度分布和相对功率比。

7.3.2 数值模拟

设光源中心波长为1.07μm，谱宽10nm，待测双包层光纤纤芯直径为20μm，折射率为1.4675，内包层折射率为1.4651，光纤长度为10m。计算可得归一化频率 V 为4.9246，因此光纤中只有如下四种模式传播：LP_{01}，LP_{11}，LP_{21}和 LP_{02}，考虑高阶模之间的干涉，单透镜和双透镜条件下的群时延曲线如图 7－31 所示。光束经过单透镜的群时延差曲线和双透镜的群时延差曲线有微小差别，但峰值强度位置完全一致。从图 7－31 可以看出，在相对群时延差为 τ_0，τ_1，τ_2，τ_3 处有四个尖峰，分别对应于 LP_{01}，LP_{11}，LP_{21} 和 LP_{02}模，强度分别占总光强的 94.35%，3.53%，0.67%，0.43%。前面三个较小的尖峰是高阶模之间的干涉。

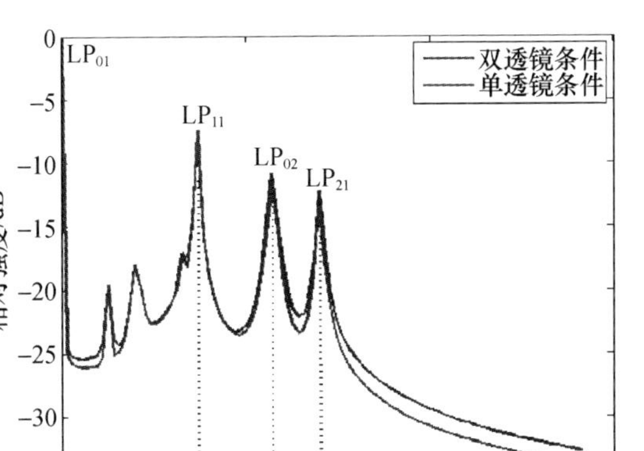

图 7－31　单透镜和双透镜条件下的群时延差图

当其他参数不变的情况下,三种谱宽下的群时延差曲线如图 7－32 所示。从图 7－32 中可以看出,谱宽越窄,相干时间越短,高阶模相对基模的群时延差越小,尖峰比较集中,反之亦然。

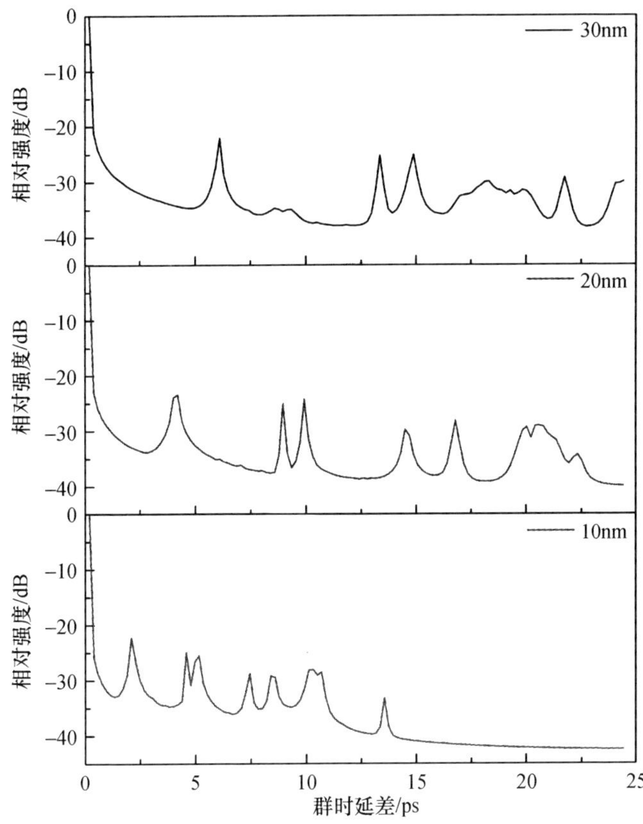

图 7－32　三种谱宽下的群时延差曲线(谱宽分别为 30nm,20nm 和 10nm)

当其他参数不变的情况下，三种光纤长度下的群时延差曲线如图7－33所示。从图7－33中可以看出，光纤长度越短，相干长度越短，高阶模相对基模的群时延差越小，尖峰比较集中，反之亦然。

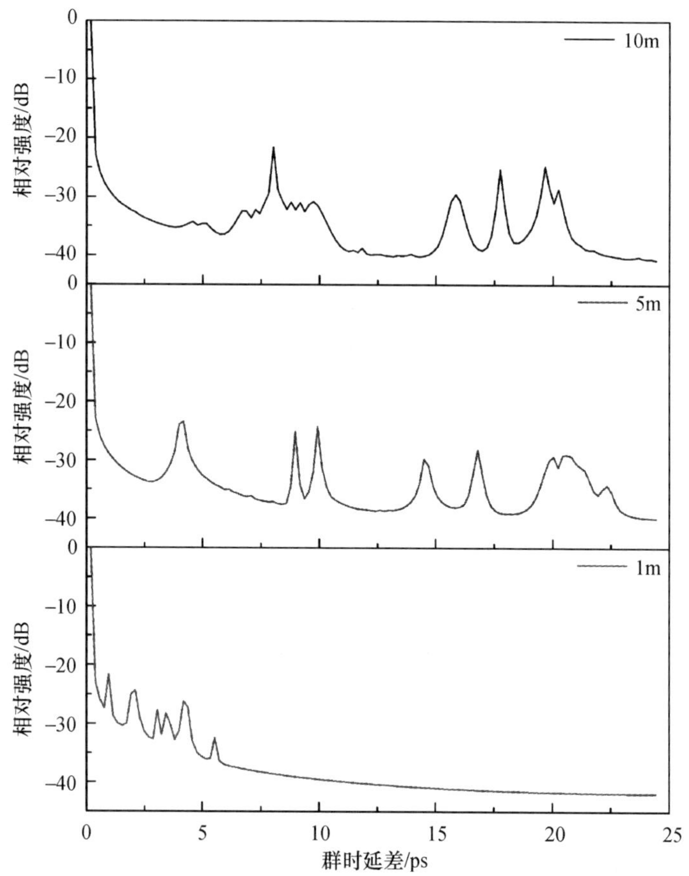

图7－33　不同光纤长度下的群时延差曲线(光纤长度分别为10m，5m和1m)

当其他参数不变的情况下，三种光谱仪采样点数下的群时延差曲线如图7－34所示。从图7－34中可以看出，随着光谱仪采样点数的增加，能测到的模式之间的群时延差越大，更有利于模式测量，所以，高分辨率的光谱仪对测量结果十分重要。因此，在给定光纤长度的条件下，能否合理地选择谱宽和光谱仪分辨率对测量的结果有很大的影响。

从图7－34中可以看出，随着光谱仪采样点数的增加，能测到的模式之间的群时延差越大，更有利于模式测量，所以，高分辨率的光谱仪对测量结果十分重要。因此，在给定光纤长度的条件下，能否合理地选择谱宽和光谱仪分辨率对测量的结果有很大的影响。

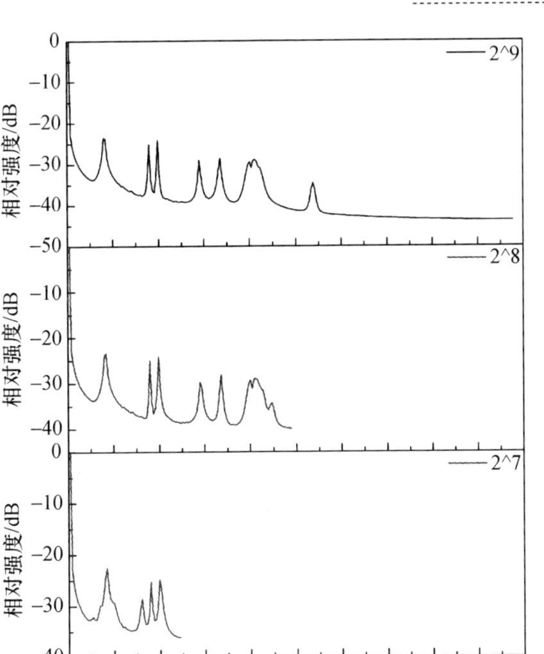

图7-34 三种光谱仪采样点数下的群时延差曲线
光谱仪采样点数分别为 2^9 个、2^8 个和 2^7 个。

7.3.3 实验测量

7.3.3.1 测试方案

实验方案框图如图7-35所示。

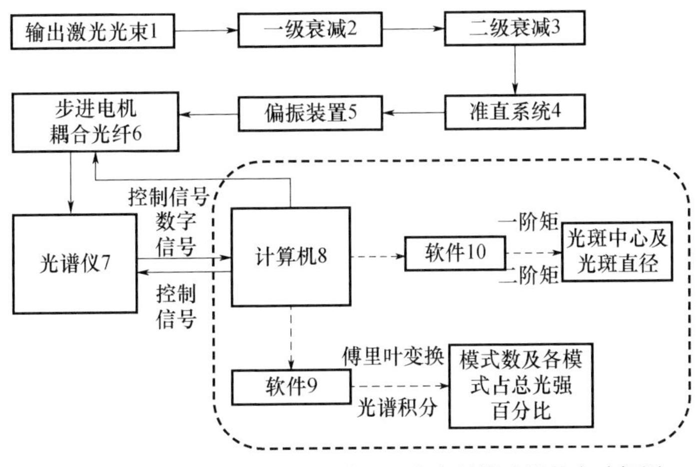

图7-35 基于空间和频谱分辨测量的光纤模式测量实验框图

7.3.3.2 光纤中的模式花样

选取一段长度为3m,纤芯直径为31.23μm,内包层直径为125μm的多模光纤。通过对光纤的局部点加压、扭曲激发高阶模式,如表7-1所示。

表7-1 光纤中的模式花样

模式序号	1	2	3	4	5
模式花样					
模式序号	6	7	8	9	10
模式花样					

7.3.3.3 千瓦级光纤激光器的模式测量

某光纤激光器最大输出功率为2000W。该激光器的输出功率稳定性如图7-36所示。在功率较低时,光纤激光器的稳定性很好,在1100W时,强度虽然出现了波动,但是幅度并不大,依然可以认为是稳定的。实验测得该激光器的模式功率占比随输出功率的变化曲线如图7-37所示,可以看出,随着功率的增加,由于热效应、非线性效应等的影响,激光器的谱宽不断地展宽,模式占比也在发生变化,在输出功率达到1000W时,已经测到了LP_{11}模式。

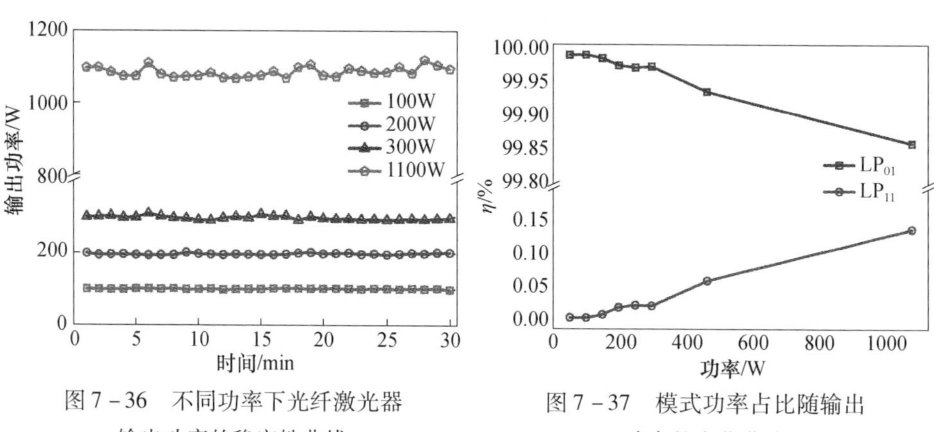

图7-36 不同功率下光纤激光器输出功率的稳定性曲线

图7-37 模式功率占比随输出功率的变化曲线

当光纤激光器输出功率为1100W时，实验测得模式功率占比的稳定性曲线如图7-38所示，可以看出，光纤中的基模和高阶模式的功率占比基本保持不变。该激光器在1100W运转时，半高全宽约为0.3nm。测得其群时延差曲线如图7-39所示，可见，除了群时延差为0处的尖峰，之后还有一个小尖峰。相对于基模，LP_{11}模的群时延差大约为0.06ps/m。把这两个尖峰对应的光斑花样恢复出来，如图7-39中插图所示，可以清楚地看出在这台光纤激光器的输出光中，除了基模，还有LP_{11}模。经过计算，基模强度占总光强的99.86%，LP_{11}模强度占总光强的0.14%。

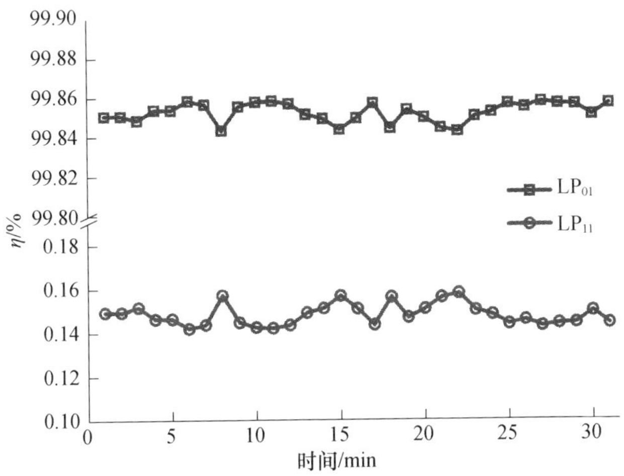

图7-38　实验测得模式功率占比的稳定性曲线

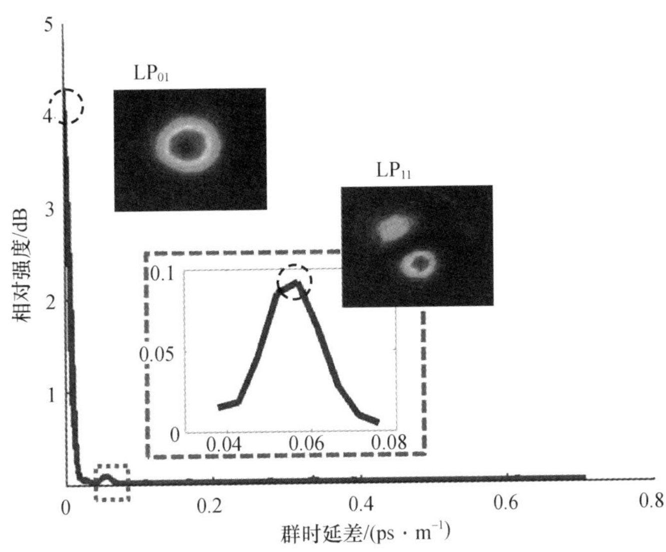

图7-39　千瓦级光纤激光器中模式的群时延差曲线（插图表示尖峰对应的模式）

参考文献

[1] Fermann M E, Hartl I. Ultrafast fibre lasers[J]. Nature Photon., 2013, 7(11): 868 – 874.

[2] Jauregui C, Eidam T, Limpert J, et al. The impact of modal interference on the beam quality of high – power fiber amplifiers[J]. Opt. Express, 2011, 19(4): 3258 – 3271.

[3] Gong Mali, Liao Suying, Yuan Yanyang, et al. High – order modes suppression in large – mode – area fiber amplifiers and lasers by controlling the mode power allocations[J]. J. Opt. A: Pure Appl. Opt., 2009, 11(1): 015701.

[4] Dawson J W, Messerly M J, Beach R J, et al. Analysis of the scalability of diffraction – limited fiber lasers and amplifiers to high average power[J]. Opt. Express, 2008, 16(17): 13240 – 13266.

[5] Ramachandran S, Nicholson J W, Ghalmi S, et al. Light propagation with ultralarge modal areas in optical fibers[J]. Opt. Lett., 2006, 31(12): 1797 – 1799.

[6] Nicholson J W, Ramachandran S, Ghalmi S, et al. Propagation of femtosecond pulses in large – mode – area, higher – order – mode fiber[J]. Opt. Lett., 2006, 31(21): 3191 – 3193.

[7] Lindlein N, Leuchs G, Ramachandran S. Achieving Gaussian outputs from large – mode – area higher – order – mode fibers[J]. Appl. Opt., 2007. 46(22): 5147 – 5157.

[8] Yoda H, Polynkin P, Mansuripur M. Beam quality factor of higher order modes in a step – index fiber[J]. J. Lightwave Technol., 2006, 24(3): 1350 – 1355.

[9] Wielandy S. Implications of higher – order mode content in large mode area fibers with good beam quality [J]. Opt. Express, 2007, 15(23): 15402 – 15409.

[10] Gong Mali, Yanyang Yuan, Chen Li, et al. Numerical modeling of transverse mode competition in strongly pumped multimode fiber lasers and amplifiers[J]. Opt. Express, 2007, 15(6): 3236 – 3246.

[11] Andermahr N, Fallnich C. Modeling of transverse mode interaction in large – mode – area fiber amplifiers [J]. Opt. Express, 2008, 16(24): 20038 – 20046.

[12] Liao Suying, Gong Mali, Zhang Haitao. Influence of mode distortion on the transverse mode competition in large – mode – area amplifiers[J]. Opt. Commun., 2009, 282(3): 406 – 412.

[13] Fu Yuqing, Feng Guoying, Zhang Dayong, et al. Beam quality factor of mixed modes emerging from a multimode step – index fiber[J]. Optik, 2010, 121(5): 452 – 456.

[14] Shamir Y, Sintov Y, Shtaif M. Beam quality analysis and optimization in an adiabatic low mode tapered fiber beam combiner[J]. J. Opt. Soc. Am. B, 2010, 27(12): 2669 – 2676.

[15] Tao Rumao, Huang Long, Zhou Pu, et al. Propagation of high – power fiber laser with high – order – mode content[J]. Photonics Research, 2015, 3(4): 192 – 199.

[16] Bai Neng, Ip Ezra, Huang Yue – Kai, et al. Mode – division multiplexed transmission with inline few – mode fiber amplifier[J]. Opt. Express, 2012, 20(3): 2668 – 2680.

[17] Ryf R, Randel S, Gnauck A H, et al. Mode – division multiplexing over 96 km of few – mode fiber using coherent 6 × 6 MIMO processing[J]. J. Lightwave Technol., 2012, 30(4): 521 – 531.

[18] Yin Guolu, Lou Shuqin, Zou Hui. Refractive index sensor with asymmetrical fiber Mach – Zehnder interferometer based on concatenating single – mode abrupt taper and core – offset section[J]. Opt. Laser Technol., 2013, 45: 294 – 300.

[19] Chen Yaofei, Han Qun, Liu Tiegen, et al. Optical fiber magnetic field sensor based on single – mode – multimode – single – mode structure and magnetic fluid[J]. Opt. Lett., 2013, 38(20): 3999 – 4001.

[20] Song Haifeng, Gong Huaping, Ni Kai, et al. All fiber curvature sensor based on modal interferometer with waist enlarge splicing[J]. Sens. Actuators A: Phys., 2013, 203: 103 – 106.

[21] Flamm D, Hou Kai – Chung, Gelszinnis P, et al. Modal characterization of fiber – to – fiber coupling processes[J]. Opt. Lett., 2013, 38(12): 2128 – 2130.

[22] Sévigny B, Cocq G L, Bouwmans G, et al. Advanced S2 imaging spatial mode analysis: furthering modal characterization[A]. in SPIE OPTO. 2016. International Society for Optics and Photonics.

[23] Skorobogatiy M, Anastassiou C, Johnson S, et al. Quantitative characterization of higher – order mode converters in weakly multimoded fibers[J]. Opt. Express, 2003, 11(22): 2838 – 2847.

[24] Andermahr N, Theeg T, Fallnich C. Novel approach for polarization – sensitive measurements of transverse modes in few – mode optical fibers[J]. Appl. Phys. B, 2008, 91(2): 353 – 357.

[25] Ma Y Z, Sych Y, Onishchukov G, et al. Fiber – modes and fiber – anisotropy characterization using low – coherence interferometry[J]. Appl. Phys. B, 2009, 96(2 – 3): 345 – 353.

[26] Nandi P, Chen Z, Witkowska A, et al. Characterization of a photonic crystal fiber mode converter using low coherence interferometry[J]. Opt. Lett., 2009, 34(7): 1123 – 1125.

[27] Galle M A, Saini S S, Mohammed W S, et al. Simultaneous dispersion measurements of multiple fiber modes using virtual reference interferometry[J]. Opt. Express, 2014, 22(6): 6391 – 6399.

[28] Schimpf D N, Barankov R A, Ramachandran S. Cross – correlated (C^2) imaging of fiber and waveguide modes[J]. Opt. Express, 2011, 19(14): 13008 – 13019.

[29] Schimpf D N, Ramachandran S. Polarization – resolved imaging of an ensemble of waveguide modes[J]. Opt. Lett., 2012, 37(15): 3069 – 3071.

[30] Laurila M, Barankov R, Jørgensen M M, et al. Cross – correlated imaging of single – mode photonic crystal rod fiber with distributed mode filtering[J]. Opt. Express, 2013, 21(8): 9215 – 9229.

[31] Demas J, Ramachandran S. Sub – second mode measurement of fibers using C^2 imaging[J]. Opt. Express, 2014, 22(19): 23043 – 23056.

[32] Lu Yan, Roman Barankov, Paul Steinvurzel, et al. Modal – Weight Measurements With Fiber Gratings[J]. J. Lightwave Technol., 2015, 33(13): 2784 – 2790.

[33] Thomas K, Daniel F, Siegmund S, et al. Complete modal decomposition for optical fibers using CGH – based correlation filters[J]. Opt. Express, 2009, 17(11): 9347 – 9356.

[34] Flamm D, Schmidt O A, Schulze C, et al. Measuring the spatial polarization distribution of multimode beams emerging from passive step – index large – mode – area fibers[J]. Opt. Lett., 2010, 35(20): 3429 – 3431.

[35] Schulze C, Flamm D, Unger S, et al. Measurement of higher – order mode propagation losses in effectively single mode fibers[J]. Opt. Lett., 2013, 38(23): 4958 – 4961.

[36] Schulze C, Wilde J, Brüning R, et al. Measurement of effective refractive index differences in multimode optical fibers based on modal decomposition[J]. Opt. Lett., 2014, 39(20): 5810 – 5813.

[37] 冯国英，胡丽荔，董哲良，等. 基于双重傅里叶变换重建光纤模式测量方法及其测量装置[P]. 中国发明专利，2015. ZL 201510112815. 3.

[38] 胡丽荔，冯国英，董哲良. 基于空间和频谱分辨的光纤模式测量方法[J]. 红外与激光工程，2015(08): 2517 – 2522.

[39] Nicholson J W, Yablon A D, Ramachandran S, et al. Spatially and spectrally resolved imaging of modal content in large – mode – area fibers[J]. Opt. Express, 2008, 16(10): 7233 – 7243.

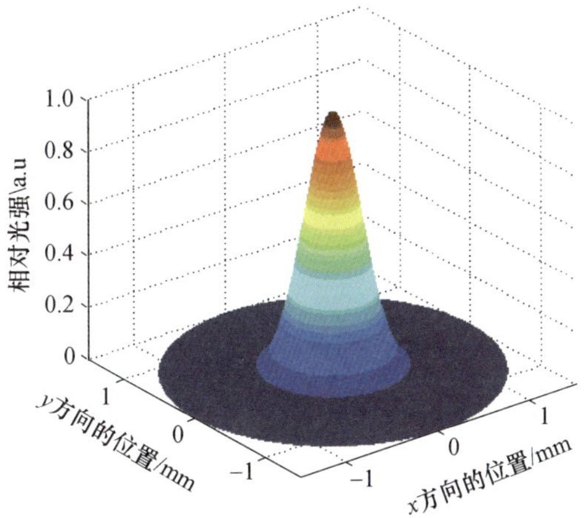

图 1－2　高斯光束的光强分布

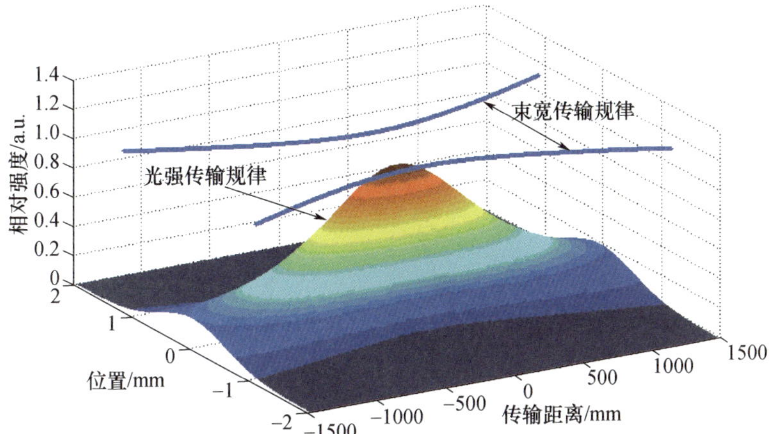

图 1－3　高斯光束束腰宽度及光强的传输规律

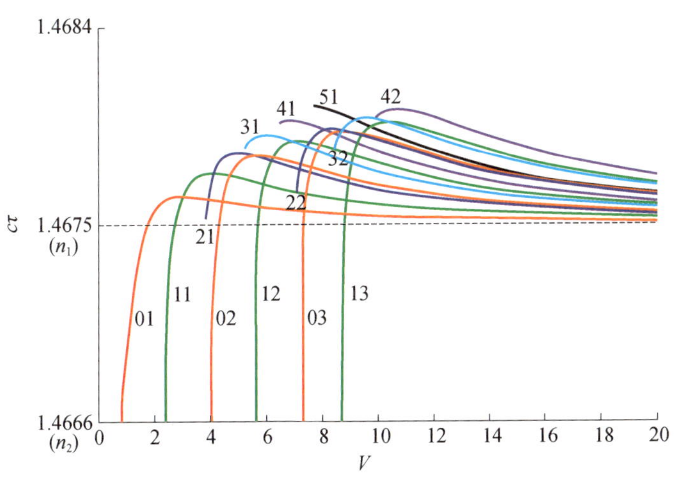

图 1－25　群时延与归一化频率 V 的关系

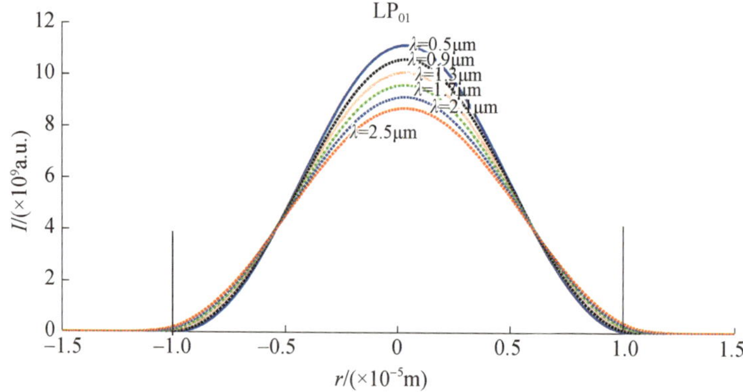

图 1－26 不同波长的 LP_{01} 模式的径向强度分布

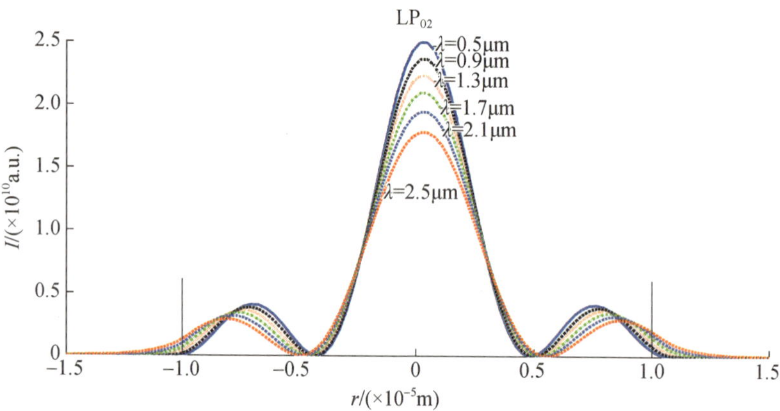

图 1－27 不同波长的 LP_{02} 模式的径向强度分布

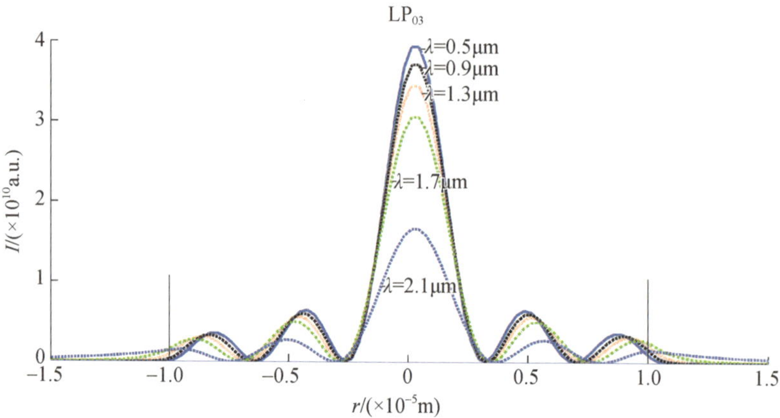

图 1－28 不同波长的 LP_{03} 模式的径向强度分布

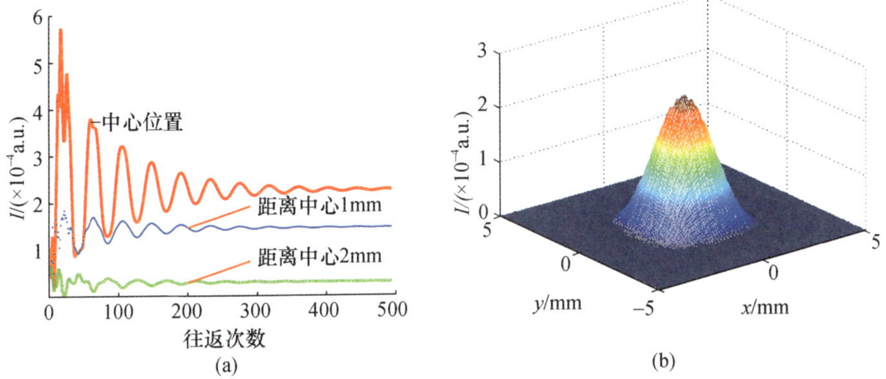

图 2 -5　当谐振腔长 $L=0.3$ m 时,计算得到的腔内光强变化曲线和最终迭代出的谐振模场的光强分布

(a) 腔镜上三个考察点的相对光强随往返次数的变化曲线;(b) 谐振模场的相对光强分布。

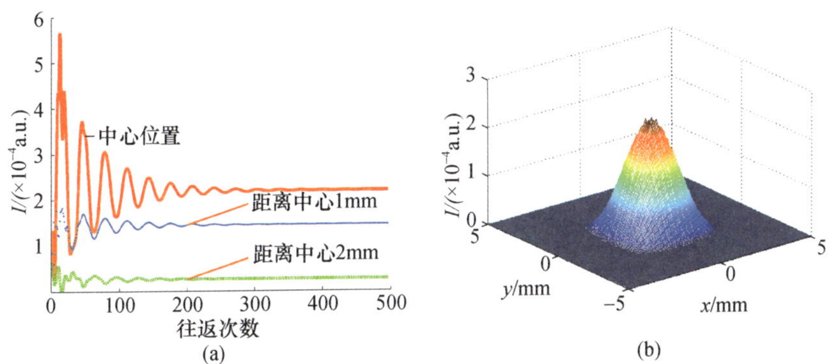

图 2 -6　当谐振腔长 $L=0.4$ m 时,计算得到的腔内光强变化曲线和最终迭代出的谐振模场的光强分布

(a) 腔镜上三个考察点的相对光强随往返次数的变化曲线;(b) 谐振模场的相对光强分布。

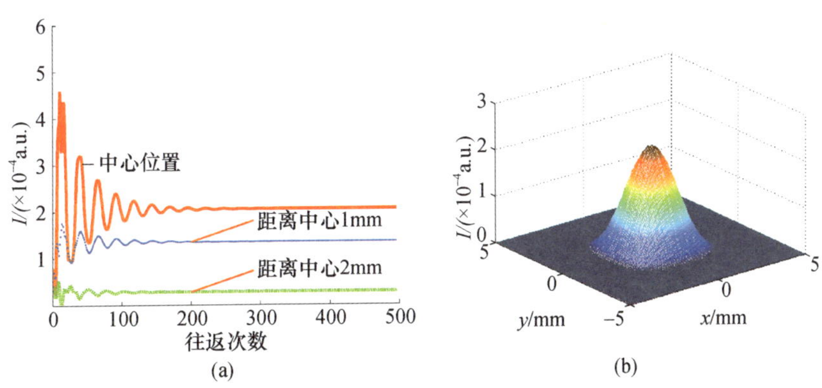

图 2 -7　当谐振腔长 $L=0.5$ m 时,计算得到的腔内光强变化曲线和最终迭代出的谐振模场的光强分布

(a) 腔镜上三个考察点的相对光强随往返次数的变化曲线;(b) 谐振模场的相对光强分布。

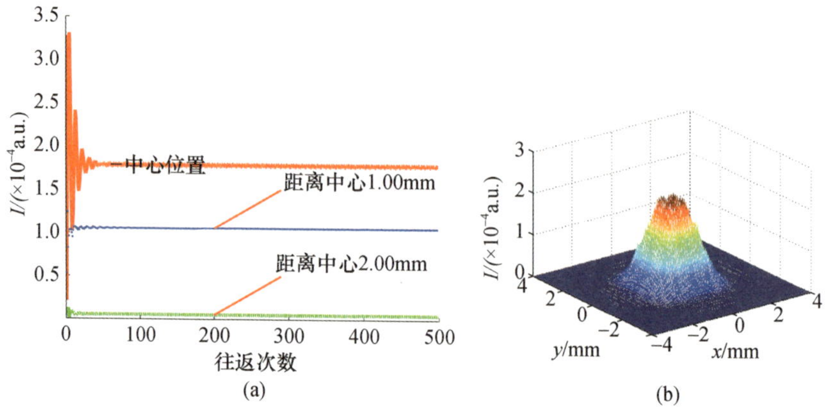

图 2-8　当腔镜口径 $a\times a=4\text{mm}\times4\text{mm}$ 时，计算得到的腔内光强变化曲线和最终迭代出的谐振模场的光强分布

(a) 腔镜上三个考察点的相对光强随往返次数的变化曲线；(b) 谐振模场的相对光强分布。

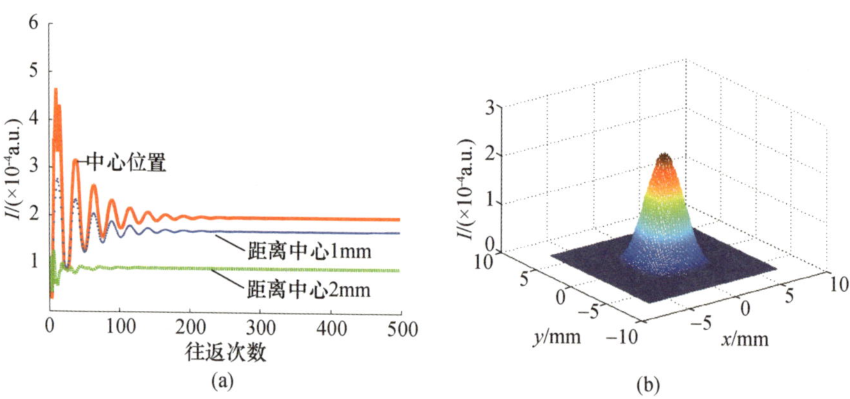

图 2-9　当腔镜口径 $a\times a=7\text{mm}\times7\text{mm}$ 时，计算得到的腔内光强变化曲线和最终迭代出的谐振模场的光强分布

(a) 腔镜上三个考察点的相对光强随往返次数的变化曲线；(b) 谐振模场的相对光强分布。

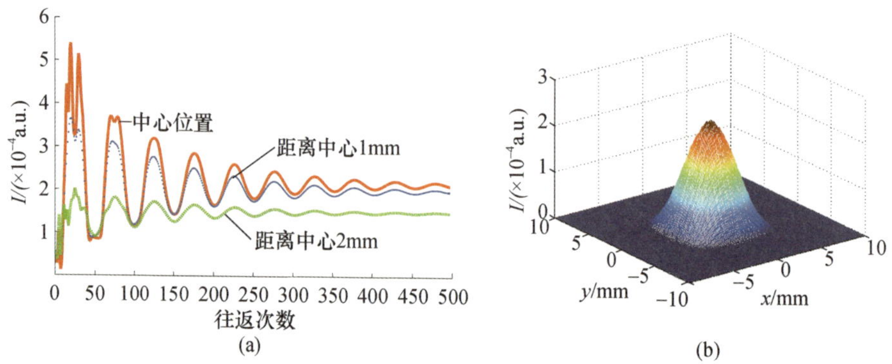

图 2-10　当腔镜口径 $a\times a=10\text{mm}\times10\text{mm}$ 时，计算得到的腔内光强变化曲线和最终迭代出的谐振模场的光强分布

(a) 腔镜上三个考察点的相对光强随往返次数的变化曲线；(b) 谐振模场的相对光强分布。

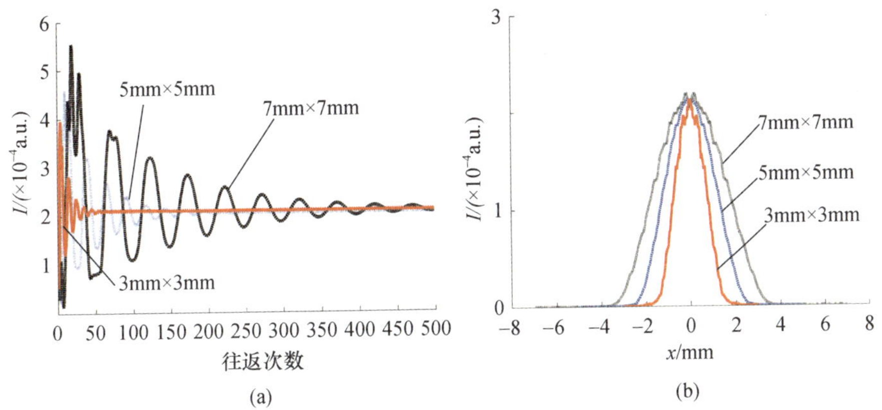

图 2－11　计算得到的腔内光强变化曲线和最终迭代出的谐振模场的光强分布

(a) 腔镜中心点位置的相对光强随迭代次数变化的曲线；(b) 谐振模场的光强分布。

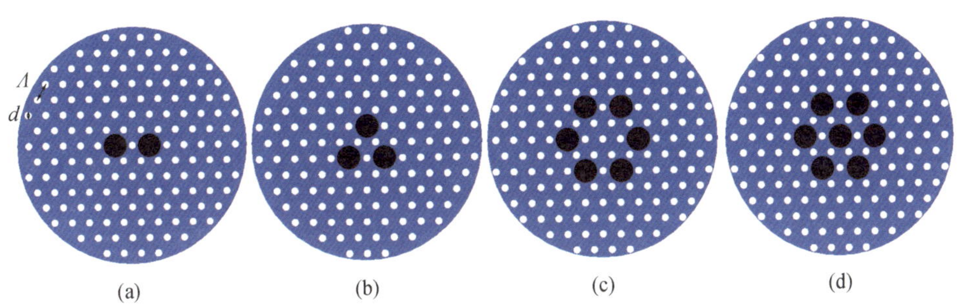

图 2－19　多芯光子晶体光纤结构

(a) 2 芯；(b) 3 芯；(c) 6 芯；(d) 7 芯。

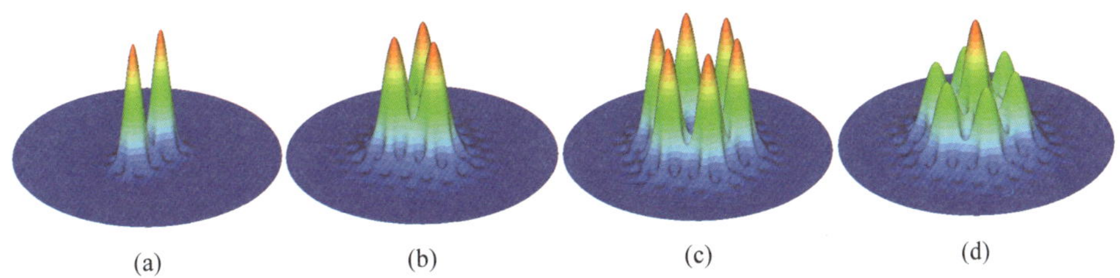

图 2－20　多芯光子晶体光纤同相位超模场

(a) 2 芯；(b) 3 芯；(c) 6 芯；(d) 7 芯。

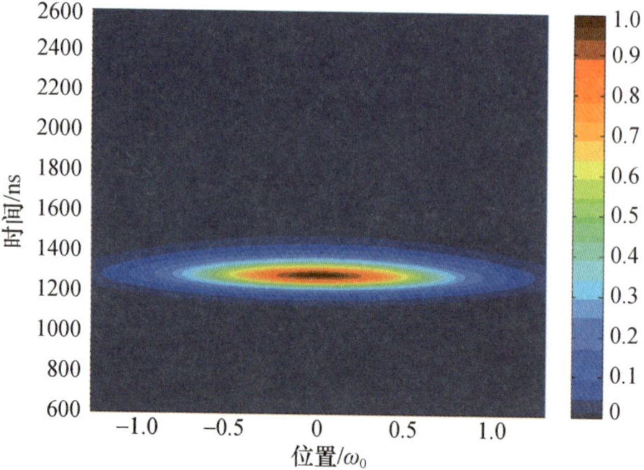

图 2-21 计算得到调 Q Nd:YAG 激光器基模输出脉冲光强的时空分布图
（初始反转粒子数密度 $n_0=0.8\times10^{23}/m^3$）

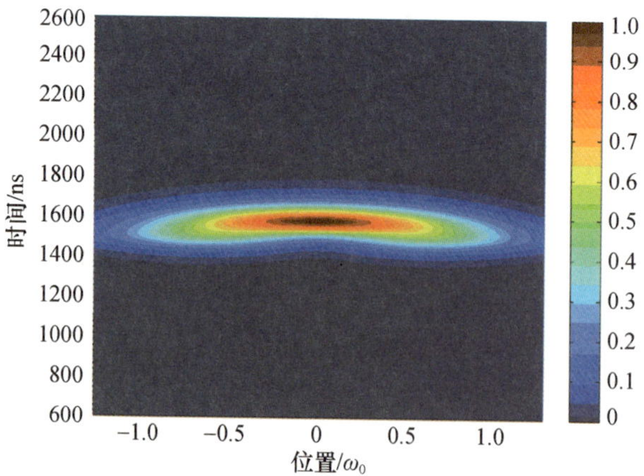

图 2-22 计算得到多横模调 Q Nd:YAG 激光器脉冲光强的时空分布图
（TEM_{00} : TEM_{01} = 55 : 45；初始反转粒子数密度 $n_0=1.7\times10^{23}/m^3$）

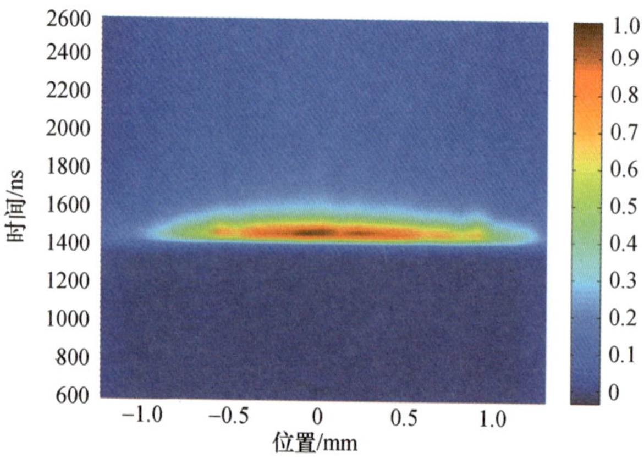

图 2-26 实验测得调 Q Nd:YAG 激光器脉冲强度的时空分布图

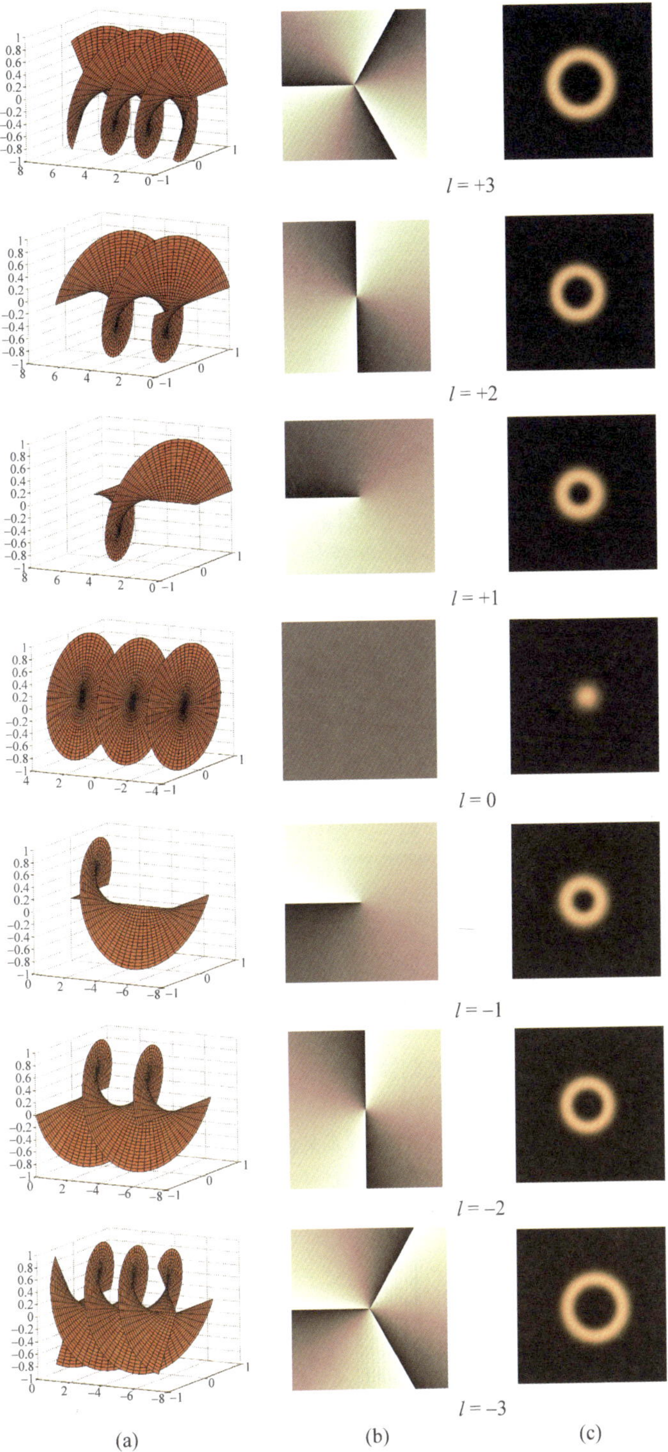

图 3-1　涡旋光束的相位分布和光强分布

（a）螺旋相位分布;（b）涡旋光束和平面波的干涉图;（c）光强分布。

图 3-3　数字激光器输出的多种光束[12]

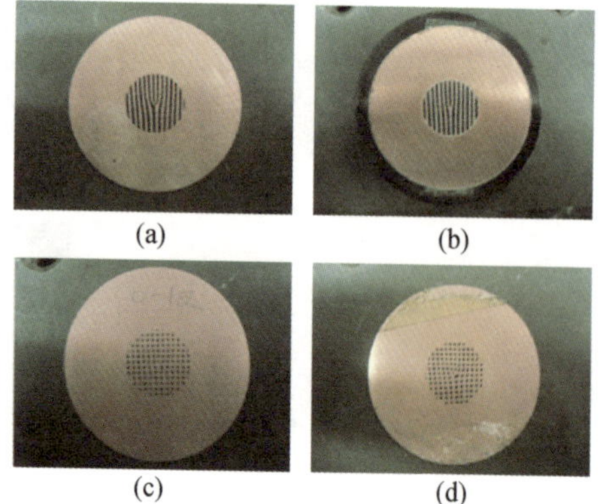

图 3-10　用激光刻蚀生成的二元振幅型光栅实物图

(a) 两叉的叉状光栅，光栅常数为 0.8mm；(b) 一叉的叉状光栅，光栅常数为 0.8mm；
(c) 水平方向一叉竖直方向零叉的复合光栅，光栅常数为 0.4mm；
(d) 水平方向三叉竖直方向一叉的复合光栅，光栅常数为 0.4mm。

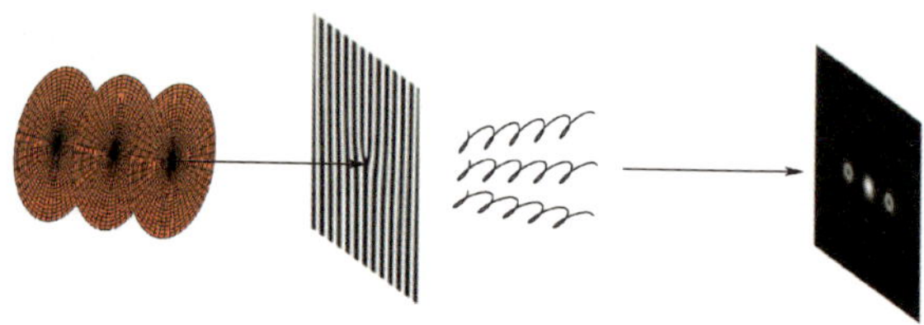

图 3-12　利用二元振幅型光栅生成涡旋光束的实验装置示意图

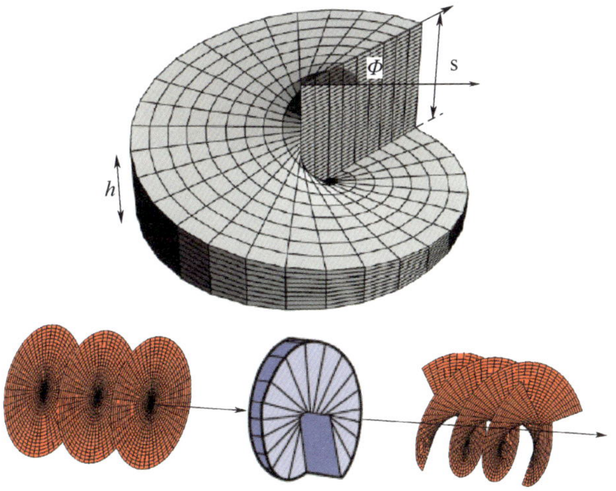

图 3－13　螺旋相位片相位分布结构图

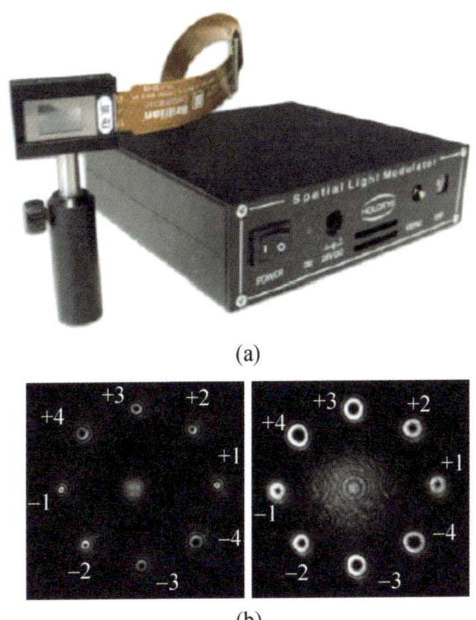

(a)

(b)

图 3－14　液晶空间光调制器及用其生成的涡旋光束实验结果图

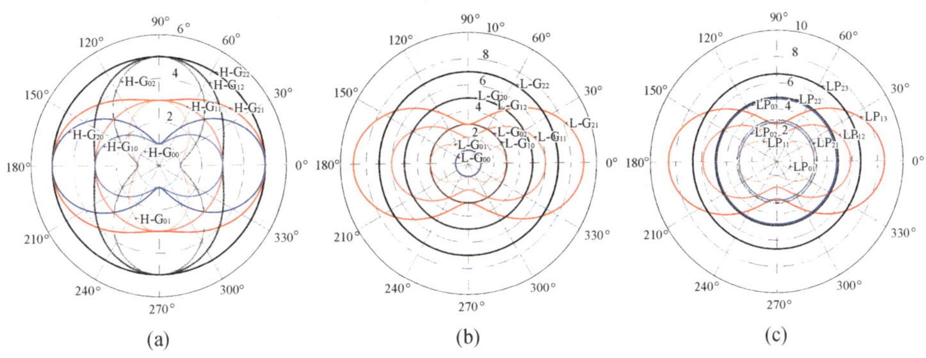

(a)　　(b)　　(c)

图 4－7　模式的 M^2 曲线

(a) H-G_{mn} 模式；(b) L-G_{pl} 模式；(c) LP_{mn} 模式。

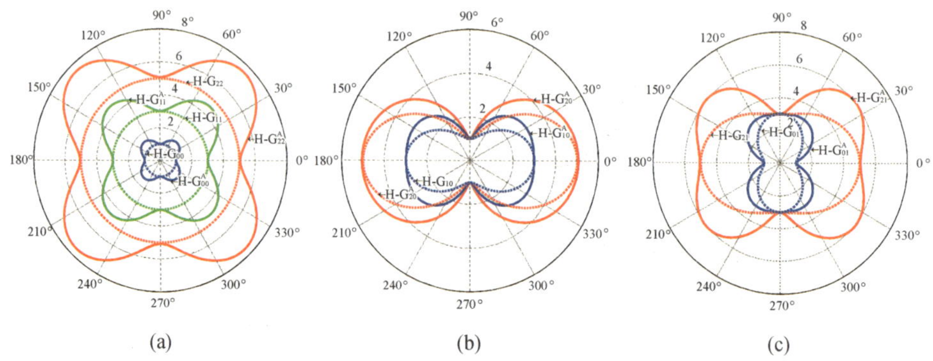

图 4-8 像散的 H-G_{mn} 模式与无像散的 H-G_{mn} 模式的 M^2 曲线

(a) H-G_{00}, H-G_{11}, H-G_{22};(b) H-G_{10}, H-G_{20};(c) H-G_{21}, H-G_{01}。

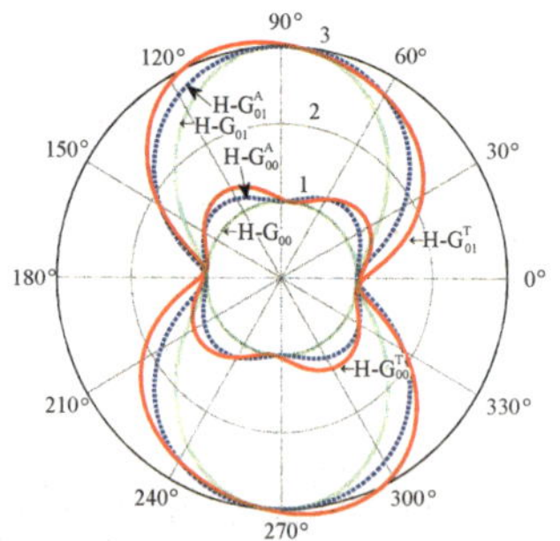

图 4-9 无像散的 H-G_{00} 模式和 H-G_{01} 模式、简单像散的 H-G_{00}^{A} 模式和 H-G_{01}^{A} 模式，以及复杂像散的 H-G_{00}^{T} 模式和 H-G_{01}^{T} 模式的 M^2 曲线

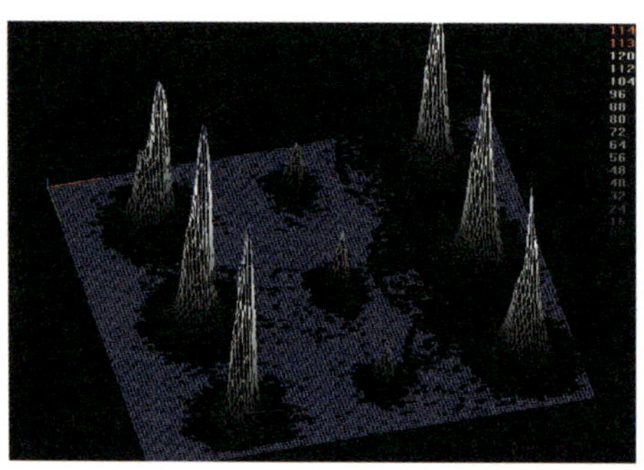

图 4-16 基于散焦光栅法采集到的光斑阵列图样[69]

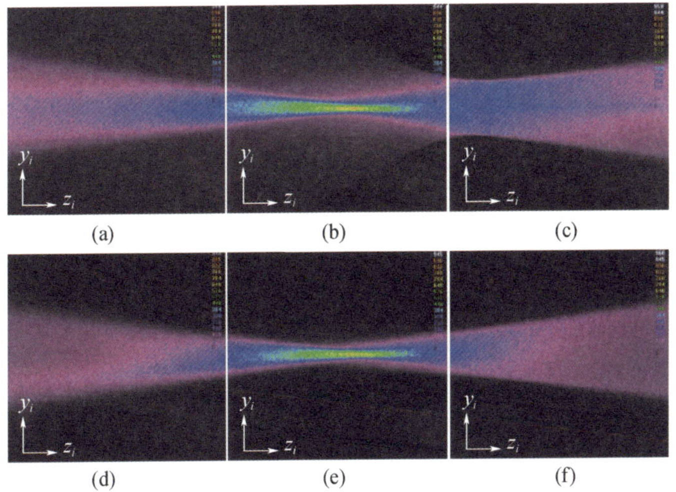

图 4-18 Nd:YAG 激光束光强传输的实验结果[67]
(a)~(c)任意光束;(d)~(f)理想光束。

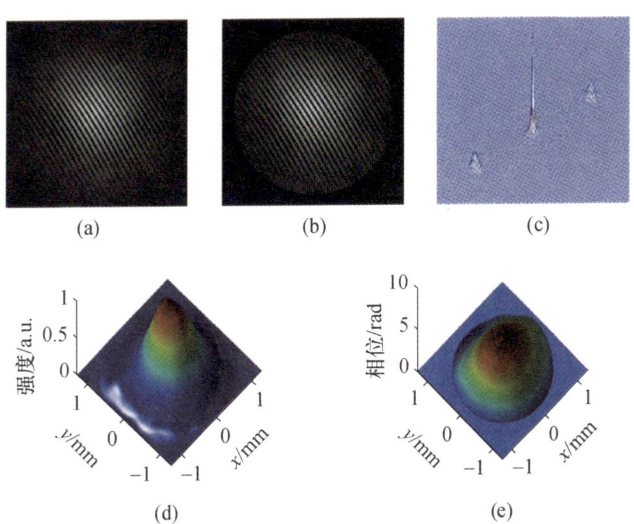

图 4-26 He-Ne 激光器输出光场复振幅重建实验结果
(a)采集到的干涉图;(b)预处理后的干涉图;(c)频谱分布;
(d)重建的光强;(e)相位分布。

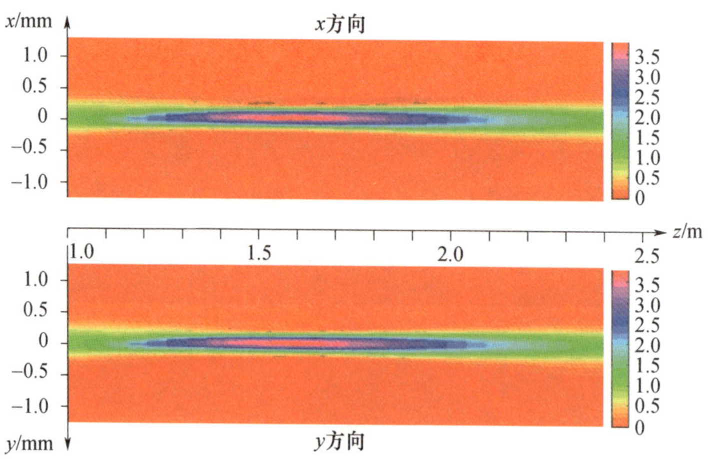

图 4－27　激光在其传播方向上的光强分布

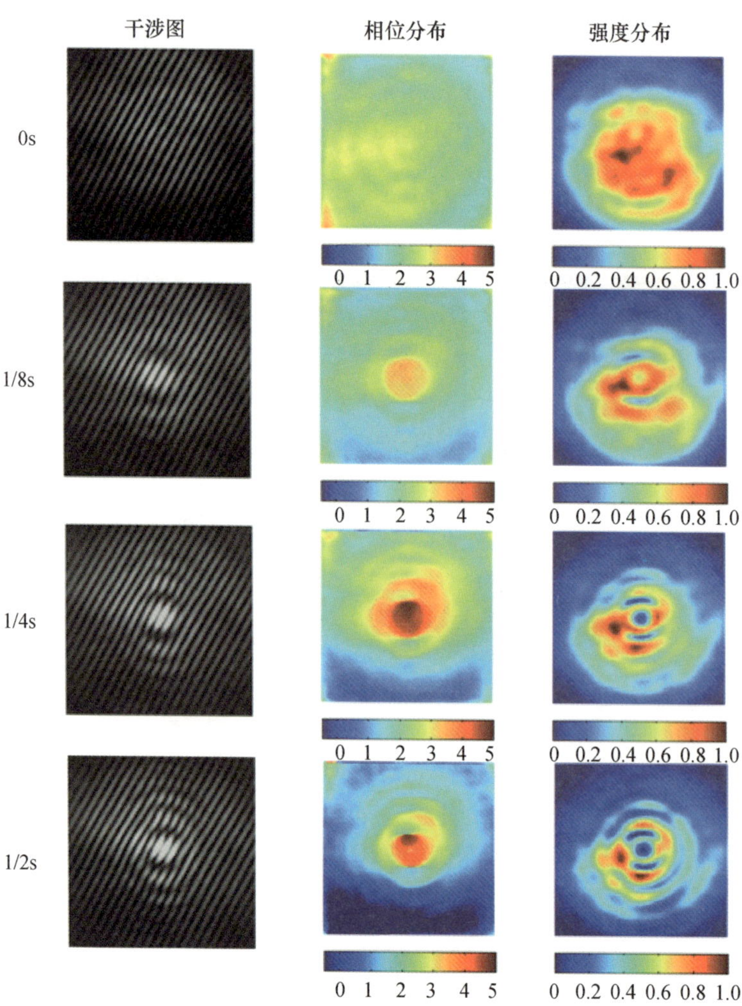

图 4－30　飞秒激光作用下畸变光场复振幅实时重建结果
（图中左、中、右分别为采集到的干涉图和 MZ－PDI 重建得到的相位与强度分布）

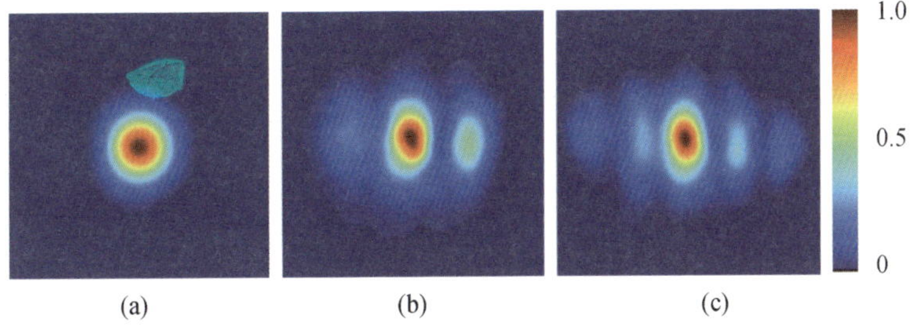

图 4-34　CCD 采集得到的待测激光强度分布

(a) 光场 1;(b) 光场 2;(c) 光场 3。

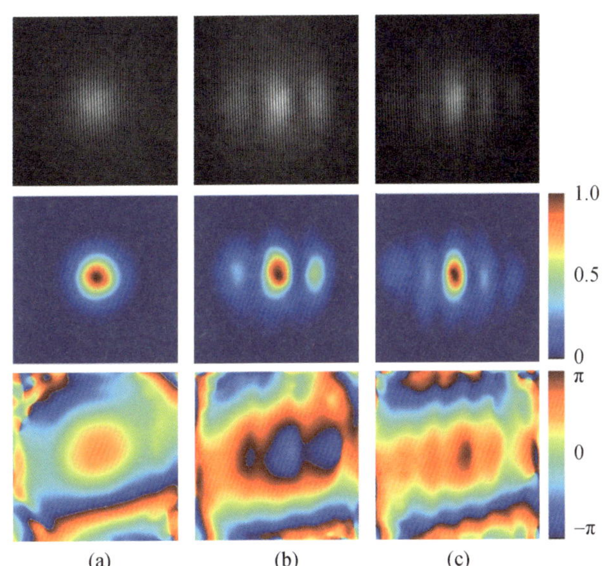

图 4-35　待测激光经过 MZ-PDI 后形成的干涉图及处理结果

(a) 光场 1;(b) 光场 2;(c) 光场 3。

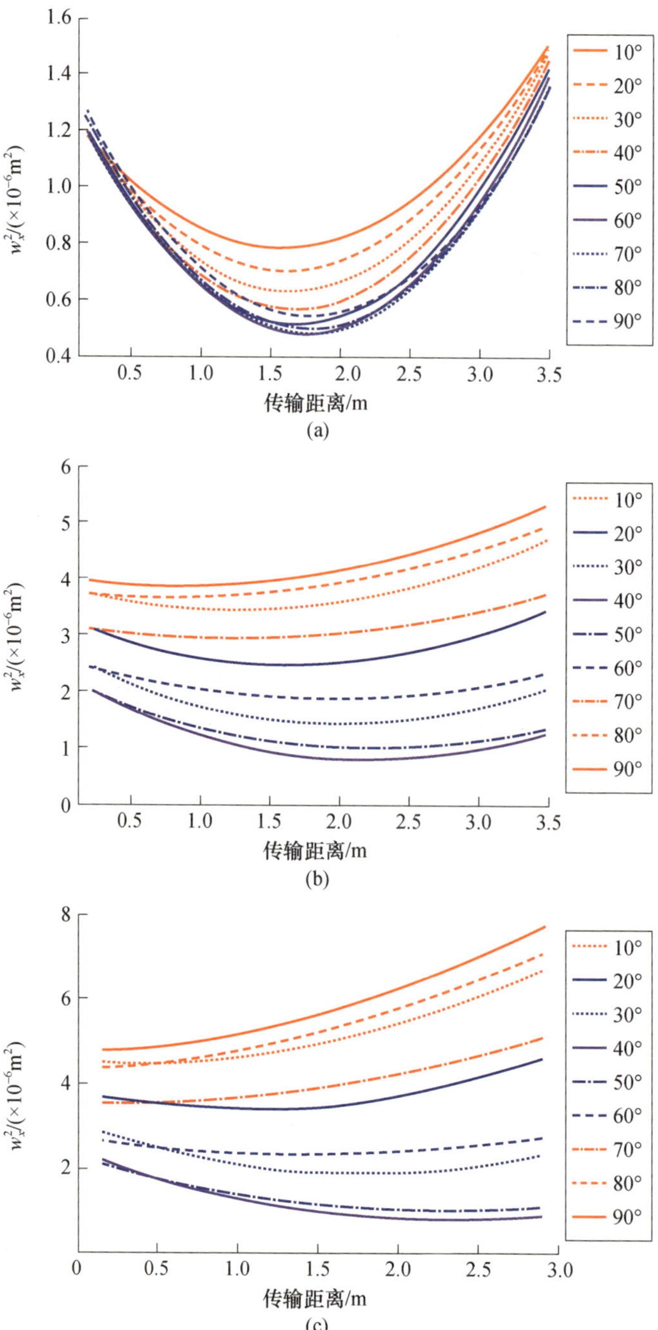

图 4-36 在不同旋转角下的束宽参数随传播距离的变化轨迹图

(a) 光场 1；(b) 光场 2；(c) 光场 3。

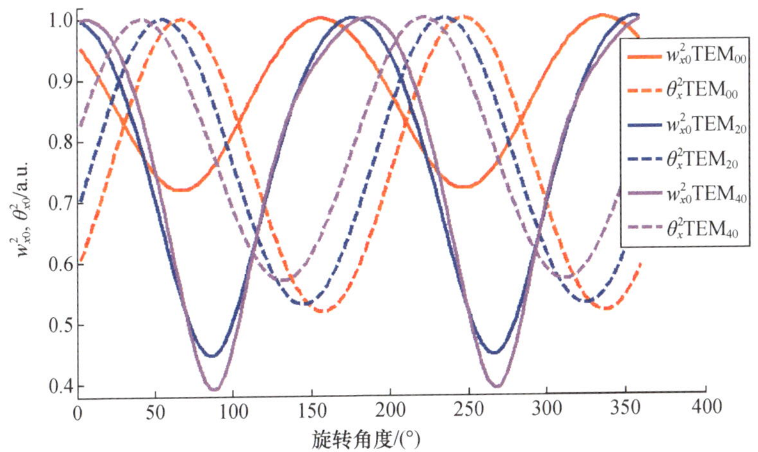

图 4－37　光场 1、光场 2 和光场 3 的束宽参数随着旋转角度变化的轨迹图

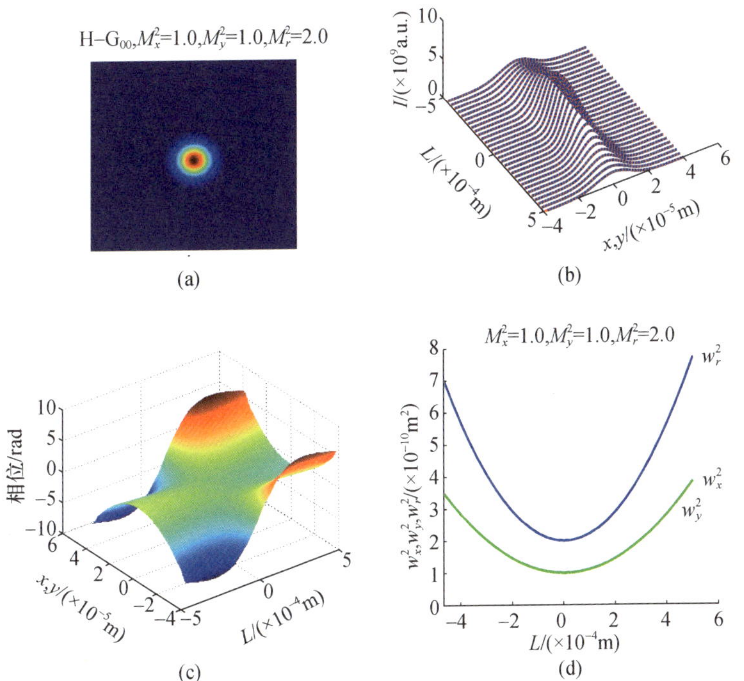

图 5－4　H-G_{00}模式的传输特性

(a)光斑图样;(b)在自由空间传输过程中的强度;(c)相位分布;(d)x 方向、y 方向、r 径向的束宽平方随传输距离 L 变化的曲线。

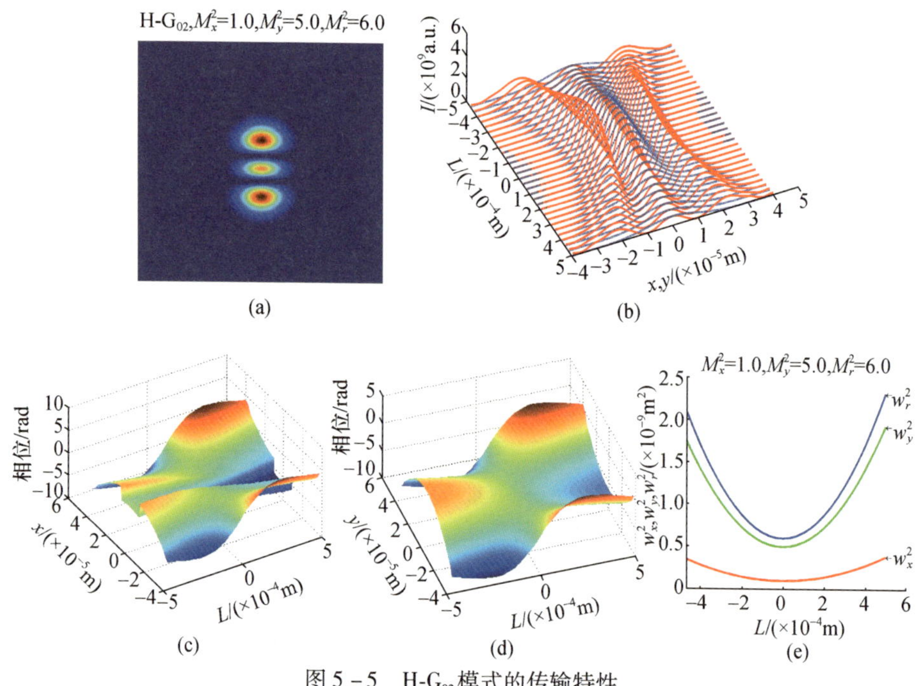

图 5-5 H-G_{02} 模式的传输特性

(a)光斑图样；(b)在自由空间传输过程中的强度分布；(c)x 方向相位分布；(d)y 方向的相位分布；(e)x 方向、y 方向和 r 径向的束宽平方随传输距离 L 变化的曲线。

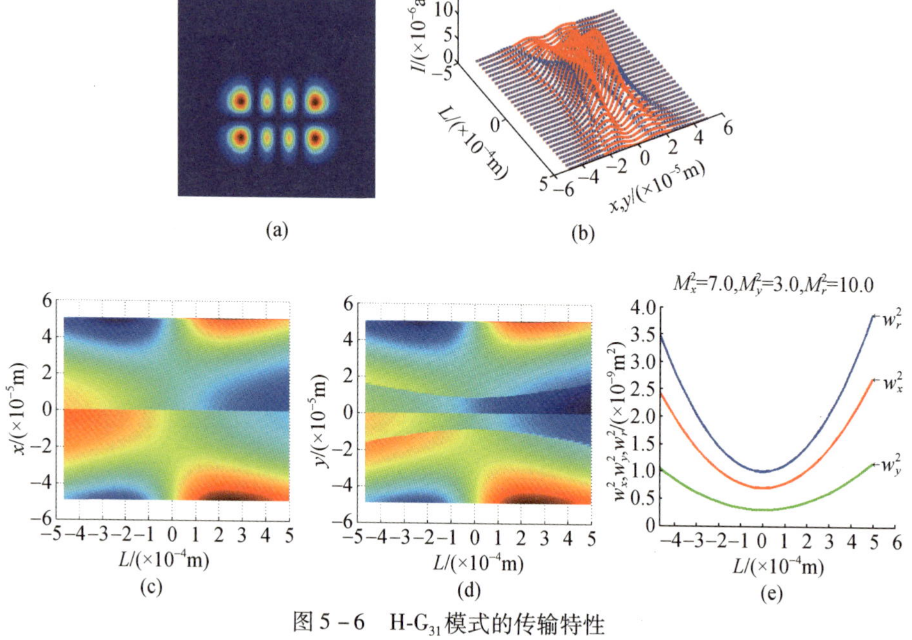

图 5-6 H-G_{31} 模式的传输特性

(a)光斑图样；(b)在自由空间传输过程中的强度分布；(c)x 方向相位分布；(d)y 方向的相位分布；(e)x 方向、y 方向和 r 径向的束宽平方随传输距离 L 变化的曲线。

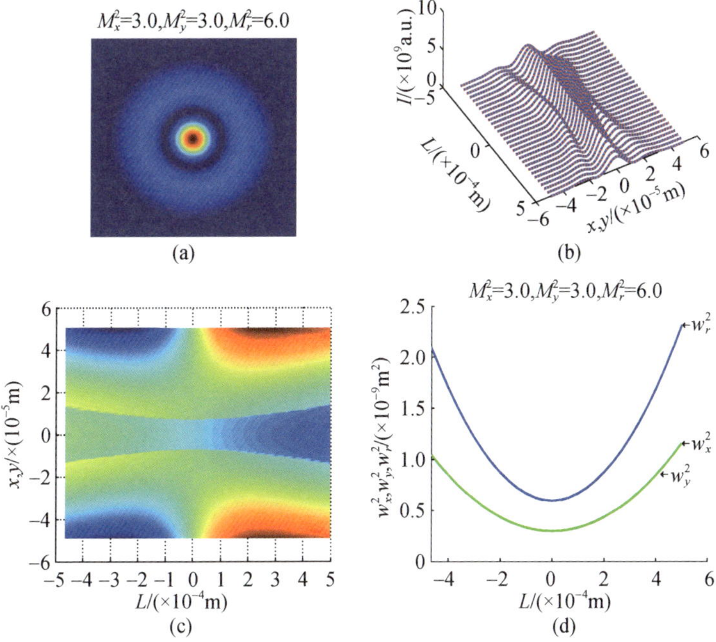

图 5－7　L-G$_{10}$模式的传输特性

(a)光斑图样;(b)在自由空间传输过程中的强度;(c)相位分布;
(d)x 方向、y 方向和 r 径向的束宽平方随传输距离 L 变化的曲线。

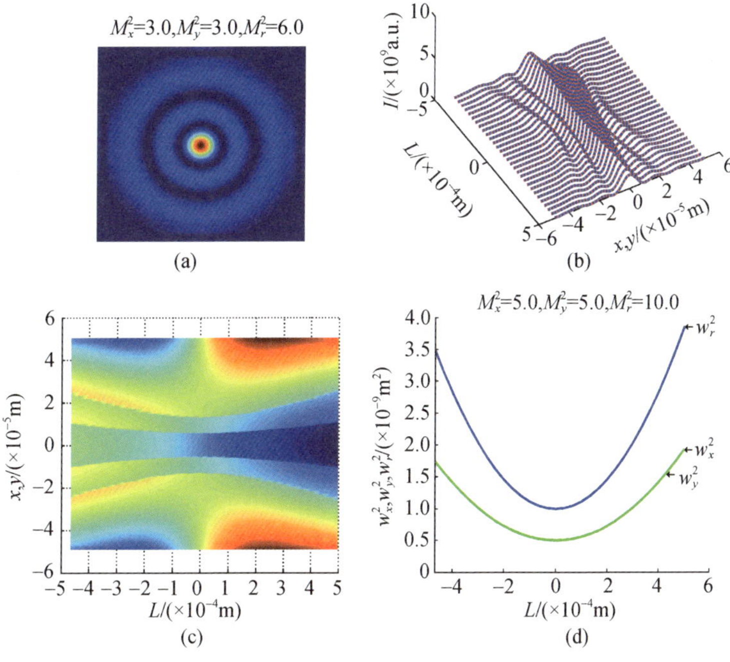

图 5－8　L-G$_{20}$模式的传输特性

(a)光斑图样;(b)在自由空间传输过程中的强度;(c)相位分布;
(d)x 方向、y 方向和 r 径向的束宽平方随传输距离 L 变化的曲线。

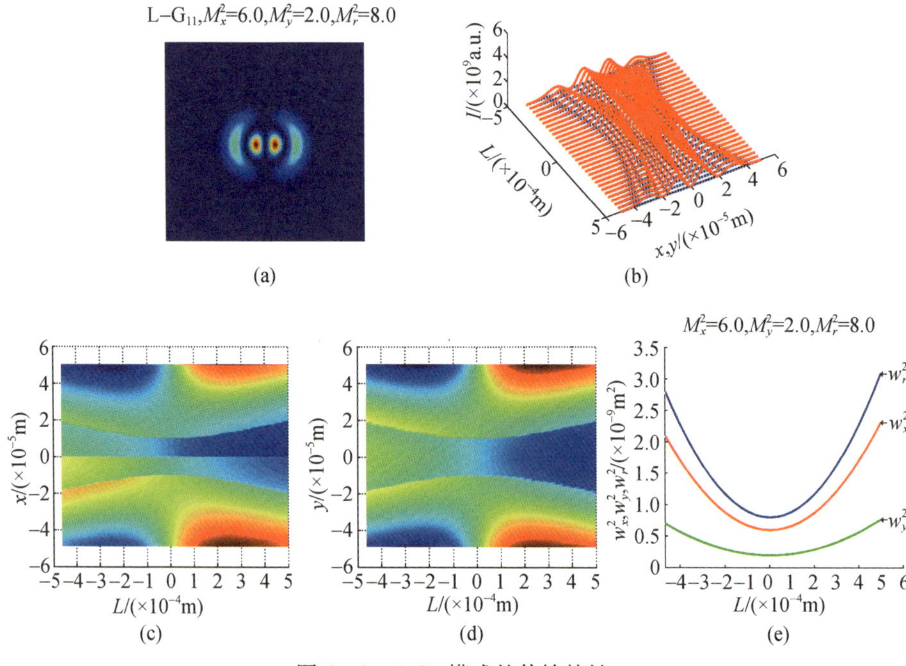

图 5－9　L-G$_{11}$ 模式的传输特性

(a)光斑图样;(b)在自由空间传输过程中的强度分布;(c)x 方向的相位分布;(d)y 方向的相位分布;(e)x 方向、y 方向和 r 径向的束宽平方随传输距离 L 变化的曲线。

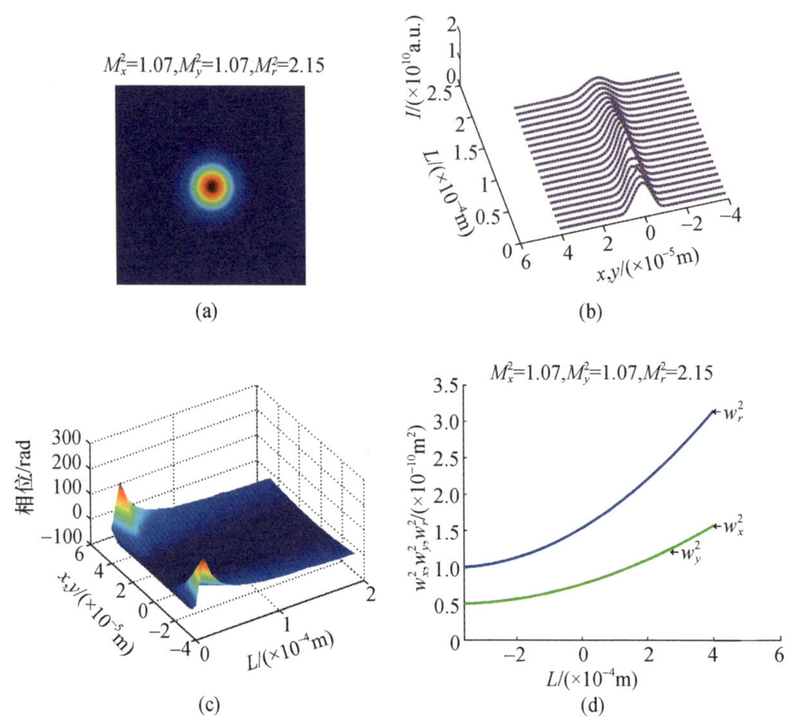

图 5－10　LP$_{01}$ 模式的传输特性

(a)光斑图样;(b)在自由空间传输过程中的强度分布;(c)在自由空间传输过程中的相位分布;(d)x 方向、y 方向和 r 径向的束宽平方随传输距离 L 变化的曲线。

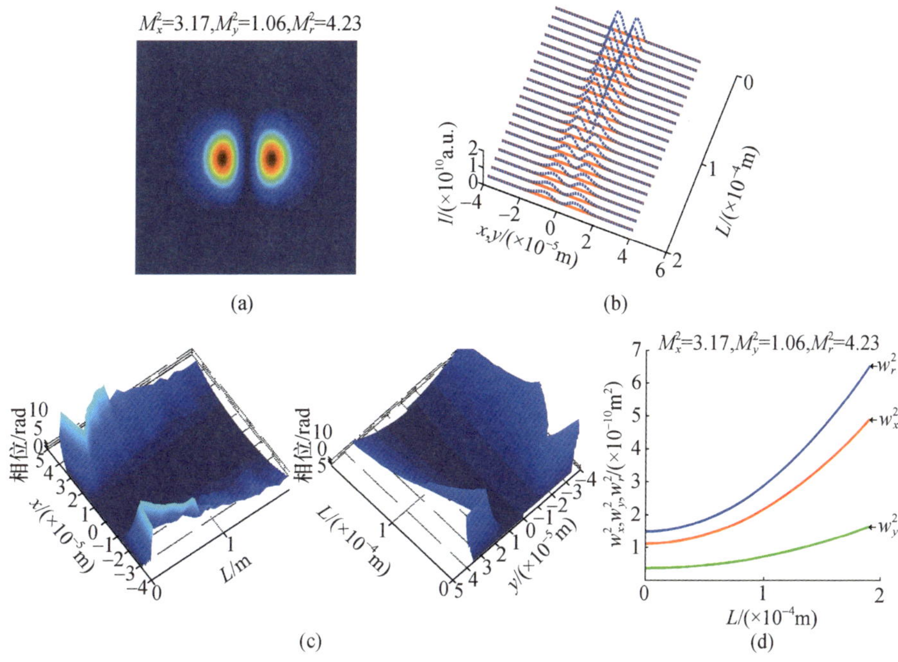

图 5－11　LP_{11}模式的传输特性

(a)光斑图样;(b)在自由空间传输过程中的强度分布;(c)在自由空间传输过程中 x 方向和 y 方向的相位分布;(d)x 方向、y 方向和 r 径向的束宽平方随传输距离 L 变化的曲线。

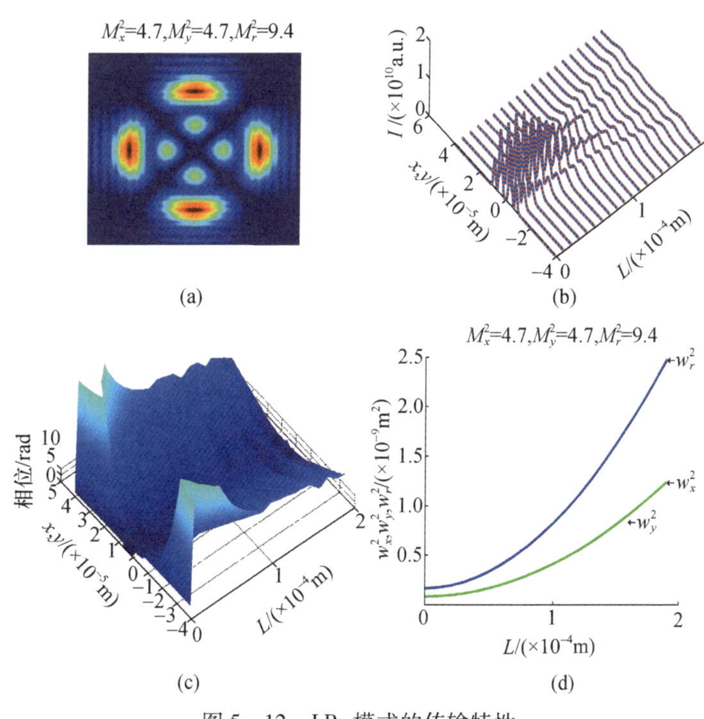

图 5－12　LP_{22}模式的传输特性

(a)光斑图样;(b)在自由空间传输过程中的强度分布;(c)在自由空间传输过程中 x 方向和 y 方向的相位分布;(d)x 方向、y 方向和 r 径向的束宽平方随传输距离 L 变化的曲线。

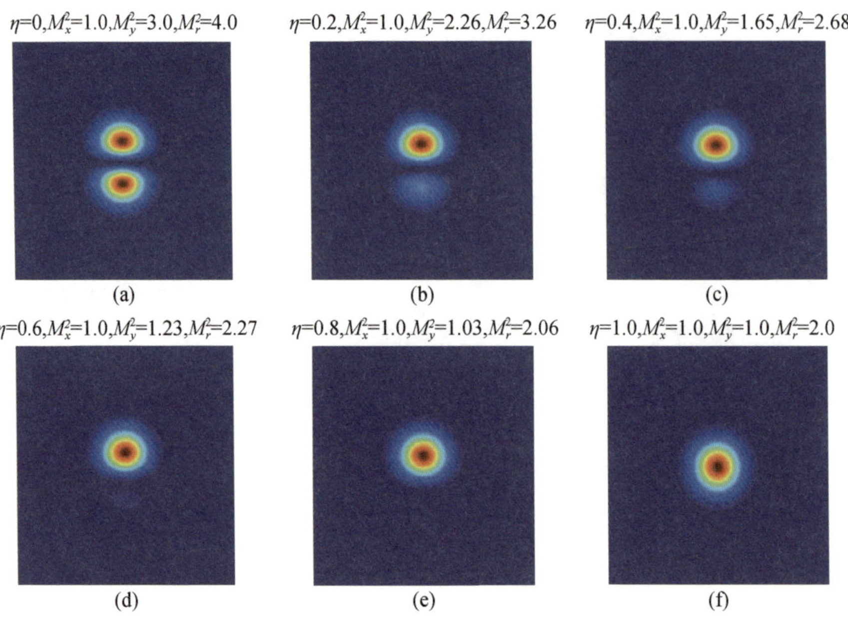

图 5－13　H-G_{00}模式和 H-G_{01}模式相干叠加的近场光斑图像及其在 x 方向、y 方向和 r 径向的 M^2 因子

(a)$\eta=0$;(b)$\eta=0.2$;(c)$\eta=0.4$;(d)$\eta=0.6$;(e)$\eta=0.8$;(f)$\eta=1.0$。

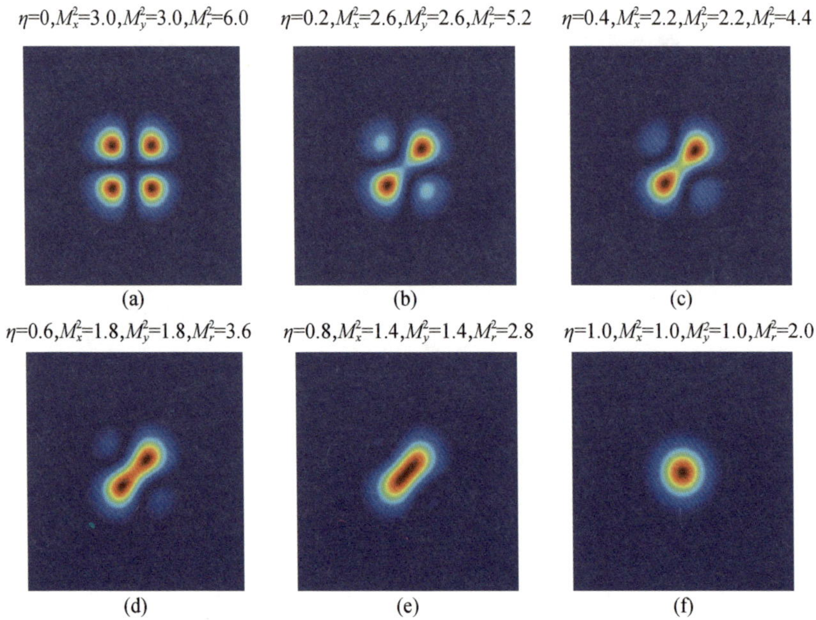

图 5－16　H-G_{00}模式和 H-G_{11}模式相干叠加的近场光斑图像及其在 x 方向、y 方向和 r 径向的 M^2 因子

(a)$\eta=0$;(b)$\eta=0.2$;(c)$\eta=0.4$;(d)$\eta=0.6$;(e)$\eta=0.8$;(f)$\eta=1.0$。

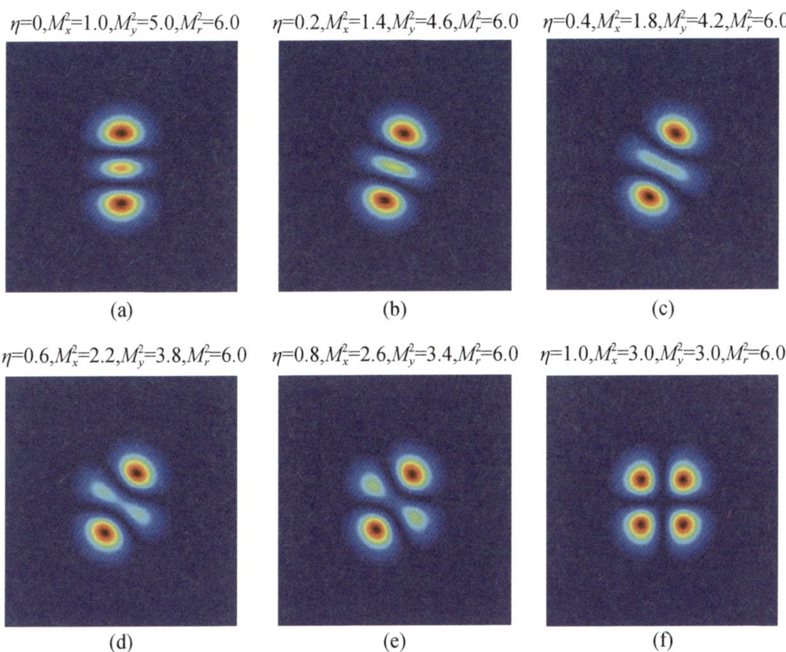

图 5－19　H-G_{11} 模式和 H-G_{02} 模式相干叠加场的光斑图像及其在 x 方向、y 方向和 r 径向的 M^2 因子

(a)$\eta=0$;(b)$\eta=0.2$;(c)$\eta=0.4$;(d)$\eta=0.6$;(e)$\eta=0.8$;(f)$\eta=1.0$。

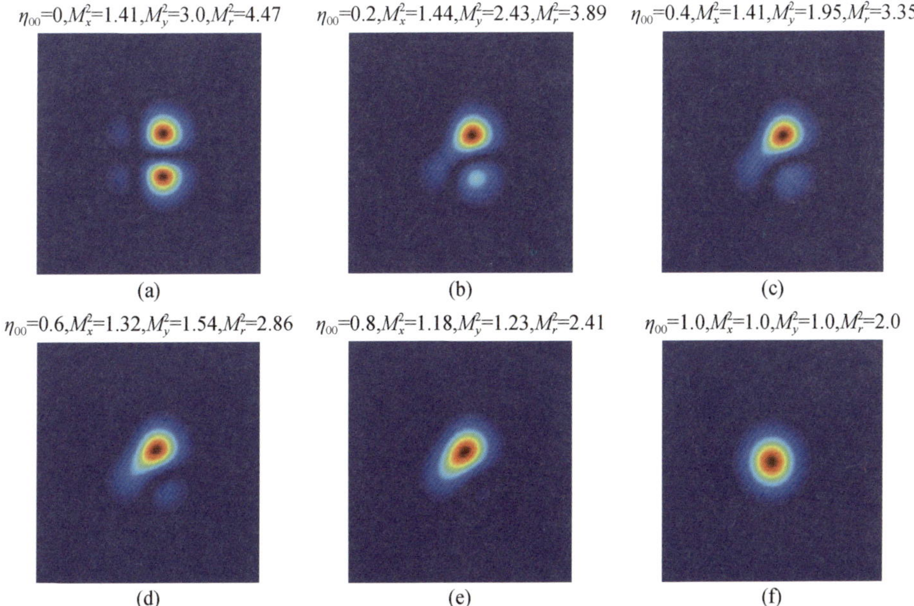

图 5－22　H-G_{00} 模式、H-G_{01} 模式和 H-G_{11} 模式的相干叠加的光斑图像及其在 x 方向、y 方向和 r 径向的 M^2 因子($\eta_{01}=\eta_{11}=0.5-\eta_{00}/2$)

(a)$\eta_{00}=0$;(b)$\eta_{00}=0.2$;(c)$\eta_{00}=0.4$;(d)$\eta_{00}=0.6$;(e)$\eta_{00}=0.8$;(f)$\eta_{00}=1.0$。

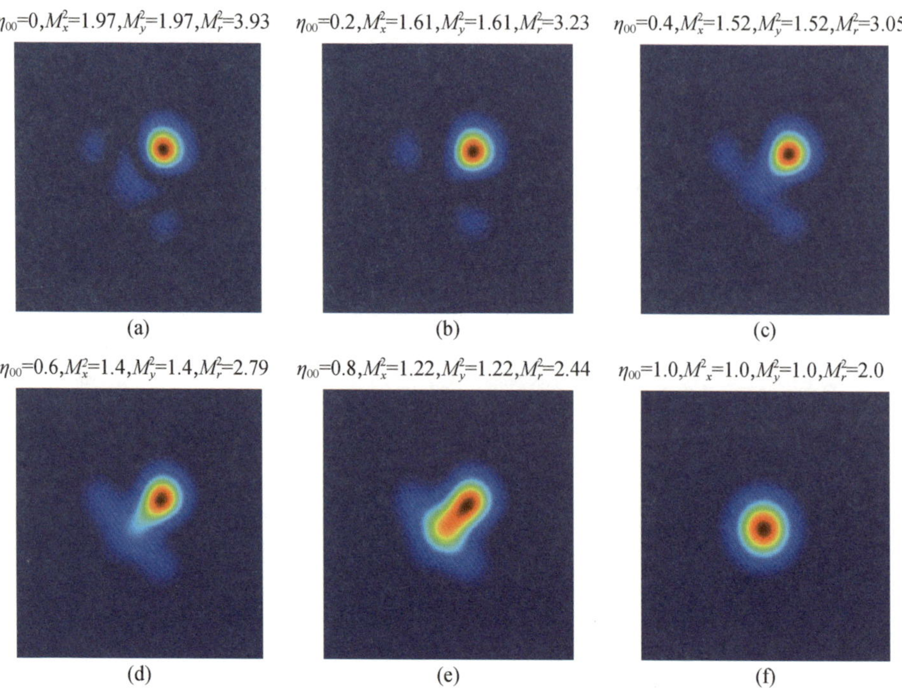

图 5-25　多个 H-G_{mn}模式的相干叠加场在不同 η_{00} 取值时的光斑图像及其在 x 方向、y 方向和 r 径向的 M^2 因子（$\eta_{mn}=(1-\eta_{00})/8(m=0,1,2;n=0,1,2;mn\neq 0)$）

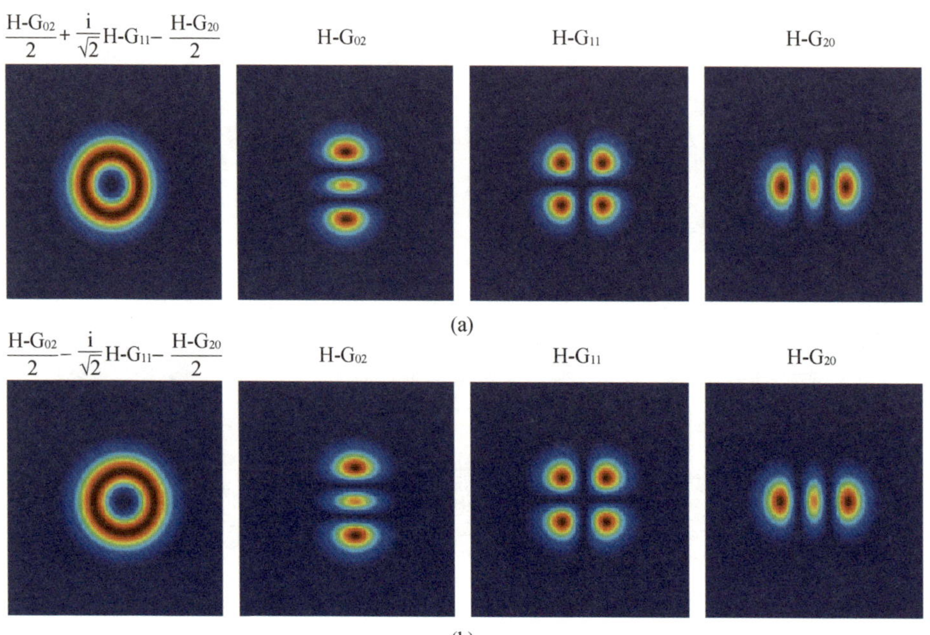

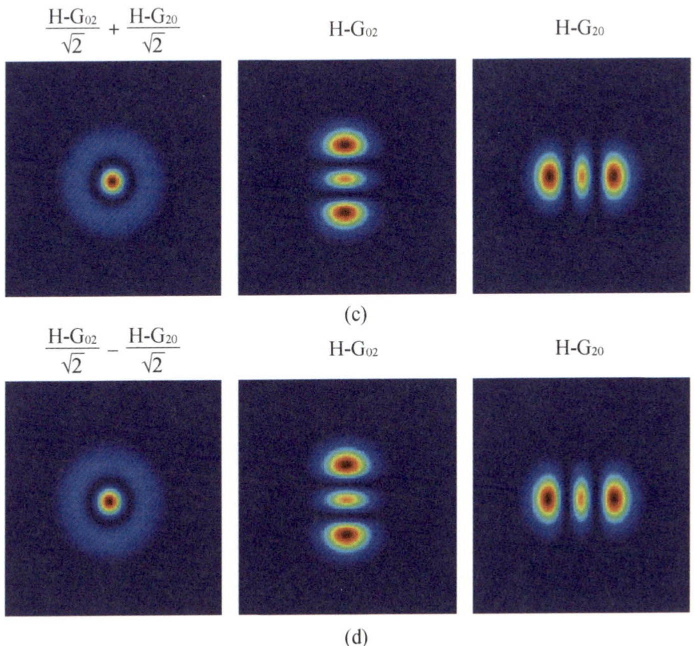

图 5－28　L-G 模式展开为 H-G 模式的相干叠加

(a) $\text{L-G}_{20}=\frac{1}{2}\text{H-G}_{02}+\frac{\mathrm{i}}{\sqrt{2}}\text{H-G}_{11}-\frac{1}{2}\text{H-G}_{20}$；(b) $\text{L-G}_{20}=\frac{1}{2}\text{H-G}_{02}-\frac{\mathrm{i}}{\sqrt{2}}\text{H-G}_{11}-\frac{1}{2}\text{H-G}_{20}$；

(c) $\text{L-G}_{10}=\frac{1}{\sqrt{2}}\text{H-G}_{02}+\frac{1}{\sqrt{2}}\text{H-G}_{20}$；(d) $\text{L-G}_{11}=\frac{1}{\sqrt{2}}\text{H-G}_{02}-\frac{1}{\sqrt{2}}\text{H-G}_{20}$。

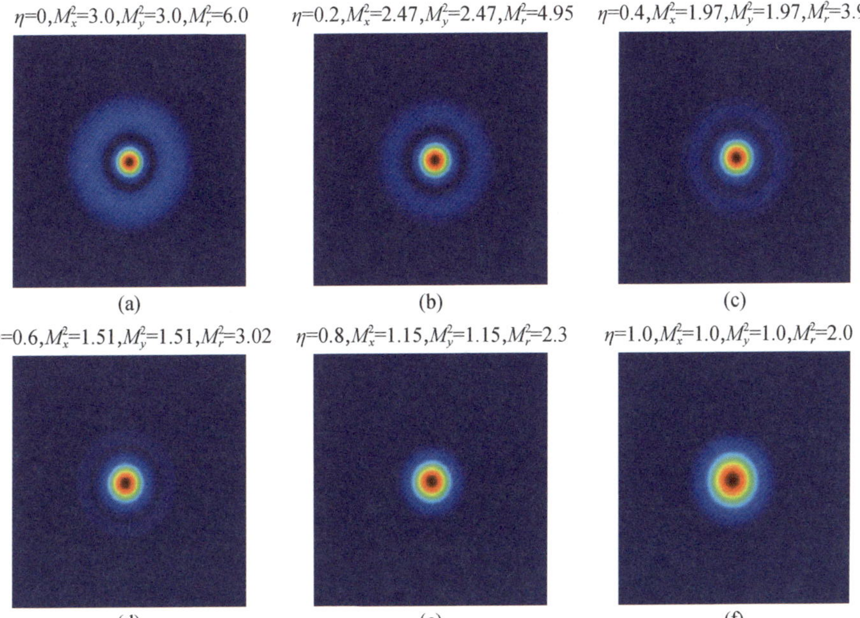

图 5－29　L-G_{00}模式和 L-G_{10}模式相干叠加场的光斑图像

及其在 x 方向、y 方向和 r 径向的 M^2 因子

(a) $\eta=0$；(b) $\eta=0.2$；(c) $\eta=0.4$；(d) $\eta=0.6$；(e) $\eta=0.8$；(f) $\eta=1.0$。

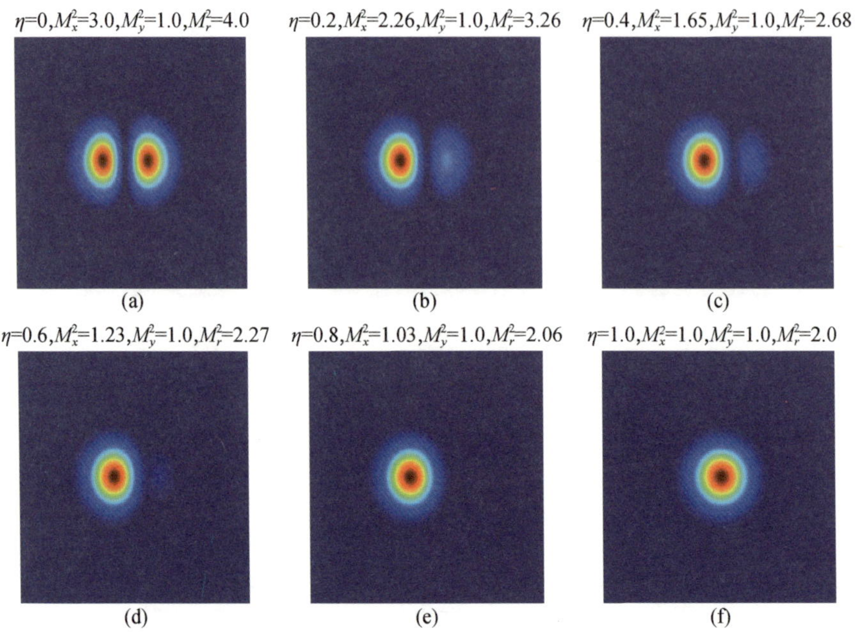

图 5-32　L-G_{00}模式和 L-G_{11}模式的相干叠加场的光斑图像及其在 x 方向、y 方向和 r 径向的 M^2 因子。

(a)$\eta=0$;(b)$\eta=0.2$;(c)$\eta=0.4$;(d)$\eta=0.6$;(e)$\eta=0.8$;(f)$\eta=1.0$。

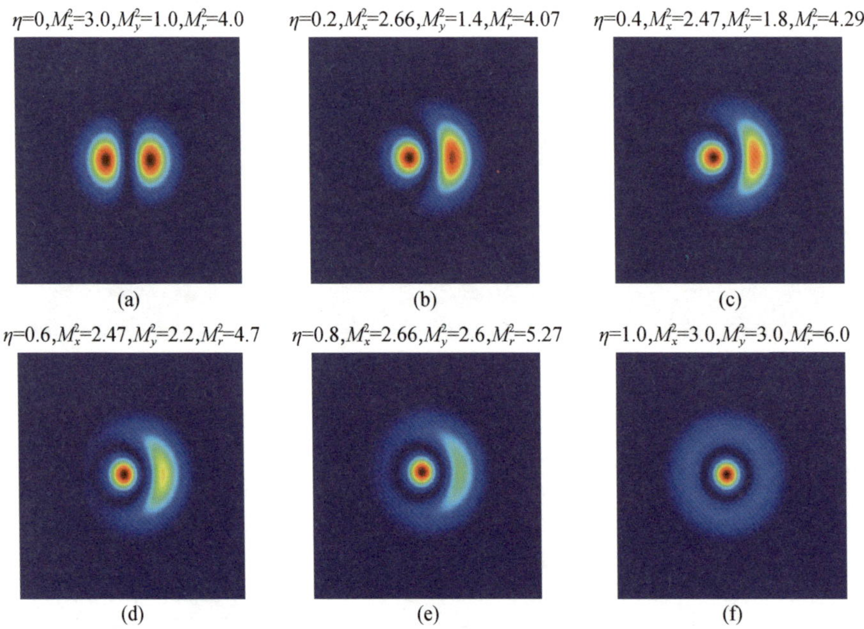

图 5-36　L-G_{10}模式和 L-G_{11}模式的相干叠加场的光斑图像及其在 x 方向、y 方向和 r 径向的 M^2 因子

(a)$\eta=0$;(b)$\eta=0.2$;(c)$\eta=0.4$;(d)$\eta=0.6$;(e)$\eta=0.8$;(f)$\eta=1.0$。

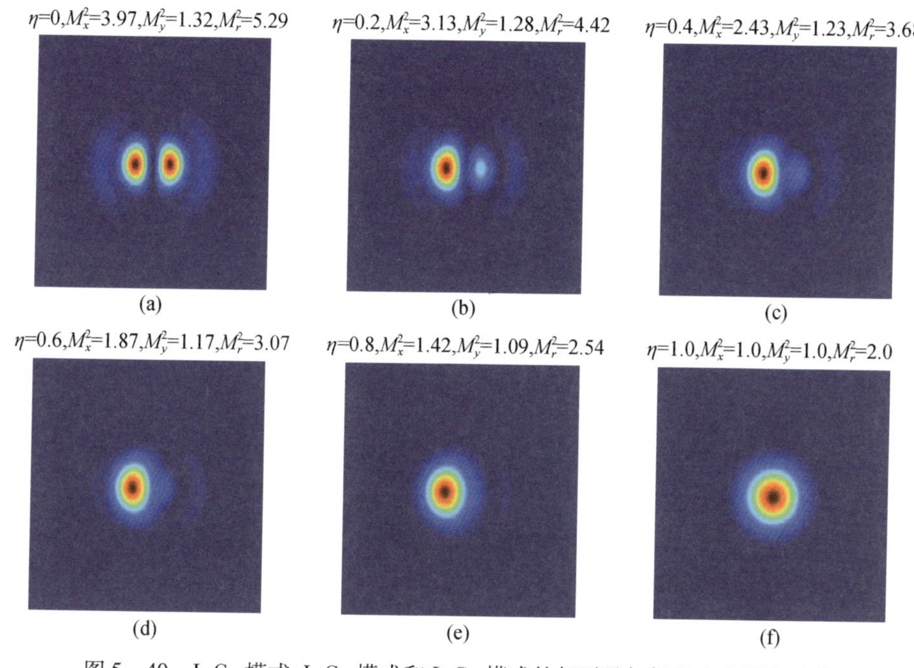

图 5-40　L-G_{00}模式、L-G_{11}模式和 L-G_{21}模式的相干叠加场的光斑图像及其在 x 方向、y 方向和 r 径向的 M^2 因子

(a) $\eta=0$；(b) $\eta=0.2$；(c) $\eta=0.4$；(d) $\eta=0.6$；(e) $\eta=0.8$；(f) $\eta=1.0$。

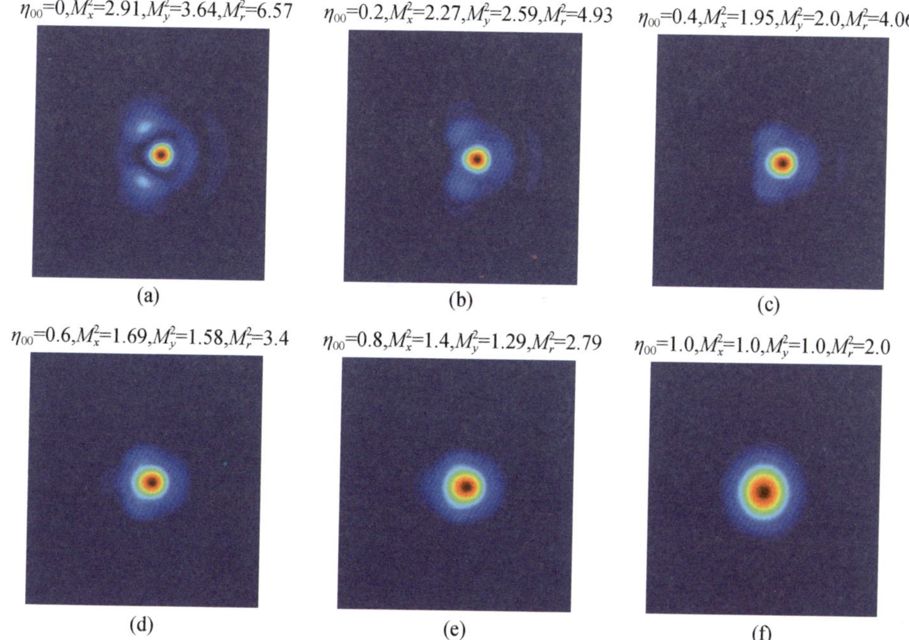

图 5-44　9 个 L-G_{mn}模式的相干叠加场在不同 η_{00} 取值时的光斑图像及其在 x 方向、y 方向和 r 径向的 M^2 因子（$\eta_{01}=\eta_{02}=\eta_{10}=\eta_{11}=\eta_{12}=\eta_{20}=\eta_{21}=\eta_{22}=(1-\eta_{00})/8$）

(a) $\eta_{00}=0$；(b) $\eta_{00}=0.2$；(c) $\eta_{00}=0.4$；(d) $\eta_{00}=0.6$；(e) $\eta_{00}=0.8$；(f) $\eta_{00}=1.0$。

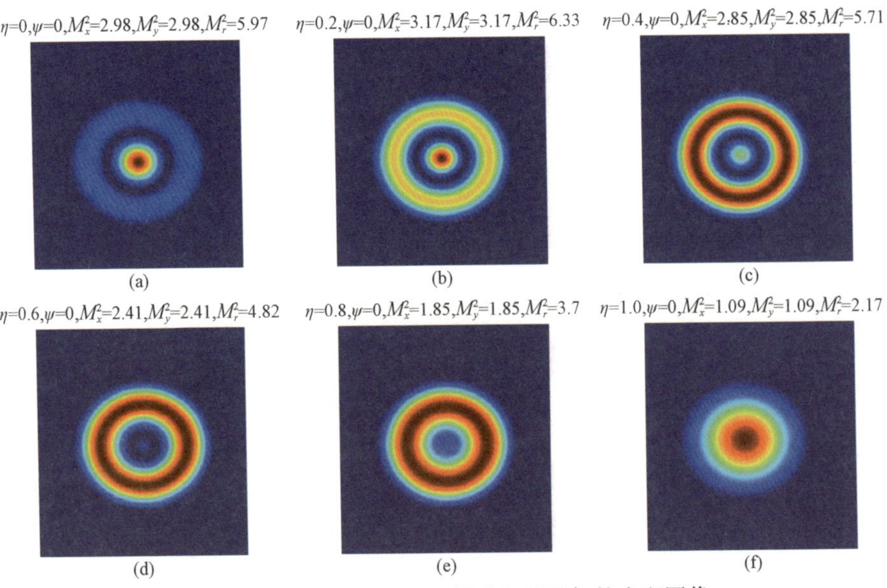

图 5－48　LP_{01} 模式和 LP_{02} 模式相干叠加的光斑图像

及其在 x 方向、y 方向和 r 径向的 M^2 因子（$\Psi=0$）

(a) $\eta=0$；(b) $\eta=0.2$；(c) $\eta=0.4$；(d) $\eta=0.6$；(e) $\eta=0.8$；(f) $\eta=1.0$。

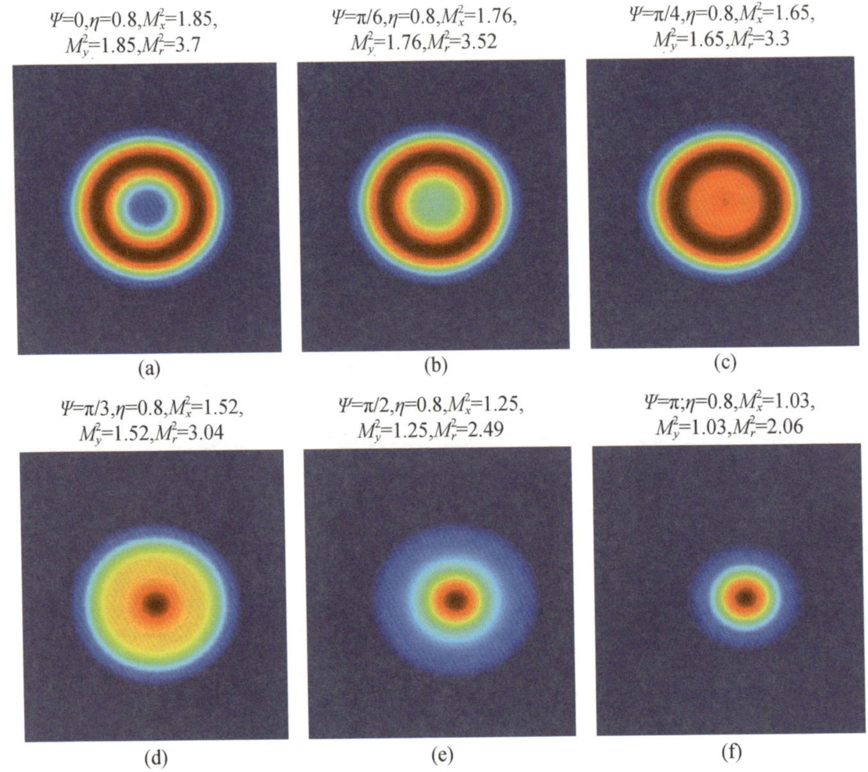

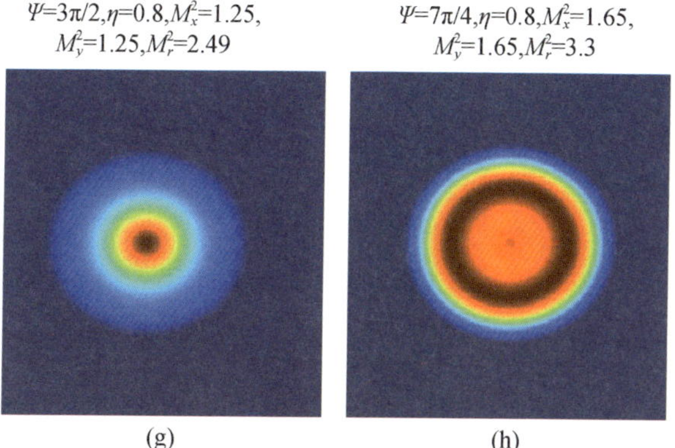

图 5-49　LP_{01} 模式和 LP_{02} 模式相干叠加的光斑图像及其在 x 方向、y 方向和 r 径向的 M^2 因子($\eta=0.8$)

(a) $\Psi=0$;(b) $\Psi=\pi/6$;(c) $\Psi=\pi/4$;(d) $\Psi=\pi/3$;(e) $\Psi=\pi/2$;(f) $\Psi=\pi$;(g) $\Psi=3\pi/2$;(h) $\Psi=7\pi/4$。

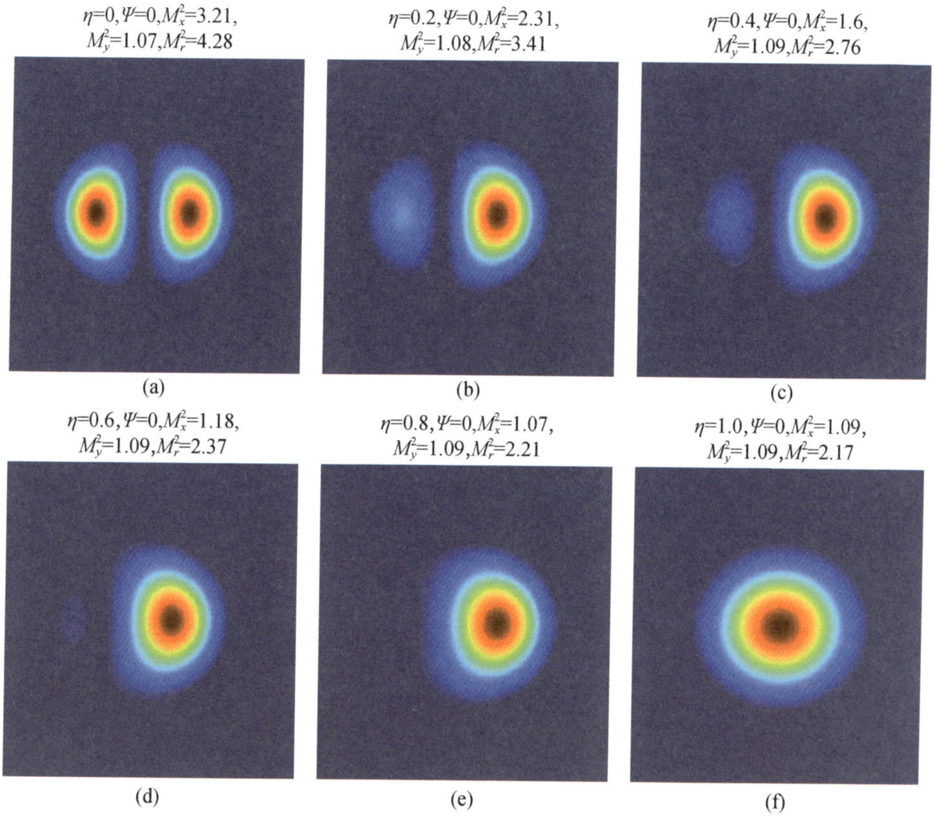

$\eta=0, \Psi=0, M_x^2=3.21,$
$M_y^2=1.07, M_r^2=4.28$
(a)

$\eta=0.2, \Psi=0, M_x^2=2.31,$
$M_y^2=1.08, M_r^2=3.41$
(b)

$\eta=0.4, \Psi=0, M_x^2=1.6,$
$M_y^2=1.09, M_r^2=2.76$
(c)

$\eta=0.6, \Psi=0, M_x^2=1.18,$
$M_y^2=1.09, M_r^2=2.37$
(d)

$\eta=0.8, \Psi=0, M_x^2=1.07,$
$M_y^2=1.09, M_r^2=2.21$
(e)

$\eta=1.0, \Psi=0, M_x^2=1.09,$
$M_y^2=1.09, M_r^2=2.17$
(f)

图 5-53　不同 η 取值下,LP_{01} 模式和 LP_{11} 模式相干叠加的光斑图像及在 x 方向、y 方向和 r 径向的 M^2 因子

(a) $\eta=0$;(b) $\eta=0.2$;(c) $\eta=0.4$;(d) $\eta=0.6$;(e) $\eta=0.8$;(f) $\eta=1.0$。

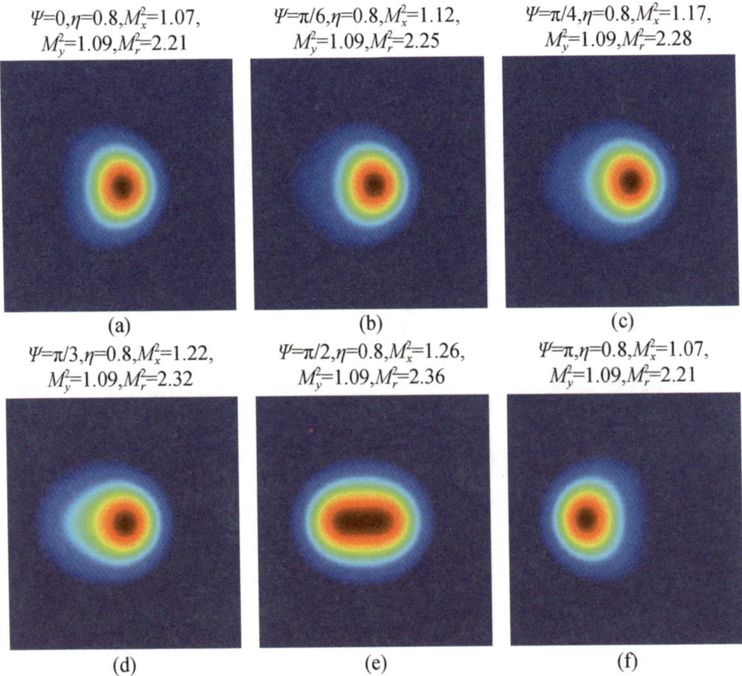

图 5－54　不同 Ψ 取值下，LP_{01} 模式和 LP_{11} 模式相干叠加的近场光斑图像及在 x 方向、y 方向和 r 径向的 M^2 因子（$\eta=0.8$）

(a) $\Psi=0$；(b) $\Psi=\pi/6$；(c) $\Psi=\pi/4$；(d) $\Psi=\pi/3$；(e) $\Psi=\pi/2$；(f) $\Psi=\pi$。

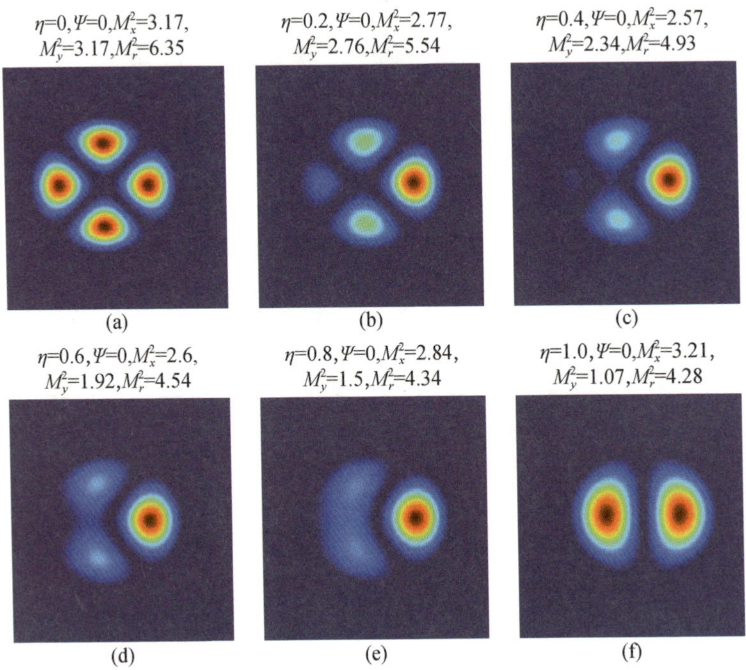

图 5－57　LP_{11} 模式和 LP_{21} 模式相干叠加的光斑图像及其在 x 方向、y 方向和 r 径向的 M^2 因子（$\Psi=0$）

(a) $\eta=0$；(b) $\eta=0.2$；(c) $\eta=0.4$；(d) $\eta=0.6$；(e) $\eta=0.8$；(f) $\eta=1.0$。

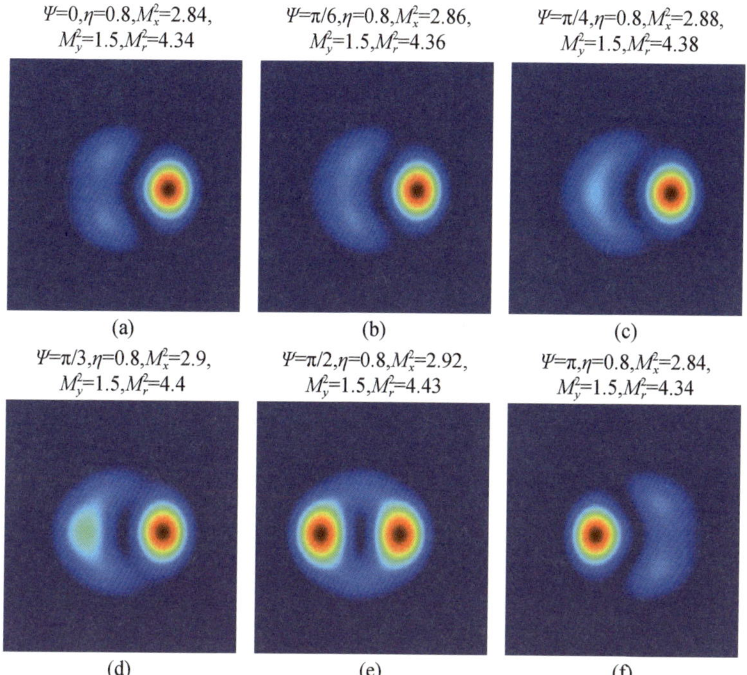

图 5-58　LP_{11}模式和LP_{21}模式相干叠加的近场光斑图像及在 x 方向、y 方向和 r 径向的 M^2 因子($\eta=0.8$)

(a) $\Psi=0$;(b) $\Psi=\pi/6$;(c) $\Psi=\pi/4$;(d) $\Psi=\pi/3$;(e) $\Psi=\pi/2$;(f) $\Psi=\pi$。

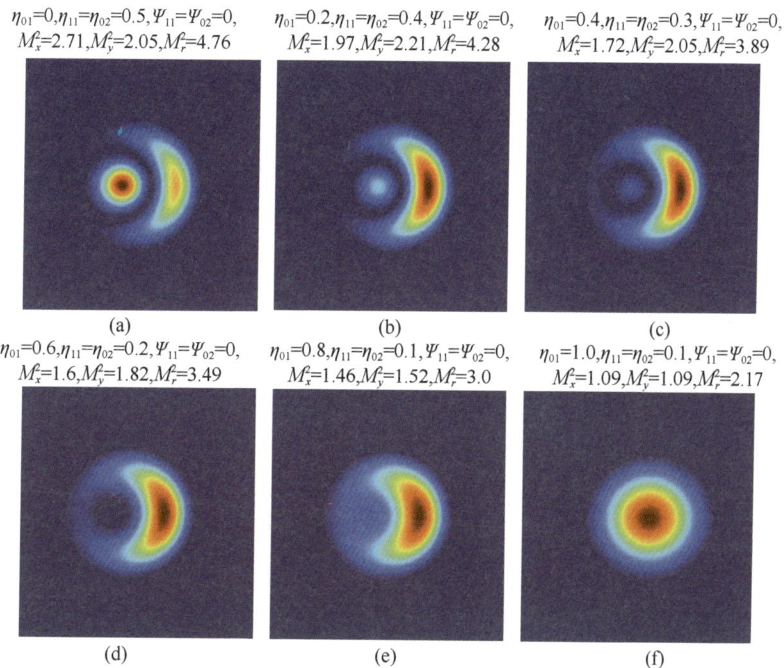

图 5-61　不同 η_{01}取值时,计算得到LP_{01}模式、LP_{11}模式和LP_{02}模式的相干叠加场的光斑图像及其在 x 方向、y 方向和 r 径向的 M^2 因子($\eta_{11}=\eta_{02}=0.5-\eta_{01}/2$,$\Psi_{11}=\Psi_{02}=0$)

(a) $\eta_{01}=0$;(b) $\eta_{01}=0.2$;(c) $\eta_{01}=0.4$;(d) $\eta_{01}=0.6$;(e) $\eta_{01}=0.8$;(f) $\eta_{01}=1.0$。

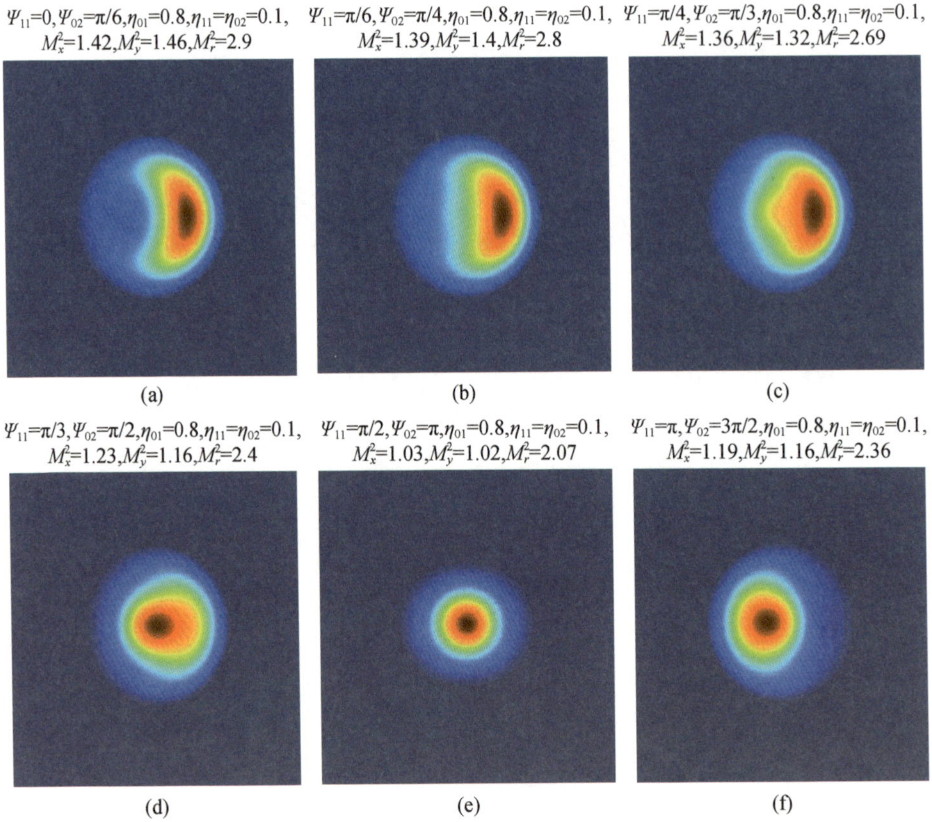

$\Psi_{11}=0,\Psi_{02}=\pi/6,\eta_{01}=0.8,\eta_{11}=\eta_{02}=0.1,$
$M_x^2=1.42,M_y^2=1.46,M_r^2=2.9$

$\Psi_{11}=\pi/6,\Psi_{02}=\pi/4,\eta_{01}=0.8,\eta_{11}=\eta_{02}=0.1,$
$M_x^2=1.39,M_y^2=1.4,M_r^2=2.8$

$\Psi_{11}=\pi/4,\Psi_{02}=\pi/3,\eta_{01}=0.8,\eta_{11}=\eta_{02}=0.1,$
$M_x^2=1.36,M_y^2=1.32,M_r^2=2.69$

(a) (b) (c)

$\Psi_{11}=\pi/3,\Psi_{02}=\pi/2,\eta_{01}=0.8,\eta_{11}=\eta_{02}=0.1,$
$M_x^2=1.23,M_y^2=1.16,M_r^2=2.4$

$\Psi_{11}=\pi/2,\Psi_{02}=\pi,\eta_{01}=0.8,\eta_{11}=\eta_{02}=0.1,$
$M_x^2=1.03,M_y^2=1.02,M_r^2=2.07$

$\Psi_{11}=\pi,\Psi_{02}=3\pi/2,\eta_{01}=0.8,\eta_{11}=\eta_{02}=0.1,$
$M_x^2=1.19,M_y^2=1.16,M_r^2=2.36$

(d) (e) (f)

图 5-62　不同 Ψ_{11} 和 Ψ_{02} 取值时，计算得到 LP_{01} 模式、LP_{11} 模式和 LP_{21} 模式的相干叠加场的光斑图样及其在 x 方向、y 方向和 r 径向的 M^2 因子（$\eta_{01}=0.8$，$\eta_{11}=\eta_{02}=0.1$）

(a) $\Psi_{11}=0$，$\Psi_{02}=\pi/6$；(b) $\Psi_{11}=\pi/6$，$\Psi_{02}=\pi/4$；(c) $\Psi_{11}=\pi/4$，$\Psi_{02}=\pi/3$；
(d) $\Psi_{11}=\pi/3$，$\Psi_{02}=\pi/2$；(e) $\Psi_{11}=\pi/2$，$\Psi_{02}=\pi$；(f) $\Psi_{11}=\pi$，$\Psi_{02}=3\pi/2$。

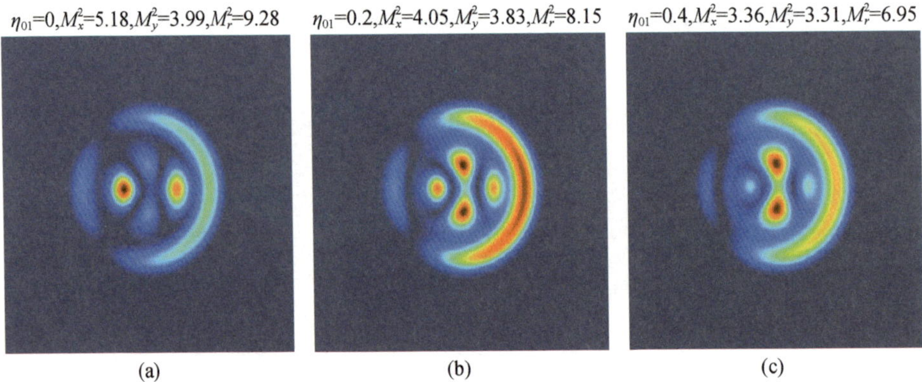

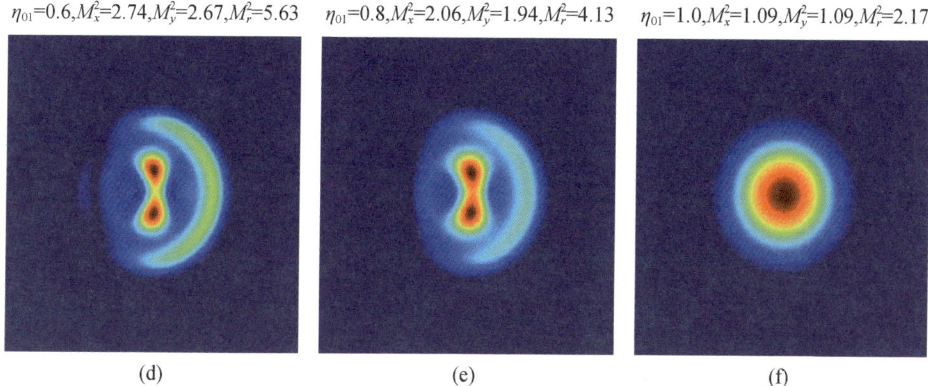

图 5-66 在不同 η 取值时,计算得到 9 个 LP_{mn} 模式相干叠加场的光斑图像及其在 x 方向、y 方向和 r 径向的 M^2 因子($\eta_{02}=\eta_{03}=\eta_{11}=\eta_{12}=\eta_{13}=\eta_{21}=\eta_{22}=\eta_{23}=(1-\eta_{01})/8$)

(a)$\eta_{01}=0$;(b)$\eta_{01}=0.2$;(c)$\eta_{01}=0.4$;(d)$\eta_{01}=0.6$;(e)$\eta_{01}=0.8$;(f)$\eta_{01}=1.0$。

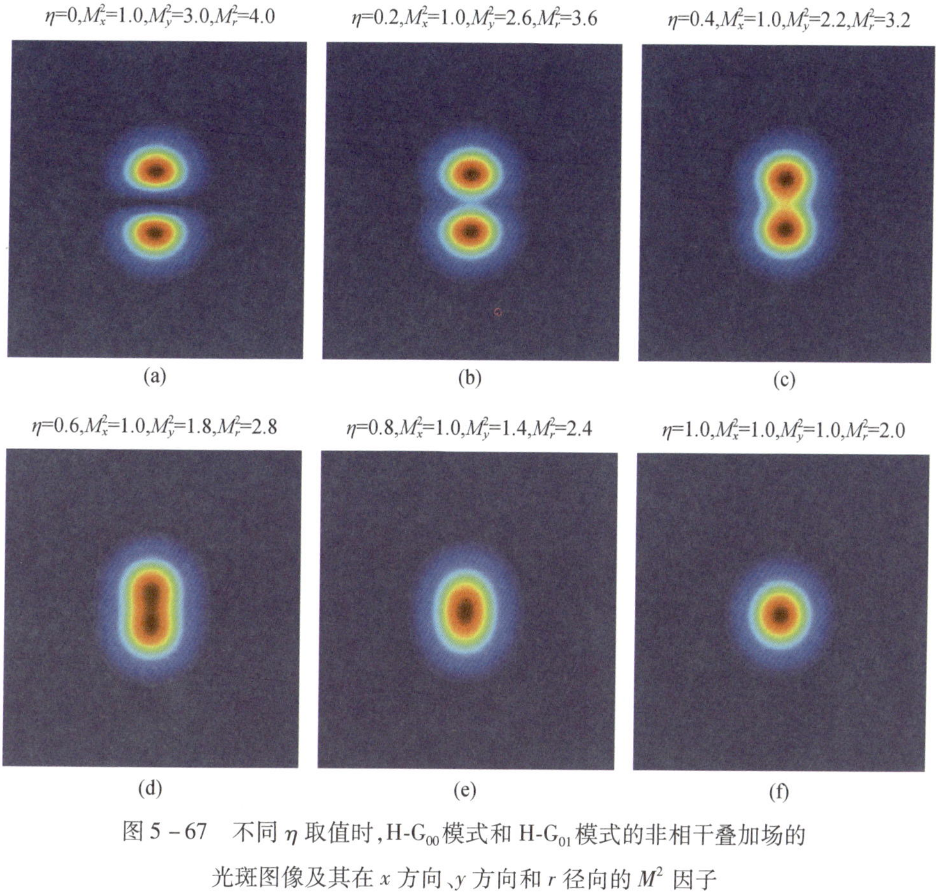

$\eta=0, M_x^2=1.0, M_y^2=3.0, M_r^2=4.0$ $\eta=0.2, M_x^2=1.0, M_y^2=2.6, M_r^2=3.6$ $\eta=0.4, M_x^2=1.0, M_y^2=2.2, M_r^2=3.2$

(a) (b) (c)

$\eta=0.6, M_x^2=1.0, M_y^2=1.8, M_r^2=2.8$ $\eta=0.8, M_x^2=1.0, M_y^2=1.4, M_r^2=2.4$ $\eta=1.0, M_x^2=1.0, M_y^2=1.0, M_r^2=2.0$

(d) (e) (f)

图 5-67 不同 η 取值时,H-G_{00}模式和 H-G_{01}模式的非相干叠加场的光斑图像及其在 x 方向、y 方向和 r 径向的 M^2 因子

(a)$\eta=0$;(b)$\eta=0.2$;(c)$\eta=0.4$;(d)$\eta=0.6$;(e)$\eta=0.8$;(f)$\eta=1.0$。

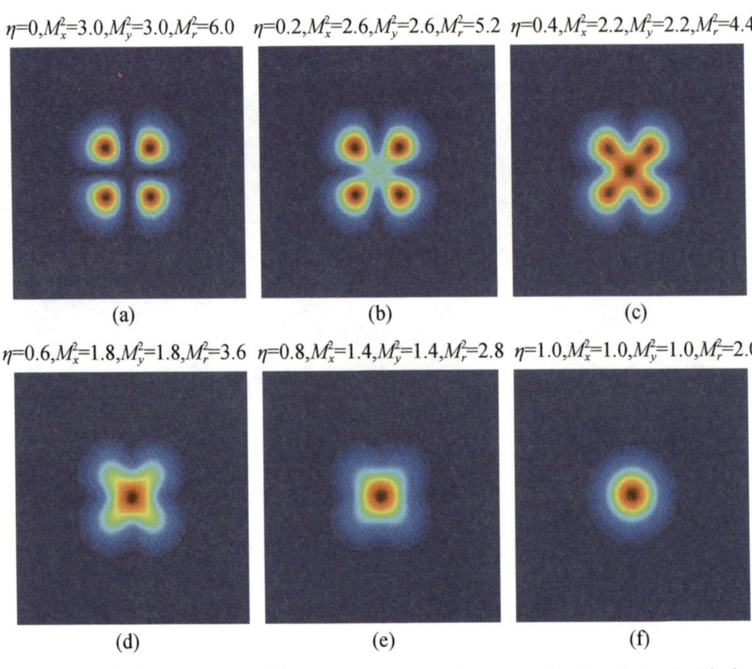

图 5－70　不同 η 取值时，计算得到 H-G$_{00}$模式和 H-G$_{11}$模式的非相干叠加场的光斑图像及其在 x 方向、y 方向和 r 径向的 M^2 因子

(a)$\eta=0$；(b)$\eta=0.2$；(c)$\eta=0.4$；(d)$\eta=0.6$；(e)$\eta=0.8$；(f)$\eta=1.0$。

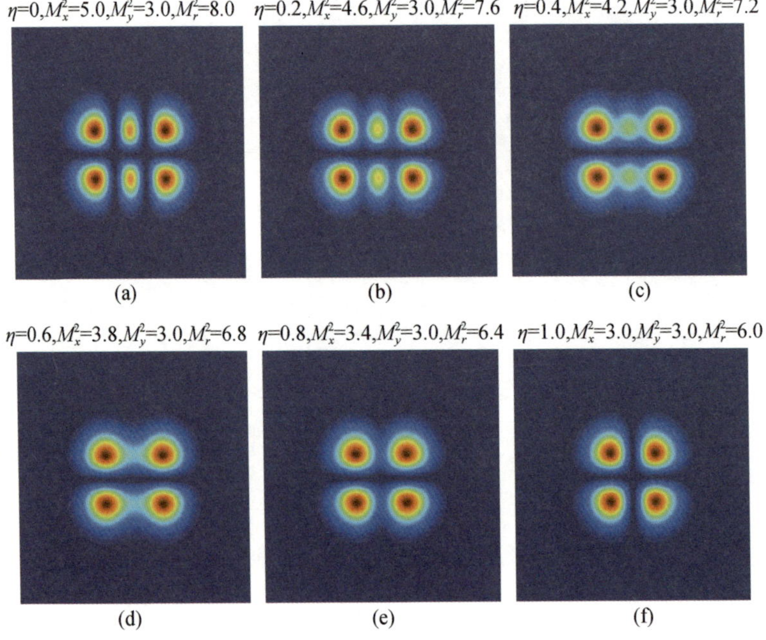

图 5－73　不同 η 取值时，计算得到 H-G$_{11}$模式和 H-G$_{21}$模式的非相干叠加场的光斑图样及其在 x 方向、y 方向和 r 径向的 M^2 因子

(a)$\eta=0$；(b)$\eta=0.2$；(c)$\eta=0.4$；(d)$\eta=0.6$；(e)$\eta=0.8$；(f)$\eta=1.0$。

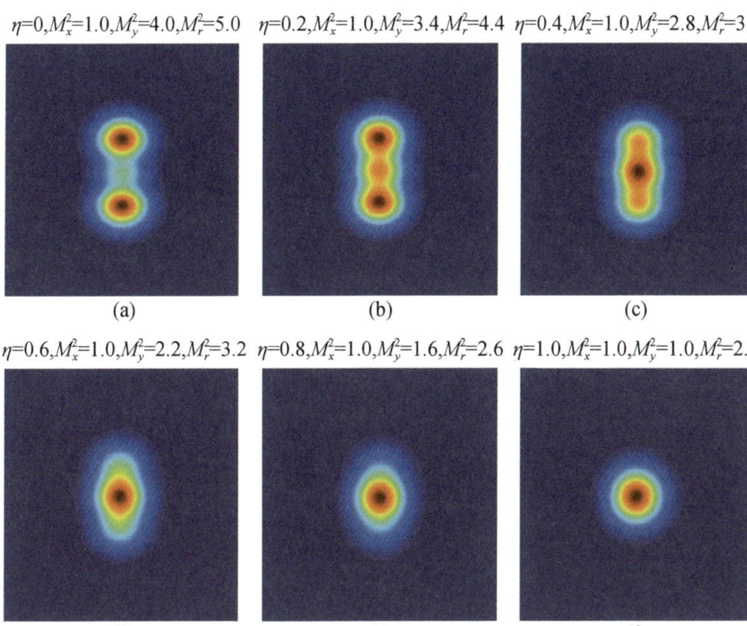

图 5－76　不同 η 取值时，计算得到 H-G$_{00}$模式、H-G$_{01}$模式和 H-G$_{02}$模式的非相干叠加场的光斑图像及其在 x 方向、y 方向和 r 径向的 M^2 因子

(a)$\eta=0$;(b)$\eta=0.2$;(c)$\eta=0.4$;(d)$\eta=0.6$;(e)$\eta=0.8$;(f)$\eta=1.0$。

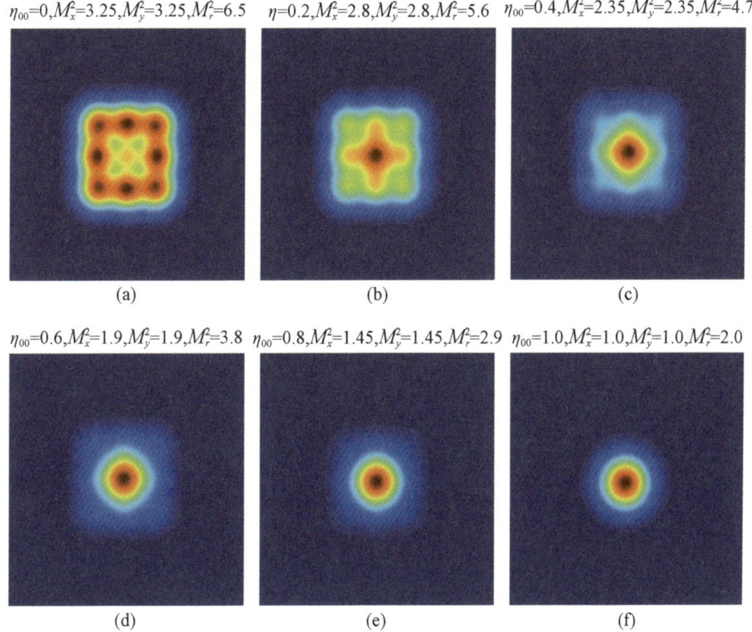

图 5－79　在不同 η_{00}取值时，计算得到 9 个 H-G$_{mn}$模式的非相干叠加场的光斑图像及其在 x 方向、y 方向和 r 径向的 M^2 因子($\eta_{01}=\eta_{02}=\eta_{10}=\eta_{11}=\eta_{12}=\eta_{20}=\eta_{21}=\eta_{22}=(1-\eta_{00})/8$)

(a)$\eta_{00}=0$;(b)$\eta_{00}=0.2$;(c)$\eta_{00}=0.4$;(d)$\eta_{00}=0.6$;(e)$\eta_{00}=0.8$;(f)$\eta_{00}=1.0$。

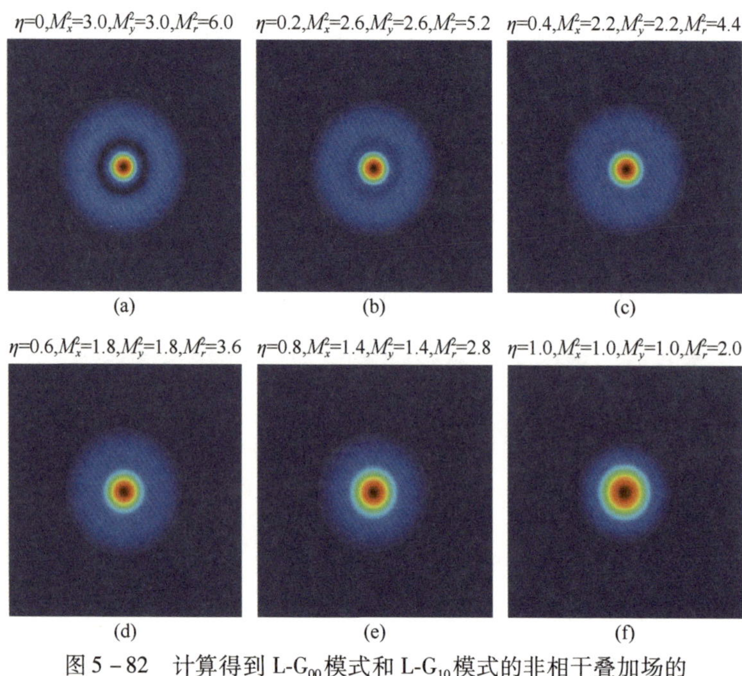

图 5－82　计算得到 L-G_{00} 模式和 L-G_{10} 模式的非相干叠加场的光斑图像及其在 x 方向、y 方向和 r 径向的 M^2 因子

(a)η=0;(b)η=0.2;(c)η=0.4;(d)η=0.6;(e)η=0.8;(f)η=1.0。

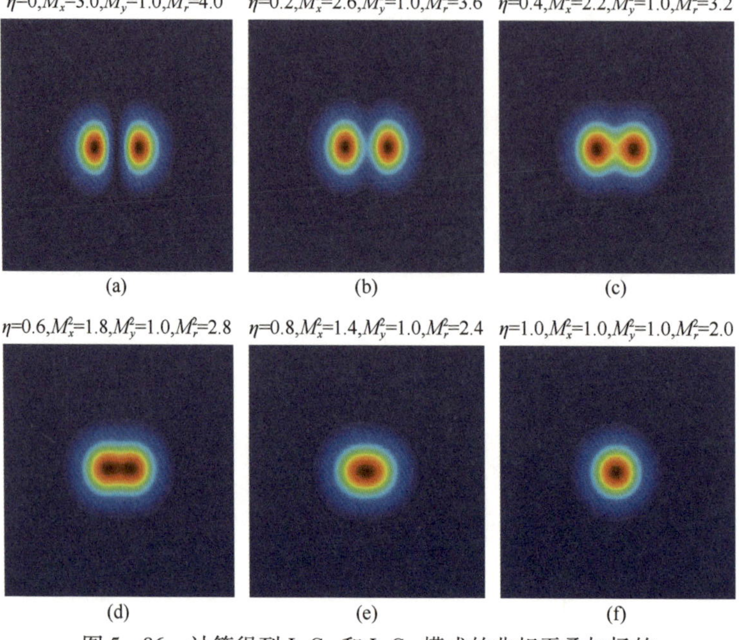

图 5－86　计算得到 L-G_{00} 和 L-G_{11} 模式的非相干叠加场的光斑图像及其在 x 方向、y 方向和 r 径向的 M^2 因子

(a)η=0;(b)η=0.2;(c)η=0.4;(d)η=0.6;(e)η=0.8;(f)η=1.0。

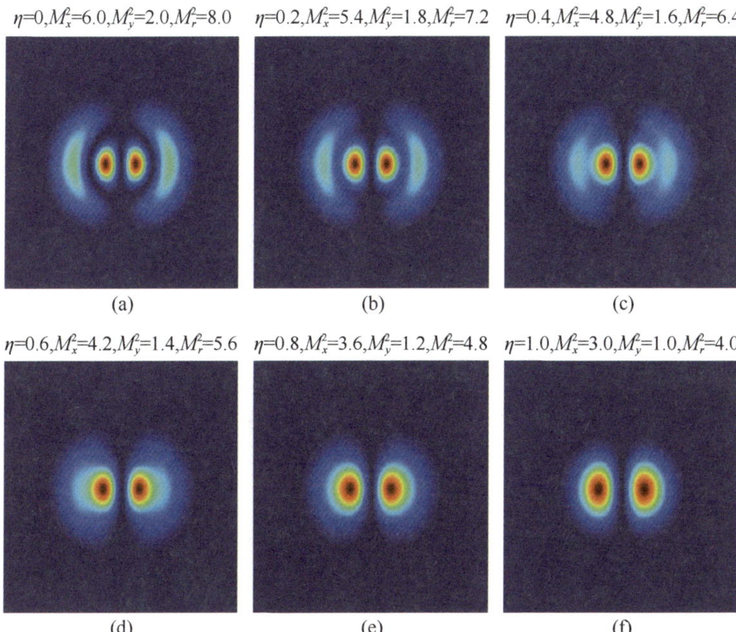

图 5-90　L-G_{11} 模式和 L-G_{21} 模式的非相干叠加场的光斑图像及其在 x 方向、y 方向和 r 径向的 M^2 因子

(a) $\eta=0$；(b) $\eta=0.2$；(c) $\eta=0.4$；(d) $\eta=0.6$；(e) $\eta=0.8$；(f) $\eta=1.0$。

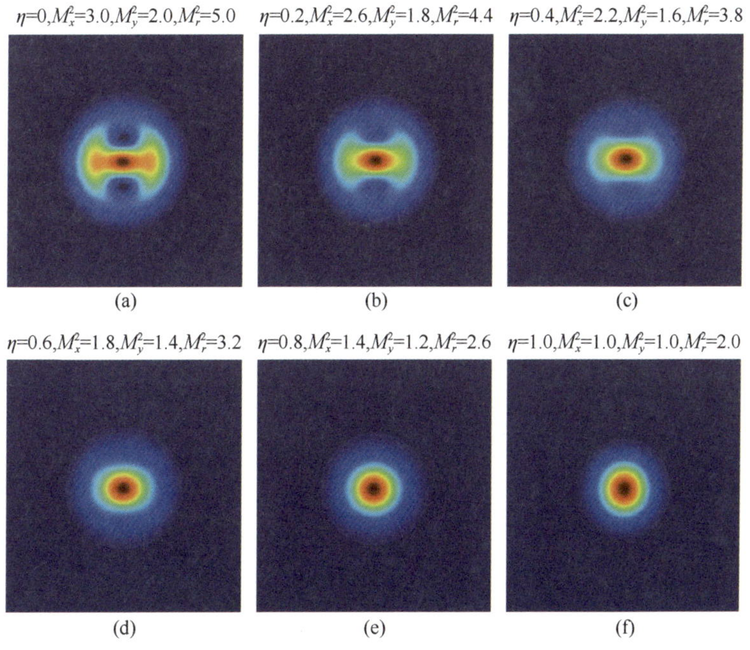

图 5-94　L-G_{00} 模式、L-G_{10} 模式和 L-G_{11} 模式的非相干叠加场的光斑图像及其在 x 方向、y 方向和 r 径向的 M^2 因子

(a) $\eta=0$；(b) $\eta=0.2$；(c) $\eta=0.4$；(d) $\eta=0.6$；(e) $\eta=0.8$；(f) $\eta=1.0$。

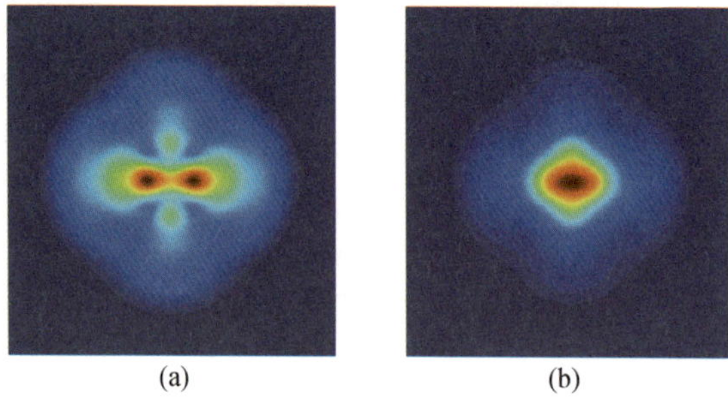

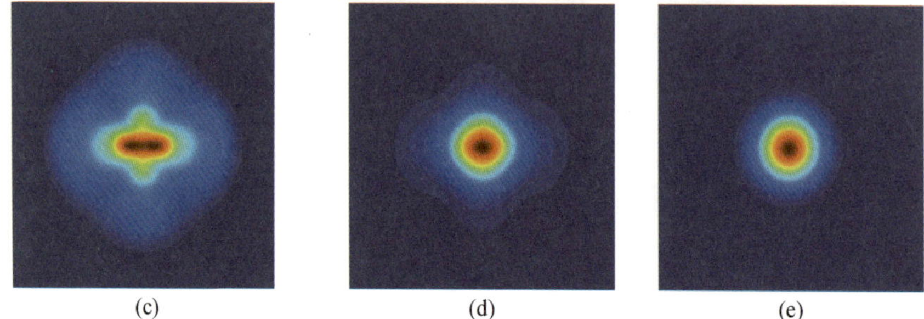

图 5－98　在不同 η_{00} 取值时，计算得到 9 个 L-G$_{pl}$ 模式的非相干叠加场的光斑图像及其在 x 方向、y 方向和 r 径向的 M^2 因子（$\eta_{10}=\eta_{11}=\eta_{20}=\eta_{21}=\eta_{22}=(1-\eta_{00})/5$）

(a) $\eta_{00}=0$；(b) $\eta_{00}=0.5$；(c) $\eta_{00}=0.25$；(d) $\eta_{00}=0.75$；(e) $\eta_{00}=1.0$。

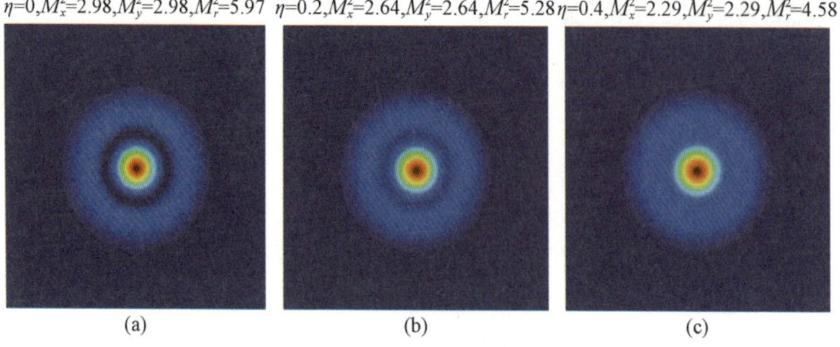

η=0.6,M_x^2=1.92,M_y^2=1.92,M_r^2=3.85　η=0.8,M_x^2=1.53,M_y^2=1.53,M_r^2=3.06　η=1.0,M_x^2=1.09,M_y^2=1.09,M_r^2=2.17

(d)　(e)　(f)

图 5－102　不同 η 取值时，计算得到 LP$_{01}$ 模式和 LP$_{02}$ 模式的非相干叠加场的光斑图像及其在 x 方向、y 方向和 r 径向的 M^2 因子

(a) $\eta=0$；(b) $\eta=0.2$；(c) $\eta=0.4$；(d) $\eta=0.6$；(e) $\eta=0.8$；(f) $\eta=1.0$。

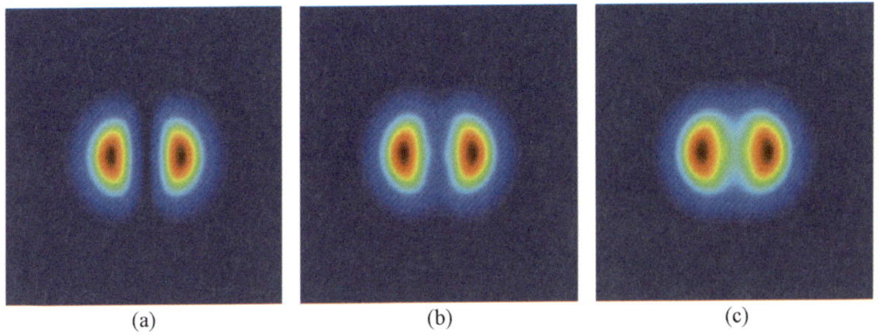

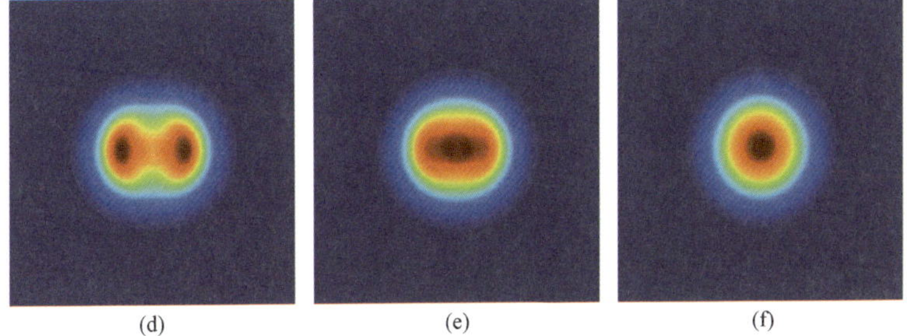

图 5 - 105　不同 η 取值时,计算得到 LP_{01} 模式和 LP_{11} 模式的非相干叠加场的光斑图像及其在 x 方向、y 方向和 r 径向的 M^2 因子

(a)$\eta=0$;(b)$\eta=0.2$;(c)$\eta=0.4$;(d)$\eta=0.6$;(e)$\eta=0.8$;(f)$\eta=1.0$。

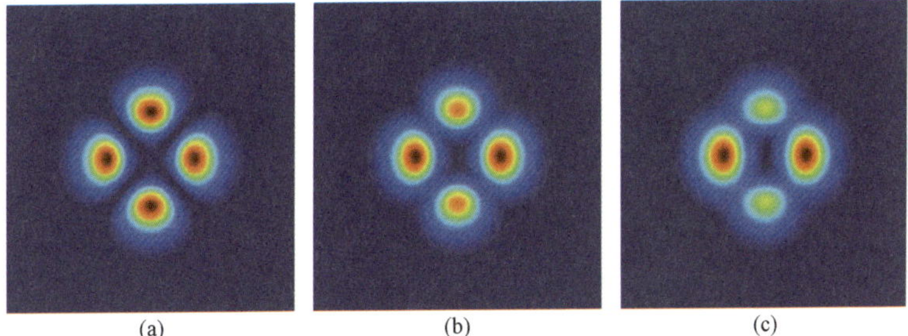

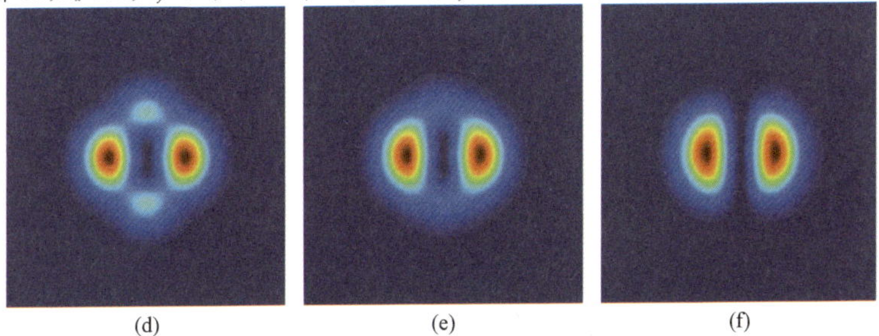

图 5 - 108　不同 η 取值时,计算得到 LP_{11} 模式和 LP_{21} 模式的非相干叠加场的光斑图像及其在 x 方向、y 方向和 r 径向的 M^2 因子

(a)$\eta=0$;(b)$\eta=0.2$;(c)$\eta=0.4$;(d)$\eta=0.6$;(e)$\eta=0.8$;(f)$\eta=1.0$。

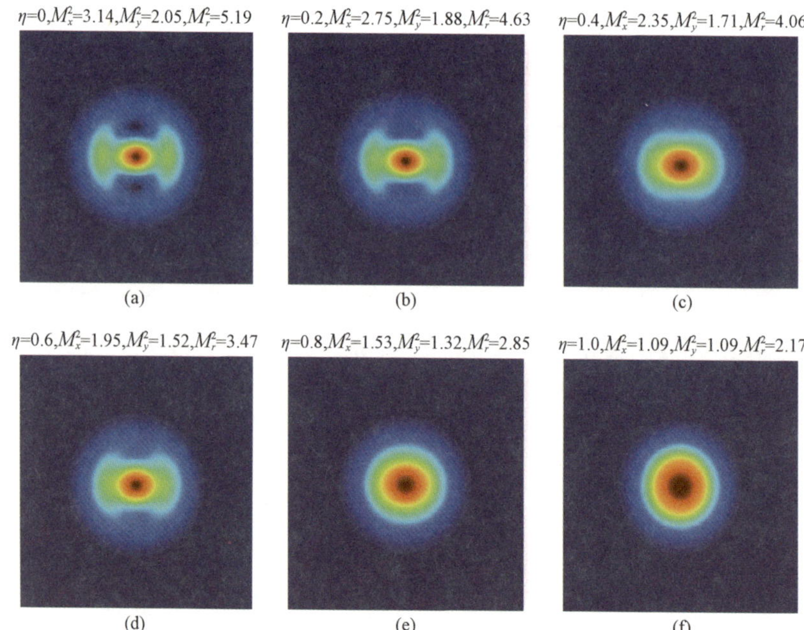

图 5 - 111　不同 η 取值时，计算得到 LP_{01} 模式、LP_{11} 模式和 LP_{02} 模式的非相干叠加场的光斑图像及其在 x 方向、y 方向和 r 径向的 M^2 因子（$\eta_{11}=\eta_{02}=0.5-\eta/2$，$\eta_{01}=\eta$）

(a) $\eta=0$；(b) $\eta=0.2$；(c) $\eta=0.4$；(d) $\eta=0.6$；(e) $\eta=0.8$；(f) $\eta=1.0$。

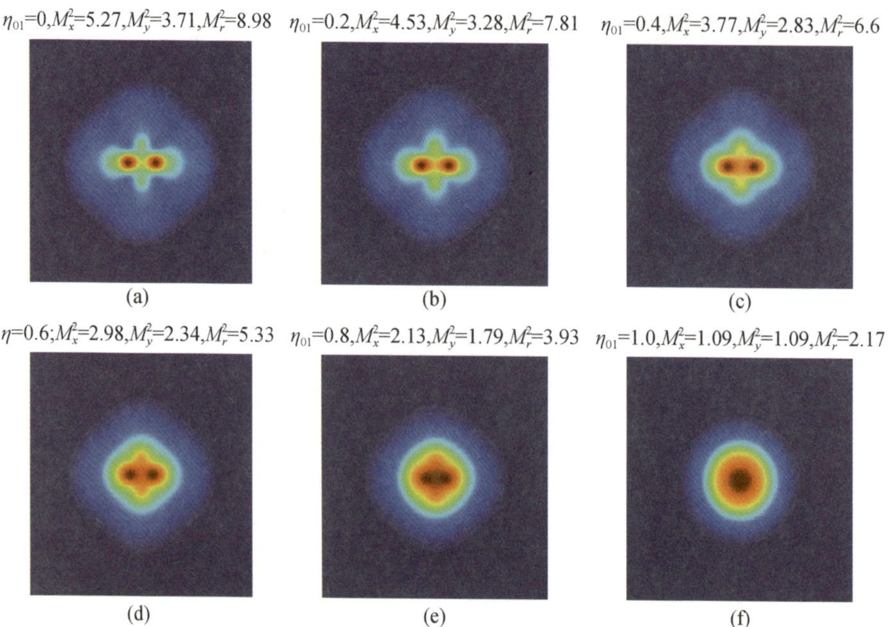

图 5 - 114　在不同 η_{01} 取值时，计算得到 9 个 LP_{mn} 模式的非相干叠加场的光斑图像及其在 x 方向、y 方向和 r 径向的 M^2 因子（$\eta_{02}=\eta_{03}=\eta_{11}=\eta_{12}=\eta_{13}=\eta_{21}=\eta_{22}=\eta_{23}=(1-\eta_{01})/8$）

(a) $\eta_{01}=0$；(b) $\eta_{01}=0.2$；(c) $\eta_{01}=0.4$；(d) $\eta_{01}=0.6$；(e) $\eta_{01}=0.8$；(f) $\eta_{01}=1.0$。

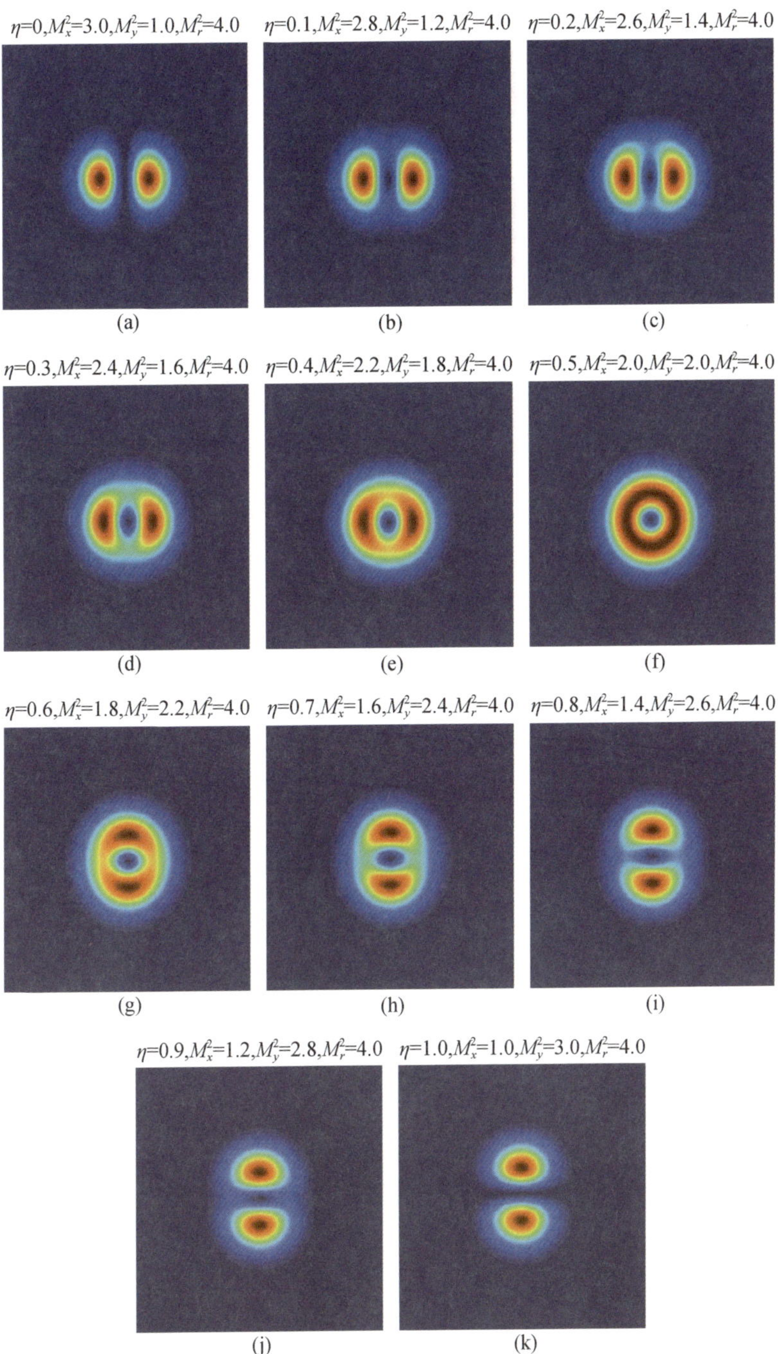

图 5－117　正交偏振的 H-G_{01} 模式和 H-G_{10} 模式相叠加的光斑图像及其在 x 方向、y 方向和 r 方向的 M^2 因子

(a)$\eta=0$；(b)$\eta=0.1$；(c)$\eta=0.2$；(d)$\eta=0.3$；(e)$\eta=0.4$；(f)$\eta=0.5$；(g)$\eta=0.6$；(h)$\eta=0.7$；(i)$\eta=0.8$；(j)$\eta=0.9$；(k)$\eta=1.0$。

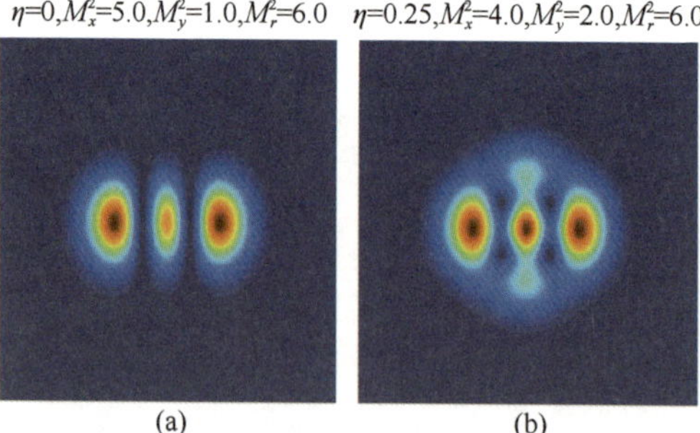

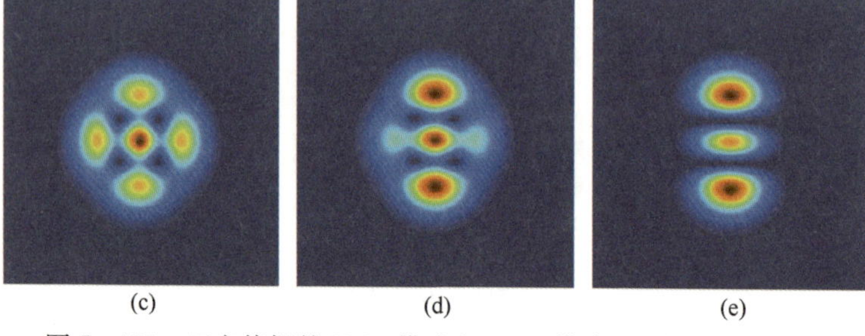

图 5－121　正交偏振的 H-G_{02} 模式和 H-G_{20} 模式的叠加的光斑图像及其在 x 方向、y 方向和 r 径向的 M^2 因子

(a)$\eta=0$；(b)$\eta=0.25$；(c)$\eta=0.5$；(d)$\eta=0.75$；(e)$\eta=1.0$。

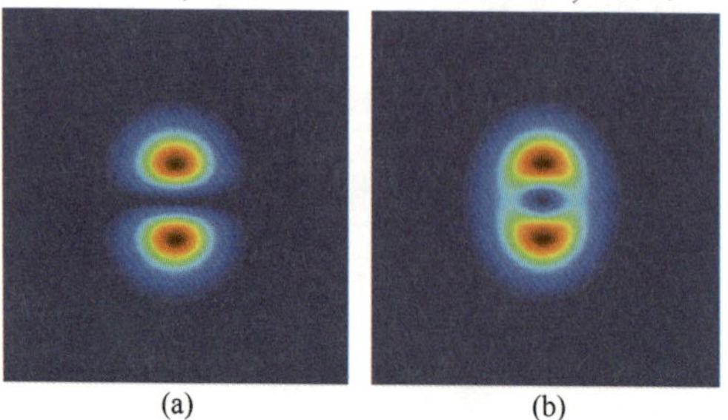

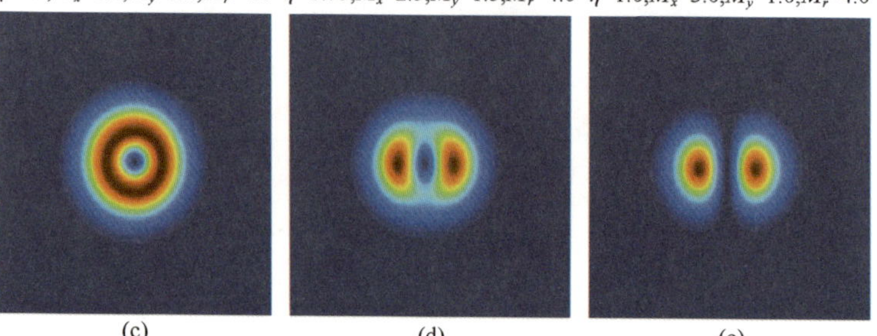

图 5－125　正交偏振的两个 L-G_{01} 模式的叠加后的光斑图像及其在 x 方向、y 方向和 r 方向的 M^2 因子

(a)$\eta=0$；(b)$\eta=0.25$；(c)$\eta=0.5$；(d)$\eta=0.75$；(e)$\eta=1.0$。

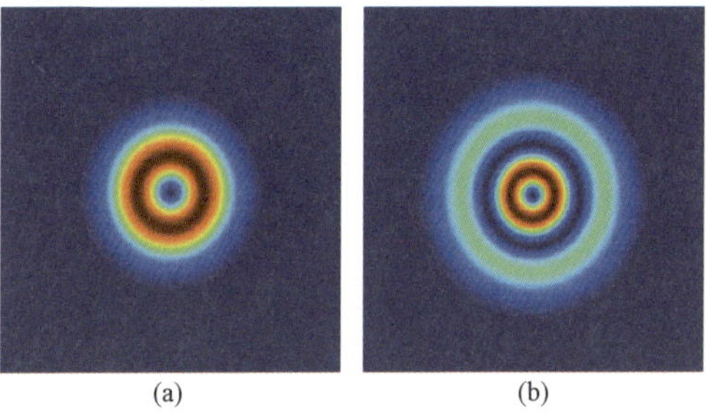

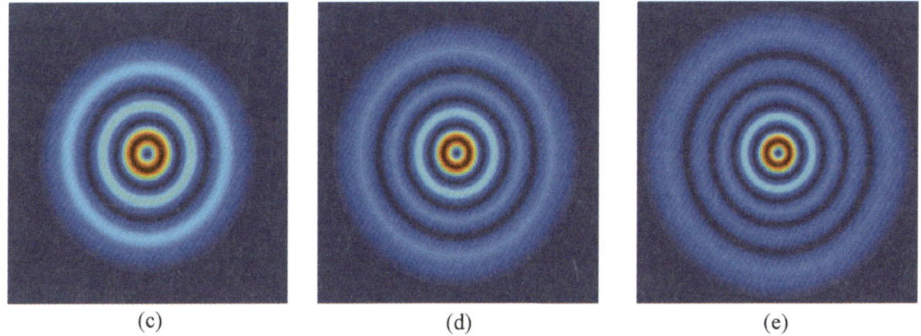

图 5－129　正交偏振的两个 L-G$_{n1}$ 模式的叠加后的光斑图像及其在 x 方向、y 方向和 r 径向的 M^2 因子

(a) L-G$_{01}$；(b) L-G$_{11}$；(c) L-G$_{21}$；(d) L-G$_{31}$；(e) L-G$_{41}$。

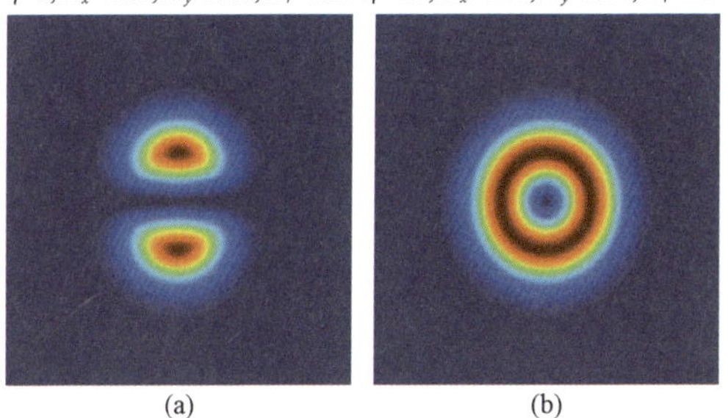

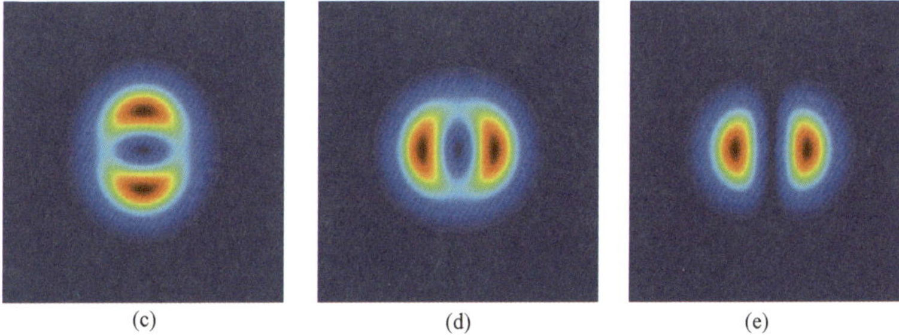

图 5－130　正交偏振的两个 LP$_{11}$ 模式的叠加后的光斑图像及其在 x 方向、y 方向和 r 径向的 M^2 因子

(a) $\eta=0$；(b) $\eta=0.5$；(c) $\eta=0.25$；(d) $\eta=0.75$；(e) $\eta=1.0$。

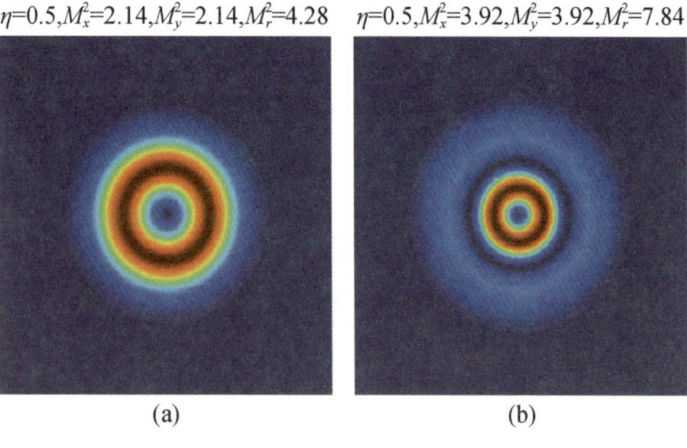

η=0.5,M_x^2=5.7,M_y^2=5.7,M_r^2=11.4 η=0.5,M_x^2=7.57,M_y^2=7.57,M_r^2=15.1 η=0.5,M_x^2=11.1,M_y^2=11.1,M_r^2=22.2

(c) (d) (e)

图 5-134 正交偏振的两个 LP_{1n} 模式的叠加后的光斑图像及其在 x 方向、y 方向和 r 径向的 M^2 因子

(a) LP_{11}；(b) LP_{12}；(c) LP_{13}；(d) LP_{14}；(e) LP_{15}。

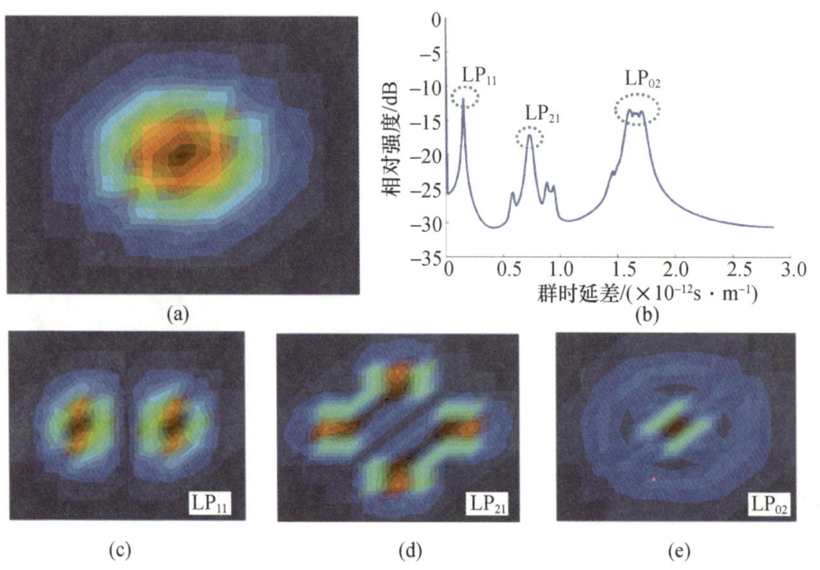

图 7-8 采集点数为 10×10 的重建结果

(a) 光束强度分布图；(b) 总时域图；(c) 重建的模式图 LP_{11}；(d) 重建的模式图 LP_{21}；(e) 重建的模式图 LP_{02}。

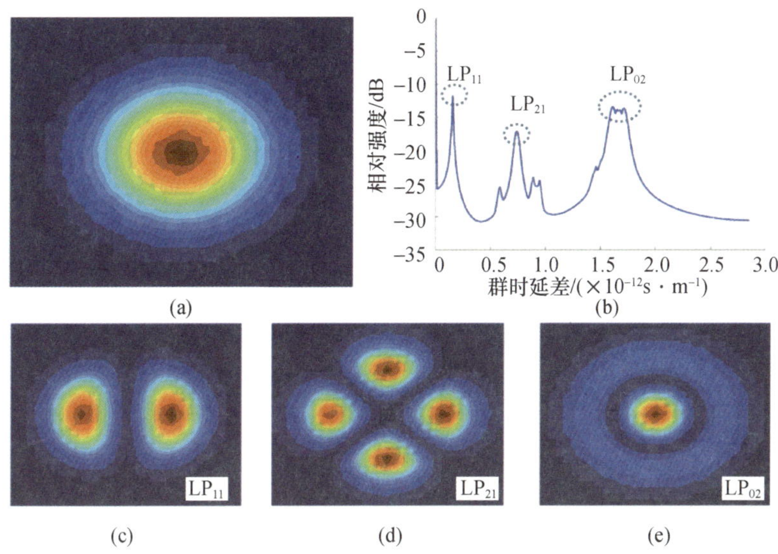

图 7-9　采集点数为 30×30 的重建结果

(a)光束强度分布图;(b)总时域图;(c)重建的模式图 LP_{11};(d)重建的模式图 LP_{21};(e)重建的模式图 LP_{02}。

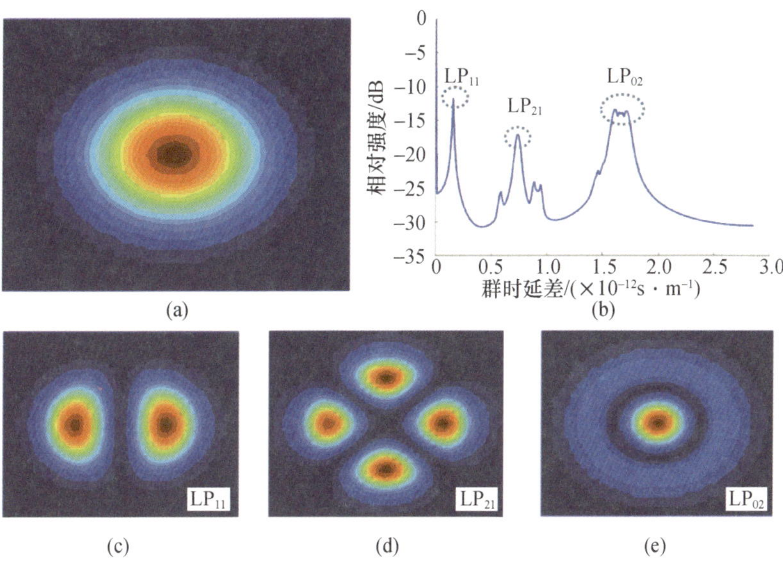

图 7-10　采集点数为 40×40 的重建结果

(a)光束强度分布图;(b)总时域图;(c)重建的模式图 LP_{11};(d)重建的模式图 LP_{21};(e)重建的模式图 LP_{02}。

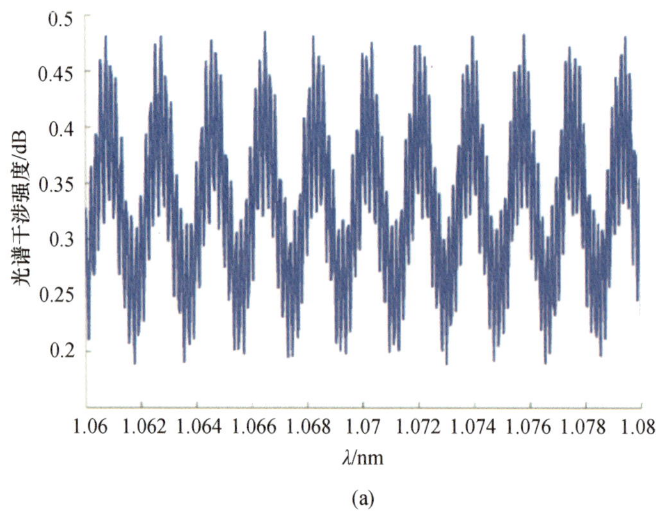

(a)

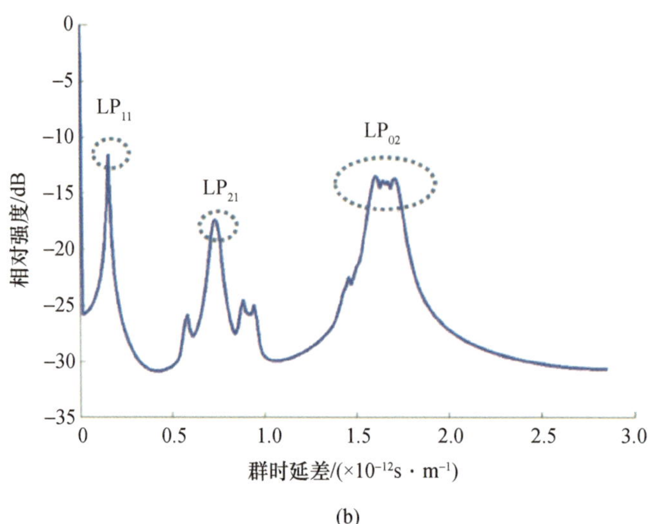

(b)

图 7－16 光谱仪分辨率为 0.05nm 时的频谱干涉强度图和相应的总时域图

(a)某探测点的频谱干涉强度;(b)总时域图。

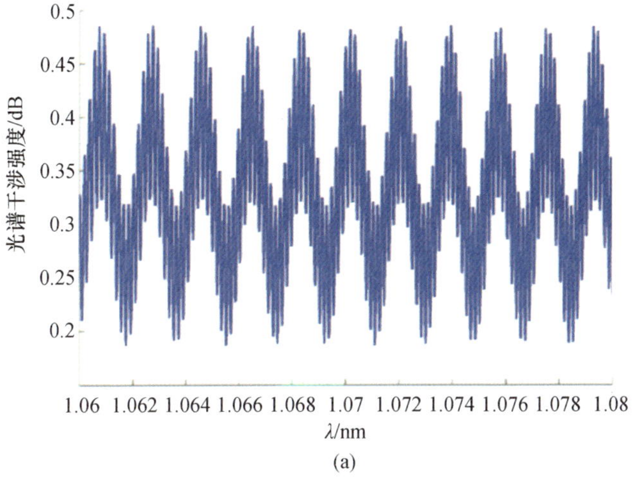

(a)

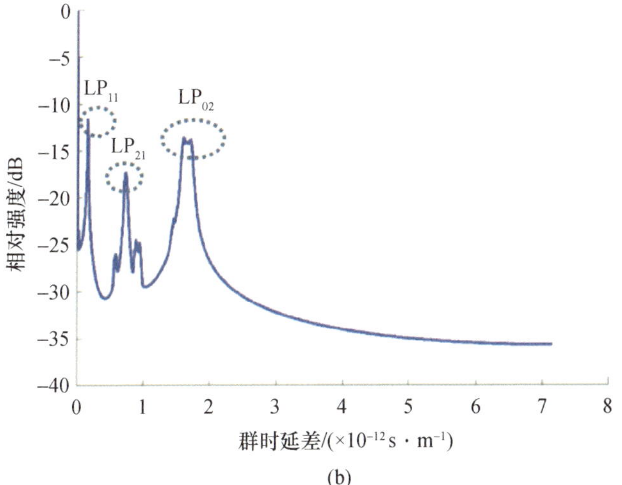

(b)

图 7-17　光谱仪分辨率为 0.02nm 时的频谱干涉强度图和相应的总时域图

(a)某探测点的频谱干涉强度;(b)总时域图。

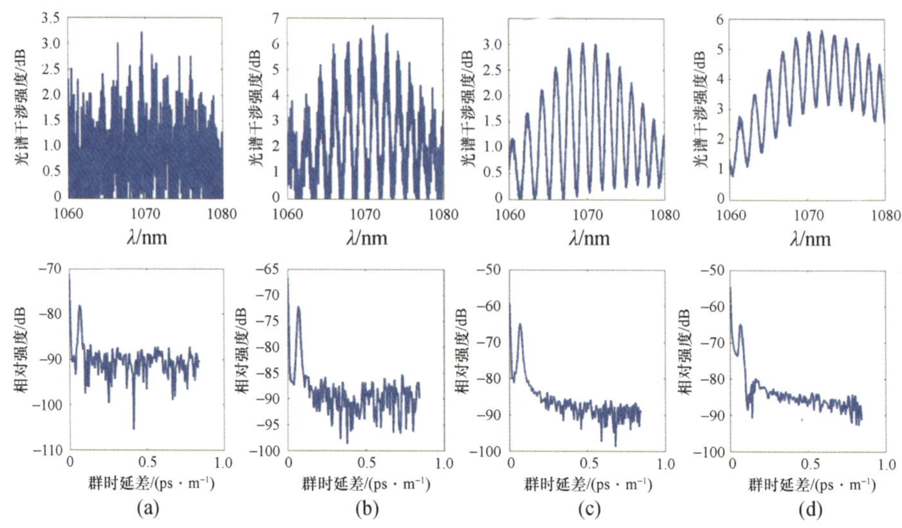

图 7－24　不同位置(x,y)处采集的光谱

(a)(2,2);(b)(5,5);(c)(10,10);(d)(15,15)。

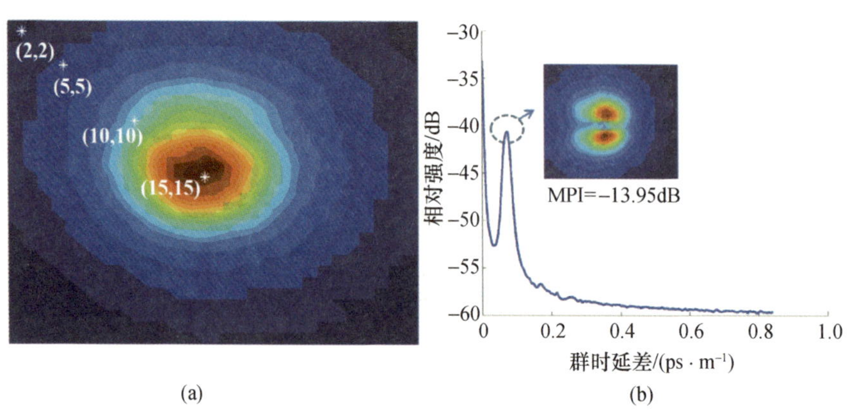

图 7－25　标准通信单模光纤模式测量结果

(a)重建的强度分布图;(b)总时域图(其中插图为重建的 LP_{11} 模的强度分布)。

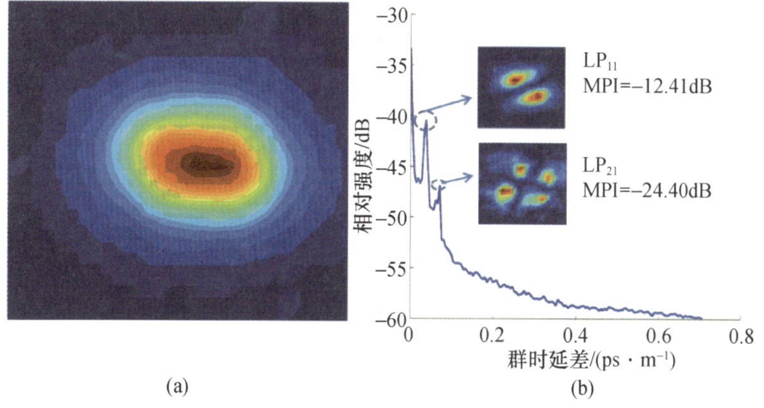

图 7 - 27　大模场双包层光纤模式测量结果

(a)重建的强度分布图;(b)总时域图(其中插图为重建的 LP_{11} 模和 LP_{21} 模的光强分布)。

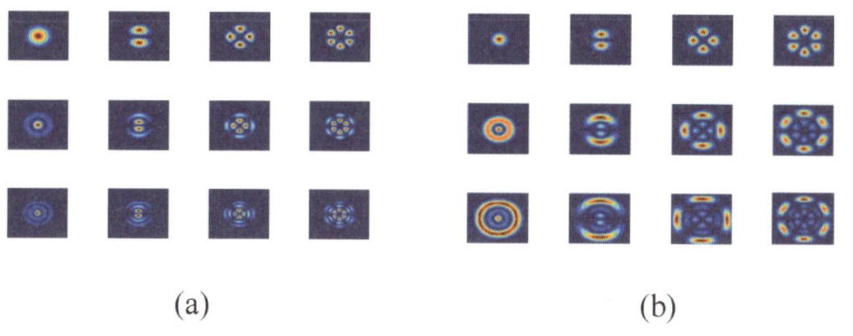

图 7 - 28　几种 LP_{mn} 模式傅里叶变换前后的强度分布

(a)光纤端面输出模式花样;(b)傅里叶变换后的模式花样。

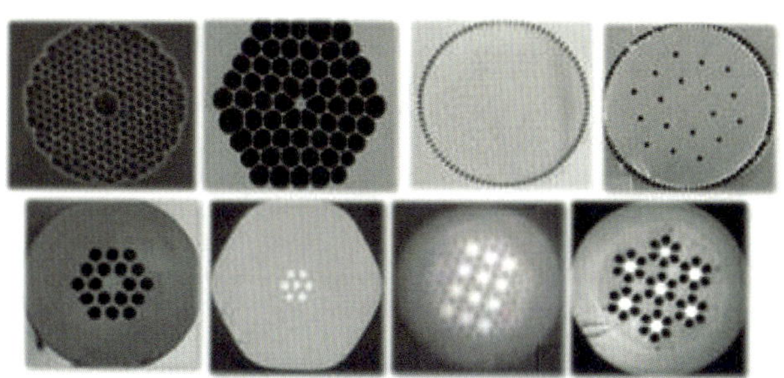

图 7 - 29　光子晶体光线的横截面微结构图

表7－1　光纤中的模式花样

模式序号	1	2	3	4	5
模式花样	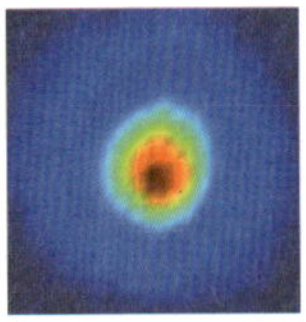	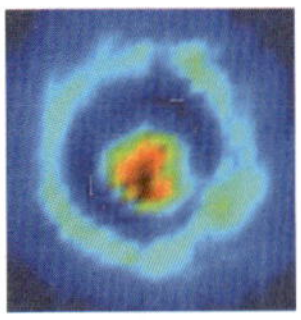	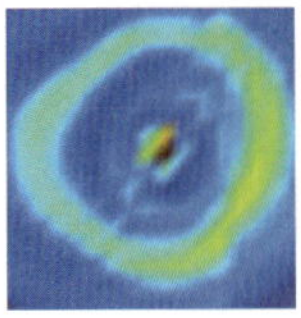	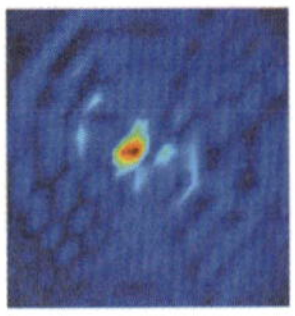	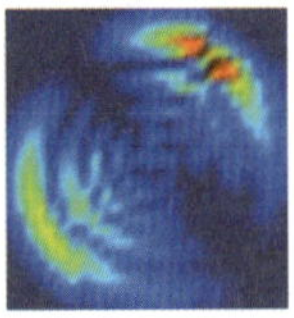
模式序号	6	7	8	9	10
模式花样	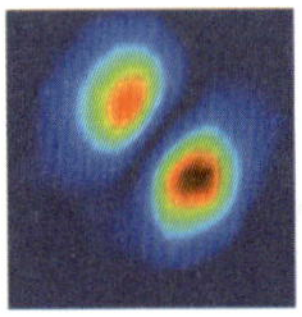	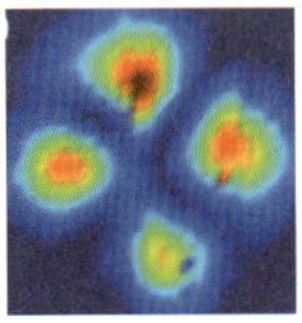	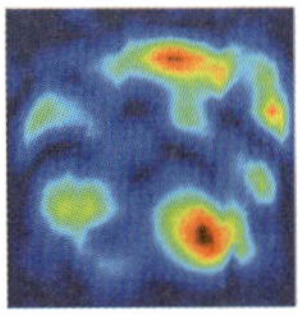	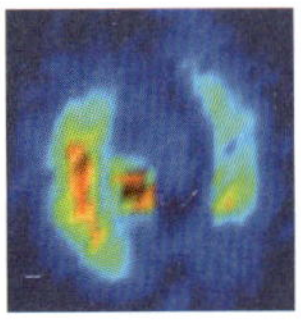	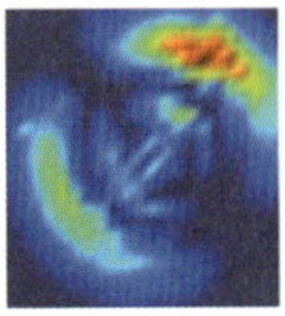

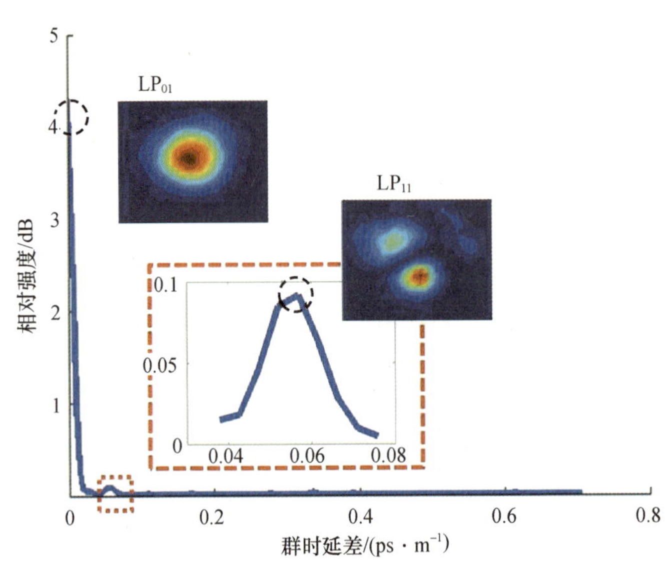

图7－39　千瓦级光纤激光器中模式的群时延差曲线（插图表示尖峰对应的模式）